Springer Collected Works in Mathematics

For further volumes:
http://www.springer.com/series/11104

Jean Leray

Jean Leray

Selected Papers - Oeuvres Scientifiques II

Fluid Dynamics and Real Partial Differential Equations - Équations aux Dérivées Partielles Réelles et Mécanique des Fluides

Introduction: Peter D. Lax

Editor

Paul Malliavin

Publié avec le concours du Ministère de l'Éducation Nationale,
de la Recherche et de la Technologie (D.I.S.T.N.B.)
et du Comité National Français de Mathématiciens

Reprint of the 1998 Edition

Springer

Société Mathématique
de France

Author
Jean Leray (1906 – 1998)
Collège de France
Paris
France

Editor
Paul Malliavin (1925 – 2010)
Université Pierre-et-Marie-Curie
Paris
France

ISSN 2194-9875
ISBN 978-3-662-43757-5 (Softcover)
978-3-540-60949-0 (Hardcover)
DOI 10.1007/978-3-662-43758-2
Springer Heidelberg New York Dordrecht London

Library of Congress Control Number: 2012954381

Printed on acid-free paper

Springer is part of Springer Science+Business Media (www.springer.com)

Biographie de Jean Leray

• Né le 7 novembre 1906 à Chantenay (Loire-Atlantique). Épouse en 1932 Marguerite Trumier ; ses parents ainsi que ceux de sa femme étaient tous les quatre instituteurs à l'école publique de Chantenay. Marguerite Leray, tout en menant une carrière complète de professeur de mathématiques dans les lycées, éduquera trois enfants : Jean-Claude (1933) ingénieur au Corps des Ponts ; Françoise (1947) directeur de recherches en biologie à l'Hôpital Henri Mondor de Créteil ; Denis (1949) médecin.

• Ecole normale supérieure (1926-1929) ; Docteur ès sciences (1933) ; Chargé de recherche (1933) ; Professeur : Université de Nancy (1938-1939) ; Université de Paris (1945-1947) ; Collège de France (1947-1978).

• Prix internationaux : Malaxa (Roumanie) 1938, partagé avec J. Schauder ; Prix Feltrinelli (Accademia dei Lincei) 1971 ; Prix Wolf (Israël) 1979 ; Médaille Lomonosov (Académie des Sciences d'U.R.S.S.) 1985.

• Académie des Sciences de Paris : présenté par Henri Lebesgue pour un poste de Correspondant en Mathématiques Pures (1938) ; élu Membre en section de Mécanique sur rapport de Henri Villat (1953).

• Académies étrangères : Accademia delle Scienze di Torino (1958) ; American Academy of Arts and Sciences (1959) ; American Philosophical Society (1959) ; Membre d'honneur de la Société Mathématique Suisse (1960) ; Académie Royale de Belgique (1962) ; Akademie der Wissenschaften in Göttingen (1963) ; National Academy of Sciences, Washington (1965) ; Académie des Sciences d'URSS (1966) ; Accademia di Scienze, Lettere e Arti di Palermo (1967) ; Istituto Lombardo, Accademia di Scienze e Lettere (1974) ; Accademia Nazionale delle Scienze Detta dei XL (1975) ; Académie Polonaise des Sciences (1977) ; Accademia Nazionale dei Lincei (1980) ; The Royal Society of London (1983).

• Officier de réserve, il rejoint à la mobilisation son affectation dans l'artillerie antiaérienne. Après avoir combattu jusqu'au bout dans la sanglante bataille de mai-juin 1940, il est fait prisonnier de guerre et restera interné dans un camp en Autriche jusqu'en avril 1945. Voulant éviter à tout prix de contribuer à l'effort industriel ennemi, il abandonne la mécanique des fluides pour se lancer dans la topologie algébrique, ceci malgré un environnement matériel très précaire. Il continue sa collaboration commencée avant guerre au Zentralblatt für Mathematik.
Commandeur de la Légion d'Honneur.

• Retrouve en 1945, dans un camp de réfugiés, la fille unique de son ami Juliusz Schauder, orpheline à neuf ans à la suite des massacres nazis ; la fait guérir dans un hôpital parisien de la grave affection pulmonaire qu'elle avait contractée en se cachant dans les égouts de Varsovie.

• Professeur à temps partiel à l'Institute for Advanced Study, Princeton, USA (1952-1961) ; propose pendant cette période à Marston Morse, Director of the School of Mathematics, de nombreuses invitations de jeunes mathématiciens français.

Paul Malliavin

Une autobiographie de Jean Leray a paru dans "Hommes de Science" Hermann ed., Paris 1990, pages 160–169.

Table of Contents

Volume II

Jean Leray and Partial Differential Equations

by Peter D. Lax

Jean Leray is one of the leading mathematicians of the 20th century. A large part of his interests center on partial differential equations, especially those arising in mathematical physics. His investigations, some of them going back more than 60 years, still set the agenda of research in the fields in which he worked. The methods he has introduced have found their uses in far-flung areas of mathematics.

Leray's papers are well organized; each distinct result has a chapter of its own, and the chapters are divided into short sections devoted to particular technical aspects of the argument. Since a priori estimates lie at the heart of most of his arguments, many of Leray's papers contain symphonies of inequalities; sometimes the orchestration is heavy, but the melody is always clearly audible.

Leray has studied both stationary problems, mostly governed by elliptic equations, and time-dependent problems, governed by parabolic and hyperbolic equations. His 1933 dissertation, in the Journal de Mathématiques Pures et Appliquées, deals with stationary problems, using an abstract and extended version of Erhardt Schmidt's method of deformation and bifurcation. A wealth of applications are presented:

1) Carleman has shown that the equation $\Delta u = g(x)$ in a domain D, subject to the nonlinear boundary condition $du/dn = F(u)$, has a solution when F is an increasing function of u; Leray removed this restriction on F.

2) Leray showed that the Dirichlet problem for the equation $\Delta u + hu^p = 0$ in the unit ball in 3 dimensions, u prescribed constant on the boundary, has a finite number of solutions when $p \leq 4$, but can have infinitely many solutions when $p \geq 6$. This foreshadows the notion of a critical exponent.

3) Chapters II and III of the dissertation are devoted to the study of steady rotating fluids in three dimensions that satisfy the Navier-Stokes equation. On the boundary of the domain containing the fluid the velocity is prescribed as the boundary values of some given divergence free vector field. The key to the proof of existence of such flows is an a priori estimate of the square integral of the first derivatives of the velocity field. Surprisingly, this estimate was obtained

by an indirect argument, that used the weak compactness of bounded sets of square integrable functions, as well as the strong L^2 compactness of functions whose first derivatives are uniformly bounded in L^2. From this estimate Leray deduced uniform boundedness and equicontinuity of velocity and its first partial derivatives; this argument uses essentially the three-dimensionality of space. The results described here are extended to unbounded domains.

The remaining chapter of the dissertation is devoted to showing that the initial value problem for the Navier-Stokes equation in two dimensions has a unique regular solution in the whole space. In another lengthy paper in the same journal the following year, he proved the existence of regular solutions in bounded domains in the plane.

In the same year, 1934, Leray and Schauder devised the epoch-making method bearing their name, using deformations to prove the existence of solutions. This method extends Brouwer's notion of the degree of a mapping to identity plus compact mappings of infinite-dimensional spaces. Like its finite-dimensional counterpart, the degree remains invariant under continuous deformations at every point that is not the image of a boundary point. To apply this principle in a concrete situation, two sets of a priori estimates have to be made: one showing the compactness of the one-parameter family of mappings employed, the other showing that all points on a sphere of radius R are mapped into points outside of a sphere. In addition, one has to verify for a particular value of the parameter that the degree of the mapping is nonzero. Leray and Schauder gave a number of applications of their method to solve the Dirichlet problem for various classes of quasilinear second order elliptic equations; the norm they employ is the Hölder norm.

Leray returned to elliptic problems again and again; in a technically formidable paper in 1939 he showed how to use degree theory to construct solutions of boundary value problems for second order fully nonlinear elliptic equations in two variables, including the Monge-Ampère equation. In the sixties, in collaboration with J.L. Lions, he examined results of Vishik, and of Minty and Browder, from the point of view of degree theory in finite-dimensional space. In the seventies, he and Y. Choquet-Bruhat used a fixed point theorem to solve the Dirichlet problem for second-order elliptic equations in divergence form.

In a 1935 paper in Commentarii Matematici Helvetici, Leray used degree theory to construct steady ideal fluid flow in the plane around an obstacle and its wake. The complex potential $f(z)$ maps the exterior $z = x+iy$ of the obstacle and its wake conformally onto the complex plane split along the positive real axis. According to Bernoulli's law the flow speed is constant, say $= 1$, along the wake; therefore $|df/dz| = 1$ there. It is useful to reformulate the problem in terms of the inverse mapping $z(f)$ from the split plane to the exterior of the obstacle and its wake. It is convenient to represent the split plane as the conformal image $f(\zeta)$ of the upper half of the unit disc, so that the two arcs of the wake are the images of the intervals $(-1, 0)$ and $(0, 1)$ respectively. Such a mapping is given by

$$f(\zeta) = a[\frac{\zeta + \zeta^{-1}}{2} - \cos s_0]^2 ,$$

a and s_0 real, $a > 0$. Since the flow velocity df/dz is nonzero except at the stagnation point on the obstacle, one can write $df/dz = e^{-iw}$. Regard w as a function of ζ in the half disc; then

$$\frac{dz}{d\zeta} = \frac{dz}{df}\,\frac{df}{d\zeta} = e^{iw}\frac{df}{d\zeta} .$$

Since the flow speed is 1 on the wake, $w(\zeta)$ is real on $[-1, 1]$. By the Schwarz reflection principle, $w(\zeta)$ can be extended to the whole unit disc, and can be represented by the Poisson-Schwarz formula in terms of the real part $\theta(e^{is})$ of w on the upper half of the unit circle $\zeta = e^{is}$, $0 \le s \le \pi$. This function $\theta(e^{is}) = \phi(s)$ has to be chosen so that $z(\zeta)$ maps the upper half of the unit circle onto the prescribed obstacle. This leads to an integral equation for $\phi(s)$, due to Henri Villat. The given obstacle can be deformed into a single vertical line segment; the flow around a line segment is known explicitly. Leray shows, using the Leray-Schauder theory, that Villat's integral equation has a solution for all obstacles during this deformation. The proof relies on a priori estimates in the Hölder norm, and uses some geometric restrictions on the original obstacle.

Ever since its appearance, the Leray-Schauder degree has been one of the most powerful methods for dealing with nonlinear problems. A quick search of the Mathematical Reviews disclosed 591 references to papers that make use of it.

We turn now to Leray's studies of time-dependent problems. In a paper that appeared in Acta Mathematica in 1934, Leray investigates the existence, uniqueness and smoothness of solutions of the initial value problem for the Navier-Stokes equation in three-dimensional space. Physicists sometimes deride such existential pursuits by mathematicians, saying that they stop just when things are getting interesting; but what Leray found about existence, smoothness and uniqueness of solutions was far more interesting for the physics of fluids than anything thought of before. He showed that in three space dimensions, smooth initial data give rise to solutions that are smooth for a finite time; these solutions may be continued beyond this time only as generalized (weak) solutions of the Navier-Stokes equations. Leray calls these *turbulent* solutions. He shows that if two solutions, one regular and the other turbulent, have the same initial values, then they are equal; but it is not known if turbulent solutions are uniquely determined by their initial data.

Leray shows that in order for a solution to become turbulent at time T the maximum velocity $V(t)$ must blow up like $const/\sqrt{T-t}$ as t approaches T. No such solutions have been found so far. Leray has suggested that there may be singular similarity solutions of the form

$$u_i(x,t) = (T-t)^{-1/2}\ U_i((T-t)^{-1/2}x) ,$$

u_i denoting the components of velocity. Clearly, a solution of this form becomes singular as t approaches T. However, recently Nečas, Růžička and Šverák have shown that the equations that must be satisfied by the functions U_i have no solution of class L^3 in the whole three-dimensional space. Even more recently, Tai-peng Tsai has shown that no similarity solution, unless identically zero, has locally finite energy and locally finite rate of energy dissipation.

Leray's results suggest a scenario for the occurrence of turbulence in fluid flow as the breakdown of smooth solutions, as well as the possibility of the branching of weak solutions into different time histories; of course in the latter case the Navier-Stokes equations would have to be augmented, possibly by a statistical theory involving all branched generalized solutions with given initial data.

In the course of constructing his possibly turbulent solutions Leray has used a host of concepts and methods of functional analysis that have since become an indispensable part of the arsenal of analysts: the weak compactness of bounded sequences in L^2, and that a weakly convergent sequence is strongly convergent if and only if the limit of the norms is the norm of the limit. Leray defined the weak derivative of an L^2 function in the modern sense, as well as the concept of an L^2 vector field that is divergence free in the weak sense. He used mollifiers to show that a weak derivative is a strong derivative.

The basic construction in Leray's existence proof replaces the problematic quadratic terms $u_k \frac{\partial u^i}{\partial x_k}$ in the Navier-Stokes equation by $\bar{u}_k \frac{\partial u^i}{\partial x_k}$, where $\bar{u}_k = u_k * j_\epsilon$, j a mollifier. Leray observed that if the vector field u is divergence free in the weak sense, $\bar{u}$ is divergence free, so that the energy dissipation relation holds for the modified equations. Leray showed that these modified equations have regular solutions. Using weak compactness he extracted a subsequence of ϵ so that $u_\epsilon(x,t)$ converges weakly for all rational t. Using strong compactness of sequences of functions whose first derivatives are bounded in the L^2 norm he showed that $u_\epsilon(x,t)$ converges strongly except for a set of t of measure zero; here he also made use of an ingenious estimate on the propagation of energy. The resulting objects solve the Navier-Stokes equations in the weak sense; they are regular except for a closed set of values of t that form a set of measure zero.

Despite of much effort remarkably little has been learned in the last 60 years about the smoothness of the weak solutions constructed by Leray. Scheffer was the first to study the size of the singular set in space-time; subsequently Caffarelli, Kohn and Nirenberg have shown that the one-dimensional Hausdorff measure of the singular set is zero. In particular, the singularities cannot lie along a smooth curve. Very recently, simplified derivations of the CKN result have been given by Fang-Hua Lin and Chun Liu, as well as by Gang Tian and Zhouping Xin.

There has been some advance in existence theory. In 1951 Eberhardt Hopf showed that the Navier-Stokes equations have weak solutions with prescribed initial values in smoothly bounded domains in three-dimensional space, with zero velocity at the boundary. Hopf's proof makes use of the same functional analytic machinery as Leray's, but it is simpler in some details; in particular, instead of mollification he uses a Galerkin procedure to construct approximate solutions. A different approach to existence theory was taken by Fujita and Kato; they used fractional powers of operators, and the theory of semigroups.

Our knowledge of smooth solutions has advanced. Leray had shown that if the initial data are sufficiently smooth and tend to zero sufficiently fast near infinity, then a unique smooth solution exists in a time interval [0,T]; the size of this interval may depend on the viscosity γ. Ebin and Marsden, Swann, and Kato have shown that in domains without boundaries T may be chosen to be independent of the size of viscosity, and that as γ tends to zero, these solutions with fixed initial data tend to the solution of the inviscid incompressible Euler equations. No comparable result is known for flows in a domain with boundaries.

Leray has shown that in the absence of a driving force in the interior or on the boundary, solutions of the Navier-Stokes equation tend to zero as t tends to ∞, and that they regain regularity after a finite time. Much work has been done since on the behavior of driven viscous flows as $t \to \infty$, such as the finiteness of the Hausdorff dimension of the so-called attractor set, see e.g. Babin and Vishik, Constantin, Foias, Temam, Ladyzhenskaya and the literature quoted there.

Major effort has been devoted to devising and implementing effective computational schemes for calculating Navier-Stokes flows, steady and time- dependent. Curiously, although for many classes of partial differential equations computations have, in von Neumann's prophetic words, "provided us with those heuristic hints which are needed in all parts of mathematics for genuine progress", computations have so far failed to shed much light on whether there are regular solutions that become turbulent.

After the war Leray turned his attention to time dependent hyperbolic partial differential equations. Second-order hyperbolic partial differential equations, of which the prototype is the wave equation

$$u_{tt} - \Delta u = 0 ,$$

were well understood. As pointed out long ago by Friedrichs and Lewy, the key to the initial value problem is furnished by energy inequalities. These are derived by multiplying the equation $a(x, D)u = 0$ by mu, where $m(x, D)$ is a first-order differential operator, equal to $\partial/\partial t$ for the wave equation; the product $m(u)a(u)$ is integrated over a domain in x, t space-bounded by an initial and a final surface. Integration by parts produces integrals over the bounding surfaces whose integrands are quadratic forms in the first derivatives of u. If the bounding surfaces are spacelike, these quadratic forms are positive definite. In this case the integrals are interpreted as energy, and the integral relation obtained is the conservation of energy.

To extend this beautiful scheme to hyperbolic equations of order n greater than two, three obstacles had to be overcome: 1) How to recognize as positive an integral of a quadratic form of derivatives of order $n - 1 > 1$? 2) How to choose the operator $m(x, D)$ appearing in the factor mu? 3) What to make of a truly incomprehensible paper of Petrowsky from 1937, where energy estimates for higher order equations are derived?

The first problem was solved by Gårding, who showed that the relevant criterion is the positivity of an associated form of order $2(n-1)$. The second problem was solved by Leray by the requirement that the characteristics of the operator m separate those of the operator a. The third obstacle was overcome by Leray when he observed that Petrowsky's construction requires a continuous choice of bases in the tangent space of the sphere, possible only in special dimensions.

We remark here that in 1958 Calderon showed how energy estimates can be derived by employing singular integral (pseudodifferential) operators as symmetrizers of hyperbolic operators. Once this was accomplished, Petrowsky's work could be interpreted in retrospect as constructing pseudodifferential operators based on Fourier series, instead of the Fourier integral.

Leray's derivation of energy inequalities, and their application to prove existence and uniqueness of solution of the Cauchy problem for hyperbolic equations with variable coefficients are outlined in a note included in this volume. They are described in detail in the second part of his Princeton IAS Lecture Notes, 1953/54. The first part discusses explicit formulas for the solution of Cauchy's problem for hyperbolic operators with constant coefficients and containing no lower order terms. This material recapitulates and extends previous results of Herglotz and Petrowsky; the methods used are Fourier analysis, theory of analytic functions of many variables, and algebraic geometry. Further results along these lines have been derived by Atiyah, Bott and Gårding.

For the success of the energy method as described above it is essential that the hyperbolic operator $a(x,D)$ in question have *distinct* characteristics. In the sixties Leray became interested in hyperbolic equations with multiple characteristics. A typical example is

$$u_{tt} + u_x = 0 ;$$

this equation has solutions of the form $u = e^{-inx+\sqrt{in}t}$, which shows that solutions do not depend boundedly in the C^N norm on their initial data at $t=0$, no matter how large N is. It follows that the initial value problem cannot be solved for all C^N initial data. The same conclusion holds for all hyperbolic operators $a(x,D)$ with multiple characteristic, unless restrictions, called the Levi-Lax condition, are placed on the allowable lower order terms, see Mizohata. In the sixties Ohya had discovered that if the coefficients of $a(x,D)$ and the prescribed initial data are not only C^∞ but in an appropriate Gevrey class, then the initial value problem has a solution that belongs to a Gevrey class. We recall that $f(x)$, $x = x_1, \ldots, x_n$ belongs to the Gevrey class $\alpha > 1$ if f is C^∞, and if its derivatives satisfy inequalities of the form

$$|\partial^\beta f| \le c^k (k!)^\alpha ,$$

for $|\beta| \le k$. Here $\partial^\beta = \partial_1^{\beta_1} \ldots \partial_n^{\beta_n}$, and $|\beta| = \beta_1 + \ldots + \beta_n$; c is some constant. The importance of Gevrey classes in this context is that they are *not* quasi-analytic, i.e. that they contain functions with arbitrarily prescribed compact support. Therefore it is possible to define domains of dependence and domains of influence for Gevrey class solutions.

Leray, in collaboration with Ohya, generalized Ohya's result considerably, including even quasilinear equations and systems of nth order equations. A prototype result is as follows:

Let $a(x, D) = a_1(x, D) \dots a_p(x, D)$ be a product of p hyperbolic operators a_j, each with distinct characteristics. Denote by m the order of a. Let b denote some partial differential operator of order $m - p + q$, $q < p$. Suppose that the coefficients of the operator a belong to Gevrey class $\alpha > 1$, and suppose furthermore that the L^2 norm of the space derivatives of the initial values $\partial_t^\gamma u$, $\gamma = 0, \dots, m-1$ satisfy a Gevrey type estimate at $t = 0$, $\int |\partial_x^\beta \partial_t^\gamma u|^2 dx \leq c^{\gamma + |\beta|}(\gamma + |\beta|)!^\alpha$ for all multiindices β and for $\gamma < m$. Under the condition that $\alpha < p/q$, Leray and Ohya show that the initial value problem has a unique solution of Gevrey class for $0 \leq t \leq T$.

Note that for $q = 0$ there is no restriction on α; in this case the energy method can be used to construct solutions of $[a + b]u = 0$ with initial data prescribed as arbitrary functions of class C^N provided that N is large enough.

The technique used to construct solutions in Gevrey class is a modification of the method of majorants; it employs formal series. We refer to the article by Ohya and Tarama for a review of this field of inquiry.

According to the now classical principle of Holmgren, if a linear equation has solutions for a dense set of initial data, then the only solution of the adjoint equation with zero initial values is zero. Consequently, nonuniqueness for the initial value problem implies that for the adjoint equation the initial value problem can be solved only for a nondense set of initial values. De Giorgi has given examples of nonzero solutions of hyperbolic equations with multiple characteristics whose initial values are zero. By extending De Giorgi's examples Leray showed that the conditions he and Ohya have found to be sufficient for solving the initial value problem in Gevrey classes are very nearly necessary.

Hyperbolic operators with multiple characteristics appear in some problems of differential geometry, and in magneto-hydrodynamics. Recently, Oseledets, and somewhat later Buttke, have reformulated the incompressible Euler equations as a hyperbolic system of quasilinear, pseudodifferential equations with multiple characteristic; perhaps the method described above shed some light on these equations.

In a joint paper with Hamada and Wagschal, Leray investigated the propagation of singularities of solutions of hyperbolic equations. The singularities in question are of analytic data, and the authors show that they propagate along characteristic hypersurfaces.

The rest of the papers included in this collection are on diverse topics. Two of them deal with the bi- and N-harmonic equation in a strip in the plane. Leray used the representation of N-harmonic functions in terms of analytic functions, and a theorem of Hans Lewy on the continuations by reflection of solutions of partial differential equations, to construct Green's function in a strip, subject to various boundary conditions.

The source of problems about the biharmonic equation is the theory of elasticity; in a 1908 prize-winning Mémoire for the Académie des Sciences, Hadamard discussed the biharmonic equation and posed this question: if a clamped flat plate is subject to a distributed force on its surface acting in the same direction, does the resulting deflection take place in the same direction? In the standard model for the elastic bending of thin flat plates this amounts to the following question: if a function $u(x, y)$ satisfies the inequality $\Delta^2 u \geq 0$ in a domain, and if u and its first derivatives vanish on the boundary of the domain, is $u \geq 0$ in the domain? In 1948 Duffin showed that the answer is *no* for a strip. This is equivalent to the statement that Green's function for a strip, with clamped boundary conditions, changes sign. It should be interesting to deduce this from Leray's formula for Green's function.

Leray's formulation of analytical problems in geometric terms is very much in the spirit of Poincaré, although for Poincaré function spaces were a promised land he saw but did not enter. Like Poincaré, Leray chose to work mostly on problems that came from physics. In marked contrast, the founding members of the Bourbaki movement, most of them Leray's contemporaries, sought inspiration not in nature but in mathematics itself. That Leray remained faithful to nature had a profound effect on postwar French mathematics. For it was his achievements, prestige and influence that assured a rightful place for his outlook; he was the intellectual guide of the present distinguished French school of applied mathematics. More than that, he provided that balance between the concrete and the abstract that is so essential for the health of mathematics.

References

1. Atiyah, M., Bott, R. and Gårding, L., *Lacunas for hyperbolic differential equations with constant coefficients I*, Acta Math, **124**(1970) 109-189.
2. Babin, A.V. and Vishik, M.I., *Attractors of partial differential evolution equations and estimates of their dimension*, Russian Math. Surveys, **38**(1983) 133-187.
3. Caffarelli, L., Kohn, R. and Nirenberg, L., *Partial regularity of suitable weak solutions of the Navier-Stokes equation*, CPAM, **35** (1982) 771-837.
4. Constantin, P. and Foias, C., *Navier-Stokes equation*, The University of Chicago Press, 1988.
5. Doering, C.R. and Gibbon, J.D., *Applied analysis of the Navier-Stokes equation*, Cambridge Texts in Appl. Math., Cambridge University Press, 1995.
6. Duffin, R., *On a question of Hadamard concerning super-biharmonic functions*, J. Math. Phys. **27**(1948) 253-258.
7. Ebin, D.G. and Marsden, J., *Groups of diffeomorphisms and the motion of an incompressible fluid*, Ann. of Math., **92**(1970) 102-163.
8. Foias, C., Temam, R., *Some analytic and geometric properties of the solutions of the Navier-Stokes equations*, J. Math. Pures et Appl., **58** fasc. 3(1979) 339-368.
9. Fujita, H. and Kato, T., *On the Navier-Stokes initial value problem*, I, Arch. Rat. Mech. and Anal. **16**(1964) 269-315.
10. Hadamard, J., *Mémoire sur le probleme d´analyse relatif à l' équilibre des plaques élastiques encastrées*, Mémoire prèsenté par divers savants à l´Académie des Sciences, sér 2 **33**(1908) 128 pp.
11. Hopf, E., *Über die Anfangswertaufgabe für die hydrodynamischen Grundgleichungen*, Math. Nachr., **4**(1951) 213-231.

12. Kato, T., *Nonstationary flows of viscous and ideal fluids in* R^3, J. Functional Analysis, **9**(1972) 296-305.
13. Ladyzhenskaya, O.A., *Attractors for semigroups and evolution equations*, Lezioni Lincei, Academia Nazionale dei Lincei, Cambridge University Press, 1991.
14. Lax, A., *On Cauchy's problem for partial differential equations with multiple characteristics*, CPAM, **9**(1956) 135-169.
15. Lin, Fang-Hua and Liu, Chun, *Partial regularity of the dynamical system modeling the flows of liquid crystals*, Discrete & Continuous Dynamical Systems, **2**(1966) 1-22.
16. Lions, P.L., *Mathematical Topics in Fluid Mechanics, vol.1 Incompressible Models*, Clarendon Press, Oxford Lecture Series in Mathematics and its Applications, **3**(1996).
17. Mizohata, S., *Weakly hyperbolic equations with constant multiplicities*, Studies in Mathematics and its Applications, **18** Patterns and Waves, 1986, Kinokuniya/North Holland.
18. Nečas, J., Růžička, M., and Šverák, V., *On Leray's self-similar solutions of the Navier-Stokes equations*, Acta Math. **176**(1996) 283-294.
19. Ohya, Y. and Tarama, S., *Le problème de Cauchy à caractéristiques multiples dans la classe de Gevrey*, Proc. Taniguchi Int. Symposium Katata and Kyoto, 1984, Academic Press, 1986, 273-306.
20. Oseledets, V.I., *On a new way of writing the Navier-Stokes equation. The Hamiltonian formalism*, Russian Math. Surveys, **44**(1989), 3, 210-211.
21. Scheffer, V., *Partial regularity of solutions to the Navier-Stokes equation*, Pacific J. Math, **66**(1976) 535-552.
22. Temam, R, *Navier-Stokes equation and Nonlinear Functional Analysis*, CBMS-NSF Regional Conference Series in Appl. Math. SIAM 1983.
23. Tian, Gang and Xin, Zhouping, *Gradient estimation on Navier-Stokes equation*, Comm. Analysis and Geometry, to appear.
24. Tsai, Tai-peng, *On Leray's self-similar solutions of the Navier-Stokes equations satisfying local energy estimates*, Arch. Rat. Mech., to appear.

[1972a]

La mathématique et ses applications

Academia Nazionale dei Lincei,
Adunanze Staordinarie per il Conferimento dei Premi A. Feltrinelli 1972, pp. 191-197

Monsieur le President, Mesdames, Messieurs,

J'ai l'honneur et aussi le plaisir de vous dire ma gratitude, comme français, comme citoyen du Monde, comme mathématicien conscient de l'utilité de sa science.

Le Palais Corsini autorise l'emploi de ma langue, soeur de la vôtre, et l'Académie dei Lincei accepte de l'imprimer; soyez-en remerciés fraternellement.

Permettez-moi d'exprimer plus longuement la reconnaissance du citoyen que je suis, citoyen français aujourd'hui, citoyen européen demain; car nous espérons tous que le Traité de Rome construira, par la paix et la prospérité, une union mieux scellée que ne le fut l'héroïque Empire romain. Nous l'espérons, car nous connaissons les causes de la grandeur et de la décadence de la Rome antique. Ne me dites pas: « Sutor, ne supra crepidam! ». Je ne citerai que les causes mathématiques de cette décadence: une cartographie déficiente et un système de numération écrite impropre au calcul numérique devaient déséquilibrer dangereusement sa stratégie et ses finances. De même, le peuple grec, ne sachant compter au-delà de dix-mille, ne pouvait concevoir que de minuscules démocraties. Et pourtant les Sages de Rome et de la Grèce étaient instruits des connaissances plus poussées de quelques autres peuples. Mais les civilisations antiques étaient trop rigoureusement structurées pour posséder l'aptitude d'assimiler les découvertes étrangères. Les peuples modernes les adoptent sans fausse honte et souvent avec courage, tels la Grande-Bretagne imposant à sa monnaie le système décimal, moins par nécessité que par solidarité internationale. Chaque homme cultivé est aujourd'hui dégagé de tout chauvinisme intellectuel et sait qu'il existe une pensée humaine universelle; il sent que la sauvegarder, c'est sauvegarder l'humanité même. L'élite en fut toujours consciente; nous avons foi en l'avenir de l'Europe parce qu'enfin les peuples européens aussi en sont conscients. Qui donc les a instruits? De cruelles expériences, certes; mais Alfred Nobel et la Suède y ont grandement contribué; il importait que leur action ne restât point isolée; rendons grâce à Antonio Feltrinelli et à l'Italie de l'avoir amplifiée, à l'Académie nationale dei Lincei de l'avoir diversifiée, de l'avoir étendue à tous les arts et aux sciences abstraites, et de le faire avec un altruisme exemplaire, en excluant de ses choix ceux de ses Membres; il ont l'honneur suprême d'être les arbitres.

Enfin, je vous remercie, Messieurs, de juger qu'on ne doit pas séparer les mathématiques de leurs applications. C'est évidemment ce jugement que vous souhaitez m'entendre aujourd'hui justifier.

* * *

Devrais-je donc parler de l'utilité des mathématiques? Alfred Nobel n'a jamais douté de l'utilité des sciences expérimentales, ni Henri Poincaré, son cadet de vingt ans, de la valeur de la science. Aujourd'hui, cet univers physique en expansion aussi rapide que possible, révélé par Einstein, paraît l'image même de l'univers de nos connaissances; un désir de les sélectionner en résulte; l'utilité serait-elle un critère valable de sélection des mathématiques?

L'histoire invite à la prudence. Songeons à votre compatriote de Pavie, Cardan; (excusez ma langue de déformer ainsi les noms de Pavia et de Cardano!). Quand, au seizième siècle, Cardan ose calculer avec des nombres « imaginaires », peut-il pressentir qu'ils seront indispensables, trois cents ans plus tard, au calcul des réseaux transportant l'énergie électrique? Quand il invente, en mécanique, les joints portant son nom, peut-il soupçonner qu'il rend possible l'industrie automobile?

Je ne saurais rien dire, que vous ne sachiez, de Galilée, puisque votre Compagnie est aussi fière d'avoir su et pu l'honorer que lui-même, à dater de 1661, fut fier de signer « Linceo Galileo Galilei »; je passerai donc sous silence son siècle, celui de Leibniz et Newton.

Mais, évoquons d'Alembert, calculant l'action d'un courant liquide sur un obstacle, se désespérant de trouver une force perpendiculaire au courant et jugeant paradoxale la mécanique des fluides: le développement de cette science en fut arrêté pour deux siècles. Or ce paradoxe n'existe plus pour l'homme d'aujourd'hui: nous avons compris que l'oiseau plane sans effort, parce que sa vitesse horizontale provoque une poussée verticale de l'air; et l'aile d'avion moderne, ses gouvernails, la pale ou l'aileron de turbine, le ventilateur, la voile du bateau de sport ont tous des profils aérodynamiques, c'est-à-dire réalisant le paradoxe de d'Alembert. Notre technique nous familiarise de plus en plus avec ce que l'intelligence de d'Alembert avait découvert, mais que le « bon sens » de son temps rejetait à tort et qu'il crut irréel, lui aussi.

Il serait oiseux de citer le 19ème siècle; ce serait parler d'abord de Lagrange, que nous tous connaissons bien, puisque, piémontais et français, il fut notre compatriote à tous.

Ainsi, faire un acte d'une utilité fondamentale, vraiment originale, c'est laisser l'esprit de recherche diriger des réflexions et des actions dont personne ne peut prévoir quelque utilité; nécessairement, elles en paraissent tout à fait dépourvues à tous et, d'abord, à celui qui s'y livre: sa curiosité l'a dominé, abolissant en lui tout souci d'efficacité.

L'utilitarisme paralyserait donc l'aventure humaine, qui est la raison de vivre de l'humanité; car l'homme tient moins à vivre qu'à être esthète et créateur.

Le plus imprévisible des avenirs est celui de la science; la théorie des nombres, la géométrie algébrique, toute autre structure mathématique d'une grande richesse ou d'une grande généralité peut trouver finalement son emploi, par exemple à la physique théorique, qui s'intéresse aujourd'hui à un grand nombre de telles structures, en particulier pour édifier la théorie quantique des champs. D'ailleurs toute branche des mathématiques n'a-t-elle pas comme utilité première d'enchanter l'intelligence de ceux qui l'explorent?

Il n'existe donc pas de relation sommaire entre les mathématiques et leurs applications.

* * *

Quand les mathématiques contemporaines trouvent quelque application pratique, c'est souvent par un processus bien plus indirect qu'au siècle passé, où les mathématiques étaient élaborées moins par les Universités que par les grandes Ecoles techniques. Ce processus est aléatoire. Je ne saurais en parler qu'en contant ce qu'une fois il fut.

En 1936, peu d'années avant d'être, en pleine jeunesse, victime du racisme, mon ami Jules Schauder s'intéressait déjà aux équations aux dérivées partielles d'ordre supérieur à deux; c'était suivre l'exemple des géomètres italiens quand, après que les coniques et les quadriques eussent tellement été étudiées, ils entreprirent l'étude générale des variétés algébriques; J. Schauder constatait d'ailleurs que seul le profond analyste italien E. E. Levi avait abordé ce sujet; il projetait de simplifier et compléter ses travaux, importants et difficiles; depuis lors, la transformation de Fourier et les méthodes de J. Schauder l'ont effectivement permis; j'aimerais citer les progrès faits, en particulier par vos compatriotes, dans le cas elliptique, linéaire ou non: celui qui régit les équilibres des milieux continus. Ce serait allonger excessivement mon propos. C'est m'en écarter tout à fait que citer le cas qui m'a passionné: celui des équations hyperboliques; je dois m'interdire de vous parler de la propagation des ondes et de sa façon de dissiper l'énergie; de l'aide qu'apportent à son étude les variables complexes et par exemple la théorie moderne des résidus; de la résolution des équations régissant la magnétohydrodynamique relativiste, résolution singulièrement plus délicate que celle des équations régissant la relativité générale.

Pendant que nous, mathématiciens, spéculions ainsi, des ingénieurs réussissaient à donner au béton, en le comprimant, la robustesse que ses deux mille ans d'âge procurent au ciment romain: ils créaient la technique du béton précontraint. Les ponts, par exemple, ne consistaient plus en un système de poutres, dont le calcul classique se réduit à la résolution de systèmes différentiels très élémentaires; ils devenaient d'élégantes plaques de béton. Leur élégance avait quelque timidité, car on connaissait mal leur comportement: l'expérimentation photo-élastique de modèles transparents ne le maîtrisait pas; son calcul précis restait à faire. C'est celui de la flexion de la bande élastique à bords libres.

Les mathématiques du début de ce siècle en étaient incapables. Mais nous voici habitués aux équations d'ordre supérieur et aux conditions aux bords quelconques; telles semblent être, à première vue, celles des bords libres des bandes. Nous voici familiarisés avec les distributions et la transformation de Laplace. D'où l'espoir, l'audace, les moyens de calculer cette flexion par des formules assez explicites pour qu'un ordinateur puisse donner à bon compte, avec précision et rapidité, tous les renseignements nécessaires à la construction de centaines de pont-plaques.

Passons sous silence le labeur des techniciens et parlons seulement des plaisirs qu'eut le mathématicien: constater que les théories les plus parfaites sont les guides les plus sûrs pour résoudre les problèmes concrets; avoir assez confiance en sa science pour prendre des responsabilités techniques. Puissent beaucoup de mathématiciens connaître un jour ces joies très saines, quelque humbles qu'ils les jugent!

Cet exemple suggère que les mathématiques appliquées exigent une habitude de plus en plus grande des mathématiques pures; l'exemple qui le prouve vraiment est l'oeuvre d'un autre ami, prématurément disparu, lui aussi: Hans von Neumann.

* * *

Jusqu'au début de notre siècle, l'évolution des mathématiques pures obéit à l'impulsion des mathématiques appliquées, de la mécanique et de la physique. Aujourd'hui encore les théories mathématiques sont en général créées pour résoudre des problèmes; elles sont jugées sur leur aptitude à y réussir. Mais désormais il s'agit indifféremment « de problèmes qui se posent » ou « de problèmes qu'on se pose », comme disait Henri Poincaré; il témoignait quelque dédain pour ceux-ci, c'est-à-dire pour l'aptitude de l'homme à créer l'abstrait; au contraire, les pères de Nicolas Bourbaki ont cru que ceux-là ne pourraient plus renouveler la mathématique, c'est-à-dire que toutes ses notions de base étaient actuellement découvertes; ce fut vite contredit par l'essor de la logique mathématique, du calcul numérique, du calcul des probabilités, de la théorie de l'information, des théories physiques.

Pour donner un aperçu de l'influence exercée actuellement sur les mathématiques par leurs applications choisissons un problème qui montre, outre cette influence, cette critique que la science d'aujourd'hui ne cesse de faire de la science d'hier: c'est le problème des théorèmes d'existence.

Le dix-neuvième siècle cherchait à résoudre par des formules explicites, donc plus ou moins élémentaires, les problèmes de la physique mathématique, dans les cas particuliers où c'était possible; ces cas particuliers sont évidemment des cas exceptionnels, ce dont on ne se souciait pas. Notre siècle voulut résoudre ces problèmes dans toute leur généralité; il a dû se contenter d'établir l'existence de ces solutions et, bien entendu, ce faisant, quelques unes de leurs propriétés; mais il s'agit de propriétés très générales, ne le caractérisant pas, permettant au plus, parfois, de programmer leur calcul par ordinateur. Comprendre pourquoi certains problèmes de physique mathématique ont une solution, comme l'espère la physique, est-ce un plaisir stérile, d'homme s'enfermant en une tour d'ivoire pour rêver aux mystères du monde?

Non, tout d'abord parce qu'il est souvent déçu. Si l'on n'a réussi à établir l'existence des solutions régissant la relativité générale que durant un court intervalle de temps, pour y réussir en magnétohydrodynamique relativiste, il nous faut en outre supposer indéfiniment différentiables les fonctions physiques données; certes, elles appartiennent à une classe de Gevrey, non quasi-analytique, ce qui conserve un sens au principe d'Einstein: aucune influence ne doit se propager plus vite que la lumière; et ce principe est effectivement respecté. Mais pourquoi nos théorèmes mathématiques ne valent-ils que sous des conditions d'une étroitesse si décevante?

La mécanique classique rencontre des difficultés moins graves: les équations régissant les mouvements des fluides visqueux possèdent effectivement des solutions définies pour toutes les valeurs à venir du temps; mais il faut permettre à ces solutions toute singularité compatible avec la dissipation de l'énergie; or c'est trop permettre pour pouvoir affirmer l'unicité du mouvement. Son indétermination traduirait-elle les phénomènes de turbulence? Serait-elle une nouvelle objection à la mécanique déterministe du dix-neuvième siècle? Celle-ci postulait a priori la régularité du mouvement; nous ne réussissons pas à la vérifier a posteriori; la structure microscopique de la matière aurait-elle plus d'effets macroscopiques qu'on ne le croit? Telles sont les réflexions qu'inspirent des résultats trop incomplets pour ne pas décevoir.

Par contre, pour beaucoup d'autres problèmes très généraux, des théorèmes d'existence peuvent être établis; bien que l'intuition physique les suggère souvent, leurs preuves emploient des théories diverses et originales: celle des opérateurs, qui doit tant à David Hilbert; celle des contractions, qui remonte à Emile Picard; celle de l'inversion des applications fonctionnelles de votre compatriote R. Caccioppoli; celle des points fixes, que Jules Schauder réussit à appliquer aux espaces fonctionnels. J'aimerais pouvoir détailler le développement de celle-ci: dénombrer les point fixes d'une application d'un espace topologique en lui-même, comme le théorème de d'Alembert dénombre les zéros d'un polynome d'une variable, nécessite l'élaboration de la topologie algébrique des espaces topologiques; il apparaît alors que les propriétés topologiques fondamentales de l'espace euclidien s'étendent aux espaces topologiques; cette extension conduit à l'emploi de nouvelles méthodes: suite spectrale, cohomologie relative à un faisceau, trace généralisée; elles ont permis à divers mathématiciens de développer la théorie des fonctions de plusieurs variables complexes, la géométrie différentielle, la géométrie algébrique, la théorie des points fixes elle-même, enfin la théorie des hyperfonctions, qui prolonge celle des distributions. D'autre part, affirmer qu'on a construit une solution approchée, c'est affirmer un théorème d'existence, donc appliquer l'une des théories que j'avais citées. L'énumération de tant de branches de la mathématique ne prouve que ceci: cette science a une profonde unité et ne peut être séparée de ses applications.

Si j'avais détaillé cette énumération, j'aurais dû parler à nouveau du paradoxe de d'Alembert; la théorie des sillages des profils non aérodynamiques l'élucide. Votre regretté Confrère Levi-Civita avait souligné la difficulté des problèmes que posent cette théorie du sillage et la théorie analogue des jets; l'un de ses disciples, mon Maître Henri Villat, qui est le doyen d'élection de l'Académie des Sciences de Paris, avait construit une solution approchée, remarquablement simple et maniable, de ces problèmes; les méthodes topologiques, précédemment citées, ont permis de prouver qu'en toute rigueur ces théories des sillages et des jets sont satisfaisantes, du point de vue mathématique; l'équité et la gratitude exigent que je rende hommage à Levi-Civita.

* * *

Ce faisant, j'ai nommé mon Maître Henri Villat, enfreignant une fois la règle que je m'étais imposée de ne citer aucun des mathématiciens vivants, faute de pouvoir citer tous ceux qui devraient l'être. Mais, au moment de conclure, c'est d'eux tous que je voudrais parler, et d'abord de la mathématique.

Ses diverses parties sont aussi inséparables que les divers organes de tout être vivant; et, comme tout être vivant, pour ne pas mourir, la mathématique doit se recréer sans cesse. Nous ne pouvons l'apprendre, nous devons la redécouvrir. Chaque génération la reconstruit donc, plus belle, plus vaste et plus puissante, mais plus complexe aussi, quelque plaisir qu'elle trouve à oublier tout ce qu'elle croit superflu. Ainsi, la mort de la recherche mathématique serait la mort de la pensée mathématique, c'est-à-dire du langage même de la science. Car expérimenter n'est pas seulement employer nos sens et nos mains; c'est aussi élaborer un schéma raisonnable de la petite partie de la réalité physique que nous observons.

Notre civilisation n'est pas mécanique, mais scientifique: il est vital qu'elle transmette l'essentiel de sa science aux jeunes générations; leur ardeur intellectuelle est vive; cependant cette tâche est exposée à trois menaces.

Tout d'abord la mathématique pourrait dégénérer; c'est l'initiation scientifique des enfants qui révèle le mieux ce premier danger.

Une autre mutation s'avère périlleuse: celle de l'homo faber en homo sapiens. Tous deux gagnent leur pain à la sueur de leur front; mais le premier exécute un travail musculaire ou monotone; son utilité est évidente, jusqu'à ce que le moteur et l'ordinateur l'éliminent; le second participe à la vie de la pensée scientifique, qui est indispensable quand la machine se révèle déficiente; il joue un rôle essentiel, mais exceptionnel ou indirect; il sert son pays, pour le meilleur ou pour le pire. La simple et dure morale des travailleurs manuels et de leurs dirigeants ne s'applique plus à lui, bien qu'elle ait souvent régi toute son enfance et son adolescence. Il aurait besoin de retrouver sa quiétude et une éthique en aimant la science non seulement parce qu'elle est belle, mais aussi parce qu'elle serait devenue bonne envers tous les hommes. Nous tous avons besoin que la jeunesse développe toutes ses capacités intellectuelles, en ayant bonne conscience et foi en son avenir.

Si notre civilisation fait de la science un emploi malsain chez elle et malfaisant hors de ses frontières, elle ne blessera pas seulement la conscience de l'élite: chacun redoutera la science; nul ne souhaitera plus qu'elle se développe; la flamme de l'esprit s'éteindra, les techniques se figeront, deviendront surannées, puis dépériront. Telle fut, telle est l'expiation exemplaire de certains génocides.

Ainsi notre civilisation scientifique exige de nous tous beaucoup pour que nous réussissions à la maintenir et à la transmettre à nos enfants: force de caractère, valeur morale, goût de vivre. Ces exigences, ne seront-elles pas l'utilité suprême de la science?

[1933c]

Étude de diverses équations intégrales non linéaires et de quelques problèmes que pose l'hydrodynamique

J. Math. Pures Appl. 12 (1933) 1–82

CHAPITRE I.

THÉORÈMES D'EXISTENCE NON LOCAUX.

1. SOMMAIRE. — Les théorèmes d'existence fournis par la Méthode des approximations successives sont en général locaux. Dans des cas appropriés on peut, en répétant l'application de cette méthode, atteindre de proche en proche des résultats non locaux : il faut que le rayon de convergence ne tombe pas à zéro [*cf.* les travaux relatifs à l'équation $\Delta u = e^u$; les Mémoires de M. S. Bernstein sur les équations aux dérivées partielles du second ordre et du type elliptique]. D'autre part M. E. Schmidt a montré que les solutions d'une équation intégrale, considérées comme fonctions des paramètres, peuvent admettre des singularités de nature algébrique. Dans ce cas le procédé ci-dessus est sûrement inutilisable. Il est donc naturel d'essayer d'obtenir des résultats non locaux en appliquant de proche en proche la méthode de M. Schmidt. C'est ce que nous avons fait, au cours de la première section de ce chapitre, sous une forme qu'exige la rigueur, mais dont je regrette l'abstraction. Pour pouvoir conclure, il faut compléter les hypothèses de M. Schmidt par quelques conditions de nature *essentiellement différente*. [Les solutions du problème doivent être bornées dans leur ensemble, ...]. Il est bien remarquable que ces nouvelles conditions sont *nécessairement vérifiées* quand les solutions sont des fonctions des paramètres finies, algébroïdes et à nombre fini de déterminations.

Au cours de la deuxième section de ce chapitre, ces conclusions sont appliquées à des exemples simples; ceux-ci ont été multipliés afin de montrer la diversité des résultats que l'on peut obtenir et l'impossibilité de donner un critère pratique qui définirait le type des équations relevant de notre méthode. Ces exemples ont été tirés de problèmes que divers auteurs avaient étudiés en appliquant de proche en proche la méthode des approximations successives; nous avons simplement supprimé l'hypothèse qui entraîne l'unicité de la solution. Il est vrai que du même coup les problèmes envisagés ont cessé de correspondre à aucun problème de Physique.

La section III aborde enfin l'étude des régimes permanents et montre comment on peut y utiliser les résultats de la première section.

I. — Généralités.

2. Une équation intégrale est une équation fonctionnelle du type suivant :

L'inconnue est une fonction $u(s)$ qui doit être définie sur un certain domaine $\mathcal{D}$; elle doit annuler une fonctionnelle donnée $\mathcal{F}[u(s)]$; cette fonctionnelle est construite à partir de $u(s)$ par l'intermédiaire d'un nombre fini ou d'une infinité dénombrable de quadratures, de fonctions de fonctions, de passages à la limite. Dans cette équation peuvent figurer des paramètres; nous supposerons, pour simplifier, qu'il y en a au plus deux : h et k.

Donnons comme premier exemple l'équation :

$$(1) \qquad u(s)+h\int_0^1 F[u(t), k]\,dt=0,$$

où $F[u, k]$ est une fonction rationnelle. [Toute solution de (1) a une valeur constante u qui satisfait l'équation : $u+hF[u, k]=0$.]

Un second exemple élémentaire est l'équation

$$(2) \qquad a(s)u^2(s)+2h\,b(s)\,u(s)+k\,c(s)=0,$$

où $a(s)$, $b(s)$, $c(s)$ sont des fonctions continues données.

Les solutions de ces deux exemples sont des fonctions de h et de k de natures très différentes. Il convient donc d'étudier des types particuliers d'équations intégrales, et non l'équation intégrale la plus générale.

3. C'est ce qu'a fait M. E. Schmidt dans son mémoire bien connu des *Mathematische Annalen* (t. 65; 1908). Il se donne une solution arbitraire de l'équation, $u_0(s)$, correspondant aux valeurs h_0 et k_0 des paramètres. Puis il suppose satisfaites certaines conditions; quand ces conditions seront vérifiées, nous dirons que l'équation est du *type de Schmidt* au voisinage de la solution : $u_0(s)$, h_0, k_0. M. Schmidt construit alors deux nombres positifs : ε_0 et η_0; et il limite son étude à certaines solutions de l'équation; ce sont, dirons-nous, celles qui appartiennent au *voisinage de Schmidt* de la solution donnée : $u_0(s)$, h_0, k_0; elles sont caractérisées par les inégalités

$$(3) \qquad |u(s)-u_0(s)|<\varepsilon_0, \qquad |h-h_0|<\eta_0, \qquad |k-k_0|<\eta_0.$$

Enfin il les détermine explicitement : elles sont fonctions analytiques et régulières de h, de k et de n_0 nouveaux paramètres : $x, y, \ldots, z$. Ces n_0+2 paramètres sont liés par un système de n_0 relations analytiques. régulières dans le domaine où on les utilise et désignées sous le nom d'*équations de bifurcation*

$$(4) \qquad \Phi_1(h, k, x, y, \ldots, z)=0, \qquad \ldots, \qquad \Phi_n(h, k, x, y, \ldots, z)=0.$$

Il ne reste plus qu'à discuter (4) : en effet à toute solution de (4) correspond une seule solution $u(s)$, h, k de l'équation intégrale; et réciproquement. Si h_0, k_0, $u_0(s)$ et l'équation intégrale sont réels toutes les relations utilisées sont à coefficients réels; alors les solutions réelles de l'équation intégrale et les solutions réelles du système (4) se correspondent.

Les systèmes de valeurs de $(x, y, \ldots, z)$ correspondant à un système de valeurs de h et de k ne peuvent constituer un ou plusieurs continus que dans des cas très exceptionnels; sinon ils sont en nombre fini; si ce nombre est 1 nous dirons qu'il n'y a pas de *bifurcation;* c'est toujours le cas quand o est la seule solution d'une certaine équation de Fredholm homogène, qu'on peut nommer : *équation aux variations.*

En résumé les résultats de M. Schmidt nous permettent d'obtenir des *propriétés locales* de l'ensemble des solutions d'une équation intégrale.

N. B. — L'équation (1) est du type de Schmidt au voisinage de chacune de ses solutions; l'équation (2) est du type de Schmidt au voisinage de toute solution continue $u_0(s)$, telle que $|a(s)u_0(s) + h_0 b(s)|$ ait une borne inférieure positive.

4. Un moyen d'obtenir des résultats non locaux. — Supposons dès maintenant que l'équation intégrale est réelle et que le point (h, k) reste sur un ensemble fermé $\bar{\delta}$, constitué par un domaine réel borné δ et par sa frontière. Soit à étudier l'ensemble e des solutions réelles et continues $[u(s), h, k]$ qui correspondent aux divers points de δ et qui possèdent en outre, éventuellement, une certaine propriété $(\mathfrak{P})$. La circonstance la plus simple qui puisse se présenter est la suivante : e constitue un ensemble compact en soi; c'est-à-dire : toute suite d'éléments de e a au moins un élément d'accumulation appartenant à e. Or, pour reconnaître cette éventualité, nous possédons une règle pratique : c'est le célèbre *théorème d'Arzelà*, dans le cas usuel où l'espace fonctionnel employé est celui des fonctions continues et où l'on utilise la notion de limite uniforme : il faut et il suffit que les fonctions constituant e soient bornées dans leur ensemble; qu'elles possèdent une égale continuité; enfin que toute suite convergente d'éléments de e ait pour limite une solution de l'équation, possédant la propriété $(\mathfrak{P})$.

Supposons que la nature de l'équation nous permet d'établir ces trois dernières propriétés; supposons en outre que l'équation soit du type de Schmidt au voisinage de chacun des éléments de e. Désignons par $\mathcal{V}$ le voisinage de Schmidt relatif à chaque élément de e, dans le cas où la propriété ($\mathfrak{T}$) n'existe pas; lorsque cette propriété existera effectivement il conviendra, dans chaque cas particulier, de définir $\mathcal{V}$ soit comme étant le voisisage de Schmidt, soit comme étant un voisinage plus restreint, défini par des inégalités de la forme

$$(5) \qquad |u(s) - u_0(s)| < \varepsilon_0', \qquad |h - h_0| < \eta_0', \qquad |k - k_0| < \eta_0',$$

où

$$0 < \varepsilon_0' < \varepsilon_0, \qquad 0 < \eta_0' < \eta_0.$$

Ceci posé, utilisons le *lemme de Borel-Lebesgue* : une suite finie $\mathcal{V}_1, \mathcal{V}_2, \ldots, \mathcal{V}_p$ de voisinages $\mathcal{V}$ suffit à couvrir e tout entier.

On étudiera dès lors chacun des voisinages $\mathcal{V}_i$ par les développements de M. Schmidt; et des résultats non locaux seront ainsi acquis.

5. Faisons enfin l'hypothèse que les solutions réelles contenues dans le voisinage $\mathcal{V}$ d'un élément de e appartiennent toutes à e. L'étude de chacun des voisinages $\mathcal{V}_i$ revient à discuter les solutions réelles du systéme des équations de bifurcation, c'est-à-dire l'intersection de n_i surfaces analytiques réelles dans un espace à $n_i + 2$ dimensions.

Nommons usuelles les portions de cette intersection qui constituent des variétés à deux dimensions sur lesquelles h et k sont variables indépendantes; nommons exceptionnelles les variétés constituant le reste de l'intersection. [L'existence de variétés exceptionnelles à plus d'une dimension exige des conditions extrêmement particulières.] Le nombre des solutions usuelles est toujours fini; il ne peut changer que si le point (h, k) traverse certaines courbes analytiques; mais sa parité reste la même. Les variétés exceptionnelles se projettent sur le plan (h, k) suivant des courbes analytiques ou des domaines limités par des courbes analytiques; si de tels domaines existent, il correspond à chacun de leurs points une infinité continue de solutions.

Résumons ce qui précéde : le point (h, k) appartenant à un ensemble $\overline{\delta}$ constitué par un domaine borné δ et par sa frontière, on étudie celles des solutions réelles de l'équation intégrale qui possèdent une propriété $(\mathfrak{T})$.

On suppose établi que ces solutions vérifient les hypothèses ci-dessous :

(H)

(H_1) L'équation est du type de Schmidt au voisinage de chacune d'elles

(H_2) Chacun de leurs voisinages de Schmidt contient un voisinage $\mathcal{V}$, plus restreint, défini par des inégalités (5) et à l'intérieur duquel toute solution réelle de l'équation possède la propriété $(\mathfrak{T})$.

(H_3) Ces solutions sont bornées dans leur ensemble.

(H_4) Elles possèdent une égale continuité [ce qui, en général, se déduira sans peine de (H_3)].

(H_5) Toute fonction limite d'une infinité d'entre elles est solution de l'équation.

(H_6) Cette fonction limite possède la propriété $(\mathfrak{T})$.

Retenons seulement les conclusions les moins théoriques, celles qui concernent le nombre des solutions :

(C)

δ est divisé en régions par un nombre fini d'arcs de courbes, analytiques dans un domaine qui contient $\bar{\delta}$. A l'intérieur de chacune de ces régions le nombre des solutions exceptionnelles de l'équation étudiée est constamment nul ou infini, et le nombre des solutions usuelles est fini et constant ([1]).

La parité du nombre des solutions usuelles est la même à l'intérieur de toutes les régions dont l'ensemble constitue δ.

Remarque. — Si l'équation ne comporte qu'un paramètre, h, le rôle de δ est joué par un intervalle (ouvert) de l'axe des h; celui de $\bar{\delta}$ par le segment (fermé) correspondant; celui des régions par un nombre fini d'intervalles, en lesquels δ se trouve divisé.

([1]) Nous indiquerons à la fin du paragraphe **10** du présent chapitre un cas comportant effectivement des solutions exceptionnelles. Dans cette équation figure un noyau dégénéré $K(s, t)$, ce qui nous permettra de la résoudre à l'aide de fonctions élémentaires. Mais la propriété de cette équation à laquelle est en réalité liée l'existence de solutions exceptionnelles est la suivante : soit $u(s)$ une de

Remarque. — Ces résultats s'appliqueront fréquemment dans les conditions suivantes : on connaîtra dans le plan (h, k) une région Δ, bornée ou non, telle que tout domaine borné intérieur soit un domaine $\overline{\delta}$, Δ sera alors divisé en régions par un nombre fini ou une infinité dénombrable d'arcs, analytiques en tout point intérieur à Δ; ces régions posséderont les propriétés qui résultent de (C).

6. Détermination de la parité du nombre des solutions usuelles. — Cette détermination est importante; en particulier :

(C′) Si le nombre des solutions usuelles est *impair* l'équation intégrale admet *au moins une solution, quelle que soit la position du point* (h, k) *à l'intérieur de* δ *ou sur sa frontière.*

Or pour connaître cette parité il suffit de la déterminer sur un petit domaine intérieur à δ. Le procédé le plus simple sera le suivant : on cherchera un point particulier (h', k') de $\overline{\delta}$, auquel corresponde un nombre fini de solutions, qu'on sache toutes déterminer ; il suffirait de construire les solutions appartenant au voisinage $\mathcal{V}$ de chacune d'elles pour obtenir toutes les solutions qui correspondent à (h, k) intérieur à $\overline{\delta}$ et à un cercle suffisamment petit, centré en (h', k') [on le démontre par l'absurde]; le décompte de ces dernières sera donc aisé.

Le principal but de ce Mémoire est de montrer que les conclusions (C) — et, éventuellement, (C′) — s'appliquent à diverses équations intégrales appropriées. Le mode d'étude que nous venons de décrire se nommera : « Méthode d'Arzelà-Schmidt ».

---

ses solutions; elle est définie pour $0 \leqq s \leqq 2\pi$; convenons que $u(s \pm 2\pi) = u(s)$; alors. quelle que soit la constante ω, $u(s-\omega)$ est également une solution. L'équation en question est donc telle que toutes les transformées de chacune de ses solutions par les opérations d'un groupe continu la satisfassent encore : Dès qu'elle possède une solution qui n'est pas invariante par les opérations de ce groupe elle en possède une infinité d'autres.

II. — Application à divers exemples simples.

7. *Premier exemple.* — Soit l'équation

$$u(s) = h\int_0^1 K(s, t)\, u(t)\, dt + k\int_0^1 H[s, t, u(t)]\, dt. \tag{6}$$

Les fonctions données sont supposées vérifier les inégalités suivantes :
l'on a pour $0 < s < 1$, $0 < t < 1$, $-\infty < u < +\infty$

$$|K(s, t)| < A, \qquad |K(s_1, t) - K(s_2, t) < \varepsilon, \tag{7}$$

$$|H[s, t, u]| < B, \qquad |H[s_1, t, u] - H[s_2, t, u]| < C(u)\eta. \tag{8}$$

A et B désignent des constantes; $\varepsilon[s_1 - s_2]$ et $\eta[s_1 - s_2]$ sont des fonctions de $(s_1 - s_2)$ qui tendent vers zéro avec $(s_1 - s_2)$; $C(u)$ est une fonction de $|u|$ positive et croissante. On suppose enfin que, quel que soit le nombre réel u_0, on puisse développer $H[s, t, u]$ en une série de la forme

$$H[s, t, u] = \sum_{p=0}^{\infty} H_p(s, t)(u - u_0)^p, \tag{9}$$

où $\sqrt[p]{|H_p(s, t)|}$ a une limite supérieure indépendante de p.

Soit $\Gamma(s, t; \lambda)$ le noyau résolvant de l'équation de Fredholm :

$$\varphi(s) = \lambda\int_0^1 K(s, t)\, \varphi(t)\, dt.$$

Soient λ_i les valeurs singulières de cette équation, numérotées par ordre de grandeur croissante. Supposons que h ne soit égal à aucun des nombres λ_i; et mettons l'équation (6) sous la forme équivalente :

$$u(s) = k\int_0^1 H[s, t, u(t)]\, dt + hk\int_0^1\int_0^1 \Gamma(s, t; h)\, H[t, t', u(t')]\, dt\, dt'. \tag{10}$$

Montrons que la méthode d'Arzelà-Schmidt s'applique dans les conditions suivantes : la propriété ($\mathfrak{T}$) est inexistante; δ est l'un quelconque des domaines bornés intérieurs à la bande, Δ, du plan (h, k), que définit la double inégalité : $\lambda_i < h < \lambda_{i+1}$. [S'il n'existe aucune valeur singulière λ_i, Δ est le plan entier; s'il existe une valeur singulière λ_α inférieure (ou supérieure à toutes les autres), on pourra prendre pour Δ le demi-plan : $h < \lambda_\alpha$(ou $h > \lambda_\alpha$).] Les conditions (H_1), (H_2), (H_5), (H_6) sont vérifiées. D'autre part $\Gamma(s, t; h)$ satisfait les inégalités

$$|\Gamma(s, t, h)| < f(h), \qquad |\Gamma(s_1, t, h) - \Gamma(s_2, t, h)| < f(h)\,\varepsilon(s_1 - s_2).$$

où $f(h)$ est borné sur tout segment fini ne contenant aucun point λ_i.

On a d'après (10):

$$|u(s)| < Bk + Bhkf(h), \tag{11}$$

$$|u(s_1) - u(s_0)| < k\eta\, C[Bk + Bhkf(h)] + Bhkf(h)\varepsilon. \tag{12}$$

Les conditions (H_5) et (H_4) sont donc satisfaites. Et les conclusions (C) sont valables.

Pour $k = 0$ la solution est unique; c'est $u(s) = 0$; l'équation aux variations correspondante n'admet que la solution nulle; il n'y a pas de bifurcation au voisinage de cette solution. La conclusion (C') est donc également valable.

Faisons tendre h vers λ_i ou λ_{i+1}; le nombre des solutions usuelles, qui n'est jamais nul, peut augmenter indéfiniment; il serait possible de préciser comment elles se comportent. Nous ne le ferons pas; nous nous contenterons d'indiquer un cas élémentaire et suggestif : prenons $H[s, t, u] = F(u)$; $K(s, t) = 1$; la seule valeur singulière est $\lambda_1 = 1$; les fonctions cherchées sont des constantes u qui satisfont la relation : $(1 - h)u = kF(u)$.

Les raisonnements précédents s'adaptent aisément au cas où l'on remplace dans la première inégalité (8) la constante B par une fonction $B(u)$, bornée sur tout ensemble borné de valeurs de u et telle que $|u|^{-1} B(u)$ tende vers zéro avec $|u|^{-1}$.

8. Extension des résultats précédents. — Soit à étudier l'équation (6) lorsque les inégalités (7) et (8) sont vérifiées, sans que la condition (9) le soit. La méthode d'Arzelà-Schmidt ne peut plus être appliquée. Mais considérons une suite de fonctions $H^*[s, t, u]$ vérifiant les conditions (7), (8) et (9) et convergeant uniformément vers $H[s, t, u]$ à l'intérieur du domaine : $0 < s < 1$; $0 < t < 1$; $-\infty < u < +\infty$ sur lequel $H[s, t, u]$ est supposé continu. Donnons à h et k des valeurs fixes ($h \neq \lambda_i$). Remplaçons dans (6) $H[s, t, u]$ par $H^*[s, t, u]$; l'équation (6*) ainsi obtenue a au moins une solution, $u^*(s)$. La suite des fonctions $u^*(s)$ est bornée dans son ensemble et possède une égale continuité, parce que les $u^*(s)$ vérifient les inégalités (11) et (12). Cette suite a au moins une limite, dont l'existence prouve que (6) *a encore, dans ce cas, au moins une solution si h n'est égal à aucun des λ_i.*

Mais l'ensemble des solutions réelles de (6) n'est plus, en général, aussi régulier que précédemment. Si $\frac{\partial H[s, t, u]}{\partial u}$ n'existe pas, ou devient infini pour certaines valeurs de u, la plus grande complexité est à prévoir. Toutefois si $\frac{\partial H[s, t, u]}{\partial u}$ est une fonction continue le Mémoire de M. Schmidt peut servir à analyser la structure locale de l'ensemble des solutions, à condition de résoudre par la Méthode des approximations successives les problèmes qui s'y trouvent résolus par des développements en séries.

9. Un autre problème, a propos de l'équation (6). — Soit à étudier les solutions $u(s)$ de (6) qui possèdent la propriété ($\mathfrak{T}$) de n'être jamais négatives; on suppose $h \geqq 0$, $k \geqq 0$, $K(s, t) \geqq 0$ et $H[s, t, u] > 0$ pour $u \geqq 0$ et les conditions (7), (8), (9) vérifiées pour u et u_0 positifs ou nuls. Il existe une constante positive λ_1, qui est la plus petite des valeurs λ_i positives, et une fonction, non identiquement nulle et jamais négative, $\Psi_1(s)$, vérifiant la relation

$$\Psi_1(s) = \lambda_1 \int_0^1 K(s, t)\, \Psi_1(t)\, dt.$$

De (6) résulte :

$$\int_0^1 u(s)\, \Psi_1(s)\, ds = \frac{h}{\lambda_1} \int_0^1 u(s)\, \Psi_1(s)\, ds + k \int_0^1 \int_0^1 H[s, t, u(t)]\, \Psi_1(t)\, ds\, dt.$$

Cette relation est impossible si $h \geqq \lambda_1$. Il y a donc lieu d'étudier exclusivement la région Δ du plan (h, k) définie par les inégalités : $0 \leqq h < \lambda_1$; $0 \leqq k$. Tout rectangle $0 < h < \alpha < \lambda_1$; $0 < k < \beta$ est un domaine δ pour lequel les hypothèses (H) sont vérifiées. Les conclusions (C) sont donc applicables.

D'autre part pour $h=k=0$ l'équation (6) admet la seule solution $u(s)=0$; il ne s'y produit pas de bifurcation : la conclusion (C′) est également valable.

Remarque. — Le cas où l'hypothèse (9) n'est plus vérifiée peut être étudié par le procédé du paragraphe **8** : à tout point de Δ il correspond encore au moins une solution.

10. Une seconde équation intégrale :

$$u(s)+h\int_0^1 K(s,t)\,F[u(t)]\,dt=0.$$

Nous nous proposons d'en étudier l'ensemble des solutions réelles qui correspondent aux valeurs positives du paramètre h, quand les conditions suivantes sont réalisées : $K(s,t)+K(t,s)$ est un noyau symétrique positif, c'est-à-dire dont toutes les valeurs singulières sont positives; $K(s,t)$ est une fonction continue sur le rectangle : $0\leqq s\leqq 1$; $0\leqq t\leqq 1$; $F(u)$ est une fonction analytique régulière pour $-\infty<u<+\infty$; $|F(u)|$ reste inférieure à une constante A sur l'ensemble des valeurs de u pour lesquelles $uF(u)<0$. Ainsi la propriété ($\mathfrak{T}$) est inexistante; Δ est le demi-axe : $0\leqq h$; l'intervalle δ peut avoir pour origine le point $h=0$. Établir les conditions (H) revient à établir (H_3).

Or désignons par E_1 l'ensemble des valeurs de s pour lesquelles : $u(s)F[u(s)]>0$; soit E_2 l'ensemble complémentaire de E_1 par rapport à l'intervalle $(0,1)$. Nous avons :

$$\int_{E_1} u(s)\,F[u(s)]\,ds+h\int_{E_1}\int_{E_1} K(s,t)\,F[u(s)]\,F[u(t)]\,ds\,dt$$
$$+h\int_{E_1} F[u(s)]\,ds\int_{E_2} K(s,t)\,F[u(t)]\,dt=0.$$

Par hypothèse $|F|<A$ sur E_2; d'autre part :

$$\int_{E_1}\int_{E_1} K(s,t)\,F[u(s)]\,F[u(t)]\,ds\,dt$$
$$=\frac{1}{2}\int_{E_1}\int_{E_1}[K(s,t)+K(t,s)]\,F[u(s)]\,F[u(t)]\,ds\,dt\geqq 0.$$

Donc, B désignant le maximum de $|K(s, t)|$,

$$\int_{E_1} u(s)\, F[u(s)]\, ds < h\,AB \int_{E_1} |F[u(s)]|\, ds.$$

Soit E_3 l'ensemble des points de E_1 en lesquels $|u(s)| > 2h\,AB$. Soit $\varphi(h)$ le maximum de $|F(u)|$ pour $|u| \leqq 2h\,AB$; il vient :

$$2h\,AB \int_{E} |F[u(s)]|\, ds < h\,AB\,\varphi(h) + h\,AB \int_{E_2} |F[u(s)]|\, ds.$$

D'où

$$\int_{E_3} |F[u(s)]|\, ds < \frac{1}{2}\varphi(h);$$

rappelons que sur E_2 : $|F| < A$ et que sur $E_1 - E_3$: $|F| < \varphi(h)$.

Nous sommes donc en état de majorer

$$h \int_2^1 K(s, t)\, F[u(t)]\, dt,$$

c'est-à-dire $-u(s)$; il vient :

$$|u(s)| < h\,B\left[A + \frac{3}{2}\varphi(h)\right].$$

Ainsi les conclusions (C) du paragraphe **5** sont valables. L'étude de l'équation pour $h = 0$ montre que les conclusions (C′) le sont également. Enfin si l'on suppose $F(u)$ continu au lieu de le supposer analytique on peut établir, par le procédé du paragraphe **8**, l'existence d'au moins une solution correspondant à chaque valeur positive de h.

N. B. — Il est aisé de vérifier les résultats énoncés dans le cas particulier de l'équation suivante :

$$u(s) + \frac{h}{\pi} \int_{\iota}^{2\pi} [\cos(s - t) + a][u^3(t) - b\,u(t)]\, dt = 0,$$

a et b sont des constautes, dont la première est positive.

Toute solution de cette équation est nécessairement de la forme

$$u(s) = \lambda + \mu \cos(s - \omega),$$

λ, μ, ω étant des constantes. La détermination de ces constantes est un problème élémentaire. Énonçons les résultats que l'on obtient lorsque $b > 0$, $a > \frac{1}{2}$:

Pour $0 \leqq h \leqq \frac{1}{2ab}$, il existe une solution;

Pour $\frac{1}{2ab} < h \leqq \frac{1}{b}$, il existe trois solutions;

Pour $\frac{1}{b} < h \leqq \frac{4a-1}{2ab}$, il existe trois solutions isolées et une famille continue de solutions exceptionnelles;

Pour $\frac{4a-1}{2ab} < h$, il existe trois solutions isolées et trois familles continues de solutions exceptionnelles.

11. Problème de M. T. Carleman. — Soit à construire, dans un volume Π et sur la surface Σ qui le limite, une fonction continue u satisfaisant les conditions suivantes sur Σ :

$$\frac{du}{dn} = F(u);$$

dans Π :

$$\Delta u = g(x, y, z),$$

$g(x, y, z)$ est une fonction donnée en tout point de Π, continue, jamais positive [ou la suppose non identiquement nulle]; $\frac{du}{dn}$ est la dérivée prise le long de la normale intérieure; Δ est le symbole de Laplace $\frac{\partial^2}{\partial x^2} + \frac{\partial^2}{\partial y^2} + \frac{\partial^2}{\partial z^2}$. $F(u)$ est une fonction définie et holomorphe pour toute valeur positive de u; quand u tend vers $+\infty$, $F(u)$ tend aussi vers $+\infty$; quand u tend vers zéro, $F(u)$ n'a aucune valeur limite positive. M. Carleman a montré que ce problème admet toujours une solution unique dans le cas qui se présente en Physique : celui où $F'(u) > 0$ [*Math. Zeitschrift*, t. 9, 1921].

Nous ne ferons pas cette hypothèse; il résulte immédiatement du Mémoire cité que le problème relève alors de la méthode d'Arzelà-Schmidt.

Nous nous permettrons d'en reproduire la démonstration. Rappelons les formules classiques :

$$(13) \quad 4\pi u(a, b, c) = \iint_\Sigma \left[u \frac{d\left(\frac{1}{r}\right)}{dn} - \frac{1}{r}\frac{du}{dn} \right] d\sigma - \iiint_\Pi \frac{1}{r} \Delta u \, dx \, dy \, dz$$

pour (a, b, c) intérieur à π,

$$(14)\qquad 2\pi\, u(a, b, c) = \iint_\Sigma \left[u \frac{d\left(\frac{1}{r}\right)}{dn} - \frac{1}{r}\frac{du}{dn}\right] d\sigma - \iiint_\Pi \frac{1}{r}\Delta u \, dx\, dy\, dz$$

pour (a, b, c) sur Σ.

Δu est donné : $\frac{du}{dn} = F(u)$; d'après (13) le problème se ramène à la détermination des valeurs prises par u sur Σ; d'après (12) il équivaut dès lors à l'intégration de l'équation

$$(15)\qquad u(a, b, c) = \frac{1}{2\pi}\iint \left[u \frac{d\left(\frac{1}{r}\right)}{dn} - \frac{1}{r} F(u, h)\right] d\sigma - \frac{1}{2\pi}\iiint_\Pi \frac{1}{r} g(x, y, z)\, dx\, dy\, dz,$$

le point (a, b, c) étant situé sur Σ; nous avons explicité un paramètre h; F est supposé dépendre analytiquement de u et de h.

Soit un segment $\overline{\delta}$ de l'axe des h, possédant les propriétés ci-dessous : $\underline{F}(u)$, minimum de $F(u, h)$ sur $\overline{\delta}$, doit tendre vers $+\infty$ avec u; $\overline{F}(u)$, maximum de $F(u, h)$ sur $\overline{\delta}$, ne doit avoir aucune valeur limite positive quand u tend vers zéro. Nous étudions les solutions continues de (15), $u(a, b, c)$, qui possèdent la propriété ($\mathfrak{P}$) d'avoir sur Σ un minimum positif.

L'hypothèse (H_1), du paragraphe **5**, est vérifiée, sous réserve d'apporter à la théorie de M. Schmidt de légères modifications, exigées par la présence, dans (15), de fonctions non bornées. (H_2) et (H_5) sont vérifiées. (H_4) est une conséquence de (H_3). Il reste donc à établir (H_3) et (H_6), c'est-à-dire que les solutions étudiées possèdent, dans leur ensemble, une borne supérieure finie et une borne inférieure positive.

Soit $u(x, y, z)$ une solution du problème, définie sur Σ et dans Π; soit $V(x, y, z)$ la solution du système

$$\Delta V = g(x, y, z) \text{ dans } \Pi, \qquad V = 0 \text{ sur } \Sigma.$$

Posons

$$u(x, y, z) = V(x, y, z) + \Phi(x, y, z);$$

Φ est harmonique.

Le maximum de u sur Σ et celui de Φ dans $\Pi+\Sigma$ sont réalisés au même point (x_1, y_1, z_1). En ce point

$$\left(\frac{d\Phi}{dn}\right)_1 \leqq 0.$$

Donc

$$\left(\frac{du}{dn}\right)_1 \leqq \left(\frac{dV}{dn}\right)_1,$$

c'est-à-dire

$$F(u_1, h) \leqq \left(\frac{dV}{dn}\right)_1,$$

Soit α_1 la plus grande racine de l'équation, dont le second membre est positif,

$$\underline{F}(\alpha) = \left\{ \text{max. de} \left(\frac{dV}{dn}\right) \text{sur } \Sigma \right\}.$$

On a sur Σ

$$u(x, y, z) \leqq \alpha_1.$$

On obtient de même

$$\alpha_2 \leqq u(x, y, z) \text{ sur } \Sigma,$$

α_2 étant la plus petite racine positive de l'équation

$$\overline{F}(\alpha) = \left\{ \text{min. de} \left(\frac{dV}{dn}\right) \text{sur } \Sigma \right\};$$

le second membre de cette équation est positif. Et les conclusions (C) du paragraphe **5** se trouvent ainsi établies.

Prenons, avec M. Carleman, pour $F(u, h)$ la fonction

$$hF(u) + (1-h)u$$

et pour δ le segment $0 \leqq h \leqq 1$. Quand $h = 0$ le problème est linéaire et admet une solution unique; il ne s'y produit pas de bifurcation. Donc les conclusions (C′) sont également valables. Un raisonnement analogue à celui du paragraphe **9** prouve que le problème continue à admettre au moins une solution si, au lieu d'avoir une fonction $F(u)$ holomorphe on a seulement une fonction continue.

12. ÉQUATIONS AUX DÉRIVÉES PARTIELLES, DU SECOND ORDRE ET DU TYPE

ELLIPTIQUE. — Soit l'équation

$$(16) \qquad \frac{\partial^2 u}{\partial x^2} + \frac{\partial^2 u}{\partial y^2} + a(x, y)\frac{\partial u}{\partial x} + b(x, y)\frac{\partial u}{\partial y} = h\,F(u).$$

Nous nous proposons d'en étudier les solutions réelles et continues qui sont définies sur une aire bornée Σ et qui prennent sur les courbes constituant la frontière de cette aire une suite continue, donnée de valeurs [non toutes égales à un zéro de $F(u)$]; le paramètre h varie de o à $+\infty$; $a(x, y)$ et $b(x, y)$ sont analytiques et régulières en tout point de Σ et de sa frontière; $F(u)$ est une fonction analytique, régulière pour toute valeur de u; il existe une constante A telle que

$$-A < F(u) \qquad \text{pour } 0 < u < +\infty,$$
$$F(u) > A \qquad \text{pour } -\infty < u < 0.$$

Si l'une de ces solutions, $u(x, y)$, atteint son maximum u_1, en un point (x_1, y_1) intérieur à Σ, on a en ce point

$$\Delta u_1 \leqq 0, \qquad \left(\frac{\partial u}{\partial x}\right)_1 = 0, \qquad \left(\frac{\partial u}{\partial y}\right)_1 = 0;$$

donc $F(u_1) \leqq 0$. On peut établir l'inégalité plus précise $F(u_1) < 0$. Ainsi le maximum d'une solution quelconque du problème sera soit le maximum α des valeurs données sur le contour, soit un point de l'ensemble ouvert du demi-axe des u positifs, que définit l'inégalité

$$F(u) < 0.$$

Le point $u = \alpha$ et cet ensemble ouvert constituent un nombre fini ou une infinité dénombrable d'ensembles d'un seul tenant $I_1, I_2, \ldots$. I_1 se réduit à α, ou bien se compose d'un intervalle et de son origine, cette origine étant α; I_1 peut s'étendre jusqu'à $+\infty$, alors $I_2, \ldots$ n'existent pas; quand $I_2, \ldots$ existent, ce sont des intervalles (ouverts). De même le minimum d'une solution quelconque $u(x, y)$ appartient nécessairement à un ensemble $J_1 + J_2 + \ldots$ de l'axe des u, dont la définition est analogue; tous les points de ce dernier ensemble ont une abscisse inférieure à α.

Considérons, parmi l'ensemble E des solutions de (16) que nous avons à étudier, le sous-ensemble $E_{n,p}$ constitué par les éléments $u(x, y)$

de E qui possèdent la propriété ($\mathfrak{P}$) d'avoir un maximum appartenant à un I_n déterminé et un minimum appartenant à un J_p déterminé. Indiquons comment l'étude de chaque $E_{n,p}$ relève de la méthode d'Arzelà-Schmidt : Δ est le demi-axe $h \geqq 0$, δ est un intervalle borné quelconque de ce demi-axe, δ peut avoir pour origine le point $h = 0$; les fonctions $u(x, y)$ satisfont une équation intégrale facile à déduire de (16); si I_n et J_p sont bornés on connaît de ce fait une limite supérieure de toutes les fonctions $|u(x, y)|$; sinon on connaît une limite supérieure de toutes les fonctions $|F[u(x, y)]|$; d'où, par l'intermédiaire de l'équation intégrale, une limite supérieure de toutes les fonctions $|u(x, y)|$. Finalement les hypothèses (H) sont vérifiées; les conclusions (C) sont applicables à chacun des sous-ensembles $E_{n,p}$. L'étude de l'équation pour $h = 0$ prouve que les conclusions (C') sont valables en ce qui concerne le sous-ensemble $E_{1,1}$. Au contraire, si l'un au moins des entiers n et p diffère de 1, le nombre des solutions appartenant à $E_{n,p}$ reste nul lorsque h reste inférieur à une certaine limite (variable avec n et p); le nombre des solutions usuelles appartenant à $E_{n,p}$ est donc pair (ou nul) sauf, peut-être, pour des valeurs de h ne pouvant s'accumuler à distance finie.

13. Équations intégrales a nombre pair de solutions usuelles. — Soit l'équation intégrale

$$u(s) = h\int_0^1 K(s, t)\, F[u(t)]\, dt + k f(s) \qquad [f(s) \not\equiv 0]. \tag{17}$$

$K(s, t)$ est continu sur le rectangle $0 \leqq s \leqq 1$, $0 \leqq t \leqq 1$; il existe une fonction $A(s)$, continue et positive pour $0 \leqq s \leqq 1$, telle que la fonction de t

$$\int_0^1 A(s)\, K(s, t)\, ds$$

ait un minimum B positif; d'ailleurs toute fonction suffisamment voisine de $A(s)$ possède la même propriété; on peut donc supposer

$$\int_0^1 A(s) f(s)\, ds \neq 0;$$

$F(u)$ est analytique, régulière et positive pour $-\infty < u < +\infty$; $u^{-1} F(u)$ tend vers $+\infty$ avec u.

Nous nous proposons d'appliquer la méthode d'Arzelà-Schmidt à l'ensemble des solutions continues et réelles de (17), Δ étant le demi-plan : $h > 0$; δ est un domaine quelconque, borné et intérieur à ce demi-plan; δ ne doit admettre pour point-frontière aucun point de l'axe $h = 0$. Établir les hypothèses (H) se ramène tout de suite à établir (H_3). Or nous avons

$$\int_0^1 A(s)\, u(s)\, ds = h \int_0^1 \int_0^1 A(s)\, K(s, t)\, F[u(t)]\, dt + k \int_0^1 A(s) f(s)\, ds.$$

D'où

$$(18) \qquad Bh \int_0^1 F[u(s)]\, ds < \int_0^1 A(s)\, u(s)\, ds - k \int_0^1 A(s) f(s)\, ds.$$

Soit A le maximum de $A(s)$; soit $\varphi(h)$ la plus petite valeur positive ou nulle de u telle que l'inégalité $u > \varphi(h)$ entraîne

$$u < \frac{Bh}{2A} F(u);$$

$\varphi(h)$ est une fonction décroissante de h qui augmente indéfiniment quand h tend vers zéro. Nous avons

$$\int_0^1 A(s)\, u(s)\, ds \leqq A\, \varphi(h) + \frac{Bh}{2} \int_0^1 F[u(s)]\, ds.$$

Et l'inégalité (18) donne, dès lors,

$$(19) \qquad \frac{1}{2} Bh \int_0^1 F[u(s)]\, ds < A\, \varphi(h) - k \int_0^1 A(s) f(s)\, ds.$$

Soit C le maximum de $|K(s, t)|$; de (19) et de (17) résulte

$$|u(s)| < \frac{2C}{B} \left[A\, \varphi(h) - k \int_0^1 A(s) f(s)\, ds \right] + |k f(s)|.$$

L'hypothèse (H_3) est bien vérifiée.

D'autre part nous avons, puisque le premier membre de (19) est positif,

$$k \int_0^1 A(s) f(s)\, ds < A\, \varphi(h).$$

L'un des deux quadrants : $h > 0$, $k > 0$ et $h > 0$, $k < 0$, contient donc une région en tout point de laquelle le nombre des solutions est nul. [Si même on peut trouver deux fonctions $A(s)$ pour lesquelles les deux intégrales $\int_0^1 A(s) f(s)\,ds$ sont de signes opposés, chacun des deux quadrants contient sûrement une telle région]. Et dans le demi-plan $h > 0$ le nombre des solutions usuelles est pair, sauf sur certaines lignes. Cependant la méthode des approximations successives détermine un domaine : $0 < h < \psi(k)$ sur lequel il existe une seule solution assujettie à être fonction analytique et bornée de h et de k. Il existe donc en outre, en tout point de ce domaine, une ou plusieurs autres solutions usuelles; les maxima de leurs modules augmentent indéfiniment quand h tend vers zéro, k restant borné. Le nombre des solutions usuelles peut d'ailleurs augmenter quand h tend vers zéro. Ces résultats se vérifient tout de suite dans le cas élémentaire

$$K(s, t) = 1, \qquad f(s) = 1.$$

Indiquons également que l'hypothèse $A(s) > 0$ est superflue lorsque $|u|^{-1} F(u)$ tend vers $+\infty$ avec u.

Enfin explicitons l'une des conclusions obtenues : si l'équation (17) admet une solution $u(s) = g(s)$, si l'équation de bifurcation correspondant à cette solution

$$v(s) - h\int_0 K(s, t)\, F'[g(t)]\, v(t)\, dt = 0 \tag{20}$$

n'admet que la solution $v(s) = 0$, alors l'équation (17) admet une solution autre que $g(s)$. Autrement dit, l'équation

$$u(s) - h\int_0^1 K(s, t)\, F[u(t)]\, dt = g(s) - h\int_0^1 K(s, t)\, F[g(t)]\, dt$$

admet une solution différente de la solution évidente

$$u(s) = g(s)$$

quand l'équation (20) n'admet que la solution évidente

$$v(s) = 0.$$

Il est aisé de forger d'autres problèmes dont l'étude est analogue.

14. Note sur des équations voisines de l'équation (17). — Nous nous proposons d'étudier les solutions de l'équation $\Delta u = - hu^{2p}$ qui sont continues à l'intérieur d'une sphère Π de rayon 1 et qui prennent à la surface de cette sphère une valeur constante k; p est un entier positif; soient s, t des points décrivant l'intérieur de cette sphère, δs, δt les éléments de volume, r la distance de s à l'origine; nous nous bornons à la recherche des fonctions $u(s)$ qui ne dépendent que de r. Si $G(s, t)$ est la fonction de Green de la sphère, nous avons

$$u(s) = \frac{h}{2\pi}\int_{\Pi} G(s, t)\, u^{2p}(t)\, \delta t + k. \tag{21}$$

L'équation ainsi obtenue n'est pas du type (17) parce que $G(s, t)$ n'est pas borné supérieurement et a zéro pour borne inférieure. Soit ε une constante positive arbitrairement faible; soit $K(s, t)$ la fonction égale à $G(s, t)$ quand $\varepsilon \leqq G(s, t) \leqq \frac{1}{\varepsilon}$, à ε quand $G(s, t) < \varepsilon$, à $\frac{1}{\varepsilon}$ quand $G(s, t) \geqq \varepsilon$. L'équation

$$u(s) = \frac{h}{2\pi}\int_{\Pi} K(s, t)\, u^{2p}(t)\, dt + k \tag{22}$$

est du type (17). Mais — nous croyons intéressant de le signaler — pour $p > 2$, la structure de l'ensemble des solutions de (22) s'altère profondément quand on fait tendre ε vers zéro. L'ensemble des solutions continues de (22) a pour limite l'ensemble des solutions de (21) telles que l'intégrale $\int_{\Pi} u^{2p}(s)\, ds$ ait un sens; ce dernier ensemble ne possède pas les propriétés énoncées au paragraphe **5** : une correspondance biunivoque et bicontinue peut être établie entre ses éléments et les points d'une surface de l'espace (h, k, x); l'équation de cette surface est

$$hk^{2p-1} = \Theta_p(x);$$

la fonction $\Theta_p(x)$ est représentée graphiquement ci-après; elle admet une infinité de maxima et de minima au voisinage de la valeur $x = 1$. Toutes ces solutions de (21) sont continues, sauf celles qui correspondent à la ligne singulière de la surface

$$x = 1, \qquad hk^{2p-1} = \frac{2(2p-3)}{(2p-1)^2};$$

ces dernières ont pour expression :

$$u = \frac{k}{r^{\frac{2}{2p-1}}}.$$

Ainsi ni la méthode d'Arzelà-Schmidt, ni ses conclusions ne s'appliquent à l'équation (21), bien que toute suite de solutions

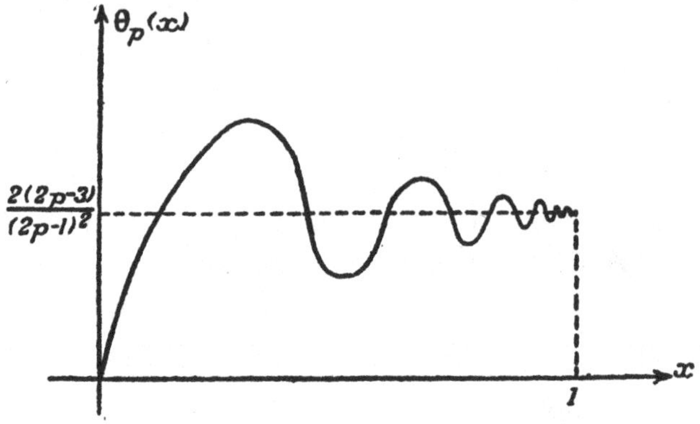

de (21) ait au moins une fonction limite si l'ensemble des valeurs prises par h^2+k^2 est borné; c'est que cette fonction limite peut être la fonction $\frac{k}{r^{\frac{2}{2p-1}}}$, qui est trop irrégulière pour que son voisinage possède les propriétés des voisinages de Schmidt.

III. — Application au problème des régimes permanents.

15. Notations. — Soient u_i les composantes de la vitesse d'un liquide visqueux, soit p sa pression; le système de référence utilisé est un système de Galilée ou un système en rotation uniforme par rapport à un système de Galilée; si le mouvement du liquide est permanent, il est régi par *les équations de Navier :*

$$(23)\quad \begin{cases} \mu \Delta u_i - \dfrac{\partial p}{\partial x_i} = \rho \displaystyle\sum_{k=1}^{3} u_k \dfrac{\partial u_i}{\partial x_k} - \rho X_i + \rho \displaystyle\sum_{k=1}^{3} A_{ik} u_k \qquad (i = 1, 2, 3), \\ \displaystyle\sum_{k=1}^{3} \dfrac{\partial u_k}{\partial x_k} = 0, \end{cases}$$

μ et ρ sont deux constantes : le coefficient de viscosité et la densité; X_i est la résultante des forces extérieures; ce vecteur satisfait une condition de Hölder; A_{ik} est un tenseur symétrique gauche ($A_{ik}+A_{ki}=0$), ses composantes sont des constantes; il représente la vitesse de rotation dont est animé le système de référence.

Soit un domaine Π; sa frontière est une surface Σ sans nappe infinie, sans singularité, et qui admet des rayons de courbure en chacun de ses points; les inverses de ces rayons de courbure ont sur Σ des dérivées premières bornées; Σ se compose d'un nombre fini de surfaces fermées et d'un seul tenant : $\Sigma_1, \Sigma_2, \ldots, \Sigma_l$. Nous représentons un point de l'espace par x; ses coordonnées par (x_1, x_2, x_3); l'élément de volume qu'il engendre par δx; l'élément de surface par $(\delta x_1, \delta x_2, \delta x_3)$, l'élément de courbe par (dx_1, dx_2, dx_3). Quand nous aurons à faire usage d'un second point, nous utiliserons les mêmes notations, x étant remplacé par y.

Définissons un vecteur $u_i(x)$ « solution régulière de (23) dans un domaine Π borné » :

(24) Les fonctions $u_i(x)$ et $\dfrac{\partial u_i(x)}{\partial x_j}$ devront être définies et continues en tout point de Π et de Σ; la dernière relation (23) sera vérifiée; les fonctions $u_i(x)$ admettront des dérivées secondes continues à l'intérieur de Π; et les trois premières relations (23) devront définir une fonction $p(x)$ continue et uniforme dans Π et sur Σ.

16. Problème relatif a un domaine borné. — Donnons-nous un domaine Π borné et proposons-nous de rechercher les solutions de (23), réelles et régulières dans Π, qui, sur la surface Σ, sont égales à un vecteur donné, $\alpha_i(x)$. Ce vecteur admet sur Σ des dérivées secondes bornées; son flux total à travers Σ doit être nul. Rappelons comment M. Odqvist a ramené ce problème à la recherche des solutions continues d'un système d'équations intégrales (*Math. Zeitschrift.*, t. 32, 1930) : il a construit le tenseur de Green, $G_{ij}(x, y)$, relatif au système

$$(25)\quad \begin{cases} \mu\,\Delta u_i - \dfrac{\partial p}{\partial x_i} = -\rho X_i \qquad (i=1,2,3), \\ \displaystyle\sum_{k=1}^{3} \dfrac{\partial u_k}{\partial x_k} = 0. \end{cases}$$

et son Mémoire permet d'obtenir le vecteur $\beta_i(x)$ défini à l'intérieur de Π, solution de (25), égal sur Σ au vecteur $\alpha_i(x)$; on a dès lors :

$$(26)\quad u_i(x) = -\rho \underset{p,k}{\mathrm{S}} \iiint_{\Pi} G_{ip}(x,y)\left[u_k(y)\frac{\partial u_p(y)}{\partial y_k} + A_{pk}\, u_k(y)\right]\delta y + \beta_i(x).$$

D'où

$$(27)\quad \frac{\partial u_i(x)}{\partial x_j} = -\rho \underset{p,k}{\mathrm{S}} \iiint_{\Pi} \frac{\partial G_{ip}(x,y)}{\partial x_j}\left[u_k(y)\frac{\partial u_p(y)}{\partial y_k} + A_{pk}\, u_k(y)\right]\delta y + \frac{\partial \beta_i(x)}{\partial x_j}.$$

Les équations (26) et (27), où les fonctions $u_i(x)$ et $\frac{\partial u_i(x)}{\partial x_j}$ sont les inconnues, constituent *les équations intégrales de M. Odqvist.*

Afin d'appliquer la méthode d'Arzelà-Schmidt, supposons que les vecteurs $X_i(x)$ et $\alpha_i(x)$ — et par suite $\beta_i(x)$ — soient proportionnels à un paramètre h. Utilisons les notations du paragraphe 5 : la propriété ($\mathfrak{P}$) est inexistante; Δ est l'axe réel des h en entier. Le système (26), (27) est du type de Schmidt au voisinage de toute solution continue. D'autre part nous établirons au Chapitre II le lemme suivant :

Lemme A. — *Soient toutes les solutions $u_i(x)$ réelles et régulières qui correspondent aux valeurs de h comprises entre les deux quantités $-h_0$ et $+h_0$. Les intégrales*

$$J = \iiint_{\Pi} \underset{i,k}{\mathrm{S}} \left(\frac{\partial u_i}{\partial x_k}\right)^2 \delta x$$

constituent un ensemble de nombres borné lorsque le flux du vecteur $\alpha_i(x)$ à travers chacune des surfaces $\Sigma_1, \ldots, \Sigma_l$ est séparément nul. (*Condition* A, que nous supposerons remplie.)

Nous en déduirons au Chapitre III le théorème suivant :

Théorème A. — *Les fonctions $u_i(x)$ et $\frac{\partial u_i(x)}{\partial x_j}$ considérées sont bornées dans leur ensemble et possèdent une égale continuité.*

Autrement dit les propriétés (H_3) et (H_4) sont sûrement réalisées quand est satisfaite la condition A. [Celle-ci est d'ailleurs nécessairement vérifiée quand $l=1$; quand $l>1$, la considération de sources placées à l'intérieur des frontières internes de Π n'a guère de sens physique.] Enfin nous rétablirons également le résultat classique que pour $h = 0$ la solution est unique; il ne s'y produit pas de bifurcation.

Donc les conclusions (C) et (C′) sont valables; et *nous sommes assurés de l'existence d'au moins une solution correspondant à des données qui satisfont la condition* A.

Remarques. — Du paragraphe **5** résultent des propriétés concernant la nature de la solution en tant que fonction de h; elles pourraient être étendues à des cas où $\alpha_i(x)$ et Π lui-même dépendraient de un ou de plusieurs paramètres.

— Tout ce qui précède peut être transposé sans peine au cas de deux dimensions.

17. Problème relatif a un domaine Π infini. — Nous supposons donnés non seulement Π et $\alpha_i(x)$, mais aussi un vecteur $a_i(x)$, de divergence nulle, régulier en tout point de l'espace. Π ne doit pas occuper l'espace tout entier; les flux de $\alpha_i(x)$ à travers chacune des surfaces $\Sigma_1, \Sigma_2, \ldots, \Sigma_l$ sont séparément nuls; enfin nous prenons pour simplifier $X_i = 0$. Soit Σ^* une famille de surfaces régulières, fermées, dont la plus courte distance à Σ augmente indéfiniment (et a une borne inférieure positive). Soit Π^* la portion de Π intérieure à Σ^*. Soit $u_i^*(x)$ une solution de (23), régulière dans Π^*, égale à $\alpha_i(x)$ sur Σ et à $a_i(x)$ sur Σ^* — nous venons de dire qu'il existe au moins une telle solution — Le problème que nous nous posons est de savoir si la suite $u_i^*(x)$ a au moins une limite. Nous serons conduits à supposer $a_i(x)$ égal à la vitesse d'un mouvement hélicoïdal uniforme satisfaisant les équations (23); autrement dit on doit avoir

$$A_{ik}\, a_k(x) = \frac{\partial a(x)}{\partial x_i},$$

$a(x)$ étant un polynome de degré deux au plus; pour qu'il en soit ainsi il faut que la rotation de ce mouvement hélicoïdal soit parallèle à la rotation dont est animé le système de référence par rapport à un système de Galilée; ce parallélisme est considéré comme réalisé si l'une de ces deux rotations est nulle; pour $a_i(x) = 0$ nos raisonnements restent d'ailleurs encore valables quand les composantes du tenseur A_{ik}, au lieu d'être des constantes, sont des fonctions qui satisfont des conditions de Hölder sur tout domaine borné et qui se comportent arbitrairement à l'infini. Sous ces réserves nous démontrerons au Chapitre II le lemme suivant :

LEMME B. — *Les intégrales*

$$J^* = \iiint_{\Pi^*} \underset{i,k}{S} \left(\frac{\partial u_i^*}{\partial x_k} - \frac{\partial a_i}{\partial x_k} \right)^2 \delta x$$

constituent un ensemble de nombres bornés.

Nous en déduirons au Chapitre III le théorème suivant :

THÉORÈME B. — *Sur toute portion bornée de* Π *les fonctions* $u_i^*(x)$ *et* $\frac{\partial u_i^*(x)}{\partial x_j}$ *sont bornées dans leur ensemble et possèdent une égale continuité.*

D'après le théorème d'Arzelà les fonctions $u_i^*(x)$ et $\frac{\partial u_i^*(x)}{\partial x_j}$ ont au moins une limite $u_i(x)$, $\frac{\partial u_i(x)}{\partial x_j}$; on déduit aisément du Mémoire de M. Odqvist, déjà cité, que cette limite constitue une solution de (23) régulière sur toute portion bornée de Π. Nous nommerons « solution de (23) régulière dans le domaine Π infini » tout vecteur $u_i(x)$ susceptible d'être obtenu par ce procédé, lequel est d'ailleurs analogue au passage à la limite effectué au cours du paragraphe **8**.

18. Nous chercherons également à étudier les propriétés de ces solutions régulières. Nous sommes déjà assurés qu'*il en existe au moins une* correspondant au système de données défini au paragraphe précédent. Nous établirons en outre les résultats suivants :

LEMME C. — *Supposons* $a_i(x)$ *fixe et* $\alpha_i(x) - a_i(x)$ *proportionnel à un paramètre* h. *Soient toutes les solutions* $u_i(x)$ *réelles et régulières qui correspondent aux valeurs de* h *comprises entre deux quantités* $-h_0$ *et* $+h_0$. *Les intégrales*

$$J = \iiint_{\Pi} \underset{i,k}{S} \left(\frac{\partial u_i}{\partial x_k} - \frac{\partial a_i}{\partial x_k} \right)^2 \delta x$$

constituent un ensemble de nombres borné.

Nous en déduirons au Chapitre III le théorème suivant :

Théorème C. — *Sur toute portion bornée de* Π *les fonctions* $u_i(x)$ *et* $\frac{\partial u_i(x)}{\partial x_j}$ *considérées sont bornées dans leur ensemble et possèdent une égale continuité.*

Nous démontrerons également que pour $h=0$ la solution est unique; c'est $u_i(x)=a_i(x)$.

Toutefois l'ensemble des solutions du problème correspondant à $-h_0 \leqq h \leqq h_0$ ne me paraît plus pouvoir être analysé par la méthode d'Arzelà-Schmidt; le cas où nous nous trouvons est très analogue à celui qui fut signalé au paragraphe **14**; il est également analogue à ceux des paragraphes **8**, **9**, **10**, **11**, **12** lorsque la fonction $H[s, t, u]$ ou $F(u)$ n'est plus holomorphe, mais seulement continue : cet ensemble de solutions est bien compact en soi; mais les voisinages de certains de ses éléments ne peuvent plus être étudiés par la théorie de M. Schmidt, parce que Π est infini. L'ensemble de ces solutions est-il susceptible d'une structure très irrégulière? Cette question, dont nous ne reparlerons plus, reste donc à élucider.

N. B. — Les résultats annoncés valent également en ce qui concerne les mouvements plans.

CHAPITRE II.

PROBLÈME DES RÉGIMES PERMANENTS : LES LEMMES A, B ET C, CONSÉQUENCES DE LA RELATION DE DISSIPATION DE L'ÉNERGIE.

I. — Sommaire.

1. Rappelons la *relation de dissipation de l'énergie :*

(1) $$\underset{i,k}{S}\iint_\Sigma \mu\left[\frac{\partial u_i}{\partial x_k}+\frac{\partial u_k}{\partial x_i}\right]u_i\,\delta x_k-\underset{i}{S}\iint_\Sigma p\,u_i\,\delta x_i-\frac{\rho}{2}\iint_\Sigma \underset{i}{S}\,u_i^2\,\underset{k}{S}\,u_k\,\delta x_k$$
$$=-\rho\,\underset{i}{S}\iiint_\Pi u_i X_i\,\delta x$$
$$+\mu\iiint_\Pi\Bigg[2\left(\frac{\partial u_1}{\partial x_1}\right)^2+2\left(\frac{\partial u_2}{\partial x_2}\right)^2+2\left(\frac{\partial u_3}{\partial x_3}\right)^2$$
$$+\left(\frac{\partial u_1}{\partial x_2}+\frac{\partial u_2}{\partial x_1}\right)^2+\left(\frac{\partial u_1}{\partial x_3}+\frac{\partial u_3}{\partial x_1}\right)^2+\left(\frac{\partial u_3}{\partial x_2}+\frac{\partial u_2}{\partial x_3}\right)^2\Bigg]\delta x.$$

Le domaine Π est supposé borné; le vecteur δx_i est dirigé vers l'extérieur de Π.

Pour $\alpha_i(x) = 0$ le premier membre de (1) s'annule, et d'autre part

$$\underset{i,k}{\mathrm{S}} \iiint_{\Pi} \frac{\partial u_i}{\partial x_k} \frac{\partial u_k}{\partial x_i} \delta x = 0.$$

La relation (1) devient donc

$$\mu \iiint_{\Pi} \underset{i,k}{\mathrm{S}} \left(\frac{\partial u_i}{\partial x_k}\right)^2 \delta y = \rho \iiint_{\Pi} \underset{i}{\mathrm{S}}\, u_i X_i \,\delta x. \tag{2}$$

Or l'on a, A désignant une constante,

$$\iiint_{\Pi} \underset{i}{\mathrm{S}}\, u_i^2 \,\delta x \leqq A \iiint_{\Pi} \underset{i,k}{\mathrm{S}} \left(\frac{\partial u_i}{\partial x_k}\right)^2 \delta x,$$

et par suite, d'après l'inégalité de Schwarz,

$$\left[\iiint_{\Pi} \underset{i}{\mathrm{S}}\, X_i u_i \,\delta x\right]^2 \leqq A \iiint_{\Pi} \underset{i}{\mathrm{S}}\, X_i^2 \,dx \iiint_{\Pi} \underset{i,k}{\mathrm{S}} \left(\frac{\partial u_i}{\partial x_k}\right)^2 \delta x.$$

Portons dans (2); l'on obtient

$$\iiint_{\Pi} \underset{i,k}{\mathrm{S}} \left(\frac{\partial u_i}{\partial x_k}\right)^2 \delta x \leqq A \left(\frac{\rho}{\mu}\right)^2 \iiint_{\Pi} \underset{i}{\mathrm{S}}\, X_i^2 \,\delta x,$$

Ainsi, quand $\alpha_i(x) = 0$, le lemme A se trouve établi.

2. Dans les cas qui se présentent en Physique, le champ de forces $X_i(x)$ dérive toujours d'un potentiel; les solutions $u_i(x)$ des équations de Navier sont alors les mêmes que si les fonctions $X_i(x)$ étaient nulles; l'hypothèse $\alpha_i(x) = 0$ entraîne donc $u_i(x) = 0$; autrement dit le résultat précédent n'a guère d'intérêt.

Or si $\alpha_i(x)$ n'est pas identiquement nul le raisonnement du paragraphe **1** tombe en défaut. Mais on peut modifier l'expression du premier membre de (1) : Soit $\gamma_i(x)$ l'un quelconque des vecteurs qui sont définis et qui admettent des dérivées secondes bornées dans Π et sur Σ, dont la divergence est nulle, qui sur Σ sont égaux à $\alpha_i(x)$.

Nous avons

$$\mathop{\mathrm{S}}_{i,k}\iint_\Sigma \mu\left[\frac{\partial u_i}{\partial x_k}+\frac{\partial u_k}{\partial x_i}\right]\gamma_i\,\delta x_k - \mathop{\mathrm{S}}_{i}\iint_\Sigma p\gamma_i\,\delta x_i$$
$$=\mathop{\mathrm{S}}_{i}\iiint_\Pi\left[\mu\,\Delta u_i-\frac{\partial p}{\partial x_i}\right]\gamma_i\,\delta x+\mu\mathop{\mathrm{S}}_{i,k}\iiint_\Pi\left[\frac{\partial u_i}{\partial x_k}+\frac{\partial u_k}{\partial x_i}\right]\frac{\partial \gamma_i}{\partial x_k}\delta x$$
$$=\rho\mathop{\mathrm{S}}_{i,k}\iiint_\Pi\left[u_k\frac{\partial u_i}{\partial x_k}+\mathrm{A}_{ik}u_k\right]\gamma_i\,\delta x$$
$$-\rho\mathop{\mathrm{S}}_{i}\iiint_\Pi \mathrm{X}_i u_i\,\delta x+\mu\mathop{\mathrm{S}}_{i,k}\iiint_\Pi\left[\frac{\partial u_i}{\partial x_k}+\frac{\partial u_k}{\partial x_i}\right]\frac{\partial \gamma_i}{\partial x_k}\delta x.$$

D'autre part

$$\mathop{\mathrm{S}}_{i,k}\iiint_\Pi\frac{\partial u_i}{\partial x_k}\frac{\partial u_k}{\partial x_i}\delta x=\mathop{\mathrm{S}}_{i,k}\iiint_\Pi\frac{\partial u_i}{\partial x_k}\frac{\partial \gamma_k}{\partial x_i}\delta x.$$

La relation de dissipation de l'énergie (1) peut donc être mise sous la forme

$$(3)\quad \mu\iiint_\Pi\mathop{\mathrm{S}}_{i,k}\left(\frac{\partial u_i}{\partial x_k}\right)^2\delta x=-\frac{\rho}{2}\iint_\Sigma\mathop{\mathrm{S}}_{i}\gamma_i^2\mathop{\mathrm{S}}_{k}\gamma_k\,\delta x_k$$
$$+\rho\mathop{\mathrm{S}}_{i}\iiint_\Pi(u_i-\gamma_i)\mathrm{X}_i\,\delta x+\mu\mathop{\mathrm{S}}_{i,k}\iiint_\Pi\frac{\partial u_i}{\partial x_k}\frac{\partial \gamma_i}{\partial x_k}\delta x$$
$$+\rho\mathop{\mathrm{S}}_{i,k}\iiint_\Pi\left[u_k\frac{\partial u_i}{\partial x_k}+\mathrm{A}_{ik}u_k\right]\gamma_i\,\delta x.$$

C'est de cette relation (3) que nous déduirons le lemme A.

3. Tout d'abord nous opérerons par l'absurde : supposons que $\alpha_i(x)$ et $\gamma_i(x)$ soient proportionnels à un paramètre h et qu'à une suite bornée de valeurs de h, distinctes ou non, corresponde une suite de solutions régulières pour lesquelles l'intégrale

$$\mathrm{J}=\iiint_\Pi\mathop{\mathrm{S}}_{i,k}\left(\frac{\partial u_i}{\partial x_k}\right)^2\delta x$$

augmente indéfiniment. Divisons tous les termes de la relation (3) par $\mu\mathrm{J}$; toutes les intégrales du second membre tendent vers zéro, sauf l'intégrale

$$(4)\qquad \frac{\rho}{\mu J}\mathop{\mathrm{S}}_{i,k}\iiint_{\Pi} u_k(x)\,\frac{\partial u_i(x)}{\partial x_k}\,\gamma_i(x)\,\delta x$$

qui tend donc vers 1. Les fonctions $\frac{1}{\sqrt{J}}\frac{\partial u_i(x)}{\partial x_k}$ satisfont dans leur ensemble une même condition : la somme de leurs carrés, étendue à Π, reste bornée; elles ont dès lors des propriétés analogues à celles des fonctions qui possèdent une égale continuité et qui sont bornées dans leur ensemble; nous l'expliquerons en détail ultérieurement. Pour l'instant contentons-nous de démontrer que l'intégrale (4) ne peut tendre vers 1 quand les fonctions $\frac{1}{J}\frac{\partial u_i(x)}{\partial x_k}$ sont bornées dans leur ensemble et possèdent une égale continuité : on sait alors extraire de la suite précédente une suite telle que h tende vers une limite h_1, et que chacune des fonctions $\frac{1}{\sqrt{J}}\frac{\partial u_i(x)}{\partial x_k}$ converge uniformément vers une limite; cette limite est de la forme $\frac{\partial U_i(x)}{\partial x_k}$, les fonctions $U_i(x)$ étant continues dans Π et nulles sur Σ. Il vient

$$(5)\qquad \frac{\rho}{\mu}\mathop{\mathrm{S}}_{i,k}\iiint_{\Pi} U_k(x)\frac{\partial U_i(x)}{\partial x_k}\gamma_i(x)\,\delta x = 1,\qquad \mathop{\mathrm{S}}_{k}\frac{\partial U_k(x)}{\partial x_k} = 0.$$

[Dans l'expression des fonctions $\alpha_i(x)$ et $\gamma_i(x)$ la valeur h_1 doit désormais être attribuée à h.] Cherchons si la conclusion ainsi obtenue n'est pas absurde.

Soit $\lambda_i(x)$ un vecteur défini et régulier dans Π et sur Σ, qui s'annule sur Σ et dont la divergence est nulle. (5) reste vérifié quand on remplace $\gamma_i(x)$ par $\gamma_i(x)+\lambda_i(x)$. Donc

$$\mathop{\mathrm{S}}_{i,k}\iiint_{\Pi} U_k(x)\frac{\partial U_i(x)}{\partial x_k}\lambda_i(x)\,\delta x = 0.$$

Soit une ligne fermée quelconque L, intérieure à Π; on constate aisément qu'un cas limite de la dernière relation écrite est la suivante :

$$\mathop{\mathrm{S}}_{k}\oint U_k(x)\frac{\partial U_i(x)}{\partial x_k}\,dx_i = 0.$$

Autrement dit, le vecteur $\mathop{\mathrm{S}}_{k} U_k(x)\frac{\partial U_i(x)}{\partial x_k}$ est le gradient d'une fonction

$P(x)$, uniforme dans Π; et le vecteur $U_i(x)$ se trouve vérifier les équations auxquelles obéissent les régimes permanents des liquides parfaits

$$\mathop{S}_k U_k(x)\frac{\partial U_i(x)}{\partial x_k} = \frac{\partial P(x)}{\partial x_i}, \qquad \mathop{S}_k \frac{\partial U_k(x)}{\partial x_k} = 0.$$

Comme $U_k(x)$ est nul sur Σ, $P(x)$ prend des valeurs constantes P_1, P_2, ..., P_l sur chacune des surfaces Σ_1, Σ_2, ..., Σ_l; et la première relation (5) s'écrit

$$P_1\iint_{\Sigma_1}\mathop{S}_i \alpha_i(x)\,\delta x_i + P_2\iint_{\Sigma_2}\mathop{S}_i \alpha_i(x)\,\delta x_i + \ldots + P_l\iint_{\Sigma_l}\mathop{S}_i \alpha_i(x)\,\delta x_i = \frac{\mu}{\rho}.$$

Cette relation est effectivement impossible si chacune de ces intégrales de surface est nulle (condition A que nous supposons remplie).

Pour démontrer le lemme A il nous faudra donc substituer au raisonnement de ce paragraphe un autre, envisageant toutes les éventualités possibles. Nous établirons les lemmes B et C en même temps que le lemme A; à cet effet nous donnerons préalablement une nouvelle forme à la relation (3).

II. — Une relation équivalente à la relation de dissipation de l'énergie.

4. Cas d'un domaine Π borné. — Nous déduirons directement des équations de Navier la relation annoncée; elle diffère de (3) en ce qu'il n'y figure que des intégrales triples et qu'on y emploie, le plus souvent possible, les composantes du tenseur symétrique $\frac{\partial \gamma_i}{\partial x_k} + \frac{\partial \gamma_k}{\partial x_i}$ — ce tenseur s'annule dans tout domaine où $\gamma_i(x)$ est égal à la vitesse d'un mouvement de déplacement —. Nous utiliserons jusqu'à la fin de ce chapitre « la convention de l'indice muet » : un terme d'une somme où un indice figure deux fois représentera la somme des termes obtenus en donnant successivement à cet indice les valeurs 1, 2, 3. Écrivons quatre identités valables sous la seule réserve que l'on ait

$$\frac{\partial u_i}{\partial x_i} = \frac{\partial \gamma_i}{\partial x_i} = 0;$$

nous y avons fait figurer une fonction $a(x)$ qui restera arbitraire jusqu'à nouvelle indication

$$\mu \iint_\Sigma (u_i - \gamma_i) \frac{\partial u_i}{\partial x_k} \delta x_k = \mu \iiint_\Pi (u_i - \gamma_i) \Delta u_i \delta x + \mu \iiint_\Pi \left(\frac{\partial u_i}{\partial x_k} - \frac{\partial \gamma_i}{\partial x_k}\right)\left(\frac{\partial u_i}{\partial x_k} - \frac{\partial \gamma_i}{\partial x_k}\right) \delta x + \mu \iiint_\Pi \frac{\partial \gamma_i}{\partial x_k}\left(\frac{\partial u_i}{\partial x_k} - \frac{\partial \gamma_i}{\partial x_k}\right) \delta x;$$

$$\mu \iint_\Sigma (u_i - \gamma_i) \frac{\partial \gamma_i}{\partial x_k} \delta x_k = \mu \iiint_\Pi \frac{\partial \gamma_k}{\partial x_i}\left(\frac{\partial u_i}{\partial x_k} - \frac{\partial \gamma_i}{\partial x_k}\right) \delta x;$$

$$-\iint_\Sigma [p(x) + \rho a(x)](u_i - \gamma_i) \delta x_i = -\iiint_\Pi (u_i - \gamma_i) \frac{\partial p}{\partial x_i} \delta x - \rho \iiint_\Pi (u_i - \gamma_i) \frac{\partial a}{\partial x_i} \delta x;$$

$$\rho \iint_\Pi \left[\gamma_i u_i u_k - \frac{1}{2} u_i u_i u_k - \frac{1}{2} \gamma_i \gamma_i \gamma_k\right] = -\rho \iiint_\Pi (u_i - \gamma_i) u_k \frac{\partial u_i}{\partial x_k} \delta x + \rho \iiint_\Pi \frac{\partial \gamma_i}{\partial x_k} (\mu_i u_k - \gamma_i \gamma_k) \delta x.$$

Ajoutons ces identités membre à membre; supposons que $u_i(x)$ soit une solution, régulière dans Π, des équations de Navier :

$$(6) \qquad \mu \Delta u_i - \frac{\partial p}{\partial x_i} - \rho u_k \frac{\partial u_i}{\partial x_k} = -\rho X_i + \rho A_{ik} u_k, \qquad \frac{\partial u_i}{\partial x_i} = 0.$$

Remarquons en outre que $A_{ik} u_i u_k = A_{ik} \gamma_i \gamma_k = 0$ puisque $A_{ik} + A_{ki} = 0$. Il vient

$$(7) \quad \mu \iint_\Sigma (u_i - \gamma_i)\left(\frac{\partial u_i}{\partial x_k} + \frac{\partial \gamma_i}{\partial x_k}\right) \delta x_k - \iint_\Sigma [p(x) + \rho a(x)](u_i - \gamma_i) \delta x_i + \rho \iint_\Sigma \left[\gamma_i u_i u_k - \frac{1}{2} u_i u_i u_k - \frac{1}{2} \gamma_i \gamma_i \gamma_k\right] \delta x_k$$
$$= -\rho \iiint_\Pi (u_i - \gamma_i) X_i \delta x + \rho \iiint_\Pi \left[A_{ik} \gamma_k - \frac{\partial a}{\partial x_i}\right](u_i - \gamma_i) \delta x + \mu \iiint_\Pi \left(\frac{\partial u_i}{\partial x_k} - \frac{\partial \gamma_i}{\partial u_k}\right)\left(\frac{\partial u_i}{\partial x_k} - \frac{\partial \gamma_i}{\partial x_k}\right) \delta x$$
$$+ \frac{\mu}{2} \iiint_\Pi \left(\frac{\partial \gamma_i}{\partial x_k} + \frac{\partial \gamma_k}{\partial x_i}\right)\left[\left(\frac{\partial x_i}{\partial x_k} + \frac{\partial u_k}{\partial x_i}\right) - \left(\frac{\partial \gamma_i}{\partial x_k} + \frac{\partial \gamma_k}{\partial x_i}\right)\right] \delta x + \frac{\rho}{2} \iiint_\Pi \left(\frac{\partial \gamma_i}{\partial x_k} + \frac{\partial \gamma_k}{\partial x_i}\right)(u_i u_k - \gamma_i \gamma_k) \delta x.$$

Enfin tenons compte du fait que $u_i = \gamma_i$ sur Σ. Nous obtenons la relation, dont l'emploi est préférable à celui de (3),

$$(8)\qquad \mu \iiint_{\Pi} \left(\frac{\partial u_i}{\partial x_k} - \frac{\partial \gamma_i}{\partial x_k}\right)\left(\frac{\partial u_i}{\partial x_k} - \frac{\partial \gamma_i}{\partial x_k}\right) \delta x$$

$$= -\frac{\mu}{2} \iiint_{\Pi} \left(\frac{\partial \gamma_i}{\partial x_k} + \frac{\partial \gamma_k}{\partial x_i}\right)\left[\left(\frac{\partial u_i}{\partial x_k} + \frac{\partial u_k}{\partial x_i}\right) - \left(\frac{\partial \gamma_i}{\partial x_k} + \frac{\partial \gamma_k}{\partial x_i}\right)\right] \delta x$$

$$- \frac{\rho}{2} \iiint_{\Pi} \left(\frac{\partial \gamma_i}{\partial x_k} + \frac{\partial \gamma_k}{\partial x_i}\right)(u_i u_k - \gamma_i \gamma_k)\, \delta x$$

$$+ \rho \iiint_{\Pi} (u_i - \gamma_i) X_i \, \delta x - \rho \iiint_{\Pi} \left[A_{ik}\gamma_k - \frac{\partial a}{\partial x_i}\right](u_i - \delta_i)\, \delta x.$$

Réciproque. — Dans la définition des solutions régulières donnée au paragraphe **15** du chapitre précédent on peut remplacer la condition que les trois premières équations de Navier définissent une fonction $p(x)$, continue et uniforme dans Π et sur Σ, par la condition que la relation (8) soit vérifiée pour tous les vecteurs $\gamma_i(x)$.

Remarque. — Supposons que $\alpha_i(x)$ se trouve être égal à la vitesse $a_i(x)$ d'un mouvement hélicoïdal uniforme satisfaisant les équations de Navier (6). Nous avons donc

$$A_{ik}\, a_k(x) = \frac{\partial a}{\partial x_i},$$

$a(x)$ étant un polynome du second degré auquel nous égalons la fonction arbitraire qui figure dans (8). Prenons $\gamma_i(x) = a_i(x)$, le second membre de (8) s'annule identiquement

Donc $u_i(x) = a_i(x)$ est la seule solution régulière qui corresponde aux données que nous venons de choisir.

5. Cas d'un domaine Π infini. — On suppose donnés Π, $\alpha_i(x)$ et $a_i(x)$; $X_i = 0$; soit $u_i(x)$ une solution régulière correspondante. D'après la définition que nous avons énoncée, à la fin du paragraphe **17** (Chapitre I), $u_i(x)$ est la limite de solutions des équations de Navier, $u_i^*(x)$, régulières dans des domaines bornés Π^* qui tendent vers Π. Les vecteurs que nous nommerons $\gamma_i(x)$ sont ceux qui possèdent les propriétés déjà indiquées au paragraphe **2** et qui en outre ne diffèrent de $a_i(x)$ que sur un domaine borné. Dès que Π^* contient ce domaine borné les fonctions u_i^* vérifient la relation (8), où l'on prend pour $a(x)$ le polynome du second degré dont le gradient est

$$\frac{\partial a(x)}{\partial x_i} = A_{ik} a_k(x).$$

Toutes les intégrales qui figurent au second membre de cette relation (8) portent sur des quantités identiques à zéro hors d'un domaine borné; un passage à la limite aisé nous donne donc

$$(9) \qquad \mu \iiint_\Pi \left(\frac{\partial u_i}{\partial x_k} - \frac{\partial \gamma_i}{\partial x_k}\right)\left(\frac{\partial u_i}{\partial x_k} - \frac{\partial \gamma_i}{\partial x_k}\right) \delta u$$

$$\leqq -\frac{\mu}{2} \iiint_\Pi \left(\frac{\partial \gamma_i}{\partial x_k} + \frac{\partial \gamma_k}{\partial x_i}\right)\left[\left(\frac{\partial u_i}{\partial u_k} + \frac{\partial u_k}{\partial x_i}\right) - \left(\frac{\partial \gamma_i}{\partial x_k} + \frac{\partial \gamma_k}{\partial x_i}\right)\right] \delta x$$

$$- \frac{\rho}{2} \iiint_\Pi \left(\frac{\partial \gamma_i}{\partial x_k} + \frac{\partial \gamma_k}{\partial x_i}\right)(u_i u_k - \gamma_i \gamma_k)\, \delta x$$

$$- \rho \iiint_\Pi \left[A_{ik}\gamma_k - \frac{\partial a}{\partial x_i}\right](u_i - \gamma_i)\, \delta x.$$

Rappelons que

$$\frac{\partial a(x)}{\partial x_i} = A_{ik} a_k(x).$$

Remarque. — Soit S une surface régulière et fermée qui s'éloigne indéfiniment. Toute solution $u_i(x)$ régulière dans Π vérifie la relation que l'on obtient en remplaçant dans (7) Σ par $S + \Sigma$ et Π par la portion de Π intérieure à S. On en déduit que la quantité obtenue en retranchant le second membre de (9) du premier est la limite de l'intégrale

$$\mu \iint_S (u_i - a_i)\left(\frac{\partial u_i}{\partial x_k} + \frac{\partial a_i}{\partial x_k}\right) \delta x_k - \iint_S [p + \rho a](u_i - a_i)\, \delta x_i$$

$$+ \rho \iint_S \left[a_i u_i u_k - \frac{1}{2} u_i u_i u_k - \frac{1}{2} a_i a_i a_k\right] \delta x_k.$$

[Le vecteur δx_i est dirigé suivant la normale extérieure à S.]

Par suite la différence des deux membres de (9) a une valeur indépendante du choix de $\gamma_i(x)$.

III. — Démonstration par l'absurde des lemmes A, B et C.

6. Supposons l'existence d'une suite de solutions régulières $u^*_i(x)$ qui mettent en défaut les lemmes A, B ou C : l'intégrale

$$J^* = \iiint_{\Pi} \left(\frac{\partial u_i^*}{\partial x_k} - \frac{\partial a_i}{\partial x_k}\right)\left(\frac{\partial u_i^*}{\partial x_k} - \frac{\partial a_i}{\partial x_k}\right)\delta x$$

augmente indéfiniment. Dans le cas A nous convenons que le vecteur $a_i(x)$ et la fonction $a(x)$ sont nuls; dans le cas B nous posons $u_i^*(x) = a_i(x)$ sur $\Pi - \Pi^*$. Nous désignons par $\alpha_i^*(x)$ les valeurs prises par $u_i^*(x)$ sur Σ. Les fonctions $\alpha_i^*(x) - a_i(x)$ sont proportionnelles à un paramètre h^* [et même toutes égales dans le cas B, où h^* représentera donc une suite de valeurs égales].

Introduisons une suite de vecteurs $\gamma_i^*(x)$: ils seront définis dans Π; ils y admettent des dérivées secondes bornées; sur Σ ils seront respectivement égaux aux vecteurs $\alpha_i^*(x)$; leur divergence sera nulle en tout point de Π; dans les cas B et C ils ne différeront de $a_i(x)$ que sur un domaine borné; nous ferons en sorte que les vecteurs $\gamma_i^*(x) - a_i(x)$ soient proportionnels à h^*.

Remplaçons dans l'égalité (8) (cas A ou B) ou dans l'inégalité (9) (cas C) $u_i(x)$ et $\gamma_i(x)$ respectivement par $u_i^*(x)$ et $\gamma_i^*(x)$ et divisons par J^* les deux membres. La relation ainsi obtenue sera nommée *relation fondamentale*. Dans le cas B elle n'est valable que pour les termes de la suite de rang suffisamment élevé : Π^* doit contenir tous les points où $\gamma_i^*(x) \neq a_i(x)$.

[Dans le cas C, où cette relation fondamentale est une inégalité, la différence de ses deux membres a une valeur indépendante du choix de $\gamma_i^*(x)$.]

7. Nous avons le droit de supposer la suite choisie en sorte que h^* tende vers une limite unique, ainsi que les intégrales

$$\frac{1}{\sqrt{J^*}} \iiint \frac{\partial u_i^*}{\partial x_j}\,\delta x$$

lorsqu'elles sont étendues au volume de l'un quelconque des cubes intérieurs à Π dont les sommets ont des coordonnées rationnelles. Dès lors $\alpha_i^*(x)$ et $\gamma_i^*(x)$ tendent uniformément vers des limites $\alpha_i(x)$ et $\gamma_i(x)$ et les intégrales

$$\frac{1}{\sqrt{J^*}}\iiint_\Pi F_{ij}(x)\left(\frac{\partial u_i^*}{\partial x_j}-\frac{\partial a_i}{\partial x_j}\right)\delta x$$

tendent vers des limites bien déterminées chaque fois que les fonctions $F_{ij}(x)$ sont de carrés sommables sur Π.

On démontre que ces limites sont de la forme

$$\iiint_\Pi F_{ij}(x)\,U_{ij}(x)\,\delta x,$$

les $U_{ij}(x)$ étant certaines fonctions mesurables, de carrés sommables sur Π. De même les intégrales

$$\frac{1}{J^*}\iiint_\Pi\iiint_\Pi F_{ijkl}(x,y)\left[\frac{\partial u_i^*(x)}{\partial x_j}-\frac{\partial a_i(x)}{\partial x_l}\right]\left[\frac{\partial u_i^*(y)}{\partial y_j}-\frac{\partial a_i(y)}{\partial y_l}\right]\delta x\,\delta y$$

tendent vers

$$\iiint_\Pi\iiint_\Pi F_{ijkl}(x,y)\,U_{ij}(x)\,U_{kl}(y)\,\delta x\,\delta y$$

quand les $F_{ijkl}(x,y)$ sont de carrés sommables sur le domaine a six dimensions obtenu en faisant parcourir indépendamment Π à x et à y.

On dit que les fonctions

$$\frac{1}{\sqrt{J^*}}\left[\frac{\partial u_i^*(x)}{\partial x_j}-\frac{\partial a_i(x)}{\partial x_j}\right]$$

convergent faiblement, en moyenne, sur Π vers les fonctions $U_{ij}(x)$.

On trouvera dans le Mémoire de M. F. Riesz [*Ueber Systeme integrierbarer Funktionen* (*Mathematische Annalen*, 1910)] des renseignements plus précis sur cette notion qui a pour origine certains travaux de M. Hilbert.

8. Sachant ainsi comment se comportent les fonctions $\frac{1}{\sqrt{J^*}}\frac{\partial u_i^*}{\partial x_j}$ cherchons à en déduire des renseignements concernant les fonctions $\frac{1}{\sqrt{J^*}}u_i^*(x)$ elles-mêmes.

Soit x un point intérieur à Π; soit z un point de la surface Σ tel que tous les points y du segment $\overline{xz}$ appartiennent à Π. Nous avons, en désignant par r et r_1 les distances respectives de x à y et à z, par ω l'angle solide sous lequel on voit Σ de x

$$u_i^*(x) = -\frac{1}{\omega}\iiint \frac{\partial u_i^*(y)}{\partial y_k}\,\frac{\partial\left(\frac{1}{r}\right)}{\partial y_k}\,\delta y + \frac{1}{\omega}\iint \alpha_i^*(z)\,\frac{\partial\left(\frac{1}{r_1}\right)}{\partial z_k}\,\delta z_k;$$

les intégrales sont étendues aux ensembles de points y et z que nous venons de définir. Le second terme du second membre est inférieur en module à la plus grande longueur du vecteur $\alpha_i^*(x)$. Le premier terme est de la forme

$$\iiint_\Pi \mathrm{H}_k(x, y)\,\frac{\partial u_i^*(y)}{\partial y_k}\,\delta y.$$

Imposons à x de rester à l'intérieur d'une portion de Π bornée : ω; A, A″, ... désignant des constantes, nous avons

$$|\,\mathrm{H}_k(x, y)\,| < \frac{\mathrm{A}'}{r^2}$$

et

$$\mathrm{H}_k(x, y) = 0 \qquad \text{pour } x_i x_i > \mathrm{A}'' \text{ et pour } y_i y_i > \mathrm{A}''.$$

Posons

$$\mathrm{K}_{k,l}(y, y') = \iiint_\varpi \mathrm{H}_k(x, y)\,\mathrm{H}_l(x, y')\,\delta x.$$

Nous avons, r' représentant la distance des points y et y',

$$|\,\mathrm{K}_{k,l}(y, y')\,| < \frac{\mathrm{A}'''}{r'}$$

et

$$\mathrm{K}_{k,l}(x, y) = 0 \qquad \text{pour } y_i y_i > \mathrm{A}'' \text{ et pour } y'_i y'_i > \mathrm{A}''.$$

Par suite l'intégrale

$$\iiint_\Pi \iiint_\Pi \mathrm{K}_{k,l}(y, y')\,\mathrm{K}_{k,l}(y, y')\,\delta y\,\delta y'$$

a un sens.

Il en résulte que les fonctions

$$\mathrm{U}_i(x) = \iiint_\Pi \mathrm{H}_k(x, y)\,\mathrm{U}_{i,k}(y)\,dy$$

sont définies presque partout sur Π et sont de carrés sommables sur tout domaine ϖ. Or

$$\iiint_{\varpi}\left[\mathrm{U}_i(x)-\frac{1}{\sqrt{\mathrm{J}^*}}\iiint_{\Pi}\mathrm{H}_k(x,y)\frac{\partial u_i^*(y)}{\partial y_k}\delta y\right]$$
$$\times\left[\mathrm{U}_i(x)-\frac{1}{\sqrt{\mathrm{J}^*}}\iiint_{\Pi}\mathrm{H}_k(x,y)\frac{\partial u_i^*(y)}{\partial y_k}\delta y\right]\delta x$$
$$=\iiint_{\Pi}\iiint_{\Pi}\left[\mathrm{U}_{i,k}(y)-\frac{1}{\sqrt{\mathrm{J}^*}}\frac{\partial u_i^*(y)}{\partial y_k}\right]\mathrm{K}_{k,l}(y,y')$$
$$\times\left[\mathrm{U}_{i,l}(y')-\frac{1}{\sqrt{\mathrm{J}^*}}\frac{\partial u_i^*(y')}{\partial y'_l}\right]\delta y\,\delta y'.$$

D'après le paragraphe précédent, cette dernière intégrale tend vers zéro. Donc

$$\iiint_{\varpi}\left[\mathrm{U}_i(x)-\frac{1}{\sqrt{\mathrm{J}^*}}u_i^*(x)\right]\left[\mathrm{U}_i(x)-\frac{1}{\sqrt{\mathrm{J}^*}}u_i^*(x)\right]\delta x$$

tend vers zéro.

On exprime ce fait en disant que les fonctions $\frac{1}{\sqrt{\mathrm{J}^*}}u_i^*(x)$ *convergent fortement en moyenne* vers les fonctions mesurables $\mathrm{U}_i(x)$ sur toute portion bornée ϖ de Π.

Soient $\mathrm{F}_{ij}(x)$ et $\mathrm{F}_{ijk}(x)$ des fonctions mesurables bornées qui ne diffèrent de zéro que sur un ensemble borné de points de Π : l'intégrale

$$(10)\quad\begin{cases}\dfrac{1}{\mathrm{J}^*}\displaystyle\iiint_{\Pi}\mathrm{F}_{ij}(x)\,u_i^*(x)\,u_j^*(x)\,\delta x \text{ tend vers } \iiint_{\Pi}\mathrm{F}_{ij}(x)\,\mathrm{U}_i(x)\,\mathrm{U}_j(x)\,\delta x,\\ \dfrac{1}{\mathrm{J}^*}\displaystyle\iiint_{\Pi}\mathrm{F}_{ijk}(x)\,u_i^*(x)\frac{\partial u_j^*(x)}{\partial x_k}\,\delta x \text{ tend vers } \iiint_{\Pi}\mathrm{F}_{ijk}(x)\,\mathrm{U}_i(x)\,\mathrm{U}_{j,k}(x)\,\delta x.\end{cases}$$

9. De même *la relation fondamentale* donne à la limite

$$(11)\qquad \mu\leqq-\frac{\rho}{2}\iiint_{\Pi}\left(\frac{\partial\gamma_i}{\partial x_k}+\frac{\partial\gamma_k}{\partial x_i}\right)\mathrm{U}_i\mathrm{U}_k\,\delta x.$$

Dans cette formule on peut prendre pour $\gamma_i(x)$ un quelconque des vecteurs de divergence nulle, qui admettent dans Π des dérivées secondes bornées, qui sont égaux à $\alpha_i(x)$ sur Σ et qui, lorsque Π est infini, coïncident avec $a_i(x)$ hors d'un domaine borné.

[La différence des deux membres de la relation fondamentale est indépendante du choix de $\gamma_i^*(x)$; cette propriété vaut à la limite pour (11); autrement dit le second membre de (11) a une valeur indépendante du choix de $\gamma_i(x)$.]

Soit ε une longueur tendant vers zéro et soit ϖ l'ensemble des points de Π distants de Σ de moins de ε; ϖ se compose de l domaines séparés : $\varpi_1, \varpi_2, \ldots, \varpi_l$ qui correspondent respectivement aux surfaces Σ_1, $\Sigma_2, \ldots, \Sigma_l$. Énonçons deux inégalités que nous démontrerons aux paragraphes suivants :

Première inégalité. — On peut trouver un vecteur $\gamma_i(x)$ qui ne diffère de $a_i(x)$ qu'à l'intérieur de ϖ et tel que

$$\left|\frac{\partial \gamma_i(x)}{\partial x_k}\right| < A\,\varepsilon^{-1},$$

A étant une quantité dépendant exclusivement de Σ, de $\alpha_i(x)$ et de $a_i(x)$.

Seconde inégalité. — Il existe une quantité A_0, dépendant uniquement de Σ, telle que

$$\iiint_{\varpi} U_i(x)\,U_i(x)\,\delta x \leqq 4 A_0^2 \varepsilon^2 \iiint_{\varpi} U_{i,k}(x)\,U_{i,k}(x)\,\delta x.$$

Dès lors

$$-\frac{\rho}{2}\iiint_{\Pi}\left(\frac{\partial\gamma_i}{\partial x_k}+\frac{\partial\gamma_k}{\partial x_i}\right)U_i U_k\,\delta x < 4A_0^2 A_1 \iiint_{\varpi} U_{i,k}(x)\,U_{i,k}(x)\,\delta x.$$

Ainsi le second membre de (11) peut être rendu arbitrairement voisin de zéro, alors que le premier a une valeur positive. Ce résultat constitue la contradiction cherchée, qui établit les lemmes A, B, C.

Indiquons que de simples raisons d'homogénéité suffisent à rendre très probable la seconde inégalité. Quand à la première, elle est intuitive : considérons, par exemple à l'intérieur de ϖ_1, le courant dont la vitesse est $\gamma_i(x) - a_i(x)$; ce courant entre dans ϖ_1 par certaines portions de Σ_1, sort par d'autres, avec des vitesses données; — ceci exige la relation

$$\iint_{\Sigma_1} \alpha_i(x)\,\delta x_i = 0,$$

le volume qu'il traverse a une section dont l'ordre infinitésimal est ε; le maximum de l'intensité de ce courant doit donc pouvoir être choisi de l'ordre de ε^{-1}, et le maximum de $\left|\frac{\partial \gamma_i(x)}{\partial x_k}\right|$ de l'ordre de ε^{-2}.

10. Démonstration de la seconde inégalité. — Soit 2Δ le minimum des longueurs de tous les rayons de courbure de Σ et de tous les segments perpendiculaires à Σ en leurs deux extrémités. Traçons en chaque point de Σ un segment normal à Σ, intérieur à Π, de longueur Δ. Ces segments emplissent un volume; définissons en tout point x de ce volume une fonction $D(x)$ comme étant la plus courte distance de x à Σ et un vecteur $L_k(x)$ par les propriétés suivantes : ses lignes de force sont les segments tracés; son flux est conservatif; sur Σ il a pour longueur 1 et est orienté vers l'intérieur de Π. Nous prendrons $\varepsilon < \Delta$; ϖ est le domaine où $D(x) < \varepsilon$. Soit η une quantité positive arbitrairement faible; nous avons

$$\begin{aligned} &- \iiint_{D(x)<\varepsilon} (u_i^* - \gamma_i^*)(u_i^* - \gamma_i^*) \frac{1}{(D+\eta)^2} \frac{\partial D}{\partial x_k} L_k \,\delta x \\ &+ 2 \iiint_{D(x)<\varepsilon} (u_i^* - \gamma_i^*) \left(\frac{\partial u_i^*}{\partial x_k} - \frac{\partial \gamma_i^*}{\partial x_k}\right) \frac{L_k}{D+\eta}\,\delta x \\ &= \iint_{D(x)=\varepsilon} (u_i^* - \gamma_i^*)(u_i^* - \gamma_i^*) \frac{1}{D+\eta} L_k \,\delta x_k \qquad > 0. \end{aligned}$$

Divisons par J^*, passons à la limite en utilisant (10), il vient

$$\iiint_\varpi U_i U_i \frac{1}{(D+\eta)^2} \frac{\partial D}{\partial x_k} L_k \,\delta x \leqq 2 \iiint_\varpi U_i U_{i,k} \frac{1}{D+\eta} L_k \,\delta x.$$

D'où, par l'inégalité de Schwarz,

$$\left[\iiint_\varpi U_i U_i \frac{1}{(D+\eta)^2} \frac{\partial D}{\partial x_k} L_k \,\delta x\right]^2 \leqq 4 \iiint_\varpi U_i U_i \frac{L_k L_k}{(D+\eta)^2}\,\delta x \iiint_\varpi U_{i,k} U_{i,k}\,\delta x.$$

En chaque point x les vecteurs $\frac{\partial D}{\partial x_k}$ et L_k sont parallèles; le premier a pour longueur 1; soit A_0 le quotient de la plus grande longueur du second par la plus petite, nous avons

$$\iiint_\varpi U_i U_i \frac{1}{(D+\eta)^2}\,\delta x \leqq 4 A_0^2 \iiint_\varpi U_{i,k} U_{i,k}\,\delta x.$$

D'où, en remplaçant D par son maximum dans ϖ : ε, puis en faisant tendre η vers zéro,

$$\iiint_{\varpi} U_i U_i \,\delta x \leqq 4 A_0^2 \varepsilon^2 \iiint_{\varpi} U_{i,k} U_{i,k} \,\delta x. \qquad \text{C. Q. F. D.}$$

11. Démonstration de la première inégalité. — Puisque

$$\iint_{\Sigma_s} \alpha_i(x)\,\delta x_i = 0,$$

on a

$$\iint_{\Sigma_s} [\alpha_i(x) - a_i(x)]\,\delta x_i = 0,$$

il est possible de définir dans Π et sur Σ un vecteur $P_k(x)$, à dérivées secondes bornées, tel que sur Σ

$$\alpha_1(x) - a_1(x) = \frac{\partial P_3(x)}{\partial x_2} - \frac{\partial P_2(x)}{\partial x_3},$$

$$\alpha_2(x) - a_2(x) = \frac{\partial P_1(x)}{\partial x_3} - \frac{\partial P_3(x)}{\partial x_1},$$

$$\alpha_3(x) - a_3(x) = \frac{\partial P_2(x)}{\partial x_1} - \frac{\partial P_1(x)}{\partial x_2}.$$

Or la fonction $\frac{[\varepsilon^2 - D^2(x)]^3}{\varepsilon^6}$ vaut 1 sur Σ, ses dérivées premières s'y annulent; pour $D(x) = \varepsilon$, elle est nulle ainsi que ses dérivées premières et secondes. Donc la « première inégalité » est vérifiée par le vecteur $\gamma_i(x)$ que définissent les relations

$$\begin{cases}
\gamma_1(x) - a_1(x) = \frac{1}{\varepsilon^6}\frac{\partial}{\partial x_2}[(\varepsilon^2 - D^2)^3 P_3] - \frac{1}{\varepsilon^6}\frac{\partial}{\partial x_3}[(\varepsilon^2 - D^2)^3 P_2] & \text{pour } D(x) \leqq \varepsilon; \\
\gamma_1(x) - a_1(x) = 0 & \text{dans } \Pi - \varpi; \\
\gamma_2(x) - a_2(x) = \frac{1}{\varepsilon^6}\frac{\partial}{\partial x_3}[(\varepsilon^2 - D^2)^3 P_1] - \frac{1}{\varepsilon^6}\frac{\partial}{\partial x_1}[(\varepsilon^2 - D^2)^3 P_3] & \text{pour } D(x) \leqq \varepsilon; \\
\gamma_2(x) - a_2(x) = 0 & \text{dans } \Pi - \varpi; \\
\gamma_3(x) - a_3(x) = \frac{1}{\varepsilon^6}\frac{\partial}{\partial x_1}[(\varepsilon^2 - D^2)^3 P_2] - \frac{1}{\varepsilon^6}\frac{\partial}{\partial x_2}[(\varepsilon^2 - D^2)^3 P_1] & \text{pour } D(x) \leqq \varepsilon; \\
\gamma_3(x) - a_3(x) = 0 & \text{dans } \Pi - \varpi.
\end{cases}$$

Remarque. — $\gamma_i(x)$ doit admettre des dérivées secondes bornées; nous venons donc de supposer implicitement que $D(x)$ possède des dérivées troisièmes bornées. Quand il n'en sera pas ainsi, on introduira une fonction positive et monotone, $\Phi(x)$, définie pour $D(x) < \Delta$, Φ admettra des dérivées troisièmes bornées; la longueur de son gradient et la fonction $\Phi(x) D^{-1}(x)$ devront avoir une borne inférieure positive et une borne supérieure finie; ϖ sera alors le domaine où $\Phi(x) < \varepsilon$, L_k sera parallèle en chaque point à $\frac{\partial \Phi}{\partial x_k}$, et non plus à $\frac{\partial D}{\partial x_k}$, et Φ sera partout substitué à D au cours des paragraphes **9**, **10**, **11**.

Cas où le vecteur $\alpha_i(x) - a_i(x)$ est tangent à Σ en chacun de ses points. — On peut alors prendre le vecteur $P_k(x)$ nul sur Σ : les conditions imposées se traduiront par deux relations concernant sa dérivée normale sur Σ. Et des formules (12) résulte une inégalité plus précise que l'inégalité annoncée, à savoir

$$\left| \frac{\partial \gamma_i(x)}{\partial x_k} \right| < A\, \varepsilon^{-1},$$

A étant une constante indépendante de ε.

IV. — Détermination effective d'une majorante de J.

12. Nous venons d'établir les lemmes A, B et C. Il est naturel d'essayer d'obtenir des résultats plus précis et de se poser le problème suivant : $u_i(x)$ étant une solution des équations de Navier, régulière dans un domaine Π fini ou infini, construire, à l'aide des seules quantités que nous avons nommées les données, une majorante de l'intégrale

$$J = \iiint_{\Pi} \left(\frac{\partial u_i}{\partial x_k} - \frac{\partial a_i}{\partial x_k} \right) \left(\frac{\partial u_i}{\partial x_k} - \frac{\partial a_i}{\partial x_k} \right) \delta x.$$

Notations. — $a_i(x)$ a été défini dans le cas où Π n'est pas borné. Sinon, on peut prendre ce vecteur égal à la vitesse d'un mouvement quelconque de déplacement qui satisfait la relation $A_{ik} a_k(x) = \frac{\partial a_i}{\partial x_k}$, $a(x)$ étant un polynome de degré deux au plus; par exemple, si sur une surface fermée frontière de Π $\alpha_i(x)$ se trouve être égal à la vitesse d'un tel mouvement, il sera très avantageux de prendre dans Π $a_i(x)$ égal à cette vitesse. Modifions maintenant comme suit les notations précédemment utilisées : soient $\Sigma_1, \ldots, \Sigma_n$ celles des surfaces frontières de Π, fermées et d'un seul tenant, sur lesquelles $\alpha_i(x)$ n'est pas identique à $a_i(x)$; nommons Δ une longueur inférieure à la moitié du plus petit rayon de courbure de $\Sigma_1, \ldots, \Sigma_n$, à la moitié du plus petit segment perpendiculaire en ses deux extrémités à l'une des surfaces $\Sigma_1, \Sigma_2, \ldots, \Sigma_n$, et inférieure à la plus courte distance de $\Sigma_1, \Sigma_2, \ldots, \Sigma_n$ aux autres surfaces fermées qui constituent Δ.

Traçons en chaque point de $\Sigma_1, \Sigma_2, \ldots, \Sigma_n$ un segment normal à la frontière, intérieur à Π, de longueur Δ. Ces segments emplissent un volume; définissons en tout point x de ce volume la fonction $D(x)$ comme étant la plus courte distance de x à Σ, et le vecteur $L_k(x)$ par les mêmes propriétés qu'au paragraphe **10**. Soit ε une longueur variant de 0 à Δ et soit $\varpi(\varepsilon)$ l'ensemble des points où $D(x)$ est inférieur à ε. $\varpi(\varepsilon)$ se compose de n domaines séparés : $\varpi_1(\varepsilon), \ldots, \varpi_n(\varepsilon)$; $\varpi_s(\varepsilon)$ a pour frontière Σ_s et une surface parallèle $S_s(\varepsilon)$. Nous nommons $\gamma_i(x)$ le vecteur, dépendant de ε, que définissent les relations (12).

Nous supposons, pour simplifier, que les dérivées troisièmes de $D(x)$ existent et sont bornées. Posons

$$u_i(x) = v_i(x) + a_i(x), \qquad \gamma_i(x) = \chi_i(x) + a_i(x).$$

Introduisons enfin quatre constantes :

A_1^2 qui est le maximum de l'aire de $S_1(\varepsilon) + \ldots + S_n(\varepsilon)$, pour $0 \leqq \varepsilon \leqq \Delta$;

A_2 qui est le maximum de $\varepsilon^2 \left| \frac{\partial \chi_i(x)}{\partial x_k} \right|$ et par suite une borne supérieure de $\varepsilon \,|\chi_i(x)|$;

A_3 qui est le maximum de $|a_i(x)|$ dans $\varpi(\Delta)$;

A_4 qui est la plus grande des quantités $|A_{ik}|$.

Et, pour simplifier, supposons $X_i = 0$.

Dans ces conditions *la relation fondamentale*, c'est-à-dire l'égalité (8) ou l'inégalité (9), nous donne

$$\mu \iiint_{\Pi} \frac{\partial v_i}{\partial x_k} \frac{\partial v_i}{\partial x_k} \delta x \leqq \mu \iiint_{\varpi(\varepsilon)} \frac{\partial v_i}{\partial x_k} \left(\frac{\partial \chi_i}{\partial x_k} - \frac{\partial \chi_k}{\partial x_i} \right) \delta x$$
$$+ \mu \iiint_{\varpi(\varepsilon)} \frac{\partial \chi_i}{\partial x_k} \frac{\partial \chi_k}{\partial x_i} \delta x$$
$$- \frac{\rho}{2} \iiint_{\varpi(\varepsilon)} \left(\frac{\partial \chi_i}{\partial x_k} + \frac{\partial \chi_k}{\partial x_i} \right) (u_i u_k - \gamma_i \gamma_k) \delta x$$
$$- \rho \iiint_{\varpi(\varepsilon)} A_{ik} \chi_k (u_i - \gamma_i) \delta x.$$

Et il en résulte l'inégalité

$$(13) \quad \mu J \leqq 6 \mu A_1 A_2 \varepsilon^{-\frac{3}{2}} \sqrt{J}$$
$$+ 3 \rho A_2 \varepsilon^{-2} \iiint_{\varpi(\varepsilon)} u_i u_i \delta x + 3\sqrt{3} \rho A_1 A_2 A_4 \varepsilon^{-\frac{1}{2}} \sqrt{\iiint_{\varpi(\varepsilon)} u_i u_i \delta x_i}$$
$$+ 9 \mu A_1^2 A_2^2 \varepsilon^{-3} + 3 \rho A_1^2 A_2 \varepsilon^{-1} [A_2 \varepsilon^{-1} + A_3]^2$$
$$+ 9 \rho A_1^2 A_2 A_4 [A_2 \varepsilon^{-1} + A_3].$$

13. Ayons maintenant recours à des considérations analogues à celles du paragraphe **10**.

Soit $\Gamma_i(x)$ le vecteur $\gamma_i(x)$ correspondant à $\varepsilon = \Delta$, ou un autre vecteur régulier dans $\varpi(\Delta)$ et égal à $\alpha_i(x)$ sur Σ. Nous avons

$$\iiint_{\varpi(\Delta)} (u_i - \Gamma_i)(u_i - \Gamma_i) \frac{1}{D^2} \frac{\partial D}{\partial x_k} L_k \delta x \leqq 2 \iiint_{\varpi(\Delta)} (u_i - \Gamma_i) \frac{\partial (u_i - \Gamma_i)}{\partial x_k} \frac{L_k}{D} \delta x.$$

D'où

$$\left[\iiint_{\varpi(\Delta)} (u_i - \Gamma_i)(u_i - \Gamma_i) \frac{1}{D^2} \frac{\partial D}{\partial x_k} L_k \delta x \right]^2$$
$$\leqq 4 \iiint_{\varpi(\Delta)} (u_i - \Gamma_i)(u_i - \Gamma_i) \frac{L_k L_k}{D^2} \delta x \iiint_{\varpi(\Delta)} \frac{\partial (u_i - \Gamma_i)}{\partial x_k} \frac{\partial (u_i - \Gamma_i)}{\partial x_k} \delta x.$$

Et en désignant par A_0 le quotient du maximum de $\sqrt{L_k L_k}$ par son minimum

$$(14) \quad \iiint_{\varpi(\Delta)} (u_i - \Gamma_i)(u_i - \Gamma_i) \frac{1}{D^2} \delta x \leqq 4 A_0^2 \iiint_{\varpi(\Delta)} \frac{\partial (u_i - \Gamma_i)}{\partial x_k} \frac{\partial (u_i - \Gamma_i)}{\partial x_k} \delta x.$$

Soit

$$\varphi(\varepsilon)=\iiint_{\varpi(\varepsilon)}(u_i-\Gamma_i)(u_i-\Gamma_i)\,\delta x;$$

$\varphi'(\varepsilon)$ est la somme de $(u_i-\Gamma_i)(u_i-\Gamma_i)$ étendue à la surface

$$S_i(\varepsilon)+\ldots+S_n(\varepsilon);$$

$\varphi'(\varepsilon)\varepsilon^{-2}$ reste bornée quand ε tend vers zéro. La relation (14) s'écrit

$$\int_0^\Delta \frac{\varphi'(\varepsilon)}{\varepsilon^2}\,d\varepsilon \leqq 4A_0^2\iiint_{\varpi(\Delta)}\frac{\partial(u_i-\Gamma_i)}{\partial x_k}\,\frac{\partial(u_i-\Gamma_i)}{\partial x_k}\,\delta x.$$

Or

$$\left[\frac{\varphi(\varepsilon)}{\varepsilon^2}\right]_0^\Delta=\int_0^\Delta\frac{\varphi'(\varepsilon)}{\varepsilon^2}\,d\varepsilon-2\int_0^\Delta\frac{\varphi(\varepsilon)}{\varepsilon^2}\,d\varepsilon.$$

On a donc

$$\int_0^\Delta\frac{\varphi(\varepsilon)}{\varepsilon^3}\,d\varepsilon\leqq 2A_0^2\iiint_{\varpi(\Delta)}\frac{\partial(u_i-\Gamma_i)}{\partial x_k}\,\frac{\partial(u_i-\Gamma_i)}{\partial x_k}\,\delta x.$$

Soit B^2 une quantité positive arbitraire; on ne peut avoir

$$\frac{\varphi(\varepsilon)}{\varepsilon^2}>B^2\iiint_{\varpi(\Delta)}\frac{\partial(u_i-\Gamma_i)}{\partial x_k}\,\frac{\partial(u_i-\Gamma_i)}{\partial x_k}\,\delta x$$

sur un intervalle (η,Δ) de variation de ε que si

$$B^2\log\frac{\Delta}{\eta}<2A_0^2.$$

Autrement dit entre Δ et $\eta=\Delta e^{-\frac{2A_0^2}{B^2}}$ se trouvent des valeurs de ε pour lesquelles

$$\iiint_{\varpi(\varepsilon)}(u_i-\Gamma_i)(u_i-\Gamma_i)\leqq B^2\varepsilon^2\iiint_{\varpi(\Delta)}\frac{\partial(u_i-\Gamma_i)}{\partial x_k}\,\frac{\partial(u_i-\Gamma_i)}{\partial x_k}\,\delta x.$$

14. Dans (13) prenons précisément pour ε l'une de ces valeurs; posons

$$\iiint_{\varpi(\Delta)}\Gamma_i\Gamma_i\,\delta x=A_5^2;\qquad \iiint_{\varpi(\Delta)}\frac{\partial(\Gamma_i-a_i)}{\partial x_k}\,\frac{\partial(\Gamma_i-a_i)}{\partial x_k}\,\delta x=A_6^2.$$

Nous avons

$$\iiint_{\varpi(\varepsilon)} u_i u_i \,\delta x - 2A_5\sqrt{\iiint_{\varpi(\varepsilon)} u_i u_i \,\delta x} + A_5^2 \leqq B^2\varepsilon^2[J + 2A_6\sqrt{J} + A_6^2],$$

c'est-à-dire

$$\sqrt{\iiint_{\varpi(\varepsilon)} u_i u_i \,\delta x} \leqq B\varepsilon[\sqrt{J} + A_6] + A_5.$$

De (13) résulte donc l'inégalité

$$\begin{aligned}(15)\qquad \mu J \leqq\; & 6\mu A_1 A_2 \eta^{-\frac{3}{2}}\sqrt{J} + 3\rho A_2[B\sqrt{J} + BA_6 + A_5\eta^{-1}]^2 \\ & + 3\sqrt{3}\rho A_1 A_2 A_4\left[B\sqrt{J}\Delta^{\frac{1}{2}} + BA_6\Delta^{\frac{1}{2}} + A_5\eta^{-\frac{1}{2}}\right] \\ & + 9\mu A_1^2 A_2^2\eta^{-3} + 3\rho A_1^2 A_2\eta^{-1}[A_2\eta^{-1} + A_3]^2 \\ & + 9\rho A_1^2 A_2 A_4[A_2\eta^{-1} + A_3],\end{aligned}$$

où

$$\eta = \Delta e^{-\frac{2A_6^2}{B^2}},$$

(15) est une inégalité du second degré en $\sqrt{J}$, qui est vérifiée quel que soit B; prenons

$$B^2 < \frac{\mu}{3\rho A_2};$$

la résolution de cette inégalité fournit *une majorante de* J.

Montrons comment *les lemmes* A, B, C *en résultent*.

Lemme A : $a_i(x) = 0$; Δ, ϖ, A_1, A_3, A_4 sont indépendants de h; A_2, A_5, A_6 sont proportionnels à h; (15) fournit dès lors une majorante de J qui est une fonction de h continue, donc bornée. C. Q. F. D.

Le lemme C résulte de considérations analogues.

Quant au lemme B, il est évident : $\alpha_i(x) = a_i(x)$ sur la paroi externe qui s'éloigne indéfiniment; donc la majorante obtenue est indépendante de la position de cette paroi.

Si l'on fait tendre μ *vers zéro*, les autres données restant fixes, la meilleure majorante que l'on puisse déduire de (15) croît indéfiniment, comme une fonction exponentielle de $\frac{1}{\mu}$.

15. Examen de cas particuliers. — Dans certains cas particuliers *il peut être avantageux* de choisir ε autrement que nous l'avons fait au paragraphe **13**. D'après l'inégalité (14), nous avons

$$\iiint_{\varpi(\varepsilon)} (u_i - \Gamma_i)(u_i - \Gamma_i)\,\delta x \leqq 4A_0^2\varepsilon^2 \iiint_{\varpi(\Delta)} \frac{\partial(u_i-\Gamma_i)}{\partial x_k}\frac{\partial(u_i-\Gamma_i)}{\partial x_k}\,\delta x.$$

D'où

$$\sqrt{\iiint_{\varpi(\varepsilon)} u_i u_i\,\delta x} \leqq 2A_0\varepsilon[\sqrt{J} + A_6] + A_5$$

et, en portant dans (13) :

$$(16)\quad \mu J \leqq \begin{aligned}[t] & 6\mu A_1 A_2 \varepsilon^{-\frac{2}{3}}\sqrt{J} + 3\rho A_2[2A_0\sqrt{J} + 2A_0A_6 + A_5\varepsilon^{-1}]^2 \\ & + 3\sqrt{3}\rho A_1A_2A_4\left[2A_0\sqrt{J}\,\varepsilon^{\frac{1}{2}} + 2A_0A_6\varepsilon^{\frac{1}{2}} + A_5\varepsilon^{-\frac{1}{2}}\right] \\ + 9\mu A_1^2A_2^2\varepsilon^{-3} \quad & + 3\rho A_1^2A_2\varepsilon^{-1}[A_2\varepsilon^{-1} + A_3]^2 + 9\rho A_1^2A_2A_4[A_2\varepsilon^{-1} + A_3]. \end{aligned}$$

Cette relation doit être vérifiée quel que soit ε. Un premier cas où elle est utilisable est celui où le vecteur $\alpha_i(x)$ est suffisamment voisin d'un vecteur $a_i(x)$ pour que $A_2 < \frac{\mu}{12\rho A_0^2}$: Avec les *hypothèses des lemmes* A *et* C, $\alpha_i(x) - a_i(x)$ est proportionnel à h, donc A_2 également; la relation (16) est applicable pour les faibles valeurs de h; et puisque A_2 est en facteur dans tout le second membre, cette relation prouve que J *tend vers zéro avec h*.

Un second cas intéressant est celui où l'on peut choisir $a_i(x)$ en sorte que $\alpha_i(x) - a_i(x)$ soit tangent à Σ en tous ses points; les dernières lignes du paragraphe **11** nous autorisent alors à remplacer dans (16) la constante A_2 par $A'_2\varepsilon$, A'_2 étant une nouvelle constante, il suffit dc choisir ε inférieur à Δ et à $\frac{\mu}{12\rho A_0^2 A'_2}$ pour que la relation (16) fournisse une majorante de J.

Ainsi les lemmes A, B, C s'obtiennent bien aisément dans certains cas et en particulier dans ceux qui correspondent le mieux à des conditions aux limites pratiquement réalisables : le liquide adhère à des parois que l'on fait glisser sur elles-mêmes. Le cas plus général étudié exigerait un dispositif permettant d'injecter un liquide dans un récipient et de l'en laisser sortir avec une vitesse imposée en chaque point. Rappelons à ce propos que nous avons dû renoncer à étudier le problème qui correspondrait à l'éventualité matériellement impossible dans laquelle certaines parois internes de Π contiendraient des sources de liquide.

Remarque importante. — Tout le contenu de ce chapitre peut être transposé sans difficulté au cas d'un espace à nombre quelconque de dimensions; les lemmes A, B, C restent valables.

CHAPITRE III.

FIN DE L'ÉTUDE DES RÉGIMES PERMANENTS. REMARQUES CONCERNANT QUELQUES AUTRES PROBLÈMES DE L'HYDRODYNAMIQUE.

I. — Démonstration des théorèmes A, B, C.

1. Une inégalité préliminaire. — Les lemmes A, B et C seront toujours utilisés par l'intermédiaire de l'inégalité en question.

Soit une solution du problème des régimes permanents, $u_i(x)$, régulière dans un domaine borné Π; r étant la distance d'un point quelconque de l'espace, x, à un point y de Π et $\gamma_i(x)$ ayant la même signification qu'au chapitre précédent nous avons l'identité

$$(1)\quad \iiint_{\Pi}[u_i(y)-\gamma_i(y)][u_i(y)-\gamma_i(y)]\frac{1}{r^2}\,\delta y = -2\iiint_{\Pi}[u_i(y)-\gamma_i(y)]\,\frac{\partial[u_i-\gamma_i]}{\partial y_k}\,\frac{y_k-x_k}{r^2}\,\delta y.$$

D'où, en appliquant l'inégalité de Schwarz au second membre, l'inégalité annoncée

$$(2)\quad \iiint_{\Pi}[u_i(y)-\gamma_i(y)][u_i(y)-\gamma_i(y)]\frac{1}{r^2}\,\delta y \leqq 4\iiint_{\Pi}\frac{\partial[u_i-\gamma_i]}{\partial y_k}\,\frac{\partial[u_i-\gamma_i]}{\partial y_k}\,\delta y.$$

Soit maintenant une solution du problème des régimes permanents, $u_i(x)$, régulière dans un domaine infini Π. Sur toute portion bornée ϖ_0 de Π cette solution $u_i(x)$ est limite uniforme de solutions $u_i^*(x)$ régulières dans des domaines bornés Π^*, qui tendent vers Π; nous avons, dès que Π^* contient tous les points où $\gamma_i(x) = a_i(x)$:

$$\iiint_{\Pi^*} [u_i^*(y) - \gamma_i(y)][u_i^*(y) - \gamma_i(y)] \frac{1}{r^2} \delta y$$
$$\leqq 4 \iiint_{\Pi^*} \frac{\partial[u_i^* - \gamma_i]}{\partial y_k} \frac{\partial[u_i^* - \gamma_i]}{\partial y_k} \delta y.$$

Or, d'après le lemme B le second membre de cette dernière inégalité reste borné; donc l'intégrale

$$\iiint_{\varpi_0} [u_i(y) - \gamma_i(y)][u_i(y) - \gamma_i(y)] \frac{1}{r^2} \delta y$$

est inférieure à une borne indépendante de ϖ_0, autrement dit l'intégrale

$$(3) \qquad \iiint_{\Pi} [u_i(y) - \gamma_i(y)][u_i(y) - \gamma_i(y)] \frac{1}{r^2} \delta y$$

converge.

Mais on peut obtenir un résultat plus précis : soit S une sphère de centre x, dont le rayon R augmente indéfiniment; soit V la portion de Π intérieure à S; nous avons

$$(4) \qquad \begin{aligned} &\iiint_{V} [u_i(y) - \gamma_i(y)][u_i(y) - \gamma_i(y)] \frac{1}{r^2} \delta y \\ &\quad - \iint_{S} [u_i(y) - \gamma_i(y)][u_i(y) - \gamma_i(y)] \frac{y_k - x_k}{r^2} dy_k \\ &= -2 \iiint_{V} [u_i(y) - \gamma_i(y)] \frac{\partial[u_i - \gamma_i]}{\partial y_k} \frac{y_k - x_k}{r^2} \delta y. \end{aligned}$$

Soit $\Psi(R)$ l'intégrale de volume qui figure au premier membre de (4). L'intégrale de surface vaut $R\Psi'(R)$. $\Psi(R)$ est une fonction bornée et croissante. Donc il existe une suite de valeurs de R, augmentant indéfiniment, et pour lesquelles $R\Psi'(R)$ tend vers zéro. D'autre part l'inégalité de Schwarz appliquée au second membre de (4) donne

$$\left[\iiint_{V} [u_i(y) - \gamma_i(y)][u_i(y) - \gamma_i(y)] \frac{1}{r^2} \delta y - R\Psi'(R)\right]^2$$
$$\leqq 4 \iiint_{V} [u_i(y) - \gamma_i(y)][u_i(y) - \gamma_i(y)] \frac{1}{r^2} \delta y$$
$$\times \iiint_{V} \frac{\partial[u_i - \gamma_i]}{\partial y_k} \frac{\partial[u_i - \gamma_i]}{\partial y_k} \delta y.$$

On obtient à la limite l'inégalité (2).

L'inégalité (2) *est donc applicable aux domaines* Π *bornés et aux domaines* Π *non bornés*. Cette inégalité vaut dans le cas d'espaces à plus de trois dimensions, sous la seule réserve de remplacer par un autre nombre le coefficient 4. Mais si l'espace est à deux dimensions son premier membre n'a plus aucun sens.

2. Les inégalités préliminaires relatives au problème a deux dimensions. — Soit x un point *extérieur* à Π et soit Λ sa plus courte distance à Σ. Nous avons :

$$(5)\qquad \iint_{\Pi}[u_i(y)-\gamma_i(y)][u_i(y)-\gamma_i(y)]\frac{1}{r^2\left(\log\frac{r}{\Lambda}\right)^2}\delta y$$
$$\leqq 4\iint_{\Pi}\frac{\partial[u_i-\gamma_i]}{\partial y_k}\frac{\partial[u_i-\gamma_i]}{\partial y_k}\delta y.$$

La démonstration en est analogue à la précédente; indiquons seulement que la fonction bornée et croissante, $\Psi(R)$ a maintenant pour expression :

$$\iint_{V}[u_i(y)-\gamma_i(y)][u_i(y)-\gamma_i(y)]\frac{1}{r^2\left(\log\frac{r}{\Lambda}\right)^2}\delta y,$$

et que le rôle de l'intégrale de surface qui figure dans (4) est joué par l'intégrale curviligne

$$\oint_{S}[u_i(y)-\gamma_i(y)][u_i(y)-\gamma_i(y)]\frac{(y_1-x_1)\,dy_2-(y_2-x_2)\,dy_1}{r^2\log\frac{r}{\Lambda}}$$
$$=\Psi'(R)\,R\log\frac{R}{\Lambda}.$$

Mais il convient d'adjoindre une seconde inégalité à l'inégalité (5) : soit ϖ_0 une portion bornée du domaine Π, et soit x un point *intérieur*. Désignons par Λ_0 le plus grand diamètre de ϖ_0 et par ϖ' la portion de Π distante de x de moins de $2\Lambda_0$; si la fonction $v(y)$ s'annule sur la frontière de ϖ' nous avons :

$$\iint_{\varpi'}v^2(y)\frac{1}{r^2\left(\log\frac{r}{\Lambda}\right)^2}\delta y\leqq 4\iint_{\varpi'}\frac{\partial v}{\partial y_k}\frac{\partial v}{\partial y_k}\delta y.$$

Appliquons ce résultat aux fonctions

$$v(y) = [u_i(y) - \gamma_i(y)][r^2 - 4\Lambda_0^2]$$

et tenons compte de ce que (5) nous fournit une majorante de l'intégrale

$$\iint_{\varpi'} [u_i(y) - \gamma_i(y)][u_i(y) - \gamma_i(y)]\,\delta y;$$

on obtient finalement une inégalité de la forme

$$(6) \qquad \iint_{\varpi_0} [u_i(y) - \gamma_i(y)][u_i(y) - \gamma_i(y)] \frac{1}{r^2\left(\log \frac{r}{3\Lambda_0}\right)^2}\,\delta y$$
$$< B_0 \iint_{\Pi} \frac{\partial[u_i - \gamma_i]}{\partial y_k} \frac{\partial[u_i - \gamma_i]}{\partial y_k}\,\delta y,$$

B_0 est une constante qui dépend de ϖ_0 et de Π.

3. *L'inégalité* (2) *va nous permettre de déduire les théorèmes* A, B, C *des lemmes* A, B, C, l'espace étant supposé à trois dimensions. Considérons les ensembles des fonctions $u_i(x)$ envisagés par les énoncés de ces trois théorèmes : nous allons les étudier sur un domaine borné ϖ_1 ; dans le cas du théorème A ϖ_1 sera le domaine Π lui-même; dans les cas B et C ce sera la portion de Π intérieure à une sphère σ_1 arbitrairement grande, et qui contient Σ à son intérieur. Traçons quatre sphères concentriques à σ_1, de rayons croissants et supérieurs à celui de σ_1 ; σ_2, σ_3, σ_4, σ_5. Soient $\varpi_2, \ldots, \varpi_5$ les portions de Π respectivement intérieures à $\sigma_2, \ldots, \sigma_5$. Dans le cas A $\varpi_1, \varpi_2, \ldots, \varpi_5$ coïncident avec Π.

D'après les lemmes A, B, C et l'inégalité (2) nous avons :

$$(7) \qquad \iiint_{\varpi_5} \frac{\partial u_i}{\partial x_k} \frac{\partial u_i}{\partial x_k}\,\delta x < B;$$

$$(8) \qquad \iiint_{\varpi_5} u_i(y)\,u_i(y) \frac{1}{r^2}\,\delta y < B.$$

On en déduit

$$(9) \qquad \iiint_{\varpi_5} u_i(y)\,u_i(y)\,\delta y < B$$

et

$$(10)\qquad \begin{cases} \iiint_{\varpi_s} |u_k(y)| \left|\frac{\partial u_p(y)}{\partial y_k}\right| \frac{1}{r}\,\delta y < \mathrm{B}, \\ \iiint_{\varpi_s} |u_k(y)| \frac{1}{r}\,\delta y < \mathrm{B}, \\ \iiint_{\varpi_s} |u_k(y)| \frac{1}{r^2}\,\delta y < \mathrm{B}; \end{cases}$$

le symbole B représente au cours de ce paragraphe diverses quantités indépendantes de celle des fonctions $u_i(x)$ que l'on envisage et de la position qu'occupe le point x. Soit d'autre part $G_{ij}(x, y)$ le tenseur de Green relatif au domaine ϖ_s et au système

$$\mu\,\Delta v_i - \frac{\partial q}{\partial x_i} = \rho X_i, \qquad \frac{\partial v_i}{\partial x_i} = 0.$$

Nommons $\beta_i(x)$ la solution de ce système, régulière dans ϖ_s, et égale à $u_i(x)$ sur sa frontière. Nous avons pour x intérieur à ϖ_s [*cf.* formules (26) et (27) du premier Chapitre] :

$$(11)\qquad u_i(x) = -\rho \iiint_{\varpi_s} G_{ip}(x, y)\left[u_k(y)\frac{\partial u_p(y)}{\partial y_k} + A_{pk}\,u_k(y)\right]\delta y + \beta_i(x),$$

$$(12)\qquad \frac{\partial u_i(x)}{\partial x_j} = -\rho \iiint_{\varpi_s} \frac{\partial G_{ip}(x, y)}{\partial x_j}\left[u_k(y)\frac{\partial u_p(y)}{\partial y_k} + A_{pk}\,u_k(y)\right]\delta y + \frac{\partial \beta_i(x)}{\partial x_j}.$$

Or, d'après le Mémoire dejà cité de M. Odqvist :

$$(13)\qquad \begin{cases} |G_{ip}(x, y)| < \frac{\mathrm{B}}{r}, \\ \left|\frac{\partial G_{ip}(x, y)}{\partial x_j}\right| < \frac{\mathrm{B}}{r^2}, \\ \left|\frac{\partial G_{ip}(x, y)}{\partial x_j} - \frac{\partial G_{ip}(x', y')}{\partial x'_j}\right| < \mathrm{B}\,\frac{r'^{\frac{3}{2}}}{r_0^3}, \end{cases}$$

r représente la distance de x à y ; r' celle de x à x' ; r_0 est la plus courte des distances de y à x et à x'.

De (10) et de la première inégalité (13) résulte que l'intégrale figurant au second membre de (11) est inférieure en valeur absolue à une quantité B. On en déduit grâce à (9) :

$$\iiint_{\varpi_s} \beta_i(x)\,\beta_i(x)\,\delta x < \mathrm{B}.$$

Par suite, pour tout domaine intérieur à ϖ_5 on a des inégalités de la forme

$$(14) \qquad |\beta_i(x)| < \mathrm{B}, \qquad \left|\frac{\partial \beta_i(x)}{\partial x_j}\right| > \mathrm{B}, \qquad \left|\frac{\partial \beta_i(x)}{\partial x_j} - \frac{\partial \beta_i(x')}{\partial x'_j}\right| \mathrm{B} r'^{\frac{1}{2}}.$$

— Cette dernière affirmation est trop voisine de propriétés classiques des fonctions harmoniques pour que nous la démontrions —. Mais il y a plus : sur Σ $\beta_i(x)$ coïncide avec un vecteur $\alpha_i(x)$; or, par hypothèse les vecteurs $\alpha_i(x)$ et ses vecteurs dérivés du premier et du second ordre, calculés en déplaçant x sur Σ, ont des longueurs bornées dans leur ensemble. Par suite les inégalités (14) valent dans le domaine ϖ_4. Et puisque l'intégrale qui figure au second membre de (11) est bornée dans ϖ_5, nous avons pour tous les points x de ϖ_4 et pour toutes les fonctions $u_i(x)$:

$$(15) \qquad |u_i(x)| < \mathrm{B}.$$

Tenons-en compte dans (12); il vient, pour x intérieur à ϖ_3,

$$(16) \qquad \underset{i,j}{\mathrm{S}} \left|\frac{\partial u_i(x)}{\partial x_j}\right| < \mathrm{B} \underset{i,j}{\mathrm{S}} \iiint_{\varpi_4} \left|\frac{\partial u_i(y)}{\partial x_j}\right| \frac{1}{r^2} \delta y + \mathrm{B}.$$

Multiplions les deux membres de (16) par l'inverse du carré de la distance de x à un point fixe de ϖ_2 et intégrons; on obtient

$$(17) \qquad \underset{i,j}{\mathrm{S}} \iiint_{\varpi_3} \left|\frac{\partial u_i(y)}{\partial y_j}\right| \frac{1}{r^2} \delta y < \mathrm{B} \underset{i,j}{\mathrm{S}} \iiint_{\varpi_4} \left|\frac{\partial u_i(y)}{\partial y_j}\right| \frac{1}{r} \delta y + \mathrm{B}.$$

Or, d'après l'inégalité de Schwarz,

$$\left[\iiint_{\varpi_4} \left|\frac{\partial u_i(y)}{\partial y_j}\right| \frac{1}{r} \delta y\right]^2 < \mathrm{B} \iiint_{\varpi_4} \left|\frac{\partial u_i(y)}{\partial y_j}\right|^2 \delta y \iiint_{\varpi_4} \frac{1}{r^2} \delta y < \mathrm{B}.$$

Donc, x étant intérieur à ϖ_2, le premier membre de (17) reste inférieur à une quantité B et par suite celui de (16) : nous avons pour tous les points x de ϖ_2 et pour toutes les fonctions $u_i(x)$

$$(18) \qquad \left|\frac{\partial u_i(x)}{\partial x_j}\right| < \mathrm{B}.$$

Tenons compte dans (12) des inégalités (13), (15), (18) et (10); il vient, pour x et x' intérieurs à ϖ_1,

$$\left|\frac{\partial u_i(x)}{\partial x_j} - \frac{\partial u_i(x')}{\partial x'_j}\right| < \mathrm{B}\iiint_{\varpi_1}\left|\frac{\partial \mathrm{G}_{ip}(x, y)}{\partial x_j} - \frac{\partial \mathrm{G}_{ip}(x', y)}{\partial x'_j}\right|\delta y + \mathrm{B}r'^{\frac{1}{2}}.$$

D'où

$$(19)\qquad \left|\frac{\partial u_i(x)}{\partial x_j} - \frac{\partial u_i(x')}{\partial x'_j}\right| < \mathrm{B}r'^{\frac{1}{2}}.$$

La validité des relations (15), (18) et (19) pour tous les points x et x' de ϖ_1 et pour toutes les fonctions $u_i(x)$ entraîne l'exactitude des théorèmes A, B et C.

Le cas d'un espace à deux dimensions se traite aussi aisément, à partir des inégalité (5) et (6).

Et tous les résultats annoncés au premier Chapitre se trouvent enfin démontrés.

4. Remarque importante. — Pour ce qui est des espaces à plus de trois dimensions les inégalités (13) doivent être remplacées par d'autres dans lesquelles les exposants de r et de R sont plus élevés; et je n'ai pas réussi à déduire les théorèmes A, B, C des lemmes A, B, C. Je ne sais si les résultats énoncés au premier Chapitre sont également applicables aux régimes permanents des liquides visqueux à plus de trois dimensions. Le nombre de dimensions de l'espace joue donc un rôle essentiel en ce qui concerne les problèmes de l'Hydrodynamique, alors que son influence est secondaire dans toute la théorie des équations aux dérivées partielles linéaires.

II. — Allure d'un régime permanent aux points à l'infini.

5. Généralités. — Soit un régime permanent $u_i(x)$ régulier dans un domaine Π infini, à trois dimensions. D'après le paragraphe **1** les intégrales

$$\mathrm{J} = \iiint_{\Pi}\left[\frac{\partial u_i(x)}{\partial x_j} - \frac{\partial a_i(x)}{\partial x_j}\right]\left[\frac{\partial u_i(x)}{\partial x_j} - \frac{\partial a_i(x)}{\partial x_j}\right]\delta x$$

$$\mathrm{I}(x) = \iiint_{\Pi}[u_i(y) - a_i(y)][u_i(y) - a_i(y)]\frac{1}{r^2}\delta y$$

sont convergentes. Il n'en résulte pas que $u_i(x) - a_i(x)$ tende vers zéro quand x s'éloigne indéfiniment. Mais considérons une sphère S, ayant pour centre le point fixe x et dont le rayon R augmente indéfiniment; soit $E(\varepsilon)$ l'ensemble des valeurs de R telles que la moyenne de $[u_i(x) - a_i(x)][u_i(x) - a_i(x)]$ sur S surpasse ε; on a

$$4\pi\varepsilon \int_{E(\varepsilon)} dR < I(x).$$

Il semble peu probable qu'on puisse énoncer d'autres résultats quand $a_i(x)$ est nul et que A_{ik} est un tenseur symétrique gauche dont les composantes satisfont des conditions de Hölder sur tout domaine borné, mais se comportent arbitrairement à l'infini. Toutefois l'hypothèse que les A_{ik} sont des constantes ne permet peut-être pas, en général, d'obtenir des résultats plus précis.

Envisageons maintenant le problème à deux dimensions : l'intégrale

$$J = \iint_\Pi \left[\frac{\partial u_i(x)}{\partial x_j} - \frac{\partial a_i(x)}{\partial x_j}\right]\left[\frac{\partial u_i(x)}{\partial x_j} - \frac{\partial a_i(x)}{\partial x_j}\right]$$

est convergente; et si x est un point extérieur à Π, dont la plus courte distance à Π est Λ, l'intégrale

$$I(x) = \iint_\Pi [u_i(y) - a_i(y)][u_i(y) - a_i(y)] \frac{1}{r^2\left(\log\frac{2r}{\Lambda}\right)^2}\delta y$$

est également convergente. Soit S une circonférence de centre x et dont le rayon R augmente indéfiniment; soit $E(\varepsilon)$ l'ensemble des valeurs de R pour lesquelles la moyenne de $[u_i(x) - a_i(x)][u_i(x) - a_i(x)]$ prise le long de S surpasse ε; nous avons

$$2\pi\varepsilon \int_{E(\varepsilon)} \frac{dR}{R\left[\log\frac{2R}{\Lambda}\right]^2} < I(x);$$

mais l'intégrale

$$\int_\Lambda^\infty \frac{dR}{R\left(\log\frac{2R}{\Lambda}\right)^2}$$

est convergente, et contrairement au cas de trois dimensions la proposition que nous venons d'énoncer ne suffit plus à différentier les solutions du problème qui correspondent à des fonctions $a_i(x)$ dont les différences sont des constantes. Nous ne devons pas nous en étonner : pour $\rho = 0$ ces solutions sont identiques (paradoxe de Stokes).

6. Examen d'un cas partculier : $a_i(x) = 0$, $A_{ik} = 0$; l'espace a trois dimensions. — Commençons par établir une *formule importante* x étant un point arbitraire de Π, représentons par R, S et V les mêmes éléments géométriques qu'au paragraphe **1**. Introduisons les fonctions :

$$T_{ij}(y) = \frac{1}{8\pi\mu}\left[\frac{\delta_{ij}}{r} + \frac{(y_i - x_i)(y_j - x_j)}{r^3}\right];$$

$$P_i(y) = \frac{1}{4\pi}\frac{y_i - x_i}{r^3};$$

$$T'_{ij}(y) = \frac{1}{8\pi\mu}\left[\frac{\delta_{ij}}{R^3}(3R^2 - 2r^2) + \frac{(y_i - x_i)(y_j - x_j)}{R^3}\right];$$

$$P'_i(y) = \frac{5}{4\pi}\frac{y_i - x_i}{R^3}:$$

$$\delta_{ij} = 0 \quad \text{pour } i \neq j, \qquad \delta_{ij} = 1 \quad \text{pour } i = j;$$

$$T''_{ij}(y) = T_{ij}(y) - T'_{ij}(y); \qquad P''_i(y) = P_i(y) - P'_i(y);$$

$$T''_{ij}(y) \text{ est nul sur V}$$

et

$$\mu\frac{\partial^2 T''_{ij}(y)}{\partial y_k \partial y_k} = \frac{\partial P''_i}{\partial y_j}; \qquad \frac{\partial T''_{ij}}{\partial y_j} = 0.$$

Un calcul classique nous donne :

$$(20) \qquad u_i(x) = -\rho\iiint_V T''_{ij}(y)\,u_k(y)\frac{\partial u_j(y)}{\partial y_k}\delta y$$
$$+ \iint_\Sigma T''_{ij}(y)\left[\mu\left(\frac{\partial u_j}{\partial y_k} + \frac{\partial u_k}{\partial y_j}\right) - p\,\delta_{kk}\right]\delta y_k$$
$$- \iint_{S+\Sigma}\left[\mu\left(\frac{\partial T''_{ij}}{\partial y_k} + \frac{\partial T''_{ik}}{\partial y_j}\right) - P''_i\delta_{jk}\right]u_j(y)\,\delta y_k;$$

R augmente indéfiniment; l'intégrale

$$-\rho\iiint_V T_{ij}(y)\,u_k(y)\frac{\partial u_j(y)}{\partial y_k}\delta y$$

tend vers l'intégrale absolument convergente

$$(21) \qquad v_i(x) = -\rho \iiint_\Pi T_{ij}(y)\, u_k(y) \frac{\partial u_j(y)}{\partial y_k} \delta y.$$

Puisque $T'_{ij}(y)$, $\frac{\partial T'_{ij}(y)}{\partial y_k}$ et $P'_i(y)$ tendent vers zéro, la quantité.

$$\iint_\Sigma T''_{ij}(y)\left[\mu\left(\frac{\partial u_j}{\partial y_k} + \frac{\partial u_k}{\partial y_j}\right) - p\,\delta_{jk}\right]\delta y_k$$
$$-\iint_\Sigma \left[\mu\left(\frac{\partial T''_{ij}}{\partial y_k} + \frac{\partial T''_{ik}}{\partial y_j}\right) - P''_i\,\delta_{jk}\right] u_j(y)\,\delta y_k$$

tend vers une limite $w_i(x)$ dont nous noterons les propriétés suivantes :

(22) $w_i(x)$ est solution du système : $\Delta w_i(x) - \frac{\partial q}{\partial x_i} = 0$, $\frac{\partial w_i}{\partial x_i} = 0$; quand x s'éloigne indéfiniment, $w_i(x)$, $\frac{\partial w_i(x)}{\partial x_j}$ et $q(x)$ tendent vers zéro respectivement comme $(x_k x_k)^{-\frac{1}{2}}$, $(x_k x_k)^{-1}$ et $(x_k x_k)^{-1}$.

Donc $u_i(x) = v_i(x) + w_i(x) + \lim \theta_i(R)$, en posant

$$\theta_i(R) = +\rho \iiint_V T'_{ij}(y)\, u_k(y) \frac{\partial u_j(y)}{\partial y_k} \delta y$$
$$- \iint_S \left[\mu\left(\frac{\partial T''_{ij}}{\partial y_k} + \frac{\partial T''_{ik}}{\partial y_j}\right) - P''_i\,\delta_{jk}\right] u_j\,\delta y_k.$$

Nous avons, C représentant une quantité positive indépendante de R,

$$C\,|\theta_i(R)| < \frac{1}{R}\iiint_V |u_k(y)| \left|\frac{\partial u_j(y)}{\partial y_k}\right| \delta y + \frac{1}{R^2} \mathop{S}_j \iint_S |u_j(y)| \frac{y_k - x_k}{R}\,\delta y_k.$$

Il en résulte que l'intégrale

$$\int_{R_0}^{\infty} R^{-1}\,|\theta_i(R)|\,dR$$

est convergente : la convergence de l'intégrale

$$\int_{R_0}^{\infty} \frac{dR}{R^2} \iiint_V |u_k(y)| \left|\frac{\partial u_j(y)}{\partial y_k}\right| \delta y$$

s'établit en intervertissant l'ordre des deux intégrations, puis en utilisant la convergence de l'intégrale

$$\iiint_{\Pi} \frac{1}{r} |u_k(y)| \left| \frac{\partial u_j(y)}{\partial y_k} \right| \delta y.$$

Quant à l'intégrale

$$\int_{R_0}^{\infty} \frac{dR}{R^3} \iint_S |u_j(y)| \frac{y_k - x_k}{R} \delta y_k,$$

elle peut s'écrire

$$\iiint_{R_0 < r} |u_j(y)| \frac{1}{r^3} \delta y;$$

or d'après l'inégalité de Schwarz le carré de cette dernière expression est inférieur à la quantité finie :

$$\iiint_{R_0 < r} |u_j(y)|^2 \frac{1}{r^2} \delta y \iiint_{R_0 < r} \frac{1}{r^4} \delta y.$$

La convergence, ainsi établie, de l'expression

$$\int_{R_0}^{\infty} R^{-1} |\theta_i(R)| \, dR$$

prouve l'existence d'une suite de valeurs de R faisant tendre $\theta_i(r)$ vers zéro.

On a dès lors

$$u_i(x) = v_i(x) + w_i(x), \tag{23}$$

$v_i(x)$ est parfaitement déterminé par les relations (21); $w_i(x)$ l'est par les conditions (22) et par la condition de satisfaire sur Σ la relation (23).

7. Indiquons *deux applications de la formule* (23).

Divisons, par exemple à l'aide d'une sphère, le domaine Π en deux portions Π_1 et Π_2, la seconde étant bornée :

$$v_i(x) = -\rho \iiint_{\Pi_1} T_{ij}(y)\, u_k(y) \frac{\partial u_j(y)}{\partial y_k} \delta y$$
$$-\rho \iiint_{\Pi_2} T_{ij}(y)\, u_k(y) \frac{\partial u_j(y)}{\partial y_k} \delta y.$$

Or,

$$\left[\rho \iiint_{\Pi_1} T_{ij}(y)\, u_k(y) \frac{\partial u_j(y)}{\partial y_k} \delta y\right]^2$$
$$< \left(\frac{\rho}{4\pi\mu}\right)^2 \iiint_{\Pi} u_j(y)\, u_j(y) \frac{1}{r^2} \delta y \iiint_{1} \frac{\partial u_j}{\partial y_k} \frac{\partial u_j}{\partial y_k} \delta y$$

On peut choisir Π_2 tel que

$$\iiint_{\Pi_1} \frac{\partial u_j}{\partial y_k} \frac{\partial u_j}{\partial y_k} \delta y$$

soit arbitrairement faible; la fonction

$$I(x) = \iiint_{\Pi} u_j(y)\, u_j(y) \frac{1}{r^2} \delta y$$

est bornée sur Π. Donc on peut choisir Π_2 tel que

$$\left|\rho \iiint_{\Pi_1} T_{ij}(y)\, u_k(y) \frac{\partial u_j(y)}{\partial y_k} \delta y\right| < \eta_0,$$

η_0 étant une quantité positive donnée arbitrairement. Ceci fait, éloignons indéfiniment le point x; l'intégrale

$$\rho \iiint_{\Pi_2} T_{ij}(y)\, u_k(y) \frac{\partial u_j(y)}{\partial y_k} \delta y$$

tend vers zéro comme $(x_k x_k)^{-\frac{1}{2}}$.

Donc $|u_i(x)| < 2\eta_0$ pour tous les points x situés hors d'une sphère appropriée, qui contient Π_2. Autrement dit $u_i(x)$ *tend vers zéro quand* x *s'éloigne indéfiniment.*

Donnons la deuxième application de la formule (23). Supposons les dérivées $\alpha_i(x)$ proportionnelles à un paramètre h qui tend vers zéro. D'après le paragraphe **14** du second Chapitre J tend vers zéro. Donc d'après la formule (2) du présent chapitre la fonction $I(x)$ tend uniformément vers zéro dans Π. Il en est de même pour $v_i(x)$ et $w_i(x)$: $u_i(x)$ *tend uniformément vers zéro dans le domaine* Π. Il est d'ailleurs aisé de préciser que le maximum de $v_i(x)$ tend vers zéro au moins aussi rapidement que h^2; et par suite $w_i(x)$ est un infiniment petit de l'ordre de h.

III. — Remarques sur les écoulements non permanents.

8. Donnons-nous un domaine borné $\Pi(t)$ variable avec le temps t. Il serait intéressant de savoir s'il existe toujours des fonctions $u_i(x, t)$, $p(x, t)$ définies dans le domaine $\Pi(t)$ pour toute valeur positive de t et satisfaisant les conditions suivantes :

$$\mu\,\Delta u_i - \rho\frac{\partial u_i}{\partial t} - \frac{\partial p}{\partial x_i} = \rho\, u_k \frac{\partial u_i}{\partial x_k}, \qquad \frac{\partial u_k}{\partial x_k} = 0; \tag{24}$$

les $u_i(x, t)$ ont des valeurs données $u_i(x, 0)$ pour $t = 0$ et prennent des valeurs imposées $\alpha_i(x, t)$ sur la frontière $\Sigma(t)$ de $\Pi(t)$; on suppose naturellement

$$\frac{\partial\, u_k(x, 0)}{\partial x_k} = 0 \qquad \text{et} \qquad \iint_{\Sigma(t)} \alpha_i(x, t)\,\delta x_i = 0.$$

La relation fondamentale (8) du second Chapitre est valable, à condition d'y remplacer X_i par $-\frac{\partial u_i}{\partial t}$, puis d'y annuler A_{ik} et $a(x)$; pour l'utiliser, introduisons les notations suivantes :

$$I(t) = \iiint_{\Pi(t)} u_i(x, t) \quad u_i(x, t)\,\delta x,$$

$$J(t) = \iiint_{\Pi(t)} \frac{\partial\, u_i(x. t)}{\partial x_k}\,\frac{\partial\, u_i(x, t)}{\partial x_k}\,\delta x;$$

le symbole $A(t)$ représentera diverses fonctions continues de t, dépendant de $\Pi(t)$, de $\alpha_i(x, t)$ et de $u_i(x, o)$, mais indépendantes de μ et de ρ; choisissons une fois pour toutes $\gamma_i(x, t)$, en sorte que

$$|\gamma_i(x, t)| < A(t), \qquad \left|\frac{\partial \gamma_i(x, t)}{\partial x_j}\right| < A(t), \qquad \left|\frac{\partial \gamma_i(x, t)}{\partial t}\right| < A(t);$$

on déduit bien aisément de cette relation fondamentale l'inégalité

$$\rho \iiint_{\Pi(t)} \frac{\partial}{\partial t}[(u_i - \gamma_i)(u_i - \gamma_i)]\,\delta x + \mu\, J(t) \leqq \rho\, A(t)\, I(t) + (\mu + \rho)\, A(t).$$

D'où

$$\rho\, I(t) + \mu \int_0^t J(t')\,dt' \leqq \rho \int_0^t A(t')\, I(t')\,dt' + (\mu + \rho)\, A(t),$$

Et finalement

$$(25)\qquad \mathrm{I}(t) < \frac{\mu+\rho}{\rho}\mathrm{A}(t), \qquad \int_0^t \mathrm{J}(t')\,dt' < \frac{(\mu+\rho)}{\mu}\mathrm{A}(t).$$

Dans le cas très particulier où $\alpha_i(x, t) = 0$. on a plus exactement

$$\rho\,\mathrm{I}(t) + 2\mu\int_0^t \mathrm{J}(t')\,dt' = \rho\,\mathrm{I}(0).$$

Il me semble peu probable qu'on puisse déduire des deux inégalités (25) la régularité du mouvement pour toutes les valeurs positives de t.

Supposons que le mouvement cesse d'être régulier à l'époque t_0; faisons tendre t, en croissant vers t_0; alors les fonctions $u_i(x, t)$ convergent faiblement en moyenne vers des fonctions $u_i(x, t_0)$, de carrés sommables sur $\Pi(t_0)$; mais ces fonctions sont peut-être trop irrégulières pour qu'aucune méthode d'approximations successives permette de définir les $u_i(x, t)$ quand t surpasse t_0.

9. Les tentatives que j'ai faites pour démontrer que ces fonctions $u_i(x, t_0)$ sont bornées ont attiré mon attention sur les solutions du système (24) régulières dans tout l'espace, et de la forme

$$u_i(x, t) = \lambda(s)\,\mathrm{U}_i[\lambda(t))x],$$

$\lambda(t)x$ étant le point de coordonnées $\lambda(t)x_i$. On constate que $\mathrm{U}_i(x)$ doit satisfaire le système, où α représente une constante arbitraire

$$(26)\qquad \mu\,\Delta\mathrm{U}_i - \alpha\rho\left[\mathrm{U}_i + x_k\frac{\partial \mathrm{U}_i}{\partial x_k}\right] - \frac{\partial \mathrm{P}}{\partial x_i} = \rho\,\mathrm{U}_k\frac{\partial \mathrm{U}_i}{\partial x_k}, \qquad \frac{\partial \mathrm{U}_k}{\partial x_k} = 0$$

et que

$$\lambda(t) = \frac{1}{\sqrt{-2\alpha(t-t_0)}}.$$

Si ce système admet des solutions non identiquement nulles, α est sûrement positif, dès que le nombre n des dimensions de l'espace dépasse 2. En effet, Π désignant l'espace tout entier, nous avons

$$\iiint_\Pi \mathrm{U}_i\left[\mu\,\Delta\mathrm{U}_i - \alpha\rho\,\mathrm{U}_i - \alpha\rho\,x_k\frac{\partial \mathrm{U}_i}{\partial x_k} - \frac{\partial \mathrm{P}}{\partial x_i} - \rho\,\mathrm{U}_k\frac{\partial \mathrm{U}_i}{\partial x_k}\right]\delta x = 0$$

D'où, par une intégration par parties, et moyennant des hypothèses supplémentaires concernant l'allure à l'infini des fonctions $U_i(x)$ et $P(x)$,

$$-\mu\iiint_\Pi \frac{\partial U_i}{\partial x_k}\frac{\partial U_i}{\partial x_k}\delta x + \frac{1}{2}\alpha\rho(n-2)\iiint_\Pi U_i U_i \,\delta x = 0.$$

Dès lors les fonctions

$$u_i(x, t) = \frac{1}{\sqrt{-2\alpha(t-t_0)}}\, U_i\left(\frac{x}{\sqrt{-2\alpha(t-t_0)}}\right)$$

définiraient un mouvement, régulier pour $t < t_0$, qui deviendrait irrégulier quand t tendrait vers t_0. On aurait d'ailleurs $u_i(x, t_0) = 0$; et le mouvement pourrait être défini pour $t > t_0$: ce serait le repos.

10. La difficulté signalée au paragraphe **8** est de même nature que celle qui nous a empêché de déduire les théorèmes A, B, C des lemmes A, B, C, dans le cas d'un espace à plus de trois dimensions. Elle nous interdit de compléter l'étude des régimes permanents par une étude similaire des régimes quasi périodiques ou presque périodiques, parmi lesquels se trouvent vraisemblablement les régimes stables qui correspondent aux phénomènes réels.

Pourtant il n'est pas impossible de la tourner : un premier procédé consisterait à modifier les équations de l'Hydrodynamique, en y renforçant l'effet des forces de viscosité; il est raisonnable d'admettre que la régularité du mouvement devient certaine quand le coefficient de viscosité μ cesse d'être une constante dès que la quantité scalaire

$$\left(\frac{\partial u_i}{\partial x_k} + \frac{\partial u_k}{\partial x_i}\right)\left(\frac{\partial u_i}{\partial x_k} + \frac{\partial u_k}{\partial x_i}\right)$$

dépasse une certaine limite L, pour être alors une fonction rapidement croissante de cette quantité scalaire.

Les équations de Navier doivent maintenant s'écrire :

$$(27)\qquad \frac{\partial}{\partial x_k}\left[\mu\left(\frac{\partial u_i}{\partial x_k} + \frac{\partial u_k}{\partial x_i}\right)\right] - \rho\frac{\partial u_i}{\partial t} - \frac{\partial p}{\partial x_i} = \rho u_k \frac{\partial u_i}{\partial x_k}, \qquad \frac{\partial u_k}{\partial x_k} = 0;$$

ce sont les quantités

$$I(t) = \iiint_{\Pi(t)} u_i(x, t)\, u_i(x, t)\,\delta x$$

et

$$\int_0^t dt' \iiint_{\Pi(t')} \mu \left[\frac{\partial u_i(x, t')}{\partial x_k} + \frac{\partial u_k(x, t')}{\partial x_i} \right] \left[\frac{\partial u_i(x, t')}{\partial x_k} + \frac{\partial u_k(x, t')}{\partial x_i} \right] \delta x$$

qui restent inférieures à certaines fonctions continues $A(t)$. La démonstration de la régularité exigerait une étude très longue; et celle-ci terminée la question se poserait de chercher comment se comportent les solutions $u_i(x, t)$ ainsi construites quand la quantité L augmente indéfiniment.

Démontrer que ces solutions convergent uniformément vers une limite serait aussi difficile que de démontrer directement la régularité et l'unicité des solutions de (24), ce à quoi nous avons renoncé. Mais les intégrales $I(t)$ et $\int_0^t J(t')dt'$ restent inférieures à une fonction $A(t)$ indépendantes de L; et sur tout le domaine à quatre dimensions engendré par $\Pi(t)$ les fonctions $u_i(x, t)$ et $\frac{\partial u_i(x, t)}{\partial u_j}$ convergent donc faiblement en moyenne vers une ou plusieurs limites, $U_i(x, t)$ et $U_{i,j}(x, t)$, qu'il convient d'étudier. Ces limites satisfont certaines relations intégrales, que vérifie d'ailleurs toute solution régulière de (24). Il n'y aurait pas lieu de considérer les fonctions $U_i(x)$ et $U_{i,j}(x, t)$ comme dénuées de sens physique, même si elles présentaient les plus grandes irrégularités : les composantes de la vitesse d'un liquide sont définies par un passage à la limite, celui d'un milieu discontinu, constitué d'un grand nombre de molécules, à celui d'un milieu continu; ce passage à la limite ne peut-il justement présenter les mêmes difficultés que le passage à la limite que nous venons d'effectuer en faisant augmenter L indéfiniment ?

Il n'est pas paradoxal de supposer qu'il conduise à des fonctions $U_i(x, t)$ irrégulières et indéterminées. Au cas où les fonctions $U_i(x, t)$, $U_{i,j}(x, t)$ ne coïncideraient effectivement pas avec une solution régulière de (24), nous proposons de dire que ces fonctions constituent « une solution turbulente » de ce système.

Remarques. — Le procédé que nous venons de décrire peut être transposé à l'étude des régimes quasi périodiques ou presque périodiques et des régimes permanents des espaces à plus de trois dimensions; il est analogue à celui par lequel nous avons abordé les régimes permanents réguliers dans des domaines Π infinis. Et c'est par un tel procédé que l'on a déjà souvent cherché à élucider la question des liquides parfaits : on les considère comme liquides à coefficient de viscosité évanescent; quand μ tend vers zéro la fonction $I(t)$ reste inférieure à une fonction continue $A(t)$; on est donc assuré que les composantes de la vitesse des solutions, régulières ou turbulentes, de (24) convergent faiblement en moyenne vers des limites, dont il reste à préciser les propriétés. Ainsi les difficultés relatives aux liquides à coefficient de viscosité constant sont analogues à ces difficultés, signalées depuis longtemps, que présentent les liquides parfaits.

11. Il est préférable de donner, des « solutions turbulentes », non une définition constructive et assez arbitraire, comme la précédente, mais une définition descriptive consistant en un système de conditions imposées aux fonctions $U_i(x, t)$ et $U_{i,j}(x, t)$. La considération des équations (27) ne sert plus dès lors qu'à montrer l'existence d'au moins une solution, régulière ou turbulente, des équations (24). Mais on peut établir ce théorème d'existence à l'aide de systèmes plus simples que (27), voisins de (24) et n'ayant plus nécessairement de signification hydrodynamique : on fait tendre ces systèmes vers (24) et l'on prouve que leurs solutions ont au moins une limite, qui est une solution de (24), régulière ou turbulente. C'est un tel procédé d'étude que nous utiliserons effectivement au cours de deux autres Mémoires; l'un étudiera un liquide à deux dimensions, enfermé dans des parois; l'autre un liquide illimité à trois dimensions.

Si le liquide est à deux dimensions et s'il est illimité, l'existence d'une solution régulière est d'ailleurs assurée, et même le passage au cas d'un liquide parfait s'effectue sans difficulté : les démonstrations seront le sujet d'un quatrième Mémoire; elle sont basées sur les propriétés du tourbillon découvertes par Helmholtz. Dès qu'existent des parois ces propriétés sont inutilisables ; et nous ne disposons plus que des inégalités (25) dont l'origine est la relation de dissipation de l'énergie; aussi est-il intéressant d'établir que la régularité des mouvements plans d'un liquide visqueux illimité résulte des seules propriétés de (24) qui permettent d'établir la relation de dissipation de l'énergie; tel est l'objet du chapitre suivant.

CHAPITRE IV.

MOUVEMENTS PLANS D'UN LIQUIDE VISQUEUX ILLIMITÉ.

1. Sommaire. — Les mouvements d'un liquide plan, de viscosité μ et de densité ρ, sont régis par les équations de Navier :

$$(1)\quad \begin{cases} \mu\Delta u_i(x,t) - \rho\dfrac{\partial u_i(x,t)}{\partial t} - \dfrac{\partial p(x,t)}{\partial x_i} = \rho\, u_k(x,t)\dfrac{\partial u_i(x,t)}{\partial x_k}, \\ \dfrac{\partial u_k(x,t)}{\partial x_k} = 0 \qquad (i, k = 1, 2). \end{cases}$$

On peut les mettre sous la forme équivalente, où $\nu = \dfrac{\mu}{\rho}$:

$$(2)\quad \begin{cases} \nu\Delta u_i(x,t) - \dfrac{\partial u_i(x,t)}{\partial t} - \dfrac{\partial q(x,t)}{\partial x_i} = \left[\dfrac{\partial u_i(x,t)}{\partial x_k} - \dfrac{\partial u_k(x,t)}{\partial x_i}\right] u_k(x,t), \\ \dfrac{\partial u_k(x,t)}{\partial x_k} = 0, \end{cases}$$

x est un point d'un plan Π; ses deux coordonnées sont x_i; l'élément d'aire qu'il engendre sera nommé δx.

Posons

$$\mathcal{I}^2(t) = \iint_\Pi u_i(x,t)\quad u_i(x,t)\,\delta x,$$

$$\mathcal{J}^2(t) = \iint_\Pi \frac{\partial u_i(x,t)}{\partial x_k}\,\frac{\partial u_i(x,t)}{\partial x_k}\,\delta x,$$

et soit $\mathcal{V}(t)$ la plus grande longueur à l'instant t du vecteur vitesse $u_i(x,t)$.

Le liquide étant au repos à l'infini, *une solution $u_i(x,t)$ du système* (1) *sera dite régulière de l'époque $t = t_1$ à l'époque $t = t_2$ quand les fonctions $\mathcal{I}(t)$, $\mathcal{J}(t)$, $\mathcal{V}(t)$ seront bornées pour $t_1 \leqq t \leqq t_2$. Nous nous proposons d'établir l'existence d'une solution régulière unique, définie pour $t \geqq 0$ et coïncidant à l'époque $t = 0$ avec des données $u_i(x, 0)$.*

Ces valeurs initiales sont continues ainsi que leurs dérivées premières; $\mathcal{I}(0)$, $\mathcal{J}(0)$, $\mathcal{V}(0)$ sont bornées; enfin

$$\frac{\partial u_k(x,0)}{\partial x_k} = 0.$$

La construction de cette solution s'effectuera suivant un mode classique (*cf.* Chap. I, § 1) : une méthode d'approximations successives convenable nous permettra de la définir pour $0 \leqq t \leqq T_1$; puis les quantités $u_i(x, T_1)$ nous serviront de valeurs initiales et le même processus d'approximations successives fournira la solution pour $T_1 \leqq t \leqq T_2$, etc. La suite croissante $0, T_1, T_2, T_3, \ldots$ a une limite T_∞, et la solution est construite pour $0 \leqq t < T_\infty$. Or nous prouverons que $T_\infty = +\infty$ en utilisant la propriété du second membre de (2) qui sert à établir la relation de dissipation de l'énergie, à savoir :

$$\left[\frac{\partial u_i}{\partial x_k} - \frac{\partial u_k}{\partial x_i}\right] u_i u_k = 0.$$

Mais il est nécessaire d'étudier d'abord le système

$$(3) \quad \begin{cases} \nu \Delta u_i(x, t) - \dfrac{\partial u_i(x, t)}{\partial t} - \dfrac{\partial q(x, t)}{\partial x_i} = X_i(x, t), \\ \dfrac{\partial u_k(x, t)}{\partial x_k} = 0. \end{cases}$$

Les fonctions $X_i(x, t)$ sont supposées données; elles sont continues, dérivables, et

$$\mathcal{F}^2(t) = \iint_\Pi X_i(x, t)\, X_i(x, t)\, \delta x$$

reste inférieur, pour $t \geqq 0$, à une fonction continue de t. La définition des solutions régulières étant la même pour le système (3) que pour le système (1), nous établirons un théorème d'existence ayant même énoncé.

Remarque. — Les coefficients numériques, autres que les exposants, qui figurent dans les diverses inégalités de ce chapitre jouent un rôle accessoire. Quant aux valeurs de ces exposants elles peuvent être prévues, le plus souvent, par de simples *considérations d'homogénéité*.

I. — Étude préliminaire du système (3).

2. Premier cas particulier. — Supposons $X_i = 0$. L'obtention d'une solution de (3) régulière pour $t \geqq 0$ et dont les valeurs sont données pour $t = 0$ est aisée : on prend $q(x, t) = 0$ et $u_i(x, t)$ égal à la solution de l'équation de la chaleur :

$$\nu \Delta w(x, t) - \frac{\partial w(x, t)}{\partial t} = 0 \tag{4}$$

qui vaut $u_i(x, 0)$ pour $t = 0$

$$u_i(x, t) = \frac{1}{4\pi\nu t} \iint_\Pi e^{-\frac{r^2}{4\nu t}} u_i(y, 0)\, \delta y; \tag{5}$$

r est la distance du point x au point y.

De même $\frac{\partial u_i(x, t)}{\partial x_j}$ est la solution de (4) qui vaut $\frac{\partial u_i(x, 0)}{\partial x_j}$ pour $t = 0$. Rappelons que le maximum à l'instant t d'une solution $w(x, t)$ de (4) est une fonction décroissante de t, ainsi que l'intégrale

$$\iint_\Pi w^2(x, t)\, \delta x.$$

Donc

$$\mathcal{J}(t) \leqq \mathcal{J}(0), \qquad \mathfrak{J}(t) \leqq \mathfrak{J}(0), \qquad \mathcal{V}(t) \leqq \mathcal{V}(0). \tag{6}$$

Remarque. — Il est également possible de majorer $\mathcal{V}(t)$ à l'aide des seules quantités ν et $\mathcal{J}(0)$: l'inégalité de Schwarz appliquée à (5) donne

$$u_i(x, t)\, u_i(x, t) \leqq \frac{1}{16\pi^2\nu^2t^2} \mathcal{J}^2(0) \iint_\Pi e^{-\frac{r^2}{2\nu t}} \delta y,$$

c'est-à-dire

$$\mathcal{V}(t) \leqq \frac{\mathcal{J}(0)}{2\sqrt{2\pi\nu t}}, \tag{7}$$

3. Second cas particulier. — Supposons maintenant le vecteur $X_i(x,t)$ nul hors d'un domaine fini ϖ du plan Π. M. Oseen a fait connaître une solution de (3) définie pour $t \geqq 0$, nulle pour $t = 0$ [*Acta mathematica*, t. 34; ou *Hydrodynamik*, Leipzig, 1927]; cette solution est de la forme

$$u_i(x, t) = \int_0^t dt' \iint_\Pi T_{ij}(x, y, t - t')\, X_j(y, t')\, \delta y. \tag{8}$$

On a des inégalités :

$$|T_{ij}(x, y, t - t')| < \frac{A}{r^2 + t - t'}$$

et

$$\left|\frac{\partial T_{ij}}{\partial x_k}(x, y, t-t')\right| < \frac{A r}{(r^2+t-t')^2} \qquad (t'<t);$$

A représente une quantité qui dépend de ν.

Donc quand x s'éloigne indéfiniment $u_i(x, t)$ tend vers zéro comme $(x_k x_k)^{-1}$, $\frac{\partial u_i(x, t)}{\partial x_j}$ comme $(x_k x_k)^{-\frac{3}{2}}$; on constate de même que $q(x, t)$ tend vers zéro comme $(x_k x_k)^{-\frac{1}{2}}$. Or on a, sur toute portion bornée ϖ de Π :

$$\nu\int_0^t dt' \iint_\varpi u_i(x, t')\,\Delta\, u_i(x, t')\,\delta x$$
$$-\frac{1}{2}\iint_\varpi u_i(x, t)\, u_i(x, t)\,\delta x - \int_0^t dt' \iint_\varpi u_i(x, t')\frac{\partial q(x, t')}{\partial x_i}\,\delta x$$
$$= \int_0^t dt' \iint_\varpi u_i(x, t')\, X_i(x, t')\,\delta x.$$

Intégrons par parties et faisons tendre ϖ vers Π; nous obtenons :

$$(9) \qquad \nu\int_0^t \mathcal{J}^2(t')\,dt' + \frac{1}{2}\mathcal{I}^2(t) = -\int_0^t dt' \iint_\Pi u_i(x, t')\, X_i(x, t')\,\delta x.$$

D'où

$$\nu\int_0^t \mathcal{J}^2(t')\,dt' + \frac{1}{2}\mathcal{I}^2(t) \leqq \int_0^t \mathcal{I}(t')\,\mathcal{F}(t')\,dt'.$$

Or la solution de l'équation

$$\frac{1}{2}\overline{\mathcal{I}}^2(t) = \int_0^t \overline{\mathcal{I}}(t')\mathcal{F}(t')\,dt'$$

est

$$\overline{\mathcal{I}}(t) = \int_0^t \mathcal{F}(t')\,dt'.$$

Nous avons donc

$$(10) \qquad \mathcal{I}(t) < \int_0^t \mathcal{F}(t')\,dt'.$$

Ce premier résultat acquis, considérons à nouveau la relation (8) : l'inégalité de Schwarz permet d'en déduire

$$|u_1(x, t)| < \int_0^t \mathcal{F}(t')\,dt' \sqrt{\iint_\Pi T_{1i}(x, y, t-t')\, T_{1i}(x, y, t-t')\,\delta y}.$$

Un calcul élémentaire donne

$$\iint_\Pi T_{1i}(x, y, t-t')\, T_{1i}(x, y, t-t')\, \delta y = \frac{1}{16\pi\nu(t-t')}.$$

Donc

$$\mathcal{V}(t) < \frac{1}{4}\int_0^t \frac{\mathcal{F}(t')\, dt'}{\sqrt{\pi\nu(t-t')}}. \tag{11}$$

4. Il reste à majorer $\mathcal{J}(t)$. Posons

$$v_i(x, t, t') = \iint_\Pi T_{ij}(x, y, t-t')\, X_j(y, t')\, \delta y,$$

(8) s'écrit

$$u_i(x, t) = \int_0^t v_i(x, t, t')\, dt';$$

$$\mathcal{J}^2(t) = \int_0^t dt' \int_0^t dt'' \iint_\Pi \frac{\partial v_i(x, t, t')}{\partial x_k} \frac{\partial v_i(x, t, t')}{\partial x_k}\, \delta x.$$

Posons

$$K(t, t', t'') = \iint_\Pi \frac{\partial v_i(x, t, t')}{\partial x_k} \frac{\partial v_i(x, t, t'')}{\partial x_k}\, \delta x.$$

Nous avons

$$\mathcal{J}^2(t) = \int_0^t \int_0^t K(t, t', t'')\, dt'\, dt''.$$

Or le vecteur $v_i(x, t, t'')$ satisfait l'équation de la chaleur

$$\nu\Delta v_i(x, t, t'') - \frac{\partial v_i(x, t, t'')}{\partial t} = 0.$$

Donc

$$\begin{aligned}\nu K(t, t', t'') &= -\iint_\Pi \frac{\partial v_i(x, t, t'')}{\partial t} v_i(x, t, t')\, \delta x \\ &= -\iint_\Pi \iint_\Pi \frac{\partial v_i(x, t, t'')}{\partial t} T_{ij}(x, y, t-t')\, X_j(y, t')\, \delta x \cdot \delta y.\end{aligned}$$

Le vecteur $\dfrac{\partial v_j(y, \tau, t'')}{\partial \tau}$ vérifie le système

$$\nu\Delta\left[\frac{\partial v_j(y, \tau, t'')}{\partial \tau}\right] - \frac{\partial}{\partial \tau}\left[\frac{\partial v_j(y, \tau, t'')}{\partial \tau}\right] = 0,$$

$$\frac{\partial}{\partial y_j}\left[\frac{\partial v_j(y, \tau, t'')}{\partial \tau}\right] = 0;$$

d'après le Mémoire de M. Oseen déjà cité nous avons donc

$$\frac{\partial v_j(y,\tau,t'')}{\partial\tau}=\iint_\Pi T_{ij}(x,y,\tau-t)\frac{\partial v_i(x,t,t'')}{\partial t}\delta x \qquad (\tau>t).$$

Prenons $\tau=2t-t'$, il vient :

$$\begin{aligned}\nu K(t,t',t'')&=-\iint_\Pi \frac{\partial v_j(y,2t-t',t'')}{\partial(2t-t')}X_j(y,t')\,\delta y\\ &=-\iint_\Pi\iint_\Pi X_i(x,t'')\frac{\partial T_{ij}(x,y,2t-t'-t'')}{\partial(2t-t'-t'')}X_j(y,t')\,\delta x\,\delta y.\end{aligned}$$

D'où

$$|K(t,t',t'')|<\frac{1}{\nu}\iint_\Pi\iint_\Pi |X_i(x,t'')|\left|\frac{\partial T_{ij}(x,y,2t-t'-t'')}{\partial(2t-t'-t'')}\right||X_j(y,t')|\,\delta x\,\delta y.$$

On a

$$\left|\frac{\partial T_{ij}(x,y,\theta)}{\partial\theta}\right|\leqq\begin{cases}\dfrac{1}{4\pi\nu e\theta^2}e^{-\frac{r^2}{8\nu\theta}} & \text{pour } i\neq j,\\[2ex] \dfrac{1}{2\pi\nu e\theta^2}e^{-\frac{r^2}{8\nu\theta}} & \text{pour } i=j.\end{cases}$$

Puisque les fonctions

$$w_j(x,\theta)=\iint_\Pi\frac{1}{8\pi\nu\theta}e^{-\frac{r^2}{8\nu\theta}}|X_j(y,t')|\,\delta y$$

satisfont l'équation de la chaleur

$$2\nu\Delta w_j(x,\theta)-\frac{\partial w_j(x,\theta)}{\partial\theta}=0$$

et qu'elles coïncident avec $|X_j(y,t')|$ pour $\theta=0$,

$$\iint_\Pi w_j^2(x,\theta)\,\delta x$$

est une fonction décroissante de θ et

$$\iint_\Pi w_j^2(x,\theta)\,\delta x\leqq\iint_\Pi X_j^2(x,t')\,\delta x.$$

D'autre part,

$$\begin{aligned}|K(t,t',t'')|<\frac{2}{\nu e(2t-t'-t'')}\iint_\Pi&[2|X_1(x,t'')|w_1(x,2t-t'-t'')\\ &+2|X_2|w_2+|X_1|w_2+|X_2|w_1]\,\delta x.\end{aligned}$$

Donc

$$|K(t, t', t'')| < \frac{6}{\nu e(2t - t' - t'')} \mathcal{F}(t') \mathcal{J}(t'').$$

Finalement

(12) $$\mathcal{Y}^2(t) < \int_0^t \int_0^t \frac{6}{\nu e(2t - t' - t'')} \mathcal{F}(t') \mathcal{F}(t'')\, dt'\, dt''.$$

5. Cas général. — Ajoutons les deux solutions particulières du système (3) définies aux paragraphes **2** et **3**. Nous obtenons une solution particulière de (3), égale pour $t = 0$ à des valeurs données $u_i(x, 0)$; à savoir :

(13) $$u_i(x, t) = \frac{1}{4\pi\nu t} \iint_\Pi e^{-\frac{r^2}{4\nu t}} u_i(y, 0)\, \delta y + \int_0^t dt' \iint_\Pi T_{ij}(x, y, t - t') X_j(y, t')\, \delta y.$$

D'après (6), (10), (11) et (12), cette solution satisfait les inégalités

(14) $$\begin{cases} \mathcal{J}(t) \leqq \mathcal{J}(0) + \int_0^t \mathcal{F}(t')\, dt', \\ \mathcal{Y}(t) \leqq \mathcal{Y}(0) + \sqrt{\int_0^t \int_0^t \frac{6}{\nu e(2t - t' - t'')} \mathcal{F}(t') \mathcal{F}(t'')\, dt'\, dt''} \\ \qquad < \mathcal{Y}(0) + \int_0^t \sqrt{\frac{3}{\nu e(t - t')}} \mathcal{F}(t')\, dt' \\ \mathcal{V}(t) \leqq \mathcal{V}(0) + \frac{1}{4} \int_0^t \frac{\mathcal{F}(t')\, dt'}{\sqrt{\pi\nu(t - t')}}. \end{cases}$$

De plus un calcul analogue à celui qui fournit (9) donne ici

(15) $$\nu \int_0^t \mathcal{Y}^2(t')\, dt' + \frac{1}{2} \mathcal{J}^2(t) = \frac{1}{2} \mathcal{J}^2(0) - \int_0^t dt' \iint_\Pi u_i(x, t') X_i(x, t')\, \delta x.$$

Ces résultats sont valables à condition que $X_i(x, t)$ soit nul hors d'un domaine borné. Or supposons donné au second membre de (3) un vecteur $X_i(x, t)$ continu, dérivable, assujetti à la seule condition que $\mathcal{F}(t)$ reste inférieur à une fonction continue de t. Soit une longueur R qui augmente indéfiniment; soit $X_i^*(x, t)$ un vecteur continu et dérivable, égal à $X_i(x, t)$ pour $x_k x_k \leqq R^2$, de longueur inférieure en tout point à celle de $X_i(x, t)$ pour $R^2 < x_k x_k \leqq 2R^2$, nul pour $2R^2 \leqq x_k x_k$. Le système (3*) obtenu en remplaçant dans (3) X_i par X_i^* admet une solution $u_i^*(x, t)$ donnée par une formule (13*) analogue à (13); et sur toute portion bornée de Π, $u_i^*(x, t)$ tend uniformément vers le vecteur $u_i(x, t)$ que définit (13). Mais les fonctions $\mathcal{J}^*(t)$, $\mathfrak{J}^*(t)$, $\mathcal{V}^*(t)$ vérifient des relations (14*) analogues à (14); leurs plus petites limites sont au moins égales à $\mathcal{J}(t)$, $\mathfrak{J}(t)$ et $\mathcal{V}(t)$. Les inégalités (14) sont donc satisfaites. De même résulte de (15) l'inégalité

$$(16)\quad \nu\int_0^t \mathfrak{J}^2(t')\,dt' + \frac{1}{2}\mathcal{J}^2(t) \leqq \frac{1}{2}\mathcal{J}^2(0) - \int_0^t dt' \iint_\Pi u_i(x, t')\, X_i(x, t')\,\delta x.$$

[On démontre facilement qu'en réalité les deux nombres de (16) sont toujours égaux : pour chaque valeur de t les fonctions $u_i^*(x, t)$ et $\frac{\partial u_i^*(x, t)}{\partial x_j}$ convergent fortement en moyenne sur Π vers $u_i(x, t)$ et $\frac{\partial u_i(x, t)}{\partial x_j}$; c'est-à-dire

$$\iint_\Pi [u_i^*(x, t) - u_i(x, t)]^2\,\delta x$$

et

$$\iint_\Pi \left[\frac{\partial u_i^*(x, t)}{\partial x_j} - \frac{\partial u_i(x, t)}{\partial x_j}\right]^2 \delta x$$

tendent vers zéro.]

Le système (3) n'admet pas de solution régulière autre que (13) : il suffit de le montrer pour $X_i(x, t) = 0$ et $u_i(x, 0) = 0$; or les équations intégrales de M. Oseen permettent bien aisément d'établir dans ce cas l'identité à zéro de toute solution de (3) telle que $\mathcal{J}(t)$ et $\mathfrak{J}(t)$ restent inférieurs à des fonctions continues de t.

6. Obtention d'une nouvelle inégalité — Supposons maintenant $X_i(x, t)$ de la forme

$$X_i(x, t) = v_k(x, t)\,\frac{\partial v_i(x, t)}{\partial x_k};$$

les fonctions $v_i(x, t)$ sont des fonctions données; elles sont bornées et continues ainsi que leurs dérivées; pour la durée de ce paragraphe nous posons

$$\mathcal{J}^2(t) = \iint_\Pi v_k(x, t)\, v_k(x, t)\,\delta x,$$

$$\mathfrak{J}^2(t) = \iint_\Pi \frac{\partial v_i(x, t)}{\partial x_k}\,\frac{\partial v_i(x, t)}{\partial x_k}\,\delta x;$$

par hypothèse $\mathcal{J}(t)$ et $\mathfrak{J}(t)$ restent inférieurs à des fonctions continues de t. Il sera important de savoir majorer la plus grande longueur à l'instant t du vecteur $u_i(x, t)$, $\mathcal{V}(t)$, à l'aide de $\mathcal{J}(t)$ et de $\mathfrak{J}(t)$. Considérons d'abord le cas où $u_i(x, 0) = 0$. Nous avons

$$u_1(x, t) = \int_0^t dt' \iint_\Pi T_{1j}(x, y, t-t')\, v_k(y, t') \frac{\partial v_k(y, t')}{\partial y_k} \delta y.$$

D'où, à l'aide de l'inégalité de Schwarz,

$$\mathcal{V}(t) \leqq \int_0^t \mathfrak{J}(t')\, dt' \sqrt{\iint_\Pi T_{1j}(x, y, t-t')\, T_{1j}(x, y, t-t')\, v_k(y, t')\, v_k(y, t')\, \delta y}.$$

Or $T_{1j}(x, y, t-t')T_{1j}(x, y, t-t')$ est inférieur à $\frac{1}{4\pi^2[4\nu(t-t')]^2}$ et à $\frac{1}{4\pi^2 r^4}$; soit

$$s = 2\sqrt{\nu(t-t')};$$

la première majorante est préférable pour $r < s$, la seconde pour $r > s$. Posons

$$y_1 - x_1 = r\cos\omega, \qquad y_2 - x_2 = r\sin\omega;$$

$$\lambda^2(r) = \int_0^{2\pi} v_k(y, t)\, v_k(y, t)\, d\omega.$$

Il vient

(17) $$\mathcal{V}(t) \leqq \frac{1}{2\pi}\int_0^t \mathfrak{J}(t')\, dt' \sqrt{\frac{1}{s^4}\int_0^s \lambda^2(r)\, r\, dr + \int_0^\infty \frac{1}{r^3}\lambda^2(r)\, dr}.$$

Notons les renseignements que nous avons sur la fonction $\lambda(r)$.

(18) $$\int_0^\infty \lambda^2(r)\, r\, dr = \mathcal{J}^2(t').$$

D'autre part,

$$\lambda(r)\lambda'(r) = \int_0^{2\pi} v_k(y, t) \frac{\partial v_k(y, t)}{\partial r} d\omega.$$

D'où, par l'inégalité de Schwarz,

$$\lambda'^2(r) \leqq \int_0^{2\pi} \frac{\partial v_k(y, t)}{\partial r} \frac{\partial v_k(y, t)}{\partial r} d\omega$$

et par suite

(19) $$\int_0^\infty \lambda'^2(r)\, r\, dr < \mathfrak{J}^2(t').$$

Écrivons l'identité

$$2\int_0^s \lambda^2(r)\,r\,dr = [r^2\lambda^2(r)]_0^s - 2\int_0^s r^2\lambda(r)\,\lambda'(r)\,dr.$$

D'où

$$\left[2\int_0^s \lambda^2(r)\,r\,dr - s^2\lambda^2(s)\right]^2 \leqq 4s^2\int_0^s \lambda^2(r)\,r\,dr\int_0^s \lambda'^2(r)\,r\,dr$$

et

$$\sqrt{\int_0^s \lambda^2(r)\,r\,dr} < s\sqrt{\int_0^s \lambda'^2(r)\,r\,dr} + \frac{s\,\lambda(s)}{\sqrt{2}}.$$

On a de même

$$2\int_s^\infty \frac{1}{r^3}\lambda^2(r)\,dr = -\left[\frac{1}{r^2}\lambda^2(r)\right]_s^\infty + 2\int_s^\infty \frac{1}{r^2}\lambda(r)\,\lambda'(r)\,dr.$$

D'où

$$\left[2\int_s^\infty \frac{1}{r^3}\lambda^2(r)\,dr - \frac{\lambda^2(s)}{s^2}\right]^2 \leqq \frac{4}{s^2}\int_0^s \frac{1}{r^3}\lambda^2(r)\,dr\int_0^s r\,\lambda'^2(r)\,dr$$

et

$$\sqrt{\int_0^s \frac{1}{r^3}\lambda^2(r)\,dr} < \frac{1}{s}\sqrt{\int_s^\infty \lambda'^2(r)\,r\,dr} + \frac{\lambda(s)}{s\sqrt{2}}.$$

Ainsi

$$\frac{1}{s^4}\int_0^s \lambda^2(r)\,r\,dr + \int_s^\infty \frac{1}{r^3}\lambda^2(r)\,dr < \left[\frac{1}{s}\sqrt{\int_0^\infty \lambda'^2(r)\,r\,dr} + \frac{\lambda(s)}{s}\right]^2.$$

Tenons compte de (19) et portons dans (17); il vient

$$\mathcal{V}(t) < \frac{1}{4\pi}\int_0^t \frac{\mathcal{J}(t')}{\sqrt{\nu(t-t')}}[\mathcal{J}(t') + \lambda(s)]\,dt'. \tag{20}$$

Ainsi le problème se pose de majorer $\lambda(s)$. Utilisons d'abord l'inégalité (19) :

$$|\lambda(r) - \lambda(s)|^2 = \left|\int_s^r \lambda'(\rho)\,d\rho\right|^2 \leqq \int_s^r \rho\,\lambda'^2(\rho)\,d\rho\int_s^r \frac{d\rho}{\rho} < \mathcal{J}^2(t)\left|\log\frac{r}{s}\right|.$$

Donc

$$\lambda(r) > \lambda(s) - \mathcal{J}(t')\sqrt{\left|\log\frac{r}{s}\right|},$$

$$\lambda(r) > \frac{1}{2}\lambda(s) \qquad \text{pour } s_1 < r < s_2;$$

$$s_1 = s\,e^{-\frac{\lambda^2(s)}{4\mathcal{J}^2(t)}}, \qquad s_2 = s\,e^{+\frac{\lambda^2(s)}{4\mathcal{J}^2(t)}}.$$

Dès lors l'inégalité (18) nous donne

$$\int_{s_1}^{s_2} \frac{\lambda^2(s)}{4} r\,dr < \mathcal{J}^2(t'),$$

c'est-à-dire

$$\frac{1}{4} s^2 \lambda^2(s) \operatorname{sh} \frac{\lambda^2(s)}{2\,\mathfrak{J}^2(t)} < \mathfrak{J}^2(t')$$

et *a fortiori*

$$\frac{1}{8} s^2 \frac{\lambda^4(s)}{\mathfrak{J}^2(t)} < \mathcal{J}^2(t), \qquad \lambda(s) < \frac{\sqrt[4]{2}\sqrt{\mathcal{J}(t')\,\mathfrak{J}(t')}}{\sqrt[4]{\nu(t-t')}},$$

Portons donc (20), nous obtenons

$$\mathcal{V}(t) < \frac{1}{4\pi}\int_0^t \frac{\mathfrak{J}^2(t')\,dt'}{\sqrt{\nu(t-t')}} + \frac{\sqrt[4]{2}}{4\pi}\int_0^t \frac{\mathcal{J}^{\frac{1}{2}}(t')\,\mathfrak{J}^{\frac{3}{2}}(t')}{[\nu(t-t')]^{\frac{3}{4}}}\,dt'.$$

Considérons maintenant le cas général où $u_i(x, 0)$ n'est plus identiquement nul; c'est par l'inégalité (7) que nous compléterons la précédente; il vient

$$(21) \qquad \mathcal{V}(t) < \frac{1}{4\pi}\int_0^t \frac{\mathfrak{J}^2(t')\,dt'}{\sqrt{\nu(t-t')}} + \frac{\sqrt[4]{2}}{4\pi}\int_0^t \frac{\mathcal{J}^{\frac{1}{2}}(t')\,\mathfrak{J}^{\frac{3}{2}}(t')}{[\nu(t-t')]^{\frac{3}{4}}}\,dt' + \frac{\mathcal{J}(0)}{2\sqrt{2\pi\nu t}}.$$

II. — Solutions régulières du système (1).

7. *Une méthode d'approximations successives* va nous permettre de construire une solution $u_i(x, t)$ du système (1), régulière durant un certain intervalle de temps : $t_1 \leqq t \leqq t_1 + \tau_1$, et coïncidant pour $t = t_1$ avec un vecteur donné $u_i(x, t_1)$. Écrivons une suite de systèmes :

$$\nu\Delta u_i^{(1)}(x,t) - \frac{\partial u_i^{(1)}(x,t)}{\partial t} - \frac{\partial p^{(1)}(x,t)}{\partial x_i} = 0, \qquad \frac{\partial u_k^{(1)}(x,t)}{\partial x_k} = 0;$$

$$\nu\Delta u_i^{(2)}(x,t) - \frac{\partial u_i^{(2)}(x,t)}{\partial t} - \frac{\partial p^{(2)}(x,t)}{\partial x_i} = u_k^{(1)}(x,t)\frac{\partial u_i^{(1)}(x,t)}{\partial x_k}, \qquad \frac{\partial u_k^{(3)}(x,t)}{\partial x_k} = 0,$$

$$\nu\Delta u_i^{(3)}(x,t) - \frac{\partial u_i^{(3)}(x,t)}{\partial t} - \frac{\partial p^{(3)}(x,t)}{\partial x_i} = u_k^{(2)}(x,t)\frac{\partial u_i^{(2)}(x,t)}{\partial x_k}, \qquad \frac{\partial u_k^{(3)}(x,t)}{\partial x_k} = 0,$$

$$\cdots\cdots\cdots\cdots\cdots\cdots, \qquad \cdots\cdots\cdots$$

Le premier de ces systèmes admet une solution qui est régulière pour $t_1 \leqq t$ et qui coïncide avec $u_i(x, t_1)$ pour $t = t_1$; cette solution satisfait des inégalités

$$\mathcal{J}_1(t) \leqq \mathcal{J}(t_1), \qquad \mathfrak{J}_1(t) \leqq \mathfrak{J}(t_1), \qquad \mathcal{V}_1(t) \leqq \mathcal{V}(t_1).$$

Le second système est du type (3);

$$\mathcal{F}_2(t) \leqq \mathcal{J}_1(t)\mathcal{V}_1(t).$$

Il admet une solution qui est régulière pour $t_1 \leqq t$ et qui coïncide avec $u_i(x, t_1)$ pour $t = t_1$. Le troisième système est du type (3), etc.

La suite des fonctions $u_i^{(n)}(x, t)$ est ainsi définie pour $t \geqq t_1$; nous allons l'étudier pour $t_1 \leqq t \leqq t_1 + \tau_1$, τ_1 devant être choisi ultérieurement. Soient $\mathcal{I}_n$, $\mathcal{J}_n$, $\mathcal{V}_n$ les maxima respectifs de $\mathcal{I}_n(t)$, $\mathcal{J}_n(t)$, $\mathcal{V}_n(t)$ pour $t_1 \leqq t \leqq t_1 + \tau_1$. Nous avons

$$\mathcal{I}_1 = \mathcal{I}(t_1), \qquad \mathcal{J}_1 = \mathcal{J}(t_1), \qquad \mathcal{V}_1 = \mathcal{V}(t_1),$$

et (14) fournit les formules de récurrence :

$$(22) \qquad \begin{cases} \mathcal{I}_{n+1} \leqq \mathcal{I}_1 + \tau_1 \mathcal{J}_n \mathcal{V}_n, \\ \mathcal{J}_{n+1} \leqq \mathcal{J}_1 + 2\sqrt{\dfrac{3\tau_1 \log 2}{\nu e}}\, \mathcal{I}_n \mathcal{V}_n < \mathcal{J}_1 + 2\sqrt{\dfrac{\tau_1}{\nu}}\, \mathcal{I}_n \mathcal{V}_n, \\ \mathcal{V}_{n+1} \leqq \mathcal{V}_1 + \dfrac{1}{2}\sqrt{\dfrac{\tau_1}{\pi\nu}}\, \mathcal{J}_n \mathcal{V}_n. \end{cases}$$

D'où

$$\mathcal{J}_{n+1}\mathcal{V}_{n+1} < \left[\mathcal{J}_1 + 2\sqrt{\frac{\tau_1}{\nu}}\, \mathcal{J}_n \mathcal{V}_n\right]\left[\mathcal{V}_1 + \frac{1}{2}\sqrt{\frac{\tau_1}{\pi\nu}}\, \mathcal{J}_n \mathcal{V}_n\right].$$

Le produit $\mathcal{I}_n \mathcal{V}_n$ reste donc inférieur à la plus petite racine positive de l'équation

$$Z = \left[\mathcal{J}_1 + 2\sqrt{\frac{\tau_1}{\nu}}\, Z\right]\left[\mathcal{V}_1 + \frac{1}{2}\sqrt{\frac{\tau_1}{\pi\nu}}\, Z\right].$$

Cette équation est supposée admettre une racine positive. Nous choisirons τ_1 en sorte qu'elle admette une racine double positive :

$$(23) \qquad \sqrt[4]{\frac{\nu}{\tau_1}} = \sqrt[4]{\frac{1}{4\pi}}\sqrt{\mathcal{J}(t_1)} + \sqrt{2\mathcal{V}(t_1)}.$$

Nous avons donc

$$\mathcal{J}_n \mathcal{V}_n < \frac{1 - \dfrac{1}{2}\sqrt{\dfrac{\tau_1}{\pi\nu}}\, \mathcal{J}_1 - 2\sqrt{\dfrac{\tau_1}{\nu}}\, \mathcal{V}_1}{\dfrac{2}{\sqrt{\pi}}\, \dfrac{\tau_1}{\nu}}.$$

D'après (22) les quantités $\mathcal{I}_n$, $\mathcal{J}_n$, $\mathcal{V}_n$ sont dès lors bornées dans leur ensemble; on a par exemple

$$\frac{1}{2\sqrt{\pi}}\mathcal{J}_{n+1}+2\mathcal{V}_{n+1}<\sqrt{\frac{\nu}{\tau_1}}.$$

Il est facile d'en déduire la convergence des fonctions $u_i^{(n)}(x,t)$ vers une limite $u_i(x,t)$ qui est définie pour $t_1\leqq t\leqq t_1+\tau_1$ et qui constitue la solution régulière cherchée du système (1). Cette solution vérifie l'inégalité

$$\frac{1}{2\sqrt{\pi}}\mathcal{J}(t)+2\mathcal{V}(t)\leqq\sqrt{\frac{\nu}{\tau_1}}. \tag{24}$$

8. Applications. — Soient des valeurs initiales données $u_i(x, 0)$. Prenons $t_1=0$; le processus que nous venons de décrire nous fournit une solution de (1) qui possède ces valeurs initiales et qui est régulière pour $0\leqq t\leqq T_1$; d'après (23)

$$\sqrt[4]{\frac{\nu}{T_1}}=\sqrt[4]{\frac{1}{4\pi}}\sqrt{\mathcal{J}(0)}+\sqrt{2\mathcal{V}(0)}.$$

Prenons $t_1=T_1$; le même processus définit cette solution $u_i(x,t)$ pour $T_1\leqq t\leqq T_2$:

$$\sqrt[4]{\frac{\nu}{T_2-T_1}}=\sqrt[4]{\frac{1}{4\pi}}\sqrt{\mathcal{J}(T_1)}+\sqrt{2\mathcal{V}(T_1)},\qquad \ldots.$$

Soit T_∞ la limite de la suite croissante $T_1, T_2, \ldots$; une solution régulière du système (1), ayant les valeurs initiales imposées, se trouve ainsi définie pour $0\leqq t<T_\infty$. Au cours du paragraphe **1** nous avons déjà annoncé que $T_\infty=+\infty$.

Pour le démontrer, il suffira d'*établir que les fonctions* $\mathcal{J}(t)$ *et* $\mathcal{V}(t)$ *restent inférieures à des quantités indépendantes de t quand* $T_1\leqq t<T\infty$. Mais une digression s'impose.

Théorème d'unicité : Soient deux solutions du système (2) $u_i(x,t)$ et $u_i(x,t)+v_i(x,t)$ régulières pour $t_1\leqq t\leqq t_2$ et coïncidant pour $t=t$; je dis qu'elles sont confondues :

$$\begin{aligned}\nu\,\Delta v_i(x,t)&-\frac{\partial v_i(x,t)}{\partial t}-\frac{\partial Q(x,t)}{\partial x_i}\\&=\left[\frac{\partial v_i(x,t)}{\partial x_k}-\frac{\partial v_k(x,t)}{\partial x_i}\right]u_k(x,t)\\&\quad+\left[\frac{\partial u_i(x,t)}{\partial x_k}+\frac{\partial v_i(x,t)}{\partial x_k}-\frac{\partial u_k(x,t)}{\partial x_i}-\frac{\partial u_k(x,t)}{\partial x_i}\right]v_k(x,t),\end{aligned}$$

et

$$\frac{\partial v_k(x, t)}{\partial x_k} = 0.$$

Le second membre de ce système satisfait la condition imposée au second membre de (3). La relation (16) vaut donc

$$\nu \int_0^t dt' \iint_\Pi \frac{\partial v_i(x, t')}{\partial x_k} \frac{\partial v_i(x, t')}{\partial x_k} \delta x + \frac{1}{2} \iint_\Pi v_i(x, t) v_i(x, t) \delta x$$
$$\leqq \int_0^t dt' \iint_\Pi \left[\frac{\partial v_i(x, t')}{\partial x_k} - \frac{\partial v_k(x, t')}{\partial x_i} \right] u_k(x, t') v_i(x, t') \delta x.$$

Posons

$$i^2(t) = \iint_\Pi v_i(x, t) v_i(x, t) \delta x,$$
$$j^2(t) = \iint_\Pi \frac{\partial v_i(x, t)}{\partial x_k} \frac{\partial v_i(x, t)}{\partial x_k} \delta x.$$

Nous avons, en désignant par C une constante,

$$\nu \int_0^t j^2(t')\, dt' + \frac{1}{2} i^2(t) \leqq C \int_0^t i(t') j(t')\, dt'.$$

D'où

$$\sqrt{2\nu}\, i(t) \sqrt{\int_0^t j^2(t')\, dt'} \leqq C \sqrt{\int_0^t i^2(t')\, dt'} \sqrt{\int_0^t j^2(t')\, dt'},$$
$$2\nu\, i^2(t) \leqq C^2 \int_0^t i^2(t')\, dt'$$

et, par suite,

$$i(t) = 0.$$ C. Q. F. D.

Conséquences des relations (23) *et* (24). — Soit t_1 une valeur quelconque comprise entre zéro et T_∞. En vertu du théorème d'unicité $u_i(x, t)$ est identique à la solution de (1) qui coïncide avec $u(x, t_1)$ pour $t = t_1$ et qui est définie par les approximations successives du paragraphe **7**. L'inégalité (24) est donc valable pour $0 \leqq t - t_1 \leqq \tau_1$. Autrement dit, soit t une valeur quelconque comprise entre 0 et T_∞; soit t_1 une valeur quelconque comprise entre 0 et t; ou bien

$$\frac{1}{2\sqrt{\pi}} \mathcal{J}(t) + 2\,\mathcal{V}(t) \leqq \sqrt{\frac{\nu}{\tau_1}}$$

ou bien

$$\sqrt{\frac{\nu}{t-t_1}} \leqq \sqrt{\frac{\nu}{\tau_1}}.$$

D'après (23)

$$\sqrt{\frac{\nu}{\tau_1}} = \left[\sqrt[4]{\frac{1}{4\pi}}\sqrt{\mathcal{J}(t_1)} + \sqrt{2\mathcal{V}(t_1)}\right]^2.$$

Nous remplacerons cette égalité peu maniable par l'inégalité

$$\sqrt{\frac{\nu}{\tau_1}} \leqq \frac{1}{\sqrt{\pi}}\mathcal{J}(t_1) + 4\mathcal{V}(t_1);$$

et nous avons finalement, en désignant par le symbole $\{A; B\}$ la plus petite des deux quantités A et B :

$$(25)\quad \frac{1}{\sqrt{\pi}}\mathcal{J}(t_1) + 4\mathcal{V}(t_1) \geqq \left\{\sqrt{\frac{\nu}{t-t_1}};\ \frac{1}{2\sqrt{\pi}}\mathcal{J}(t) + 2\mathcal{V}(t)\right\} \quad (0 < t_1 < t < T_x).$$

9. *Une relation équivalente à la relation de dissipation de l'énergie* va nous fournir des inégalités dont la confrontation avec (25) prouvera que $\mathcal{J}(t)$ et $\mathcal{V}(t)$ sont bornés pour $T_1 \leqq t < T_\infty$. Les fonctions $u_i(x, t)$, définies pour $0 \leqq t < T_\infty$, satisfont le système (2), dont le second membre vérifie la condition imposée au second membre de (3). Nous avons donc, d'après (16), la relation

$$\begin{aligned}
&\nu\int_0^t \mathcal{J}^2(t')\,dt' + \frac{1}{2}\mathcal{W}^2(t) \\
&\leqq \frac{1}{2}\mathcal{W}^2(0) + \int_0^t dt' \iiint_\Pi \left[\frac{\partial u_i(x, t')}{\partial x_k} - \frac{\partial u_k(x, t')}{\partial x_i}\right] u_k(x, t')\, u_i(x, t')\,\delta x \\
&= \frac{1}{2}\mathcal{W}^2(0).
\end{aligned}$$

Par suite

$$(26)\qquad \nu\int_0^t \mathcal{J}^2(t')\,dt' < \frac{1}{2}\mathcal{W}^2(0) \qquad \text{et} \qquad \mathcal{W}(t) \leqq \mathcal{W}(0).$$

De plus la relation (21) est applicable ; jointe aux deux précédentes elle va nous permettre d'établir que l'intégrale

$$\int_0^t \frac{\frac{1}{\sqrt{\pi}}\mathcal{J}(t_1)+4\mathcal{V}(t_1)}{\sqrt{t-t_1}\left(\log\frac{et}{t-t_1}\right)^{\frac{3}{4}}}dt_1$$

reste inférieure à une quantité indépendante de t — on constate que sous le signe $\int$ figure le premier membre de (25) —. Nous avons, d'après (21) :

$$\int_0^t \frac{\frac{1}{\sqrt{\pi}}\mathcal{J}(t_1)+4\mathcal{V}(t_1)}{\sqrt{t-t_1}\left(\log\frac{et}{t-t_1}\right)^{\frac{3}{4}}}dt_1$$

$$< \frac{1}{\sqrt{\pi}}\int_0^t \frac{\mathcal{J}(t_1)\,dt_1}{\sqrt{t-t_1}\left(\log\frac{et}{t-t_1}\right)^{\frac{3}{4}}} + \frac{1}{\pi}\int_0^t \frac{dt_1}{\sqrt{t-t_1}\left(\log\frac{et}{t-t_1}\right)^{\frac{3}{4}}}\int_0^{t_1}\frac{\mathcal{J}^2(t')\,dt'}{\sqrt{\nu(t_1-t')}}$$

$$+ \frac{\sqrt[4]{2}}{\pi}\int_0^t \frac{dt_1}{\sqrt{t-t_1}\left(\log\frac{et}{t-t_1}\right)^{\frac{3}{4}}}\int_0^{t_1}\frac{\mathfrak{I}^{\frac{1}{2}}(t')\,\mathcal{J}^{\frac{3}{2}}(t')}{[\nu(t_1-t')]^{\frac{3}{4}}}dt'$$

$$+ \sqrt{2}\frac{\mathfrak{I}(0)}{\sqrt{\pi\nu}}\int_0^t \frac{dt_1}{\sqrt{t_1}\sqrt{t-t_1}\left(\log\frac{et}{t-t_1}\right)^{\frac{3}{4}}}.$$

Or,

$$\frac{1}{\sqrt{\pi}}\int_0^t \frac{\mathcal{J}(t_1)\,dt_1}{\sqrt{t-t_1}\left(\log\frac{et}{t-t_1}\right)^{\frac{3}{4}}}$$

$$\leqq \frac{1}{\sqrt{\pi}}\sqrt{\int_0^t \mathcal{J}^2(t_1)\,dt_1}\sqrt{\int_0^t \frac{dt_1}{(t-t_1)\left(\log\frac{et}{t-t_1}\right)^{\frac{3}{2}}}} < \frac{\mathfrak{I}(0)}{\sqrt{\pi\nu}};$$

d'autre part :

$$\frac{1}{\pi}\int_0^t \frac{dt_1}{\sqrt{t-t_1}\left(\log\frac{et}{t-t_1}\right)^{\frac{3}{4}}}\int_0^{t_1}\frac{\mathcal{J}^2(t')\,dt'}{\sqrt{\nu(t_1-t')}}$$

$$< \frac{1}{\pi\sqrt{\nu}}\int_0^t \mathcal{J}^2(t')\,dt'\int_{t'}^t \frac{dt_1}{\sqrt{(t-t_1)(t_1-t')}} < \frac{\mathfrak{I}^2(0)}{2\nu^{\frac{3}{2}}},$$

puis :

$$\frac{\sqrt[4]{2}}{\pi}\int_0^t \frac{dt_1}{\sqrt{t-t_1}\left(\log\frac{et}{t-t_1}\right)^{\frac{3}{4}}}\int_0^{t_1}\frac{\mathfrak{J}^{\frac{1}{2}}(t')\,\mathcal{J}^{\frac{3}{2}}(t')\,dt'}{[\nu(t_1-t')]^{\frac{3}{4}}}$$

$$<\frac{\sqrt[4]{2}}{\pi\nu^{\frac{3}{4}}}\int_0^t \frac{\mathfrak{J}^{\frac{1}{2}}(t')\,\mathcal{J}^{\frac{3}{2}}(t')\,dt'}{\left(\log\frac{et}{t-t'}\right)^{\frac{3}{4}}}\int_{t'}^t\frac{dt_1}{\sqrt{t-t_1}[t_1-t']^{\frac{3}{4}}}$$

$$<\frac{2\sqrt[4]{2}}{\nu^{\frac{3}{4}}}\int_0^t \frac{\mathfrak{J}^{\frac{1}{2}}(t')\,\mathcal{J}^{\frac{3}{2}}(t')\,dt'}{(t-t')^{\frac{1}{4}}\left(\log\frac{et}{t-t'}\right)^{\frac{3}{4}}}$$

$$<\frac{2\sqrt[4]{2}\sqrt{\mathfrak{J}(0)}}{\nu^{\frac{3}{4}}}\left[\int_0^t\mathcal{J}^2(t')\,dt'\right]^{\frac{3}{4}}\left[\int_0^t\frac{dt'}{(t-t')\left(\log\frac{et}{t-t'}\right)^3}\right]^{\frac{1}{4}}<\sqrt[4]{2}\,\frac{\mathfrak{J}^2(0)}{\nu^{\frac{3}{2}}},$$

enfin

$$\frac{\sqrt{2}\,\mathfrak{J}(0)}{\sqrt{\pi\nu}}\int_0^t\frac{dt_1}{\sqrt{t_1}\sqrt{t-t_1}\left(\log\frac{et}{t-t_1}\right)^{\frac{3}{4}}}<\frac{\sqrt{2}\,\mathfrak{J}(0)}{\sqrt{\pi\nu}}\int_0^t\frac{dt_1}{\sqrt{t_1}\sqrt{t-t_1}}<\sqrt{\frac{2\pi}{\nu}}\,\mathfrak{J}(0).$$

Donc

$$\int_0^t\frac{\frac{1}{\sqrt{\pi}}\mathcal{J}(t_1)+4\mathcal{V}(t_1)}{\sqrt{t-t_1}\left(\log\frac{et}{t-t_1}\right)^{\frac{3}{4}}}\,dt_1<\left(\frac{1}{2}+\sqrt[4]{2}\right)\frac{\mathfrak{J}^2(0)}{\nu^{\frac{3}{2}}}+\left(\frac{1}{\sqrt{\pi}}+\sqrt{2\pi}\right)\frac{\mathfrak{J}(0)}{\sqrt{\nu}}.$$

Tenons compte maintenant de (25); il vient

$$(27)\qquad \int_0^t\left\{\sqrt{\frac{\nu}{t-t_1}};\ \frac{1}{2\sqrt{\pi}}\mathcal{J}(t)+2\mathcal{V}(t)\right\}\frac{dt_1}{\sqrt{t-t_1}\left(\log\frac{et}{t-t_1}\right)^{\frac{3}{4}}}$$
$$<\left(\frac{1}{2}+\sqrt[4]{2}\right)\frac{\mathfrak{J}^2(0)}{\nu^{\frac{3}{2}}}+\left(\frac{1}{\sqrt{\pi}}+\sqrt{2\pi}\right)\frac{\mathfrak{J}(0)}{\sqrt{\nu}}.$$

Conclusions. — Introduisons donc la fonction

$$g[B]=\int_0^1\left\{\frac{1}{\sqrt{1-\sigma}};\ B\right\}\frac{d\sigma}{\sqrt{1-\sigma}\left(\log\frac{e}{1-\sigma}\right)^{\frac{3}{4}}}\qquad (B\geqq 0).$$

— Rappelons que le symbole $\left\{\frac{1}{\sqrt{1-\sigma}}; B\right\}$ représente la plus petite des quantités $\frac{1}{\sqrt{1-\sigma}}$ et B.

$g[B]$ est une fonction de B continue et croissante; elle est proportionnelle à B pour $0 \leqq B \leqq 1$; *elle augmente indéfiniment avec* B *car l'intégrale*

$$\int_0^1 \frac{d\sigma}{(1-\sigma)\left(\log\frac{e}{1-\sigma}\right)^{\frac{3}{4}}}$$

diverge, fait qui est *essentiel*. Soit $B = G[C]$ la relation inverse de $C = g[B]$; $G[C]$ est définie pour $0 \leqq C$; elle est continue et croissante; elle est proportionnelle à C pour les faibles valeurs de C; elle augmente indéfiniment avec C.

La relation (27) s'écrit

$$(28)\qquad \frac{1}{2\sqrt{\pi}}\mathcal{J}(t) + 2\mathcal{V}(t) < \sqrt{\frac{\nu}{t}}\, G\left[\left(\frac{1}{2}+\sqrt{2}\right)\frac{\mathcal{I}^2(0)}{\nu^2} + \left(\frac{1}{\sqrt{\pi}}+\sqrt{2\pi}\right)\frac{\mathcal{I}(0)}{\nu}\right].$$

Cette inégalité achève la démonstration des résultats annoncés au paragraphe **1**.

III. — Compléments.

10. La relation (28) montre que $\mathcal{J}(t)$ et $\mathcal{V}(t)$ tendent vers zéro avec $\frac{1}{t}$, au moins aussi rapidement que $\frac{1}{\sqrt{t}}$. Les résultats obtenus ne permettent d'ailleurs pas d'affirmer que $\mathcal{I}(t)$ tend vers zéro avec $\frac{1}{t}$. Ils ne permettent pas non plus d'étudier comment se comporte $u_i(x, t)$ lorsque l'on fait tendre ν vers zéro.

La relation de dissipation de l'énergie est vérifiée.

Quand $\mathcal{I}(0)$ tend vers zéro, $\mathcal{I}(t)$, $\mathcal{J}(t)$ et $\mathcal{V}(t)$ tendent vers zéro.

M. Oseen a prouvé que si à un instant t_2 la quantité

$$(x_k x_k)^\alpha u_i(x, t)\, u_i(x, t) + (x_k x_k)^{1+\alpha}\frac{\partial u_i(x, t)}{\partial x_j}\frac{\partial u_i(x, t)}{\partial x_j} \qquad (\alpha > 0)$$

est bornée, il en est de même pour $t_2 < t < t_2 + \tau_2$, τ_2 étant convenablement choisi; autrement dit les époques auxquelles cette quantité est bornée constituent certains intervalles de l'axe des t et certaines origines de ces intervalles; nous ignorons si ces intervalles, quand ils existent, se réduisent nécessairement à un seul qui s'étendrait jusqu'à $+\infty$.

Signalons une dernière difficulté : soit une suite de valeurs initiales $u_i^*(x, 0)$ qui convergent fortement en moyenne vers une limite $u_i(x, 0)$ telle que l'un au moins des nombres $\mathcal{V}(0)$ et $\mathcal{J}(0)$ n'existe pas; on déduit bien aisément des inégalités (28) et (26) que les solutions régulières de (1), $u_i^*(x, t)$, correspondant aux valeurs initiales $u_i^*(x, 0)$ admettent au moins une limite $u_i(x, t)$ qui est solution régulière de (1) pour $t > 0$. Cette limite satisfait les inégalités (28) et (26); on peut établir facilement que $u_i(x, t)$ converge fortement en moyenne vers $u_i(x, 0)$ quant t tend vers zéro. Mais je ne sais pas si cette solution, qui correspond aux « valeurs initiales irrégulières » $u_i(x, 0)$, est nécessairement unique.

Ainsi certains problèmes posés par le système (1) présentent des difficultés comparables à celles qu'énonce la dernière section du troisième Chapitre.

[1934b]

Sur le mouvement d'un fluide visqueux emplissant l'espace

Acta Math. 63 (1934) 193–248

Introduction.[2]

I. *La théorie de la viscosité* conduit à admettre que les mouvements des liquides visqueux sont régis par les équations de Navier; il est nécessaire de justifier a posteriori cette hypothèse en établissant *le théorème d'existence suivant:* il existe une solution des équations de Navier qui correspond à un état de vitesse donné arbitrairement à l'instant initial. C'est ce qu'a cherché à démontrer M. Oseen[3]; il n'a réussi à établir l'existence d'une telle solution que pour une durée peut-être très brève succédant à l'instant initial. On peut vérifier en outre que l'énergie cinétique totale du liquide reste bornée[4]; mais il ne semble pas possible de déduire de ce fait que le mouvement lui-même reste régulier; j'ai même indiqué une raison qui me fait croire à l'existence de mouvements devenant irréguliers au bout d'un temps fini[5]; je n'ai malheureusement pas réussi à forger un exemple d'une telle singularité.

---

[1] Ce mémoire a été résumé dans une note parue aux Comptes rendus de l'Académie des Sciences, le 20 février 1933, T. 196 p. 527.

[2] Les pages 59—63 de ma Thèse (Journ. de Math. 12, 1933) annoncent ce mémoire et en complètent l'introduction.

[3] Voir Hydrodynamik (Leipzig, 1927), § 7, p. 66. Acta mathematica T. 34. Arkiv för matematik, astronomi och fysik. Bd. 6, 1910. Nova acta reg. soc. scient. Upsaliensis Ser. IV, Vol. 4, 1917.

[4] l. c. 2, p. 59—60.

[5] l. c. 2, p. 60—61. Je reviens sur ce sujet au § 20 du présent travail (p. 224).

25—34198. *Acta mathematica.* 63. Imprimé le 5 juillet 1934.

Il n'est pas paradoxal de supposer en effet que la cause qui régularise le mouvement — la dissipation de l'énergie — ne suffise pas à maintenir bornées et continues les dérivées secondes des composantes de la vitesse par rapport aux coordonnées; or la théorie de Navier suppose ces dérivées secondes bornées et continues; M. Oseen lui-même a déjà insisté sur le caractère peu naturel de cette hypothèse; il a montré en même temps comment le fait que le mouvement obéit aux lois de la mécanique peut s'exprimer à l'aide d'équations intégro-différentielles[1], où figurent seulement les composantes de la vitesse et leurs dérivées premières par rapport aux coordonnées spatiales. Au cours du présent travail je considère justement un système de relations[2] qui équivalent aux équations intégro-différentielles de M. Oseen, complétées par une inégalité exprimant la dissipation de l'énergie. Ces relations se déduisent d'ailleurs des équations de Navier à l'aide d'intégrations par parties qui font disparaître les dérivées d'ordres les plus élevés. Et, si je n'ai pu réussir à établir le théorème d'existence énoncé plus haut, j'ai pu néammoins démontrer le suivant[3]: les relations en question possèdent toujours *au moins une solution* qui correspond à un état de vitesse donné initialement et *qui est définie pour une durée illimitée*, dont l'origine est l'instant initial. Peut-être cette solution est-elle trop peu régulière pour posséder à tout instant des dérivées secondes bornées; alors elle n'est pas, au sens propre du terme, une solution des équations de Navier; je propose de dire qu'elle en constitue *»une solution turbulente«*.[4]

Il est d'ailleurs bien remarquable que chaque solution turbulente satisfait effectivement les équations de Navier proprement dites, sauf à certaines époques d'irrégularité; ces époques constituent un ensemble fermé de mesure nulle; à ces époques sont seules vérifiées certaines conditions de continuité extrêmement

---

[1] Oseen, Hydrodynamik, § 6, équation (1).

[2] Voir relations (5. 15), p. 240.

[3] Voir p. 241.

[4] Je me permets de citer le passage suivant de M. Oseen (Hydrodynamik): »A un autre point de vue encore il semble valoir la peine de soumettre à une étude attentive les singularités du mouvement d'un liquide visqueux. S'il peut surgir des singularités, il nous faut manifestement distinguer deux espèces de mouvements d'un liquide visqueux, les mouvements réguliers, c'est-à-dire les mouvements sans singularité, et les mouvements irréguliers, c'est-à-dire les mouvements avec singularité. Or on distingue d'autre part en Hydraulique deux sortes de mouvements, les mouvements laminaires et les mouvements turbulents. On est dès lors tenté de présumer que les mouvements laminaires fournis par les expériences sont identiques aux mouvements réguliers théoriques et que les mouvements turbulents expérimentaux s'identifient aux mouvements irréguliers théoriques. Cette présomption répond-elle à la réalité? Seules des recherches ultérieures pourront en décider«.

larges. Une *solution turbulente* a donc *la structure* suivante: elle se compose *d'une succession de solutions régulières.*

Si j'avais réussi à construire des solutions des équations de Navier qui deviennent irrégulières, j'aurais le droit[1] d'affirmer qu'il existe effectivement des solutions turbulentes ne se réduisant pas, tout simplement, à des solutions régulières. Même si cette proposition était fausse, la notion de solution turbulente, qui n'aurait dès lors plus à jouer aucun rôle dans l'étude des liquides visqueux, ne perdrait pas son intérêt: il doit bien se présenter *des problèmes* de Physique mathématique pour lesquels *les causes physiques de régularité* ne suffisent pas à justifier *les hypothèses de régularité faites lors de la mise en équation;* à ces problèmes peuvent alors s'appliquer des considérations semblables à celles que j'expose ici.

Signalons enfin les deux faits suivants:

Rien ne permet d'affirmer l'unicité de la solution turbulente qui correspond à un état initial donné. (Voir toutefois Compléments 1°, p. 245; § 33).

La solution qui correspond à un état initial suffisamment voisin du repos ne devient jamais irrégulière. (Voir les cas de régularité que signalent les § 21 et 22, p. 226 et 227).

II. Le travail présent concerne les liquides visqueux illimités. Les conclusions en sont extrêmement analogues à celles d'un autre mémoire[2] que j'ai consacré aux mouvements plans des liquides visqueux enfermés dans des parois fixes convexes; ceci autorise à croire que ces conclusions s'étendent au cas général d'un liquide visqueux à deux ou trois dimensions que limitent des parois quelconques (même variables).

L'absence de parois introduit certes quelques complications concernant l'allure à l'infini des fonctions inconnues[3], mais simplifie beaucoup l'exposé et met mieux en lumière les difficultés essentielles; le rôle important que joue l'homogénéité des formules est plus évident; (les équations aux dimensions permettent de prévoir a priori presque toutes les inégalités que nous écrirons).

---

[1] En vertu du théorème d'existence du § 31 (p. 241) et du théorème d'unicité du § 18 (p. 222).

[2] Journal de Mathématiques, T. 13, 1934.

[3] Les conditions à l'infini par lesquelles nous caractérisons celles des équations de Navier que nous nommons régulières diffèrent essentiellement des conditions qu'emploie M. Oseen.

Rappelons que nous avons déjà traité le cas des mouvements plans illimités[1]: il est assez spécial[2]; la régularité du mouvement est alors assurée.

Sommaire du mémoire.

Le chapitre I rappelle au Lecteur une série de propositions d'Analyse, qui sont importantes, mais qu'on ne peut pas toutes considérer comme classiques.

Le chapitre II établit diverses inégalités préliminaires, aisément déduites des propriétés que possède la solution fondamentale de M. Oseen.

Le chapitre III applique ces inégalités à l'étude des solutions régulières des équations de Navier.

Le chapitre IV énonce diverses propriétés des solutions régulières, dont fera usage le chapitre VI.

Le chapitre V établit qu'à tout état initial correspond au moins une solution turbulente, qui est définie pendant une durée illimitée. La démonstration de ce *théorème d'existence* repose sur le *principe* suivant: On n'aborde pas directement le problème posé, qui est de résoudre les équations de Navier; mais on traite d'abord un problème voisin dont on peut s'assurer qu'il admet toujours une solution régulière, définie pendant une durée illimitée; on fait tendre ce problème voisin vers le problème posé et l'on construit la limite (ou les limites) de sa solution. Il existe bien une façon élémentaire d'appliquer ce principe: c'est celle qu'utilise mon étude des mouvements plans des liquides visqueux limités par des parois; mais elle est intimement liée à cette structure des solutions turbulentes que nous avons précédemment signalée; elle ne s'appliquerait pas si cette structure n'était pas assurée. Nous procèderons ici d'une autre façon, dont la portée est vraisemblablement plus grande, qui justifie mieux la notion de solution turbulente, mais qui fait appel à quelques théorèmes peu usuels cités au chapitre I.

Le chapitre VI étudie la structure des solutions turbulentes.

---

[1] Thèse, Journal de Mathématiques 12, 1933; chapitre IV p. 64—82. (On peut donner une variante intéressante au procédé que nous y employons en utilisant la notion d'état initial semi-régulier qu'introduit le mémoire présent.)

[2] On peut dans ce cas baser l'étude du problème sur la propriété que possède alors le maximum du tourbillon à un instant donné d'être une fonction décroissante du temps. (Voir: Comptes rendus de l'Académie des Sciences, T. 194; p. 1893; 30 mai 1932). — M. Wolibner a lui aussi fait cette remarque.

I. Préliminaires.

1. *Notations.*

Nous utiliserons la lettre Π' pour désigner un domaine arbitraire de points de l'espace; Π' pourra être l'espace tout entier, que nous désignerons par Π; ϖ désignera un domaine borné de points de Π, dont la frontière constitue une surface régulière σ.

Nous représenterons un point arbitraire de Π par x, ses coordonnées cartésiennes par $x_i (i = 1, 2, 3)$, sa distance à l'origine par r_0, un élément de volume qu'il engendre par δx, un élément de surface qu'il engendre par $\delta x_1, \delta x_2, \delta x_3$. Nous désignerons de même par y un second point arbitraire de Π; r représentera toujours la distance des points nommés x et y.

Nous utiliserons la convention »de l'indice muet»: un terme où un indice figure deux fois représentera la somme des termes obtenus en donnant à cet indice successivement les valeurs 1, 2, 3.

A partir du chapitre II le symbole A nous servira à désigner les constantes dont nous ne préciserons pas la valeur numérique.

Nous représenterons systématiquement par de grandes lettres les fonctions que nous supposerons seulement mesurables; par de petites lettres les fonctions qui sont continues ainsi que leurs dérivées premières.

2. *Rappelons l'inégalité de Schwarz:*

$$\left[\iiint_{\Pi'} U(x)\, V(x)\, \delta x\right]^2 \leq \iiint_{\Pi'} U^2(x)\, \delta x \times \iiint_{\Pi'} V^2(x)\, \delta x. \tag{1.1}$$

— On est assuré que le premier membre a un sens quand le second est fini. —

Cette inégalité est à la base de toutes les propriétés énoncées au cours de ce chapitre.

Première application:

Si
$$U(x) = V_1(x) + V_2(x)$$
on a:
$$\sqrt{\iiint_{\Pi'} U^2(x)\, \delta x} \leq \sqrt{\iiint_{\Pi'} V_1^2(x)\, \delta x} + \sqrt{\iiint_{\Pi'} V_2^2(x)\, \delta x};$$

plus généralement si l'on a, t étant une constante:

$$U(x) = \int_0^t V(x, t')\,dt'$$

alors:

(I. 2)
$$\sqrt{\iiint_{\Pi'} U^2(x)\,\delta x} \leq \int_0^t dt' \sqrt{\iiint_{\Pi'} V^2(x, t')\,\delta x}$$

les premiers membres de ces inégalités étant sûrement finis quand les seconds membres le sont.

Seconde application:

Soient n constantes λ_p et n vecteurs constants $\vec{\alpha}_p$; désignons par $x + \vec{\alpha}_p$ le point obtenu en faisant subir à x la translation $\vec{\alpha}_p$; nous avons:

$$\iiint_{\Pi} \left[\sum_{p=1}^{p=n} \lambda_p U(x + \vec{\alpha}_p)\right]^2 \delta x < \left[\sum_{p=1}^{p=n} |\lambda_p|\right]^2 \times \iiint_{\Pi} U^2(x)\,\delta x;$$

(cette inégalité se démontre aisément en développant les deux carrés qui y figurent et en utilisant l'inégalité de Schwarz). On en déduit la suivante qui nous sera très utile: Soit une fonction $H(z)$: nous désignerons par $H(y - x)$ la fonction que l'on obtient en substituant aux coordonnées z_i de z les composantes $y_i - x_i$ du vecteur $\vec{xy}$; nous avons:

(I. 3)
$$\iiint_{\Pi} \left[\iiint_{\Pi} H(y - x)\, U(y)\,\delta y\right]^2 \delta x <$$
$$< \left[\iiint_{\Pi} |H(z)|\,\delta z\right]^2 \times \iiint_{\Pi} U^2(y)\,\delta y;$$

on est assuré que le premier membre est fini quand les deux intégrales qui figurent au second membre le sont.

3. *Forte convergence en moyenne.*[1]

Définition: On dit qu'une infinité de fonctions $U^*(x)$ a pour forte limite en moyenne sur un domaine Π' une fonction $U(x)$ quand:

[1] Voir: F. Riesz, Untersuchungen über Systeme integrierbarer Funktionen, Math. Ann. T. 69 (1910). Delsarte, Mémorial des Sciences mathématiques, fascicule 57, Les groupes de transformations linéaires dans l'espace de Hilbert.

(I. 4) $$\text{limite} \iiint_{\Pi'} [U^*(x) - U(x)]^2 \,\delta x = 0.$$

On a alors quelle que soit la fonction $A(x)$ de carré sommable sur Π':

(I. 5) $$\text{limite} \iiint_{\Pi'} U^*(x)\, A(x)\, \delta x = \iiint_{\Pi'} U(x)\, A(x)\, \delta x.$$

De (I. 4) et (I. 5) résulte:

(I. 6) $$\text{limite} \iiint_{\Pi'} U^{*2}(x)\, \delta x = \iiint_{\Pi'} U^2(x)\, \delta x.$$

Faible convergence en moyenne:

Définition: Une infinité de fonctions $U^*(x)$ a pour faible limite en moyenne sur un domaine Π' une fonction $U(x)$ quand les deux conditions suivantes se trouvent réalisées:

a) les nombres $\iiint_{\Pi'} U^{*2}(x)\, \delta x$ sont bornés dans leur ensemble;

b) on a quelle que soit la fonction $A(x)$ de carré sommable sur Π':

$$\text{limite} \iiint_{\Pi'} U^*(x)\, A(x)\, \delta x = \iiint_{\Pi'} U(x)\, A(x)\, \delta x.$$

Exemple I. La suite $\sin x_1$, $\sin 2x_1$, $\sin 3x_1$, ... converge faiblement vers zéro sur tout domaine ϖ.

Exemple II. Soit une infinité de fonctions $U^*(x)$ admettant une fonction $U(x)$ comme forte limite en moyenne sur tout domaine ϖ, elle l'admet comme faible limite en moyenne sur Π quand les quantités $\iiint_{\Pi} U^{*2}(x)\, \delta x$ sont bornées dans leur ensemble.

Exemple III. Soit une infinité de fonctions $U^*(x)$ qui sur un domaine Π' convergent presque partout vers une fonction $U(x)$; cette fonction est leur faible limite en moyenne quand les quantités $\iiint_{\Pi'} U^{*2}(x)\, \delta x$ sont bornées dans leur ensemble.

On a:

(I. 7) $$\text{limite} \iiint_{\Pi'_1} \iiint_{\Pi'_2} A(x, y)\, U^*(x)\, V^*(y)\, \delta x\, \delta y =$$
$$= \iiint_{\Pi'_1} \iiint_{\Pi'_2} A(x, y)\, U(x)\, V(y)\, \delta x\, \delta y$$

quand on suppose que les $U^*(x)$ convergent faiblement en moyenne vers $U(x)$ sur Π'_1, les $V^*(x)$ vers $V(x)$ sur Π'_2 et que l'intégrale

$$\iiint_{\Pi'_1}\iiint_{\Pi'_2} A^2(x, y)\,\delta x\,\delta y \qquad \text{est finie.}$$

On a:

$$\text{limite} \iiint_{\Pi'} A(x)\,U^*(x)\,V^*(x)\,\delta x = \iiint_{\Pi'} A(x)\,U(x)\,V(x)\,\delta x \tag{1.8}$$

quand on suppose, sur Π', $A(x)$ borné, $U(x)$ forte limite des $U^*(x)$ et $V(x)$ faible limite des $V^*(x)$.

Il est d'autre part évident que l'on a, si les fonctions $U^*(x)$ convergent faiblement en moyenne vers $U(x)$ sur un domaine Π':

$$\text{limite}\left\{\iiint_{\Pi'} [U^*(x) - U(x)]^2\,\delta x - \iiint_{\Pi'} U^{*2}(x)\,\delta x + \iiint_{\Pi'} U^2(x)\,\delta x\right\} = 0;$$

d'où résultent l'inégalité:

$$\text{limite inférieure} \iiint_{\Pi'} U^{*2}(x)\,\delta x \geq \iiint_{\Pi'} U^2(x)\,\delta x, \tag{1.9}$$

et le *critère de forte convergence:*

Les fonctions $U^*(x)$ convergent fortement en moyenne sur le domaine Π' vers la fonction $U(x)$ quand elles convergent faiblement en moyenne vers cette fonction sur ce domaine et qu'en outre:

$$\text{limite supérieure} \iiint_{\Pi'} U^{*2}(x)\,\delta x \leq \iiint_{\Pi'} U^2(x)\,\delta x. \tag{1.10}$$

De même: Les composantes $U_i^*(x)$ d'un vecteur convergent fortement en moyenne sur le domaine Π' vers celles d'un vecteur $U_i(x)$ quand elles convergent faiblement en moyenne vers ces composantes sur ce domaine et qu'en outre[1]:

[1] Rappelons que le symbole $U_i(x)\,U_i(x)$ représente l'expression $\sum_{i=1}^{i=3} U_i(x)\,U_i(x)$.

$$(1.10') \quad \text{limite supérieure} \iiint_{\Pi'} U_i^*(x)\, U_i^*(x)\, \delta x \leq \iiint_{\Pi'} U_i(x)\, U_i(x)\, \delta x.$$

Ce critère de faible convergence appliqué à l'Exemple III fournit la propriété suivante:

Lemme 1. Soit une infinité de fonctions $U^*(x)$ [ou de vecteurs $U_i^*(x)$] qui convergent presque partout sur un domaine Π' vers une fonction $U(x)$ [ou un vecteur $U_i(x)$]; elles [ils] convergent fortement en moyenne vers cette limite quand l'inégalité (1.10) [ou (1.10')] est vérifiée.

Théorème de F. Riesz: Une infinité de fonctions $U^*(x)$ possède une faible limite en moyenne sur un domaine Π' si les deux conditions suivantes sont vérifiées:

a) les nombres $\iiint_{\Pi'} U^{*2}(x)\, \delta x$ sont bornés dans leur ensemble;

b) pour chaque fonction $A(x)$ de carré sommable sur Π' les quantités $\iiint_{\Pi'} U^*(x)\, A(x)\, \delta x$ ont une seule valeur limite.

On peut substituer à la condition b) la suivante:

b') Pour chaque cube c dont les arêtes sont parallèles aux axes de coordonnées et dont les sommets ont des coordonnées rationnelles les quantités $\iiint_{c} U^*(x)\, \delta x$ ont une seule valeur limite.

La démonstration de ce théorème fait usage des travaux de M. Lebesgue sur les fonctions sommables.

4. *Procédé diagonal de Cantor.*

Soit une infinité dénombrable de quantités dépendant chacune de l'indice entier $n: a_n, b_n, \ldots$ $(n = 1, 2, 3 \ldots)$. Supposons les a_n bornés dans leur ensemble, les b_n bornés dans leur ensemble, etc. Le procédé diagonal de Cantor permet de trouver une suite d'entiers $m_1, m_2, \ldots$ tels que chacune des suites $a_{m_1}, a_{m_2}, \ldots$; $b_{m_1}, b_{m_2}, \ldots$; ... converge vers une limite.

Rappelons brièvement quel est ce procédé: on construit une première suite d'entiers $n_1^1, n_2^1, n_3^1 \ldots$ tels que les quantités $a_{n_1^1}, a_{n_2^1}, a_{n_3^1}, \ldots$ convergent vers une limite; on constitue avec des éléments de cette première suite une seconde suite $n_1^2, n_2^2, n_3^2, \ldots$, telle que les quantités $b_{n_1^2}, b_{n_2^2}, b_{n_3^2}, \ldots$ con-

26—34198. *Acta mathematica.* 63. Imprimé le 5 juillet 1934.

vergent vers une limite; etc. On choisit alors m_p égal à n_p^p, qui est le $p^{\text{ième}}$terme de la diagonale du tableau infini des n_j^i.

Application: Du théorème cité au paragraphe précédent résulte le suivant:

Théorème fondamental de M. F. Riesz: Soit une infinité de fonctions $U^*(x)$ définies sur un domaine Π' et telles que les quantités $\iiint\limits_{\Pi'} U^{*2}(x)\,\delta x$ soient bornées dans leur ensemble; on peut toujours en extraire une suite illimitée de fonctions possédant une faible limite en moyenne.

En effet la condition a) est satisfaite et le Procédé diagonal de Cantor permet de construire une suite de fonctions $U^*(x)$ qui vérifient la condition b′).

5. *Divers modes de continuité d'une fonction par rapport à un paramètre.*

Soit une fonction $U(x, t)$ dépendant d'un paramètre t. Nous dirons qu'elle est *uniformément continue* en t quand les trois conditions suivantes seront réalisées:

a) elle est continue par rapport à x_1, x_2, x_3, t;

b) pour chaque valeur particulière t_0 de t le maximum de $U(x, t_0)$ est fini;

c) étant donné un nombre positif ε, on peut trouver un nombre positif η tel que l'inégalité $|t - t_0| < \eta$ entraîne:

$$|U(x, t) - U(x, t_0)| < \varepsilon.$$

Le maximum de $|U(x, t)|$ sur Π est alors une fonction continue de t.

Nous dirons que $U(x, t)$ est *fortement continue* en t quand, pour chaque valeur particulière t_0 de t, $\iiint\limits_{\Pi} U^2(x, t_0)\,\delta x$ est fini et qu'on peut, étant donné ε, trouver η tel que l'inégalité $|t - t_0| < \eta$ entraîne:

$$\iiint\limits_{\Pi} [U(x, t) - U(x, t_0)]^2\,\delta x < \varepsilon.$$

L'intégrale $\iiint\limits_{\Pi} U^2(x, t)\,\delta x$ est donc une fonction continue de t. Inversement le lemme I nous apprend qu'une fonction $U(x, t)$, continue par rapport aux variables x_1, x_2, x_3, t, est fortement continue en t quand l'intégrale précédente est une fonction continue de t.

6. *Relations entre une fonction et ses dérivées.*

Considérons deux fonctions $u(x)$ et $a(x)$ possédant des dérivées premières continues qui soient, comme ces fonctions elles-mêmes, de carrés sommables sur Π. s étant la surface d'une sphère S dont le centre est l'origine et dont le rayon r_0 augmente indéfiniment, posons:

$$\varphi(r_0) = \int\int_s u(x)\, a(x)\, \delta x_i;$$

nous avons:

$$\varphi(r_0) = \int\int\int_S \left[u(y) \frac{\partial a(y)}{\partial y_i} + \frac{\partial u(y)}{\partial y_i} a(y)\right] \delta y.$$

La seconde expression de $\varphi(r_0)$ prouve que cette quantité tend vers une limite $\varphi(\infty)$ quand r_0 augmente indéfiniment. La première expression de $\varphi(r_0)$ nous donne:

$$|\varphi(r_0)| \leq \int\int_s |u(x)\, a(x)| \frac{x_i\, \delta x_i}{r_0}$$

d'où:

$$\int_0^\infty |\varphi(r_0)|\, dr_0 \leq \int\int\int_\Pi |u(x)\, a(x)|\, \delta x.$$

Par suite $\varphi(\infty) = 0$; en d'autres termes:

$$\text{(I. 11)} \qquad \int\int\int_\Pi \left[u(y) \frac{\partial a(y)}{\partial y_i} + \frac{\partial u(y)}{\partial y_i} a(y)\right] \delta y = 0;$$

il en résulte que plus généralement:

$$\text{(I. 12)} \qquad \int\int\int_{\Pi - \varpi} \left[u(y) \frac{\partial a(y)}{\partial y_i} + \frac{\partial u(y)}{\partial y_i} a(y)\right] \delta y = - \int\int_\sigma u(y)\, a(y)\, \delta y_i.$$

Choisissons comme domaine ϖ une sphère de rayon infiniment petit dont nous nommerons le centre x; faisons[1] dans (I. 12) $a(y) = \frac{1}{4\pi} \frac{\partial\left(\frac{1}{r}\right)}{\partial y_i}$; ajoutons les

[1] r représente la distance des points x et y.

relations qui correspondent aux valeurs 1, 2, 3 de i; nous obtenons l'identité importante:

$$u(x) = \frac{1}{4\pi} \int\int\int \frac{\partial\left(\frac{1}{r}\right)}{\partial y_i} \frac{\partial u}{\partial y_i} \delta y. \tag{1.13}$$

Si maintenant nous faisons dans (1.11) $a(y) = \frac{y_i - x_i}{r^2} u(y)$ et si nous ajoutons les relations qui correspondent aux valeurs 1, 2, 3 de i, il vient:

$$2 \int\int\int_{\Pi} \frac{y_i - x_i}{r^2} \frac{\partial u}{\partial y_i} u(y) \delta y = - \int\int\int_{\Pi} \frac{1}{r^2} u^2(y) \delta y;$$

en appliquant l'inégalité de Schwarz au premier membre de cette identité nous obtenons une inégalité qui nous sera utile:

$$\int\int\int_{\Pi} \frac{1}{r^2} u^2(y) \delta y \leq 4 \int\int\int_{\Pi} \frac{\partial u}{\partial y_i} \frac{\partial u}{\partial y_i} \delta y. \tag{1.14}$$

7. *Quasi-dérivées.*

Soit une infinité de fonctions $u^*(x)$ possédant des dérivées premières continues qui soient, comme ces fonctions elles-mêmes, de carrés sommables sur Π. Supposons que les dérivées $\frac{\partial u^*}{\partial x_1}$, $\frac{\partial u^*}{\partial x_2}$, $\frac{\partial u^*}{\partial x_3}$ convergent faiblement en moyenne sur Π vers des fonctions $U_{,1}$; $U_{,2}$; $U_{,3}$. Soit $U(x)$ la fonction mesurable définie presque partout par la relation:

$$U(x) = \frac{1}{4\pi} \int\int\int_{\Pi} \frac{\partial\left(\frac{1}{r}\right)}{\partial y_i} U_{,i}(y) \delta y.$$

Nous avons:

$$\int\int\int_{\varpi} [u^*(x) - U(x)]^2 \delta x = \tag{1.15}$$

$$= \int\int\int_{\Pi} \int\int\int_{\Pi} K_{ij}(y, y') \left[\frac{\partial u^*}{\partial y_i} - U_{,i}(y)\right] \left[\frac{\partial u^*}{\partial y'_j} - U_{,j}(y')\right] \delta y \, \delta y'$$

en posant[1]:

---

[1] r' représente la distance des points x et y'.

$$K_{ij}(y, y') = \frac{1}{16\pi^2} \iiint\limits_{\varpi} \frac{\partial\left(\frac{1}{r}\right)}{\partial y_i} \frac{\partial\left(\frac{1}{r'}\right)}{\partial y'_j} \delta x;$$

cette expression de K permet d'établir aisément que l'intégrale

$$\iiint\limits_{\Pi} \iiint\limits_{\Pi} K_{ij}(y, y') K_{ij}(y, y') \delta y \, \delta y'$$

est finie; le second membre de (1.15) a donc bien un sens; et il tend vers zéro d'après la relation (1.7). Donc les fonctions $u^*(x)$ ont sur tout domaine ϖ une forte limite en moyenne: la fonction $U(x)$. Et, si les intégrales $\iiint\limits_{\Pi} U^{*2}(x)\,\delta x$ sont bornées dans leur ensemble, $U(x)$ est sur Π faible limite en moyenne des fonctions $u^*(x)$ (Cf. § 3, Exemple II, p. 199); on déduit alors de (1.11) l'égalité:

$$(1.16) \qquad \iiint\limits_{\Pi} \left[U(y) \frac{\partial a}{\partial y_i} + U_{,i}(y)\, a(y) \right] \delta y = 0.$$

Posons à ce propos la définition suivante:

Définition des quasi-dérivées: Soient deux fonctions de carrés sommables sur Π, $U(y)$ et $U_{,i}(y)$; nous dirons que $U_{,i}(y)$ est la quasi-dérivée de $U(y)$ par rapport à y_i quand la relation (1.16) sera vérifiée; rappelons que dans cette relation (1.16) $a(y)$ représente une quelconque des fonctions admettant des dérivées premières continues qui sont, comme ces fonctions elles-mêmes, de carrés sommables sur Π.

Résumons les résultats acquis au cours de ce paragraphe:

Lemme 2. Soit une infinité de fonctions $u^*(x)$ continues ainsi que leurs dérivées premières. Supposons les intégrales $\iiint\limits_{\Pi} u^{*2}(x)\,\delta x$ bornées dans leur ensemble; supposons que chacune des dérivées $\frac{\partial u^*(x)}{\partial x_i}$ ait sur Π une faible limite en moyenne $U_{,i}(x)$. Alors les fonctions $u^*(x)$ convergent en moyenne vers une fonction $U(x)$, dont les fonctions $U_{,i}(x)$ sont des quasi-dérivées; cette convergence est forte sur tout domaine ϖ; elle est faible[1] sur Π.

[1] Ou forte.

De même que nous avons défini les quasi-dérivées, nous allons définir comme suit la *quasi-divergence* $\Theta(x)$ d'un vecteur $U_i(x)$ dont les composantes sont de carrés sommables sur Π: c'est, quand elle existe, une fonction de carré sommable vérifiant la relation:

$$\iiint_{\Pi} \left[U_i(y) \frac{\partial a}{\partial y_i} + \Theta(y) a(y) \right] \delta y = 0. \tag{1.17}$$

8. *Approximation d'une fonction mesurable par une suite de fonctions régulières.* Soit une quantité positive arbitraire ε. Choisissons[1] une fonction $\lambda(s)$ continue, positive, définie pour $0 \leq s$, identique à zéro pour $1 \leq s$, possédant des dérivées de tous les ordres et telle que:

$$4\pi \int_0^1 \lambda(\sigma^2) \sigma^2 \, d\sigma = 1.$$

$U(x)$ étant une fonction sommable sur tout domaine ϖ, nous poserons

$$\overline{U(x)} = \frac{1}{\varepsilon^3} \iiint_{\Pi} \lambda\left(\frac{r^2}{\varepsilon^2}\right) U(y) \, \delta y \tag{1.18}$$

(r = distance des points x et y)

Cette fonction $\overline{U(x)}$ possède des dérivées de tous les ordres:

$$\frac{\partial^{l+m+n} \overline{U(x)}}{\partial x_1^l \, \partial x_2^m \, \partial x_3^n} = \frac{1}{\varepsilon^3} \iiint_{\Pi} \frac{\partial^{l+m+n} \lambda\left(\frac{r^2}{\varepsilon^2}\right)}{\partial x_1^l \, \partial x_2^m \, \partial x_3^n} U(y) \, \delta y. \tag{1.19}$$

Supposons $U(x)$ borné sur Π; nous avons manifestement:

$$\text{minimum de } U(x) \leq \overline{U(x)} \leq \text{maximum de } U(x). \tag{1.20}$$

Supposons $U(x)$ de carré sommable sur Π; l'inégalité (1.3) appliquée à (1.18) nous donne:

$$\iiint_{\Pi} \overline{U(x)}^2 \, \delta x < \iiint_{\Pi} U^2(x) \, \delta x; \tag{1.21}$$

---

[1] Pour fixer les idées nous prendrons $\lambda(s) = A\, e^{\frac{1}{s-1}}$, A étant une constante convenable, pour $0 < s < 1$.

appliquée à (I. 19) elle prouve que les dérivées partielles de $\overline{U(x)}$ sont de carrés sommables sur Π.

Notons enfin que nous avons, si $U(x)$ et $V(x)$ sont de carrés sommables sur Π:

(I. 22) $$\iiint_{\Pi} \overline{U(x)}\, V(x)\, \delta x = \iiint_{\Pi} U(x)\, \overline{V(x)}\, \delta x.$$

Si $V(x)$ est continue, $\overline{V(x)}$ tend uniformément vers $V(x)$ sur tout domaine ϖ quand ε tend vers zéro; on a alors d'après (I. 22):

$$\text{limite} \iiint_{\Pi} \overline{U(x)}\, V(x)\, \delta x = \iiint_{\Pi} U(x)\, V(x)\, \delta x;$$

on en déduit que sur Π $\overline{U(x)}$ converge faiblement en moyenne vers $U(x)$ quand ε tend vers zéro; l'inégalité (I. 21) et le critère de forte convergence énoncé p. 200 autorisent même une conclusion plus précise:

Lemme 3. Soit une fonction $U(x)$ de carré sommable sur Π; $\overline{U(x)}$ converge sur Π fortement en moyenne vers $U(x)$ quand ε tend vers zéro.

On établit de même la proposition suivante:

Généralisation du lemme 3. Soit une suite de fonctions $U_\varepsilon(x)$ qui sur Π convergent fortement (ou faiblement) vers une limite $U(x)$ quand ε tend vers zéro; les fonctions $\overline{U_\varepsilon(x)}$ convergent fortement (ou faiblement) vers cette même limite.

9. *Quelques lemmes concernant les quasi-dérivées.*

Soit une fonction $U(x)$ de carré sommable sur Π; supposons

$$\iiint_{\Pi} U(x)\, a(x)\, \delta x = 0$$

quelle que soit la fonction $a(x)$ de carré sommable sur Π dont les dérivées de tous les ordres existent et sont de carrés sommables sur Π; nous avons alors:

$$\iiint_{\Pi} U(x)\, \overline{U(x)}\, \delta x = 0;$$

d'où, en faisant tendre ε vers zéro:

$$\iiint_{\Pi} U^2(x)\,\delta x = 0.$$

La fonction $U(x)$ est donc nulle presque partout.

Ce fait permet d'établir les propositions suivantes: La quasi-dérivée d'une fonction par rapport à la variable x_i est unique quand elle existe. (Nous considérons comme identiques deux fonctions égales presque partout).

La quasi-divergence d'un vecteur est unique quand elle existe.

Lemme 4. Soit une fonction $U(x)$ admettant une quasi-dérivée $U_{,i}(x)$; je dis que $\frac{\partial \overline{U(x)}}{\partial x_i} = \overline{U_{,i}(x)}$.

Il suffit de prouver que:

$$\iiint_{\Pi} \frac{\partial \overline{U(x)}}{\partial x_i} a(x)\,\delta x = \iiint_{\Pi} U_{,i}(x)\,a(x)\,\delta x.$$

Or on déduit aisément de (1.18) que:

$$\frac{\partial \overline{a(x)}}{\partial x_i} = \overline{\left(\frac{\partial a(x)}{\partial x_i}\right)};$$

cette formule et les formules (1.11), (1.16), (1.22) justifient les transformations:

$$\iiint_{\Pi} \frac{\partial \overline{U(x)}}{\partial x_i} a(x)\,\delta(x) = -\iiint_{\Pi} \overline{U(x)} \frac{\partial a(x)}{\partial x_i}\,\delta x = -\iiint_{\Pi} U(x) \overline{\left(\frac{\partial a}{\partial x_i}\right)}\,\delta x =$$

$$-\iiint_{\Pi} U(x) \frac{\partial \overline{a(x)}}{\partial x_i}\,\delta x = \iiint_{\Pi} U_{,i}(x)\overline{a(x)}\,\delta x = \iiint_{\Pi} \overline{U_{,i}(x)}\,a(x)\,\delta x. \quad \text{C. Q. F. D.}$$

Lemme 5. Soient deux fonctions de carrés sommables sur Π, $U(x)$ et $V(x)$, qui possèdent les quasi-dérivées $U_{,i}(x)$ et $V_{,i}(x)$; je dis que:

$$(1.23) \qquad \iiint_{\Pi} [U(x)\,V_{,i}(x) + U_{,i}(x)\,V(x)]\,\delta x = 0.$$

Cette formule s'obtient en appliquant le lemme 3 à la formule:

$$\iiint_{\Pi} [U(x)\,\overline{V_{,i}(x)} + U_{,i}(x)\,\overline{V(x)}]\,\delta x = 0,$$

qui elle-même résulte de la relation (1.16) et du lemme 4.

Lemme 6. Soit un vecteur $U_i(x)$ admettant une quasi-divergence $\Theta(x)$; on a: divergence $\overline{U_i(x)} = \overline{\Theta(x)}$.

(La démonstration de ce lemme est très analogue à celle du lemme 4).

Lemme 7. Soit un vecteur $U_i(x)$ de quasi-divergence nulle. Supposons $\iiint_{\Pi} U_i(x)\, a_i(x)\, \delta x = 0$ quel que soit le vecteur $a_i(x)$, de divergence nulle, dont les composantes ainsi que leurs dérivées de tous les ordres sont de carrés sommables sur Π. Je dis que $U_i(x) = 0$.

En effet le lemme 4 nous autorise à choisir $a_i(x) = \overline{U_i(x)}$; or quand ε tend vers zéro la relation $\iiint_{\Pi} U_i(x)\, \overline{U_i(x)}\, \delta x = 0$ se réduit à la suivante:

$$\iiint_{\Pi} U_i(x)\, U_i(x)\, \delta x = 0.$$

Corollaire. Une infinité de vecteurs $U_i^*(x)$, de quasi-divergence nulle, possède sur Π une faible limite en moyenne unique si les deux conditions suivantes sont vérifiées:

a) Les nombres $\iiint_{\Pi} U_i^*(x)\, U_i^*(x)\, \delta x$ sont bornés dans leur ensemble;

b) Pour chaque vecteur $a_i(x)$ de divergence nulle, dont les composantes, ainsi que leurs dérivées de tous les ordres, sont de carrés sommables sur Π, les quantités $\iiint_{\Pi} U_i^*(x)\, a_i(x)\, \delta x$ ont une seule valeur limite.

Sinon le Théorème fondamental de M. F. Riesz (p. 202) permettrait d'extraire de la suite $U_i^*(x)$ deux suites partielles possédant deux faibles limites distinctes, dont l'existence contredirait le lemme 7.

II. Mouvements infiniment lents.

10. On désigne par »équations des mouvements infiniment lents des liquides visqueux» ou par »équations de Navier linéarisées» les équations suivantes:

$$(2.1)\qquad \begin{cases} \nu \Delta u_i(x, t) - \dfrac{\partial u_i(x, t)}{\partial t} - \dfrac{1}{\varrho} \dfrac{\partial p(x, t)}{\partial x_i} = - X_i(x, t) \quad \left[\Delta = \dfrac{\partial^2}{\partial x_k \partial x_k}\right] \\[2ex] \dfrac{\partial u_j(x, t)}{\partial x_j} = 0. \end{cases}$$

ν et ϱ sont des constantes données, $X_i(x, t)$ est un vecteur donné qui représente les forces extérieures; $p(x, t)$ représente la pression, $u_i(x, t)$ la vitesse des molécules du liquide.

Le problème que pose la théorie des liquides visqueux est le suivant:

Construire pour $t > 0$ la solution de (2. 1) qui correspond à des valeurs initiales données, $u_i(x, 0)$.

Nous allons rappeler la solution de ce problème et quelques-unes des propriétés qu'elle possède. Nous poserons:

$$W(t) = \iiint\limits_{\Pi} u_i(x, t)\, u_i(x, t)\, \delta x$$

$$J_m^2(t) = \iiint\limits_{\Pi} \frac{\partial^m u_i(x, t)}{\partial x_k \partial x_l \ldots} \frac{\partial^m u_i(x, t)}{\partial x_k \partial x_l \ldots} \delta x.$$

$V(t) =$ Maximum de $\sqrt{u_i(x, t)\, u_i(x, t)}$ à l'instant t.

$D_m(t) =$ Maximum des fonctions $\left| \dfrac{\partial^m u_i(x, t)}{\partial x_1^h \partial x_2^k \partial x_3^l} \right|$ à l'instant t $(h + k + l = m)$.

Nous ferons les hypothèses suivantes relativement aux données: Les fonctions $u_i(x, t)$ et leurs dérivées premières sont continues; $\dfrac{\partial u_j(x, 0)}{\partial x_j} = 0$; les quantités $W(0)$ et $V(0)$ sont finies; $|X_i(x, t) - X_i(y, t)| < r^{\frac{1}{2}} C(x, y, t)$, $C(x, y, t)$ étant une fonction continue; $\iiint\limits_{\Pi} X_i(x, t)\, X_i(x, t)\, \delta x$ est une fonction continue de t, ou est inférieure à une fonction continue de t.

Les lettres A et A_m nous serviront désormais à désigner les constantes et les fonctions de l'indice m dont nous ne préciserons pas les valeurs numériques.

11. *Premier cas particulier:* $X_i(x, t) = 0$.

La Théorie de la Chaleur fournit dans ce cas la solution suivante du système (2. 1):

(2. 2) $$u_i'(x, t) = \frac{1}{(2\sqrt{\pi})^3} \iiint\limits_{\Pi} \frac{e^{-\frac{r^2}{4\nu t}}}{(\nu t)^{\frac{3}{2}}} u_i(y, 0)\, \delta y; \qquad p'(x, t) = 0.$$

Les intégrales $u_i'(x, t)$ sont uniformément continues en t (cf. § 5, p. 202) pour $0 < t$, et l'on a:

(2. 3) $$V(t) < V(0).$$

Quand $J_1(0)$ est fini, l'application de l'inégalité (1. 14) et de l'inégalité de Schwarz (1. 1) à (2. 2) permet d'obtenir une seconde borne de $V(t)$:

$$V^2(t) < 4\, J_1^2(0) \frac{1}{(4\pi)^3} \iiint\limits_{\Pi} \frac{e^{-\frac{r^2}{2\nu t}}}{(\nu t)^3}\, r^2\, \delta x,$$

c'est-à-dire:

(2. 4) $$V(t) < \frac{A\, J_1(0)}{(\nu t)^{\frac{1}{4}}}.$$

L'inégalité (1. 3) appliquée à (2. 2) prouve que l'on a:

(2. 5) $$W(t) < W(0);$$

les intégrales $u_i'(x, t)$ sont fortement continues en t (cf. § 5, p. 202) même pour $t = 0$. Appliquée à la relation:

$$\frac{\partial u_i'(x, t)}{\partial x_k} = \frac{1}{(2\sqrt{\pi})^3} \iiint\limits_{\Pi} \frac{\partial}{\partial x_k} \left[\frac{e^{-\frac{r^2}{4\nu t}}}{(\nu t)^{\frac{3}{2}}} \right] u_i(y, 0)\, \delta y$$

cette inégalité (1. 3) prouve que:

(2. 6) $$J_1(t) < J_1(0);$$

les dérivées premières $\dfrac{\partial u_i'}{\partial x_k}$ sont fortement continues en t, même pour $t=0$ si $J_1(0)$ est fini.

Pour des raisons analogues les dérivées de tous les ordres des intégrales $u_i'(x, t)$ sont uniformément et fortement continues en t pour $t > 0$; et plus précisément:

(2. 7) $$D_m(t) < \frac{A_m \sqrt{W(0)}}{(\nu t)^{\frac{2m+3}{4}}},$$

(2. 8) $$J_m(t) < \frac{A_m \sqrt{W(0)}}{(\nu t)^{\frac{m}{2}}}.$$

12. *Second cas particulier;* $u_i(x, 0) = 0$.

La solution fondamentale de M. Oseen[1], $T_{ij}(x, t)$, fournit la solution suivante du système (2. 1):

[1] Voir: Oseen: Hydrodynamik § 5; Acta mathematica T. 34.

$$(2.9)\qquad \begin{cases} u_i''(x, t) = \int_0^t dt' \iiint_{II} T_{ij}(x-y, t-t')\, X_j(y, t')\, \delta y \\ p''(x, t) = -\dfrac{\varrho}{4\pi} \dfrac{\partial}{\partial x_j} \iiint_{II} \dfrac{1}{r} X_j(y, t)\, \delta y. \end{cases}$$

Nous avons:

$$(2.10)\qquad |T_{ij}(x-y, t-t')| < \frac{A}{[r^2+\nu(t-t')]^{\frac{3}{2}}}; \quad \left|\frac{\partial^m T_{ij}(x-y, t-t')}{\partial x_1^h\, \partial x_2^k\, \partial x_3^l}\right| < \frac{A_m}{[r^2+\nu(t-t')]^{\frac{m+3}{2}}}; \quad (t'<t).$$

Nous remarquerons en premier lieu que les inégalités (1. 2) et (1. 3) appliquées en même temps que (2. 10) à la formule:

$$(2.11)\qquad \frac{\partial u_i''(x, t)}{\partial x_k} = \int_0^t dt' \iiint_{II} \frac{\partial T_{ij}(x-y, t-t')}{\partial x_k} X_j(y, t')\, \delta y$$

prouvent que les dérivées premières $\dfrac{\partial u_i''}{\partial x_k}$ sont fortement continues en t pour $t \geq 0$, et que:

$$(2.12)\qquad J_1(t) < A \int_0^t \frac{dt'}{\sqrt{\nu(t-t')}} \sqrt{\iiint_{II} X_i(x, t')\, X_i(x, t')\, \delta x}\,.$$

Ceci fait, adjoignons aux hypothèses déjà énoncées la suivante: le maximum de $\sqrt{X_i(x, t)\, X_i(x, t)}$ à l'instant t est une fonction continue de t, ou est inférieur à une fonction continue de t; il n'y a aucune difficulté à déduire de (2. 9) que $u_i''(x, t)$ et $\dfrac{\partial u_i''}{\partial x_k}$ sont alors uniformément continues en t pour $t \geq 0$, et à préciser par exemple que

$$(2.13)\qquad D_1(t) < A \int_0^t \frac{dt'}{\sqrt{\nu(t-t')}} \left\{\text{Max. de } \sqrt{X_i(x; t')\, X_i(x, t')} \text{ à l'instant } t'\right\};$$

cette inégalité (2. 13) peut être complétée comme suit: nous avons

$$\frac{\partial u_i''(x,t)}{\partial x_k} - \frac{\partial u_i''(y,t)}{\partial y_k} = \int_0^t dt' \iiint_{\varpi} \frac{\partial T_{ij}(x-z,t-t')}{\partial x_k} X_j(z,t')\,\delta z$$

$$- \int_0^t dt' \iiint_{\varpi} \frac{\partial T_{ij}(y-z,t-t')}{\partial y_k} X_j(z,t')\,\delta z$$

$$+ \int_0^t dt' \iiint_{\Pi-\varpi} \left[\frac{\partial T_{ij}(x-z,t-t')}{\partial x_k} - \frac{\partial T_{ij}(y-z,t-t')}{\partial y_k}\right] X_j(z,t')\,\delta z,$$

ϖ étant le domaine des points z situés à une distance de x ou de y inférieure à $2r$; appliquons la formule des accroissements finis au crochet:

$$\left[\frac{\partial T_{ij}(x-z,t-t')}{\partial x_k} - \frac{\partial T_{ij}(y-z,t-t')}{\partial y_k}\right]$$

et majorons les trois intégrales précédentes en remplaçant les diverses fonctions qui y figurent par des majorantes de leurs valeurs absolues; nous vérifions aisément que:

$$(2.14)\qquad \left|\frac{\partial u_i''(x,t)}{\partial x_k} - \frac{\partial u_i''(y,t)}{\partial y_k}\right| <$$

$$< A r^{\frac{1}{2}} \int_0^t \frac{dt'}{[\nu(t-t')]^{\frac{3}{4}}} \cdot \{\text{Max. de } \sqrt{X_i(x,t')\,X_i(x,t')} \text{ à l'instant } t'\}.$$

— Nous dirons *qu'une fonction* $U(x,t)$ *satisfait une condition* H quand elle vérifie une inégalité analogue à la précédente:

$$(2.15)\qquad |U(x,t) - U(y,t)| < r^{\frac{1}{2}}\, C(t),$$

où $C(t)$ est inférieur à une fonction continue de t. Nous nommerons coefficient de la condition H celle des fonctions $C(t)$ dont les valeurs sont les plus faibles possibles. —

Supposons maintenant que les fonctions $X_i(x,t)$ satisfassent une telle condition H, de coefficient $C(t)$; les dérivées secondes $\frac{\partial^2 u_i''(x,t)}{\partial x_k \partial x_l}$, qui sont données par les formules:

$$\frac{\partial^2 u_i''(x,t)}{\partial x_k \partial x_l} = \int_0^t dt' \iiint_{\Pi} \frac{\partial^2 T_{ij}(x-y,t-t')}{\partial x_k \partial x_l} [X_j(y,t') - X_j(x,t')] \, \delta y$$

sont alors des fonctions uniformément continues en t, et l'on a:

(2. 16) $$D_2(t) < A \int_0^t \frac{C(t')\,dt'}{[\nu(t-t')]^{\frac{3}{4}}}.$$

Plus généralement:

Supposons que les dérivées d'ordre m des fonctions $X_i(x,t)$ par rapport à x_1, x_2, x_3 existent, soient continues et soient inférieures en valeur absolue à une fonction continue $\varphi_m(t)$. Alors les dérivées d'ordre $m+1$, par rapport à x_1, x_2, x_3, des fonctions $u_i''(x,t)$ existent, sont uniformément continues en t; on a:

(2. 17) $$D_{m+1}(t) < A \int_0^t \frac{\varphi_m(t')\,dt'}{\sqrt{\nu(t-t')}}$$

enfin ces dérivées d'ordre $m+1$ satisfont une condition H de coefficient:

(2. 18) $$C_{m+1}(t) < A \int_0^t \frac{\varphi_m(t')\,dt'}{[\nu(t-t')]^{\frac{3}{4}}}.$$

Si de plus:

$$\iiint_{\Pi} \left[\frac{\partial^m X_i(x,t)}{\partial x_1^h \partial x_2^k \partial x_3^l}\right]^2 \delta x < \psi_m^2(t),$$

$\psi_m(t)$ étant une fonction continue (positive), alors les dérivées d'ordre $m+1$ par rapport à x_1, x_2, x_3 des fonctions $u_i(x,t)$ sont fortement continues en t et vérifient l'inégalité:

(2. 19) $$J_{m+1}(t) < A_m \int_0^t \frac{\psi_m(t')\,dt'}{\sqrt{\nu(t-t')}}.$$

Supposons maitenant que les dérivées d'ordre m des fonctions $X_i(x,t)$ par rapport à x_1, x_2, x_3 existent, soient inférieures en valeur absolue à une fonction continue de t et vérifient une condition H de coefficient $\theta_m(t)$. Alors les dérivées d'ordre $m+2$ des fonctions $u_i(x,t)$ par rapport à x_1, x_2, x_3 existent, sont uniformément continues en t et vérifient l'inégalité

(2. 20) $$D_{m+2}(t) < A \int_0^t \frac{\theta_m(t')\,dt'}{[\nu(t-t')]^{\frac{3}{4}}}$$

13. *Cas général.*

Pour obtenir une solution $u_i(x, t)$ de (2. 1) correspondant à des valeurs initiales données $u_i(x, 0)$, il suffit d'ajouter les deux solutions particulières précédentes, c'est-à-dire de prendre:

$$u_i(x, t) = u_i'(x, t) + u_i''(x, t);\; p(x, t) = p''(x, t).$$

Nous nous proposons de compléter les renseignements que fournissent les deux paragraphes précédents en établissant que $u_i(x, t)$ est fortement continu en t et en majorant $W(t)$.

Cette forte continuité est évidente dans le cas où $X_i(x, t)$ est nul hors d'un domaine ϖ; quand x s'éloigne indéfiniment $u_i''(x, t)$, $\frac{\partial u_i''(x, t)}{\partial x_k}$ et $p(x, t)$ tendent alors vers zéro respectivement comme $(x_i x_i)^{-\frac{3}{2}}$, $(x_i x_i)^{-2}$ et $(x_i x_i)^{-1}$; et il suffit d'intégrer les deux membres de l'égalité:

$$\nu u_i \varDelta u_i - \frac{1}{2}\frac{\partial}{\partial t}(u_i u_i) - \frac{1}{\varrho} u_i \frac{\partial p}{\partial x_i} = -u_i X_i$$

pour obtenir »*la relation de dissipation de l'énergie*»:

(2. 21) $$\nu \int_0^t J_1^2(t')\,dt' + \frac{1}{2} W(t) - \frac{1}{2} W(0) = \int_0^t dt' \iiint_{\Pi} u_i(x, t') X_i(x, t')\,\delta x$$

d'où résulte l'inégalité:

$$\frac{1}{2} W(t) \leq \frac{1}{2} W(0) + \int_0^t dt' \sqrt{W(t')} \sqrt{\iiint_{\Pi} X_i(x, t') X_i(x, t')\,\delta x}.$$

$W(t)$ est donc inférieur ou égal à la solution $\lambda(t)$ de l'équation

$$\frac{1}{2}\lambda(t) = \frac{1}{2} W(0) + \int_0^t dt' \sqrt{\lambda(t')} \sqrt{\iiint_{\Pi} X_i(x, t') X_i(x, t')\,\delta x}$$

c'est-à-dire:

(2. 22) $$\sqrt{W(t)} \leq \int_0^t \sqrt{\iiint_{\Pi} X_i(x, t') X_i(x, t')\,\delta x}\,dt' + \sqrt{W(0)}.$$

Quand $X_i(x, t)$ n'est pas nul hors d'un domaine ϖ, on peut approcher les fonctions $X_i(x, t)$ par une suite de fonctions $X_i^*(x, t)$ nulles hors de domaines ϖ^*, et par ce procédé établir que les relations (2. 21) et (2. 22) sont encore valables. La relation (2. 21) prouve que $W(t)$ est continue; les fonctions $u_i(x, t)$ sont donc fortement continues en t pour $t \geq 0$.

14. $u_i(x, t) = u_i'(x, t) + u_i''(x, t)$ est la seule solution du problème posé au paragraphe 10 pour laquelle $W(t)$ est inférieure à une fonction continue de t; cette proposition résulte de la suivante

Théorème d'unicité: Le système

$$\nu \Delta u_i(x, t) - \frac{\partial u_i(x, t)}{\partial t} - \frac{1}{\varrho}\frac{\partial p(x, t)}{\partial x_i} = 0; \quad \frac{\partial u_j(x, t)}{\partial x_j} = 0 \tag{2. 23}$$

admet une seule solution, définie et continue pour $t \geq 0$, nulle pour $t = 0$, telle que $W(t)$ soit inférieure à une fonction continue de t; c'est $u_i(x, t) = 0$.

En effet les fonctions

$$v_i(x, t) = \int_0^t \overline{u_i(x, t')}\, dt', \qquad q(x, t) = \int_0^t \overline{p(x, t')}\, dt'$$

constituent des solutions du même système (2. 23); les dérivées

$$\frac{\partial^m v_i(x, t)}{\partial x_1^h \partial x_2^k \partial x_3^l} \text{ et } \frac{\partial^{m+1} v_i(x, t)}{\partial t\, \partial x_1^h \partial x_2^k \partial x_3^l}$$

existent et sont continues; on a évidemment $\Delta q = 0$ et par suite:

$$\nu \Delta(\Delta v_i) - \frac{\partial}{\partial t}(\Delta v_i) = 0;$$

la Théorie de la Chaleur permet d'en déduire $\Delta v_i = 0$. D'autre part les inégalités (1. 2) et (1. 21) prouvent que l'intégrale $\int\int_{\Pi}\int v_i(x, t)\, v_i(x, t)\, \delta x$ est finie. Donc $v_i(x, t) = 0$. Et par suite $u_i(x, t) = 0$.

Enonçons un corollaire qu'utilisera le paragraphe suivant:

Lemme 8. Supposons que nous ayons pour $\Theta \leq t < T$ le système de relations:

$$\nu \Delta u_i(x, t) - \frac{\partial u_i(x, t)}{\partial t} - \frac{1}{\varrho}\frac{\partial p(x, t)}{\partial x_i} = -\frac{\partial X_{ik}(x, t)}{\partial x_k}; \quad \frac{\partial u_j(x, t)}{\partial x_j} = 0.$$

Supposons les dérivées $\dfrac{\partial^2 X_{ik}(x, t)}{\partial x_j \partial x_l}$ continues et les intégrales

$$\iiint_{\Pi} X_{ik}(x, t)\, X_{ik}(x, t)\, \delta x, \qquad \iiint_{\Pi} u_i(x, t)\, u_i(x, t)\, \delta x$$

inférieures à des fonctions de t continues pour $\Theta \leq t < T$. Nous avons alors:

$$u_i(x, t) = \frac{1}{(2\sqrt{\pi})^3} \iiint_{\Pi} \frac{e^{-\frac{r^2}{4\nu t}}}{(\nu t)^{\frac{3}{2}}} u_i(y, t_0)\, \delta y +$$

$$+ \frac{\partial}{\partial x_k} \int_{t_0}^{t} dt' \iiint_{\Pi} T_{ij}(x - y, t - t')\, X_{jk}(y, t)\, \delta y;$$

$$p(x, t) = -\frac{\varrho}{4\pi} \frac{\partial}{\partial x_k} \iiint_{\Pi} \frac{1}{r} X_{ik}(y, t)\, \delta y; \quad (\Theta \leq t_0 < t < T).$$

III. Mouvements réguliers.

15. *Définitions:* Les mouvements des liquides visqueux sont régis par les équations de Navier:

$$(3.1) \qquad \nu \Delta u_i(x, t) - \frac{\partial u_i(x, t)}{\partial t} - \frac{1}{\varrho} \frac{\partial p(x, t)}{\partial x_i} = u_k(x, t) \frac{\partial u_i(x, t)}{\partial x_k}; \quad \frac{\partial u_k(x, t)}{\partial x_k} = 0;$$

où ν et ϱ sont des constantes, p la pression, u_i les composantes de la vitesse. Nous poserons:

$$W(t) = \iiint_{\Pi} u_i(x, t)\, u_i(x, t)\, \delta x,$$

$$V(t) = \text{Maximum de } \sqrt{u_i(x, t)\, u_i(x, t)} \text{ à l'instant } t.$$

Nous dirons qu'*une solution $u_i(x, t)$ de ce système est régulière* dans un intervalle de temps[1] $\Theta < t < T$ si dans cet intervalle de temps les fonctions u_i, la fonction p correspondante et les dérivées $\frac{\partial u_i}{\partial x_k}$, $\frac{\partial^2 u_i}{\partial x_k \partial x_l}$, $\frac{\partial u_i}{\partial t}$, $\frac{\partial p}{\partial x_i}$ sont continues par rapport à x_1, x_2, x_3, t et si en outre les fonctions $W(t)$ et $V(t)$ sont inférieures à des fonctions de t continues pour $\Theta < t < T$.

Nous utiliserons les conventions suivantes:

La fonction $D_m(t)$ sera définie pour chaque valeur de t au voisinage de

[1] Le cas où $T = +\infty$ n'est pas exclu.

28—34198. *Acta mathematica.* 63. Imprimé le 10 juillet 1934.

laquelle les dérivées $\frac{\partial^m u_i(x,t)}{\partial x_1^h \partial x_2^k \partial x_3^l}$ existent et sont uniformément continues en t; elle sera égale à la borne supérieure de leurs valeurs absolues.

La fonction $C_0(t)$ [ou $C_m(t)$] sera définie pour toutes les valeurs de t au voisinage desquelles les fonctions $u_i(x,t)$ $\left[\text{ou les dérivées } \frac{\partial^m u_i(x,t)}{\partial x_1^h \partial x_2^k \partial x_3^l}\right]$ vérifient une même condition H; elle en sera le coefficient.

Enfin la fonction $J_m(t)$ sera définie pour chaque valeur de t au voisinage de laquelle les dérivées $\frac{\partial^m u_i(x,t)}{\partial x_1^h \partial x_2^k \partial x_3^l}$ existent et sont fortement continues en t; nous poserons:

$$J_m^2(t) = \iiint_{\Pi} \frac{\partial^m u_i(x,t)}{\partial x_k \partial x_l \ldots} \, \frac{\partial^m u_i(x,t)}{\partial x_k \partial x_l \ldots} \, \delta x.$$

Le lemme 8 (p. 216) s'applique aux solutions régulières du système (3. 1) et nous donne les relations:

$$(3.2) \qquad u_i(x,t) = \frac{1}{(2\sqrt{\pi})^3} \iiint_{\Pi} \frac{e^{-\frac{r^2}{4\nu t}}}{(\nu t)^{\frac{3}{2}}} u_i(y, t_0)\, \delta y + $$

$$+ \frac{\partial}{\partial x_k} \int_{t_0}^{t} dt' \iiint_{\Pi} T_{ij}(x-y, t-t')\, u_j(y,t')\, u_k(y,t')\, \delta y.$$

$$(3.3) \qquad p(x,t) = \frac{\varrho}{4\pi} \frac{\partial^2}{\partial x_k \partial x_j} \iiint_{\Pi} \frac{1}{r} u_k(y,t)\, u_j(y,t)\, \delta y; \quad (\Theta < t_0 < t < T).$$

Les paragraphes 11 et 12 permettent de déduire de la relation (3. 2) les faits suivants: les fonctions $u_i(x,t)$ sont uniformément et fortement continues en t pour $\Theta < t < T$; la fonction $C_0(t)$ est définie pour $\Theta < t < T$ et l'on a [cf. (2. 7) et (2. 18)]:

$$C_0(t) < \frac{A\sqrt{W(t_0)}}{\nu(t-t_0)} + A \int_{t_0}^{t} \frac{V^2(t')\, dt'}{[\nu(t-t')]^{\frac{3}{4}}}.$$

Ce résultat porté dans (3. 2) prouve que $D_1(t)$ existe pour $\Theta < t < T$ et fournit l'inégalité [cf. (2. 7) et (2. 16)]:

$$D_1(t) < \frac{A\sqrt{W(t_0)}}{[\nu(t-t_0)]^{\frac{5}{4}}} + A \int_{t_0}^{t} \frac{V(t')\, C_0(t')}{[\nu(t-t')]^{\frac{3}{4}}} dt'.$$

Poursuivons par récurrence:

L'existence de $D_1(t), \ldots D_{m+1}(t)$ assure celle de $C_{m+1}(t)$ et l'on a [cf. (2. 7) et (2. 18)]:

$$C_{m+1}(t) < \frac{A_m \sqrt{W(t_0)}}{[\nu(t-t_0)]^{\frac{m+3}{2}}} + A_m \int\limits_{t_0}^{t} \frac{V(t')\, D_{m+1}(t') + \sum\limits_{\alpha+\beta=m+1} D_\alpha(t')\, D_\beta(t')}{[\nu(t-t')]^{\frac{3}{4}}}\, dt'.$$

L'existence de $D_1(t), \ldots D_{m+1}(t), C_0(t), \ldots C_{m+1}(t)$ assure celle de $D_{m+2}(t)$ et l'on peut majorer cette dernière fonction à l'aide des précédentes [cf. (2. 7) et (2. 20)].

Les fonctions $D_m(t)$ et $C_m(t)$ sont donc définies pour $\Theta < t < T$, quelque grand que soit m.

D'autre part les paragraphes 11 et 12 permettent de déduire de (3. 2) l'existence de $J_1(t)$ pour toutes ces valeurs de t; et nous avons [cf. (2. 8) et (2. 19)]:

$$J_1(t) < \frac{A \sqrt{W(0)}}{[\nu(t-t_0)]^{\frac{1}{2}}} + A \int\limits_{t_0}^{t} \frac{W(t')\, D_1(t')}{\sqrt{\nu(t-t')}}\, dt'.$$

Plus généralement l'existence de $D_1(t), \ldots D_m(t), J_1(t), \ldots J_{m-1}(t)$ assure celle de $J_m(t)$ [cf. (2. 8) et (2. 19)].

Il nous est maintenant aisé d'établir par l'intermédiaire de (3. 3) que la fonction $p(x, t)$ et ses dérivées $\frac{\partial^m p(x, t)}{\partial x_k \partial x_j \ldots}$ sont uniformément et fortement continues en t pour $\Theta < t < T$. D'après les équations de Navier il en est de même pour les fonctions $\frac{\partial u_i}{\partial t}, \frac{\partial^{m+1} u}{\partial t \partial x_k \partial x_j \ldots}$.

Plus généralement les équations (3. 1) et (3. 3) permettent de ramener l'étude des dérivées qui sont d'ordre $n+1$ par rapport à t à l'étude des dérivées qui sont d'ordre n par rapport à t. Et l'on aboutit finalement au *théorème* suivant:

Si les fonctions $u_i(x, t)$ constituent une solution des équations de Navier régulière pour $\Theta < t < T$, alors toutes leurs dérivées partielles existent; ces dérivées partielles et les fonctions $u_i(x, t)$ elles-mêmes sont uniformément et fortement continues en t pour $\Theta < t < T$.

16. Le paragraphe précédent nous apprend plus: il nous apprend à majorer les fonctions $u_i(x, t)$ et leurs dérivées partielles de tous les ordres au moyen des seules fonctions $W(t)$ et $V(t)$. Il en résulte:

Lemme 9. Soit une infinité de solutions des équations de Navier, $u_i^*(x, t)$, régulières dans un même intervalle de temps (Θ, T). Supposons les diverses fonctions $V^*(t)$ et $W^*(t)$ inférieures à une même fonction de t, continue dans (Θ, T). De cette infinité de solutions on peut alors extraire une suite partielle telle que les fonctions $u_i^*(x, t)$ de cette suite et chacune de leurs dérivées convergent respectivement vers certaines fonctions $u_i(x, t)$ et vers leurs dérivées. Chacune de ces convergences est uniforme sur tout domaine ϖ pour $\Theta + \eta < t < T - \eta$ $(\eta > 0)$. Les fonctions $u_i(x, t)$ constituent une solution des équations de Navier régulière dans (Θ, T).

En effet le Procédé diagonal de Cantor (§ 4, p. 201) permet d'extraire une suite de fonctions $u_i^*(x, t)$ telle que ces fonctions $u_i^*(x, t)$ et leurs dérivées convergent pour tous les systèmes rationnels de valeurs données à x_1, x_2, x_3, t. Cette suite partielle possède les propriétés qu'énonce le lemme.

17. La quantité $W(t)$ et la quantité $J_1(t)$ — que désormais nous désignerons pour simplifier par $J(t)$ — sont liées par une relation importante; elle s'obtient en remplaçant dans (2.21) X_i par $u_k \dfrac{\partial u_i}{\partial x_k}$ et en remarquant que:

$$\iiint_{\Pi} u_i(x, t')\, u_k(x, t') \frac{\partial u_i(x, t')}{\partial x_k} \delta x = \frac{1}{2} \iiint_{\Pi} u_k(x, t') \frac{\partial u_i(x, t')\, u_i(x, t')}{\partial x_k} \delta x = 0;$$

c'est »*la relation de la dissipation de l'énergie*«:

$$\nu \int_{t_0}^{t} J^2(t')\, dt' + \frac{1}{2} W(t) = \frac{1}{2} W(t_0). \tag{3.4}$$

Cette relation et les deux paragraphes ci-dessus prouvent que les fonctions $W(t)$, $V(t)$ et $J(t)$ jouent un rôle essentiel. Aussi retiendrons-nous de toutes les inégalités qu'on peut déduire du chapitre II uniquement quelques-unes où figurent ces trois fonctions, sans plus nous occuper des quantités $C_m(t)$, $D_m(t)$, ...

Avant d'écrire ces quelques inégalités fondamentales posons *une définition:*

Une solution $u_i(x, t)$ des équations de Navier sera dite régulière pour $\Theta \leq t < T$ quand elle sera régulière pour $\Theta < t < T$ et qu'en outre les circonstances suivantes se présenteront: les fonctions $u_i(x, t)$ et $\frac{\partial u_i(x, t)}{\partial x_j}$ sont continues par rapport aux variables x_1, x_2, x_3, t même pour $t = \Theta$; elles sont fortement continues en t même pour $t = \Theta$; les fonctions $u_i(x, t)$ restent bornées quand t tend vers Θ.

Dans ces conditions la relation (3. 2) vaut pour $\Theta \leq t_0 < t < T$ (la valeur Θ était jusqu'à présent interdite à t_0); le chapitre II permet d'en déduire *deux inégalités fondamentales;* ce sont, le symbole $\{B;\, C\}$ nous servant à représenter la plus petite des deux quantités B et C; A', A'', A''' étant des constantes numériques:

$$V(t) < A' \int_{t_0}^{t} \left\{ \frac{V^2(t')}{\sqrt{\nu(t-t')}};\ \frac{W(t')}{[\nu(t-t')]^2} \right\} dt' + \left\{ V(t_0);\ \frac{A'''\, J(t_0)}{[\nu(t-t_0)]^{\frac{1}{4}}} \right\} \tag{3. 5}$$

$$J(t) < A'' \int_{t_0}^{t} \frac{J(t')\, V(t')}{\sqrt{\nu(t-t')}} dt' + J(t_0) \qquad (\Theta \leq t_0 < t < T). \tag{3. 6}$$

18. *Comparaison de deux solutions régulières.*

Considérons deux solutions des équations de Navier, u_i et $u_i + v_i$, régulières pour $\Theta < t < T$. Nous avons:

$$\nu \Delta v_i - \frac{\partial v_i}{\partial t} - \frac{1}{\varrho}\frac{\partial q}{\partial x_i} = v_k \frac{\partial u_i}{\partial x_k} + (u_k + v_k)\frac{\partial v_i}{\partial x_k};\quad \frac{\partial v_k}{\partial x_k} = 0.$$

Posons:

$$\mathrm{w}(t) = \iiint_{\Pi} v_i(x, t)\, v_i(x, t)\, \delta x; \qquad \mathrm{j}^2(t) = \iiint_{\Pi} \frac{\partial v_i(x, t)}{\partial x_k}\,\frac{\partial v_i(x, t)}{\partial x_k}\, \delta x.$$

Appliquons la relation (2. 21) qui nous a déjà fourni la relation fondamentale (3. 4); elle donne ici:

$$\nu \mathrm{j}^2(t) + \frac{1}{2}\frac{d\mathrm{w}}{dt} = \iiint_{\Pi} v_i v_k \frac{\partial u_i}{\partial x_k}\delta x + \iiint_{\Pi} v_i (u_k + v_k)\frac{\partial v_i}{\partial x_k}\delta x.$$

Or nous avons:

$$\iiint_{\Pi} v_i(u_k + v_k)\frac{\partial v_i}{\partial x_k}\delta x = \frac{1}{2}\iiint_{\Pi} (u_k + v_k)\frac{\partial (v_i v_i)}{\partial x_k}\delta x = 0;$$

et

$$\iiint_{\Pi} v_i v_k \frac{\partial u_i}{\partial x_k}\delta x = -\iiint_{\Pi} \frac{\partial v_i}{\partial x_k} v_k u_i\, \delta x < \mathrm{j}(t)\sqrt{\mathrm{w}(t)}\, V(t).$$

Donc:

$$\nu \mathrm{j}^2(t) + \frac{1}{2}\frac{d\mathrm{w}}{dt} < \mathrm{j}(t)\sqrt{\mathrm{w}(t)}\, V(t)$$

d'où:

$$2\nu \frac{d\mathrm{w}}{dt} < \mathrm{w}(t)\, V^2(t)$$

et finalement:

$$\mathrm{w}(t) < \mathrm{w}(t_0)\, e^{\frac{1}{2\nu}\int_{t_0}^{t} V^2(t')\,dt'} \qquad (\Theta < t_0 < t < T). \tag{3.7}$$

De cette relation importante résulte en particulier:

Un théorème d'unicité: Deux solutions des équations de Navier régulières pour $\Theta \leq t < T$ sont nécessairement identiques pour ces valeurs de t si leurs états de vitesse le sont pour $t = \Theta$.

19. Donnons-nous *un état initial régulier*, c'est-à-dire un vecteur de divergence nulle, $u_i(x, 0)$, continu, ainsi que les dérivées premières de ses composantes, et tel que les quantités $W(0)$, $V(0)$, $J(0)$ soient finies. Le but de ce paragraphe est d'établir la proposition suivante:

Théorème d'existence: A tout état initial régulier, $u_i(x, 0)$, correspond une solution des équations de Navier, $u_i(x, t)$, qui est définie pour des valeurs $0 \leq t < \tau$ de t et qui se réduit à $u_i(x, 0)$ pour $t = 0$.

Formons les *approximations successives:*

$$u_i^{(0)}(x, t) = \frac{1}{(2\sqrt{\pi})^3}\iiint_{\Pi} \frac{e^{-\frac{r^2}{4\nu t}}}{(\nu t)^{\frac{3}{2}}}\, u_i(y, 0)\,\delta y,$$

. . . .

$$u_i^{(n+1)}(x, t) = \frac{\partial}{\partial x_k}\int_0^t dt' \iiint_{\Pi} T_{ij}(x-y, t-t')\, u_k^{(n)}(y, t')\, u_j^{(n)}(y, t')\,\delta y + u_i^{(0)}(x, t),$$

. . . .

Ecrivons en premier lieu les inégalités, déduites de (2.3) et (2.13):

$$V^{(0)}(t) \leq V(0)$$

$$V^{(n+1)}(t) \leq A' \int_0^t \frac{[V^{(n)}(t')]^2}{\sqrt{\nu(t-t')}}\,dt' + V(0);$$

elles prouvent que nous avons, quel que soit n:

$$V^{(n)}(t) \leq \varphi(t) \qquad \text{pour } 0 \leq t \leq \tau,$$

si $\varphi(t)$ est une fonction continue qui vérifie pour ces valeurs de t l'inégalité:

$$\varphi(t) \geq A' \int_0^t \frac{\varphi^2(t')}{\sqrt{\nu(t-t')}} dt' + V(0);$$

nous choisirons $\varphi(t) = (1 + A) V(0)$; la valeur à donner à τ est:

$$\tau = A\nu V^{-2}(0). \tag{3.8}$$

Posons alors:

$\mathrm{v}^{(n)}(t) =$ Maximum de $\sqrt{[u_i^{(n)}(x, t) - u_i^{(n+1)}(x, t)] [u_i^{(n)}(x, t) - u_i^{(n+1)}(x, t)]}$ à l'instant t.

Nous avons:

$$\mathrm{v}^{(1)}(t) < A' \int_0^\tau \frac{V^2(0)}{\sqrt{\nu(\tau - t')}} dt' = A V(0)$$

$$\mathrm{v}^{(n+1)}(t) < A \int_0^\tau \frac{\varphi(t') \mathrm{v}^{(n)}(t')}{\sqrt{\nu(\tau - t')}} dt' = A V(0) \int_0^\tau \frac{\mathrm{v}^{(n)}(t') dt'}{\sqrt{\nu(\tau - t')}}$$

d'où résulte que, pour $0 \leq t \leq \tau$, les fonctions $u_i^{(n)}(x, t)$ convergent uniformément vers des limites continues, $u_i(x, t)$.

On démontre sans difficulté qu'à l'intérieur de l'intervalle $(0, \tau)$ chacune des dérivées des fonctions $u_i^{(n)}(x, t)$ converge uniformément vers la dérivée correspondante des fonctions $u_i(x, t)$; les raisonnements sont trop proches de ceux du paragraphe 15 pour que nous les reproduisions. Les fonctions $u_i(x, t)$ satisfont donc les équations de Navier pour $0 < t < \tau$.

Vérifions que l'intégrale $W(t) = \iiint_{\Pi} u_i(x, t) u_i(x, t) \delta x$ est inférieure à une fonction continue de t: les inégalités (2.5) et (2.12) fournissent les suivantes, où A_0 représente une constante:

$$\sqrt{W^{(0)}(t)} \leq \sqrt{W(0)}$$

$$\sqrt{W^{(n+1)}(t)} \leq A_0 \int_0^t \frac{\varphi(t') \sqrt{W^{(n)}(t')}}{\sqrt{\nu(t-t')}} dt' + \sqrt{W(0)};$$

la théorie des équations intégrales linéaires nous apprend l'existence d'une fonction positive $\theta(t)$ solution de l'équation:

$$\theta(t) = A_0 \int_0^t \frac{\varphi(t')\,\theta(t')}{\sqrt{\nu(t-t')}}\,dt' + \sqrt{W(0)};$$

nous avons $W^{(n)}(t) \leq \theta^2(t)$; donc $W(t) \leq \theta^2(t)$.

Il nous reste à préciser comment les fonctions $u_i(x, t)$ se comportent quand t tend vers zéro. Nous savons déjà qu'elles se réduisent alors aux données $u_i(x, 0)$, en restant continues même pour $t = 0$. Pour prouver qu'elles demeurent fortement continues en t quand t s'annule, il suffit d'après le lemme 1 d'établir que:

$$\text{limite supérieure}_{t \to 0} \text{ de } W(t) \leq W(0);$$

or cette inégalité a manifestement lieu, puisque $\theta^2(0) = W(0)$. On prouve de même que les fonctions $\frac{\partial u_i(x, t)}{\partial x_k}$ sont fortement continues en t, même pour $t = 0$.

Dès lors la démonstration du théorème d'existence énoncé ci-dessus est achevée.

Mais la formule (3.8) nous fournit un second résultat: Convenons de dire *qu'une solution des équations de Navier*, régulière dans un intervalle (Θ, T), *devient irrégulière à l'époque* T quand T est fini et qu'il est impossible de définir cette solution régulière dans un intervalle (Θ, T') plus grand que (Θ, T). La formule (3.8) révèle:

Un premier caractère des irrégularités: Si une solution des équations de Navier devient irrégulière à l'époque T, alors $V(t)$ augmente indéfiniment quand t tend vers T; et plus précisément:

$$V(t) > A\sqrt{\frac{\nu}{T-t}}. \tag{3.9}$$

20. *Il serait important de savoir s'il existe des solutions des équations de Navier qui deviennent irrégulières.* S'il ne s'en trouvait pas, la solution régulière unique qui correspond à un état initial régulier, $u_i(x, 0)$, existerait pour toutes les valeurs positives de t.

Aucune solution ne pourrait devenir irrégulière si l'inégalité (3.9) était incompatible avec les relations fondamentales (3.4), (3.5) et (3.6); mais il n'en est rien, comme on le voit en choisissant:

$$(3.10)\qquad V(t)=A_0'[\nu(T-t)]^{-\frac{1}{2}};\quad W(t)=A_0''[\nu(T-t)]^{\frac{1}{2}};\quad J(t)=\frac{\sqrt{A_0''}}{2}[\nu(T-t)]^{-\frac{1}{4}}$$

et en vérifiant que pour des valeurs suffisamment fortes des constantes A_0' et A_0'' l'inégalité (3.9) et la relation (3.4) sont vérifiées, ainsi que les deux inégalités suivantes, qui sont plus strictes que (3.5) et (3.6):

$$V(t)<A'\int_{t_0}^{t}\left\{\frac{V^2(t')}{\sqrt{\nu(T-t')}};\ \frac{W(t')}{[\nu(T-t')]^2}\right\}dt'+\left\{V(t_0);\ \frac{A'''J(t_0)}{[\nu(t-t_0)]^{\frac{1}{4}}}\right\}$$

$$J(t)<A''\int_{t_0}^{t}\frac{J(t')\,V(t')}{\sqrt{\nu(T-t')}}+J(t_0)\qquad (t_0<t<T).$$

Les équations de Navier possédent sûrement une solution qui devient irrégulière et pour laquelle les fonctions $W(t)$, $V(t)$ et $J(t)$ sont du type (3.10) si le système:

$$(3.11)\qquad \nu\Delta U_i(x)-\alpha\left[U_i(x)+x_k\frac{\partial U_i(x)}{\partial x_k}\right]-\frac{1}{\varrho}\frac{\partial P(x)}{\partial x_i}=U_k(x)\frac{\partial U_i(x)}{\partial x_k};$$

$$\frac{\partial U_k(x)}{\partial x_k}=0,$$

où α désigne une constante positive, possède une solution non nulle, les $U_i(x,t)$ étant bornés et les intégrales $\iiint_{\Pi} U_i(x,t)\,U_i(x,t)\,\delta x$ finies; la solution des équations de Navier dont il s'agit est:

$$(3.12)\qquad u_i(x,t)=[2\alpha(T-t)]^{-\frac{1}{2}}\,U_i[(2\alpha(T-t))^{-\frac{1}{2}}x]\qquad (t<T)$$

(λx désigne le point de coordonnées λx_1, λx_2, λx_3.)

Je n'ai malheureusement pas réussi à faire l'étude du système (3.11). Nous laisserons donc en suspens cette question de savoir si des irrégularités peuvent ou non se présenter.

21. *Conséquences diverses des relations fondamentales* (3.4), (3.5) *et* (3.6). Soit une solution des équations de Navier, régulière pour $\Theta\le t<T$ qui, lorsque t tend vers T, devient irrégulière, à moins que T ne soit égal à $+\infty$. Des relations fondamentales (3.4) et (3.5) résulte l'inégalité:

(3.13) $$V(t) < A' \int_{t_0}^{t} \left\{ \frac{V^2(t')}{\sqrt{\nu(t-t')}};\ \frac{W(t_0)}{[\nu(t-t')]^2} \right\} dt' + \left\{ V(t_0);\ \frac{A''' J(t_0)}{[\nu(t-t_0)]^{\frac{1}{4}}} \right\}$$
$$(\Theta \leq t_0 < t < T);$$

supposons qu'une fonction $\varphi(t)$, continue pour $0 < t \leq \tau$, vérifie pour ces valeurs de t l'inégalité:

(3.14) $$\varphi(t) \geq A' \int_{0}^{t} \left\{ \frac{\varphi^2(t')}{\sqrt{\nu(t-t')}};\ \frac{W(t_0)}{[\nu(t-t')]^2} \right\} dt' + \left\{ V(t_0);\ \frac{A''' J(t_0)}{[\nu(t-t_0)]^{\frac{1}{4}}} \right\},$$

nous avons alors pour les valeurs de t communes aux deux intervalles (t_0, T) et $(t_0, t_0 + \tau)$:

(3.15) $$V(t) < \varphi(t - t_0);$$

le premier caractère des irrégularités permet d'en déduire

(3.16) $$t_0 + \tau < T.$$

Supposons en outre connue une fonction $\psi(t)$ telle que

(3.17) $$\psi(t) \geq A'' \int_{0}^{t} \frac{\varphi(t')\,\psi(t')}{\sqrt{\nu(t-t')}}\, dt' + J(t_0) \qquad (0 < t \leq \tau);$$

de l'inégalité (3.6) résulte alors la suivante:

(3.18) $$J(t) < \psi(t - t_0) \quad \text{pour} \quad t_0 < t \leq t_0 + \tau.$$

Le premier caractère des irrégularités se déduit de (3.16) en choisissant:

$$\varphi(t) = (1 + A)\, V(t_0) \quad \text{et} \quad \tau = A \nu V^{-2}(t_0).$$

Le choix $\varphi(t) = (1 + A)\, V(t_0)$ et $\tau = +\infty$ satisfait l'inégalité (3.14) quand

$$V(t_0) > \int_{0}^{\infty} \left\{ \frac{A V^2(t_0)}{\sqrt{\nu t'}};\ \frac{A\, W(t_0)}{(\nu t')^2} \right\} dt'$$

c'est-à-dire quand $\nu^{-3} W(t_0)\, V(t_0) < A$. Donc:

Premier cas de régularité: On est assuré qu'une solution régulière ne devient jamais irrégulière quand la quantité $\nu^{-3} W(t)\, V(t)$ se trouve être inférieure à une certaine constante A soit à l'instant initial, soit à tout autre instant antérieurement auquel cette solution n'est pas devenue irrégulière.

On peut satisfaire (3. 14) et (3. 17) par un choix du type

$$(3.19)\qquad \varphi(t)=AJ(t_0)[\nu(t-t_0)]^{-\frac{1}{4}};\quad \psi(t)=(1+A)J(t_0);\quad \tau=A\nu^3J^{-4}(t_0).$$

Cette expression de τ fournit:

Un second caractère des irrégularités: Si une solution des équations de Navier devient irrégulière à l'époque T, alors $J(t)$ augmente indéfiniment quand t tend vers T; et plus précisément:

$$J(t)>\frac{A\nu^4}{(T-t)^{\frac{1}{4}}}.$$

Les inégalités (3. 15) et (3. 19) prouvent qu'une solution régulière à un instant t reste régulière jusqu'à l'instant $t_0+\tau$ et que l'on a:

$$V(t_0+\tau)<A\nu^{-1}J^2(t_0).$$

La relation fondamentale (3. 4) donne d'autre part:

$$W(t_0+\tau)<W(t_0).$$

Donc:

$$\nu^{-3}W(t_0+\tau)\,V(t_0+\tau)<A\nu^{-4}W(t_0)J^2(t_0).$$

L'application du premier cas de régularité à l'époque $t_0+\tau$ fournit dès lors:

Un second cas de régularité: On est assuré qu'une solution régulière ne devient jamais irrégulière quand la quantité $\nu^{-4}W(t)J^2(t)$ se trouve être inférieure à une certaine constante A soit à l'instant initial, soit à tout autre instant antérieurement auquel cette solution n'est pas devenue irrégulière.

22. On établit de même les résultats suivants dont les précédents peuvent d'ailleurs être considérés comme des cas particuliers:

Caractère des irrégularité: Si une solution devient irrégulière à l'époque T, on a:

$$\left\{\iiint_{\Pi}[u_i(x,t)\,u_i(x,t)]^{\frac{p}{2}}\delta x\right\}^{\frac{1}{p}}>\frac{A\left(1-\frac{3}{p}\right)\nu^{\frac{1}{2}\left(1+\frac{3}{p}\right)}}{(T-t)^{\frac{1}{2}\left(1-\frac{3}{p}\right)}}\qquad (p>3).$$

Cas de régularité: On est assuré qu'une solution régulière ne devient jamais irrégulière quand on a à un instant quelconque:

$$[A\,W(t)]^{p-3}\int\int_{\Pi}\int[u_i(x,t)\,u_i(x,t)]^{\frac{p}{2}}\delta x < A\left(1-\frac{3}{p}\right)^3\nu^{3(p-2)} \qquad (p>3).$$

Les cas de régularité que nous signalons montrent comment une solution reste toujours régulière quand son état initial de vitesse est suffisamment voisin du repos. Plus généralement considérons un état de vitesse auquel correspond une solution ne devenant jamais irrégulière; à tout état initial suffisamment voisin correspond une solution qui elle aussi ne devient jamais irrégulière. La démonstration de ce fait utilise ceux des résultats du paragraphe 34 qui concernent l'allure d'une solution des équations de Navier pour les grandes valeurs de t.

IV. Etats initiaux semi-réguliers.

23. Nous serons amenés, dans le courant du chapitre VI, à envisager des états initiaux non réguliers au sens du paragraphe 17. Commençons leur étude en remarquant que l'inégalité (3. 7) permet d'énoncer un théorème d'unicité plus général que celui du paragraphe 18: Posons à cet effet une définition:

Nous dirons qu'une solution des équations de Navier est semi-régulière pour $\Theta \leq t < T$ quand elle est régulière pour $\Theta < t < T$ et que les deux circonstances suivantes se présentent:

$$\text{L'intégrale} \int_{\Theta}^{t} V^2(t')\,dt' \text{ est finie quand } \Theta < t < T.$$

Les fonctions $u_i(x, t)$ ont de fortes limites en moyenne, $u_i(x, \Theta)$, quand t tend vers Θ.

— Nous nommerons »état initial des vitesses» ce vecteur $u_i(x, \Theta)$, dont la quasi-divergence est nulle. —

Le théorème que fournit l'inégalité (3. 7) est le suivant:

Théorème d'unicité: Deux solutions des équations de Navier, semi-régulières pour $\Theta \leq t < T$, sont nécessairement identiques pour toutes ces valeurs de t quand leurs états de vitesse à l'instant Θ sont presque partout identiques.

Nous dirons qu'*un état initial de vitesse*, $u_i(x, 0)$, est semi-régulier quand il lui correspond une solution $u_i(x, t)$ semi-régulière sur un intervalle $0 \leq t < \tau$.

24. Soit un vecteur $U_i(x)$ de quasi-divergence nulle, dont les composantes sont de carrés sommables sur Π et possèdent des quasi-dérivées $U_{i,j}(x)$ de carrés sommables sur Π. Nous allons établir que le champ de vitesses $U_i(x)$ est un état initial semi-régulier.

Posons:

$$W(0) = \iiint_{\Pi} \overline{U_i(x)}\, \overline{U_i(x)}\, \delta x \quad \text{et} \quad J^2(0) = \iiint_{\Pi} \overline{U_{i,j}(x)}\, \overline{U_{i,j}(x)}\, \delta x.$$

Les fonctions $\overline{U_i(x)}$ constituent un état initial régulier, comme le prouvent le lemme 6 et le paragraphe 8 (p. 209 et 206); soit $u_i^*(x, t)$ la solution régulière qui correspond à l'état initial $\overline{U_i(x)}$; nous avons en vertu de l'inégalité (1. 21) et de la relation de dissipation de l'énergie (3. 4):

$$W^*(t) < W(0). \tag{4. 1}$$

Le lemme 4 nous apprend que $\dfrac{\partial \overline{U_i(x)}}{\partial x_j} = \overline{U_{i,j}(x)}$; nous avons donc d'après (1. 21):

$$J^*(0) < J(0);$$

les relations (3. 15), (3. 18) et (3. 19) permettent d'en déduire que sur un même intervalle $(0, \tau)$ les diverses solutions $u_i^*(x, t)$ sont régulières et vérifient les inégalités:

$$V^*(t) < A\, J(0)\, (\nu t)^{-\frac{1}{4}}; \quad J^*(t) < (1 + A)\, J(0); \tag{4. 2}$$

nous avons d'ailleurs:

$$\tau = A \nu^3 J^{-4}(0). \tag{4. 3}$$

Les inégalités (4. 1) et (4. 2) nous autorisent à appliquer le lemme 9 (p. 220): dans la formule de définition (1. 18) de $\overline{U(x)}$ figure une longueur ε; il est possible de la faire tendre vers zéro en sorte que pour $0 < t < \tau$ les fonctions $u_i^*(x, t)$ et chacune de leurs dérivées convergent respectivement vers certaines fonctions $u_i(x, t)$ et vers leurs dérivées. Ces fonctions $u_i(x, t)$ constituent une solution des équations de Navier régulière pour $0 < t < \tau$; d'après (4. 1) et (4. 2) cette solution satisfait les trois inégalités:

$$W(t) \leq W(0); \quad V(t) \leq A\, J(0)\, (\nu t)^{-\frac{1}{4}}; \quad J(t) \leq (1 + A)\, J(0). \tag{4. 4}$$

L'intégrale $\int_0^t V^2(t')\, dt'$ est donc finie pour $0 < t < \tau$. Il nous reste à préciser comment les fonctions $u_i(x, t)$ se comportent quand t tend vers zéro.

Soit $a_i(x)$ un vecteur quelconque, de divergence nulle, dont les composantes, ainsi que toutes leurs dérivées, sont de carrés sommables sur Π. Des équations de Navier résulte la relation:

$$\iiint_\Pi u_i^*(x,\, t)\, a_i(x)\, \delta x = \iiint_\Pi \overline{U_i(x)}\, a_i(x)\, \delta x +$$

$$+ \nu \int_0^t dt' \iiint_\Pi u_i^*(x,\, t')\, \Delta a_i(x)\, \delta x + \int_0^t dt' \iiint_\Pi u_k(x,\, t')\, u_i(x,\, t')\, \frac{\partial a_i(x)}{\partial x_k}\, \delta x;$$

d'où, en passant à la limite:

$$\iiint_\Pi u_i(x,\, t)\, a_i(x)\, \delta x = \iiint_\Pi U_i(x)\, a_i(x)\, \delta x +$$

$$+ \nu \int_0^t dt' \iiint_\Pi u_i(x,\, t')\, \Delta a_i(x)\, \delta x + \int_0^t dt' \iiint_\Pi u_k(x,\, t')\, u_i(x,\, t')\, \frac{\partial a_i(x)}{\partial x_k}\, \delta x.$$

Cette dernière relation prouve que

$$\iiint_\Pi u_i(x,\, t)\, a_i(x)\, \delta x \text{ tend vers } \iiint_\Pi U_i(x)\, a_i(x)\, \delta x$$

quand t tend vers zéro. Dans ces conditions $u_i(x, t)$ a une faible limite en moyenne unique, qui est $U_i(x)$ (cf. Corollaire du lemme 7, p. 209). Mais l'inégalité $W(t) \leq W(0)$ nous permet d'utiliser le critère de forte convergence énoncé p. 200; et nous constatons ainsi que les fonctions $u_i(x, t)$ convergent fortement en moyenne vers les fonctions $U_i(x)$ quand t tend vers zéro.

$u_i(x, t)$ est donc une solution semi-régulière[1] pour $0 \leq t < \tau$ et elle correspond à l'état initial $U_i(x)$.

25. On peut par des raisonnements analogues traiter les deux autres cas que signale le théorème ci-dessous:

Théorème d'existence: Soit un vecteur $U_i(x)$, de quasi-divergence nulle, dont

[1] On peut même affirmer plus: les fonctions $\frac{\partial u_i(x, t)}{\partial x_j}$ convergent fortement en moyenne vers les fonctions $U_{i,j}(x)$ quand t tend vers zéro.

les composantes sont de carrés sommables sur Π; on peut affirmer que l'état initial de vitesses qu'il définit est semi-régulier:

a) quand les fonctions $U_i(x)$ possèdent des quasi-dérivées de carrés sommables sur Π;

b) quand les fonctions $U_i(x)$ sont bornées;

c) ou enfin quand l'intégrale $\iiint_\Pi [U_i(x) U_i(x)]^{\frac{p}{2}} \delta x$ est finie pour une valeur de p supérieure à 3.

N. B. Ce théorème et le théorème d'existence du paragraphe 19 n'épuisent évidemment pas l'étude de l'allure que présente au voisinage de l'instant initial la solution qui correspond à un état initial donné.

V. Solutions turbulentes.

26. Soit un état initial régulier $u_i(x, 0)$. Nous n'avons pas réussi à prouver que la solution régulière des équations de Navier qui lui correspond est définie pour toutes les valeurs de t postérieures à l'instant initial $t = 0$. Mais considérons le système:

$$(5.1) \qquad \nu \Delta u_i(x, t) - \frac{\partial u_i(x, t)}{\partial t} - \frac{1}{\varrho} \frac{\partial p(x, t)}{\partial x_i} = \overline{u_k(x, t)} \frac{\partial u_i(x, t)}{\partial x_k}; \quad \frac{\partial u_j(x, t)}{\partial x_j} = 0.$$

C'est un système qui est très voisin des équations de Navier quand la longueur[1] ε est très courte. Tout ce que nous avons dit au cours du chapitre III sur les équations de Navier lui est applicable sans modification, hormis les considérations non concluantes du paragraphe 20. Par là se trouve établie toute une catégorie de propriétés du système (5.1), dans lesquelles ne figure pas la longueur ε. D'autre part l'inégalité de Schwarz (1.1) nous donne:

$$\overline{u_k(x, t)} < A_0 \varepsilon^{-\frac{3}{2}} \sqrt{W(t)}, \quad A_0 \text{ étant une constante numérique.}$$

Cette nouvelle inégalité et la relation de dissipation de l'énergie (3.4) autorisent à écrire à côté de l'inégalité (3.5) la suivante: si une solution du système (5.1) est régulière pour $0 \leq t < T$, alors:

---

[1] Rappelons que cette longueur a été introduite au § 8 (p. 206), quand nous avons défini le symbole $\overline{U(x)}$.

$$V(t) < A' A_0 \varepsilon^{-\frac{3}{2}} \sqrt{W(\mathrm{o})} \int_0^t \frac{V(t')\,dt'}{\sqrt{\nu(t-t')}} + V(\mathrm{o}) \qquad (\mathrm{o} < t < T).$$

De là résulte que sur tout intervalle de régularité (o, T) $V(t)$ reste inférieur à la fonction $\varphi(t)$, continue pour $\mathrm{o} \leq t$, qui satisfait l'équation intégrale linéaire du type de Volterra:

$$\varphi(t) = A' A_0 \varepsilon^{-\frac{3}{2}} \sqrt{W(\mathrm{o})} \int_0^t \frac{\varphi(t')\,dt'}{\sqrt{\nu(t-t')}} + V(\mathrm{o});$$

$V(t)$ reste donc borné quand, T étant fini, t tend vers T; ceci contredit le premier caractère des irrégularités (p. 224); en d'autres termes *l'unique solution des équations* (5. 1) *qui correspond à un état initial régulier donné est définie pour toutes les valeurs du temps postérieures à l'instant initial.*

27. Étant donné un mouvement qui satisfait les équations (5. 1), nous aurons besoin de *résultats concernant la répartition de son énergie cinétique:* $\frac{1}{2} u_i(x, t) u_i(x, t)$. Ces résultats devront être indépendants[1] de ε.

Soient deux longueurs constantes R_1 et R_2 $(R_1 < R_2)$; introduisons la fonction $f(x)$ suivante:

$$f(x) = \mathrm{o} \text{ pour } r_0 \leq R_1;$$

$$f(x) = \frac{r_0 - R_1}{R_2 - R_1} \text{ pour } R_1 \leq r_0 \leq R_2; \qquad (r_0^2 = x_i x_i)$$

$$f(x) = 1 \text{ pour } R_2 \leq r_0.$$

Un calcul analogue à celui qui fournit la relation de dissipation de l'énergie (2. 21) nous donne:

$$\nu \int_0^t dt' \iiint_\Pi f(x) \frac{\partial u_i(x, t')}{\partial x_k} \frac{\partial u_i(u, t')}{\partial x_k} \delta x + \frac{1}{2} \iiint_\Pi f(x) u_i(x, t) u_i(x, t) \delta x =$$

$$= \frac{1}{2} \iiint_\Pi f(x) u_i(x, \mathrm{o}) u_i(x, \mathrm{o}) \delta x - \nu \int_0^t dt' \iiint_\Pi \frac{\partial f(x)}{\partial x_k} u_i(x, t') \frac{\partial u_i(x, t)}{\partial x_k} \delta x +$$

[1] Ils vaudront également pour les solutions régulières des équations de Navier.

$$+\frac{1}{\varrho}\int_0^t dt' \iiint_{\Pi} \frac{\partial f(x)}{\partial x_i}\, p(x,\, t')\, u_i(x,\, t')\, \delta x \,+$$

$$+\frac{1}{2}\int_0^t dt' \iiint_{\Pi} \frac{\partial f(x)}{\partial x_k}\, \overline{u_k(x,\, t')}\, u_i(x,\, t')\, u_i(x,\, t')\, \delta x.$$

Nous en déduisons l'inégalité:

$$(5.2)\quad \left\{\begin{aligned} &\frac{1}{2}\iiint_{r_0>R_2} u_i(x,\, t)\, u_i(x,\, t)\, \delta x < \frac{1}{2}\iiint_{r_0>R_1} u_i(x,\, 0)\, u_i(x,\, 0)\, \delta x \,+\\ &+\frac{\nu\sqrt{W(0)}}{R_2-R_1}\int_0^t J(t')\, dt' + \frac{1}{\varrho}\,\frac{\sqrt{W(0)}}{R_2-R_1}\int_0^t dt' \sqrt{\iiint_{\Pi} p^2(x,\, t')\, \delta x} \,+\\ &+\frac{\sqrt{W(0)}}{R_2-R_1}\int_0^t dt' \sqrt{\iiint_{\Pi} \left[\frac{1}{2}\, u_i(x,\, t')\, u_i(x,\, t')\right]^2 \delta x}. \end{aligned}\right.$$

Majorons les trois derniers termes: d'après l'inégalité de Schwarz

$$(5.3)\qquad \int_0^t J(t')\, dt' < \sqrt{\int_0^t J^2(t')\, dt'}\,\sqrt{t} < \sqrt{\frac{W(0)}{2\nu}}\,\sqrt{t}.$$

D'autre part (cf. (3.3)):

$$(5.4)\qquad \frac{1}{\varrho}\, p(x,\, t') = \frac{1}{4\pi}\iiint_{\Pi} \frac{\partial\left(\frac{1}{r}\right)}{\partial x_j}\, \frac{\partial u_i(y,\, t')}{\partial y_k}\, \overline{u_k(y,\, t')}\, \delta y,$$

d'où

$$\frac{1}{\varrho^2}\iiint_{\Pi} p^2(x,\, t')\, \delta x = \frac{1}{4\pi}\iiint_{\Pi}\iiint_{\Pi} \overline{u_k(x,\, t')}\, \frac{\partial u_i(x,\, t')}{\partial x_k}\, \frac{1}{r}\, \overline{u_j(y,\, t)}\, \frac{\partial u_i(y,\, t')}{\partial y_j}\, \delta x\, \delta y;$$

la relation (1.14) et l'inégalité de Schwarz (1.1) nous apprennent que

$$\sum_i \left[\iiint_{\Pi} \frac{1}{r}\, \overline{u_j(y,\, t)}\, \frac{\partial u_i(y,\, t')}{\partial y_j}\, \partial y\right]^2 < 4\, J^4(t');$$

en outre:

30—34198. *Acta mathematica*. 63. Imprimé le 6 juillet 1934.

$$\sum_i \left[\iiint_\Pi \overline{u_k(x, t')} \frac{\partial u_i(x, t')}{\partial x_k} \delta x\right]^2 < W(t') J^2(t');$$

donc:

$$\frac{1}{\varrho^2} \iiint_\Pi p^2(x, t') \delta x < \frac{1}{2\pi} \sqrt{W(t')} J^3(t');$$

par suite:[1]

$$(5.5) \qquad \frac{1}{\varrho} \int_0^t dt' \sqrt{\iiint_\Pi p^2(x, t') \delta x} < \frac{[W(0)]^{\frac{1}{2}}}{\sqrt{2\pi}} \int_0^t J^{\frac{3}{2}}(t')\, dt' < \frac{W(0)}{\sqrt{2\pi}(2\nu)^{\frac{3}{4}}} t^{\frac{1}{4}}.$$

De (1.13) résulte:

$$\frac{1}{2} u_i(x, t') u_i(x, t') = -\frac{1}{4\pi} \iiint_\Pi \frac{\partial\left(\frac{1}{r}\right)}{\partial x_k} u_i(y, t') \frac{\partial u_i(y, t')}{\partial y_k} \delta y;$$

cette formule analogue à (5.4) conduit par des calculs analogues aux précédents à l'inégalité:

$$(5.6) \qquad \int_0^t dt' \sqrt{\iiint_\Pi \left[\frac{1}{2} u_i(x, t') u_i(x, t')\right]^2 \delta x} < \frac{W(0)}{\sqrt{2\pi}(2\nu)^{\frac{3}{4}}} t^{\frac{1}{4}}.$$

Tenons compte dans (5.2) des majorantes (5.3), (5.5) et (5.6); nous obtenons:

$$(5.7) \qquad \frac{1}{2} \iiint_{r_0 > R_2} u_i(x, t) u_i(x, t) \delta x < \frac{1}{2} \iiint_{r_0 > R_1} u_i(x, 0) u_i(x, 0) \delta x + \\ + \frac{W(0)\sqrt{\nu t}}{\sqrt{2}(R_2 - R_1)} + \frac{W^{\frac{3}{2}}(0) t^{\frac{1}{4}}}{2^{\frac{1}{4}} \pi^{\frac{1}{2}} \nu^{\frac{3}{4}} (R_2 - R_1)}.$$

[1] Nous utilisons l'inégalité:

$$\int_0^t J^{\frac{3}{2}}(t')\, dt' < \left[\int_0^t J^2(t')\, dt'\right]^{\frac{3}{4}} t^{\frac{1}{4}}$$

qui est un cas particulier de »l'inégalité de Hölder«:

$$\left|\int_0^t \varphi(t') \psi(t')\, dt'\right| < \left[\int_0^t \varphi^p(t')\, dt'\right]^{\frac{1}{p}} \left[\int_0^t \psi^q(t')\, dt'\right]^{\frac{1}{q}} \qquad \left(\frac{1}{p} + \frac{1}{q} = 1;\ 1 < p,\ 1 < q\right).$$

Cette inégalité renseigne sur la façon dont l'énergie cinétique reste localisée à distance finie.

28. Donnons-nous à l'instant initial $t = 0$ un état initial constitué par un vecteur quelconque, $U_i(x)$, dont les composantes sont de carrés sommables sur Π et dont la quasi-divergence est nulle. Le vecteur $\overline{U_i(x)}$ constitue un état initial régulier (cf. lemme 6 et paragraphe 8); nommons $u_i^*(x, t)$ la solution régulière des équations (5.1) qui lui correspond; elle est définie pour toutes les valeurs positives de t. *Le but de ce chapitre est d'étudier les limites que peut avoir cette solution régulière $u_i^*(x, t)$ du système (5.1) quand ε tend vers zéro.*

Les propriétés des fonctions $u_i^*(x, t)$ dont nous ferons usage sont les trois suivantes:

1°) Soit $a_i(x, t)$ un vecteur quelconque de divergence nulle, dont toutes les composantes et toutes leurs dérivées sont uniformément et fortement continues en t; nous avons d'après (5.1):

$$\iiint_\Pi u_i^*(x, t)\, a_i(x, t)\, \delta x = \iiint_\Pi \overline{U_i(x)}\, a_i(x, 0)\, \delta x +$$

$$(5.8) \qquad + \int_0^t dt' \iiint_\Pi u_i^*(x, t') \left[\nu \Delta a_i(x, t') + \frac{\partial a_i(x, t')}{\partial t'} \right] \delta x +$$

$$+ \int_0^t dt' \iiint_\Pi \overline{u_k^*(x, t)}\, u_i^*(x, t')\, \frac{\partial a_i(x, t')}{\partial x_k}\, \delta x.$$

2°) La relation de dissipation de l'énergie et l'inégalité (1.21) nous donnent:

$$(5.9) \qquad \nu \int_{t_0}^t J^{*2}(t')\, dt' + \frac{1}{2} W^*(t) = \frac{1}{2} W^*(t_0) < \frac{1}{2} W(0).$$

$$(5.10) \qquad \left(\text{Par définition } W(0) = \iiint_\Pi U_i(x)\, U_i(x)\, \delta x. \right)$$

3°) L'inégalité (5.7) et l'inégalité $W^*(0) < W(0)$ justifient la proposition suivante:

Soit une constante arbitrairement faible $\eta\,(0 < \eta < W(0))$; nommons $R_1(\eta)$ la longueur telle que:

$$\iiint\limits_{r_0 > R_1(\eta)} U_i(x)\, U_i(x)\, \delta x = \frac{\eta}{2},$$

désignons par $s(\eta, t)$ la sphère, qui dépend continûment de η et de t, dont le centre est l'origine des coordonnées et dont le rayon est:

$$R_2(\eta,\ t) = R_1(\eta) + \frac{4}{\eta}\left[\frac{W(0)\sqrt{\nu t}}{\sqrt{2}} + \frac{W^{\frac{3}{2}}\, t^{\frac{1}{4}}}{2^{\frac{1}{4}}\, \pi^{\frac{1}{2}}\, \nu^{\frac{3}{4}}}\right],$$

nous avons:

(5. 11) $$\text{limite supérieure}_{\varepsilon \to 0} \iiint\limits_{\Pi - s(\eta,\, t)} u_i^*(x,\ t)\, u_i^*(x,\ t)\, \delta x \leq \eta.$$

29. Faisons tendre ε vers zéro par une suite dénombrable de valeurs: $\varepsilon_1, \varepsilon_2, \ldots$ Considérons les fonctions $W^*(t)$ qui leur correspondent; elles sont bornées dans leur ensemble et chacune d'elles est décroissante. Le Procédé diagonal de Cantor (§ 4) permet d'extraire de la suite $\varepsilon_1, \varepsilon_2, \ldots$ une suite partielle $\varepsilon_{l_1}, \varepsilon_{l_2}, \ldots$ telle que les fonctions $W^*(t)$ correspondantes convergent pour chaque valeur rationnelle de t. Ces fonctions $W^*(t)$ convergent alors vers une fonction décroissante, sauf peut-être en des points de discontinuité de cette dernière. Les points de discontinuité d'une fonction décroissante sont dénombrables. Une seconde application du Procédé diagonal de Cantor permet donc d'extraire de la suite $\varepsilon_{l_1}, \varepsilon_{l_2}, \ldots$ une suite partielle $\varepsilon_{m_1}, \varepsilon_{m_2}, \ldots$ telle que les fonctions $W^*(t)$ correspondantes convergent[1] quel que soit t. Nous nommerons $W(t)$ la fonction décroissante qui est leur limite. (Cette définition ne contredit pas (5. 10).)

L'inégalité $W^*(t) < W(0)$ prouve que chacune des intégrales:

$$\int\limits_{t_1}^{t_2} dt' \iiint\limits_{\varpi} u_i^*(x,\ t')\, \delta x; \quad \int\limits_{t_1}^{t_2} dt' \iiint\limits_{\varpi} \overline{u_k^*(x,\ t')}\, u_i^*(x,\ t')\, \delta x$$

est inférieure à une borne indépendante de ε. Par une troisième application du Procédé diagonal de Cantor nous pouvons donc extraire de la suite $\varepsilon_{m_1}, \varepsilon_{m_2}, \ldots$ une suite partielle $\varepsilon_{n_1}, \varepsilon_{n_2}, \ldots$ telle que chacune de ces intégrales ait une limite

[1] En d'autres termes nous utilisons le théorème de Helly.

unique quand t_1 et t_2 sont rationnels et que ϖ est un cube d'arêtes parallèles aux axes et de sommets à coordonnées rationnelles. L'inégalité $W^*(t) < W(0)$ et les hypothèses[1] faites sur les fonctions $a_i(x, t)$ permettent d'affirmer que dans ces conditions chacune des intégrales:

$$\int_0^t dt' \iiint_\Pi u_i^*(x, t') \left[\nu \Delta a_i(x, t') + \frac{\partial a_i(x, t')}{\partial t'}\right] \delta x;$$

$$\int_0^t dt' \iiint_\Pi \overline{u_k^*(x, t')} u_i^*(x, t') \frac{\partial a_i(x, t')}{\partial x_k} \delta x$$

a une limite unique. Ce résultat, porté dans (5. 8), nous apprend que l'intégrale $\iiint_\Pi u_i^*(x, t) a_i(x, t) \delta x$ converge vers une limite unique, quels que soient $a_i(x, t)$ et t. Donc (cf. Corollaire du lemme 7) les fonctions $u_i^*(x, t)$ convergent faiblement en moyenne vers une limite $U_i(x, t)$ pour chaque valeur de t.

Ainsi, étant donnée une suite de valeurs de ε qui tendent vers zéro, on peut en extraire une suite partielle telle que les *fonctions* $W^*(t)$ *convergent vers une limite unique* $W(t)$ et que *les fonctions* $u_i^*(x, t)$ *aient pour chaque valeur de t une faible limite en moyenne unique:* $U_i(x, t)$. Nous supposerons désormais que ε tend vers zéro par une suite de valeurs ε^* telle que ces deux circonstances se produisent.

Remarque I. Nous avons d'après (1.9):

$$W(t) \geq \iiint_\Pi U_i(x, t)\, U_i(x, t)\, \delta x.$$

[1] De ces hypothèses résulte en effet qu'étant donnés t, un nombre η (> 0) et une fonction $\delta(x, t)$ égale à l'une des dérivées des fonctions $a_i(x, t)$, on peut trouver un entier N et deux fonctions discontinues $\beta(x, t)$ et $\gamma(x, t)$ qui possèdent les propriétés suivantes: ces fonctions $\beta(x, t)$, $\gamma(x, t)$ restent constantes quand x_1, x_2, x_3, t varient sans atteindre aucune valeur multiple de $\frac{1}{N}$; chacune d'elles est nulle hors d'un domaine ϖ; on a:

$$\int_0^t dt' \iiint_\Pi [\delta(x, t') - \beta(x, t')]^2\, \delta x < \eta; \quad |\delta(x, t') - \gamma(x, t')| < \eta \text{ pour } 0 < t' < t.$$

Remarque II. Le vecteur $U_i(x, t)$ possède manifestement une quasi-divergence égale à zéro.

30. L'inégalité (5.9) nous donne:

$$\nu \int_0^\infty [\text{limite inférieure de } J^*(t')]^2 \, dt' < \frac{1}{2} W(0);$$

la limite inférieure de $J^*(t)$ ne peut donc être $+\infty$ que pour un ensemble de valeurs de t dont la mesure est nulle. Soit t_1 une valeur de l'ensemble complémentaire. On peut extraire de la suite de valeurs ε^* envisagée une suite partielle[1] ε^{**} telle que sur Π les fonctions $\frac{\partial u_i^{**}(x, t_1)}{\partial x_j}$ correspondantes convergent faiblement en moyenne vers une limite: $U_{i,j}(x, t_1)$ (cf. Théorème fondamental de M. F. Riesz, p. 202).

Le lemme 2 nous permet d'en déduire tout d'abord que *les fonctions* $U_i(x, t_1)$ *ont des quasi-dérivées qui sont ces fonctions* $U_{i,j}(x, t_1)$. Nous poserons:

$$J(t_1) = \iiint_\Pi U_{i,j}(x, t_1) \, U_{i,j}(x, t_1) \, \delta x;$$

nous avons (cf. (1.9)):

$$J(t_1) \leq \text{limite inférieure de } J^*(t_1);$$

portons cette inégalité dans (5.9); il vient:

$$(5.12) \qquad \nu \int_{t_0}^{t} J^2(t') \, dt' + \frac{1}{2} W(t) \leq \frac{1}{2} W(t_0) \leq \frac{1}{2} W(0) \qquad (0 \leq t_0 \leq t).$$

Le lemme 2 nous apprend ensuite que sur tout domaine ϖ les fonctions $u_i^{**}(x, t_1)$ convergent fortement en moyenne vers les fonctions $U_i(x, t)$;

$$\operatorname*{limite}_{\varepsilon^{**} \to 0} \iiint_\varpi u_i^{**}(x, t_1) \, u_i^{**}(x, t_1) \, \delta x = \iiint_\varpi U_i(x, t_1) \, U_i(x, t_1) \, \delta x.$$

Choisissons ϖ identique à $s(\eta, t_1)$ et tenons compte de (5.11); il vient:

[1] Cette suite partielle que nous choisissons est fonction de l'époque t_1 envisagée.

limite supérieure $\iiint_{\Pi} u_i^{**}(x, t_1)\, u_i^{**}(x, t_1)\, \delta x \leq \iiint_{s(\eta, t_1)} U_i(x, t_1)\, U_i(x, t_1)\, \delta x + \eta.$

D'où, puisque η est arbitrairement faible et que $W^*(t_1)$ a une seule valeur limite:

$$(5.13) \qquad \operatorname*{limite}_{\varepsilon^* \to 0} \iiint_{\Pi} u_i^*(x, t_1)\, u_i^*(x, t_1)\, \delta x \leq \iiint_{\Pi} U_i(x, t_1)\, U_i(x, t_1)\, \delta x.$$

Appliquons le critère de forte convergence énoncé p. 200; nous constatons que *sur* Π *les fonctions* $u_i^*(x, t)$ *convergent fortement en moyenne vers les fonctions* $U_i(x, t)$ *pour toutes les valeurs* t_1 *de* t *qui n'appartiennent pas à l'ensemble de mesure nulle sur lequel la limite inférieure de* $J^*(t)$ *est* $+\infty$.

Pour toutes ces valeurs t les deux membres de (5.13) sont égaux c'est-à-dire:

$$(5.14) \qquad W(t_1) = \iiint_{\Pi} U_i(x, t_1)\, U_i(x, t_1)\, \delta x.$$

Les fonctions $\overline{u_i^*(x, t_1)}$ elles aussi convergent fortement en moyenne vers $U_i(x, t_1)$ (cf. Généralisation du lemme 3, p. 207). L'intégrale qui figure dans (5.8):

$$\iiint_{\Pi} \overline{u_k^*(x, t')}\, u_i^*(x, t') \frac{\partial a_i(x, t')}{\partial x_k}\, \delta x$$

converge donc vers:

$$\iiint_{\Pi} U_k(x, t')\, U_i(x, t') \frac{\partial a_i(x, t')}{\partial x_k}\, \delta x$$

pour presque toutes les valeurs de t' (cf. (1.8)); cette intégrale est d'autre part inférieure à

$$3\, W(0) \cdot \text{Maximum de} \left| \frac{\partial a_i(x, t')}{\partial x_k} \right|;$$

le Théorème de M. Lebesgue qui concerne le passage à la limite sous le signe $\int$ nous permet d'en déduire que:

$$\lim_{\varepsilon^*\to 0}\int_0^t dt' \iiint_{\Pi} \overline{u_k^*(x,\, t')}\, u_i^*(x,\, t') \frac{\partial a_i(x,\, t')}{\partial x_k}\, \delta x =$$

$$\int_0^t dt' \iiint_{\Pi} U_k(x,\, t')\, U_i(x,\, t') \frac{\partial a_i(x,\, t')}{\partial x_k}\, \delta x,$$

le second membre de cette relation pouvant être mis, d'après le lemme 5, sous la forme:

$$-\int_0^t dt' \iiint_{\Pi} U_k(x,\, t')\, U_{i,k}(x,\, t')\, a_i(x,\, t')\, \delta x.$$

Dès le début de ce paragraphe nous avions le droit d'affirmer que les autres termes qui figurent dans (5.8) convergent de même vers des limites qui s'obtiennent en substituant $U_i(x,\, t)$ à $u_i^*(x,\, t)$, $U_i(x)$ à $\overline{U_i(x)}$. Par suite:

$$(5.15)\quad \left\{\begin{aligned} &\iiint_{\Pi} U_i(x,\, t)\, a_i(x,\, t)\, \delta x = \iiint_{\Pi} U_i(x)\, a_i(x,\, 0)\, \delta x \\ &+ \int_0^t dt' \iiint_{\Pi} U_i(x,\, t') \left[\nu \Delta a_i(x,\, t') + \frac{\partial a_i(x,\, t')}{\partial t'}\right] \delta x \\ &- \int_0^t dt' \iiint_{\Pi} U_k(x,\, t')\, U_{i,k}(x,\, t')\, a_i(x,\, t')\, \delta x. \end{aligned}\right.$$

31. Les résultats ainsi obtenus conduisent à la définition suivante: Nous dirons qu'un vecteur $U_i(x,\, t)$, défini pour $t \geq 0$, constitue *une solution turbulente des équations de Navier* quand les conditions que nous allons énoncer se trouveront réalisées, les valeurs de t que nous nommerons *singulières* constituant un ensemble de mesure nulle:

Pour chaque valeur positive de t les fonctions $U_i(x,\, t)$ sont de carrés sommables sur Π, et le vecteur $U_i(x,\, t)$ a une quasi-divergence nulle.

La fonction:

$$\int_0^t dt' \iiint_\Pi U_i(x,\, t')\left[\nu \Delta a_i(x,\, t') + \frac{\partial a_i(x,\, t')}{\partial t'}\right]\delta x - \iiint_\Pi U_i(x,\, t)\, a_i(x,\, t)\,\delta x$$

$$- \int_0^t dt' \iiint_\Pi U_k(x,\, t')\, U_{i,k}(x,\, t')\, a_i(x,\, t')\,\delta x$$

est constante ($t \geq 0$). (Autrement dit la relation (5. 15) a lieu.) Pour toutes les valeurs positives de t, sauf éventuellement pour certaines valeurs *singulières*, les fonctions $U_i(x,\, t)$ possèdent des quasi-dérivées $U_{i,j}(x,\, t)$, de carrés sommables sur Π.

Nous poserons:

$$J^2(t) = \iiint_\Pi U_{i,j}(x,\, t)\, U_{i,j}(x,\, t)\,\delta x,$$

$J(t)$ se trouvant donc défini pour presque toutes les valeurs positives de t.

Il existe une fonction $W(t)$, définie pour $t \geq 0$, qui possède les deux propriétés suivantes:

la fonction $\nu \int_0^t J^2(t')\, dt' + \frac{1}{2} W(t)$ est non croissante;

on a: $\iiint_\Pi U_i(x,\, t)\, U_i(x,\, t)\,\delta x \leq W(t)$, l'inégalité n'ayant lieu qu'à certaines époques *singulières*, dont l'époque initiale $t = 0$ ne fait pas partie.

Nous dirons *qu'une telle solution turbulente correspond à l'état initial* $U_i(x)$ quand nous aurons: $U_i(x,\, 0) = U_i(x)$.

La conclusion de ce chapitre peut alors se formuler comme suit:

Théorème d'existence: Supposons donné à l'instant initial un état initial $U_i(x)$, tel que les fonctions $U_i(x)$ soient de carrés sommables sur Π et que le vecteur de composantes $U_i(x)$ possède une quasi-divergence nulle. Il correspond à cet état initial au moins une solution turbulente, qui est définie pour toutes les valeurs du temps postérieures à l'instant initial.

VI. Structure d'une solution turbulente.

32. Il nous reste à établir quels liens existent entre les solutions régulières et les solutions turbulentes des équations de Navier. Il est tout d'abord

31—34198. *Acta mathematica.* 63. Imprimé le 6 juillet 1934.

évident que toute solution régulière constitue a fortiori une solution turbulente. Nous allons chercher dans quels cas une solution turbulente se trouve constituer une solution régulière. Généralisons à cet effet les raisonnements du paragraphe 18 (p. 221).

Comparaison d'une solution régulière et d'une solution turbulente: Soit une solution des équations de Navier, $a_i(x, t)$, définie et semi-régulière pour $\Theta \leq t < T$; nous supposons qu'elle devient irrégulière quand t tend vers T, à moins que T ne soit égal à $+\infty$. Considérons une solution turbulente, $U_i(x, t)$, définie pour $\Theta \leq t$, l'époque Θ n'étant pas singulière. Les symboles $\mathrm{W}(t)$ et $\mathrm{J}(t)$ se rapporteront à cette solution turbulente. Nous poserons:

$$\mathrm{w}(t) = \mathrm{W}(t) - 2\iiint_{\Pi} U_i(x, t)\, a_i(x, t)\, \delta x + \iiint_{\Pi} a_i(x, t)\, a_i(x, t)\, \delta x$$

$$\mathrm{j}^2(t) = \mathrm{J}^2(t) - 2\iiint U_{i,j}(x, t)\frac{\partial a_i(x, t)}{\partial x_j}\delta x + \iiint_{\Pi}\frac{\partial a_i(x, t)}{\partial x_j}\,\frac{\partial a_i(x, t)}{\partial x_j}\delta x.$$

Rappelons que la fonction de t:

$$\nu\int_{\Theta}^{t} dt' \iiint_{\Pi}\frac{\partial a_i(x, t')}{\partial x_j}\,\frac{\partial a_i(x, t')}{\partial x_j}\delta x + \frac{1}{2}\iiint_{\Pi} a_i(x, t)\, a_i(x, t)\, \delta x$$

est constante et que la fonction:

$$\nu\int_{\Theta}^{t}\mathrm{J}^2(t')\, dt' + \frac{1}{2}\mathrm{W}(t)$$

est non croissante. Il en résulte que la fonction de t:

$$(6.1)\qquad \nu\int_{\Theta}^{t}\mathrm{j}^2(t')\,dt' + \frac{1}{2}\mathrm{w}(t) + 2\nu\int_{\Theta}^{t} dt' \iiint_{\Pi}\dot{U}_{i,k}(x, t')\frac{\partial a_i(x, t')}{\partial x_k}\delta x + \iiint_{\Pi} U_i(x, t)\, a_i(x, t)\, \delta x$$

est non croissante. Tenons compte de la relation (5.15) et de ce que $a_i(x, t)$

est une solution semi-régulière des équations de Navier: nous constatons que la fonction non croissante (6. I) est à une constante près égale à la suivante:

$$(6.2)\qquad \nu\int_{\theta}^{t} \mathrm{j}^2(t')\,dt' + \frac{1}{2}\,\mathrm{w}(t) + \int_{\theta}^{t} dt' \iiint_{\Pi} [a_k(x,\, t') - U_k(x,\, t')]\, U_{i,k}(x,\, t')\, a_i(x,\, t')\, \delta x.$$

Or nous avons pour chaque valeur non singulière de t:

$$\iiint_{\Pi} [a_k(x,\, t') - U_k(x,\, t')]\, \frac{\partial a_i(x,\, t')}{\partial x_k}\, a_i(x,\, t')\, \delta x =$$

$$\frac{1}{2}\iiint_{\Pi} [a_k(x,\, t') - U_k(x,\, t')]\, \frac{\partial a_i(x,\, t')\, a_i(x,\, t')}{\partial x_k}\, \delta x = 0;$$

l'intégrale

$$\iiint_{\Pi} [a_k(x,\, t') - U_k(x,\, t')]\, U_{i,k}(x,\, t')\, a_i(x,\, t')\, \delta x$$

peut donc s'écrire:

$$\iiint_{\Pi} [a_k(x,\, t') - U_k(x,\, t')] \left[U_{i,k}(x,\, t') - \frac{\partial a_i(x,\, t')}{\partial x_k} \right] a_i(x,\, t')\, \delta x$$

et par suite elle est inférieure en valeur absolue à:

$$\sqrt{\mathrm{w}(t')}\, \mathrm{j}(t')\, \mathrm{V}(t'),$$

$\mathrm{V}(t')$ désignant la plus grande longueur du vecteur $a_i(x,\, t)$ à l'instant t'. Puisque (6. 2) n'est pas croissante, il en est donc a fortiori de même pour la fonction:

$$\nu\int_{\theta}^{t} \mathrm{j}^2(t')\,dt' + \frac{1}{2}\,\mathrm{w}(t) - \int_{\theta}^{t} \sqrt{\mathrm{w}(t')}\, \mathrm{j}(t')\, \mathrm{V}(t')\, dt'$$

Or

$$\nu\int_{\theta}^{t} \mathrm{j}^2(t')\,dt' - \int_{\theta}^{t} \sqrt{\mathrm{w}(t')}\, \mathrm{j}(t')\, \mathrm{V}(t')\, dt' + \frac{1}{4\nu}\int_{\theta}^{t} \mathrm{w}(t')\, \mathrm{V}^2(t')\, dt'$$

ne peut manifestement pas décroître. Par suite la fonction:

$$\frac{1}{2}\mathrm{w}(t)-\frac{1}{4\nu}\int\limits_{\Theta}^{t}\mathrm{w}(t')\,\mathrm{V}^2(t')\,dt'$$

est non croissante. De là résulte l'inégalité qui généralise (3.7):

$$\mathrm{w}(t)\leq \mathrm{w}(\Theta)\,e^{\frac{1}{2\nu}\int\limits_{\Theta}^{t}\mathrm{V}^2(t')\,dt'} \qquad (\Theta<t<T). \tag{6.3}$$

Supposons en particulier que les solutions $U_i(x, t)$ et $a_i(x, t)$ correspondent à un même état initial: $\mathrm{w}(\Theta)=0$; de (6.3) résulte alors $\mathrm{w}(t)=0$; donc $U_i(x, t)= = a_i(x, t)$ pour $\Theta\leq t<T$. Ce résultat constitue *un théorème d'unicité*[1] dont ceux des paragraphes 18 et 23 (p. 222 et 228) ne sont que des cas particuliers.

33. *Régularité d'une solution turbulente pendant certains intervalles de temps.*

Considérons une solution turbulente $U_i(x, t)$, définie pour $t\geq 0$. A toute époque non singulière le vecteur $U_i(x, t)$ constitue un état initial semi-régulier (cf. p. 231 Théorème d'existence, cas a)); le théorème d'unicité que nous venons d'établir a dès lors la conséquence suivante: Soit une époque non singulière, c'est-à-dire choisie hors d'un certain ensemble de mesure nulle; cette époque est l'origine d'un intervalle de temps à l'intérieur duquel la solution turbulente envisagée coïncide avec une solution régulière des équations de Navier; et cette coïncidence ne cesse pas tant que cette solution régulière n'est pas devenue irrégulière. Ce résultat, complété par quelques autres aisés à établir, nous fournit le théorème ci-dessous:

Théorème de structure.

Pour qu'un vecteur $U_i(x, t)$ constitue, quand $t\geq 0$, une solution turbulente des équations de Navier, il faut et il suffit que ce vecteur possède les trois propriétés suivantes:

a) Nommons *intervalle de régularité* tout intervalle $\overline{\Theta_l T_l}$ de l'axe des temps à l'intérieur duquel le vecteur $U_i(x, t)$ constitue une solution régulière des équations de Navier, sans que ceci soit vrai pour aucun intervalle contenant $\overline{\Theta_l T_l}$. Soit O l'ensemble ouvert formé par la réunion de ces intervalles de régularité

[1] Je n'ai pu établir de théorème d'unicité affirmant qu'à un état initial donné correspond une solution turbulente unique.

(qui sont deux à deux sans point commun). O ne doit différer du demi-axe $t \geq 0$ que par un ensemble de mesure nulle.

b) La fonction $\iiint_{\Pi} U_i(x, t)\, U_i(x, t)\, \delta x$ est décroissante sur l'ensemble que constitue O et l'instant initial $t = 0$.

c) Quand t' tend vers t les fonctions $U_i(x, t')$ doivent converger faiblement en moyenne vers les fonctions $U_i(x, t)$.

Compléments:

1) Une solution turbulente correspondant à un état initial semi-régulier coïncide avec la solution semi-régulière qui correspond à cet état initial aussi longtemps que celle-ci existe.

2) Faisons tendre en croissant t vers l'extrémité T_l d'un intervalle de régularité. La solution $U_i(x, t)$, qui est régulière pour $\Theta_l < t < T_l$ devient alors irrégulière.

Ce théorème de structure nous permet de *résumer notre travail* en ces termes: Nous avons essayé d'établir l'existence d'une solution des équations de Navier correspondant à un état initial donné: nous n'y avons réussi qu'en renonçant à la régularité de la solution en certains instants, convenablement choisis, dont l'ensemble est de mesure nulle; en ces instants la solution n'est assujettie qu'à une condition de continuité très large (c) et à une condition exprimant la non-croissance de l'énergie cinétique (b).

Remarque: Si le système (3.11) possède une solution non nulle $U_i(x)$ cette solution permet de construire un exemple très simple de solution turbulente c'est le vecteur $U_i(x, t)$ égal à

$$[2\alpha(T-t)]^{-\frac{1}{2}}\, U_i\left[[2\alpha(T-t)]^{-\frac{1}{2}} x\right] \text{ pour } t < T \text{ et à } 0 \text{ pour } t > T;$$

il existe une seule époque d'irrégularité: T.

34. *Compléments relatifs aux intervalles de régularité et à l'allure d'une solution des équations de Navier pour les grandes valeurs du temps.*

Le chapitre IV nous fournit, outre le théorème d'existence utilisé au paragraphe précédent, l'inégalité (4.3); d'où résulte la proposition suivante: considérons une solution turbulente $U_i(x, t)$; soit une époque non singulière t et une époque T_l postérieure; nous avons:

$$J(t') > A_1 \nu^{\frac{3}{4}} (T_l - t')^{-\frac{1}{4}},$$

A_1 étant une certaine constante numérique. Portons cette minorante de $J(t')$ dans l'inégalité:

$$\nu \int_0^{T_l} J^2(t')\,dt' < \frac{1}{2} W(0),$$

il vient:

$$2 A_1 \nu^{\frac{5}{2}} T_l^{\frac{1}{2}} < \frac{1}{2} W(0).$$

Toutes les époques singulières sont donc antérieures à l'époque:

$$\theta = \frac{W^2(0)}{16 A_1^4 \nu^5}. \tag{6.4}$$

Autrement dit, il existe un intervalle de régularité qui contient cette époque θ et qui s'étend jusqu'à $+\infty$. Un mouvement régulier jusqu'à l'époque θ ne devient jamais irrégulier.

Il est aisé de préciser ce résultat:

Soit un intervalle de régularité de longueur finie $\overline{\Theta_l T_l}$; toute époque t intérieure à cet intervalle est non singulière; nous avons donc d'après (4.3):

$$J(t') > A_1 \nu^{\frac{3}{4}} (T_l - t')^{-\frac{1}{4}} \text{ pour } \Theta_l < t' < T_l.$$

(cf. Second caractère des irrégularités, p. 227.)

Portons cette minorante de $J(t')$ dans l'inégalité:

$$\nu \sum_l \int_{\Theta_l T_l} J^2(t')\,dt' \leq \frac{1}{2} W(0);$$

il vient, le signe $\sum_l'$ portant sur tous les intervalles de longueur finie:

$$2 A_1^2 \nu^{\frac{5}{2}} \sum_l{}' \sqrt{(T_l - \Theta_l)} < \frac{1}{2} W(0). \tag{6.5}$$

Le chapitre IV nous donne, à côté de l'inégalité (4. 3) (4. 4). Il en résulte la propriété suivante: Considérons une solution turbulente, une époque non singulière t', une époque postérieure t. Nous avons:

$$\text{soit} \quad t - t' > A_1^4 \nu^3 J^{-4}(t'), \quad \text{soit} \quad J(t) < (1 + A)\, J(t')$$

c'est-à-dire:[1]

$$J(t') > \left\{ A_1 \nu^{\frac{3}{4}} (t - t')^{-\frac{1}{4}};\ \frac{1}{1 + A} J(t) \right\}.$$

Portons cette minorante de $J(t')$ dans l'inégalité:

$$\nu \int_0^t J^2(t')\, dt' \leq \frac{1}{2} W(0);$$

nous obtenons:

$$\nu \int_0^t \left\{ A_1^2 \nu^{\frac{3}{2}} (t - t')^{-\frac{1}{2}};\ \frac{1}{(1 + A)^2} J^2(t) \right\} dt' \leq \frac{1}{2} W(0). \tag{6.6}$$

Cette inégalité (6.6) fournit pour les valeurs de t supérieures à θ une majorante de $J(t)$; cette majorante a d'ailleurs une expression analytique assez compliquée.

Nous nous contenterons de remarquer que de (6. 6) résulte l'inégalité moins précise:

$$\nu \int_0^t \left\{ A_1^2 \nu^{\frac{3}{2}} t^{-\frac{1}{2}};\ \frac{1}{(1 + A)^2} J^2(t) \right\} dt' \leq \frac{1}{2} W(0);$$

cette dernière exprime tout simplement que

$$J^2(t) < \frac{(1 + A)^2}{2} \frac{W(0)}{\nu t} \quad \text{pour} \quad t > \frac{W^2(0)}{4 A_1^4 \nu^5}. \tag{6.7}$$

Complétons ce résultat, qui est relatif à l'allure asymptotique de $J(t)$, par un autre relatif à l'allure asymptotique de $V(t)$: Les inégalités (4. 3) et (4. 4) nous apprennent que:

$$V(t) < A J(t') [\nu (t - t')]^{-\frac{1}{4}} \quad \text{pour} \quad t - t' < A_1^4 \nu^3 J^{-4}(t').$$

[1] Rappelons que le symbole $\{B;\ C\}$ nous sert à désigner la plus petite des quantités B et C.

D'après (6.7) cette dernière inégalité est satisfaite pour $t' = \frac{1}{2} t$ quand on prend $t > A\frac{W^2(0)}{\nu^5}$; on a donc pour ces valeurs de t:

$$V(t) < A\sqrt{W(0)}\,(\nu t)^{-\frac{3}{4}}.$$

En résumé il existe des constantes A telles que l'on ait:

$$J(t) < A\sqrt{W(0)}\,(\nu t)^{-\frac{1}{2}} \quad \text{et} \quad V(t) < A\sqrt{W(0)}\,(\nu t)^{-\frac{3}{4}} \quad \text{pour } t > A\,\frac{W^2(0)}{\nu^5}.$$

N. B. J'ignore si $W(t)$ tend nécessairement vers 0 quand t augmente indéfiniment.

[1937a]

(avec L. Robin)

Complément à l'étude des mouvements d'un liquide visqueux illimité

C. R Acad. Sci., Paris **205** (1937) 18–20

MÉCANIQUE DES FLUIDES. — *Complément à l'étude des mouvements d'un liquide visqueux illimité.* Note de MM. **Jean Leray** et **Louis Robin**, présentée par M. Henri Villat.

Nous avons trouvé de nouveaux cas dans lesquels le mouvement d'un liquide visqueux emplissant l'espace ne peut présenter d'irrégularité ([1]).

Notations. — t désigne le temps, $t=0$ l'époque initiale, x un point de coordonnées (x_1, x_2, x_3), $u_i(x, t)$ est la vitesse du liquide, $u_i(x, 0)$ est donné.

1. Lemme sur la répartition de l'énergie cinétique. — Soit une fonction $\lambda(x)$

([1]) Cette Note fait suite à l'article *Sur le mouvement d'un liquide visqueux emplissant l'espace,* par J. Leray (*Acta Math.*, 63, 1934, p. 193-248).

partout positive et de *gradient borné*. Soit $\Lambda(\lambda)$ l'ensemble des points x où $\lambda(x) > \lambda$. Soit un mouvement $u_i(x, t)$ régulier pour $0 < t \leqq t_1$. Si

$$\lim_{\lambda \to +\infty} \text{inf.}\, \lambda \iiint_{\Lambda(\lambda)} \sum_{i=1}^{3} u_i(x, 0)^2\, dx_1\, dx_2\, dx_3 = 0, \tag{1}$$

alors il existe une suite λ_n, indépendante de t, convergeant vers $+\infty$, telle que

$$\lambda_n \iiint_{\Lambda(\lambda_n)} \sum_i u_i(x, t)^2\, dx_1\, dx_2\, dx_3 \xrightarrow{\text{unif.}} 0 \qquad (0 \leqq t \leqq t_1). \tag{2}$$

Ce lemme s'obtient en modifiant légèrement le paragraphe 27 du premier article cité.

2. Nouveaux cas de régularité. — Soit un mouvement dont l'état initial vérifie (1); supposons en outre l'une des conditions suivantes réalisée pour $0 < t \leqq t_1$:

a. En tout point x la vitesse est inférieure à $\lambda(x)$;

b. En tout point x le tourbillon est inférieur à $\lambda(x)$.

Alors ce mouvement est régulier pour $0 < t \leqq t_1$.

Démonstration. — Les formules classiques qui donnent la vitesse en fonction du tourbillon ([2]) montrent que *b*. est un cas particulier de *a*., qui reste donc seul à examiner.

Soit $V(t)$ la plus grande vitesse à l'instant t; soit ν le quotient de la viscosité par la densité; posons

$$\eta(\lambda) = \max_{0 \leqq t \leqq t_1} \iiint_{\Lambda(\lambda)} \sum_i u_i(x, t)^2\, dx_1\, dx_2\, dx_3.$$

Des inégalités dues à M. Oseen ([3]) permettent de majorer la vitesse, en un point appartenant à $\Lambda(\lambda)$, par une expression du type

$$A \int_0^t \min \left\{ \frac{V^2(t')}{\sqrt{\nu(t-t')}};\ \frac{\eta(\lambda-1)}{[\nu(t-t')]^2} \right\} dt' + B, \tag{3}$$

où A est une constante numérique, B une constante dépendant de l'état ini-

---

([2]) Voir les Leçons sur la *Théorie des tourbillons*, par H. Villat, Chap. II, Paris, 1930.

([3]) Cf. Oseen, *Hydrodynamik*, Leipzig, 1927, et l'inégalité (3, 5) du premier article cité.

tial. Hors de $\Lambda(\lambda)$ la vitesse est inférieure à λ. Donc $V(t) < \lambda$ pour $0 \leqq t \leqq t_1$ si

$$\lambda > A \int_{-\infty}^{t} \min \left\{ \frac{\lambda^2}{\sqrt{\nu(t-t')}}; \frac{\eta(\lambda-1)}{[\nu(t-t')]^2} \right\} dt' + B,$$

c'est-à-dire si

$$(4) \qquad \lambda > 3A\nu^{-1}\lambda^{\frac{4}{3}}[\eta(\lambda-1)]^{\frac{1}{3}} + B.$$

D'après le paragraphe 1, lim inf. $\lambda\eta(\lambda) = 0$ pour $\lambda \to \infty$; l'inégalité (4) est donc satisfaite par une valeur de λ suffisamment grande.

L'existence de cette valeur, qui majore $V(t)$ pour $0 \leqq t \leqq t_1$, assure la régularité du mouvement ([4]) jusqu'à l'époque t_1.

3. Régularité des mouvements ayant une symétrie de révolution et des vitesses situées dans les plans méridiens ([5]). — Soit un état initial de vitesses ayant le *caractère* suivant : il possède une symétrie de révolution et toutes les vitesses rencontrent l'axe de révolution. La vitesse est supposée de carré sommable, de divergence nulle. Nous savons qu'à cet état initial correspond au moins un mouvement ayant le même caractère.

Théorème. — Ce mouvement ne devient jamais irrégulier quand la condition (1) est vérifiée, λ y représentant la distance à l'axe de révolution.

Démonstration. — Un théorème de MM. J. Pérès et J. Avanessoff ([6]) affirme que la condition *b* du paragraphe 2 est réalisée.

Complément. — Supposons, en outre, qu'à l'époque initiale le quotient du tourbillon par la distance à l'axe est bornée. Faisons tendre vers 0 le coefficient de viscosité. Le mouvement étudié tend vers une limite. Ce mouvement limite, défini pour toutes les valeurs positives de t, obéit aux lois des liquides parfaits ([7]).

([4]) Voir à la page 224 du premier article cité : premier caractère des irrégularités.

([5]) Ces mouvements sont très analogues aux mouvements plans. Les propositions énoncées au cours de ce paragraphe s'appliquent aussi aux mouvements plans; J. Leray, *Comptes rendus*, **194**, 1932, p. 1892; J. Leray, Thèse, *Journal de Math.*, 9e série, **12**, 1933, p. 64-82; W. Wolibner, *Math. Zeitschrift*, **37**, 1933, p. 698-726.

([6]) *Comptes rendus*, **198**, 1934, p. 538.

([7]) M. Wolibner a étudié directement ces mouvements des liquides parfaits.

[1934a]

Essai sur les mouvements plans d'un liquide visqueux que limitent des parois

J. Math. Pures Appl. 13 (1934) 331–418

CHAPITRE I.

MOUVEMENTS INFINIMENT LENTS EN L'ABSENCE DE FORCES EXTERIEURES.

1. Introduction. — Commençons par écrire le système d'équations aux dérivées partielles qui régit, en l'absence de forces extérieures, les mouvements plans et infiniment lents des liquides visqueux :

$$(1)\qquad \begin{cases} \nu \Delta u(x, y, t) - \dfrac{\partial u(x, y, t)}{\partial t} - \dfrac{1}{\rho} \dfrac{\partial p(x, y, t)}{\partial x} = 0, \\ \nu \Delta v(x, y, t) - \dfrac{\partial v(x, y, t)}{\partial t} - \dfrac{1}{\rho} \dfrac{\partial p(x, y, t)}{\partial y} = 0, \end{cases}$$

$$(2)\qquad \frac{\partial u(x, y, t)}{\partial x} + \frac{\partial v(x, y, t)}{\partial y} = 0.$$

Au cours des Chapitres III et IV, consacrés à l'étude des équations de Navier, nous utiliserons la conclusion du Chapitre II et celle du paragraphe **15** de ce chapitre. Toutes deux sont basées sur les résultats énoncés au paragraphe **13** du présent chapitre. Ces résultats affirment que le premier problème aux valeurs frontières relatif au système (1), (2) admet une solution. De plus ils énoncent une règle [1]

[1] Cette règle ne me semble pas pouvoir se déduire des développements, en séries de fonctions orthogonales, par lesquels M. F. Odqvist a intégré le système (1), (2) (*Arkiv för Matematik, Astronomi och Fysik*, t. **22** A, n° **28**, 1931).

qui permet de majorer à chaque instant la plus grande longueur du vecteur $u(x, y, t)$, $v(x, y, t)$.

Précisons quel problème nous nommons premier problème aux valeurs frontières : Le liquide initialement au repos emplit l'intérieur d'une courbe fixe; on l'y injecte et on l'en laisse sortir, par les divers points de la paroi avec des vitesses données. Il s'agit de déterminer le mouvement du liquide à l'intérieur de la courbe en supposant qu'il obéit au système (1), (2). Indiquons un caractère évident de la solution : une modification instantanée des composantes normales de la vitesse d'injection doit, à cause de l'incompressibilité du liquide, entraîner une modification instantanée et finie du champ des vitesses tout entier; il se produit des percussions internes; la notion de pression n'a plus de sens. Une modification instantanée des composantes tangentielles de la vitesse d'injection n'entraîne par contre à l'intérieur du liquide qu'une modification progressive du champ des vitesses. Ceci explique pourquoi le vecteur vitesse apparaît sous forme d'une somme [*cf.* formule (37)] : l'un des termes est le gradient d'une fonction harmonique; en première approximation [1] il coïncide le long de la paroi avec la vitesse normale imposée au liquide. L'autre terme de la somme est une intégrale double, étendue le long de la paroi et portant sur le temps.

Toute la difficulté du problème réside en la définition d'un tel potentiel et en son étude. *Ce n'est pas un potentiel de double couche :* Aucune combinaison linéaire des dérivées de la solution fondamentale de M. Oseen ne se prête à la résolution du problème aux valeurs frontières [2]. Toutefois c'est à M. Oseen que nous devons la solution particulière du système linéaire (1), (2) grâce à laquelle nous avons pu construire un tel potentiel. M. Oseen a résolu [3] le problème aux valeurs frontières dans le cas où le domaine est un demi-plan; notre solution particulière correspond [4] au mouvement provoqué comme suit : le liquide est au repos; il adhère à la droite qui le limite et qui

---

[1] C'est-à-dire quand le liquide est en mouvement depuis peu de temps, ou bien quand le coefficient de viscosité ν est faible.

[2] ODQVIST, *Arkiv för Matematik, Astronomi och Fysik*, 1931.

[3] OSEEN, *Hydrodynamik*, § 10 (Leipzig, 1927).

[4] Nous laisserons au lecteur le soin de le vérifier.

est immobile; toutefois durant un instant très court on lui impose le long d'un très petit segment de la frontière une vitesse uniforme tangente à la paroi ([1]). Les formules obtenues définissent cette solution particulière dans tout le plan; cependant le potentiel qu'elle permet de construire est sans intérêt quand le domaine cesse d'être convexe (*cf.* § 6).

Dans une Note ([2]) j'ai indiqué comment on pourrait vraisemblablement aborder le cas des domaines non convexes. Mais j'ai étudié les problèmes linéaires auxquels sont consacrés les Chapitres I et II pour la seule raison que les Chapitres III et IV l'exigeaient. Aussi n'ai-je envisagé que les circonstances les plus simples; il n'eût été guère plus compliqué de supposer les parois mobiles; je ne l'ai pas même fait.

I. — Une solution particulière.

2. Définitions. — Les mouvements plans et infiniment lents des liquides visqueux sont régis par les équations

$$(1') \qquad \nu\,\Delta U - \frac{\partial U}{\partial t} = \frac{1}{\rho}\frac{\partial P}{\partial X}, \qquad \nu\,\Delta V - \frac{\partial V}{\partial t} = \frac{1}{\rho}\frac{\partial P}{\partial Y};$$

$$(2') \qquad \frac{\partial U}{\partial X} + \frac{\partial V}{\partial Y} = 0.$$

Nous allons définir, t restant positif, une solution particulière de ce système; elle s'annulera avec Y; elle sera de la forme

$$U = U_1 + U_2, \qquad V = V_1 + V_2.$$

et (U_1, V_1) sera le gradient d'une fonction harmonique, tandis que U_2 et V_2 satisferont l'équation de la Chaleur

$$(3) \qquad \nu\,\Delta U - \frac{\partial U}{\partial t} = 0.$$

La théorie de l'équation de la Chaleur est basée sur les propriétés de deux de ses solutions : la fonction $\dfrac{e^{-\frac{X^2+Y^2}{4\nu t}}}{t}$ et sa dérivée $\dfrac{Y}{2\nu t^2}e^{-\frac{X^2+Y^2}{4\nu t}}$.

([1]) Fredholm utilisa des procédés analogues en étudiant d'autres problèmes aux valeurs frontières.

([2]) *C. R. Acad. Sc.*, t. 193, 7 décembre 1931.

Pour construire les solutions fondamentales du système (1'), (2'), M. Oseen utilise d'autres solutions particulières de (3), dont la fonction $-\frac{1}{2}\int_{\frac{X^2+Y^2}{4\nu t}}^{\infty} e^{-u}\frac{du}{u}$ et ses dérivées $\frac{X}{X^2+Y^2}e^{-\frac{X^2+Y^2}{4\nu t}}$, $\frac{Y}{X^2+Y^2}e^{-\frac{X^2+Y^2}{4\nu t}}$.

Ces deux dernières fonctions satisfont donc (3) et les relations

$$\frac{\partial}{\partial X}\left[\frac{X}{X^2+Y^2}e^{-\frac{X^2+Y^2}{4\nu t}}\right]+\frac{\partial}{\partial Y}\left[\frac{Y}{X^2+Y^2}e^{-\frac{X^2+Y^2}{4\nu t}}\right]=-\frac{1}{2\nu t}e^{-\frac{X^2+Y^2}{4\nu t}},$$

$$\frac{\partial}{\partial Y}\left[\frac{X}{X^2+Y^2}e^{-\frac{X^2+Y^2}{4\nu t}}\right]-\frac{\partial}{\partial X}\left[\frac{Y}{X^2+Y^2}e^{-\frac{X^2+Y^2}{4\nu t}}\right]=0.$$

Il en résulte que les fonctions $\mathcal{A}_l$, $\mathcal{B}_l$, $\mathcal{C}_l$, définies ci-dessous par (4),

Fig. 1.

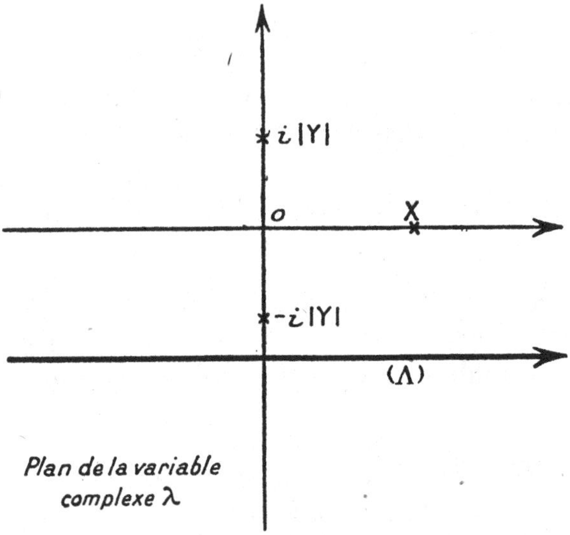

satisfont elles aussi l'équation (3) et, en outre, les relations (5) :

$$(4)\quad \begin{cases} \mathcal{A}_l(X, Y, t)=\int_{(\Lambda)}\frac{X+\lambda}{(X+\lambda)^2+Y^2}e^{-\frac{(X+\lambda)^2+Y^2}{4\nu t}}\frac{d\lambda}{\lambda^l}, \\ \mathcal{B}_l(X, Y, t)=\int_{(\Lambda)}\frac{Y}{(X+\lambda)^2+Y^2}e^{-\frac{(X+\lambda)^2+Y^2}{4\nu t}}\frac{d\lambda}{\lambda^l}, \\ \mathcal{C}_l(X, Y, t)=\int_{(\Lambda)}\frac{1}{t}e^{-\frac{(X+\lambda)^2+Y^2}{4\nu t}}\frac{d\lambda}{\lambda^l}; \end{cases}$$

(Λ) est un axe parallèle à l'axe réel et situé dans le demi-plan $\mathcal{J}(\lambda) < -|Y|$,

$$\frac{\partial \mathcal{A}_l}{\partial X} + \frac{\partial \mathcal{B}_l}{\partial Y} = -\frac{1}{2\nu}\mathcal{C}_l, \qquad \frac{\partial \mathcal{A}_l}{\partial Y} - \frac{\partial \mathcal{B}_l}{\partial X} = 0. \tag{5}$$

L'on a, en vertu de (5) et de l'équation de la Chaleur,

$$\begin{cases} \dfrac{\partial \mathcal{A}_l}{\partial t} = \nu\,\Delta\mathcal{A}_l = -\dfrac{1}{2}\dfrac{\partial \mathcal{C}_l}{\partial X}, \\ \dfrac{\partial \mathcal{B}_l}{\partial t} = \nu\,\Delta\mathcal{B}_l = -\dfrac{1}{2}\dfrac{\partial \mathcal{C}_l}{\partial Y}. \end{cases} \tag{6}$$

Il est préférable d'écrire les relations (4) sous la forme

$$\begin{cases} \mathcal{A}_l(X, Y, t) = \displaystyle\int_{(\Lambda)} \frac{\lambda}{\lambda^2 + Y^2} e^{-\frac{\lambda^2 + Y^2}{4\nu t}} \frac{d\lambda}{(\lambda - X)^l}, \\ \mathcal{B}_l(X, Y, t) = \displaystyle\int_{(\Lambda)} \frac{Y}{\lambda^2 + Y^2} e^{-\frac{\lambda^2 + Y^2}{4\nu t}} \frac{d\lambda}{(\lambda - X)^l}, \\ \mathcal{C}_l(X, Y, t) = \dfrac{e^{-\frac{Y^2}{4\nu t}}}{t} \displaystyle\int_{(\Lambda)} e^{-\frac{\lambda^2}{4\nu t}} \frac{d\lambda}{(\lambda - X)^l}. \end{cases} \tag{7}$$

Il résulte de ces formules (7)

$$\frac{\partial \mathcal{A}_l}{\partial X} = l\mathcal{A}_{l+1}, \qquad \frac{\partial \mathcal{B}_l}{\partial X} = l\mathcal{B}_{l+1}, \qquad \frac{\partial \mathcal{C}_l}{\partial X} = l\mathcal{C}_{l+1}. \tag{8}$$

Les formules (8) et (5) montrent que $\dfrac{\partial \mathcal{A}_l}{\partial X^p \partial Y^q}$, $\dfrac{\partial \mathcal{B}_l}{\partial X^p \partial Y^q}$, $\dfrac{\partial \mathcal{C}_l}{\partial X^p \partial Y^{q-1}}$ s'expriment linéairement à l'aide de $\mathcal{A}_{l+p+q}$, $\mathcal{B}_{l+p+q}$, $\dfrac{\partial \mathcal{C}_{l+p}}{\partial Y^{q-1}}$, $\dfrac{\partial \mathcal{C}_{l+p+1}}{\partial Y^{q-2}}, \ldots,$ $\mathcal{C}_{l+p+q-1}$. Nous poserons $\dfrac{\partial \mathcal{C}_l}{\partial Y^q} = \mathcal{C}_{l,q}$. D'après (7) les fonctions $\mathcal{B}_l$, et $\mathcal{C}_{l,2r+1}$ sont des fonctions impaires de Y; elles s'annulent avec Y; les fonctions $\mathcal{A}_l(X, Y, t)$ et $\mathcal{C}_{l,2r}(X, Y, t)$ sont des fonctions paires; elles prennent pour $Y = 0$ les mêmes valeurs que des fonctions analytiques en $Z = X + iY$, qui sont bornées dans le demi-plan $Y > 0$; à savoir

$$\begin{cases} \mathcal{A}'_l(Z, t) = \displaystyle\int_{(\Lambda)} \frac{1}{\lambda} e^{-\frac{\lambda^2}{4\nu t}} \frac{d\lambda}{(\lambda - Z)^l}, \\ \mathcal{C}'_{l,2r}(Z, t) = \dfrac{(2r)!\,(-1)^r}{r!\,(4\nu)^r t^{r+1}} \displaystyle\int_{(\Lambda)} e^{-\frac{\lambda^2}{4\nu t}} \frac{d\lambda}{(\lambda - Z)^l}. \end{cases} \tag{9}$$

3. Soit donc une expression

$$U - iV = \frac{Y}{4\nu t^2} e^{-\frac{X^2+Y^2}{4\nu t}} + \underset{l,r}{\mathrm{S}} [a_l(\mathcal{A}_l - \mathcal{A}'_l) + b_l \mathcal{B}_l + c_{l,2r+1} \mathcal{C}_{l,2r+1} + c_{l,2r}(\mathcal{C}_{l,2r} - \mathcal{C}'_{l,2r})],$$

où les a_l, b_l, $c_{l,2r+1}$, $c_{l,2r}$ sont des constantes. Ces fonctions U et V sont nulles pour $Y = 0$ et les équations (1') seront vérifiées à condition que l'on prenne

$$\frac{\partial P}{\partial X} - i\frac{\partial P}{\partial Y} = \rho \underset{l,r}{\mathrm{S}} \left[a_l \frac{\partial \mathcal{A}'_l}{\partial t} + c_{l,2r} \frac{\partial \mathcal{C}'_{l,2r}}{\partial t} \right]. \tag{10}$$

Cette relation définit effectivement une fonction P harmonique, puisque son second nombre est une fonction analytique. Mais en général la relation (2') ne sera pas satisfaite. Il nous reste donc à faire un choix des constantes a_l; b_l, $c_{l,q}$ qui annule la partie réelle de l'expression

$$\left(\frac{\partial}{\partial X} + i\frac{\partial}{\partial Y}\right)(U - iV) \equiv \left(\frac{\partial U}{\partial X} + \frac{\partial V}{\partial Y}\right) - i\left(\frac{\partial V}{\partial X} - \frac{\partial U}{\partial Y}\right).$$

Notons à ce sujet que $\left(\frac{\partial}{\partial X} + i\frac{\partial}{\partial Y}\right) \mathcal{F}(Z) = 0$, quelle que soit la fonction analytique $\mathcal{F}(Z)$. Prenons

$$\mathrm{S} [a_l \mathcal{A}_l + b_l \mathcal{B}_l + c_{l,2r+1} \mathcal{C}_{l,2r+1} + c_{l,2r} \mathcal{C}_{l,2r}] = + \frac{\nu i}{\pi} \left(\frac{\partial}{\partial X} - i\frac{\partial}{\partial Y}\right) \mathcal{B}_2$$

Il vient

$$\begin{aligned} &\left(\frac{\partial U}{\partial X} + \frac{\partial V}{\partial Y}\right) - i\left(\frac{\partial V}{\partial X} - \frac{\partial U}{\partial Y}\right) \\ &= \left(\frac{\partial}{\partial X} + i\frac{\partial}{\partial Y}\right)\left(\frac{Y}{4\nu t^2} e^{-\frac{X^2+Y^2}{4\nu t}}\right) + \frac{\nu i}{\pi} \Delta \mathcal{B}_2 \\ &= -\frac{1}{2}\left(\frac{\partial^2}{\partial X \partial Y} + i\frac{\partial^2}{\partial Y^2}\right)\left(\frac{e^{-\frac{X^2+Y^2}{4\nu t}}}{t}\right) - \frac{i}{2\pi} \frac{\partial \mathcal{C}_2}{\partial Y}. \end{aligned}$$

Remplaçons dans l'expression (7) de $\mathcal{C}_2$ le chemin d'intégration (Λ)

par un autre équivalent, mais très voisin de l'axe réel. Il vient

$$\frac{\partial U}{\partial X}+\frac{\partial V}{\partial Y}=-\frac{1}{2}\frac{\partial^2}{\partial X\,\partial Y}\left(\frac{e^{-\frac{X^2+Y^2}{4\nu t}}}{t}\right)+\frac{1}{2}\frac{\partial}{\partial Y}\left(\frac{e^{-\frac{Y^2}{4\nu t}}}{t}\right)\frac{\partial}{\partial X}\left(e^{-\frac{X^2}{4\nu t}}\right)=0.$$

Nous avons donc obtenu une solution particulière du système (1′), (2′).

Explicitons-la. Nous avons d'après (5) et (8) :

$$\frac{\nu i}{\pi}\left(\frac{\partial}{\partial X}-i\frac{\partial}{\partial Y}\right)\mathcal{B}_2=-\frac{2\nu}{\pi}[\mathcal{A}_3-i\mathcal{B}_3]-\frac{1}{2\pi}\mathcal{C}_2.$$

Pour Y = 0 cette expression est égale à la fonction analytique de Z :

$$-\frac{2\nu}{\pi}\mathcal{A}'_3-\frac{1}{2\pi}\mathcal{C}'_2=-\frac{\nu}{\pi}\int_{(\Lambda)}\frac{2}{\lambda}e^{-\frac{\lambda^2}{4\nu t}}\frac{d\lambda}{(\lambda-Z)^3}-\frac{\nu}{\pi}\int_{(\Lambda)}\frac{2}{4\nu t}e^{-\frac{\lambda^2}{4\nu t}}\frac{d\lambda}{(\lambda-Z)^2}$$
$$=\frac{\nu}{\pi}\int_{(\Lambda)}\frac{1}{\lambda^2}e^{-\frac{\lambda^2}{4\nu t}}\frac{d\lambda}{(\lambda-Z)^2}.$$

En résumé,

$$(11)\quad U-iV=\frac{Y}{4\nu t^2}e^{-\frac{X^2+Y^2}{4\nu t}}+\frac{\nu i}{\pi}\left(\frac{\partial}{\partial X}-i\frac{\partial}{\partial Y}\right)\mathcal{B}_2(X,Y,t)-\frac{\partial\mathcal{F}(Z,t)}{\partial Z}.$$

$$(12)\quad U-iV=\frac{Y}{4\nu t^2}e^{-\frac{X^2+Y^2}{4\nu t}}-\frac{2\nu}{\pi}[\mathcal{A}_3(X,Y,t)-i\mathcal{B}_3(X,Y,t)]$$
$$-\frac{1}{2\pi}\mathcal{C}_2(X,Y,t)-\frac{\partial\mathcal{F}(Z,t)}{\partial Z},$$

où

$$(13)\qquad \mathcal{F}(Z,t)=\frac{\nu}{\pi}\int_{(\Lambda)}\frac{1}{\lambda^2}e^{-\frac{\lambda^2}{4\nu t}}\frac{d\lambda}{\lambda-Z}$$

et, d'après (10),

$$(14)\qquad P(X,Y,t)=\rho\,\mathcal{R}\left[\frac{\partial\mathcal{F}(Z,t)}{\partial t}\right].$$

[Le symbole $\mathcal{R}$ signifie : partie réelle de ....]

(15) De (12) résulte que non seulement la fonction U — iV, mais encore la fonction

$$\frac{\partial}{\partial Y}\left[U(X,Y,t)-iV(X,Y,t)-\frac{Y}{4\nu t^2}e^{-\frac{X^2+Y^2}{4\nu t}}\right]$$

s'annule avec Y.

Remarque. — Soit (Λ') le chemin d'intégration symétrique de (Λ) par rapport à l'origine. Nous avons

$$\mathcal{A}_1(X, Y, t) - \mathcal{A}_1(-X, -Y, t) = \int_{(\Lambda+\Lambda')} \frac{\lambda}{\lambda^2+Y^2} e^{-\frac{\lambda^2+Y^2}{4\nu t}} \frac{d\lambda}{\lambda - X},$$

$$\mathcal{B}_1(X, Y, t) - \mathcal{B}_1(-X, -Y, t) = \int_{(\Lambda+\Lambda')} \frac{Y}{\lambda^2+Y^2} e^{-\frac{\lambda^2+Y^2}{4\nu t}} \frac{d\lambda}{\lambda - X},$$

$$\mathcal{C}_1(X, Y, t) + \mathcal{C}_1(-X, -Y, t) = \frac{e^{-\frac{Y^2}{4\nu t}}}{t} \int_{(\Lambda+\Lambda')} e^{-\frac{\lambda^2}{4\nu t}} \frac{d\lambda}{\lambda - X},$$

$$\mathcal{F}(Z, t) \quad + \quad \mathcal{F}(-Z, t) \quad = \frac{\nu}{\pi} \int_{(\Lambda+\Lambda')} \frac{1}{\lambda^2} e^{-\frac{\lambda^2}{4\nu t}} \frac{d\lambda}{\lambda - Z}.$$

Or ces quatre dernières intégrales relèvent du calcul des résidus

$$(16)\quad \begin{cases} \mathcal{A}_1(X, Y, t) - \mathcal{A}_1(-X, -Y, t) = 2\pi i \dfrac{X}{X^2+Y^2}\left[e^{-\frac{X^2+Y^2}{4\nu t}} - 1\right], \\ \mathcal{B}_1(X, Y, t) - \mathcal{B}_1(-X, -Y, t) = 2\pi i \dfrac{Y}{X^2+Y^2}\left[e^{-\frac{X^2+Y^2}{4\nu t}} - 1\right], \\ \mathcal{C}_1(X, Y, t) + \mathcal{C}_1(-X, -Y, t) = 2\pi i \dfrac{e^{-\frac{X^2+Y^2}{4\nu t}}}{t}, \\ \mathcal{F}(Z, t) \quad + \quad \mathcal{F}(-Z, t) \quad = \dfrac{2 i\nu}{Z^2}\left[e^{-\frac{Z^2}{4\nu t}} - 1\right]. \end{cases}$$

Par des dérivations et grâce à (8) on obtient des formules analogues concernant $\mathcal{A}_l$, $\mathcal{B}_l$, $\mathcal{C}_{l,q}$, $\dfrac{\partial^q \mathcal{F}}{\partial Z^q}$.

4. Majorations. — Nous nous proposons de majorer les fonctions précédemment définies. Nous posons, au cours de ce paragraphe, $x = \xi\sqrt{4\nu t}$, $Y = \eta\sqrt{4\nu t}$, $Z = \varphi\sqrt{4\nu t}$ et nous remplaçons dans les formules (7) λ par $\lambda\sqrt{4\nu t}$. Il vient :
pour $|\eta| < 1$,

$$\mathcal{A}_l(X, Y, t) = \frac{1}{(4\nu t)^{\frac{l}{2}}} \int_{(L_1)} \frac{\lambda}{\lambda^2+\eta^2} e^{-\lambda^2-\eta^2} \frac{d\lambda}{(\lambda-\xi)^l},$$

$$\mathcal{B}_l(X, Y, t) = \frac{1}{(4\nu t)^{\frac{l}{2}}} \int_{(L_1)} \frac{\eta}{\lambda^2+\eta^2} e^{-\lambda^2-\eta^2} \frac{d\lambda}{(\lambda-\xi)^l},$$

L_1 étant l'axe parallèle à l'axe réel $\mathcal{J}(\lambda) = -2i$; pour $1 < \eta$,

$$\mathcal{A}_l(X, Y, t) = \frac{(-1)^l \pi i}{Z^l} + \frac{1}{(4\nu t)^{\frac{l}{2}}} \int_{(L_2)} \frac{\lambda}{\lambda^2 + \eta^2} e^{-\lambda^2 - \eta^2} \frac{d\lambda}{(\lambda - \xi)^l},$$

$$\mathcal{B}_l(X, Y, t) = \frac{(-1)^{l+1} \pi}{Z^l} + \frac{1}{(4\nu t)^{\frac{l}{2}}} \int_{(L_2)} \frac{\eta}{\lambda^2 + \eta^2} e^{-\lambda^2 - \eta^2} \frac{d\lambda}{(\lambda - \xi)^l},$$

(L_2) étant l'axe parallèle à l'axe réel $\mathcal{J}(\lambda) = -\frac{i}{2}$.

Le cas $\eta < -1$ se ramène au précédent, puisque $\mathcal{A}_l$ est fonction paire de Y et $\mathcal{B}_l$ fonction impaire. Remplaçons les symboles figurant sous les signes $\int$ par leurs valeurs absolues; désignons par la même lettre A diverses constantes numériques positives; il vient :

pour $Y^2 < 4\nu t$,

$$|\mathcal{A}_l(X, Y, t)| < \frac{A}{[\nu t + X^2]^{\frac{l}{2}}},$$

$$|\mathcal{B}_l(X, Y, t)| < \frac{AY}{\sqrt{\nu t}\,[\nu t + X^2]^{\frac{l}{2}}} < \frac{A}{[\nu t + X^2]^{\frac{l}{2}}};$$

pour $\sqrt{4\nu t} < Y$,

$$\left|\mathcal{A}_l(X, Y, t) + \frac{(-1)^{l+1} \pi i}{Z^l}\right| < \frac{A e^{-\frac{Y^2}{4\nu t}}}{[\nu t + X^2]^{\frac{l}{2}}},$$

$$\left|\mathcal{B}_l(X, Y, t) + \frac{(-1)^l \pi}{Z^l}\right| < \frac{A e^{-\frac{Y^2}{4\nu t}}}{[\nu t + X^2]^{\frac{l}{2}}};$$

pour $Y < -\sqrt{4\nu t}$,

$$\left|\mathcal{A}_l(X, Y, t) + \frac{(-1)^{l+1} \pi i}{(X - iY)^l}\right| < \frac{A e^{-\frac{Y^2}{4\nu t}}}{[\nu t + X^2]^{\frac{l}{2}}},$$

$$\left|\mathcal{B}_l(X, Y, t) + \frac{(-1)^{l+1} \pi}{(X - iY)^l}\right| < \frac{A e^{-\frac{Y^2}{4\nu t}}}{[\nu t + X^2]^{\frac{l}{2}}}.$$

Majorons de même $\mathcal{C}_{l,q}(X, Y, t)$: l'intégrale

$$\int_{(\Lambda)} e^{-\frac{\lambda^2}{4\nu t}} \frac{d\lambda}{(\lambda - X)^l} \quad \text{peut s'écrire} \quad \frac{1}{(4\nu t)^{\frac{l-1}{2}}} \int_{(L_1)} e^{-\lambda^2} \frac{d\lambda}{(\lambda - \xi)^l};$$

elle est donc inférieure en module à $\dfrac{A\sqrt{\nu t}}{[\nu t + X^2]^{\frac{l}{2}}}$, d'où

$$|\mathcal{C}_{l,q}(X, Y, t)| < \frac{\nu A e^{-\frac{Y^2}{4\nu t}}\left[1 + \dfrac{Y^2}{\nu t}\right]^{\frac{q}{2}}}{(\nu t)^{\frac{1+q}{2}}[\nu t + X^2]^{\frac{l}{2}}}$$

$$< \frac{\nu A e^{-\frac{Y^2}{5\nu t}}}{(\nu t)^{\frac{1+q}{2}}[\nu t + X^2]^{\frac{l}{2}}\left[1 + \dfrac{Y^2}{\nu t}\right]^{\frac{l}{2}}} < \frac{\nu A e^{-\frac{Y^2}{5\nu t}}}{(\nu t)^{\frac{1+q}{2}}[X^2 + Y^2]^{\frac{l}{2}}}.$$

Enfin en ce qui concerne $\mathcal{F}(Z, t)$ la dernière relation (16) nous montre qu'il suffit d'envisager le cas où $Y > 0$. Nous avons alors

$$\frac{\partial^q \mathcal{F}(Z, t)}{\partial Z^q} = \frac{\nu q!}{\pi(4\nu t)^{1+\frac{q}{2}}} \int_{L_1} \frac{1}{\lambda^2} e^{-\lambda^2} \frac{d\lambda}{(\lambda - \zeta)^{q+1}}.$$

(17) D'où

$$\left|\frac{\partial^q \mathcal{F}(Z, t)}{\partial Z^q}\right| < \frac{\nu A}{\sqrt{\nu t}[\nu t + X^2 + Y^2]^{\frac{1+q}{2}}}$$

pour $Y > 0$ et même pour $Y > -\sqrt{4\nu t}$. Notons, en outre, que $\dfrac{\partial^q \mathcal{F}(Z, t)}{\partial Z^q}$ augmente indéfiniment quand t tend vers zéro.

Appliquons ces résultats à la fonction $U - iV$, nous obtenons un tableau d'inégalités importantes.

Posons :

$$A_{p,q}(X, Y, \nu t) = \frac{A e^{-\frac{Y^2}{4\nu t}}\left[1 + \dfrac{Y^2}{\nu t}\right]^{\frac{q}{2}}}{(\nu t)^{\frac{1+q}{2}}[\nu t + X^2]^{1+\frac{p}{2}}} < \frac{A e^{-\frac{Y^2}{5\nu t}}}{(\nu t)^{\frac{1+q}{2}}[X^2 + Y^2]^{1+\frac{p}{2}}}.$$

Nous avons : pour $\sqrt{4\nu t} < Y$,

(18) $$\left|\frac{\partial^{p+q}}{\partial X^p \partial Y^q}\left[U - iV - \frac{Y}{4\nu t^2} e^{-\frac{X^2+Y^2}{4\nu t}} - \frac{4\nu i}{Z^3} + \frac{\partial \mathcal{F}(Z, t)}{\partial Z}\right]\right| < \nu A_{p,q}(X, Y, \nu t).$$

Donc, pour $\sqrt{4\nu t} < \mathrm{Y}$,

$$(18') \quad \left|\frac{\partial^{p+q}}{\partial X^p \partial Y^q}\left[U - iV - \frac{Y}{4\nu t^2} e^{-\frac{X^2+Y^2}{4\nu t}}\right]\right| < \frac{\nu A}{\sqrt{\nu t}[X^2+Y^2]^{1+\frac{p+q}{2}}} + \nu A_{p,q}(X, Y, \nu t).$$

Pour $Y < -\sqrt{4\nu t}$,

$$(19) \quad \left|\frac{\partial^{p+q}}{\partial X^p \partial Y^q}\left[U - iV - \frac{Y}{4\nu t^2} e^{-\frac{X^2+Y^2}{4\nu t}} + \frac{\partial \mathfrak{F}(Z, t)}{\partial Z}\right]\right| < \nu A_{p,q}(X, Y, \nu t).$$

Donc, pour $Y < -\sqrt{4\nu t}$,

$$(19') \quad \left|\frac{\partial^{p+q}}{\partial X^p \partial Y^q}\left\{U - iV - \frac{Y}{4\nu t^2} e^{-\frac{X^2+Y^2}{4\nu t}} + \frac{\partial}{\partial Z}\left[\frac{2i\nu}{Z^2}\left(e^{-\frac{Z^2}{4\nu t}} - 1\right)\right]\right\}\right| < \frac{\nu A}{\sqrt{\nu t}[X^2+Y^2]^{1+\frac{p+q}{2}}} + \nu A_{p,q}(X, Y, \nu t);$$

Pour $Y^2 < 4\nu t$,

$$(20) \quad \left|\frac{\partial^{p+q}}{\partial X^p \partial Y^q}\left[U - iV - \frac{Y}{4\nu t^2} e^{-\frac{X^2+Y^2}{4\nu t}}\right]\right| < \frac{\nu A}{(\nu t)^{\frac{1+q}{2}}[\nu t + X^2]^{1+\frac{p}{2}}}.$$

Si $q = 0$ ou si $q = 1$, on obtient des inégalités plus précises que (20) en tenant compte de la propriété (15) et en intégrant, par rapport à Y, les deux membres de (20) où l'on aura pris $q = 2$:

Pour $Y^2 < 4\nu t$,

$$(20') \quad \left|\frac{\partial^{p+1}}{\partial X^p \partial Y}\left[U - iV - \frac{Y}{4\nu t^2} e^{-\frac{X^2+Y^2}{4\nu t}}\right]\right| < \frac{\nu A Y}{(\nu t)^{\frac{3}{2}}[\nu t + X^2]^{1+\frac{p}{2}}},$$

Pour $Y^2 < 4\nu t$,

$$(20'') \quad \left|\frac{\partial^{p}}{\partial X^p}\left[U - iV - \frac{Y}{4\nu t^2} e^{-\frac{X^2+Y^2}{4\nu t}}\right]\right| < \frac{\nu A Y^2}{(\nu t)^{\frac{3}{2}}[\nu t + X^2]^{1+\frac{p}{2}}}.$$

5. Relations avec les potentiels hydrodynamiques de M. Odqvist (*Math. Zeitschrift*, 1930, t. 32). — Nous nous proposons d'étudier les

intégrales $\int_0^\infty (U - iV)\,dt$. D'après le paragraphe **4** les intégrales $\int_0^\infty \mathcal{A}_l(X, Y, t)\,dt$ et $\int_0^\infty \mathcal{B}_l(X, Y, t)\,dt$ sont absolument et uniformément convergentes, tant que $X^2 + Y^2$ ne s'annule pas et si $l \geqq 3$. Si $l \geqq 2$, l'intégrale $\int_0^\infty \mathcal{C}_{l,q}(X, Y, t)\,dt$ est absolument et uniformément convergente au voisinage de tout point (X, Y) n'appartenant pas à l'axe des X. Donc, compte tenu de (5) et (8), on peut appliquer la règle de dérivation sous le signe somme aux trois dernières intégrales écrites, excepté quand Y est nul. De même,

$$\int_0^\infty |\mathcal{B}_2(X, Y, t)|\,dt < A\int_0^{\frac{Y^2}{4\nu}} \left[\frac{e^{-\frac{Y^2}{4\nu t}}}{\nu t + X^2} + \frac{1}{X^2+Y^2}\right] dt + A\int_{\frac{Y^2}{4\nu}}^\infty \frac{Y\,dt}{\sqrt{\nu t}\,[\nu t + X^2]}$$

$$< A\int_0^{\frac{Y^2}{4\nu}} \left[\frac{e^{-\frac{Y^2}{4\nu t}}}{\nu t} + \frac{1}{Y^2}\right] dt + A\int_{\frac{Y^2}{4\nu}}^\infty \frac{Y\,dt}{(\nu t)^{\frac{3}{2}}} < \frac{A}{\nu}.$$

La fonction $\int_0^\infty \mathcal{B}_2(X, Y, t)\,dt$ est continue et bornée dans tout le plan; elle s'annule avec Y; et l'on a, Y étant supposé positif jusqu'à nouvelle indication,

$$\Delta\int_0^\infty \mathcal{B}_2(X, Y, t)\,dt = \frac{1}{\nu}\int_0^\infty \frac{\partial \mathcal{B}_2(X, Y, t)}{\partial t}\,dt = \frac{\pi}{\nu Z^2}.$$

D'où nécessairement

$$\int_0^\infty \mathcal{B}_2(X, Y, t)\,dt = \frac{\pi i}{2\nu}\frac{Y}{Z}.$$

D'après (17),

$$\int_0^\infty \left|\frac{\partial^q \mathcal{F}(Z, t)}{\partial Z^q}\right| dt < \int_0^\infty \frac{\nu A\,dt}{\sqrt{\nu t}\,[\nu t + X^2 + Y^2]^{\frac{1+q}{2}}} < \frac{A}{[X^2+Y^2]^{\frac{q}{2}}} \qquad \text{pour } q \geqq 1.$$

Finalement

$$\int_0^\infty (U - iV)\,dt = \frac{Y}{X^2+Y^2} - \frac{1}{2}\left(\frac{\partial}{\partial X} - i\frac{\partial}{\partial Y}\right)\frac{Y}{Z} - \int_0^\infty \frac{\partial \mathcal{F}(Z, t)}{\partial Z}\,dt$$

$$= \frac{2XY(X - iY)}{(X^2+Y^2)^2} + \frac{i}{2Z} - \int_0^\infty \frac{\partial \mathcal{F}(Z, t)}{\partial Z}\,dt;$$

le premier membre est continu et nul au voisinage de l'axe des X, origine exclue; la fonction analytique $\int_0^\infty \frac{\partial \mathcal{F}(Z,t)}{\partial Z} dt$ est, pour $Y > 0$, inférieure en module à $[X^2+Y^2]^{-\frac{1}{2}}$. On a donc nécessairement pour $Y > 0$

$$(21) \quad \int_0^\infty \frac{\partial \mathcal{F}(Z,t)}{\partial Z} = \frac{i}{2Z} \quad \text{et} \quad \int_0^\infty (U - iV)\, dt = \frac{2XY(X-iY)}{[X^2+Y^2]^2}.$$

L'on reconnaît en $\int_0^\infty U\, dt$ et $\int_0^\infty V\, dt$ deux composantes du tenseur à l'aide duquel M. Odqvist construit ses potentiels hydrodynamiques de double couche, relatifs aux mouvements permanents.

Supposons maintenant $Y < 0$. Le caractère impair de $\mathcal{B}_2(X, Y, t)$ par rapport à Y prouve que

$$\int_0^\infty \mathcal{B}_2(X, Y, t)\, dt = \frac{\pi i}{2\nu} \frac{Y}{X - iY}.$$

D'où résulte, par l'intermédiaire de (11) :

$$\int_0^\infty (U - iV)\, dt = \frac{i}{2Z} - \int_0^\infty \frac{\partial \mathcal{F}(Z,t)}{\partial Z} dt,$$

sous réserve que la dernière intégrale écrite ait un sens.

Or, d'après la dernière relation (16),

$$\int_0^\infty \frac{\partial \mathcal{F}(Z,t)}{\partial Z} dt = \int_0^\infty \frac{\partial \mathcal{F}(-Z,t)}{\partial(-Z)} dt + \int_0^\infty \frac{\partial}{\partial Z}\left[\frac{2i\nu}{Z^2}\left(e^{-\frac{Z^2}{4\nu t}} - 1\right)\right] dt.$$

Utilisons la première relation (21); on a

$$\int_0^\infty \frac{\partial \mathcal{F}(Z,t)}{\partial Z} dt = -\frac{i}{2Z} - \frac{2}{Z}\int_0^\infty \frac{\partial}{\partial t}\left[\frac{2i\nu t}{Z^2}\left(e^{-\frac{Z^2}{4\nu t}} - 1\right)\right] dt = \frac{i}{2Z},$$

à condition que $X^2 - Y^2 \geqq 0$.

(22) Finalement l'intégrale $\int_0^\infty (U - iV) dt$ est nulle pour $-|X| \leqq Y < 0$ et n'a aucun sens pour $Y < -|X|$.

Les résultats obtenus au cours de ce paragraphe auraient pu être déduits directement des formules (7), (12) et (13). Il faut en retenir, (21) et (22) : l'intégrale $\int_0^\infty (U - iV)\,dt$ a des expressions analytiques différentes dans les deux demi-plans $Y > 0$ et $Y < 0$; plus généralement il en est de même de l'intégrale $\int_0^\varepsilon (U - iV)\,dt$, quelle que soit la constante positive ε, car $\int_\varepsilon^\infty (U - iV)\,dt$ est une fonction analytique de X et de Y; de par (18) et (19) nous savions d'ailleurs que la fonction $U - iV + \frac{\partial \mathcal{F}}{\partial Z}$ a également, dans ces deux demi-plans, pour $t = 0$, deux expressions analytiques différentes.

II. — Un potentiel qui satisfait les équations du mouvement infiniment lent d'un liquide visqueux.

6. Définitions. — Soit une aire Σ limitée par une courbe Γ; cette courbe doit admettre en chaque point une tangente et un rayon de

Fig. 2.

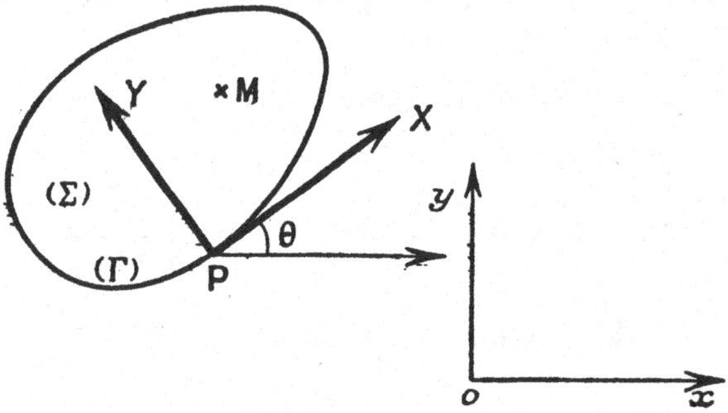

courbure; la borne inférieure de ces rayons de courbure doit être positive. La courbe Γ est orientée dans le sens positif; elle est décrite par un point P d'abscisse curviligne σ. Soit M un point situé dans Σ ou sur Γ; ses coordonnées sont x et y par rapport à un système d'axes rectangulaires fixes; elles sont X et Y par rapport au système qui a pour origine P, pour premier axe la tangente positive, pour second axe la normale intérieure à Σ. Nous nommons θ l'angle que fait l'axe des X avec l'axe des x. Soit $\Phi(s, t)$ une fonction réelle et continue; nous supposerons convergente l'intégrale

$$\int_{-\infty}^{0} \frac{dt}{1+t^2} \oint |\Phi(s, t)| \, ds.$$

Nous allons étudier le vecteur (1) $u(x, y, t)$, $v(x, y, t)$ que définit la relation

$$(23) \quad u(x, y, t) - i v(x, y, t) = \int_{-\infty}^{t} dt' \oint \Phi(s, t') e^{-i\theta(s)} [U(X, Y, t-t') - i V(X, Y, t-t')] \, ds.$$

Cette étude est immédiate dans le cas particulier où Φ est indépendant de t. u et v en sont également indépendants. Si le contour est convexe, (21) permet d'affirmer que, sur $\Sigma + \Gamma$, u et v sont identiques à des potentiels hydrodynamiques d'Odqvist; et l'on a, sur Σ,

$$\nu \Delta u - \frac{1}{\rho} \frac{\partial p}{\partial x} = 0, \qquad \nu \Delta v - \frac{1}{\rho} \frac{\partial p}{\partial y} = 0, \qquad \frac{\partial u}{\partial x} + \frac{\partial v}{\partial y} = 0$$

avec

$$\frac{1}{\rho} p(x, y, t) = 4 \nu \oint \Phi(s) \frac{XY}{(X^2 + Y^2)^2} \, ds;$$

Le vecteur u, v n'est pas continu sur $\Sigma + \Gamma$: quand le point M de Σ tend vers le point P de Γ, on a

$$(24) \qquad \lim_{M \to P} [u - iv]_M = [u - iv]_P + \pi \Phi(s) e^{-i\theta(s)}.$$

Si Γ n'est pas convexe, ces faits sont inexacts, comme le montre (22). Nous allons donc *supposer* Γ *convexe*, et cette hypothèse est nécessaire à la validité des résultats que contient cette section du chapitre.

7. Le vecteur (u, v) à l'intérieur de Σ. — On déduit facilement des relations (18'), (20), (20') et (20'') les inégalités

$$\left| \frac{\partial^{p+q}}{\partial x^p \partial y^q} [U(X, Y, t-t') - i V(X, Y, t-t')] \right| < \frac{\nu B_{p,q}(x, y)}{\sqrt{\nu(t-t')} [1 + \nu(t-t')]^{\frac{3}{2}}},$$

(1) Il est facile de voir que ce vecteur est indépendant du choix des axes de coordonnées.

le symbole $B_{p,q}(x,y)$ représente une fonction bornée sur tout domaine intérieur à Σ. Ce résultat nous permet de constater que la formule (23) a un sens, et qu'on peut lui appliquer la règle de dérivation sous le signe $\int$ un nombre quelconque de fois par rapport à x et y; *dès lors $u(x,y,t)$ et $v(x,y,t)$ sont à l'intérieur de Σ des fonctions continues qui admettent des dérivées partielles de tous les ordres en x et y.*

Démonstration de la relation

$$\frac{\partial u(x,y,t)}{\partial t} + \frac{\partial v(x,y,t)}{\partial y} = 0. \tag{2}$$

Écrivons (2′) sous la forme

$$\mathcal{R}\left\{\left[\frac{\partial}{\partial x} + i\frac{\partial}{\partial y}\right] e^{-i\theta}[U(X,Y,t-t') - iV(X,Y,t-t')]\right\} = 0.$$

La règle de dérivation sous le signe somme permet d'en déduire

$$\mathcal{R}\left\{\left[\frac{\partial}{\partial x} + i\frac{\partial}{\partial y}\right][u(x,y,t) - iv(x,y,t)]\right\} = 0.$$

La relation (2) est donc vérifiée en tout point intérieur à Σ.

Démonstration des relations

$$\nu\Delta u - \frac{\partial u}{\partial t} - \frac{1}{\rho}\frac{\partial p}{\partial x} = 0, \qquad \nu\Delta v - \frac{\partial v}{\partial t} - \frac{1}{\rho}\frac{\partial p}{\partial y} = 0. \tag{1}$$

Nous avons

$$\begin{aligned}\text{(25)}\quad & \left[\frac{\partial^2}{\partial x^2} + \frac{\partial^2}{\partial y^2}\right][u(x,y,t) - iv(x,y,t)] \\ &= \int_{-\infty}^{t} dt' \oint \Phi(s,t')\, e^{-i\theta(s)} \\ &\quad \times \left[\frac{\partial^2}{\partial X^2} + \frac{\partial^2}{\partial Y^2}\right][U(X,Y,t-t') - iV(X,Y,t-t')]\, ds.\end{aligned}$$

Les relations (1′) et (14) nous apprennent que :

$$\begin{aligned}\text{(26)}\quad & \nu\left[\frac{\partial^2}{\partial X^2} + \frac{\partial^2}{\partial Y^2}\right][U(X,Y,t-t') - iV(X,Y,t-t')] \\ &= \frac{\partial}{\partial t}U(X,Y,t-t') - i\frac{\partial}{\partial t}V(X,Y,t-t') + \frac{\partial^2 \mathcal{F}(Z,t-t')}{\partial Z\,dt};\end{aligned}$$

or $\frac{\partial^2 \mathcal{F}(Z, t-t')}{\partial Z \partial t}$ n'est sommable sur aucun intervalle $t_0 < t' < t$, puisque d'après (17) $\frac{\partial \mathcal{F}(Z, t-t')}{\partial Z}$ augmente indéfiniment quand $t-t'$ tend vers zéro. L'obtention de formules du type (1) n'est donc pas immédiate.

Mais d'après (25) on a, si $t_1 < t_2$,

$$(25')\quad \int_{t_1}^{t_2} \left[\frac{\partial^2}{\partial x^2} + \frac{\partial^2}{\partial y^2}\right][u(x, y, t) - i v(x, y, t)]\, dt$$
$$= \int_{-\infty}^{t_1} dt' \oint \Phi(s, t')\, e^{-i\theta}\, ds \times \int_{t_1}^{t_2} \left[\frac{\partial^2}{\partial X^2} + \frac{\partial^2}{\partial Y^2}\right][U(X, Y, t-t') - i V(X, Y, t-t')]\, dt$$
$$+ \int_{t_1}^{t_2} dt' \oint \Phi(s, t')\, e^{-i\theta}\, ds \times \int_{t'}^{t_2} \left[\frac{\partial^2}{\partial X^2} + \frac{\partial^2}{\partial Y^2}\right][U(X, Y, t-t') - i V(X, Y, t-t')]\, dt.$$

De même (26) nous donne pour $t' < t_1 < t_2$,

$$(26')\quad \nu \int_{t_1}^{t_2} \left[\frac{\partial^2}{\partial X^2} + \frac{\partial^2}{\partial Y^2}\right][U(X, Y, t-t') - i V(X, Y, t-t')]\, dt = \left[U(X, Y, t-t') - i V(X, Y, t-t') + \frac{\partial \mathcal{F}(Z, t-t')}{\partial Z}\right]_{t_1}^{t_2}.$$

Dans cette dernière relation faisons tendre t_1 vers t'; d'après (18),

$$U(X, Y, t_1 - t') - i V(X, Y, t_1 - t') + \frac{\partial \mathcal{F}(Z, t_1 - t')}{\partial Z}$$

tend vers $-2\nu i \frac{\partial}{\partial Z}\left(\frac{1}{Z^2}\right)$; il vient donc

$$(26'')\quad \nu \int_{t'}^{t_2} \left[\frac{\partial^2}{\partial X^2} + \frac{\partial^2}{\partial Y_2}\right][U(X, Y, t-t') - i V(X, Y, t-t')]\, dt = U(X, Y, t_2 - t') - i V(X, Y, t_2 - t') + \frac{\partial \mathcal{F}(Z, t_2 - t')}{\partial Z} + 2\nu i \frac{\partial}{\partial Z}\left(\frac{1}{Z^2}\right).$$

Transformons à l'aide de (26') et (26'') le second membre de (25');

nous obtenons

$$(27)\quad \nu\int_{t_1}^{t_2}\left[\frac{\partial^2}{\partial x^2}+\frac{\partial^2}{\partial y^2}\right][u(x,y,t)-iv(x,y,t)]\,dt$$
$$=[u(x,y,t)-iv(x,y,t)]_{t_1}^{t_2}$$
$$+\frac{\partial}{\partial z}\left[\int_{-\infty}^{t}dt'\oint\Phi(s,t')\mathcal{F}(Z,t-t')\,ds\right]_{t_1}^{t_2}$$
$$+2\nu i\frac{\partial}{\partial z}\int_{t_1}^{t_2}dt'\oint\Phi(s,t')\frac{1}{Z^2}\,ds.$$

D'où résultent les relations (1), avec

$$(28)\quad \frac{1}{\rho}p(x,y,t)=\frac{\partial}{\partial t}\mathcal{R}\left\{\int_{-\infty}^{t}dt'\oint\Phi(s,t')\mathcal{F}(Z,t-t')\,ds\right\}$$
$$-2\nu\,\mathcal{I}\left\{\oint\Phi(s,t)\frac{1}{Z^2}\,ds\right\}.$$

Toutefois la réserve doit être faite que la dérivée en $\frac{\partial}{\partial t}$ figurant au second membre ait un sens : c'est par exemple le cas lorsque $\Phi(s,t)$ admet par rapport à t des nombres dérivés bornés.

8. Intérieur du domaine et points frontières. — *Inégalités préliminaires.* — On déduit de (18′) et de (20″) les inégalités [1]

$$\begin{cases} |U(X,Y,t)-iV(X,Y,t)|<\dfrac{A}{t}\,\dfrac{Y}{X^2+Y^2}, \\ \displaystyle\int_0^{\infty}|U(X,Y,t)-iV(X,Y,t)|\,dt<\frac{AY}{X^2+Y^2}. \end{cases}$$

(29) Soit

$$E(x,y,t)=\oint|U(X,Y,t)-iV(X,Y,t)|\,ds.$$

On a donc, où que soit le point (x,y) à l'intérieur de Σ ou sur Γ,

$$E(x,y,t)<\frac{A}{t}\quad\text{et}\quad\int_0^{\infty}E(x,y,t)\,dt<A.$$

---

(1) Signalons en outre une inégalité valable seulement sur $\Sigma+\Gamma$: on a $E(t)<\frac{AB}{\nu t^2}$ pour $t>\frac{B^2}{4\nu}$, B désignant la plus grande distance de deux tangentes à Γ parallèles.

Discontinuité à la frontière du vecteur u, v. — Soient t_0 une valeur quelconque de t, et ε un intervalle de temps arbitrairement faible. Introduisons les deux fonctions suivantes :

$$\Phi_1(s, t) = \begin{cases} \Phi(s, t) - \Phi(s, t_0) & \text{pour } |t - t_0| > \varepsilon, \\ 0 & \text{pour } |t - t_0| \leqq \varepsilon; \end{cases}$$

$$\Phi_2(s, t) = \begin{cases} 0 & \text{pour } |t - t_0| > \varepsilon, \\ \Phi(s, t) - \Phi(s, t_0) & \text{pour } |t - t_0| \leqq \varepsilon. \end{cases}$$

Le maximum η de $|\Phi_2(s, t)|$ tend vers zéro avec ε.

Soient

$$u_0(x, y) - i v_0(x, y), \qquad u_1(x, y, t) - i v_1(x, y, t),$$
$$u_2(x, y, t) - i v_2(x, v, t)$$

les trois potentiels qu'on obtient en remplaçant dans la formule (23) la fonction $\Phi(s, t')$ respectivement par les fonctions $\Phi(s, t_0)$, $\Phi_1(s, t')$ et $\Phi_2(s, t')$. Nous avons

$$u - iv = u_0 - iv_0 + u_1 - iv_1 + u_2 - iv_2.$$

Le vecteur $u_0 - iv_0$ est continu à l'intérieur de Σ; il est continu le long de Γ; il est discontinu sur $\Sigma + \Gamma$, comme le montre la formule (24).

Pour $|t - t_0| < \frac{\varepsilon}{2}$ le vecteur u_1, v_1 est continu sur $\Sigma + \Gamma$.

Enfin on a, d'après (29),

$$|u_2(x, y, t) - i v_2(x, y, t)| < \eta \int_{-\infty}^{t_0} \mathrm{E}(x, y, t_0 - t')\, dt' < \mathrm{A}\eta.$$

Comme η est arbitrairement faible il est en résulte que $u - iv$ est continu à l'intérieur de Σ, est continu le long de Γ; et si le point (x, y) intérieur à Σ tend vers le point frontière d'abscisse curviligne σ, de coordonnées (x_0, y_0), alors que t tend vers t_0, on a

$$\text{(30)} \qquad \begin{aligned} &\lim[u(x, y, t) - i v(x, y, t)] \\ &= u(x_0, y_0, t_0) - i v(x_0, y_0, t_0) + \pi \Phi(\sigma, t_0)\, e^{-i\theta(\sigma)}. \end{aligned}$$

Majoration de u et de v. — Le problème de majorer le vecteur $u(x, y, t)$, $v(x, y, t)$ que définit (23) se présente toujours en pratique de la façon suivante : on connaît une inégalité de la forme

$$(31)\qquad |\Phi(s,t)| < \mathop{\mathrm{S}}_i \int_{-\infty}^{t} G_i(t-t_1)\, d\mathrm{F}_i(t_1);$$

les G_i sont des fonctions positives simples [par exemple $(t-t_1)^\alpha$, $-1<\alpha$]; les F_i sont des fonctions croissantes; il s'agit d'en déduire une majorante de $|u-iv|$ valable sur $\Sigma+\Gamma$.

On a

$$\begin{aligned}
&|u(x,y,t)-iv(x,y,t)| \\
&\quad < \int_{-\infty}^{t} E(x,y,t-t')\,dt' \int_{-\infty}^{t'} \mathop{\mathrm{S}}_i G_i(t'-t_1)\,d\mathrm{F}_i(t_1) \\
&\quad < \mathop{\mathrm{S}}_i \int_{-\infty}^{t} d\mathrm{F}_i(t_1) \int_{t_1}^{t} E(x,y,t-t')\,G_i(t'-t_1)\,dt'.
\end{aligned}$$

Il suffira pour la suite d'utiliser l'inégalité déduite de (29),

$$\begin{aligned}
&\int_{t_1}^{t} E(x,y,t-t')\,G_i(t'-t_1)\,dt' \\
&\quad < \frac{2A}{t-t_1}\int_{t_1}^{\frac{t+t_1}{2}} G_i(t'-t_1)\,dt' + A\left[\text{max. de } G_i(t'-t_1) \text{ pour } \frac{t+t_1}{2}<t'<t.\right]
\end{aligned}$$

$$(32)\quad \left\{\begin{array}{l}
\text{Finalement on a, sur } \Sigma+\Gamma, \\
\qquad |u(x,y,t)-iv(x,y,t)| < A \mathop{\mathrm{S}}_i \int_{-\infty}^{t} \widetilde{G}_i(t-t_1)\,d\mathrm{F}_i(t_1) \\
\text{avec} \\
\qquad \widetilde{G}_i(t) = \left[\text{max. de } G_i(t') \text{ pour } \dfrac{t}{2}<t'<t\right] + \dfrac{1}{t}\displaystyle\int_0^{\frac{t}{2}} G_i(t')\,dt'.
\end{array}\right.$$

Exemple : si $G_i(t)=at^\alpha$, on a

$$\widetilde{G}_i(t) = a\left[\frac{1}{1+\alpha}\,\frac{1}{2^{\alpha+1}} + 1\quad\right]t^\alpha \qquad \text{pour } \alpha>0,$$

$$\widetilde{G}_i(t) = a\left[\frac{1}{1+\alpha}\,\frac{1}{2^{\alpha+1}} + 2^{-\alpha}\right]t^\alpha \qquad \text{pour } \alpha<0.$$

9. Le vecteur (u, v) le long de Γ. — M étant le point de Γ qui a pour abscisse curviligne σ, nous poserons

$$U(X, Y, t) - iV(X, Y, t) = \Omega(\sigma, s, t).$$

Le vecteur que nous allons étudier le long de Γ est donc défini par la relation

$$(33) \quad u(x, y, t) - iv(x, y, t) = \int_{-\infty}^{t} dt' \oint \Phi(s, t')\, e^{-i\theta(s)}\, \Omega(\sigma, s, t-t')\, ds.$$

Inégalités préliminaires. — Soit l la longueur $\overline{PM}$. Nous allons établir des inégalités

$$|\Omega(\sigma, s, t)| < \frac{B\nu^{\gamma}}{t^{\alpha} l^{\beta}}, \qquad \left|\frac{\partial \Omega(\sigma, s, t)}{\partial \sigma}\right| < \frac{B\nu^{\gamma}}{t^{\alpha} l^{\beta+1}};$$

α et β devront être inférieurs à 1; la lettre B représentera désormais diverses quantités positives qui dépendront seulement de la forme de Γ.

Nous remarquerons tout d'abord que les inégalités (18'), (20') et (20'') permettent de majorer les quantités

$$(\nu t)^{\alpha} |U - iV|, \quad (\nu t)^{\alpha} \left|\frac{\partial}{\partial X}[U - iV]\right|, \quad (\nu t)^{\alpha} \left|\frac{\partial}{\partial Y}[U - iV]\right|$$

par des expressions de la forme $A\nu^{a} X^{b} Y^{c} [X^2 + Y^2]^{d}$: il suffit d'utiliser l'inégalité $e^{-K^2} < \frac{A}{K^p}$, qui est valable quel que soit K quand p est positif et quand A est convenablement choisi en fonction de p. Il vient, pour $\frac{1}{2} \leqq \alpha < 1$,

$$(\nu t)^{\alpha} |U - iV| < \frac{\nu A Y^{2\alpha-1}}{X^2 + Y^2}, \qquad (\nu t)^{\alpha} \left|\frac{\partial}{\partial X}[U - iV]\right| < \frac{\nu A Y^{2\alpha-1}}{[X^2 + Y^2]^{\frac{3}{2}}},$$

$$(\nu t)^{\alpha} \left|\frac{\partial}{\partial Y}[U - iV]\right| < \frac{\nu A Y^{2\alpha-2}}{X^2 + Y^2}.$$

D'où

$$|\Omega(\sigma, s, t)| < \frac{\nu A}{(\nu t)^{\alpha}} \frac{Y^{2\alpha-1}}{X^2 + Y^2}$$

et

$$\left|\frac{\partial \Omega(\sigma, s, t)}{\partial \sigma}\right| < \frac{\nu A}{(\nu t)^{\alpha}} \frac{Y^{2\alpha-1}}{[X^2 + Y^2]^{\frac{3}{2}}} \left|\frac{\partial X}{\partial \sigma}\right| + \frac{\nu A}{(\nu t)^{\alpha}} \frac{Y^{2\alpha-2}}{X^2 + Y^2} \left|\frac{\partial Y}{\partial \sigma}\right|.$$

Or $\left|\frac{\partial X}{\partial \sigma}\right| < 1$; d'autre part, si φ est l'angle, compris entre 0 et π, que font les tangentes en M et en P, on a

$$\left|\frac{\partial Y}{\partial \sigma}\right| = \sin\varphi < 2\sin\frac{\varphi}{2} \qquad \text{et} \qquad Y > \int_0^{\varphi} R_0 \sin\varphi'\, d\varphi' = 2R_0 \sin^2\frac{\varphi}{2},$$

R_0 étant la borne inférieure des rayons de courbure de la courbe *convexe* Γ; ainsi $\left|\frac{\partial Y}{\partial \sigma}\right| < \sqrt{\frac{2Y}{R_0}}$; finalement

$$\left|\frac{\partial \Omega(\sigma, s, t)}{\partial \sigma}\right| < \frac{\nu A}{(\nu t)^{\alpha}} \frac{Y^{2\alpha-1}}{[X^2+Y^2]^{\frac{3}{2}}} + \frac{\nu B}{(\nu t)^{\alpha}} \frac{Y^{2\alpha-\frac{3}{2}}}{X^2+Y^2}.$$

Nous avons

$$X^2+Y^2 = l^2 \qquad \text{et} \qquad Y < Bl^2.$$

D'ou, pour $\frac{3}{4} < \alpha < 1$,

$$|\Omega(\sigma, s, t)| < \frac{\nu B}{(\nu t)^{\alpha} l^{4(1-\alpha)}} \qquad \text{et} \qquad \left|\frac{\partial \Omega(\sigma, s, t)}{\partial \sigma}\right| < \frac{\nu B}{(\nu t)^{\alpha} l^{1+4(1-\alpha)}}.$$

Il nous suffira pour la suite d'utiliser une seule valeur particulière de α : nous ferons $\alpha = \frac{7}{8}$ et nous aurons donc

$$(34) \qquad |\Omega(\sigma, s, t)| < \frac{\nu^{\frac{1}{8}} B}{t^{\frac{7}{8}} l^{\frac{1}{2}}}, \qquad \left|\frac{\partial \Omega(\sigma, s, t)}{\partial \sigma}\right| < \frac{\nu^{\frac{1}{8}} B}{t^{\frac{7}{8}} l^{\frac{3}{2}}}.$$

Application des inégalités (34) *à la relation* (33). — Soit $\varphi(t)$ le maximum à l'instant t de la fonction $|\Phi(s, t)|$. Nous avons

$$\left|\oint \Phi(s, t') e^{-i\theta(s)} \Omega(\sigma, s, t-t')\, ds\right| < \frac{\nu^{\frac{1}{8}} B}{(t-t')^{\frac{7}{8}}} \varphi(t').$$

Donc, en tout point (x, y) de Γ,

$$(35) \qquad |u(x, y, t) - i v(x, y, t)| < \int_{-\infty}^{t} \frac{\nu^{\frac{1}{8}} B}{(t-t')^{\frac{7}{8}}} \varphi(t')\, dt',$$

Soient d'autre part deux points de Γ : M_1 et M_2; soient σ_1 et σ_2 leurs abscisses curvilignes; (x_1, y_1) et (x_2, y_2) leurs coordonnées; l leur distance; soit Γ_0 le plus petit des deux arcs $\widehat{M_1 M_2}$; soit Γ_1 l'arc de longueur double de Γ_0 et qui a même milieu. Nous avons

$$\left|\oint \Phi(s, t')\, e^{-i\theta(s)}\, \Omega(\sigma_1, s, t-t')\, ds - \oint \Phi(s, t')\, e^{-i\theta(s)}\, \Omega(\sigma_2, s, t-t')\, ds\right|$$
$$< \left|\int_{\Gamma_0} d\sigma \int_{\Gamma-\Gamma_1} \Phi(s, t')\, e^{-i\theta(s)} \frac{\partial \Omega(\sigma, s, t-t')}{\partial \sigma}\, ds\right|$$
$$+ \left|\int_{\Gamma_1} \Phi(s, t')\, e^{-i\theta(s)}\, \Omega(\sigma_1, s, t-t')\, ds\right|$$
$$+ \left|\int_{\Gamma_1} \Phi(s, t')\, e^{-i\theta(s)}\, \Omega(\sigma_2, s, t-t')\, ds\right| < \frac{\nu^{\frac{1}{8}} B\, l^{\frac{1}{2}}}{(t-t')^{\frac{7}{8}}}\, \varphi(t').$$

Par suite;

$$(36) \qquad |u(x_1, y_1, t) - i\,v(x_1, y_1, t) - u(x_2, y_2, t) + i\,v(x_2, y_2, t)|$$
$$< l^{\frac{1}{2}} \int_{-\infty}^{t} \frac{\nu^{\frac{1}{8}} B}{(t-t')^{\frac{7}{8}}}\, \varphi(t')\, dt'.$$

III. — Le premier problème aux valeurs frontières.

10. Énoncé du problème. — Écrivons à nouveau le système

$$(1) \qquad \nu\,\Delta u - \frac{\partial u}{\partial t} - \frac{1}{\rho}\frac{\partial p}{\partial x} = 0, \qquad \nu\,\Delta v - \frac{\partial v}{\partial t} - \frac{1}{\rho}\frac{\partial p}{\partial y} = 0;$$

$$(2) \qquad \frac{\partial u}{\partial x} + \frac{\partial v}{\partial y} = 0.$$

Il s'agit d'en obtenir une solution continue $u(x, y, t)$, $v(x, y, t)$ qui soit définie pour $t \geqq 0$ sur le domaine convexe Σ, qui soit nulle pour $t = 0$ et qui prenne le long de Γ, pour $t > 0$, des valeurs données à l'avance $u(\sigma, t)$, $v(\sigma, t)$; ces données sont assujetties à vérifier la condition nécessaire

$$\oint u(\sigma, t)\, dy - v(\sigma, t)\, dx = 0.$$

Nous serons conduits à envisager la fonction $\mathfrak{S}(t)$ égale au maximum à l'instant t de l'expression

$$|u(\sigma, t)| + |v(\sigma, t)| + \left|\int_{s=\sigma-B}^{s=\sigma+B} [v(s, t)\sin\theta(s) - u(s, t)\cos\theta(s)] \frac{ds}{s-\sigma}\right|$$

(l'intégrale devant être prise au sens de Cauchy). Et nos raisonnements nous fourniront non seulement une construction théorique des fonctions u, v, p, mais aussi *une règle pratique* permettant de majorer, à l'aide de la fonction $\mathcal{S}(t)$, la plus grande longueur à l'instant t, $\mathcal{V}(t)$, du vecteur $u(x, y, t)$, $v(x, y, t)$.

Nature de la solution. — Cherchons une solution du problème de la forme

$$(37)\quad u(x, y, t) - i v(x, y, t) = \int_0^t dt' \oint \Phi(s, t') e^{-i\theta(s)} [U(X, Y, t - t') - i V(X, Y, t - t')]\, ds + \oint \Psi(s, t)\, e^{-i\theta(s)} \frac{1}{X + iY}\, ds,$$

les fonctions $\Phi(s, t)$ et $\Psi(s, t)$ devant être réelles. Le système (1), (2) est bien vérifié, et l'on a, en vertu de (28),

$$(38)\quad \frac{1}{\rho} p(x, y, t) = \frac{\partial}{\partial t} \mathcal{R} \left\{ \int_0^t dt' \oint \Phi(t, t')\, \mathcal{F}(Z\ t - t')\, ds - \oint \Psi(s, t) \log Z\, ds \right\} - 2\nu \mathcal{I} \left\{ \oint \Phi(s, t) \frac{1}{Z^2}\, ds \right\}.$$

La réserve doit être faite que la dérivée en $\frac{\partial}{\partial t}$ qui figure au second membre ait un sens.

Faisons tendre le point (x, y) intérieur à Σ vers le point frontière d'abscisse curviligne σ, de coordonnées x_0, y_0 ; on a, en vertu de (30),

$$\lim [u(x, y, t) - i v(x, y, t)] = u(x_0, y_0, t) - i v(x_0, y_0, t) + \pi \Phi(\sigma, t) e^{-i\theta(\sigma)} - i\pi \Psi(\sigma, t) e^{-i\theta(\sigma)}.$$

Pour que les formules (37) fournissent une solution du problème, il faut et il suffit donc que l'on ait

$$\pi \Phi(\sigma, t) e^{-i\theta(\sigma)} - i\pi \Psi(\sigma, t) e^{-i\theta(\sigma)} + \int_0^t dt' \oint \Phi(s, t') e^{-i\theta(s)} \Omega(\sigma, s, t - t')\, ds + \oint \Psi(s, t) e^{-i\theta(s)} \frac{1}{X_0 + iY_0}\, ds = u(\sigma, t) - i v(\sigma, t).$$

Soit r la distance rectiligne des points d'abscisses curvilignes s et σ;

soit ω l'angle que fait avec la normale intérieure au point σ la direction qui joint le point σ au point s. L'équation précédente équivaut au système

$$
(39)\quad\left\{
\begin{aligned}
&\pi\Psi(\sigma,t) - \oint \frac{\cos\omega}{r}\Psi(s,t)\,ds \\
&\quad = \mathcal{I}\left\{\int_0^t dt' \oint \Phi(s,t')\,e^{i\theta(\sigma)-i\theta(s)}\,\Omega(\sigma,s,t-t')\,ds\right\} \\
&\qquad + v(\sigma,t)\cos\theta(\sigma) - u(\sigma,t)\sin\theta(\sigma), \\
&\pi\Phi(\sigma,t) = -\mathcal{R}\left\{\int_0^t dt' \oint \Phi(s,t')\,e^{i\theta(\sigma)-i\theta(s)}\,\Omega(\sigma,s,t-t')\,ds\right\} \\
&\qquad - \oint \frac{\sin\omega}{r}\Psi(s,t)\,ds + u(\sigma,t)\cos\theta(\sigma) + v(\sigma,t)\sin\theta(\sigma).
\end{aligned}
\right.
$$

La dernière intégrale doit être prise *au sens de Cauchy*.

11. Intégration du système (39). — Nous allons définir par récurrence une suite de fonctions $\Psi_m(\sigma, t)$, $\Phi_m(\sigma, t)$ et établir des inéga-

Fig. 3.

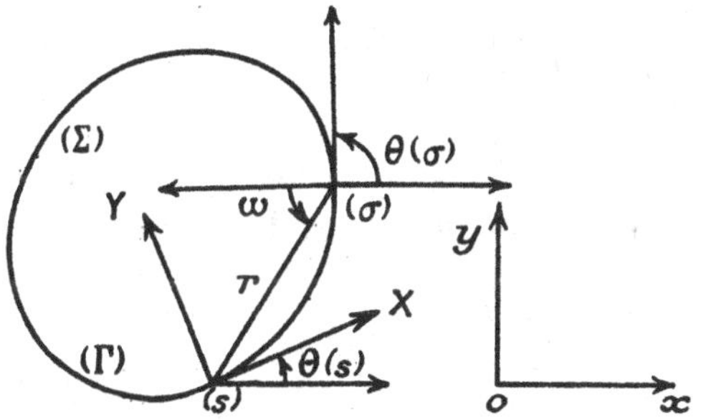

lités les concernant; nous désignerons à cet effet par $\varphi_m(t)$ le maximum à l'instant t de $|\Phi'_m(\sigma, t)|$. Écrivons le système

$$
(40)\quad\left\{
\begin{aligned}
&\pi\Psi_1(\sigma,t) - \oint \frac{\cos\omega}{r}\Psi_1(s,t)\,ds = v(\sigma,t)\cos\theta(\sigma) - u(\sigma,t)\sin\theta(\sigma), \\
&\pi\Phi_1(\sigma,t) = -\oint \frac{\sin\omega}{r}\Psi_1(s,t)\,ds + u(\sigma,t)\cos\theta(\sigma) + v(\sigma,t)\sin\theta(\sigma),
\end{aligned}
\right.
$$

la dernière intégrale devant être prise *au sens de Cauchy*.

Puisque

$$\oint [v(\sigma, t)\cos\theta(\sigma) - u(\sigma, t)\sin\theta(\sigma)]\,d\sigma = 0,$$

la première équation intégrale admet une infinité de solutions; nous nommons $\Psi_1(\sigma, t)$ celle dont le maximum du module à chaque instant est le plus petit possible. Nous avons donc

$$(41)\quad |\Psi_1(\sigma, t)| + \left|\int_{s=\sigma-B}^{s=\sigma+B} \Psi_1(s, t)\frac{ds}{s-\sigma}\right| < B\,\mathcal{S}(t), \qquad \varphi_1(t) < B\,\mathcal{S}(t).$$

Supposons maintenant que nous ayons construit $\Psi_n(\sigma, t)$ et $\Phi_n(\sigma, t)$ $(n \geqq 1)$; définissons $\Psi_{n+1}(\sigma, t)$ et $\Phi_{n+1}(\sigma, t)$. Écrivons le système

$$(42)\quad \left\{\begin{aligned} &\pi\Psi_{n+1}(\sigma, t) - \oint \frac{\cos\omega}{r}\Psi_{n+1}(s, t)\,ds \\ &\quad = \mathcal{I}\left\{\int_0^t dt' \oint \Phi_n(s, t')\, e^{i\theta(\sigma)-i\theta(s)}\,\Omega(\sigma, s, t-t')\,ds\right\}, \\ &\pi\Phi_{n+1}(\sigma, t) = -\mathcal{R}\left\{\int_0^t dt' \oint \Phi_n(s, t')\, e^{i\theta(\sigma)-i\theta(s)}\,\Omega(\sigma, s, t-t')\,ds\right\} \\ &\qquad\qquad - \oint \frac{\sin\omega}{r}\Psi_n(s, t)\,dt \end{aligned}\right.$$

(la dernière intégrale doit être prise *au sens de Cauchy*).

Pour étudier les seconds membres de ces équations, posons

$$\begin{aligned} &u_n(x, y, t) - i\,v_n(x, y, t) \\ &\quad = \int_0^t dt' \oint \Phi_n(s, t')\, e^{-i\theta(s)}[U(X, Y, t-t') - i\,V(X, Y, t-t')]\,ds. \end{aligned}$$

La relation $\frac{\partial u_n(x, y, t)}{\partial x} + \frac{\partial v_n(x, y, t)}{\partial y} = 0$ et la continuité au voisinage de Γ de la composante normale du vecteur $u_n(x, y, t)$, $v_n(x, y, t)$ prouvent que

$$\oint [v_n(x, y, t)\cos\theta(\sigma) - u_n(x, y, t)\sin\theta(\sigma)]\,d\sigma = 0.$$

Or le second membre de la première équation (42) vaut justement

$$-[v_n(x, y, t)\cos\theta(\sigma) - u_n(x, y, t)\sin\theta(\sigma)].$$

Cette équation intégrale admet donc une infinité de solutions. Nous nommons $\Psi_{n+1}(\sigma, t)$ celle dont le maximum du module a chaque instant est le plus petit possible.

D'autre part les formules (35) et (36) nous apprennent que le long de Γ,

$$|u_n(x, y, t) - i v_n(x, y, t)| < \int_0^t \frac{\nu^{\frac{1}{8}} B}{(t-t')^{\frac{7}{8}}} \varphi_n(t')\,dt',$$

$$|u_n(x_1, y_1, t) - i v_n(x_1, y_1, t) - u(x_2, y_2, t) + i v(x_2, y_2, t)|$$
$$< l^{\frac{1}{2}} \int_0^t \frac{\nu^{\frac{1}{8}} B}{(t-t')^{\frac{7}{8}}} \varphi_n(t')\,dt'.$$

On en déduit

$$(43)\quad \begin{cases} |\Psi_{n+1}(\sigma, t)| < \displaystyle\int_0^t \frac{\nu^{\frac{1}{8}} B}{(t-t')^{\frac{7}{8}}} \varphi_n(t')\,dt', \\ |\Psi_{n+1}(\sigma_1, t) - \Psi_{n+1}(\sigma_2, t)| < l^{\frac{1}{2}} \displaystyle\int_0^t \frac{\nu^{\frac{1}{8}} B}{(t-t')^{\frac{7}{8}}} \varphi_n(t')\,dt', \end{cases}$$

$$\varphi_{n+1}(t) < \int_0^t \frac{\nu^{\frac{1}{8}} B}{(t-t')^{\frac{7}{8}}} \varphi_n(t')\,dt'.$$

Rappelons que les constantes B qui figurent dans ces formules dépendent exclusivement du contour Γ, non de l'indice n. On a donc

$$(44)\quad \varphi_{n+1}(t) < \int_0^t \frac{\nu^{\frac{n}{8}} B^n \Gamma^n\left(\frac{1}{8}\right)}{\Gamma\left(\frac{n}{8}\right)} (t-t')^{\frac{n}{8}-1} \varphi_1(t')\,dt'.$$

Or la série $\displaystyle\mathop{\mathrm{S}}_1^{\infty} \frac{\nu^{\frac{n}{8}} B^n \Gamma^n\left(\frac{n}{8}\right)}{\Gamma\left(\frac{1}{8}\right)} (t-t')^{\frac{n}{8}-1}$ est convergente et sa somme est inférieure à une expression de la forme $\dfrac{B\nu^{\frac{1}{8}}}{(t-t')^{\frac{7}{8}}} + B\nu e^{B\nu(t-t')}$.

On a donc le droit d'écrire

$$(45)\quad \begin{cases} |\Phi_2(\sigma, t)| + |\Phi_3(\sigma, t)| + |\Phi_4(\sigma, t)| + \ldots \\ \quad < \int_0^t \frac{B\nu^{\frac{1}{8}}}{(t-t')^{\frac{7}{8}}} \varphi_1(t')\,dt' + \int_0^t B\nu\, e^{B\nu(t-t')} \varphi_1(t')\,dt'. \\ |\Psi_2(\sigma, t)| + |\Psi_3(\sigma, t)| + |\Psi_4(\sigma, t)| + \ldots \\ \quad < \int_0^t \frac{B\nu^{\frac{1}{8}}}{(t-t')^{\frac{7}{8}}} \varphi_1(t')\,dt' + \int_0^t B\nu\, e^{B\nu(t-t')} \varphi_1(t')\,dt', \\ |\Psi_2(\sigma_1, t) - \Psi_2(\sigma_2, t)| + |\Psi_3(\sigma_1, t) - \Psi_3(\sigma_2, t)| + \ldots \\ \quad < t^{\frac{1}{2}} \int_0^t \frac{B\nu^{\frac{1}{8}}}{(t-t')^{\frac{7}{8}}} \varphi_1(t')\,dt' + t^{\frac{1}{2}} \int_0^t B\nu\, e^{B\nu(t-t')} \varphi_1(t')\,dt'. \end{cases}$$

Dès lors une solution du système (39) est fournie par les formules

$$(46)\quad \begin{cases} \Phi(\sigma, t) = \Phi_1(\sigma, t) + \Phi_2(\sigma, t) + \Phi_3(\sigma, t) + \ldots, \\ \Psi(\sigma, t) = \Psi_1(\sigma, t) + \Psi_2(\sigma, t) + \Psi_3(\sigma, t) + \ldots. \end{cases}$$

Remarque. — Le système (1), (2) ne peut être considéré comme effectivement résolu par les formules (37), (38), (40), (42), (46) que si la dérivée en $\frac{\partial}{\partial t}$ qui figure dans (38) existe réellement. En particulier cette existence est assurée quand $\frac{\partial \Phi(\sigma, t)}{\partial t}$ et $\frac{\partial \Psi(\sigma, t)}{\partial t}$ existent et sont bornés; c'est le cas lorsque l'expression

$$\left|\frac{\partial u(\sigma, t)}{\partial t}\right| + \left|\frac{\partial v(\sigma, t)}{\partial t}\right| + \left|\int_{s=\sigma-B}^{s=\sigma+B} \left[\frac{\partial v(s, t)}{\partial t} \sin\theta(s) - \frac{\partial u(s, t)}{\partial t} \cos\theta(s)\right] \frac{ds}{s-\sigma}\right|$$

reste bornée tant que t n'augmente pas indéfiniment : les développements (46) peuvent alors être dérivés terme à terme par rapport à t.

12. Obtention d'une majorante de $\mathcal{V}(t)$, maximum à l'instant t du vecteur $u(x, y, t)$, $v(x, y, t)$.

La deuxième intégrale qui figure dans (37),

$$\oint \Psi(s, t)\, e^{-i\theta(s)} \frac{1}{X + iY}\, ds,$$

a un module inférieur au maximum à l'instant t de l'expression

$$B|\Psi(\sigma, t)| + B\left|\int_{s=\sigma-B}^{s=\sigma+B} \Psi(s, t)\frac{ds}{s-\sigma}\right|.$$

Les inégalités (41) et (45) montrent que ce maximum est lui-même inférieur à

$$(47) \qquad B\mathcal{S}(t) + \int_0^t \frac{B\nu^{\frac{1}{8}}}{(t-t')^{\frac{7}{8}}}\mathcal{S}(t')\,dt' + \int_0^t B\nu\, e^{B\nu(t-t')}\mathcal{S}(t')\,dt'.$$

Majorons maintenant la première intégrale qui figure dans (37), d'après (41) et (45), nous avons

$$|\Phi(\sigma, t)| < B\mathcal{S}(t) + \int_0^t \frac{B\nu^{\frac{1}{8}}}{(t-t')^{\frac{7}{8}}}\mathcal{S}(t')\,dt' + \int_0^t B\nu\, e^{B\nu(t-t')}\mathcal{S}(t')\,dt'.$$

Or, en pratique, on connaîtra toujours une inégalité de la forme

$$(48) \qquad \mathcal{S}(t) < \int_0^t H(t-t_1)\,dF(t_1),$$

$H(t)$ étant une fonction positive simple et $F(t)$ une fonction croissante.

Appliquons donc la règle (32) en posant

$$G_1(t) = B\,H(t), \qquad F_1(t) = F(t), \qquad G_2(t) = \frac{B\nu^{\frac{1}{8}}}{t^{\frac{7}{8}}},$$

$$dF_2(t) = \mathcal{S}(t)\,dt, \qquad G_3(t) = B\nu\, e^{B\nu t}, \qquad dF_3(t) = \mathcal{S}(t)\,dt.$$

Il vient

$$(49) \quad \begin{cases} \left|\int_0^t dt' \oint \Phi(s, t')\, e^{-i\theta(s)}[U(X, Y, t-t') - iV(X, Y, t-t')]\,ds\right| \\ \quad < B\int_0^t \widetilde{H}(t-t_1)\,dF(t_1) + \int_0^t \frac{B\nu^{\frac{1}{8}}}{(t-t_1)^{\frac{7}{8}}}\mathcal{S}(t_1)\,dt_1 \\ \quad + \int_0^t B\nu\, e^{B\nu(t-t_1)}\mathcal{S}(t_1)\,dt_1. \end{cases}$$

Remarquons que $H(t) < \widetilde{H}(t)$; donc

$$\mathcal{S}(t) < \int_0^t \widetilde{H}(t-t_1)\,dF(t_1).$$

Par suite on peut déduire des expressions (47) et (49) l'inégalité

$$\mathcal{V}(t) < B\int_0^t \widetilde{H}(t-t_1)\,dF(t_1) + \int_0^t \frac{B\nu^{\frac{1}{8}}}{(t-t_1)^{\frac{7}{8}}}\mathcal{S}(t_1)\,dt_1 + \int_0^t B\nu\, e^{B\nu(t-t_1)}\mathcal{S}(t_1)\,dt_1.$$

D'où, en tenant compte à nouveau de (48),

$$\mathcal{V}(t) < \int_0^t \left\{ B\widetilde{H}(t-t') + \int_{t'}^t \frac{B\nu^{\frac{1}{8}}}{(t-t_1)^{\frac{7}{8}}} H(t_1-t')\,dt_1 + \int_{t'}^t B\nu\, e^{B\nu(t-t_1)} H(t_1-t')\,dt_1 \right\} dF(t').$$

On peut substituer à l'expression entre accolades une autre plus simple :

Décomposons l'intervalle (t', t) de variation de t_1 en trois autres sans point commun deux à deux :

T_1 défini par l'inégalité $\nu(t-t_1) > 1$;

T_2 défini par les inégalités simultanées : $\nu(t-t_1) < 1$; $t_1 < \frac{t+t'}{2}$;

T_3 défini par les inégalités simultanées : $\nu(t-t_1) < 1$; $t_1 > \frac{t+t'}{2}$.

Nous avons

$$\int_{T_1} \frac{B\nu^{\frac{1}{8}}}{(t-t_1)^{\frac{7}{8}}} H(t_1-t')\,dt_1 < \int_{T_1} B\nu\, e^{B\nu(t-t_1)} H(t_1-t')\,dt_1 < \int_{t'}^t B\nu\, e^{B\nu(t-t_1)} H(t_1-t')\,dt_1,$$

$$\int_{T_2} \frac{B\nu^{\frac{1}{8}}}{(t-t_1)^{\frac{7}{8}}} H(t_1-t')\,dt_1 < \frac{B\nu^{\frac{1}{8}}}{\left(\frac{t-t'}{2}\right)^{\frac{7}{8}}} \int_{T_2} H(t_1-t')\,dt_1 < \frac{B}{t-t'} \int_{t'}^{\frac{t+t'}{2}} H(t_1-t')\,dt_1,$$

$$\int_{T_3} \frac{B\nu^{\frac{1}{8}}}{(t-t_1)^{\frac{7}{8}}} H(t_1-t')\,dt_1 < \left\{ \text{max. de } H(t_1-t') \text{ pour } \frac{t+t'}{2} < t_1 < t \right\} \times \int_{T_3} \frac{B\nu^{\frac{1}{8}}\,dt_1}{(t-t_1)^{\frac{7}{8}}} < B\left\{ \text{max. de } H(t_1-t') \text{ pour } \frac{t+t'}{2} < t_1 < t \right\}.$$

Ainsi

$$\int_{t'}^{t} \frac{B\nu^{\frac{1}{8}}}{(t-t_1)^{\frac{7}{8}}} H(t_1-t')\,dt_1 < B\widetilde{H}(t-t') + \int_{t'}^{t} B\nu e^{B\nu(t-t_1)} H(t_1-t)\,dt_1.$$

Finalement

$$(50)\qquad \mathcal{V}(t) < \int_0^t \left\{ B\widetilde{H}(t-t') + \int_{t'}^{t} B\nu e^{B\nu(t-t_1)} H(t_1-t')\,dt_1 \right\} dF(t').$$

13. Conclusions. — Soit un contour convexe Γ qui admette en tout point un rayon de courbure fini ou infini; la borne inférieure de ces rayons de courbure doit être positive. Soient données le long de ce contour, pour $t \geqq 0$, deux fonctions continues de l'arc σ et du temps t : $u(\sigma, t)$ et $v(\sigma, t)$. On suppose

$$u(\sigma, 0) = v(\sigma, 0) = 0, \qquad \oint u(s, t)\,dy - v(s, t)\,dx = 0.$$

La fonction $\int_{s=\sigma-B}^{s=\sigma+B} [u(s, t)\,dy - v(s, t)\,dx] \frac{1}{s-\sigma}$ doit être continue.

Il existe alors un vecteur [1] $u(x, y, t)$, $v(x, y, t)$ défini et continu à l'intérieur de Γ pour $t \geqq 0$, nul pour $t = 0$, égal à $u(\sigma, t)$, $v(\sigma, t)$ le long de Γ, qui vérifie à l'intérieur de Γ le système [2]

$$(51)\qquad \left\{ \begin{aligned} &\nu \int_{t_1}^{t_2} \Delta u(x, y, t)\,dt - [u(x, y, t)]_{t_1}^{t_2} - \frac{1}{\rho}\frac{\partial}{\partial x}[\Pi(x, y, t)]_{t_1}^{t_2} = 0, \\ &\nu \int_{t_1}^{t_2} \Delta v(x, y, t)\,dt - [v(x, y, t)]_{t_1}^{t_2} - \frac{1}{\rho}\frac{\partial}{\partial y}[\Pi(x, y, t)]_{t_1}^{t_2} = 0, \\ &\frac{\partial u(x, y, t)}{\partial x} + \frac{\partial v(x, y, t)}{\partial y} = 0, \end{aligned} \right.$$

et la plus grande longueur, $\mathcal{V}(t)$, du vecteur $u(x, y, t)$, $v(x, y, t)$ à l'instant t peut être majorée comme suit :

---

(1) Nous n'établirons pas l'unicité de ce vecteur. Nous n'étudierons pas non plus comment les fonctions $\frac{\partial u(x, y, t)}{\partial x}$, $\frac{\partial u(x, y, t)}{\partial y}$, $\frac{\partial v(x, y, t)}{\partial x}$, $\frac{\partial v(x, y, t)}{\partial y}$ se comportent au voisinage de Γ.

(2) Pour ce qui est du système (1), (2) proprement dit, voir la remarque qui termine le paragraphe **11**.

Règle de majoration. — Soit $n(\sigma, t)$ la composante normale du vecteur $u(\sigma, t)$, $v(\sigma, t)$.

Soit $\mathcal{S}(t)$ le maximum à l'instant t de l'expression

$$|u(\sigma, t)| + |v(\sigma, t)| + \left| \int_{\sigma - B}^{\sigma + B} n(s, t) \frac{ds}{s - \sigma} \right|.$$

On cherche une inégalité de la forme

$$\mathcal{S}(t) < \int_0^t H(t - t')\, dF(t'),$$

$H(t)$ étant une fonction positive et $F(t)$ une fonction croissante. On calcule

$$\mathcal{H}(t) = B\left\{ \text{max. de } H(t') \text{ pour } \frac{t}{2} < t' < t \right\} + \frac{B}{t}\int_0^{\frac{t}{2}} H(t')\, dt' + \int_0^t B\nu\, e^{B\nu(t-t')} H(t')\, dt'.$$

On a

(52) $$\mathcal{V}(t) < \int_0^t \mathcal{H}(t - t')\, dF(t'),$$

On peut améliorer cette inégalité par un procédé analogue à celui qu'emploie le paragraphe 3 du Chapitre II : soit $\mathfrak{G}(t)$ la fonction égale à $\mathcal{H}(t)$ quand $t < \frac{1}{\nu}$ à

$$B\, e^{-\beta\nu t}\left\{ \text{max. de } \mathcal{H}(t) \text{ pour } \frac{1}{3\nu} \leqq t \leqq \frac{2}{3\nu} \right\} \qquad \text{quand } t \geqq \frac{1}{\nu}.$$

On a

(53) $$\mathcal{V}(t) < \int_0^t \mathfrak{G}(t - t')\, dF(t').$$

Remarque. — Il est superflu pour la suite d'indiquer quelles valeurs il convient d'attribuer aux constantes B.

Un autre problème [1]. — Supposons $u(\sigma, t)$, $v(\sigma, t)$ définis pour toute valeur de t, $S(t)$ borné,

$$\oint n(\sigma, t)\, d\sigma = 0.$$

---

[1] Il est inutile pour la suite d'envisager ce problème.

Proposons-nous le problème nouveau de construire une solution du système (51) qui soit définie et bornée pour l'ensemble des valeurs de t et qui coïncide le long de Γ avec $u(\sigma, t)$, $v(\sigma, t)$. Quel que soit T^* nous savons définir pour $t \geqq T^*$ une solution u^*, v^* de (51) qui est nulle pour $t = T^*$ et qui satisfait les conditions imposées à la frontière pour $t > T^*$. La formule (53) prouve que lorsque T^* tend vers $-\infty$, u^* et v^* convergent uniformément vers des limites u et v qui constituent une solution de notre nouveau problème.

Remarque. — Par la suite nous n'utiliserons plus jamais l'inégalité (53); l'inégalité (52) nous suffira toujours.

IV. — Compléments.

14. Coefficient de viscosité évanescent. — Cherchons comment se comporte la solution que nous venons de construire lorsque ν tend vers zéro, les autres données restant fixes. Nous n'envisagerons que des valeurs du temps comprises entre o et une borne arbitrairement choisie.

Les deux dernières formules (45) montrent que l'intégrale

$$\oint \Psi(s, t)\, e^{-i\theta(s)} \frac{1}{X + iY}\, ds$$

tend sur Σ uniformément vers

$$\oint \Psi_1(s, t)\, e^{-i\theta(s)} \frac{1}{X + iY}\, ds.$$

Soit η le maximum $|\Phi(s, t) - \Phi_1(s, t)|$ pour toutes les valeurs envisagées de s et de t; la première formule (45) prouve que η tend vers zéro. Or d'après (29),

$$\left| \int_0^t dt' \oint [\Phi(s, t') - \Phi_1(s, t')]\, e^{-i\theta(s)} [U(X, Y, t - t') - iV(X, Y, t - t')]\, ds \right|$$
$$< \eta \int_0^t E(x, y, t')\, dt' < A\eta.$$

Donc

$$u(x, y, t) - i v(x, y, t) - \oint \Psi_1(s, t)\, e^{-i\theta(s)} \frac{1}{X + iY} ds$$
$$- \int_0^t dt' \oint \Phi_1(s, t')\, e^{-i\theta(s)} [U(X, Y, t - t') - i V(X, Y, t - t')]\, ds$$

tend sur Σ uniformément vers zéro.

Les fonctions $\Psi_1(s, t)$ et $\Phi_1(s, t)$, que définissent les relations (49), sont indépendantes de ν. Mais $U - iV$ en dépend; au début du paragraphe **7** nous avons déjà remarqué que

$$|U(X, Y, t - t') - i V(X, Y, t - t')| < \frac{\nu B(x, y)}{\sqrt{\nu(t - t')}\,[1 + \nu(t - t')]^{\frac{3}{2}}},$$

la fonction $B(x, y)$ étant bornée sur tout domaine intérieur à Σ. Il en résulte que $u - iv$ tend uniformément vers

$$u_1(x, y, t) - i v_1(x, y, t) = \oint \Psi_1(s, t)\, e^{-i\theta(s)} \frac{1}{X + iY} ds,$$

sur tout domaine intérieur à Σ.

Autrement dit, *sur tout domaine intérieur Σ, le vecteur u, v tend uniformément vers le vecteur u_1, v_1, qui est le gradient d'une fonction harmonique et qui admet, le long de Γ, la composante normale imposée au vecteur u, v.*

Remarque. — Le vecteur u, v ne peut pas, d'ailleurs, en général, tendre vers sa limite uniformément sur tout le domaine Σ, car sa composante tangentielle le long de Γ ne coïncide pas en général avec celle du vecteur u_1, v_1.

Remarque. — On constate aisément que les fonctions $\frac{\partial^{p+q} u(x, y, t)}{\partial x^p \partial y^q}$ $\frac{\partial^{p+q} v(x, y, t)}{\partial x^p \partial y^q}$ tendent vers les fonctions $\frac{\partial^{p+q} u_1(x, y, t)}{\partial x^p \partial y^q}$, $\frac{\partial^{p+p} v_1(x, y, t)}{\partial x^p \partial y^q}$ uniformément sur tout domaine intérieur à Σ.

15. RÉSOLUTION D'UN NOUVEAU PROBLÈME AUX VALEURS FRONTIÈRES :

Soit à construire une solution $u(x, y, t)$, $v(x, y, t)$ du système (1), (2) qui soit définie à l'intérieur Γ pour $t \geqq 0$, qui soit nulle le long de Γ et qui pour $t = 0$ coïncide avec un vecteur donné $u(x, y, 0)$, $v(x, y, 0)$. On suppose $\frac{\partial u(x, y, 0)}{\partial x} + \frac{\partial v(x, y, 0)}{\partial y} = 0$; $u(x, y, o)$ et $v(x, y, o)$ nuls le long de Γ.

Désignons *par* r la distance des points (x, y) et (x', y'); soient

$$u_1(x, y, t) = \frac{1}{4\pi\nu} \iint_\Sigma \frac{e^{-\frac{r^2}{4\nu t}}}{t} u(x', y', 0)\, dx'\, dy',$$

$$v_1(x, y, t) = \frac{1}{4\pi\nu} \iint_\Sigma \frac{e^{-\frac{r^2}{4\nu t}}}{t} v(x', y', 0)\, dx'\, dy'.$$

Nous avons

$$\nu\,\Delta u_1 - \frac{\partial u_1}{\partial t} = 0, \qquad \nu\,\Delta v_1 - \frac{\partial v_1}{\partial t} = 0, \qquad \frac{\partial u_1}{\partial x} + \frac{\partial v_1}{\partial y} = 0,$$

$$u_1(x, y, 0) = u(x, y, 0), \qquad v_1(x, y, 0) = v(x, y, 0).$$

Nous savons construire une solution $u_2(x, y, t)$, $v_2(x, y, t)$ du système (1), (2) définie pour $t \geqq 0$ à l'intérieur de Σ, nulle pour $t = 0$, égale à $u_1(x, y, t)$, $v_1(x, y, t)$ le long de Γ. Les fonctions $u = u_1 - u_2$, $v = v_1 - v_2$ constituent une solution du problème que nous nous sommes posé.

Soit $\mathcal{V}(t)$ la plus grande longueur à l'instant t du vecteur $u(x, y, t)$, $v(x, y, t)$. La suite de ce paragraphe a pour objet la majoration de $\mathcal{V}(t)$. Nous supposerons à cet effet données des constantes C et h telles que

$$|u(x, y, 0) - u(x', y', 0)| < Cr^h,$$
$$|v(x, y, 0) - v(x', y', 0)| < Cr^h.$$

Soient d'autre part

$$\mathcal{W}(t) = \iint_\Sigma [u^2(x, y, t) + v^2(x, y, t)]\, dx\, dy,$$

et

$$\mathcal{J}^2(t) = \iint_\Sigma \left[\left(\frac{\partial u(x, y, t)}{\partial x}\right)^2 + \left(\frac{\partial u(x, y, t)}{\partial y}\right)^2 + \left(\frac{\partial v(x, y, t)}{\partial x}\right)^2 + \left(\frac{\partial v(x, y, t)}{\partial y}\right)^2 \right] dx\, dy.$$

Nous allons résoudre les quatre problèmes suivants :

Problème α. — Construire une majorante de $\mathcal{V}(t)$ ne dépendant que de ν, Γ, $\mathcal{V}(0)$, C et h.

Problème β. — Construire une majorante de $\mathcal{V}(t)$ ne dépendant que de ν, Γ et $\mathcal{V}(0)$.

Problème γ. — Construire une majorante de $\mathcal{V}(t)$ ne dépendant que de ν, Γ et $\mathcal{J}(0)$.

Problème δ. — Construire une majorante de $\mathcal{V}(t)$ ne dépendant que de ν, Γ et $\mathcal{W}(0)$.

Nous procéderons comme suit : nous majorerons dans chaque cas la plus grande longueur à l'instant t du vecteur u_1, v_1 ; puis celle du vecteur u_2, v_2 ; cette dernière opération sera basée sur la règle énoncée au paragraphe **13** (formule 52). Nous prendrons comme majorante de $\mathcal{V}(t)$ la somme des majorantes des vecteurs u_1, v_1 et u_2, v_2.

Résolution du problème α. — La plus grande longueur à l'instant t du vecteur u_1, v_1 est au plus égale à $\mathcal{V}(0)$ et même à une expression de la forme $\frac{B\mathcal{V}(0)}{1+\nu t}$. On a en outre

$$|u_1(x, y, t) - u_1(x', y', t)| < \frac{BCr^h}{1+\nu t},$$

$$|v_1(x, y, t) - v_1(x', y', t)| < \frac{BCr^h}{1+\nu t}.$$

D'où résulte

$$\mathcal{S}(t) < \frac{B}{1+\nu t}\left[\mathcal{V}(0) + \frac{C}{h}\right].$$

Nous pouvons choisir

$$F(0) = 0, \qquad F(t) = 1 \quad \text{pour } t > 0, \qquad H(t) = \frac{B}{1+\nu t}\left[\mathcal{V}(0) + \frac{C}{h}\right].$$

Il vient

$$\mathcal{H}(t) < B\left[\mathcal{V}(0) + \frac{C}{h}\right] e^{B\nu t}.$$

Finalement

$$(54) \qquad \mathcal{V}(t) < B\left[\mathcal{V}(0) + \frac{C}{h}\right] e^{B\nu t}.$$

Résolution du problème β. — Nous avons, pour chaque valeur de t, quel que soit λ compris entre o et 1,

$$\left|\int_{\sigma-B}^{\sigma+B} n(s,t)\frac{ds}{s-\sigma}\right| < \int_{\sigma-\lambda B}^{\sigma+\lambda B}\left|\frac{n(s,t)-n(\sigma,t)}{s-\sigma}\right| ds + \int_{\sigma+\lambda B}^{\sigma+B}|n(s,t)|\frac{ds}{s-\sigma} + \int_{\sigma-B}^{\sigma-\lambda B}|n(s,t)|\frac{ds}{\sigma-s},$$

d'où

$$(55) \qquad \left|\int_{\sigma-B}^{\sigma+B} n(s,t)\frac{ds}{s-\sigma}\right| < B\left\{\text{max. de } \frac{\partial n(s,t)}{\partial s}\right\}\lambda + B\{\text{max. de } n(s,t)\}\log\frac{1}{\lambda}.$$

Or

$$|n(s,t)| < \frac{B\,\mathfrak{V}(0)}{1+\nu t}.$$

D'autre part,

$$\frac{\partial u_1}{\partial x} = \frac{1}{8\pi\nu^2 t^2}\iint_\Sigma (x'-x)\,e^{-\frac{r^2}{4\nu t}}u(x',y',0)\,dx'\,dy'.$$

D'où

$$\left|\frac{\partial u_1}{\partial x}\right| < \frac{\mathfrak{V}(0)}{8\pi\nu^2 t^2}\iint_\Sigma r\,e^{-\frac{r^2}{4\nu t}}dx'\,dy' < \frac{B\,\mathfrak{V}(0)}{\sqrt{\nu t}[1+\nu t]^{\frac{3}{2}}}.$$

Plus généralement

$$\left|\frac{\partial u_1}{\partial x}\right| + \left|\frac{\partial u_1}{\partial y}\right| + \left|\frac{\partial v_1}{\partial x}\right| + \left|\frac{\partial v_1}{\partial y}\right| < \frac{B\,\mathfrak{V}(0)}{\sqrt{\nu t}[1+\nu t]^{\frac{3}{2}}}.$$

Par suite

$$\left|\frac{\partial n(s,t)}{\partial s}\right| < \frac{B\,\mathfrak{V}(0)}{\sqrt{\nu t}[1+\nu t]^{\frac{3}{2}}}.$$

De (55) résulte donc

$$\left|\int_{\sigma-B}^{\sigma+B} n(s,t)\frac{ds}{s-\sigma}\right| < \frac{B\,\mathfrak{V}(0)}{1+\nu t}\left[\frac{\lambda}{\sqrt{\nu t}\sqrt{1+\nu t}} + \log\frac{1}{\lambda}\right].$$

Nous prendrons $\lambda = \sqrt{\nu t}$ pour $\nu t \leqq 1$, $\lambda = 1$ pour $\nu t \geqq 1$. Nous aurons

$$\mathfrak{S}(t) < \frac{\mathfrak{V}(0)}{1+\nu t}\left[B + B\overset{+}{\log}\frac{1}{\nu t}\right],$$

le symbole $\overset{+}{\log}\frac{1}{\nu t}$ représentant $\log\frac{1}{\nu t}$ quand $\nu t \leqq 1$, o quand $\nu t \geqq 1$.

Nous pouvons choisir $F(o)=o$, $F(t)=1$ pour $t>o$,

$$H(t)=\frac{\mathcal{V}(o)}{1+\nu t}\left[B+B\overset{+}{\log}\frac{1}{\nu t}\right].$$

Il vient

$$\mathcal{V}(t)<\mathcal{V}(o)\left[B\overset{+}{\log}\frac{1}{\nu t}+Be^{B\nu t}\right]. \tag{56}$$

Le second membre de (56) n'est pas borné au voisinage de $t=o$; je crois d'ailleurs qu'effectivement le premier membre de (56) peut atteindre des valeurs arbitrairement grandes quand $u(x, y, o)$ et $v(x, y, o)$ varient, $\mathcal{V}(o)$ restant fixe.

Résolution du problème γ. — Posons $x'=x+r\cos\omega, y'=y+r\sin\omega$; nous introduisons donc un système de coordonnées polaires ayant pour origine le point (x, y); soit $u(r;\omega)=u(x', y', o)$; désignons par $r=R(\omega)$ l'équation de Γ rapporté à ces coordonnées polaires. D'après l'inégalité de Schwarz,

$$u^2(r;\omega)=\left[\int_r^{R(\omega)}\frac{\partial u(r';\omega)}{\partial r'}dr'\right]^2<\int_r^{R(\omega)}\left[\frac{\partial u(r';\omega)}{\partial r'}\right]^2 r'\,dr'\log\frac{R(\omega)}{r};$$

donc

$$\int_0^{2\pi}u^2(r;\omega)\,d\omega<\mathcal{J}^2(o)\log\frac{B}{r}.$$

Or

$$|u_1(x, y, t)|^2<\iint_\Sigma\frac{e^{-\frac{r^2}{4\nu t}}}{4\pi\nu t}r\,dr\,d\omega\iint_\Sigma\frac{e^{-\frac{r^2}{4\nu t}}}{4\pi\nu t}u^2(r;\omega)r\,dr\,d\omega.$$

D'où

$$|u_1(x, y, t)|^2<\mathcal{J}^2(o)\int_0^\infty\frac{e^{-\frac{r^2}{4\nu t}}}{2\nu t}r\,dr\int_0^B\frac{e^{-\frac{r^2}{4\nu t}}}{4\pi\nu t}\log\frac{B}{r}\,r\,dr<A\,\mathcal{J}^2(o)\log\left(1+\frac{B}{\nu t}\right).$$

Une égalité analogue vaut pour $|v_1(x, y, t)|^2$.

Supposons le point (x, y) sur Γ; établissons des inégalités plus strictes que les précédentes. A cet effet choisissons pour origine des coordonnées un point intérieur à Σ, par exemple le centre de gravité de cette aire; posons $x'=\rho\cos\theta$, $y'=\rho\sin\theta$; soit encore $\rho=R(\theta)$ l'équation de Γ rapporté à ces coordonnées polaires; posons

$$u(\rho;\theta)=u(x', y', o).$$

Ecrivons l'identité

$$\int_0^{R(\theta)} \frac{u^2(\rho;\theta)\,d\rho}{\rho\left[\log\frac{R(\theta)}{\rho}\right]^2} = -\int_0^{R(\theta)} \frac{2\,u(\rho;\theta)\,\frac{\partial u(\rho;\theta)}{\partial\rho}}{\log\frac{R(\theta)}{\rho}}\,d\rho.$$

Appliquons l'inégalité de Schwarz au second membre; il vient

$$\int_0^{R(\theta)} \frac{u^2(\rho;\theta)\,d\rho}{\rho\left[\log\frac{R(\theta)}{\rho}\right]^2} \leqq 4\int_0^{R(\theta)} \left[\frac{\partial u(\rho;\theta)}{\partial\rho}\right]^2 \rho\,d\rho.$$

D'où

$$\int_0^{R(\theta)} \frac{u^2(\rho;\theta)\rho\,d\rho}{[R(\theta)-\rho]^2} < 4\int_0^{R(\theta)} \left[\frac{\partial u(\rho;\theta)}{\partial\rho}\right]^2 \rho\,d\rho;$$

par suite

$$\iint_\Sigma \frac{u^2(x',y',0)}{r^2}\,dx'\,dy' < \mathrm{B}\,\mathcal{J}^2(0),$$

Or

$$|u_1(x,y,t)|^2 \leqq \iint_\Sigma \frac{r^2 e^{-\frac{r^2}{2\nu t}}}{(4\pi\nu t)^2}\,dx'\,dy' \iint_\Sigma \frac{u^2(x',y',0)}{r^2}\,dx'\,dy'.$$

Donc $|u_1(x, y, t)| < \mathrm{B}\mathcal{J}(0)$; une inégalité analogue vaut pour $|v_1(x,y,t)|$.

Enfin de la relation

$$\frac{\partial u_1(x,y,t)}{\partial x} = \frac{1}{4\pi\nu}\iint \frac{e^{-\frac{r^2}{4\nu t}}}{t}\,\frac{\partial u(x',y',0)}{\partial x'}\,dx'\,dy',$$

on déduit, grâce à l'inégalité de Schwarz, $\left|\frac{\partial u_1(x,y,t)}{\partial x}\right| < \frac{\mathrm{A}\mathcal{J}(0)}{\sqrt{\nu t}}$; des inégalités analogues valent pour $\left|\frac{\partial u_1}{\partial y}\right|, \left|\frac{\partial v_1}{\partial x}\right|, \left|\frac{\partial v_1}{\partial y}\right|$.

De (55) résulte donc :

$$\left|\int_{\sigma-\mathrm{B}}^{\sigma+\mathrm{B}} n(s,t)\frac{ds}{s-\sigma}\right| < \mathcal{J}(0)\left[\mathrm{B}\frac{\lambda}{\sqrt{\nu t}} + \mathrm{B}\log\frac{1}{\lambda}\right].$$

Nous prendrons $\lambda = \sqrt{\nu t}$ pour $\nu t \leqq 1$; $\lambda = 1$ pour $\nu t \geqq 1$. Nous aurons

$$\mathfrak{S}(t) < \mathcal{J}(0)\left[\mathrm{B} + \mathrm{B}\overset{+}{\log}\frac{1}{\nu t}\right].$$

Nous pouvons choisir

$$F(0)=0, \qquad F(t)=1 \quad \text{pour } t>0, \qquad H(t)=\mathcal{J}(0)\left[B+B\overset{+}{\log}\frac{1}{\nu t}\right].$$

Il vient

$$(57) \qquad \mathcal{V}(t)<\mathcal{J}(0)\left[B\overset{+}{\log}\frac{1}{\nu t}+B\,e^{B\nu t}\right].$$

Résolution du problème δ. — Nous avons

$$u_1^2(x,y,t)<\iint_\Sigma u^2(x',y',0)\,dx'\,dy'\ \frac{1}{8\pi\nu^2t^2}\int_0^\infty e^{-\frac{r^2}{2\nu t}}r\,dr$$
$$<\frac{1}{8\pi\nu t}\iint_\Sigma u^2(x',y',0)\,dx'\,dy',$$

$$\left|\frac{\partial u_1(x,y,t)}{\partial x}\right|^2<\iint_\Sigma u^2(x',y',0)\,dx'\,dy'\ \frac{1}{32\pi\nu^4t^4}\int_0^\infty e^{-\frac{r^2}{2\nu t}}r^3\,dr$$
$$<\frac{A}{\nu^2t^2}\iint_\Sigma u^2(x',y',0)\,dx'\,dy'.$$

Des inégalités analogues valent pour $\frac{\partial u_1}{\partial y}$, pour v_1, pour ses dérivées. D'où

$$|n(s,t)|<\frac{A\sqrt{\mathcal{W}(0)}}{\sqrt{\nu t}}, \qquad \left|\frac{\partial n(s,t)}{\partial s}\right|<\frac{A\sqrt{\mathcal{W}(0)}}{\nu t};$$

il en résulte, de par (55),

$$\left|\int_{\sigma-B}^{\sigma+B}n(s,t)\frac{ds}{s-\sigma}\right|<\frac{B\sqrt{\mathcal{W}(0)}}{\sqrt{\nu t}}\left[\frac{\lambda}{\sqrt{\nu t}}+\log\frac{1}{\lambda}\right].$$

Nous choisirons $\lambda=\sqrt{\nu t}$ pour $\nu t\leqq 1$, $\lambda=1$ pour $\nu t\geqq 1$. Et nous aurons

$$\mathcal{S}(t)<\frac{\sqrt{\mathcal{W}(0)}}{\sqrt{\nu t}}\left[B+B\overset{+}{\log}\frac{1}{\nu t}\right].$$

Comme précédemment on en déduit

$$(58) \qquad \mathcal{V}(t)<\sqrt{\mathcal{W}(0)}\left[\frac{B}{\sqrt{\nu t}}\overset{+}{\log}\frac{1}{\nu t}+B\,e^{B\nu t}\right].$$

Amélioration des inégalités (54), (56), (57), (58). — Nous admettrons sans démonstration que les dérivées premières de u et v sont continues au voisinage de Γ pour $t > 0$. Des équations (1) et (2) résulte alors la relation

$$\nu \iint_{\Sigma} \left[\left(\frac{\partial u}{\partial x}\right)^2 + \left(\frac{\partial u}{\partial y}\right)^2 + \left(\frac{\partial v}{\partial x}\right)^2 + \left(\frac{\partial v}{\partial y}\right)^2 \right] dx\,dy + \frac{1}{2}\frac{\partial}{\partial t}\iint_{\Sigma} [u^2 + v^2]\,dx\,dy = 0,$$

c'est-à-dire

$$\nu \mathcal{J}^2(t) + \frac{1}{2}\frac{d\mathcal{W}(t)}{dt} = 0.$$

D'autre part il est bien connu que

$$\mathcal{W}(t) \leqq \frac{1}{\beta}\mathcal{J}^2(t),$$

β étant une constante positive définie comme suit :

Soit le système

$$\begin{cases} \Delta u'(x, y) + \lambda u'(x, y) - \dfrac{\partial p'(x, y)}{\partial x} = 0, \\ \Delta v'(x, y) + \lambda v'(x, y) - \dfrac{\partial p'(x, y)}{\partial y} = 0, \\ \dfrac{\partial u'(x, y)}{\partial x} + \dfrac{\partial v'(x, y)}{\partial y} = 0, \end{cases}$$

β est le plus petit des nombres λ pour lesquels ce système admet une solution régulière, nulle le long de Γ, non identiquement nulle à l'intérieur de Σ.

De ce qui précède résulte

$$2\beta\nu\,\mathcal{W}(t) + \frac{d\mathcal{W}(t)}{dt} \leqq 0.$$

D'où

$$\mathcal{W}(t) \leqq \mathcal{W}(0)\,e^{-2\beta\nu t}. \tag{59}$$

Cette formule prouve qu'il y a au plus une solution du système (1), (2) à satisfaire les conditions imposées. Le théorème d'unicité ainsi obtenu, joint à (58), établit que $\mathcal{V}(t) < B\sqrt{\mathcal{W}\left(t - \frac{1}{\nu}\right)}$ pour $t \geqq \frac{1}{\nu}$.

Utilisons à nouveau (59); il vient

$$\mathcal{V}(t) < \mathrm{B}\, e^{-\beta\nu t} \sqrt{\mathcal{W}(0)} \qquad \text{pour } \nu t \geqq 1. \tag{60}$$

Ce résultat complète les inégalités (54), (56), (57), (58).

Les réponses aux problèmes α, β, γ, δ se formulent finalement comme suit :

Formules α :

$$\mathcal{V}(t) < \mathrm{B}\left[\mathcal{V}(0) + \frac{\mathrm{C}}{h}\right] \qquad \text{pour } \nu t \leqq 1, \tag{61}$$

$$\mathcal{V}(t) < \mathcal{V}(0)\, \mathrm{B}\, e^{-\beta\nu t} \qquad \text{pour } \nu t \geqq 1. \tag{62}$$

Formule β :

$$\mathcal{V}(t) < \mathcal{V}(0)\left[\mathrm{B} \overset{+}{\log} \frac{1}{\nu t} + \mathrm{B}\, e^{-\beta\nu t}\right]. \tag{63}$$

Formule γ :

$$\mathcal{V}(t) < \mathcal{J}(0)\left[\mathrm{B} \overset{+}{\log} \frac{1}{\nu t} + \mathrm{B}\, e^{-\beta\nu t}\right]. \tag{64}$$

Formule δ :

$$\mathcal{V}(t) < \sqrt{\mathcal{W}(0)}\left[\frac{\mathrm{B}}{\sqrt{\nu t}} \overset{+}{\log} \frac{1}{\nu t} + \mathrm{B}\, e^{-\beta\nu t}\right]. \tag{65}$$

CHAPITRE II.

MOUVEMENTS INFINIMENT LENTS SOUMIS A L'ACTION DE FORCES EXTÉRIEURES.

1. Le liquide est supposé emplir une aire Σ invariable, que limite un contour convexe Γ; Γ admet en tout point un rayon de courbure fini ou infini; la borne inférieure de ces rayons de courbure est positive. Soit $\mathrm{X}(x, y, t)$, $\mathrm{Y}(x, y, t)$ le champ de forces donné. Les équations qui régissent le mouvement sont

$$\left\{\begin{aligned} &\nu\,\Delta\, u(x, y, t) - \frac{\partial u(x, y, t)}{\partial t} - \frac{1}{\rho}\,\frac{\partial p(x, y, t)}{\partial x} = \mathrm{X}(x, y, t), \\ &\nu\,\Delta\, v(x, y, t) - \frac{\partial v(x, y, t)}{\partial t} - \frac{1}{\rho}\,\frac{\partial p(x, y, t)}{\partial y} = \mathrm{Y}(x, y, t), \\ &\frac{\partial u(x, y, t)}{\partial x} + \frac{\partial v(x, y, t)}{\partial y} = 0. \end{aligned}\right. \tag{1}$$

Proposons-nous le problème suivant :

Construire une solution $u(x, y, t)$, $v(x, y, t)$ du système (1) qui soit définie à l'intérieur de Γ pour $t \geqq 0$, qui s'annule avec t et qui soit nulle le long de Γ pour $t \geqq 0$.

Nous utiliserons à cet effet la solution fondamentale du système (1) qu'a découverte M. Oseen (¹) : soit $T_{ij}(x-x', y-y', t-t')$ son quotient par $\frac{1}{2\pi}$. Elle nous permettra de définir pour $t \geqq 0$ une solution du système (1) s'annulant avec t : $u_1(x, y, t)$, $v_1(x, y, t)$. Nous choisirons, sauf dans un cas particulier signalé ultérieurement :

$$(2)\quad \begin{cases} u_1(x,y,t) = \displaystyle\int_0^t dt' \iint_\Sigma [\;\; T_{11}(x-x', y-y', t-t')\, X(x', y', t') \\ \qquad\qquad + T_{12}(x-x', y-y', t-t')\, Y(x', y', t')]\, dx'\, dy', \\ v_1(x,y,t) = \displaystyle\int_0^t dt' \iint_\Sigma [\;\; T_{21}(x-x', y-y', t-t')\, X(x', y', t') \\ \qquad\qquad + T_{22}(x-x', y-y', t-t')\, Y(x', y', t')]\, dx'\, dy'. \end{cases}$$

Le chapitre précédent nous apprend qu'il existe des fonctions $u_2(x, y, t)$, $v_2(x, y, t)$ définies sur Σ pour $t = 0$, nulles pour $t = 0$, respectivement égales à $u_1(x, y, t)$ et à $v_1(x, y, t)$ le long de Γ et qui vérifient le système

$$(3)\quad \begin{cases} \nu\, \Delta\, u(x, y, t) - \dfrac{\partial u(x, y, t)}{\partial t} - \dfrac{1}{\rho} \dfrac{\partial p(x, y, t)}{\partial x} = 0, \\ \nu\, \Delta\, v(x, y, t) - \dfrac{\partial v(x, y, t)}{\partial t} - \dfrac{1}{\rho} \dfrac{\partial p(x, y, t)}{\partial y} = 0, \\ \dfrac{\partial u(x, y, t)}{\partial x} + \dfrac{\partial v(x, y, t)}{\partial y} = 0. \end{cases}$$

Les fonctions : $u = u_1 - u_2$, $v = v_1 - v_2$ constituent une solution du problème que nous nous sommes posé.

Soit $\mathcal{V}(t)$ la plus grande longueur à l'instant t du vecteur $u(x, y, t)$, $v(x, y, t)$.

La suite de ce chapitre a pour objet la majoration de $\mathcal{V}(t)$. — Nous envisagerons à cet effet trois hypothèses :

(¹) Oseen, *Acta mathematica*, t. 34; ou bien Oseen, *Hydrodynamik* (Leipzig, 1927).

Cas A : On connaît une fonction $f(t)$ telle que

$$|X(x, y, t)| < f(t), \qquad |Y(x, y, t)| < f(t).$$

Cas B : On a

$$X = \frac{\partial f_1(x, y, t)}{\partial x} + \frac{\partial f_2(x, y, t)}{\partial y}, \qquad Y = \frac{\partial f_3(x, y, t)}{\partial x} + \frac{\partial f_4(x, y, t)}{\partial y},$$

et l'on connaît une fonction $f(t)$ telle que

$$|f_i(x, y, t)| \leqq f(t) \qquad \text{pour } i = 1, 2, 3, 4.$$

Cas C : On a

$$X = f_1(x, y, t)\, g_1(x, y, t), \qquad Y = f_2(x, y, t)\, g_2(x, y, t);$$

g_1 et g_2 sont nulles le long de Γ, et l'on connaît deux fonctions $f(t)$ et $g(t)$ telles que

$$\iint_\Sigma f_i^2(x, y, t)\, dx\, dy \leqq f(t) \qquad (i = 1, 2),$$

$$\iint_\Sigma \left[\left(\frac{\partial g_i(x, y, t)}{\partial x} \right)^2 + \left(\frac{\partial g_i(x, y, t)}{\partial y} \right)^2 \right] dx\, dy \leqq g(t) \qquad (i = 1, 2).$$

Nous allons résoudre trois problèmes :

Problèmes A *et* B. — Construire dans les cas respectifs A et B une majorante de $\mathcal{V}(t)$ ne dépendant que de $f(t)$.

Problème C. — Construire dans le cas C une majorante de $\mathcal{V}(t)$ ne dépendant que de $f(t)$ et $g(t)$.

Les majorantes ainsi obtenues joueront un rôle fondamental au cours des deux chapitres suivants [1].

2. Soient $\mathcal{V}_1(t)$ et $\mathcal{V}_2(t)$ les plus grandes longueurs respectives à

---

[1] Le problème analogue à C, concernant le cas de trois dimensions spatiales, est insoluble.

l'instant t des vecteurs (u_1, v_1) et (u_2, v_2). Nous avons

$$\mathcal{V}(t) \leqq \mathcal{V}_1(t) + \mathcal{V}_2(t). \tag{4}$$

Pour étudier $\mathcal{V}_1(t)$ et $\mathcal{V}_2(t)$ nous introduirons de nouveaux symboles : Posons dans les cas A et C :

$$(5) \left\{ \begin{aligned} u'(x, y, t, t') = \iint_\Sigma [& \mathrm{T}_{11}(x - x', y - y', t - t')\,\mathrm{X}(x', y', t') \\ & + \mathrm{T}_{12}(x - x', y - y', t - t')\,\mathrm{Y}(x', y', t')]\, dx'\, dy', \\ v'(x, y, t, t') = \iint_\Sigma [& \mathrm{T}_{21}(x - x', y - y', t - t')\,\mathrm{X}(x', y', t') \\ & + \mathrm{T}_{22}(x - x', y - y', t - t')\,\mathrm{Y}(x', y', t')]\, dx'\, dy'. \end{aligned} \right.$$

Toutefois nous prendrons dans le cas B :

$$(6) \left\{ \begin{aligned} u'(x, y, t, t') = \iint_\Sigma \Big[& \frac{\partial \mathrm{T}_{11}(x - x', y - y', t - t')}{\partial x} f_1(x', y', t') \\ & + \frac{\partial \mathrm{T}_{11}}{\partial y} f_2 + \frac{\partial \mathrm{T}_{12}}{\partial x} f_3 + \frac{\partial \mathrm{T}_{12}}{\partial y} f_4 \Big]\, dx'\, dy', \\ v'(x, y, t, t') = \iint_\Sigma \Big[& \frac{\partial \mathrm{T}_{21}(x - x', y - y', t - t')}{\partial x} f_1(x', y', t') \\ & + \frac{\partial \mathrm{T}_{21}}{\partial y} f_2 + \frac{\partial \mathrm{T}_{22}}{\partial x} f_3 + \frac{\partial \mathrm{T}_{22}}{\partial y} f_4 \Big]\, dx'\, dy'. \end{aligned} \right.$$

Nous choisirons toujours

$$u_1(x, y, t) = \int_0^t u'(x, y, t, t')\, dt' \qquad \text{et} \qquad v_1(x, y, t) = \int_0^t v'(x, y, t, t')\, dt',$$

en sorte que les formules (2) vaudront pour les cas A et C, non pour le cas B.

Soit un point de Γ d'abscisse curviligne σ; x et y étant ses coordonnées, nous poserons

$$u'(x, y, t, t') = u'(\sigma, t, t') \qquad \text{et} \qquad v'(x, y, t, t') = v'(\sigma, t, t')$$

et nous désignerons par $n(\sigma, t)$ la composante normale du vecteur $u_1(x, y, t)$, $v_1(x, y, t)$, par $n'(\sigma, t, t')$ celle du vecteur $u'(\sigma, t, t')$, $v'(\sigma, t, t')$.

Il sera facile dans chacun des cas A, B, C de déduire des relations (5) et (6) six inégalités de la forme

$$(7)\quad \begin{cases} |u'(x, y, t, t')| \leqq H_0[\nu(t-t')] \dfrac{dF(t')}{dt'}, \\ |v'(x, y, t, t')| \leqq H_0[\nu(t-t')] \dfrac{dF(t')}{dt'}, \\ |u'(\sigma, t, t')| \leqq H_1[\nu(t-t')] \dfrac{dF(t')}{dt'}, \\ |v'(\sigma, t, t')| \leqq H_1[\nu(t-t')] \dfrac{dF(t')}{dt'}, \\ \left|\dfrac{\partial u'(\sigma, t, t')}{\partial\sigma}\right| \leqq H_2[\nu(t-t')] \dfrac{dF(t')}{dt'}, \\ \left|\dfrac{\partial v'(\sigma, t, t')}{\partial\sigma}\right| \leqq H_2[\nu(t-t')] \dfrac{dF(t')}{dt'}; \end{cases}$$

H_0, H_1 et H_2 seront des fonctions élémentaires de $\nu(t-t')$ continues, sauf pour $\nu(t-t')=0$; on aura $\frac{dF}{dt}=f(t)$ dans les cas A et B; $\frac{dF}{dt}=\sqrt{f(t)g(t)}$ dans le cas C.

De (7), résulte tout d'abord l'inégalité [1]

$$(8)\qquad \mathcal{V}_1(t) < \sqrt{2}\int_0^t H_0[\nu(t-t')]\,dF(t').$$

Pour majorer $\mathcal{V}_2(t)$ à l'aide de la règle énoncée au paragraphe **13** du chapitre précédent introduisons la fonction $\mathcal{S}(t)$ égale au maximum à l'instant t de l'expression

$$\left|\int_0^t u'(\sigma, t, t')\,dt'\right| + \left|\int_0^t v'(\sigma, t, t')\,dt'\right| + \left|\int_{\sigma-B}^{\sigma+B} n(s, t)\frac{ds}{s-\sigma}\right|.$$

D'après (7),

$$\left|\int_0^t u'(\sigma, t, t')\,dt'\right| + \left|\int_0^t v'(\sigma, t, t')\,dt'\right| \leqq \sqrt{2}\int_0^t H_1[\nu(t-t')]\,dF(t').$$

D'autre part, quelle que soit la constante β comprise entre 0 et 1,

$$|n'(\sigma_1, t, t') - n'(\sigma_2, t, t')| < |\sigma_1-\sigma_2|^\beta\, H_1^{1-\beta}[\nu(t-t')]\, H_2^\beta[\nu(t-t')]\,\frac{dF(t')}{dt'}.$$

---

[1] Pour le problème analogue à C, concernant le cas de trois dimensions spatiales, l'intégrale (8) diverge en général.

Faisons l'hypothèse suivante, que nous constaterons être exacte dans chacun des trois cas : pour un choix convenable de β l'intégrale $\int_0^1 H_1^{1-\beta}[t'] H_2^{\beta}[t']\, dt'$ est convergente.

Nous avons dès lors le droit d'écrire l'inégalité

$$\left| \int_{\sigma-B}^{\sigma+B} n(s,\, t) \frac{ds}{s-\sigma} \right| \leqq \int_0^t dt' \left| \int_{\sigma-B}^{\sigma+B} n(s,\, t,\, t') \frac{ds}{s-\sigma} \right|.$$

Remarquons maintenant que pour chaque système de valeurs de t et de t' nous avons, quel que soit λ compris entre o et 1,

$$\begin{aligned} &\left| \int_{\sigma-B}^{\sigma+B} n'(s,\, t,\, t') \frac{ds}{s-\sigma} \right| \\ &\quad < \int_{\sigma-\lambda B}^{\sigma+\lambda B} \left| \frac{n(s,\, t,\, t') - n(\sigma,\, t,\, t')}{s-\sigma} \right| ds \\ &\qquad + \int_{\sigma+\lambda B}^{\sigma+B} |n(s,\, t,\, t')| \frac{ds}{s-\sigma} + \int_{\sigma-B}^{\sigma-\lambda B} |n(s,\, t,\, t')| \frac{ds}{\sigma-s} \\ &\quad < \left[B\lambda H_1[\nu(t-t')] + B\lambda H_2[\nu(t-t')] + B H_1[\nu(t-t')] \log\frac{1}{\lambda} \right] \frac{dF(t')}{dt'}. \end{aligned}$$

Pour $H_2 < H_1$ nous choisirons $\lambda = 1$; dans le cas contraire $\lambda = \dfrac{H_1}{H_2}$. Finalement nous obtenons

$$\mathfrak{S}(t) \leqq \int_0^t H[\nu(t-t')]\, dF(t')$$

en posant

$$H[\nu t] = H_1[\nu t] \left\{ B + B \overset{+}{\log} \frac{H_2[\nu t]}{H_1[\nu t]} \right\}. \tag{9}$$

Appliquons la règle de majoration énoncée au chapitre précédent (§ **13**) : il s'introduit une fonction

$$\begin{aligned} \mathcal{H}[\nu t] = B &\left\{ \text{Max. de } H[\nu t'] \text{ pour } \frac{t}{2} < t' < t \right\} \\ &+ \frac{B}{t} \int_0^{\frac{t}{2}} H[\nu t']\, dt' + \int_0^t B\nu e^{B\nu(t-t')} H[\nu t']\, dt'. \end{aligned} \tag{10}$$

Et l'on a

$$\mathfrak{V}_2(t) < \int_0^t \mathcal{H}[\nu(t-t')]\, dF(t').$$

Cette formule, jointe à (4) et à (8), nous donne

$$(11)\qquad \mathcal{V}(t) < \int_0^t \{\sqrt{2}\,\mathrm{H}_0[\nu(t-t')] + \mathcal{H}[\nu(t-t')]\}\, d\mathrm{F}(t').$$

3. Amélioration de l'inégalité (11). — Lorsque $t-t'$ augmente indéfiniment la fonction $\mathcal{H}[\nu(t-t')]$ augmente indéfiniment, au moins aussi vite qu'une exponentielle $\mathrm{B}e^{\mathrm{B}\nu(t-t')}$. Nous allons montrer que l'on peut toutefois, dans l'inégalité précédente, pour $\nu(t-t') > 1$, remplacer l'accolade par une expression $\mathrm{B}e^{-\mathrm{B}\nu(t-t')}$. A cet effet supposons d'abord $\mathrm{F}(t)$ constant, sauf lorsque $t_0 < t < t_0 + \frac{1}{3\nu}\cdot$ Nous avons $\mathcal{V}(t) = 0$ quand $0 < t < t_0$:

$$(12)\qquad \mathcal{V}\left(t_0 + \frac{2}{3\nu}\right) < \mathrm{B}\left[\mathrm{F}\left(t_0 + \frac{1}{3\nu}\right) - \mathrm{F}(t_0)\right].$$

Pour $t > t_0 + \frac{2}{3\nu}$ X et Y sont nuls; le vecteur u, v satisfait les équations (1) et (2) du chapitre précédent; appliquons donc l'inégalité (62) de ce chapitre, en y substituant $t_0 + \frac{2}{3\nu}$ à o et $t - t_0 - \frac{2}{3\nu}$ à t. Il vient

$$(13)\qquad \mathcal{V}(t) < \mathrm{B}\left[\mathrm{F}\left(t_0 + \frac{1}{3\nu}\right) - \mathrm{F}(t_0)\right] e^{-\beta\nu(t-t_0)} \qquad \text{pour} \quad t > t_0 + \frac{2}{\nu}\cdot$$

Les relations (11), (12), (13) nous fournissent dès lors l'inégalité

$$(14)\qquad \mathcal{V}(t) < \int_0^t \mathrm{K}[\nu(t-t')]\, d\mathrm{F}(t'),$$

$$(15)\qquad \left\{ \begin{array}{lll} \mathrm{K}[\nu t] \text{ valant } \sqrt{2}\,\mathrm{H}_0[\nu t] + \mathcal{H}[\nu t] & \text{pour} & 0 < \nu t < 1, \\ \qquad\qquad \mathrm{B}e^{-\beta\nu t} & \text{pour} & \nu t \geqq 1. \end{array} \right.$$

Ne supposons plus X et Y nuls hors de l'intervalle $t_0 \leqq t \leqq t_0 + \frac{1}{3\nu}\cdot$ Représentons par X_p, Y_p le vecteur égal à X, Y quand $\frac{p-1}{3\nu} \leqq t < \frac{p}{3\nu}$, nul pour les autres valeurs de t; soit u_p, v_p la solution correspondante du problème énoncé au début de ce chapitre; désignons par $\mathcal{V}_p(t)$ la plus grande longueur à l'instant t du vecteur u_p, v_p. Nous avons

$$\begin{aligned} u &= u_1 + u_2 + u_3 + \ldots; \\ v &= v_1 + v_2 + v_3 + \ldots; \\ \mathcal{V}(t) &< \mathcal{V}_1(t) + \mathcal{V}_2(t) + \mathcal{V}_3(t) + \ldots. \end{aligned}$$

Or, d'après (14), si nous convenons de poser $K[\nu(t-t')] = 0$ pour $\nu(t-t') < 0$,

$$\mathcal{V}_p(t) < \int_{\frac{p-1}{3\nu} < t' < \frac{p}{3\nu}} K[\nu(t-t')]\, dF(t').$$

D'où

$$\mathcal{V}(t) < \int_0^t K[\nu(t-t')]\, dF(t').$$

L'inégalité (14) est donc encore valable.

Cas A et B.

4. *Cas A.* — On peut choisir pour $H_0[\nu t]$ et pour $H_1[\nu t]$ une expression quelconque supérieure à

$$S_i \iint_\Sigma |T_{1i}(x-x', y-y', t)|\, dx'\, dy',$$

enfin pour $H_2(\nu t)$ une expression quelconque supérieure à

$$S_i \iint_\Sigma \left| \frac{\partial T_{1i}(x-x', y-y', t)}{\partial x} \right| dx'\, dy' + S_i \iint_\Sigma \left| \frac{\partial T_{1i}(x-x', y-y', t)}{\partial y} \right| dx'\, dy',$$

Rappelons les inégalités

$$(16) \quad \begin{cases} |T_{ij}(x-x', y-y', t)| < \dfrac{A}{r^2+\nu t}, \\ \left| \dfrac{\partial T_{ij}(x-x', y-y', t)}{\partial x} \right| + \left| \dfrac{\partial T_{ij}(x-x', y-y', t)}{\partial y} \right| < \dfrac{A r}{(r^2+\nu t)^2}. \end{cases}$$

Ces inégalités nous autorisent à prendre

$$H_0[\nu t] = H_1[\nu t] = A \log\left(1 + \frac{B}{\nu t}\right) \quad \text{et} \quad H_2[\nu t] = \frac{A}{\sqrt{\nu t}}.$$

D'où

$$\mathcal{K}[\nu t] < \mathrm{B}\left[\overset{+}{\log}\frac{1}{\nu t}\right]^2 + \mathrm{B}e^{\mathrm{B}\nu t},$$

et

$$\mathrm{K}[\nu t] < \mathrm{B}\left[\overset{+}{\log}\frac{1}{\nu t}\right]^2 + \mathrm{B}e^{-\beta\nu t}. \tag{17}$$

Cas B. — On peut choisir pour $\mathrm{H}_0[\nu t]$ et pour $\mathrm{H}_1[\nu t]$ une expression quelconque supérieure à

$$\mathrm{S}_i\iint_\Sigma\left|\frac{\partial \mathrm{T}_{1i}(x-x', y-y', t)}{\partial x}\right| dx'\,dy' + \mathrm{S}_i\iint_\Sigma\left|\frac{\partial \mathrm{T}_{1i}(x-x', y-y', t)}{\partial y}\right| dx'\,dy',$$

enfin pour $\mathrm{H}_2[\nu t]$ une expression quelconque supérieure à

$$\mathrm{S}_i\iint_\Sigma\left|\frac{\partial^2 \mathrm{T}_{1i}(x-x', y-y', t)}{\partial x^2}\right| dx'\,dy' + 2\,\mathrm{S}_i\iint_\Sigma\left|\frac{\partial^2 \mathrm{T}_{1i}(x-x', y-y', t)}{\partial x\,\partial y}\right| dx'\,dy' + \mathrm{S}_i\iint_\Sigma\left|\frac{\partial^2 \mathrm{T}_{1i}(x-x', y-y', t)}{\partial y^2}\right| dx'\,dy'.$$

Nous prendrons

$$\mathrm{H}_0[\nu t] = \mathrm{H}_1[\nu t] = \frac{\mathrm{A}}{\sqrt{\nu t}}.$$

Rappelons d'autre part l'inégalité

$$\left|\frac{\partial^2 \mathrm{T}_{ij}(x-x', y-y', t)}{\partial x^2}\right| + 2\left|\frac{\partial^2 \mathrm{T}_{ij}(x-x', y-y', t)}{\partial x\,\partial y}\right| + \left|\frac{\partial^2 \mathrm{T}_{ij}(x-x', y-y', t)}{\partial y^2}\right| < \frac{\mathrm{A}}{(r^2+\nu t)^2}.$$

Cette inégalité nous autorise à choisir

$$\mathrm{H}_2[\nu t] = \frac{\mathrm{A}}{\nu t}.$$

D'où

$$\mathcal{K}[\nu t] < \frac{\mathrm{B}}{\sqrt{\nu t}}\overset{+}{\log}\frac{1}{\nu t} + \mathrm{B}e^{\mathrm{B}\nu t}$$

et

$$\mathrm{K}[\nu t] < \frac{\mathrm{B}}{\sqrt{\nu t}}\overset{+}{\log}\frac{1}{\nu t} + \mathrm{B}e^{-\beta\nu t}. \tag{18}$$

Cas C.

5. *Obtention d'une fonction* $H_0[\nu(t-t')]$. — Posons dans la formule (5) $x'=x+r\cos\omega, y'=y+r\sin\omega$; nous introduisons donc un système de coordonnées polaires ayant pour origine le point (x, y); soit $g_i(r; \omega; t)=g_i(x', y', t)$; désignons par $r=R(\omega)$ l'équation de Γ rapportée à ces coordonnées polaires. Nous avons

$$(19)\quad \left|\iint_\Sigma T_{ij}(x-x', y-y', t-t')f_j(x', y', t')\,g_j(x', y', t')\,dx'\,dy'\right|^2$$
$$\leqq f(t')\iint_\Sigma T_{ij}^2(r\cos\omega, r\sin\omega, t-t')\,g_j^2(r; \omega; t')\,r\,dr\,d\omega$$
$$\leqq f(t')\int_0^{R(\omega)}\frac{A\,r\,dr}{[r^2+\nu(t-t')]^2}\int_0^{2\pi}g_j^2(r; \omega; t')\,d\omega.$$

Or, d'après l'inégalité de Schwarz,

$$g_j^2(r; \omega; t')=\left|\int_r^{R(\omega)}\frac{\partial g_j(r'; \omega; t')}{\partial r'}\,dr'\right|^2$$
$$\leqq\int_r^{R(\omega)}\left[\frac{\partial g_j(r'; \omega; t')}{\partial r'}\right]^2 r'\,dr'\log\frac{R(\omega)}{r}.$$

D'où

$$\int_0^{2\pi}g_j^2(r; \omega; t')\,d\omega\leqq g(t')\log\frac{B}{r}.$$

Compte tenu de cette relation, (12) s'écrit

$$\left|\iint_\Sigma T_{ij}(x-x', y-y', t-t')f_j(x', y', t')\,g_j(x', y', t')\,dx'\,dy'\right|^2$$
$$\leqq f(t')\,g(t')\int_0^B\frac{A\,r\,dr}{[r^2+\nu(t-t')]^2}\log\frac{B}{r}=A\,f(t')g(t')\frac{1}{\nu(t-t')}\log\left(1+\frac{B}{\nu(t-t')}\right).$$

Ceci nous autorise à choisir

$$H_0[\nu(t-t')]=\frac{A}{\sqrt{\nu(t-t')}}\sqrt{\log\left(1+\frac{B}{\nu(t-t')}\right)}.$$

Obtention de fonctions $H_1[\nu(t-t')]$ *et* $H_2[\nu(t-t')]$. — x et y représenteront désormais les coordonnées du point de Γ d'abscisse curviligne σ. Posons dans les formules (5) $x'=\rho\cos\theta$, $y'=\rho\sin\theta$;

nous utilisons donc le système de coordonnées polaires qui a pour centre l'origine des coordonnées; ce point est supposé intérieur à Γ et situé, par exemple, au centre de gravité de Σ; soit comme précédemment $g_i(\rho;\theta;t) = g_i(x', y', t)$; désignons encore par $\rho = R(\theta)$ l'équation de Γ en coordonnées polaires. Nous avons

$$(20)\quad \begin{cases} \left| \iint_\Sigma T_{ij}(x-x', y-y', t-t') f_j(x', y', t') g_j(x', y', t')\, dx'\, dy' \right|^2 \\ \qquad \leqq f(t') \iint_\Sigma T_{ij}^2(x-\rho\cos\theta, y-\rho\sin\theta, t-t') g_j^2(\rho;\theta;t')\rho\, d\rho\, d\theta, \\ \left| \iint_\Sigma \dfrac{\partial T_{ij}(x-x', y-y', t-t')}{\partial\sigma} f_j(x', y', t') g_j(x', y', t')\, dx'\, dy' \right|^2 \\ \qquad \leqq f(t') \iint_\Sigma \left[\dfrac{\partial T_{ij}(x-\rho\cos\theta, y-\rho\sin\theta, t-t')}{\partial\sigma} \right]^2 g_j^2(\rho;\theta;t')\rho\, d\rho\, d\theta. \end{cases}$$

Or, d'après les relations (16),

$$(21)\quad \begin{cases} | T_{ij}(x-\rho\cos\theta, y-\rho\sin\theta, t-t')|^2 < \dfrac{B}{\nu(t-t')\ [\rho - R(\theta)]^2}; \\ \left| \dfrac{\partial T_{ij}(x-\rho\cos\theta, y-\rho\sin\theta, t-t')}{\partial\sigma} \right|^2 < \dfrac{B}{[\nu(t-t')]^2 [\rho - R(\theta)]^2}. \end{cases}$$

Appliquons d'autre part l'inégalité de Schwarz au second membre de l'identité

$$\int_0^{R(\theta)} \frac{1}{\rho\left[\log\frac{R(\theta)}{\rho}\right]^2} g_j^2(\rho;\theta)\, d\rho = -\int_0^{R(\theta)} \frac{2}{\log\frac{R(\theta)}{\rho}} g_j(\rho;\theta) \frac{\partial g_j(\rho;\theta)}{\partial\rho}\, d\rho;$$

il vient

$$\int_0^{R(\theta)} \frac{1}{\rho\left[\log\frac{R(\theta)}{\rho}\right]^2} g_j^2(\rho;\theta)\, d\rho \leqq 4\int_0^{R(\theta)} \left[\frac{\partial g_j(\rho;\theta)}{\partial\rho}\right]^2 \rho\, d\rho.$$

D'où

$$(22)\quad \int_0^{R(\theta)} \frac{g_j^2(\rho;\theta)\rho\, d\rho}{[\rho - R(\theta)]^2} < 4\int_0^{R(\theta)} \left[\frac{\partial g_j(\rho;\theta)}{\partial\rho}\right]^2 \rho\, d\rho.$$

De l'ensemble des inégalités (20), (21) et (22) résulte

$$\left| \iint_\Sigma T_{ij}(x-x', y-y', t-t') f_j(x', y', t') g_j(x', y', t')\, dx'\, dy' \right|^2 < \frac{B}{\nu(t-t')} f(t') g(t')$$

et

$$\left| \iint_{\Sigma} \frac{\partial T_{ij}(x-x', y-y', t-t')}{\partial \sigma} f_i(x', y', t') g_j(x', y', t') \, dx' \, dy' \right|^2 < \frac{B}{[\nu(t-t')]^2} f(t') g(t').$$

Ces inégalités nous autorisent à choisir

$$H_1[\nu(t-t')] = \frac{B}{\sqrt{\nu(t-t')}} \qquad \text{et} \qquad H_2[\nu(t-t')] = \frac{B}{\nu(t-t')}.$$

D'où

$$\mathcal{H}[\nu(t-t')] < \frac{B}{\sqrt{\nu(t-t')}} \overset{+}{\log} \frac{1}{\nu(t-t')} + Be^{B\nu(t-t')}$$

et

$$(23) \qquad K[\nu(t-t')] < \frac{B}{\sqrt{\nu(t-t')}} \overset{+}{\log} \frac{1}{\nu(t-t')} + Be^{-\beta\nu(t-t')}.$$

Conclusions.

6. Les inégalités (14), (17) (18) et (23) nous fournissent les réponses aux problèmes A, B, C :

Formule A :

$$(24) \qquad \mathcal{V}(t) < \int_0^t \left\{ B \left[\overset{+}{\log} \frac{1}{\nu(t-t')} \right]^2 + Be^{-\beta\nu(t-t')} \right\} f(t') \, dt'.$$

Formule B :

$$(25) \qquad \mathcal{V}(t) < \int_0^t \left\{ \frac{B}{\sqrt{\nu(t-t')}} \overset{+}{\log} \frac{1}{\nu(t-t')} + Be^{-\beta\nu(t-t')} \right\} f(t') \, dt',$$

Formule C :

$$(26) \qquad \mathcal{V}(t) < \int_0 \left\{ \frac{B}{\sqrt{\nu(t-t')}} \overset{+}{\log} \frac{1}{\nu(t-t')} + Be^{-\beta\nu(t-t')} \right\} \sqrt{f(t') g(t')} \, dt'.$$

La définition de la constante positive β a été donnée à la fin du premier chapitre.

Un autre problème ([1]). — Supposons X et Y définis et bornés sur Σ

([1]) Il est superflu pour la suite d'envisager ce problème.

pour l'ensemble des valeurs de t. Proposons-nous le nouveau problème de construire une solution u, v du système (1) définie et bornée pour l'ensemble des valeurs de t, nulle le long de Γ. Quel que soit T^* nous savons définir, pour $t \geqq T^*$, une solution u^*, v^* du système (1), nulle le long de Γ et nulle pour $t = T^*$. La formule A prouve que, lorsque T^* tend vers $-\infty$, u^* et v^* convergent uniformément vers des limites u et v; ces limites constituent une solution de notre nouveau problème. L'unicité de la solution de ce problème est d'ailleurs aisée à établir.

Remarque. — Les conclusions de ce chapitre et du précédent nous permettent de construire et de majorer la solution u, v du système (1) qui est définie pour $t \geqq 0$, qui pour $t = 0$ prend sur Σ des valeurs données et qui pour $t \geqq 0$ prend le long de Γ des valeurs données.

CHAPITRE III.

MOUVEMENTS RÉGULIERS.

I. — États initiaux réguliers.

1. Introduction. — Écrivons les équations de Navier, qui régissent les écoulements plans des liquides visqueux en l'absence de forces extérieures :

$$(1)\quad \begin{cases} \nu\,\Delta u(x, y, t) - \dfrac{\partial u(x, y, t)}{\partial t} - \dfrac{1}{\rho}\dfrac{\partial p(x, y, t)}{\partial x} = X(x, y, t), \\ \nu\,\Delta v(x, y, t) - \dfrac{\partial v(x, y, t)}{\partial t} - \dfrac{1}{\rho}\dfrac{\partial p(x, y, t)}{\partial y} = Y(x, y, t) \\ \dfrac{\partial u(x, y, t)}{\partial x} + \dfrac{\partial v(x, y, t)}{\partial y} = 0. \end{cases}$$

Nous avons à chaque instant

$$(2)\qquad X = u\frac{\partial u}{\partial x} + v\frac{\partial u}{\partial y}; \qquad Y = u\frac{\partial v}{\partial x} + v\frac{\partial v}{\partial y}.$$

Le problème n'est pas altéré quand on remplace les relations (2) par les suivantes :

$$X = \frac{\partial(u^2)}{\partial x} + \frac{\partial(uv)}{\partial y}; \qquad Y = \frac{\partial(uv)}{\partial x} + \frac{\partial(v^2)}{\partial y}. \tag{3}$$

On peut également donner au système de Navier la forme

$$\left\{\begin{aligned} &\nu\,\Delta u - \frac{\partial u}{\partial t} - \frac{1}{\rho}\frac{\partial q}{\partial x} = -2v\zeta \qquad \frac{\partial u}{\partial x} + \frac{\partial y}{\partial y} = 0, \\ &\nu\,\Delta v - \frac{\partial v}{\partial t} - \frac{1}{\rho}\frac{\partial q}{\partial y} = 2u\zeta \qquad \zeta = \frac{1}{2}\left(\frac{\partial v}{\partial x} - \frac{\partial u}{\partial y}\right). \end{aligned}\right. \tag{4}$$

Nous supposons que le liquide emplit une aire Σ, donnée, invariable, que limite un contour convexe Γ; Γ admet en tout point un rayon de courbure fini ou infini; la borne inférieure de ces rayons de courbure est positive.

Nous dirons que, pour $t_1 \leqq t < t_2$, deux fonctions $u(x, y, t)$, $v(x, y, t)$ constituent une *solution régulière du système de Navier* lorsqu'elles sont continues en x, y, t sur Σ et le long de Γ, nulles le long de Γ et lorsque pour $t_1 < t < t_2$ elles admettent en tout point intérieur à Σ des dérivées partielles satisfaisant les équations de Navier, les fonctions $p(x, y, t)$ et $q(x, y, t)$ étant supposées convenablement choisies.

Nous nous proposons de construire et d'étudier les solutions des équations de Navier qui sont régulières sur un intervalle positif de l'axe des temps ayant o pour origine, et qui coïncident, pour $t = 0$, avec des fonctions données $u(x, y, 0)$, $v(x, y, 0)$; nous les nommerons *solutions régulières correspondant à ces données*.

(c) Nous supposerons que $u(x, y, 0)$ et $v(x, y, 0)$ s'annulent le long de Γ et admettent sur $\Sigma + \Gamma$ des dérivées du premier ordre continues qui vérifient l'équation $\dfrac{\partial u(x, y, 0)}{\partial x} + \dfrac{\partial v(x, y, 0)}{\partial y} = 0$.

2. Application de la méthode des approximations successives. — Nos approximations successives $u_n(x, y, t)$, $v_n(x, y, t)$ seront définies sur Σ, pour $t \geqq 0$ par les conditions suivantes : elles seront continues; elles s'annuleront le long de Γ; on aura

$$\begin{aligned} &\nu\,\Delta u_{n+1} - \frac{\partial u_{n+1}}{\partial t} - \frac{1}{\rho}\frac{\partial p_{n+1}}{\partial x} = \frac{\partial(u_n^2)}{\partial x} + \frac{\partial(u_n v_n)}{\partial y} \\ &\nu\,\Delta v_{n+1} - \frac{\partial v_{n+1}}{\partial t} - \frac{1}{\rho}\frac{\partial p_{n+1}}{\partial y} = \frac{\partial(u_n v_n)}{\partial x} + \frac{\partial(v_n^2)}{\partial y} \end{aligned} \qquad \frac{\partial u_{n+1}}{\partial x} + \frac{\partial v_{n+1}}{\partial y} = 0$$

et

$$u_n(x, y, 0) = u(x, y, 0) \quad \text{et} \quad v_n(x, y, 0) = v(x, y, 0) \quad \text{pour} \quad n > 0.$$

Nous choisirons

$$u_0(x, y, t) = 0; \qquad v_0(x, y, t) = 0.$$

Nous supposerons $u(x, y, 0)$ et $v(x, y, 0)$ tels que $u_1(x, y, t)$ et $v_1(x, y, t)$ existent. [Le Chapitre I nous apprend que c'est le cas quand $u(x, y, 0)$ et $v(x, y, 0)$ satisfont les conditions (c).] Soit alors D_1 la plus grande longueur du vecteur u_1, v_1. Soit $\mathcal{V}_n(t)$ la plus grande longueur à l'instant t du vecteur u_n, v_n. La formule B du Chapitre II nous fournit l'inégalité

$$(5) \quad \mathcal{V}_{n+1}(t) < D_1 + \int_0^{t_1} \left\{ \frac{B_0}{\sqrt{\nu(t-t')}} \overset{+}{\log} \frac{1}{\nu(t-t')} + B'_0 e^{-\beta\nu(t-t')} \right\} \mathcal{V}_n^2(t')\, dt',$$

B_0, B'_0 et β étant des constantes qui dépendent uniquement de la forme de Γ. Soit T_1 la borne supérieure des valeurs de t pour lesquelles on a

$$4D_1 \int_0^t \left\{ \frac{B_0}{\sqrt{\nu t'}} \overset{+}{\log} \frac{1}{\nu t'} + B'_0 e^{-\beta\nu t'} \right\} dt' \leqq 1;$$

(T_1 peut être égal à $+\infty$). Nous déduisons de l'inégalité récurrente (5) que

$$\mathcal{V}_n(t) < 2D_1 \qquad \text{pour} \quad 0 \leqq t \leqq T_1.$$

Il est facile de montrer que les fonctions $u_n(x, y, t)$ et $v_n(x, y, t)$, dont l'existence résulte du Chapitre II, convergent uniformément vers des limites $u(x, y, t)$, $v(x, y, t)$ quand t reste compris entre 0 et T_1. Ces limites constituent une solution du problème énoncé au paragraphe **1**. Notons que si $\mathcal{V}(t)$ représente le maximum à l'instant t de la longueur du vecteur u, v nous avons $\mathcal{V}(t) \leqq 2D_1$.

3. Supposons T_1 fini; appliquons le processus du paragraphe précédent en substituant l'époque $t = T_1$ à l'époque $t = 0$; $\mathcal{V}(t)$ étant borné pour $0 \leqq t \leqq T_1$ le Chapitre II (problème B) nous apprend que l'approximation d'indice 1 existe effectivement; soit D_2 la plus grande longueur de ce vecteur; nos approximations convergent sur un intervalle $T_1 \leqq t \leqq T_2$; $T_2 - T_1$ est la borne supérieure, finie ou non, des quantités t telles que

$$4 D_2 \int_0^t \left\{ \frac{B_0}{\sqrt{\nu t'}} \overset{+}{\log} \frac{1}{\nu t'} + B'_0 e^{-\beta \nu t'} \right\} dt' \leqq 1.$$

La solution $u(x, y, t)$, $v(x, y, t)$ est maintenant définie pour $0 \leqq t \leqq T_2$.

Si T_2 est fini ce même procédé permet de définir u et v pour $T_2 < t \leqq T_3$; puis si T_3 est fini, pour $T_3 < t \leqq T_4$, ...

La suite croissante $T_1, T_2, T_3, \ldots$ ou bien a un dernier terme égal à $+\infty$, ou bien augmente indéfiniment, ou bien a une limite finie T.

Convenons de dire dans les deux premiers cas que $T = +\infty$. Les fonctions $u(x, y, t)$, $v(x, y, t)$ sont maintenant définies pour $0 \leqq t < T$.

Faisons varier t à l'intérieur d'un intervalle dont les deux extrémités sont comprises entre o et T; nous admettrons sans démonstration que les fonctions $u(x, y, t)$, $v(x, y, t)$ possèdent alors des dérivées premières continues sur $\Sigma + \Gamma$, et, à l'intérieur de Σ, des dérivées de tous ordres.

Si T *est fini* les quantités D_n augmentent indéfiniment; donc $\mathcal{V}(t)$, qui est continu sur tout intervalle $0 \leqq t \leqq T - \varepsilon$, ne reste pas borné quand t tend vers T; nous dirons alors que *le mouvement devient irrégulier à l'époque* T.

Soit $u'(x, y, t)$, $v'(x, y, t)$ une autre solution régulière correspondant aux mêmes données. Soit $\mathcal{V}'(t)$ la plus grande longueur du vecteur u', v' à l'instant t, soit $\mathcal{U}(t)$ celle du vecteur $u' - u$, $v' - v$. Nous avons

$$\nu \Delta(u - u') - \frac{\partial(u - u')}{\partial t} - \frac{1}{\rho} \frac{\partial(p - p')}{\partial x} = \frac{\partial(u^2 - u'^2)}{\partial x} + \frac{\partial(uv - u'v')}{\partial y},$$

$$\nu \Delta(v - v') - \frac{\partial(v - v')}{\partial t} - \frac{1}{\rho} \frac{\partial(p - p')}{\partial y} = \frac{\partial(uv - u'v')}{\partial x} + \frac{\partial(v^2 - v'^2)}{\partial y}$$

$$\frac{\partial(u - u')}{\partial x} + \frac{\partial(v - v')}{\partial y} = 0.$$

Donc, en vertu de la formule B, nous avons pour toutes les époques t de l'intervalle (o, T) auxquelles u' et v' sont définis

$$\mathcal{U}(t) < \int_0^t \left\{ \frac{B}{\sqrt{\nu(t - t')}} \overset{+}{\log} \frac{1}{\nu(t - t')} + B e^{-\beta \nu (t - t')} \right\} [\mathcal{V}(t') + \mathcal{V}'(t')] \, \mathcal{U}(t') \, dt';$$

$\mathcal{V}(t)$, $\mathcal{V}'(t)$ et $\mathcal{U}(t)$ étant continus on sait qu'une telle inégalité entraîne $\mathcal{U}(t) = 0$. Ainsi aucune solution régulière correspondant aux mêmes données ne peut différer de la solution u, v tant que t est inférieur à T; par suite, lorsque T est fini, elle ne reste pas continue quand t tend vers T; elle ne peut donc être définie sur aucun intervalle contenant T. En définitive nous avons établi *le théorème d'unicité* suivant :

Aucune solution régulière, correspondant aux données $u(x, y, 0)$, $v(x, y, 0)$, *ne peut différer de la solution* $u(x, y, t)$, $v(x, y, t)$ *que nous venons de construire.*

Étudions les propriétés de cette solution.

4. Diverses inégalités fondamentales. — Posons comme précédemment

$$\mathcal{W}(t) = \iint_\Sigma [u^2(x, y, t) + v^2(x, y, t)]\, dx\, dy$$

et

$$\mathcal{J}^2(t) = \iint_\Sigma \left[\left(\frac{\partial u(x, y, t)}{\partial x}\right)^2 + \left(\frac{\partial u(x, y, t)}{\partial y}\right)^2 + \left(\frac{\partial v(x, y, t)}{\partial x}\right)^2 + \left(\frac{\partial v(x, y, t)}{\partial y}\right)^2 \right] dx\, dy.$$

D'après les formules β et γ du Chapitre I et d'après les formules B et C du Chapitre II nous avons

$$\begin{aligned}\mathcal{V}(t_2) < & \int_e \left\{ \frac{B}{\sqrt{\nu(t_2 - t')}} \overset{+}{\log} \frac{1}{\nu(t_2 - t')} + B e^{-\beta\nu(t_2 - t')} \right\} \mathcal{V}^2(t')\, dt' \\ & + \int_{e'} \left\{ \frac{B}{\sqrt{\nu(t_2 - t')}} \overset{+}{\log} \frac{1}{\nu(t_2 - t')} + B e^{-\beta\nu(t_2 - t')} \right\} \mathcal{J}^2(t')\, dt' \\ & + \mathcal{I}(t_1) \left[B \overset{+}{\log} \frac{1}{\nu(t_2 - t_1)} + B e^{-\beta\nu(t_2 - t_1)} \right];\end{aligned}$$

$0 < t_1 < t_2 < T$; e est l'ensemble des points de l'intervalle (t_1, t_2) en lesquels on définit X et Y par les formules (3); e' est l'ensemble complémentaire, sur lequel X et Y sont définis par les formules (2); $\mathcal{I}(t)$ est la plus petite des quantités $\mathcal{V}(t)$ et $\mathcal{J}(t)$. Convenons de définir X et Y par (2) quand $\mathcal{J}(t) \leqq \mathcal{V}(t)$, par (3) quand $\mathcal{V}(t) < \mathcal{J}(t)$, nous obtenons

$$(6) \qquad \mathcal{J}(t_2) < \int_{t_1}^{t_2} \left\{ \frac{B_1}{\sqrt{\nu(t_2 - t')}} \overset{+}{\log} \frac{1}{\nu(t_2 - t')} + B_2 e^{-\beta\nu(t_2 - t')} \right\} \mathcal{J}^2(t')\, dt' + \mathcal{J}(t_1) \left[B_3 \overset{+}{\log} \frac{1}{\nu(t_2 - t_1)} + B_4 e^{-\beta\nu(t_2 - t_1)} \right].$$

B_1, B_2, B_3, B_4 sont des constantes qui dépendent exclusivement de la forme de Γ. $\mathcal{V}(t_2)$, qui est au moins égal à $\mathcal{J}(t_2)$, est inférieur au second membre de (6).

(7) $\mathcal{J}(t)$ est continu pour $0 \leqq t < T$. Si T est fini, $\mathcal{J}(t)$ ne reste pas borné lorsque t tend vers T [sinon le second membre de (6), donc $\mathcal{V}(t)$, resterait borné].

D'autre part de (4) résulte la relation suivante, qui équivaut à *la relation de dissipation de l'énergie*

$$\frac{1}{2} \mathcal{W}(t_1) = \frac{1}{2} \mathcal{W}(t_2) + \nu \int_{t_1}^{t_2} \mathcal{J}^2(t')\, dt'.$$

D'où

$$\mathcal{J}^2(t) = -\frac{1}{2\nu} \frac{d\mathcal{W}}{dt};$$

or

$$\mathcal{W}(t) \leqq \frac{1}{\beta} \mathcal{J}^2(t);$$

donc

$$\mathcal{W}(t) \leqq -\frac{1}{2\beta\nu} \frac{d\mathcal{W}}{dt},$$

et par suite

$$\mathcal{W}(t) \leqq \mathcal{W}(0)\, e^{-2\beta\nu t}.$$

Nous avons donc

$$\int_{t_1}^{t_2} \mathcal{J}^2(t')\, dt' < \frac{1}{2\nu} \mathcal{W}(0)\, e^{-2\beta\nu t},$$

et *a fortiori*

$$(8) \qquad \int_{t_1}^{t_2} \mathcal{J}^2(t')\, dt' < \frac{1}{2\nu} \mathcal{W}(0)\, e^{-2\beta\nu t_1}.$$

Les propriétés des solutions régulières que nous établirons par la suite auront toutes pour origine les inégalités (6), (8) et la proposition (7).

5. Digression. — Il est bien naturel de chercher à établir en premier lieu que $T = +\infty$. Je n'y suis pas parvenu; il est d'ailleurs impossible de déduire ce fait de (6), (7), (8) : c'est ce que nous allons prouver au cours de ce paragraphe en définissant sur un intervalle positif, fini, $(0, T)$ une fonction $\mathcal{J}(t)$ qui satisfera les trois conditions (6), (7), (8); cette fonction n'aura d'ailleurs aucune raison de correspondre à aucun mouvement régulier.

Plus précisément nous choisirons T inférieur à $\frac{1}{3\nu}$ et assez faible pour que l'inégalité (6) soit une conséquence de la suivante :

$$\mathcal{J}(t_2) < B_1 \int_{t_1}^{t_2} \frac{1}{\sqrt{\nu(t_2 - t')}} \log \frac{1}{\nu(t_2 - t')} \mathcal{J}^2(t')\, dt' + \sqrt{2}\, \mathcal{J}(t_1). \tag{9}$$

Nous prendrons alors

$$\mathcal{J}(t) = \frac{\nu}{B_1} \frac{1}{\sqrt{\nu(T - t)}} \frac{1}{\log^\alpha \dfrac{1}{\nu(T - t)}},$$

α est une constante comprise entre $\frac{1}{2}$ et 1.

Pour satisfaire l'inégalité (8) il suffit de choisir

$$\mathcal{W}(0) = 2\nu\, e^{2\beta\nu T} \int_0^T \mathcal{J}^2(t)\, dt,$$

c'est-à-dire

$$\mathcal{W}(0) = \frac{2\nu^2}{(2\alpha - 1) B_1^2} \frac{e^{2\beta\nu T}}{\log^{2\alpha - 1} \dfrac{1}{\nu T}}.$$

Nous avons, pour $T - t_1 \leqq 2(T - t_2)$,

$$\frac{\mathcal{J}(t_2)}{\mathcal{J}(t_1)} = \frac{\sqrt{T - t_1}}{\sqrt{T - t_2}} \left[\frac{\log \dfrac{1}{\nu(T - t_1)}}{\log \dfrac{1}{\nu(T - t_2)}} \right]^\alpha \leqq \sqrt{2} \left[\frac{\log \dfrac{1}{\nu(T - t_1)}}{\log \dfrac{1}{\nu(T - t_2)}} \right]^\alpha < \sqrt{2};$$

l'inégalité (9) est donc vérifiée dans ce cas.

Supposons maintenant $T - t_1 > 2(T - t_2)$; nous avons

$$
\begin{aligned}
& B_1 \int_{t_1}^{t_2} \frac{1}{\sqrt{\nu(t_2 - t')}} \log \frac{1}{\nu(t_2 - t')} \mathcal{J}^2(t')\, dt' \\
& > \frac{\nu^2}{B_1} \int_{2t_2 - T}^{t_2} \frac{1}{\sqrt{\nu(t_2 - t')}} \frac{1}{\nu(T - t')} \frac{\log \frac{1}{\nu(t_2 - t')}}{\log^{2\alpha} \frac{1}{\nu(T - t')}} dt' \\
& > \frac{\nu^2}{B_1} \frac{1}{2\nu(T - t_2)} \frac{1}{\log^{2\alpha - 1} \frac{1}{\nu(T - t_2)}} \int_{2t_2 - T}^{t_2} \frac{dt'}{\sqrt{\nu(t_2 - t')}} \\
& > \frac{\nu}{B_1} \frac{1}{\sqrt{\nu(T - t_2)}} \frac{1}{\log^{\alpha} \frac{1}{\nu(T - t_2)}} = \mathcal{J}(t_2).
\end{aligned}
$$

L'inégalité (9) est encore vérifiée. C. Q. F. D.

6. Conséquences de (6) et de (7). — Soit $\varphi(t)$ une fonction positive, définie pour $0 \leqq t \leqq \tau$, sommable, continue, sauf peut-être pour $t = 0$, et vérifiant l'inégalité suivante, où L représente une constante positive

$$
\varphi(t) \geqq \int_0^t \left\{ \frac{B_1}{\sqrt{\nu(t - t')}} \overset{+}{\log} \frac{1}{\nu(t - t')} + B_2 e^{-\beta\nu(t - t')} \right\} \varphi^2(t')\, dt' + L\left[B_3 \log \frac{1}{\nu t} + B_4 e^{-\beta\nu t} \right]. \tag{10}
$$

Si

$$
\mathcal{J}(t_1) \leqq L, \tag{11}
$$

on a manifestement d'après (6)

$$
\mathcal{J}(t_2) < \varphi(t_2 - t_1) \quad \text{pour} \quad t_2 \leqq t_1 + \tau. \tag{12}
$$

Puisque $\mathcal{J}(t)$ ne reste pas borné quand T est fini et que t tend vers T, on a nécessairement

$$
T > t_1 + \tau. \tag{13}
$$

En particulier, supposons $t_1 = 0$ et supposons que les données varient en sorte que $\mathcal{J}(0) \leqq L$; T et $\mathcal{J}(t)$ varient, mais T reste supérieur à τ et $\mathcal{J}(t)$ reste inférieur à $\varphi(t)$. Nous admettrons, sans développer la démonstration, que dans ces conditions les fonctions $u(x, y, t)$

et $v(x, y, t)$ non seulement sont uniformément bornées, mais qu elles possèdent encore une égale continuité sur tout intervalle de variation de t où $\varphi(t)$ est borné.

Nous choisirons

$$\varphi(t) = L\left[B_3 \overset{+}{\log}\frac{1}{\nu t} + B_4 e^{-\beta\nu t}\right] + M, \tag{14}$$

M étant une fonction de L. Pour que (6) soit vérifié, il suffit que

$$M^2 F[\nu t] - 2\nu M + L^2 G[\nu t] \leqq 0; \tag{15}$$

nous avons posé

$$F[\nu t] = 4\nu \int_0^t \left\{\frac{B_1}{\sqrt{\nu t'}} \overset{+}{\log}\frac{1}{\nu t'} + B_2 e^{-\beta\nu t'}\right\} dt',$$

$$G[\nu t] = 4\nu \int_0^t \left\{\frac{B_1}{\sqrt{\nu t'}} \overset{+}{\log}\frac{1}{\nu t'} + B_2 e^{-\beta\nu t'}\right\} \left[B_3 \overset{+}{\log}\frac{1}{\nu t'} + B_4 e^{-\beta\nu t'}\right]^2 dt'.$$

$F[\nu t]$ et $G[\nu t]$ sont des fonctions croissantes; elles tendent vers des constantes indépendantes de ν, $F(\infty)$ et $G(\infty)$, lorsque t augmente indéfiniment; pour $0 < \nu t < \frac{1}{2}$ les fonctions $\dfrac{F[\nu t]}{\sqrt{\nu t}\log\frac{1}{\nu t}}$ et $\dfrac{G[\nu t]}{\sqrt{\nu t}\left(\log\frac{1}{\nu t}\right)^3}$ admettent des bornes supérieures finies et des bornes inférieures positives.

Au cours de ce paragraphe nous prendrons τ égal à la borne supérieure des quantités t pour lesquelles

$$L^2 F[\nu t]\, G[\nu t] \leqq \nu^2;$$

τ ainsi déterminé, le choix de M sera toujours possible. Déduisons de ce qui précède diverses conséquences intéressantes, indépendantes du choix précis de M. Posons $F[\infty]G[\infty] = \frac{1}{B'^2}$; si $\mathcal{J}(t_1) \leqq B'\nu$ on peut satisfaire l'inégalité (11) en prenant L égal à $B'\nu$; et la relation (13) nous donne $T = +\infty$. Nous obtenons ainsi le résultat suivant :

THÉORÈME *a.* — *Si à l'instant initial, ou à tout autre instant antérieurement auquel le mouvement n'est pas devenu irrégulier, l'on a $\mathcal{J}(t) \leqq B'\nu$, alors le mouvement ne peut jamais devenir irrégulier.*

Supposons maintenant que le mouvement devienne irrégulier à l'instant fini T; soit t une époque antérieure positive quelconque; on doit avoir $\tau < T - t$, donc

$$\mathcal{J}^2(t)\,F[\nu(T-t)]\,G[\nu(T-t)] > \nu^2.$$

D'où :

THÉORÈME b. — *Si le mouvement devient irrégulier à l'époque finie* T, *on a pour* $0 \leqq t < T$:

$$\mathcal{J}(t) > B'\nu + \frac{B''\nu\,\delta[\nu(T-t)]}{\sqrt{\nu(T-t)}\left[\log\frac{1}{\nu(T-t)}\right]^2}. \tag{16}$$

B' *et* B'' *sont des constantes ne dépendant que de* Γ; $\delta[x] = 1$ *pour* $x \leqq \frac{1}{100}$, $\delta[x] = 0$ *pour* $x > \frac{1}{100}$.

Énonçons enfin un troisième théorème :

THÉORÈME c. — *Supposons que les conditions initiales varient,* $\mathcal{J}(0)$ *restant inférieur à une constante* L; *soit* τ *la borne supérieure, finie ou non, des nombres* t *pour lesquels* $L^2F[\nu t]G[\nu t] \leqq \nu^2$. *Pour toute valeur de* t *comprise entre* τ *et une quantité positive arbitrairement faible* ε *les fonctions* $u(x, y, t)$, $v(x, y, t)$ *existent, sont uniformément bornées et possèdent une égale continuité; on a pour* $0 < t \leqq \tau$

$$\mathcal{J}(t) < L\left[B_3 \overset{+}{\log}\frac{1}{\nu t} + B_4 e^{-\beta\nu t}\right] + M, \tag{17}$$

M *étant une fonction de* L.

7. Le fait que les relations (11), (14) et (15) entraînent l'inégalité (12) permet de comparer les valeurs $\mathcal{J}(t_1)$ et $\mathcal{J}(t_2)$ que prend la fonction $\mathcal{J}(t)$ à deux instants t_1 et t_2 de l'intervalle (0, T), $(0 \leqq t_1 < t_2 < T)$. Supposons $\mathcal{J}(t_1)$ tel que l'on ait

$$\mathcal{J}^2(t_1)\,F[\nu(t_2-t_1)]\,G[\nu(t_2-t_1)] \leqq \nu^2.$$

Choisissons $\tau = t_2 - t_1$, $L = \mathcal{J}(t_1)$; nous ne prendrons pas M égal à la plus petite valeur possible, qui est la plus petite racine du trinome (15), pour $t=\tau$, mais nous poserons

$$M = L\sqrt{\frac{G[\nu(t_2-t_1)]}{F[\nu(t_2-t_1)]}}.$$

Il vient

$$\mathcal{J}(t_2) < \mathcal{J}(t_1)\left[B_3 \overset{+}{\log}\frac{1}{\nu(t_2-t_1)} + B_4 e^{-\beta\nu(t_2-t_1)}\right] + \mathcal{J}(t_1)\sqrt{\frac{G[\nu(t_2-t_1)]}{F[\nu(t_2-t_1)]}}.$$

Autrement dit nous avons, en désignant par le symbole $\{A_1; A_2\}$ la plus petite de deux quantités A_1 et A_2 :

$$\mathcal{J}(t_1) > \left\{\begin{array}{c}\dfrac{\nu}{\sqrt{F[\nu(t_2-t_1)]\,G[\nu(t_2-t_1)]}}; \\ \dfrac{\mathcal{J}(t_2)}{B_3 \overset{+}{\log}\dfrac{1}{\nu(t_2-t_1)} + B_4 e^{-\beta\nu(t_2-t_1)} + \sqrt{\dfrac{G[\nu(t_2-t_1)]}{F[\nu(t_2-t_1)]}}}\end{array}\right\}.$$

D'où :

THÉORÈME *d*. — *Si* $0 \leqq t_1 < t_2 < T$, *on a*

$$(18)\quad \mathcal{J}(t_1) > \left\{ B'\nu + \frac{B''\nu\,\delta[\nu(t_2-t_1)]}{\sqrt{\nu(t_2-t_1)}\left[\log\dfrac{1}{\nu(t_2-t_1)}\right]^2};\quad \frac{\mathcal{J}(t_2)}{B + B\overset{+}{\log}\dfrac{1}{\nu(t_2-t_1)}}\right\}.$$

Remarque. — Convenons que $\mathcal{J}(T) = +\infty$ quand T est fini; l'inégalité (18) reste valable et le théorème *b* en est une conséquence.

8. CONSÉQUENCES DE L'INÉGALITÉ (8). — Supposons T fini; d'après (8) et (16) nous avons, quel que soit t_1 compris entre 0 et T,

$$\frac{\mathcal{W}(0)}{\nu^2} > \frac{2}{\nu}e^{2\beta\nu t_1}\int_{t_1}^{T}\mathcal{J}^2(t)\,dt > 2\nu B''^2 e^{2\beta\nu t_1}\int_{t_1}^{T}\frac{\delta[\nu(T-t)]}{\nu(T-t)\log^4\dfrac{1}{\nu(T-t)}}\,dt.$$

Nous choisirons $t_1 = 0$ pour $T \leqq \frac{1}{100\nu}$ et $t_1 = T - \frac{1}{100\nu}$ pour $T \geqq \frac{1}{100\nu}$. Le dernier membre de la double inégalité précédente est une fonction continue et croissante de T; cette fonction vaut $\frac{2}{3}B''^2\dfrac{1}{\log^3\dfrac{1}{\nu T}}$

pour $T \leqq \frac{1}{100\nu}$; pour $T \geqq \frac{1}{100\nu}$ elle vaut

$$\frac{2}{3} B''^2 e^{-\frac{\beta}{10}} \frac{1}{\log^3 100} e^{2\beta\nu T}.$$

Par suite

$$\nu T < e^{-\left[\frac{2B''^2\nu^2}{3\mathcal{W}(0)}\right]^{\frac{1}{3}}} \qquad \text{si} \quad \frac{\mathcal{W}(0)}{\nu^2} \leqq \frac{2}{3} \frac{B''^2}{\log^3 100},$$

$$\nu T < \frac{1}{\beta} \log \frac{\sqrt{\mathcal{W}(0)}}{B\nu} \qquad \text{si} \quad \frac{\mathcal{W}(0)}{\nu^2} \geqq \frac{2}{3} \frac{B''^2}{\log^3 100}.$$

En d'autres termes :

Théorème *e*. — *Quand* $\frac{\mathcal{W}(0)}{\nu^2} \leqq \frac{2}{3} \frac{B''^2}{\log^3 100}$ *le mouvement ne peut devenir irrégulier qu'antérieurement à l'époque* $\theta = \frac{1}{\nu} e^{-\left[\frac{2B''^2\nu^2}{3\mathcal{W}(0)}\right]^{\frac{1}{3}}}$.

Quand $\frac{\mathcal{W}(0)}{\nu^2} \geqq \frac{2}{3} \frac{B''^2}{\log^3 100}$ *le mouvement ne peut devenir irrégulier qu'antérieurement à l'époque* $\theta = \frac{1}{\beta\nu} \log \frac{\sqrt{\mathcal{W}(0)}}{B\nu}$.

Supposons T fini et $\frac{\mathcal{W}(0)}{\nu^2} \leqq \frac{2}{3} \frac{B''^2}{\log^3 100}$, nous avons donc

$$\nu T < e^{-\left[\frac{2B''^2\nu^2}{3\mathcal{W}(0)}\right]^{\frac{1}{3}}} \leqq \frac{1}{100};$$

d'où, d'après (16),

$$\mathcal{J}(0) > B'\nu + B\nu \left[\frac{\mathcal{W}(0)}{\nu^2}\right]^{\frac{2}{3}} e^{\left[\frac{B\nu^2}{\mathcal{W}(0)}\right]^{\frac{1}{3}}}.$$

[Cette formule est manifestement encore valable quand on y remplace l'époque o par une époque quelconque *t* comprise entre o et T.]

Nous obtenons ainsi le théorème suivant, dans lequel est inclus le théorème *a* :

Théorème *f*. — *Le mouvement ne peut jamais devenir irrégulier si l'on a, à l'instant initial* [*ou à tout autre instant antérieurement auquel le mouvement n'est pas devenu irrégulier*] :

$$\mathcal{J}(t) \leqq B'\nu + B\nu e^{\left[\frac{B\nu^2}{\mathcal{W}(t)}\right]^{\frac{1}{3}}} \delta \left[\frac{\mathcal{W}(t)}{B\nu^2}\right].$$

9. Ne faisons plus aucune hypothèse relative à T; soient t_1 et t_2 deux époques telles que $0 \leqq t_1 < t_2 < T$. Les inégalités (8) et (18) nous donnent

$$(19)\quad \int_{t_1}^{t_2} \left\{ \frac{B''\nu\,\delta[\nu(t_2-t)]}{\sqrt{\nu(t_2-t)}\log^2 \frac{1}{\nu(t_2-t)}};\ \frac{\mathcal{J}(t_2)}{B+\overset{+}{B}\log\frac{1}{\nu(t_2-t)}} \right\}^2 dt < \frac{\mathcal{W}(0)}{2\nu} e^{-2\beta\nu t_1}.$$

Nous choisirons $t_1 = t_2 - \frac{1}{100\nu}$ lorsque $t_2 \geqq \frac{1}{100\nu}$; $t_1 = 0$ lorsque $t_2 \leqq \frac{1}{100\nu}$.

Pour que l'inégalité (19) fournisse une majorante de $\mathcal{J}(t_2)$, il faut et il suffit que

$$B''^2\nu^2 \int_{t_1}^{t_2} \frac{\delta[\nu(t_2-t)]}{\nu(t_2-t)\log^4\frac{1}{\nu(t_2-t)}} dt > \frac{\mathcal{W}(0)}{2\nu} e^{-2\beta\nu t_1},$$

c'est-à-dire que t_2 soit supérieur à l'époque θ que définit l'énoncé du théorème *e* : T est alors infini.

Supposons donc T infini; choisissons $t_2 \geqq \frac{1}{100\nu}$; le premier membre de (19) est de la forme $\frac{B\mathcal{J}^2(t_2)}{\nu}$ quand le second est inférieur à une quantité $B\nu$. Il en résulte :

Théorème *g*. — *Quand* T *est infini, on a* $\mathcal{J}(t) < B\sqrt{\mathcal{W}(0)}e^{-\beta\nu t}$ *pour les valeurs de t vérifiant à la fois les deux inégalités :* $\nu t > \frac{1}{100}$ *et* $\beta\nu t > \log\frac{\sqrt{\mathcal{W}(0)}}{B\nu}$.

II. — États initiaux semi-réguliers.

10. La section précédente est basée sur les hypothèses (*c*), qui concernent l'état initial du liquide. Elles sont trop restrictives pour que les résultats acquis puissent s'appliquer directement au cours du chapitre suivant.

Donnons-nous maintenant deux fonctions $u(x, y, 0)$ et $v(x, y, 0)$, définies sur Σ et mesurables; soit

$$\mathcal{W}(o)=\iint_\Sigma [u^2(x, y, o)+v^2(x, y, o)]\,dx\,dy.$$

Supposons vérifié l'un des deux systèmes de conditions énoncés ci-dessous :

(c')

On a

$$u^2(x, y, o)+v^2(x, y, o)\leqq \mathcal{V}^2(o),$$

$\mathcal{V}(o)$ étant une constante.

On a

$$\iint_\Sigma \left[u(x, y, o)\frac{\partial\Phi(x, y)}{\partial x}+v(x, y, o)\frac{\partial\Phi(x, y)}{\partial y}\right]dx\,dy=o$$

pour toutes les fonctions $\Phi(x, y)$ qui sont continues sur $\Sigma+\Gamma$ ainsi que leurs dérivées premières.

(c'')

La quantité $\mathcal{W}(o)$ est finie.

Il existe des fonctions mesurables et de carrés sommables $u_x(x, y, o)$, $u_y(x, y, o)$, $v_x(x, y, o)$, $v_y(x, y, o)$ telles que l'on ait pour toutes les fonctions $\Phi(x, y)$:

$$\iint_\Sigma u(x, y, o)\frac{\partial\Phi(x, y)}{\partial x}dx\,dy+\iint_\Sigma u_x(x, y, o)\,\Phi(x, y)\,dx\,dy=o,$$

$$\iint u(x, y, o)\frac{\partial\Phi(x, y)}{\partial y}dx\,dy+\iint_\Sigma u_y(x, y, o)\,\Phi(x, y)\,dx\,dy=o,$$

$$\iint_\Sigma v(x, y, o)\frac{\partial\Phi(x, y)}{\partial x}dx\,dy+\iint_\Sigma v_x(x, y, o)\,\Phi(x, y)\,dx\,dy=o,$$

$$\iint_\Sigma v(x, y, o)\frac{\partial\Phi(x, y)}{\partial y}dx\,dy+\iint_\Sigma v_y(x, y, o)\,\Phi(x, y)\,dx\,dy=o,$$

Enfin :

$$u_x(x, y, o)+v_y(x, y, o)=o.$$

Posons, dans ce dernier cas,

$$\mathcal{J}^2(o)=\iint_\Sigma [u_x^2(x, y, o)+u_y^2(x, y, o)+v_x^2(x, y, o)+v_y^2(x, y, o)]\,dx\,dy.$$

On peut trouver une suite de fonctions $u_n(x, y, o)$, $v_n(x, y, o)$, nulles sur Γ, continues, ainsi que leurs dérivées premières, sur $\Sigma+\Gamma$, et qui vérifient les conditions suivantes :

$$\frac{\partial u_n(x,y,0)}{\partial x}+\frac{\partial v_n(x,y,0)}{\partial y}=0;$$

$$(20)\quad \lim \iint_\Sigma \{[u(x,y,0)-u_n(x,y,0)]^2+[v_n(x,y,0)-v(x,y,0)]^2\}\,dx\,dy=0;$$

dans le cas (c') :

$$u_n^2(x,y,0)+v_n^2(x,y,0)\leqq \mathcal{V}^2(0);$$

dans le cas (c'') :

$$\iint_\Sigma \left[\left(\frac{\partial u_n(x,y,0)}{\partial x}\right)^2+\left(\frac{\partial u_n(x,y,0)}{\partial y}\right)^2 + \left(\frac{\partial v_n(x,y,0)}{\partial x}\right)^2+\left(\frac{\partial v_n(x,y,0)}{\partial y}\right)^2\right]dx\,dy\leqq \mathcal{J}^2(0).$$

Nommons $u_n(x,y,t)$, $v_n(x,y,t)$ la solution régulière des équations de Navier, qui, d'après ce que nous savons, correspond aux valeurs initiales $u_n(x,y,0)$, $v_n(x,y,0)$. Appliquons le théorème c : posons, dans le cas (c'), $\mathcal{I}(0)=\mathcal{V}(0)$; dans le cas ($c''$), $\mathcal{I}(0)=\mathcal{J}(0)$; soit τ la borne supérieure de nombres t pour lesquels $\mathcal{I}^2(0)F[\nu t]G[\nu t]\leqq\nu^2$; on peut extraire de la suite $u_n(x,y,t)$, $v_n(x,y,t)$ une suite partielle qui, pour $0<t<\tau$, converge vers une limite $u(x,y,t)$, $v(x,y,t)$. Nous allons établir quelques propriétés de ces fonctions.

11. Supposons t intérieur à l'intervalle $(0,\tau)$; alors les fonctions $u(x,y,t)$, $v(x,y,t)$ sont continues sur $\Sigma+\Gamma$; elles sont nulles le long de Γ; elles admettent des dérivées du premier ordre en x et y qui sont continues par rapport à x, y, t sur $\Sigma+\Gamma$; en tout point intérieur à Σ elles admettent des dérivées qui satisfont les équations de Navier. On a manifestement

$$(21)\qquad \mathcal{W}(t)<\mathcal{W}(0)\qquad \text{pour}\quad 0<t<\tau.$$

D'autre part, d'après l'inégalité (17) du théorème c, nous avons

$$\mathcal{I}(t)<\mathcal{I}(0)\left[B_3\,\overset{+}{\log}\frac{1}{\nu t}+B_4 e^{-\beta\nu t}\right]+M.$$

Portons cette majorante de $\mathcal{I}(t)$ dans le second membre de (6), qui, rappelons-le, est supérieur à $\mathcal{V}(t_2)$; choisissons $0<t<\tau$, $t_2=t$

et $t_1 = \frac{1}{2} t$; nous obtenons

(22) $$\mathcal{V}(t) < M_1 \left[\overset{+}{\log} \frac{1}{\nu t}\right]^2 + M_2 e^{-\beta\nu t};$$

M_1 et M_2 sont des quantités finies, fonctions de $\mathcal{J}(0)$.

(23) Soient $a(x, y)$ et $b(x, y)$ deux fonctions, nulles le long de Γ, continues sur $\Sigma + \Gamma$ ainsi que leurs dérivées des deux premiers ordres, et qui satisfont l'équation

$$\frac{\partial a(x, y)}{\partial x} + \frac{\partial b(x, y)}{\partial y} = 0.$$

On déduit de (1) et (3):

$$\begin{aligned}
&\nu \int_0^t dt' \iint_\Sigma [u_n(x, y, t')\Delta a(x, y) + v_n(x, y, t')\Delta b(x, y)]\,dx\,dy \\
&\quad - \iint_\Sigma [u_n(x, y, t)\,a(x, y) + v_n(x, y, t)\,b(x, y)]\,dx\,dy \\
&\quad + \iint_\Sigma [u_n(x, y, 0)\,a(x, y) + v_n(x, y, 0)\,b(x, y)]\,dx\,dy \\
&= -\int_0^t dt' \iint_\Sigma \left\{ \frac{\partial a(x, y)}{\partial x} u_n^2(x, y, t') + \left[\frac{\partial a(x, y)}{\partial y} + \frac{\partial b(x, y)}{\partial x}\right] u_n(x, y, t')\,v_n(x, y, t') \right. \\
&\qquad \left. + \frac{\partial b(x, y)}{\partial y} v_n^2(x, y, t') \right\} dx\,dy.
\end{aligned}$$

Passons à la limite : rappelons-nous la relation (20), l'inégalité

$$\iint_\Sigma [u_n^2(x, y, t) + v_n^2(x, y, t)]\,dx\,dy < \mathcal{W}(0),$$

et le fait que les fonctions $u_n(x, y, t)$, $v_n(x, y, t)$ convergent vers $u(x, y, t)$, $v(x, y, t)$ pour $0 < t < \tau$. Il vient

$$\begin{aligned}
&\nu \int_0^t dt' \iint_\Sigma [u(x, y, t')\Delta a(x, y) + v(x, y, t')\Delta b(x, y)]\,dx\,dy \\
&\quad - \iint_\Sigma [u(x, y, t)\,a(x, y) + v(x, y, t)\,b(x, y)]\,dx\,dy \\
&\quad + \iint_\Sigma [u(x, y, 0)\,a(x, y) + v(x, y, 0)\,b(x, y)]\,dx\,dy \\
&= -\int_0^t dt' \iint_\Sigma \left\{ \frac{\partial a(x, y)}{\partial x} u^2(x, y, t') + \left[\frac{\partial a(x, y)}{\partial y} + \frac{\partial b(x, y)}{\partial x}\right] u(x, y, t')\,v(x, y, t') \right. \\
&\qquad \left. + \frac{\partial b(x, y)}{\partial y} v^2(x, y, t') \right\} dx\,dy.
\end{aligned}$$

Il en résulte

$$(24)\qquad \lim_{t\to 0}\iint_{\Sigma}[u(x,y,t)\,a(x,y)+v(x,y,t)\,b(x,y)]\,dx\,dy$$
$$=\iint_{\Sigma}[u(x,y,0)\,a(x,y)+v(x,y,0)\,b(x,y)]\,dx\,dy.$$

Nous allons généraliser ce résultat :

Désignons maintenant par $a(x,y)$, $b(x,y)$ deux fonctions mesurables, de carrés sommables, et telles que nous ayons

$$\iint_{\Sigma}\left[a(x,y)\frac{\partial\Phi(x,y)}{\partial x}+b(x,y)\frac{\partial\Phi(x,y)}{\partial y}\right]dx\,dy=0$$

pour toutes les fonctions $\Phi(x,y)$ continues, ainsi que leurs dérivées premières, sur $\Sigma+\Gamma$. On peut alors trouver une suite de fonctions $a_n(x,y)$, $b_n(x,y)$ qui vérifient les conditions (23), et telles que les quantités

$$(25)\qquad \varepsilon_n^2=\iint_{\Sigma}[(a-a_n)^2+(b-b_n)^2]\,dx\,dy$$

tendent vers zéro. Nous avons pour $0\leqq t<\tau$:

$$(26)\qquad \left|\iint_{\Sigma}[u(x,y,t)\;a(x,y)+v(x,y,t)\;b(x,y)]\,dx\,dy\right.$$
$$\left.-\iint_{\Sigma}[u(x,y,t)\,a_n(x,y)+v(x,y,t)\,b_n(x,y)]\,dx\,dy\right|\leqq\varepsilon_n\sqrt{2\mathcal{W}(0)}.$$

(24) nous apprend, d'autre part, qu'on peut trouver une suite de nombres positifs η_n tels que l'inégalité $0<t<\eta_n$ entraîne

$$(27)\qquad \left|\iint_{\Sigma}[u(x,y,t)\,a_n(x,y)+v(x,y,t)\,b_n(x,y)]\,dx\,dy\right.$$
$$\left.-\iint_{\Sigma}[u(x,y,0)\,a_n(x,y)+v(x,y,0)\,b_n(x,y)]\,dx\,dy\right|<\varepsilon_n\sqrt{\mathcal{W}(0)}.$$

De (25), (26) et (27) résulte que l'on a pour $0<t<\eta_n$

$$\left|\iint_{\Sigma}[u(x,y,t)\,a(x,y)+v(x,y,t)\,b(x,y)]\,dx\,dy\right.$$
$$\left.-\iint_{\Sigma}[u(x,y,0)\,a(x,y)+v(x,y,0)\,b(x,y)]\,dx\,dy\right|<3\varepsilon_n\sqrt{\mathcal{W}(0)}.$$

La relation (24) est donc encore valable.

En particulier,

$$\lim_{t \to 0} \iint_{\Sigma} [u(x, y, t)\, u(x, y, o) + v(x, y, t)\, v(x, y, o)]\, dx\, dy$$
$$= \iint_{\Sigma} [u^2(x, y, o) + v^2(x, y, o)]\, dx\, dy.$$

Cette relation, jointe à l'inégalité (21) : $\mathcal{W}(t) < \mathcal{W}(o)$, nous fournit une égalité importante, dont (24) n'est qu'une conséquence :

$$(28) \quad \lim_{t \to 0} \iint_{\Sigma} \{ [u(x, y, t) - u(x, y, o)]^2 + [v(x, y, t) - v(x, y, o)]^2 \}\, dx\, dy = o,$$

en d'autres termes $u(x, y, t)$ et $v(x, y, t)$ convergent fortement en moyenne vers $u(x, y, o)$ et $v(x, y, o)$ quand t tend vers zéro.

12. Comparaison de deux solutions des équations de Navier. — Soient deux solutions des équations de Navier : $u(x, y, t)$, $v(x, y, t)$ et $u_1(x, y, t)$, $v_1(x, y, t)$. Nous les supposons définies sur Σ pour $o < t < t_0$, nulles le long de Γ, continues sur $\Sigma + \Gamma$ ainsi que leurs dérivées premières en x et en y ; en tout point intérieur à Σ, elles admettent des dérivées partielles qui vérifient les équations de Navier. En outre, nous supposerons que lorsque t tend vers zéro, les quatre fonctions u, v, u_1, v_1 convergent fortement en moyenne vers des limites que nous nommerons $u(x, y, o)$, $v(x, y, o)$, $u_1(x, y, o)$, $v_1(x, y, o)$.

Posons

$$u'(x, y, t) = u_1(x, y, t) - u(x, y, t);$$
$$v'(x, y, t) = v_1(x, y, t) - v(x, y, t);$$
$$j^2(t) = \iint_{\Sigma} \left[\frac{\partial u'^2}{\partial x} + \frac{\partial u'^2}{\partial y} + \frac{\partial v'^2}{\partial x} + \frac{\partial v'^2}{\partial y} \right] dx\, dy;$$
$$w(t) = \iint_{\Sigma} [u'^2 + v'^2]\, dx\, dy.$$

Soit $\mathcal{V}(t)$ la plus grande longueur à l'instant t du vecteur u, v. Nous avons pour $o < t < t_0$,

$$\nu \Delta u' - \frac{\partial u'}{\partial t} - \frac{1}{\rho} \frac{\partial q'}{\partial x} = -2(v\zeta' + v'\zeta + v'\zeta') \qquad \frac{\partial u'}{\partial x'} + \frac{\partial v'}{\partial y'} = o,$$
$$\nu \Delta v' - \frac{\partial v'}{\partial t} - \frac{1}{\rho} \frac{\partial q'}{\partial y} = 2(u\zeta' + u'\zeta + u'\zeta') \qquad \zeta' = \frac{1}{2}\left(\frac{\partial v'}{\partial x} - \frac{\partial u'}{\partial y}\right).$$

Un calcul analogue à celui qui fournit la relation de dissipation de l'énergie nous donne

$$\nu j^2(t) + \frac{1}{2}\frac{dw(t)}{dt} = 2\iint_\Sigma (u'v - v'u)\zeta'\,dx\,dy.$$

D'où

$$\nu j^2(t) - \sqrt{2}\,\mathcal{V}(t)\sqrt{w(t)}\,j(t) + \frac{1}{2}\frac{dw(t)}{dt} \leqq 0.$$

Le discriminant de ce trinome en $j(t)$ ne peut être négatif; donc

$$\mathcal{V}^2(t)\,w(t) - \nu\frac{dw(t)}{dt} \geqq 0.$$

On en déduit

$$w(t) < w(0)\,e^{\frac{1}{\nu}\int_0^t \mathcal{V}^2(t')\,dt'}$$

lorsque le second membre de cette inégalité a un sens.

En particulier, si l'on a presque partout

$$u(x, y, 0) = u_1(x, y, 0) \quad \text{et} \quad v(x, y, 0) \equiv v_1(x, y, 0)$$

et si l'intégrale $\int_0^t \mathcal{V}^2(t')\,dt'$ converge, $w(t)$ est identiquement nul : les deux solutions considérées sont identiques.

13. Conclusions. — Pour énoncer les résultats obtenus au cours des trois paragraphes précédents, il nous sera commode d'employer la définition que voici :

Nous dirons que, pour $t_1 \leqq t < t_2$, deux fonctions $u(x, y, t)$, $v(x, y, t)$ constituent une *solution semi-régulière du système* de Navier quand les conditions suivantes seront remplies pour toute valeur de t intérieure à l'intervalle (t_1, t_2) :

u et v sont nulles le long de Γ ;

u, v, $\frac{\partial u}{\partial x}$, $\frac{\partial u}{\partial y}$, $\frac{\partial v}{\partial x}$, $\frac{\partial v}{\partial y}$ sont continues en x, y, t sur $\Sigma + \Gamma$;

u et v admettent en tout point intérieur à Σ des dérivées partielles qui satisfont les équations de Navier;

l'intégrale $\int_{t_1}^t \mathcal{V}^2(t')\,dt'$ est convergente;

$$\lim_{t \to t_1} \iint_\Sigma \{[u(x, y, t) - u(x, y, t_1)]^2 + [v(x, y, t) - v(x, y, t_1)]^2\}\,dx\,dy = 0.$$

[Une solution régulière pour $t_1 \leqq t < t_2$ est *a fortiori* semi-régulière.]

Supposons $t_1 = 0$; la solution semi-régulière sera dite correspondre aux données $u(x, y, 0)$, $v(x, y, 0)$.

Le paragraphe **12** établit le théorème d'unicité :

Il existe au plus une solution semi-régulière correspondant à un système de données.

Les paragraphes **10** et **11** établissent un théorème d'existence :

Si les données vérifient les conditions (c') *ou* (c''), *l'existence d'une solution semi-régulière correspondante est assurée.*

Notons enfin que toute solution semi-régulière vérifie les théorèmes a, b, c, d, e, f, g; la quantité $\mathcal{J}(0)$ est finie quand sont vérifiées les conditions (c') ou les conditions (c'').

CHAPITRE IV.

MOUVEMENTS TURBULENTS.

1. Introduction. — Nous ignorons si certains mouvements ne deviennent pas irréguliers au bout d'un temps fini : le chapitre précédent ne nous a fourni à ce sujet que des renseignements partiels [1]. Il est cependant possible que la régularité du mouvement soit assurée quand on suppose qu'aux points où le tenseur de déformation est considérable, le coefficient de viscosité cesse d'être constant pour prendre lui-même des valeurs considérables. Nous voici donc amenés [2] à supposer que le problème légèrement modifié admet toujours une

---

[1] La difficulté de la question provient de l'influence des parois. Dans le cas d'un liquide plan illimité, aucune irrégularité n'est possible : j'en ai donné une première démonstration dans le dernier chapitre de ma Thèse (*Journal de Mathématiques pures et appliquées*, t. 12, 1933); une seconde démonstration se trouve ébauchée dans une Note aux *Comptes rendus de l'Académie des Sciences*, 30 mai 1932.

[2] Pour plus de détails, *voir* ma Thèse, Chapitre III, Section III.

solution régulière. Cette hypothèse va être légitimée au cours de ce chapitre; mais la solution approchée que nous utiliserons ici sera choisie la plus simple possible; elle se trouvera dépourvue de signification physique précise. Nous chercherons ce que deviendra cette solution approchée quand nous nous rapprocherons de plus en plus du problème primitif. Ceci nous conduira à introduire la notion nouvelle de solution turbulente. Et nous nous trouverons avoir établi qu'il existe dans tous les cas au moins une solution turbulente, définie pendant une durée illimitée qui succède à l'instant initial.

La seconde section du chapitre démontrera quelques propriétés remarquables de ces solutions turbulentes.

Les raisonnements que nous allons développer peuvent être transposés à l'étude des mouvements turbulents d'un liquide visqueux, illimité, à trois dimensions, étude que nous ferons dans les deux derniers chapitres d'un autre Mémoire (1) en utilisant d'autres procédés. Inversement, les raisonnements que contiennent ces deux chapitres peuvent être appliqués au cas présent; ils justifient mieux la notion de solution turbulente, mais ils font appel à des théorèmes moins élémentaires et moins usuels. Nous nous sommes appliqués à utiliser ici l'appareil mathématique minimum : nous avons profité de la structure particulière des solutions turbulentes pour simplifier la démonstration du théorème d'existence.

I. — Théorème d'existence.

2. Écrivons les équations de Navier :

$$(1)\quad \begin{cases} \nu\,\Delta u(x, y, t) - \dfrac{\partial u(x, y, t)}{\partial t} - \dfrac{1}{\rho}\dfrac{\partial p(x, y, t)}{\partial x} = \dfrac{\partial (u^2)}{\partial x} + \dfrac{\partial (uv)}{\partial y}, \\ \nu\,\Delta v(x, y, t) - \dfrac{\partial v(x, y, t)}{\partial t} - \dfrac{1}{\rho}\dfrac{\partial p(x, y, t)}{\partial y} = \dfrac{\partial (uv)}{\partial x} + \dfrac{\partial (v^2)}{\partial y} \\ \dfrac{\partial u}{\partial x} + \dfrac{\partial v}{\partial y} = 0, \end{cases}$$

(1) *Sur le mouvement d'un liquide visqueux emplissant l'espace* (*Acta math.*, t. **63**, 1934).

et les équations des mouvements infiniment lents :

$$(2)\quad \begin{cases} \nu\,\Delta u(x, y, t) - \dfrac{\partial u(x, y, t)}{\partial t} - \dfrac{1}{\rho}\dfrac{\partial q(x, y, t)}{\partial x} = 0, \\ \nu\,\Delta v(x, y, t) - \dfrac{\partial v(x, y, t)}{\partial t} - \dfrac{1}{\rho}\dfrac{\partial q(x, y, t)}{\partial y} = 0. \end{cases}$$

Supposons l'existence de conditions initiales $u(x, y, 0)$, $v(x, y, 0)$ telles que le mouvement correspondant $u(x, y, t)$, $v(x, y, t)$ devienne irrégulier à une époque T ; $\mathcal{J}(t)$ augmente indéfiniment quand t tend vers T. On peut admettre que les fonctions $u(x, y, t)$, $v(x, y, t)$ représentent mal la réalité physique quand $\mathcal{J}(t)$ dépasse une certaine constante C, supérieure à $\mathcal{J}(0)$, et qu'il est préférable de leur substituer des fonctions plus régulières. C'est ce que nous allons faire en construisant, par un procédé de récurrence, deux nouvelles fonctions $u^*(x, y, t)$, $v^*(x, y, t)$.

Supposons $u^*(x, y, t)$, $v^*(x, y, t)$ définis pour $0 \leqq t \leqq \alpha$ et [1] $\mathcal{J}^*(\alpha) \leqq C$. Considérons la solution semi-régulière de (1), $u_\alpha(x, y, t)$, $v_\alpha(x, y, t)$ qui correspond aux conditions initiales

$$u_\alpha(x, y, \alpha) = u^*(x, y, \alpha), \qquad v_\alpha(x, y, \alpha) = v^*(x, y, \alpha);$$

elle est définie pour $\alpha \leqq t < T_\alpha$. Si $T_\alpha = +\infty$, nous choisirons u^*, v^* identiques à u_α, v_α pour $t \geqq \alpha$. Supposons T_α fini ; soit β la borne supérieure des valeurs de t pour lesquelles $\mathcal{J}_\alpha(t) \leqq C$. Comme nous aurons à utiliser fréquemment le théorème c, convenons de représenter par $\{L\}$ la borne supérieure, finie ou non, des nombres t pour lesquels $L^2 F[\nu t] G[\nu t] \leqq \nu^2$. Nous avons $t + \{\mathcal{J}_\alpha(t)\} < T_\alpha$ pour $\alpha \leqq t < T_\alpha$. Soit γ la borne supérieure de la fonction $t + \{\mathcal{J}_\alpha(t)\}$ sur le segment $\alpha \leqq t \leqq \beta$. Nous avons $\beta < \gamma \leqq T_\alpha$. Nous choisirons u^*, v^* identiques à u_α, v_α pour $\alpha \leqq t \leqq \frac{\beta + \gamma}{2}$. Puis u^*, v^* seront définis, au delà de l'époque $\frac{\beta + \gamma}{2}$, par les propriétés d'être continus pour $t = \frac{\beta + \gamma}{2}$ et de satisfaire le système (2) jusqu'à l'instant (fini) δ où nous aurons pour la première fois $\mathcal{J}^*(\delta) = C$.

---

[1] $\mathcal{J}^*$ est défini à partir de u^*, v^* comme $\mathcal{J}$ l'est à partir de u, v.

Posons $u^\star(x, y, 0) = u(x, y, 0)$, $v^\star(x, y, 0) = v(x, y, 0)$. Appliquons la construction qui précède en choisissant d'abord $\alpha = 0$; $u^\star$ et $v^\star$ se trouvent définis pour $0 \leqq t \leqq \delta_0$. Choisissons alors $\alpha = \delta_0$; cette même construction définit $u^\star$, $v^\star$ soit sur l'intervalle infini $(\delta_0, +\infty)$, soit sur un intervalle fini (δ_0, δ_1). Poursuivons ainsi, ou bien indéfiniment, ou bien jusqu'à ce que nous rencontrions un T_α infini. Puisque $\delta_{i+1} - \delta_i > \frac{1}{2}\{C\}$, $u^\star(x, y, t)$ et $v^\star(x, y, t)$ se trouvent finalement définis pour toutes les valeurs positives de t.

Énonçons celles des propriétés des fonctions $u^\star(x, y, t)$, $v^\star(x, y, t)$ qui nous seront utiles.

Ces fonctions sont continues pour $t > 0$.

L'axe des temps est divisé par une suite de points, qui ne peuvent s'accumuler qu'à l'infini, en intervalles à l'intérieur de chacun desquels $u^\star$ et $v^\star$ constituent une solution régulière soit du système (1), soit du système (2).

Tout instant t, tel que $\mathcal{J}^\star(t) \leqq C$, est l'origine d'un intervalle de l'axe des temps, de longueur supérieure à $\frac{1}{2}\{\mathcal{J}^\star(t)\}$, sur lequel $u^\star$ et $v^\star$ constituent une solution régulière du système (1).

Nous avons

$$\mathcal{W}^\star(t_1) - \mathcal{W}^\star(t_2) \geqq 2\nu \int_{t_1}^{t_2} \mathcal{J}^{\star 2}(t)\, dt \qquad \text{pour} \quad 0 \leqq t_1 \leqq t_2 \tag{3}$$

Ces deux derniers faits assurent « la prédominance du système (1) sur le système (2) ». Nous nommerons $u^\star(x, y, t)$, $v^\star(x, y, t)$: *solution approchée du système* (1) *attachée à la constante* C.

3. Faisons augmenter C indéfiniment par une suite de valeurs C_l arbitrairement choisies; $u^\star(x, y, t)$, $v^\star(x, y, t)$ convergent uniformément vers $u(x, y, t)$, $v(x, y, t)$ à l'intérieur de l'intervalle $0 < t < T$. Si $u^\star(x, y, t)$, $v^\star(x, y, t)$ convergent uniformément à l'intérieur d'un autre intervalle, vers des limites, constituant une solution de (1) régulière dans cet intervalle, nous nommerons également ces limites $u(x, y, t)$, $v(x, y, t)$. Nous nous proposons d'établir au cours de ce paragraphe *la proposition suivante :* On peut toujours extraire de la suite C_l une suite partielle C_n pour laquelle de telles limites existent en tout point d'un ensemble ouvert du demi-axe $(0, +\infty)$, le complémentaire de cet ensemble par rapport à ce demi-axe étant de mesure nulle.

Nous avons d'après (3)

$$(4) \qquad \int_0^\infty \mathcal{J}^{*2}(t)\,dt \leqq \frac{1}{2\nu}\mathcal{W}(0).$$

Donc, quel que soit C, l'intervalle $\left(0, \frac{\mathcal{W}(0)}{2B'^2\nu^3}\right)$ contient des points où

$$\mathcal{J}^*(t) \leqq B'\nu,$$

c'est-à-dire où

$$\{\mathcal{J}^*(t)\} = +\infty.$$

Soit θ_0^* l'un d'eux. D'après le théorème de Weierstrass-Bolzano, le théorème d'Arzelà et le théorème *c* (p. 393) on peut extraire de la suite C_l une suite C_m telle que les θ_0^* convergent vers une limite θ_0 et qu'à l'intérieur de l'intervalle $(\theta_0, +\infty)$ les fonctions $u^*(x, y, t)$, $v^*(x, y, t)$ convergent uniformément vers une solution régulière de (1) : $u(x, y, t)$, $v(x, y, t)$. Si θ_0 se trouvait être égal à T la proposition en vue serait établie : il suffirait de choisir comme suite C_n la suite C_m.

Pour poursuivre, introduisons un *procédé* récurrent : Supposons extraite de la suite C_l une suite C_p telle que les fonctions *u* et *v* existent, sauf peut-être sur un ensemble *e*, de $\overline{T\theta_0}$, composé de *k* intervalles et de points isolés $(k > 0)$. Soit e' l'ensemble des points t' de *e* tels que *e* contienne l'intervalle $\left(t', t' + \frac{\text{mes.}\, e}{2k}\right)$. Nous avons mes. $e' \geqq \frac{1}{2}$ mes. *e*. Donc, d'après (4), on peut trouver quel que soit C un point θ^* de e' tel que

$$\mathcal{J}^*(\theta^*) \leqq \sqrt{\frac{\mathcal{W}(0)}{\nu\, \text{mes.}\, e}}.$$

Le théorème de Weierstrass-Bolzano, le théorème d'Arzelà et le théorème *c* prouvent qu'on peut extraire de la suite C_p une suite partielle C_q telle que les θ^* convergent vers une limite θ et qu'à l'intérieur de l'intervalle $\left(\theta,\ \theta+\frac{1}{2}\left\{\sqrt{\frac{\mathcal{W}(0)}{\nu\,\text{mes.}\,e}}\right\}\right)$ les fonctions $u^*(x,\ y,\ t)$, $v^*(x,\ y,\ t)$ convergent uniformément vers une solution régulière de (1) : $u(x, y, t)$, $v(x, y, t)$.

Ce procédé d'extraction de suite sera dit de *première catégorie* lorsque tout l'intervalle $\left(\theta,\ \theta+\frac{1}{2}\left\{\sqrt{\frac{\mathcal{W}(0)}{\nu\,\text{mes.}\,e}}\right\}\right)$ sera intérieur à e; dans le cas contraire il sera dit de *seconde catégorie*.

Nous l'appliquerons d'abord en choisissant e identique à $\overline{T\theta_0}$ et la suite C_p identique à C_m; il nous fournira une suite partielle C_{m_1} telle que, sur un certain intervalle de $\overline{T\theta_0}$, u^* et v^* convergent uniformément vers une solution régulière de (1); nous nommerons cet intervalle : $\overline{\theta_1\tau_1}$. Si $\overline{\theta_1\tau_1}$ coïncide avec $\overline{T\theta_0}$ la proposition dont ce paragraphe est l'objet se trouve établie : il suffit de choisir comme suite C_n la suite C_{m_1}. Sinon nous appliquerons à nouveau le même procédé d'extraction de suite en choisissant pour e l'ensemble $e_1=\overline{T\theta_0}-\overline{\theta_1\tau_1}$ et pour C_p la suite C_{m_1}; il nous fournira une suite partielle C_{m_2} telle que, sur un certain intervalle $\overline{\theta_2\tau_2}$ intérieur à e_1, u^* et v^* convergent uniformément vers une solution régulière de (1). Posons

$$e_2=\overline{T\theta_0}-\overline{\theta_1\tau_1}-\overline{\theta_2\tau_2}.$$

Si cet ensemble ne contient aucun intervalle la proposition en vue est établie. Sinon nous appliquerons à nouveau le même procédé d'extraction de suite, etc.

Finalement ou bien la proposition à prouver est démontrée, ou bien nous avons construit une infinité de suites : C_{m_1}, C_{m_2}, C_{m_3}, ... Je dis qu'on peut prendre alors pour suite C_n la suite dont le $i^{\text{ième}}$ terme est le $i^{\text{ième}}$ terme de la suite C_{m_i} (procédé diagonal de Cantor) : C_n est suite partielle de chacune des précédentes à partir d'un certain rang; donc les fonctions u^*, v^* qui lui correspondent convergent uniformément vers une solution régulière de (1) à l'intérieur de chaque intervalle $\overline{\tau_i\theta_i}$; il ne reste plus qu'à prouver que

$$\text{mes.}\,\overline{T\theta_0} = \mathop{S}_{i=1}^{\infty} \text{mes.}\,\overline{\tau_i\theta_i},$$

c'est-à-dire que

$$\lim.\,(\text{mes.}\,e_i) = 0.$$

e_i se compose de points isolés et de k_i intervalles. Si l'opération qui définit e_{i+1} est de première catégorie, on a

$$(5) \qquad \text{mes.}\,e_{i+1} = \text{mes.}\,e_i - \frac{1}{2}\left\{\sqrt{\frac{\mathfrak{W}(0)}{\nu\,\text{mes.}\,e_i}}\right\}; \qquad k_{i+1} = 1 + k_i,$$

sinon

$$(6) \qquad \text{mes.}\,e_{i+1} \leqq \left(1 - \frac{1}{2k_i}\right)\text{mes.}\,e_i; \qquad k_{i+1} \leqq k_i.$$

Supposons d'abord le nombre des opérations de première catégorie infini et représentons par j leurs indices; d'après (5) $\sum_{(j)}\left\{\sqrt{\frac{\mathfrak{W}(0)}{\nu\,\text{mes.}\,e_j}}\right\}$ converge; donc

$$\lim.\left\{\sqrt{\frac{\mathfrak{W}(0)}{\nu\,\text{mes.}\,e_j}}\right\} = 0;$$

donc

$$\lim(\text{mes.}\,e_j) = 0;$$

d'où

$$\lim(\text{mes.}\,e_i) = 0. \qquad \text{C. Q. F. D.}$$

Si au contraire le nombre des opérations de première catégorie est borné, les nombres k_i restent inférieurs à un entier k et nous avons, quand i est choisi supérieur à une certaine borne,

$$\text{mes.}\,e_{i+1} \leqq \left(1 - \frac{1}{2k}\right)\text{mes.}\,e_i.$$

Donc

$$\lim.\,(\text{mes.}\,e_i) = 0. \qquad \text{C. Q. F. D.}$$

4. Nous nous proposons maintenant d'établir quelques propriétés des fonctions $u(x, y, t)$, $v(x, y, t)$ que nous venons ainsi de définir pour un ensemble ouvert E de valeurs de t. E se compose des intervalles $(0, T)$, $(\theta_0, +\infty)$, $(\theta_1 \tau_1)$, $(\theta_2 \tau_2)$, ... Le complémentaire de E par rapport à l'intervalle $(0, +\infty)$ est de mesure nulle. Nous avons, quand t appartient à E, $\mathcal{W}(t) =$ limite $\mathcal{W}^*(t)$. On en déduit, grâce à (3), que $\mathcal{W}(t)$ est décroissant. D'autre part on a, en tout point de E, $\frac{d\mathcal{W}(t)}{dt} = -2\nu\mathcal{J}^2(t)$. De ces deux faits résulte que $\mathcal{W}(t) + 2\nu\int_0^t \mathcal{J}^2(t')\,dt'$ est une fonction non croissante qui reste constante sur chacun des intervalles dont se constitue E.

Introduisons deux fonctions arbitraires $a(x, y, t)$, $b(x, y, t)$ continues sur $\Sigma + \Gamma$, ainsi que leurs dérivées premières et secondes, pour toutes les valeurs positives de t. Supposons que $a(x, y, t)$, $b(x, y, t)$ s'annulent le long de Γ et qu'on ait à l'intérieur de Σ

$$\frac{\partial a(x, y, t)}{\partial x} + \frac{\partial b(x, y, t)}{\partial y} = 0.$$

Donnons-nous un nombre positif arbitrairement faible ε; construisons deux ensembles de valeurs de t, E′ et E″, qui possèdent les propriétés suivantes : E′ et E″ n'ont aucun point commun; E′ + E″ constitue le demi-axe $0 \leq t$; E′ se compose d'un nombre fini de segments, intérieurs à E, ainsi que leurs extrémités; mes. $E'' \leqq \varepsilon$.

$u^*(x, y, t)$, $v^*(x, y, t)$ constituent une solution régulière tantôt de (1), tantôt de (2); posons dans le premier cas $\delta(t) = 1$, dans le second $\delta(t) = 0$. La fonction

$$(7)\quad \nu\int_0^t dt' \iint_\Sigma [u^*(x, y, t')\,\Delta a(x, y, t') + v^*\,\Delta b]\,dx\,dy$$
$$+\int_0^t dt' \iint_\Sigma \left[u^*(x, y, t')\frac{\partial a(x, y, t')}{\partial t'} + v^*\frac{\partial b}{\partial t'}\right] dx\,dy$$
$$-\iint_\Sigma [u^*(x, y, t)\,a(x, y, t) + v^* b]\,dx\,dy$$
$$+\int_0^t \delta(t')\,dt' \iint_\Sigma \left[u^{*2}(x, y, t')\frac{\partial a(x, y, t')}{\partial x} + u^* v^*\left(\frac{\partial a}{\partial y} + \frac{\partial b}{\partial x}\right) + v^{*2}\frac{\partial b}{\partial y}\right] dx\,dy$$

est constante.

Choisissons pour C la suite des valeurs C_n; à partir d'un certain rang $\delta(t)$ vaut toujours 1 sur E′; choisissons t intérieur à E; désignons par E′(t), E″(t) les ensembles des points de E′, de E″ qui se trouvent sur le segment $(0, t)$; nous avons

$$\left|\int_{E''(t)} dt' \iint_\Sigma u^*(x, y, t')\,\Delta a(x, y, t')\,dx\,dy\right| < \varepsilon\sqrt{\mathcal{W}(0)}\,\max_{0\leq t'\leq t}\sqrt{\iint_\Sigma [\Delta a(x, y, t')]^2\,dx\,dy}.$$

. . . .

$$\left|\int_{E''(t)} dt'\,\delta(t')\iint_\Sigma v^{*2}(x, y, t')\,\frac{\partial b(x, y, t')}{\partial y}\,dx\,dy\right| < \varepsilon\,\mathcal{W}(0)\,\max_{0\leq t'\leq t}\left|\frac{\partial b(x, y, t')}{\partial y}\right|.$$

De (7) résulte donc à la limite :

$$\left|\nu\int_{E'(t)} dt'\iint_\Sigma [u\,\Delta a + v\,\Delta b]\,dx\,dy - \iint_\Sigma [ua + vb]_0^t\,dx\,dy + \int_{E'(t)} dt'\iint_\Sigma \left[u\frac{\partial a}{\partial t'} + v\frac{\partial b}{\partial t'}\right]dx\,dy + \int_{E'(t)} dt'\iint_\Sigma \left[u^2\frac{\partial a}{\partial x} + uv\left(\frac{\partial a}{\partial y} + \frac{\partial b}{\partial x}\right) + v^2\frac{\partial b}{\partial y}\right]dx\,dy\right| < D\varepsilon.$$

D étant indépendant du choix de E'. On en déduit, en faisant tendre ε vers o et moyennant quelques modifications d'écriture, *la constance de la fonction*

$$(8)\quad \int_0^t dt'\iint_\Sigma \left\{u(x, y, t')\left[\nu\,\Delta a(x, y, t') + \frac{\partial a(x, y, t')}{\partial t'}\right] + v\left[\nu\,\Delta b + \frac{\partial b}{\partial t'}\right]\right\}dx\,dy - \iint_\Sigma [u(x, y, t)\,a(x, y, t) + vb]\,dx\,dy - \int_0^t dt'\iint_\Sigma [u(x, y, t')\,b(x, y, t') - va]\left[\frac{\partial v}{\partial x} - \frac{\partial u}{\partial y}\right]dx\,dy.$$

5. Pour exprimer commodément les résultats acquis au cours de cette première section du chapitre, posons une *définition :* Considérons des données $u(x, y, 0)$ $v(x, y, 0)$ vérifiant les conditions (c') ou (c'') [*cf.* § **10** du Chapitre III]. Soient six fonctions, dont les deux premières coïncident pour $t = 0$ avec ces données

$$u(x, y, t),\quad v(x, y, t),\quad u_x(x, y, t),\quad u_y(x, y, t),\quad v_x(x, y, t),\quad v_y(x, y, t).$$

Nous dirons qu'elles constituent « *une solution turbulente du système de Navier* » correspondant à ces données quand elles posséderont les six propriétés suivantes :

1° Elles sont définies sur Σ pour un ensemble E de valeurs positives de t dont le complémentaire par rapport à l'intervalle $(0, +\infty)$ est de mesure nulle.

2° E contient le point $t=0$.

3° $$u_x(x, y, t)+v_y(x, y, t)=0.$$

4° Les quantités

$$\mathcal{W}(t)=\iint_\Sigma [u^2(x, y, t)+v^2(x, y, t)]\,dx\,dy,$$

$$\mathcal{J}^2(t)=\iint_\Sigma [u_x^2(x, y, t)+u_y^2(x, y, t)+v_x^2(x, y, t)+v_y^2(x, y, t)]\,dx\,dy,$$

sont finies en tout point de E et la fonction

$$\frac{1}{2}\mathcal{W}(t)+\nu\int_0^t \mathcal{J}^2(t')\,dt'$$

est non croissante.

5° On a pour toutes les fonctions $\Phi(x, y)$ continues sur $\Sigma+\Gamma$, ainsi que leurs dérivées premières, la relation

$$(9)\qquad \iint_\Sigma u(x, y, t)\frac{\partial\Phi(x, y)}{\partial x}\,dx\,dy+\iint_\Sigma u_x(x, y, t)\,\Phi(x, y)\,dx\,dy=0,$$

et les trois relations qu'on peut déduire de la précédente en permutant arbitrairement les symboles u et v, x et y.

6° Enfin la fonction suivante (¹) garde une valeur constante quand t décrit E :

$$\begin{aligned}(10)\qquad &\int_0^t dt'\iint_\Sigma \left\{u(x, y, t')\left[\nu\,\Delta a(x, y, t')+\frac{\partial a(x, y, t')}{\partial t'}\right]+v\left[\nu\,\Delta b+\frac{\partial b}{\partial t'}\right]\right\}dx\,dy\\ &-\iint_\Sigma [u(x, y, t)\,a(x, y, t)+vb]\,dx\,dy\\ &-\int_0^t dt'\iint_\Sigma [u(x, y, t')\,b(x, y, t')-va]\,[v_x-u_y]\,dx\,dy.\end{aligned}$$

(¹) a et b sont des fonctions arbitraires, à cela près qu'elles vérifient les conditions énoncées au début du paragraphe **4**.

La conclusion de cette section est qu'*à tout système de données vérifiant les conditions* (c') *ou* (c'') *correspond au moins une solution turbulente*.

Remarque. — La solution turbulente que nous avons construite possède une structure très particulière. Rien ne nous permet d'affirmer qu'il n'existe pas d'autres solutions turbulentes correspondant aux mêmes données. Mais s'il en existe d'autres elles possèdent également cette structure très particulière. Les paragraphes suivants vont en effet nous apprendre que cette structure est une conséquence des propriétés par lesquelles nous venons de définir les solutions turbulentes.

II. — Structure des solutions turbulentes.

6. Comparaison d'une solution turbulente et d'une solution régulière [1]. — Soit une solution turbulente; utilisons les notations du paragraphe précédent. Considérons une solution semi-régulière $a(x, y, t)$, $b(x, y, t)$ définie pour $t_0 \leqq t < T_0$ $(0 \leqq t_0)$.

t appartenant à E et à l'intervalle (t_0, T_0), posons

$$w(t) = \iint_\Sigma \{ [u(x, y, t) - a(x, y, t)]^2 + [v - b]^2 \} \, dx \, dy,$$

$$j^2(t) = \iint_\Sigma \left\{ \left[u_x(x, y, t) - \frac{\partial a(x, y, t)}{\partial x} \right]^2 + \left[u_y - \frac{\partial a}{\partial y} \right]^2 + \left[v_x - \frac{\partial b}{\partial x} \right]^2 + \left[v_y - \frac{\partial b}{\partial y} \right]^2 \right\} dx \, dy.$$

Rappelons que la fonction de t,

$$\frac{1}{2} \iint_\Sigma [a^2(x, y, t) + b^2] \, dx \, dy + \nu \int_{t_0}^{t} dt' \iint_\Sigma \left\{ \left[\frac{\partial a(x, y, t')}{\partial x} \right]^2 + \left[\frac{\partial a}{\partial y} \right]^2 + \left[\frac{\partial b}{\partial x} \right]^2 + \left[\frac{\partial b}{\partial y} \right]^2 \right\} dx \, dy,$$

est constante et que la fonction $\frac{1}{2} \mathcal{W}(t) + \nu \int_0^t \mathcal{J}^2(t') \, dt'$ est non crois-

---

[1] Ce paragraphe généralise le paragraphe **12** du Chapitre III.

sante. Il en résulte que la fonction de t,

$$(11)\quad \frac{1}{2}w(t)+\nu\int_{t_0}^{t}j^2(t')\,dt'+\iint_\Sigma [u(x,y,t)\,a(x,y,t)+vb]\,dx\,dy$$
$$+2\nu\int_{t_0}^{t}dt'\iint_\Sigma\left[u_x(x,y,t')\frac{\partial a(x,y,t')}{\partial x}+u_y\frac{\partial a}{\partial y}+v_x\frac{\partial b}{\partial x}+v_y\frac{\partial b}{\partial y}\right]dx\,dy,$$

est non croissante. Tenons compte de la constance de la fonction (10), des relations (9) et des équations de Navier que vérifient $a(x, y, t)$ et $b(x, y, t)$. Nous constatons ainsi que la fonction non croissante (11) est, à une constante près, égale à la suivante :

$$(11')\quad \frac{1}{2}w(t)+\nu\int_{t_0}^{t}j^2(t')\,dt'-\int_{t_0}^{t}dt'\iint_\Sigma[ub-va]\left[v_x-u_y-\frac{\partial b}{\partial x}+\frac{\partial a}{\partial y}\right]dx\,dy.$$

Or

$$\iint_\Sigma[ub-va]\left[v_x-u_y-\frac{\partial b}{\partial x}+\frac{\partial a}{\partial y}\right]dx\,dy$$
$$=\iint_\Sigma[(u-a)b-(v-b)a]\left[v_x-u_y-\frac{\partial b}{\partial x}+\frac{\partial a}{\partial y}\right]dx\,dy;$$

et si $\mathcal{V}(t)$ représente le maximum à l'instant t de la plus grande longueur du vecteur $a(x, y, t)$, $b(x, y, t)$ le module de cette dernière intégrale est manifestement au plus égal à

$$\sqrt{2}\,\mathcal{V}(t)\sqrt{w(t)}\,j(t).$$

Puisque (11′) est non croissante il en est donc de même *a fortiori* pour la fonction

$$\frac{1}{2}w(t)+\nu\int_{t_0}^{t}j^2(t')\,dt'-\sqrt{2}\int_{t_0}^{t}\mathcal{V}(t')\sqrt{w(t')}\,j(t')\,dt'.$$

Or la fonction

$$\nu\int_{t_0}^{t}j^2(t')\,dt'-\sqrt{2}\int_{t_0}^{t}\mathcal{V}(t')\sqrt{w(t')}\,j(t')\,dt'+\frac{1}{2\nu}\int_{t_0}^{t}\mathcal{V}^2(t')\,w(t')\,dt'$$

ne peut manifestement décroître. Donc la fonction

$$(12)\qquad \frac{1}{2}w(t)-\frac{1}{2\nu}\int_{t_0}^{t}\mathcal{V}^2(t')\,w(t')\,dt'$$

est non croissante. D'où résulte (¹) que

$$(13) \qquad w(t)\, e^{-\frac{1}{\nu}\int_{t_0}^{t} \mathcal{V}^2(t')\,dt'}$$

est une fonction non croissante. Ce fait important nous permet de comparer la solution turbulente et la solution semi-régulière que nous considérons.

7. Régularité d'une solution turbulente sur certains intervalles de l'axe des temps. — Choisissons un instant quelconque t_0 appartenant à E et considérons la solution semi-régulière correspondant aux conditions initiales $u(x, y, t_0)$, $v(x, y, t_0)$. Supposons-la définie pour $t_0 \leqq t < T_0$. Nommons-la $a(x, y, t)$, $b(x, y, t)$ et appliquons la conclusion du paragraphe précédent : $w(t_0)$ étant nul, $w(t)$ est identiquement nul. Autrement dit la solution turbulente étudiée coïncide avec cette solution semi-régulière en tous les points de E situés dans l'intervalle (t_0, T_0).

Pour utiliser cet intéressant résultat, posons *une définition :* un intervalle i de l'axe des temps sera dit *intervalle de régularité* lorsqu'en tout point de E intérieur à i $u(x, y, t)$, $v(x, y, t)$ coïncident avec une solution des équations de Navier, régulière dans i, et que cette affirmation est fausse en ce qui concerne tout intervalle contenant i.

Deux intervalles de régularité ne peuvent avoir de point (intérieur) commun. On peut donc dénombrer ces intervalles; soient

$$\overline{\Theta_i T_i}\ (i = 1, 2, \ldots) \qquad (\Theta_i < T_i).$$

Tout point de E est soit un point Θ_i, soit un point intérieur à l'un des intervalles $\overline{\Theta_i T_i}$. Quand un intervalle $\overline{\Theta_i T_i}$ contiendra des points n'appartenant pas à E nous poserons en ces points $u(x, y, t)$, $v(x, y, t)$ égaux à la solution, régulière dans $\overline{\Theta_i T_i}$, avec laquelle

(¹) En effet si t_1 appartient à E et à l'intervalle (t_0, T_0) et si t, qui appartient par hypothèse à E et à (t_0, T_0), est supérieur à t_1, alors le caractère décroissant de (12) a pour consequence l'inégalité : $w(t) \leqq \varphi(t)$, $\varphi(t)$ désignant l'intégrale de l'équation : $\varphi(t) - \frac{1}{\nu}\int_{t_1}^{t} \mathcal{V}^2(t')\varphi(t')\,dt' = w(t_1)$. Or $\varphi(t) = w(t_1)\, e^{\frac{1}{\nu}\int_{t_1}^{t} \mathcal{V}^2(t')\,dt'}$.

$u(x, y, t)$, $v(x, y, t)$ coïncident presque partout sur $\overline{\Theta_l T_l}$: la définition des solutions turbulentes continuera à être vérifiée. Dès lors $u(x, y, t)$ et $v(x, y, t)$ coïncident à l'intérieur de chaque intervalle $\overline{\Theta_l T_l}$ avec une solution régulière des équations de Navier, et cette solution devient nécessairement irrégulière à l'époque T_l. D'autre part, l'instant $t = 0$ appartenant à E, l'un des points Θ_l, soit Θ_1, est le point o; $\overline{\Theta_1 T_1}$ est l'intervalle (o, T); toute solution turbulente coïncide avec la solution semi-régulière qui correspond aux données sur tout l'intervalle de temps où celle-ci existe.

Ces résultats nous autorisent à donner une seconde définition des solutions turbulentes, équivalente à celle du paragraphe **5** :

Soient des conditions initiales $u(x, y, 0)$, $v(x, y, 0)$ vérifiant les conditions (c') ou (c'') [*cf.* Chap. III, § **10**]. Des fonctions $u(x, y, t)$, $v(x, y, t)$ constituent *une solution turbulente des équations de Navier* correspondant à ces données quand elles possèdent les quatre propriétés suivantes :

1° Ces fonctions sont définies sur un ensemble ouvert O du demi-axe $0 \leqq t$; le complémentaire de O par rapport à ce demi-axe est de mesure nulle; à l'intérieur de chacun des intervalles dont se compose O, $u(x, y, t)$, $v(x, y, t)$ constituent une solution régulière des équationsde Navier, qui devient irrégulière à l'extrémité droite de cet intervalle;

2° La fonction $\mathcal{W}(t)$, qui est définie en tout point de O, est non croissante;

3° L'intégrale

$$\iint_\Sigma [a(x, y, t)\, u(x, y, t) + b(x, y, t)\, v(x, y, t)]\, dx\, dy$$

est égale à une fonction de t continue sur tout l'intervalle $(0, +\infty)$, quelles que soient les fonctions $a(x, y, t)$, $b(x, y, t)$, qui sont toutefois assujetties à vérifier les conditions énoncées au début du paragraphe **4**;

4° $u(x, y, t)$, $v(x, y, t)$ coïncident avec la solution semi-régulière qui correspond aux données en tout point de l'intervalle (o, T) sur lequel celle-ci existe.

8. Conclusion. — *On peut résumer comme suit le contenu de ce chapitre :* Nous ne sommes parvenus à établir de théorème d'existence non local qu'en renonçant à la régularité de la solution à certaines époques, convenablement choisies, qui constituent un ensemble fermé de mesure nulle. A ces époques les inconnues ne sont plus assujetties qu'à une condition de continuité très large (3°) et à la condition de non-croissance de $\mathcal{W}(t)$ (2°). Les propriétés énoncées au cours du paragraphe précédent intéresseront le Lecteur, j'ose l'espérer, à la notion de solution turbulente. Certes il est peut-être possible de faire une analyse plus fine que celle qui se développe au cours des trois premiers chapitres, et d'établir ainsi qu'aucun mouvement ne peut jamais devenir irrégulier. Même dans ce cas les raisonnements de ce chapitre garderaient quelque intérêt : il est facile de les transposer à d'autres problèmes; et il n'y a aucune raison pour que toute cette catégorie d'autres problèmes soit incluse dans la catégorie des problèmes qui admettent toujours des solutions régulières.

9. Compléments relatifs a l'ensemble des intervalles de régularité. — Il est aisé d'étendre aux solutions turbulentes la validité des relations suivantes [1] :

$$\mathcal{W}(t) \leqq \mathcal{W}(0)\, e^{-2\beta\nu t}; \qquad \nu \int_t^{\infty} \mathcal{J}^2(t')\, dt' \leqq \frac{1}{2} \mathcal{W}(0)\, e^{-2\beta\nu t};$$

$$(14) \quad \mathcal{J}(t) > B'\nu + \frac{B''\nu\, \delta[\nu(T_l - t)]}{\sqrt{\nu(T_l - t)} \left[\log \dfrac{1}{\nu(T_l - t)}\right]^2} \qquad \text{pour } T_l \text{ fini et } 0 \leqq t < T_l.$$

D'où résulte que nous avons, quel que soit t_1 compris entre 0 et l'époque finie T_l :

$$\frac{\mathcal{W}(0)}{\nu^2} > 2\nu B''^2 e^{2\beta\nu t_1} \int_{t_1}^{T_l} \frac{\delta[\nu(T_l - t)]\, dt}{\nu(T_l - t) \log^4 \dfrac{1}{\nu(T_l - t)}}.$$

De même que cette inégalité nous a fourni au Chapitre III le théorème *e*, elle nous fournit ici *une généralisation du théorème e :* θ étant l'époque que définit le théorème *e*, toutes les époques T_l finies sont

(1) *Cf.* Chapitre III, formules (8) et (16).

antérieures à θ. Autrement dit, *l'un des intervalles de régularité contient l'instant* θ *et s'étend jusqu'à* $+\infty$.

D'autres résultats peuvent être acquis par des considérations analogues : dans l'inégalité

$$\nu \int_0^\infty \mathcal{J}^2(t')\, dt' \leqq \frac{1}{2} \mathcal{W}(0),$$

remplaçons, à l'intérieur de chaque intervalle fini $\Theta_l T_l$, $\mathcal{J}(t)$ par la minorante (14); introduisons la fonction

$$\Lambda[t] = \int_0^t \left\{ B' + \frac{B'' \delta[t']}{\sqrt{t'} \left[\log \frac{1}{t'} \right]^2} \right\}^2 dt' ;$$

représentons par S'_l des sommes étendues à l'ensemble des intervalles de régularité dont les longueurs sont finies; il vient

$$\nu^2 S'_l \Lambda[\nu(T_l - \Theta_l)] \leqq \frac{1}{2} \mathcal{W}(0). \tag{15}$$

Ainsi la série

$$S'_l \delta[\nu(T_l - \Theta_l)] \left[\log \frac{1}{\nu(T_l - \Theta_l)} \right]^{-3}$$

est convergente. L'ensemble O des intervalles $T_l \Theta_l$ est donc un ensemble ouvert de nature assez particulière.

[1934d]

(avec A. Weinstein)

Sur un problème de représentation conforme posé par la théorie de Helmholtz

C. R. Acad. Sci., Paris 198 (1934) 430–432

ANALYSE MATHÉMATIQUE. — *Sur un problème de représentation conforme posé par la théorie de Helmholtz*. Note de MM. **Jean Leray** et **Alexandre Weinstein**, présentée par M. Henri Villat.

Considérons le mouvement plan suivant : un jet liquide jaillissant hors de parois données, symétriques et polygonales; il pose un problème de représentation conforme bien distinct de celui dont l'étude est devenue classique :

Problème. — Transformer conformément la bande $0 < \psi < \pi/2$ du plan $f = \varphi + i\psi$ en un domaine D du plan $z = x + iy$, de sorte que soient réalisées les conditions suivantes : D doit être limité par l'axe des x, par une ligne polygonale *donnée* ϖ (de sommets : $z_0 = iy_0$, $z_1 = x_1 + iy_1, \ldots,$ $z_n = x_n + iy_n$, $z_{n+1} = -\infty + iy_n$; $y_0 > 0, y_1 > 0, \ldots, y_n > 0$) et par une ligne *non donnée* λ qui se détache de z_0, le long de laquelle la transformation cherchée multiplie les longueurs par une constante positive inconnue μ (c'est-à-dire $|dz/df| = \mu$ sur λ) (¹).

Nous désignerons par l_k la longueur du segment $z_k z_{k-1}$ ($k = 1, \ldots n$) et par θ_k sa direction; nous supposerons $\theta_1 \leqq \theta_2 \leqq \ldots \leqq \theta_n \leqq \theta_{n+1} = 0$, nous poserons $\pi\beta_k = \theta_{k+1} - \theta_k$ et nous nommerons « courbure totale » de ϖ la quantité $\pi \sum_{k=1}^{n} \beta_k = -\theta_1$.

La formule bien connue de Schwarz-Villat (²) permet d'affirmer que toute solution éventuelle du problème, $z(f)$, est donnée par une formule de M. Cisotti [*loc. cit.* (²)], laquelle exprime tous les éléments de la solution au moyen de $n+1$ paramètres. D'après cette formule le problème ci-dessus se réduit à la résolution, par rapport aux $n+1$ paramètres $\mu, \sigma_1, \ldots, \sigma_n$ ($\mu > 0$; $0 < \sigma_1 < \ldots < \sigma_n < \pi/2$) des $n+1$ équations

$$(1) \quad \begin{cases} y_0 = \mu\pi\left(1 - \dfrac{\mu\pi}{y_n}\right) + \mu \displaystyle\sum_{k=1}^{n} \sin\theta_k \int_{\sigma_{k-1}}^{\sigma_k} \prod_{h=1}^{n} \left|\frac{\sin\sigma_h - \sin\sigma}{\sin\sigma_h + \sin\sigma}\right|^{\beta_h} \operatorname{tang}\sigma\, d\sigma, \\ l_k = \mu \displaystyle\int_{\sigma_{k-1}}^{\sigma_k} \prod_{h=1}^{n} \left|\frac{\sin\sigma_h + \sin\sigma}{\sin\sigma_h - \sin\sigma}\right|^{\beta_h} \operatorname{tang}\sigma\, d\sigma \qquad (k = 1, \ldots, n;\ \sigma_0 = 0). \end{cases}$$

Cette question ne fut étudiée jusqu'à présent que dans le cas où la courbure totale de ϖ est inférieure à $\pi/2$ (³). Un travail important de M. Friedrichs (⁴) nous permet de donner une extension considérable de cette théorie : les résultats ci-dessous (⁵) valent pour toutes les lignes ϖ de courbure totale inférieure à π.

I. Théorème 1 (*unicité locale*). — *Le déterminant*

$$\frac{D(y_0, l_1, \ldots, l_n)}{D(\mu, \sigma_1, \ldots, \sigma_n)}$$

n'est jamais nul quand $\mu > 0$, $0 < \sigma_1 < \ldots < \sigma_n < \pi/2$.

(¹) Nous ferons correspondre aux points $f = -\infty$, $i\pi/2$, $+\infty$ les points $z = -\infty$, z_0, $+\infty$ et nous admettrons que dz/df tend vers des valeurs réelles pour $f = \pm\infty$.

(²) H. Villat, *Leçons sur l'Hydrodynamique*, p. 11 (Gauthier-Villars, 1929); U. Cisotti, *Idromeccanica piana*, **1**, 1921, p. 18; **2**, 1921, p. 254.

(³) A. Weinstein, *Math. Zeitschrift*, **31**, 1929, p. 424.

(⁴) K. Friedrichs, *Ueber ein Minimumproblem* (*Math. Annalen*, **109**, 1933, p. 60).

(⁵) Les démonstrations seront développées dans un Mémoire ultérieur.

Cette proposition a été ramenée ([1]) à la proposition auxiliaire suivante, indépendamment de toute hypothèse concernant la valeur de la courbure totale :

II. Théorème 2 (*unicité locale au sens restreint*). — *Il ne peut exister deux solutions infiniment voisines de notre problème qui correspondent à une même valeur de* μ.

La démonstration de ce théorème pour les courbures totales inférieures à π se déduit immédiatement de l'Appendice II du Mémoire de M. Friedrichs.

III. Les quantités μ, $\pi/2-\sigma_n$, σ_1, $\sigma_{k+1}-\sigma_k (k=1, \ldots, n-1)$ possèdent des *bornes inférieures et supérieures* positives, fonctions continues de la courbure totale et des données : y_0, l_1, ..., l_n.

IV. Théorème d'existence. — *La méthode de continuité classique déduit de* I *et* III *que le problème posé admet au moins une solution.*

V. *Unicité absolue.* — Appliquons la méthode de continuité en faisant varier les quantités $\beta_1, \ldots, \beta_n$; considérons-les à cet effet comme étant n nouveaux paramètres et n nouvelles inconnues; et adjoignons aux équations (1) les suivantes : $\beta_k = \beta_k$ ($k=1, \ldots, n$). Nous avons, d'après I,

$$\frac{D(y_0, l_1, \ldots, l_n; \beta_1, \ldots, \beta_n)}{D(\mu, \sigma_1, \ldots, \sigma_n; \beta_1, \ldots, \beta_n)} \neq 0.$$

D'autre part l'unicité de la solution est assurée pour $\beta_1 = \ldots = \beta_n = 0$. Donc le problème étudié possède *une et une seule solution*.

Compléments. — Les théorèmes topologiques de M. Brouwer permettent de baser le théorème d'existence IV seulement sur les propriétés III et sur le fait que l'unicité est évidente pour $\beta_1 = \ldots = \beta_n = 0$. Le cas des parois courbes et non plus polygonales pose un autre problème dont l'inconnue est une fonction et non plus le système des $n+1$ nombres μ, σ_1, ..., σ_n. Une extension récente des théories de M. Brouwer au domaine fonctionnel ([2]) permettra à l'un de nous d'appliquer la méthode de continuité a cet autre problème; en même temps sera indiquée une nouvelle réduction de I à II.

([1]) A. Weinstein, *Rend. d. Accad. d. Lincei*, 3, série 6ª, 1927, p. 157.

([2]) J. Leray et J. Schauder, *Comptes rendus*, 197, 1933, p. 115.

[1936a]

Les problèmes de représentation conforme d'Helmholtz; théorie des sillages et des proues

Commun. Math. Helv. 8 (1936) 149–180 et 250–263

INTRODUCTION

1° Enoncés des problèmes

Soit à construire un sillage correspondant à un obstacle tranchant donné; cet obstacle est plongé dans un liquide illimité qu'anime un mouvement plan, uniforme à l'infini; les lignes de jet sont assujetties à se détacher aux points extrêmes de l'obstacle.

D'après Helmholtz ce problème équivaut à *un problème de représentation conforme* essentiellement distinct de celui de Riemann et dont voici l'énoncé:

Problème du sillage. *On demande de transformer conformément un plan entaillé le long d'une demi-droite (à savoir le plan du potentiel complexe $f = \varphi + i\psi$ qu'entaille le demi-axe réel positif $\psi = 0$, $\varphi > 0$), en un domaine, D, d'un plan $z = x + iy$, dont la frontière se compose d'un arc de courbe donné (l'obstacle) et de deux lignes libres inconnues (les lignes de jet); ces deux lignes libres joignent le point à l'infini aux points extrêmes de l'obstacle; elles possèdent, jusqu'en leurs extrémités, des tangentes continues; en chacun de leurs points la transformation cherchée doit conserver les longueurs; elle doit en outre associer les points à l'infini des deux plans f et z et conserver les directions des courbes aboutissant en ces points (la direction de l'axe des x est celle du courant, c'est-à-dire celle de la vitesse aux points infiniment éloignés de l'obstacle).*

La courbe obstacle donnée vérifiera, par hypothèse, la condition suivante: son intersection avec toute parallèle à l'axe des x, quand elle existe, se compose d'un seul point ou exceptionellement d'un segment rectiligne.

En poursuivant l'étude que M. Levi-Civita a faite de ce problème, M. Brillouin et M. Villat ont constaté[2]) que les lignes libres se raccordent

[1]) Ce travail a été résumé en deux Notes parues aux Comptes rendus de l'Académie des Sciences le 3 décembre 1934 et le 12 juin 1935. (t. 199 et 200).

[2]) Nous rappellerons les démonstrations au cours des chapitres I et II.

à l'obstacle[3]) et que ces lignes libres présentent en leurs extrémités des courbures en général infinies; depuis les travaux de ces Auteurs on considère que, pour être physiquement acceptable, un sillage doit avoir des lignes libres quittant l'obstacle de l'une des deux façons que voici:

Détachement vers l'aval[4]): la ligne libre se dirige du côté aval de l'obstacle, et y présente une courbure infinie.

Détachement en proue: la ligne libre se raccorde en son extrémité à l'obstacle, et y présente une courbure finie[5]).

Ainsi s'est posé un second problème:

Problème de la proue. *Etant donné un obstacle* $\widehat{B_0C_0}$ *trouver un sillage, correspondant à un obstacle* $\widehat{BC}$, *dont les propriétés soient les suivantes:* $\widehat{BC}$ *coïncide avec* $\widehat{B_0C_0}$ *ou est une portion de cet arc. Si* B (*ou* C) *est en* B_0 (*ou en* C_0) *la ligne libre issue de ce point doit y présenter un détachement vers l'aval, ou un détachement en proue. Si* B (*ou* C) *est intérieur à l'arc* $\widehat{B_0C_0}$, *la ligne libre issue de ce point doit y présenter un détachement en proue.*

Mais une solution de ce problème n'est *acceptable*, c'est-à-dire ne peut correspondre à une réalité physique que si elle vérifie en outre *les deux conditions de M. Brillouin.*

1⁰ Les arcs $\widehat{B_0B}$ et $\widehat{CC_0}$, s'ils ne se réduisent pas à des points, doivent être extérieurs au domaine D que délimitent l'obstacle et les lignes libres.

2⁰ Le module $|df/dz|$ de la transformation conforme doit valoir au plus 1 (en d'autres termes la vitesse doit être au plus égale à la vitesse à l'infini).

Les problèmes précédents seront nommés *symétriques* quand on les posera pour des obstacles possédant un axe de symétrie parallèle au courant, les sillages envisagés devant présenter cette même symétrie.

2° Nature de l'obstacle

Rappelons que l'intersection de l'obstacle et de toute parallèle à l'axe des x doit être d'un seul tenant quand elle existe. Nous supposerons d'autre part que l'obstacle a une courbure finie en tous ses points et que

[3]) De sorte que la ligne libre et l'obstacle constituent une courbe à tangente continue.

[4]) On définit de même le détachement vers l'amont, qui ne peut correspondre à aucune réalité physique.

[5]) Nécessairement égale à celle de l'obstacle, comme l'a prouvé *M. Villat.*

cette courbure, considérée comme fonction de l'abscisse curviligne, vérifie une condition de Hölder d'exposant μ supérieur à $\frac{1}{2}$. On peut d'ailleurs remplacer en divers endroits cette seconde hypothèse par d'autres hypothèses moins restrictives: par exemple on peut discuter le nombre des solutions du problème du sillage quand, au lieu de supposer que l'obstacle est un arc à courbure höldérienne, on considère un obstacle composé d'un nombre fini d'arcs de cette nature, se joignant en des points anguleux[6]). Nous n'exposerons pas la méthode qui convient à de telles parois anguleuses: elle s'obtient en combinant les procédés par lesquels nous allons étudier les parois lisses avec les procédés que M. Weinstein et moi-même appliquerons ultérieurement aux parois polygonales, le problème étant celui du jet et non plus celui du sillage.

Nous orienterons l'obstacle dans le sens des y croissants; nous désignerons par l son abscisse curviligne, par Ψ l'angle qu'il fait avec $0x$. Les hypothèses énoncées se formulent donc comme suit: $0 \leqq \Psi[l] \leqq \pi$; la dérivée $\Psi'[l]$ existe et vérifie une condition de Hölder d'exposant μ $(\frac{1}{2} < \mu < 1)$.

Nous nommerons *accolade* un obstacle $\widehat{B_0C_0}$ du type suivant: il se compose d'un arc convexe[7]) $\widehat{B_0B_1}$, d'un arc concave[8]) $\widehat{B_1A}$, d'un autre arc concave $\widehat{AC_1}$ et d'un autre arc convexe $\widehat{C_1C_0}$; la valeur absolue de la courbure des arcs $\widehat{B_0B_1}$ et $\widehat{C_1C_0}$ croît ou ne décroît pas quand on les parcourt de C_1 vers C_0, de B_1 vers B_0.

Remarques. Les arcs $\widehat{B_1A}$ et $\widehat{AC_1}$ peuvent contenir des portions rectilignes. Chacun des arcs $\widehat{B_0B_1}$, $\widehat{B_1C_1}$, $\widehat{C_1C_0}$ peut se réduire à un point. L'obstacle présente en A un angle saillant ou rentrant quelconque; si A n'est pas anguleux, sa position est considérée comme indéterminée sur $\widehat{B_1C_1}$. Les obstacles concaves et les obstacles circulaires convexes sont les formes extrêmes de l'accolade.

3° Résultats obtenus

Nous démontrons en premier lieu *des théorèmes d'existence* (ch. IV). Le problème du sillage, le problème symétrique du sillage sont toujours possibles. Le problème symétrique de la proue possède au moins une

[6]) Les demi-tangentes en ces points anguleux sont supposées distinctes. Toutefois, dans le cas symétrique, l'obstacle peut présenter un rebroussement en son milieu.

[7]) C'est-à-dire ayant une concavité sans cesse tournée vers l'aval.

[8]) C'est-à-dire ayant une concavité sans cesse tournée vers l'amont.

solution, même quand on s'impose les restrictions suivantes: le point de détachement inférieur B doit être choisi entre l'extrémité inférieure B_0 de l'obstacle et le point B_1 où la moitié inférieure de la courbe-obstacle fait avec $0x$ l'angle de plus petite valeur algébrique[9]); le point C doit être choisi entre C_0 et le point C_1 symétrique de B_1. Le problème de la proue possède au moins une solution, même quand on s'impose les restrictions suivantes: B doit être situé entre B_0 et le point B_2 où la courbe obstacle fait avec $0x$ l'angle de plus petite valeur algébrique[9]); C doit être choisi entre C_0 et le point C_2 où cet angle atteint sa plus grande valeur algébrique.

Nous démontrons ensuite *l'unicité de la solution* des problèmes suivants:

le problème du sillage posé pour un obstacle convexe (§ 30);
le problème symétrique du sillage (§ 30);
le problème de la proue posé pour un arc circulaire convexe (§ 33);
le problème symétrique de la proue posé pour une accolade symétrique (§ 32).

Enfin nous prouvons qu'il existe des obstacles convexes et symétriques pour lesquels le problème de la proue possède plusieurs solutions (§ 32).

Signalons qu'un autre mémoire[10]) discute les conditions de validité de M. Brillouin: il démontre qu'une solution du problème de la proue est toujours acceptable lorsque l'obstacle est une accolade $B_0 B_1 A C_1 C_0$ et que le point de bifurcation du courant se trouve être en A.

Les arcs circulaires convexes et les accolades symétriques sont donc des obstacles auxquels la théorie du sillage s'adapte parfaitement.

A ma connaissance aucun des théorèmes d'existence et d'unicité ci-dessus n'avait été prouvé[11]). Mais le problème du jet symétrique[12]), qui est identique à celui du sillage symétrique dans un canal, a été étudié par M. Weinstein, Hamel, Weyl,

[9]) Si le minimum de l'angle est atteint en plusieurs points, on choisit celui d'entre eux qui est le plus proche de B_0.

[10]) Sur la validité des solutions du problème de la proue (Volume du Jubilé de M. Brillouin, Gauthier-Villars, 1935).

[11]) Signalons que M. *Brodetsky* a construit d'excellentes *solutions approchées* des problèmes du sillage et de la proue, l'obstacle étant circulaire ou elliptique. (Proc. Edin. Math. Soc. XLI, 1923; Scripta Univ. Hieros., Jérusalem, 1923; Deuxième Congrès international de Mécan. appliquée, Zurich, 1926.)

[12]) Il n'est pas inutile de faire l'historique de ce sujet: Le théorème d'existence et le théorème d'unicité infinitésimale sont étudiés simultanément; M. *Weinstein* démontre que leur validité est assurée quand un certain théorème d'unicité locale, dénommé „problème II", est exact. C'est ce „problème II" qui est résolu successivement dans des cas de plus en plus généraux par MM. *Weinstein, Hamel, Weyl, Friedrichs.*

M. *Quarleri* a consacré un article (Rend. R. Acc. Lincei, 1er nov. 1931, p. 332 t. 14) aux sillages qui correspondent à des arcs de cercles symétriques; mais M. *Weinstein* a signalé

Friedrichs; dans un autre mémoire, fait en collaboration avec M. Weinstein, nous étendrons les résultats obtenus par ces divers Auteurs, en appliquant à ce problème du jet les méthodes du présent travail; nous nous y bornerons à l'étude des jets issus de parois polygonales; ceci nous permettra d'un côté d'éviter l'emploi d'équations fonctionnelles, d'un autre côté de montrer comment se traitent les difficultés que présentent les parois anguleuses.

La majorité des Hydrodynamiciens considéraient les théorèmes d'existence que nous venons d'énoncer comme devant être sûrement exacts; il n'est pas inutile de justifier de telles croyances chaque fois qu'on le peut.

Au contraire, m'a-t-il semblé, les opinions étaient indécises sur les questions d'unicité; nous sommes d'ailleurs loin de les avoir complètement élucidées.

4° Méthodes employées

Nos théorèmes d'existence se déduisent d'un théorème d'existence général concernant les équations fonctionnelles[13]) (ch. IV). Les équations fonctionnelles de nos problèmes sont des équations intégro-différentielles dues à M. Villat; nous en rappelons l'origine (ch. I et II). L'application du théorème d'existence cité exige la vérification de deux catégories d'hypothèses: les premières ont trait à la continuité de l'équation; la vérification en est immédiate (ch. I et II). Les deuxièmes consistent en une limitation *a priori* de l'ensemble des solutions éventuelles; le chapitre III établit que cette limitation est possible. Nous y utilisons un lemme de représentation conforme et l'équation de M. Villat.

Le chapitre V recherche des cas où le problème du sillage possède une solution unique; la théorie des équations fonctionnelles montre comment on peut découvrir de tels cas en étudiant l'allure de deux solutions infiniment voisines, c'est-à-dire le problème de l'unicité infinitésimale; ce problème est au premier abord compliqué; mais nous le transformons[14]) suivant les principes que M. Weinstein a indiqués dans ses travaux. Pour conclure[15]) il nous suffit alors d'utiliser convenablement certaines considérations[16]) que M. Friedrichs a récemment appliquées à ces questions.

---

que cette note contenait trois erreurs et que la méthode employée ne conduisait en fait qu'à des résultats très restreints (Rend. R. Acc. Lincei, oct. 1932, p. 85 t. 17; C.R.A.S., t. 196, p. 324, 1933; Zentralblatt für Mech.).

Quant aux travaux de M. *Schmieden* ils contiennent en excès des raisonnements tels que le suivant: „De l'inégalité $|A| \leq |B|$ résulte par différentiation $|dA| \leq |dB|$." (Ingenieur-Archiv, t. III, 1932, p. 368.)

[13]) *Leray-Schauder*, Annales de l'Ecole normale supérieure, t. 51, 1934.

[14]) Cette transformation (§ 27) exige quelques calculs, que M. *Jacob* avait entrepris et qu'il a eu l'amabilité de me communiquer.

[15]) Nous n'opérons donc pas de réduction à un „problème II", comparable à celle que M. *Weinstein* a effectuée dans le cas du jet et sur laquelle se basaient tous les travaux parus jusqu'à présent (voir p. 40, note 48).

[16]) Ces considérations reposent sur l'inégalité (5,16); cette inégalité est plus simple et plus générale que celle sur laquelle M. *Weyl* base ses raisonnements.

Cette étude de l'unicité infinitésimale est la base du chapitre VI qui discute le nombre des solutions du problème de la proue; tous les raisonnements de ce dernier chapitre sont simples et intuitifs.

5° Le travail présent constitue donc un exemple typique *d'application de la théorie générale des équations fonctionnelles*[17]). Nous y discutons seulement les problèmes; nous ne cherchons pas à les résoudre effectivement, entreprise que d'ailleurs les théoriciens du sillage ont menée aussi loin qu'il était possible.

Mes premières remarques sur ce sujet ont eu l'avantage d'être exposées par M. Villat dans son Cours de l'année 1933. Encouragé d'une telle façon, j'ai tenu à pousser mes recherches le plus loin possible. Mon travail a été singulièrement facilité par les directives de M. Villat et par les nombreux échanges de vues que j'ai eus avec M. Weinstein.

I. Mise en équation du problème du sillage[18])

6° La solution indéterminée de M. Levi-Civita

M. Levi-Civita a introduit dans l'étude d'un sillage une troisième variable complexe $\zeta = \xi + i\eta$: il représente conformément le plan coupé f sur le demi-cercle $\eta \geqq 0$, $|\zeta| \leqq 1$ en sorte que les éléments suivants soient homologues dans la correspondance qui associe les plans z et ζ: l'obstacle et la demi-circonférence $\eta > 0$, $|\zeta| = 1$; le point $z = \infty$ et le point $\zeta = 0$; les lignes libres et les segments $-1 \leqslant \zeta < 0$, $0 < \zeta \leqslant 1$. Dans ces conditions:

$$(1,1) \qquad f = a\left[\frac{1}{2}(\zeta + \zeta^{-1}) - \cos s_0\right]^2, \ (a > 0),$$

a et s_0 étant des constantes réelles (le point $\zeta = e^{is_0}$, le point $f = 0$ et le point de l'obstacle où le courant bifurque sont homologues).

En même temps M. Levi-Civita définit dans le demi-cercle $\eta \geqq 0$, $|\zeta| \leqq 1$ une fonction uniforme $\omega(\zeta) = \theta + i\tau$ par les deux conditions suivantes

$$(1,2) \qquad \omega(0) = 0 \quad ; (1,3) \quad df/dz = e^{-i\omega}$$

[17]) On y voit en particulier que les théorèmes d'existence sont absolument indépendants des théorèmes d'unicité et qu'ils exigent des hypothèses moins strictes.

[18]) Les résultats énoncés au cours de ce chapitre ne sont pas originaux: ceux du paragraphe 6 sont dus à M. *Levi-Civita* (Rendiconti Palermo t. 23, 1907), les autres sont dus à M. *Villat* (Annales de l'Ecole normale supérieure, t. 28, 1911; Journal de Math., t. 10, 1914).

La fonction $\omega(\zeta)$ est continue au voisinage du segment $-1 < \zeta < 1$; elle est réelle sur ce segment: le principe de symétrie de Schwarz lui est applicable. Un fait capital en résulte: $\omega(\zeta)$ est holomorphe pour $|\zeta| < 1$ et prend des valeurs imaginaires conjuguées en des points ζ imaginaires conjugués.

Il est aisé de vérifier avec M. Levi-Civita la réciproque suivante: soient deux constantes réelles arbitraires a et s_0; soit $\omega(\zeta)$ une fonction holomorphe pour $|\zeta| < 1$, réelle et nulle en même temps que ζ. Les relations (1,1) et (1,3), que nous écrirons

$$(1,4)\qquad \begin{cases} f = a\left[\frac{1}{2}(\zeta+\zeta^{-1}) - \cos s_0\right]^2 \\ dz = a\, e^{i\omega(\zeta)}\left[\frac{1}{2}(\zeta+\zeta^{-1}) - \cos s_0\right]\left[\zeta - \zeta^{-1}\right]\frac{d\zeta}{\zeta}, \end{cases}$$

établissent une correspondance conforme entre le plan f coupé et un domaine D. Cette correspondance conserve les longueurs tout le long des lignes libres (images des segments $-1 \leqq \zeta < 0$, $0 < \zeta \leqq 1$); elle associe les points à l'infini; elle conserve les directions des lignes qui aboutissent en ces points. Mais D peut se recouvrir, comme l'a signalé M. Brillouin; et aucun procédé n'apparaît qui permette de choisir la fonction $\omega(\zeta)$ en sorte que l'image, dans le plan des z, de la demi-circonférence $\eta = 0$, $|\zeta| = 1$ soit un obstacle donné. M. Villat a réussi à écarter ces deux inconvénients en précisant comme suit la nature de la fonction $\omega(\zeta)$.

7° La solution indéterminée de M. Villat

La fonction $f(z)$ établit une correspondance conforme entre deux domaines dont les frontières se composent d'un nombre fini d'arcs à tangente continue et d'un nombre fini de points anguleux. Donc l'argument de df/dz est borné, et il est continu au voisinage de tout point frontière qui n'est anguleux ni dans le plan f ni dans le plan z: La fonction $\theta(\zeta)$ est une fonction harmonique, bornée dans le cercle $\zeta \leqq 1$ et qui est sûrement continue au voisinage des points $\zeta = e^{is}$ autres que ± 1, $e^{\pm i s_0}$. Puisque $\tau(0) = 0$, nous avons d'après la formule de Schwarz-Poisson

$$\omega(\zeta) = \frac{1}{2\pi}\int_0^{2\pi} \theta(e^{is})\frac{e^{is}+\zeta}{e^{is}-\zeta}\, ds\,.$$

La relation $\theta(0) = 0$ nous apprend en outre que $\int^{2\pi} \theta(e^{is})\, ds = 0$.

155

Posons avec M. Villat $\Phi(s) = \theta(e^{is}) = \theta(e^{-is})$ $(0 \leqq s \leqq \pi)$: $\Phi(s)$ est l'angle que fait avec ox la vitesse au point de l'obstacle homologue de $\zeta = e^{is}$. Les deux relations précédentes s'écrivent

$$(1,5) \qquad \omega(\zeta) = \frac{1}{\pi} \int_0^\pi \Phi(s) \frac{1-\zeta^2}{1-2\zeta \cos s + \zeta^2} ds,$$

$$(1,6) \qquad \int_0^\pi \Phi(s) ds = 0.$$

Rappelons que nous désignons par $\Psi[l]$ l'angle que l'obstacle fait avec $0x$ au point d'abscisse curviligne l $(b \leqq l \leqq c)$, l'obstacle étant orienté dans le sens des y croissants;

$$(1,7) \qquad 0 \leqq \Psi[l] \leqq \pi \; ; \quad \Psi'[l] \text{ existe et vérifie une}$$

condition de Hölder d'exposant $\mu > \frac{1}{2}$; l est une fonction continue[19]) de s et nous avons

$$(1,8) \qquad \begin{array}{lll} \text{pour } 0 \leqslant s < s_0, & \Phi(s) = \Psi[l(s)] - \pi, & (-\pi \leqslant \Phi(s) \leqslant 0); \\ \text{pour } s_0 < s \leqslant \pi, & \Phi(s) = \Psi[l(s)], & (0 \leqslant \Phi(s) \leqslant \pi). \end{array}$$

8° Direction des lignes libres.

Soient réciproquement une constante a, une fonction $\Psi[l]$ vérifiant les conditions (1,7) et une fonction croissante et continue $l(s)$ $(0 \leqslant s \leqslant \pi;$ $b \leqslant l \leqslant c)$. Les relations (1,8) et (1,6) définissent une fonction $\Phi(s)$ et une constante s_0. Les relations (1,5) et (1,4) établissent une correspondance conforme entre le plan f coupé et un domaine du plan z. Il est possible de préciser l'allure des lignes libres qui, rappelons-le, sont les images dans le plan des z des deux segments $\eta = 0$, $-1 \leqslant \xi < 0$, $0 < \xi \leqslant 1$.

Ces lignes sont analytiques, sauf peut-être en leurs extrémités. Nous les orienterons dans le sens des ξ croissants. L'angle que fait avec $0x$ la ligne libre passant par l'image du point $\zeta = \xi$ est $\theta(\xi)$, si $\xi < 0$, $\theta(\xi) + \pi$ si $\xi > 0$. Nous avons d'après (1,8) $-\pi \leqslant \Phi(s) \leqslant \pi$; d'où $-\pi < \theta(\zeta) < \pi$.

[19]) Parce que toute correspondance conforme entre deux domaines établit une correspondance continue entre leurs éléments frontières.

Nous avons d'après (1,5)

$$\theta(\xi) = \frac{1}{\pi}\int_0^\pi \Phi(s)\,\frac{1-\xi^2}{1-2\xi\cos s+\xi^2}\,ds\ ,$$

ce que (1,6) nous permet d'écrire

$$\theta(\xi) = \frac{1}{\pi}\int_0^\pi \Phi(s)\left[\frac{1-\xi^2}{1-2\xi\cos s+\xi^2}-\frac{1-\xi^2}{1-2\xi\cos s_0+\xi^2}\right]ds\,;$$

d'après (1,8) $\Phi(s) \leqslant 0$ pour $0 \leqslant s < s_0$, $\Phi(s) \geqslant 0$ pour $s_0 < s \leqslant \pi$; or le crochet est du signe de $\xi\,(\cos s - \cos s_0)$; $\theta(\xi)$ a donc le signe de $-\xi$.

Il résulte de cet ensemble de faits que *l'angle des lignes libres avec* $0x$ *est constamment positif et inférieur à* π.

La continuité de $l(s)$ entraîne celles de $\Phi(s)$, donc celle de $\theta(e^{is})$ au voisinage des valeurs 0 et π de s; $\theta(\zeta)$ est donc continue au voisinage des points $\zeta = 1$ et $\zeta = -1$: *les lignes libres et l'obstacle constituent une courbe à tangente continue*[20]).

La correspondance entre les plans $\sqrt{f}$ et z, puisqu'elle représente conformément l'un sur l'autre des domaines dont les frontières ont des tangentes continues, vérifie une condition de Hölder d'exposant ν arbitrairement voisin de 1: on a

$$|z' - z''| < |\sqrt{f'} - \sqrt{f''}|^\nu\, C(|f'|, |f''|),$$

$C(|f'|, |f''|)$ étant une fonction continue de $|f'|$ et $|f''|$. En particulier $l(s)$ satisfait à une inégalité de la forme

$$(1,9)\qquad |l(s') - l(s'')| \leqslant \mathrm{C^{te}}\,|\cos s' - \cos s''|^\nu .$$

Désormais nous n'envisagerons plus dans les formules (1,8) que des fonctions $l(s)$ de cette espèce; afin que toutes les formules ultérieures aient un sens, nous choisirons $1/2\,\mu < \nu < 1$.

9° Sillage associé à des fonctions $\Psi[l]$ et $l(s)$ données

Soit une fonction $\Psi[l]$ qui vérifie les conditions (1,7) ($b \leqslant l \leqslant c$); soit une fonction $l(s)$ qui croît de b à c et qui vérifie une inégalité (1,9); soit

[20]) Nous excluons de nos considérations les obstacles parallèles au courant: $\Psi[l]$ ne doit être identique ni à 0, ni à π. Ces cas sont les seuls où s_0 puisse valoir 0 ou π; on a alors $z = f$.

enfin une constante a. Considérons les fonctions définies par (1,4), (1,5), (1,6), (1,8).

$\Phi(s)$ est discontinue ; par contre $\Psi[l(s)]$ vérifie le long du demi-cercle $|\zeta| = 1$, $\eta > 0$ une condition de Hölder d'exposant ν :

$$|\Psi[l(s)] - \Psi[l(s')]| \leqslant C^{te} |s - s'|^{\nu} ;$$

envisageons donc la fonction $\Omega(\zeta) = \Theta + iT$, qui est holomorphe pour $|\zeta| < 1$, dont la partie réelle Θ prend sur le cercle $|\zeta| = 1$ les valeurs $\Theta(e^{\pm is}) = \Psi[l(s)]$ et dont la partie imaginaire T s'annule avec ζ : la formule de Schwarz-Poisson nous donne :

$$\Omega(\zeta) = \frac{1}{\pi} \int_0^{\pi} \Psi[l(s)] \frac{1 - \zeta^2}{1 - 2\zeta \cos s + \zeta^2} ds . \tag{1,10}$$

De cette formule et du fait que $\Psi[l(s)]$ satisfait à une condition de Hölder d'exposant ν résulte, d'après Fatou[21]) et M. Priwaloff[22]), que $\Omega(\zeta)$ vérifie une condition de Hölder d'exposant ν sur toute la région $|\zeta| \leqslant 1$:

$$|\Omega(\zeta) - \Omega(\zeta')| \leqslant C^{te} |\zeta - \zeta'|^{\nu} .$$

Les relations (1,5), (1,8), (1,10) donnent

$$\omega(\zeta) = \Omega(\zeta) - i \log \frac{1 - \zeta e^{is_0}}{e^{is_0} - \zeta} . \tag{1,11}$$

La seconde relation (1,4) peut donc s'écrire:

$$dz = a\, e^{i\Omega(\zeta)} \left[\frac{1}{2}(\zeta e^{is_0} + \zeta^{-1} e^{-is_0}) - 1\right] \cdot \left[\zeta - \zeta^{-1}\right] \frac{d\zeta}{\zeta} . \tag{1,12}$$

Par suite la frontière image dans le plan z du demi-cercle $|\zeta| = 1$, $\eta > 0$ est une courbe; choisissons s pour paramètre de cette courbe $(0 \leqslant s \leqslant \pi)$; son abscisse curviligne L est définie par la relation

$$\frac{dL}{ds} = 4a e^{-T(e^{is})} \sin^2 \frac{s + s_0}{2} \sin s , \tag{1,13}$$

où l'on a, d'après (1,6), (1,8) et (1,10)

---

21) *Fatou*, Acta math., t. 30 (1906).

22) *Priwaloff*, Bulletin de la Société math. de France, t. 44 (1916), p. 100—103.

$$(1,14) \qquad \pi s_0 = \int_0^{\pi} \Psi[l(s)]\, ds \ ,$$

$$(1,15) \qquad T(e^{is}) = \frac{1}{\pi}\int_0^{\pi} \Big\{ \Psi[l(s')] - \Psi[l(s)] \Big\} \frac{\sin s}{\cos s' - \cos s}\, ds' \ ;$$

l'angle que cette courbe fait avec $0x$ est $\Psi[l(s)]$. Cet angle, comme celui des lignes libres, vaut au moins 0, au plus π. Le domaine que délimitent cette courbe et les lignes libres ne peut donc se recouvrir: la frontière de ce domaine est une courbe à tangente continue sans point double.

Les relations (1,4), (1,5), (1,6), (1,8) définissent donc le sillage le plus général; elles constituent une solution indéterminée du problème du sillage.

Il y a plus: soit un obstacle, dont la forme et l'orientation sont définis par une fonction $\Psi[l]$ $(b \leq l \leq c)$ (Cf. § 2); choisissons arbitrairement une constante a et une fonction $l(s)$ qui croît de b à c quand s croît de 0 à π et qui vérifie une inégalité du type (1,9); le sillage défini par (1,4), (1,5), (1,6), (1,8) correspond à un obstacle qui a la même allure que l'obstacle donné: nous entendons par là que la tangente prend long des deux obstacles la même suite de directions; la multiplication de a par une constante convenable permet de donner à ces deux obstacles la même longueur. Le sillage ainsi associé aux fonctions $\Psi[l]$ et $l(s)$ constitue donc, quel que soit $l(s)$, *une solution approchée du problème du sillage*, posé pour l'obstacle que définit la fonction $\Psi[l]$; cette solution est celle de M. Villat; moyennant un choix habile de $l(s)$ elle sera pratiquement très satisfaisante, la simplicité étant en Hydrodynamique aussi importante que la précision.

Cette solution n'est exacte que si les choix de a et de $l(s)$ sont tels que $l(s)$ soit identique à la fonction $L(s)$ que définissent les relations (1,13), (1,14) et (1,15): cette condition n'est autre que l'équation intégro-différentielle à laquelle M. Villat, en poursuivant les travaux de M. Levi-Civita, a ramené la résolution rigoureuse du problème du sillage:

$$(1,16) \qquad \frac{dl}{ds} = 4\, a\, e^{-T(e^{is})} \sin^2 \frac{s+s_0}{2} \sin s \ .$$

10° Equation fonctionnelle du problème

Introduisons des notations qui faciliteront le maniement de cette équation intégro-différentielle.

L'obstacle sera l'arc $b \leqq l \leqq c$ d'une courbe illimitée, dont la forme et l'orientation seront définies par la donnée de son angle avec $0x$ en fonction de son abscisse curviligne: $\Psi[l]$. Désignons par C_Ψ, C'_Ψ, les plus petites constantes telles que

$$|\Psi[l_1] - \Psi[l_2]| \leqslant C_\Psi |l_1 - l_2|^\mu, \; |\Psi'[l_1] - \Psi'[l_2]| \leqslant C'_\Psi |l_1 - l_2|^\mu,$$

et nommons „norme de $\Psi[l]$" la grandeur

$$\|\Psi[l]\|_{1,\mu} = \{\text{Max.} |\Psi| + C_\Psi\} + \{\text{Max.} |\Psi'| + C'_\Psi\}.$$

Nous supposerons que $\Psi[l]$ appartient à l'espace abstrait $E_{1,\mu}$ des fonctions telles que cette norme existe.

Nous utiliserons un second espace abstrait E_ν; il sera linéaire, normé et complet comme le précédent. Il se composera de l'ensemble des fonctions $l(s)$, définies pour $0 \leqslant s \leqslant \pi$, qui possèdent une norme finie, $\|l(s)\|_\nu$, au sens que voici: ν étant la constante que nous avons choisie arbitrairement au § 8 $(1|2\,\mu < \nu < 1)$, soit c_l la plus petite constante telle que

$$|l(s_1) - l(s_2)| \leqslant c_l |\cos s_1 - \cos s_2|^\nu;$$

nous posons

$$\|l(s)\|_\nu = \text{Max} |l(s)| + c_l.$$

Etant donnés un élément $l(s)$ de E_ν, (1,14) définit une constante s_0 et (1,15) définit une fonction $T(e^{is})$; d'après le théorème déjà cité de Fatou-Priwaloff $T(e^{is})$ vérifie, par rapport à s, une condition de Hölder d'exposant ν; (1,13) définit alors des fonctions croissantes $L(s)$ qui dépendent d'une constante d'intégration additive et de la constante multiplicative a; il existe une et une seule de ces fonctions dont les valeurs pour $s = 0$ et $s = \pi$ soient b et c; elle correspond au choix suivant de a

$$c - b = 4a \int_0^\pi e^{-T(e^{is})} \sin^2 \frac{s + s_0}{2} \sin s \, ds \; ; \tag{1,17}$$

nous désignerons par $\mathsf{V}\{l(s), \Psi[l], b, c\}$

la transformation fonctionnelle qui fournit cette fonction $L(s)$ à partir des éléments [23]) $l(s)$, $\Psi[l]$, b et c, lesquels sont respectivement un point de E_ν, un point de $E_{1,\mu}$ et deux constantes réelles.

---

[23]) Il importe de bien remarquer que $l(s)$ n'est plus nécessairement une fonction croissante, que $\Psi(l)$ n'est plus nécessairement compris entre 0 et π, comme c'était le cas au cours des paragraphes précédents.

Le problème du sillage équivaut à la résolution de l'équation suivante: étant donnés ν, $\Psi[l]$, b et c, et sous réserve que l'on a

$$1/2\mu < \nu < 1, \quad 0 \leqslant \Psi[l] \leqslant \pi, \quad b < c,$$

trouver un point $l(s)$ de E_ν tel que

$$l(s) = \mathsf{V}\{ l(s), \ \Psi[l], b, c\}.$$

11° Propriétés fonctionnelles de la transformation V

Continuité complète de V. Il est facile de vérifier que la transformation V fournit un point de E_ν qui dépend continûment des arguments de V; cette continuité résulte d'ailleurs de la différentiation de V que nous effectuerons à la fin de ce paragraphe.

Les fonctions $L(s) = \mathsf{V}\{ l(s), \Psi[l], b, c\}$ sont des éléments particuliers de E_ν: la dérivée $dL/d(\cos s)$ existe et est continue; les maxima de $|L(s)|$, $|dL/d(\cos s)|$ peuvent être majorés au moyen des quatre grandeurs $||l(s)||_\nu$, $||\Psi[l]||_{1,\mu}$, $|b|$, et $|c|$. Tout ensemble de valeurs de $l(s)$, $\Psi[l]$, b, c sur lequel ces quatre grandeurs sont bornées est donc transformé continûment par V en un sous-ensemble compact de E_ν. On exprime cette propriété en disant que V est complètement continue.

Différentiation[21]) *de* V. Nous allons comparer le système d'arguments $l(s)$, $\Psi[l]$, b, c à un système voisin, que nous désignerons par l'indice 1. Représentons les accroissements des arguments par les symboles

$$\delta l(s) = l_1(s) - l(s), \ \Delta\Psi[l] = \Psi_1[l] - \Psi[l], \ \delta b = b_1 - b, \ \delta c = c_1 - c.$$

La partie principale de l'accroissement de $\Psi[l(s)]$ est

$$\delta\Psi[l(s)] = \Psi'[l(s)] \ \delta l(s) + \Delta\Psi[l(s)];$$

cette fonction appartient à l'espace $\mathsf{E}_{\mu\nu}$.

La partie principale de l'accroissement de $T(e^{is})$ est, d'après (1, 15)

$$\delta T(e^{is}) = \frac{1}{\pi}\int_0^\pi \{ \delta\Psi[l(s')] - \delta\Psi[l(s)] \} \frac{\sin s}{\cos s' - \cos s} ds' \ ;$$

en vertu du théorème de Fatou-Priwaloff[22]) $\delta T(e^{is})$ appartient aussi

[21]) Cette différentiation sera utilisée au début du chapitre V; la démonstration des théorèmes d'existence n'en fait pas usage.

[22]) *Priwaloff*, Bulletin de la Société math. de France, t. 44 (1916), p. 100—103.

à $E_{\mu\nu}$. Les équations (1,14) et (1,17) différentiées définissent deux constantes δs_0, δa:

$$\pi\,\delta s_0 = \int_0^\pi \delta\Psi[l(s)]\,ds\ ,$$

$$\delta c - \delta b = 4a\int_0^\pi e^{-T(e^{is})}\sin^2\frac{s+s_0}{2}\sin s\left[\frac{\delta a}{a} - \delta T(e^{is}) + \operatorname{cotg}\frac{s+s_0}{2}\delta s_0\right]ds\ .$$

Soit enfin $\delta L(s)$ la fonction qui satisfait aux trois conditions ci-dessous, dont la première résulte de la différentiation de (1,13)

$$\frac{d\delta L}{ds} = 4a\,e^{-T(e^{is})}\sin^2\frac{s+s_0}{2}\sin s\left[\frac{\delta a}{a} - \delta T(e^{is}) + \operatorname{cotg}\frac{s+s_0}{2}\delta s_0\right],$$

$$\delta L(0) = \delta b\ ,\ \delta L(\pi) = \delta c\ ;$$

l'équation de définition de δa exprime la compatibilité de ces trois conditions.

La lettre A nous servira à représenter diverses fonctions continues de μ, ν, $||l(s)||_\nu$, $||\Psi[l]||_{1,\mu}$, $|b|$, $|c|$, $||l_1(s)||_\nu$, $||\Psi_1[l]||_{1,\mu}$, $|b_1|$, $|c_1|$. Nous avons, en posant

$$r(t,s) = \Psi_1'\,[l(s)+t\delta l(s)] - \Psi'[l(s)],$$

$$\Psi_1[l_1(s)] - \Psi[l(s)] - \delta\Psi[l(s)] = \delta l(s).\int_0^1 r(t,s)\,dt.$$

Or

$$|r(t,s)| < A\,|\,\delta l(s)\,|^\mu + |\Delta\Psi'[l(s)]\,|;$$

donc, *a fortiori*,

$$|\,r(t,s_1) - r(t,s_2)\,| < A.\ \{||\delta l\,||_\nu + ||\Delta\Psi||_{1,\mu}\}^\mu;$$

d'autre part $r(t,s)$ appartient à $E_{\mu\nu}$:

$$|r(t,s_1) - r(t,s_2)\,| < A.\,|\cos s_1 - \cos s_2|^{\mu\nu}.$$

Soit ϱ une constante inférieure à 1 ; nous la choisirons supérieure à $1/2\,\mu\nu$, pour satisfaire aux exigences du paragraphe 14 ; les deux inégalités précédentes entraînent

$$|\,r(t,s_1) - r(t,s_2)| < A.\,|\cos s_1 - \cos s_2|^{\mu\nu\varrho}.\{\,||\delta l\,||_\nu + ||\Delta\Psi||_{1,\mu}\}^{\mu(1-\varrho)}$$

Cette inégalité portée dans l'intégrale ci-dessus donne

(1,18)

$$||\Psi_1[l_1(s)] - \Psi[l(s)] - \delta\Psi[l(s)]\,||_{\mu\nu\varrho} < A.||\delta l||_\nu\cdot\{||\delta l||_\nu + ||\Delta\Psi||_{1,\mu}\}^{\mu(1-\varrho)}.$$

162

Par conséquent

$$|s_{1,0} - s_0 - \delta s_0| + \text{Max.}\, |T_1(e^{is}) - T(e^{is}) - \delta T(e^{js})| <$$
$$< A.\{||\delta l||_\nu + ||\varDelta \Psi||_{1,\mu}\}^{1+\mu(1-\varrho)}.$$

D'où

$$|a_1 - a - \delta a| \qquad < A.\{||\delta l||_\nu + ||\varDelta \Psi||_{1,\mu} + |\delta b| + |\delta c|\}^{1+\mu(1-\varrho)}.$$

Par suite

$$\text{Max.}\, |L_1 - L - \delta L| + \text{Max.} \left| \frac{d(L_1 - L - \delta L)}{d(\cos s)} \right| <$$
$$< A\{||\delta l||_\nu + ||\varDelta \Psi||_{1,\mu} + |\delta b| + |\delta c|\}^{1+\mu(1-\varrho)};$$

nous avons donc, quand $l_1(s)$, $\Psi_1[l]$, b_1, c_1, tendent respectivement vers $l(s)$, $\Psi[l]$, b, c,

(1,19)

$$\lim. ||L_1(s) - L(s) - \delta L(s)||_\nu . \{||\delta l||_\nu + ||\varDelta \Psi||_{1,\mu} + |\delta b| + |\delta c|\}^{-1} = 0.$$

Posons

$$\delta L = \mathsf{W}\{\delta l(s), \varDelta \Psi[l], \delta b, \delta c; \Psi[l(s)], b, c\};$$

la transformation fonctionnelle W fournit, comme V, des fonctions appartenant à E_ν; comme V elle est complètement continue; elle est linéaire et homogène par rapport à ses quatre premiers arguments; la relation (1,19) exprime que c'est, au sens de M. Fréchet, la différentielle de la transformation V.

Remarque. Dans le cas particulier où l'obstacle est rectiligne W est indépendant de δl.

Propriétés définissant W. L'équation de définition de $\delta T(e^{is})$ exprime que $\delta \Psi[l(s)] + i\, \delta T(e^{is})$ sont les valeurs sur la demi-circonférence $\zeta = e^{is}$ $(0 \leqslant s \leqslant \pi)$ d'une fonction $\delta \Omega(\zeta)$ holomorphe à l'intérieur de cette demi-circonférence, réelle sur son diamètre; l'équation de définition de δs_0 exprime que $\delta s_0 = \delta \Omega(0)$. Nous pouvons donc définir la fonction $\delta L(s)$ que fournit la transformation W par l'ensemble des propriétés suivantes: il existe une fonction $\delta \Omega(\zeta)$, holomorphe pour $|\zeta| < 1$, $\eta > 0$, höldérienne pour $|\zeta| \leqslant 0$, qui est réelle sur le diamètre $-1 \leqslant \zeta \leqslant 1$ et dont les valeurs frontières sur la demi-circonférence $\zeta = e^{is}$ sont

$$(1,20) \qquad \delta \Omega(e^{is}) = \Psi'[l]\delta l + \varDelta \Psi[l] - i\frac{d\delta L}{dl} + i\frac{\delta a}{a} + i \cot g \frac{s + s_0}{2} \delta s_0;$$

on a en outre

(1,21) $$\delta L(0) = \delta b, \ \delta L(\pi) = \delta c,$$

(1,22) $$\delta s_0 = \delta \Omega(0).$$

Définissons une fonction $\delta\omega(\zeta)$ par la relation (1,11) différentiée

(1,23) $$\delta\omega(\zeta) = \delta\Omega(\zeta) - \frac{1-\zeta^2}{1-2\,\zeta\cos s_0 + \zeta^2}\,\delta s_0\,;$$

on peut substituer à la formule (1,22) la suivante

(1,24) $$\delta\omega(0) = 0.$$

II. Mise en équation du problème de la proue

12° Préliminaires

Soit un sillage correspondant à un obstacle donné. La fonction $z(f)$ est analytique le long des lignes libres. Son allure à l'infini est très simple à préciser, grâce aux équations (1,4). Sa nature le long de l'obstacle se déduit des nombreuses études qui ont porté sur les voisinages des frontières de deux domaines donnés se correspondant conformément. Les points de détachement sont donc les seuls points que nous devions examiner.

Nous savons que $l(s)$ et par suite $\Omega(\zeta)$ vérifient une condition de Hölder d'exposant ν (§ 8 et 9). Il en résulte, par l'équation de M. Villat (1,16), que dl/ds vérifie aussi une telle condition; donc que $\frac{d\Psi[l(s)]}{ds} = \Psi'[l(s)]\frac{dl}{ds}$ vérifie une condition de Hölder d'exposant $\mu\nu$. La partie imaginaire de $\zeta\frac{d\Omega}{d\zeta}$ vérifie également une condition de Hölder d'exposant $\mu\nu$, puisqu'elle vaut $\pm\Psi'[l(s)]\,dl/ds$ au point $e^{\pm is}$ et que cette fonction $\Psi'[l(s)]\,dl/ds$ s'annule pour $s=0$ et pour $s=\pi$. Le théorème de Fatou-Priwaloff permet d'en déduire que $\zeta\frac{d\Omega}{d\zeta}$ et par suite

(2,1) $$\frac{d\Omega}{d\zeta} = \frac{d\omega}{d\zeta} + \frac{2\sin s_0}{1-2\zeta\cos s_0+\zeta^2}$$

vérifient une condition de Hölder d'exposant $\mu\nu$ sur tout le cercle $|\zeta| \leq 1$.

Digression. *Supposons pour un instant* $\Psi[l]$ *analytique*; le raisonnement se poursuit, basé sur l'équation de M. Villat et le théorème de Fatou-Priwaloff: on démontre successivement que les fonctions suivantes satisfont une condition de Hölder : $\frac{dT(e^{is})}{ds}$, donc, d'après (1,16) $\frac{d^2 l}{ds^2}$, puis $\frac{d^2\Psi[l(s)]}{ds^2}$, la partie réelle de $\frac{d^2\Omega}{(d\log\zeta)^2}$, $\frac{d^2\Omega}{d\zeta^2}$, $\frac{d^2T(e^{is})}{ds^2}$, donc d'après (1,16) $\frac{d^3 l}{ds^3}$, puis enfin $\frac{d^3\Psi[l(s)]}{ds^3}$. Mais en général la partie imaginaire de $\frac{d^3\Omega}{(d\log\zeta)^3}$ a une discontinuité aux points $\zeta = \pm 1$ et $\frac{d^3\omega}{d\zeta^3}$ a un infini logarithmique en chacun des points de détachement.

Un point de détachement ne présente pas cette singularité quand en ce point

$$\frac{d^3\Psi[l(s)]}{ds^3} = 0 .$$

Nous transformerons cette condition en remarquant que d'après (1,3)

$$|dl| = e^{-\tau}|df|$$

c'est-à-dire

$$dl = 2a\, e^{-\tau}|\cos s - \cos s_0|\sin s\, ds\ ;$$

cette équation, qui n'est autre que l'équation de M. Villat, fournit le développement limité au voisinage de la valeur $s = 0$:

$l(s) =$ fonction paire de $s - \frac{2a}{3}\left(\frac{d\tau}{ds}\right)_0 (1 - \cos s_0)s^3 + \cdots$;

d'où $\Psi[l(s)] =$ fonction paire de $s - \frac{2a}{3}\Psi'[b]\left(\frac{d\tau}{ds}\right)_0 (1 - \cos s_0)s^3 + \cdots$

par suite la condition $\frac{d^3\Psi[l(s)]}{ds^3} = 0$ équivaut à la suivante: $\Psi'[b]\cdot\omega'(1) = 0$.

Pour que $\frac{d^3\omega}{d\zeta^3}$ soit bornée au voisinage d'un point de détachement il faut et il suffit donc que la courbure de l'obstacle y soit nulle ou bien qu'on y ait $\omega' = 0$.

En poursuivant on aboutit aux conclusions suivantes: Considérons la suite des dérivées d'ordre impair $\frac{d^{2p+1}\omega}{(d\log\zeta)^{2p+1}}$ $(p \geqslant 0)$; soit $2m + 3$ l'ordre de la première d'entre elles qui n'est pas continue au point de détachement; soit $2n + 1$ l'ordre de la première d'entre elles qui n'y est pas continue et nulle; m (ou n) est posé égal à $+\infty$ si toutes ces dérivées y sont continues[25]) (ou continues et nulles). On a $0 \leq n \leq m$. Les dérivées $\frac{d^q\omega}{(d\log\zeta)^q}$ d'ordres inférieurs à $2m + 3$ vérifient une condition de Hölder au point de détachement. Si m est fini la dérivée $\frac{d^{2m+3}\omega}{(d\log\zeta)^{2m+3}}$ y présente un infini logarithmique. Si la courbure de l'obstacle n'est pas nulle au point de détachement, on a $n = m$.

L'allure du détachement dépend de n: au voisinage du point de détachement l'obstacle et la ligne de jet sont les transformés d'un segment de l'axe des f réels par la fonction $z(f) = \int e^{i\omega} df$. Si $n = +\infty$ toutes les dérivées de $z(f)$ sont continues

[25]) On a en général $m = n = 0$; les cas $n = \infty$ et $m = \infty$ sont très exceptionnels. Toutefois $m = \infty$ quand l'extrémité de l'obstacle est un segment rectiligne; alors $\Psi[l(s)]$ et par suite la partie réelle de $\Omega(\zeta)$ sont constants au voisinage du point de détachement; $\omega(\zeta)$ y est donc analytique.

au point de détachement. Sinon $\frac{d^{2n+1}\omega}{(d\log\zeta)^{2n+1}}$ y est continue, mais non nulle ; donc $\frac{d^{n+1}z}{df^{n+1}}$ y est continue alors que $\frac{d^{n+2}z}{df^{n+2}}$ y devient infinie. La ligne libre a au point de détachement un contact d'ordre $n+1$ avec le prolongement de l'obstacle ; si n est fini son élément de contact d'ordre $n+2$ est singulier et c'est le signe de $\frac{d^{2n+1}\omega}{(d\log\varsigma)^{2n+1}}$, calculé au point de détachement, qui indique si la ligne libre est située au voisinage de ce point du côté amont ou du côté aval de l'obstacle.

Le paragraphe ci-dessous va montrer comment cette conclusion reste en partie valable quand on ne suppose plus l'obstacle analytique.

13° Courbure d'une ligne libre en son point de détachement

L'angle que fait la ligne libre supérieure (ou inférieure) avec $0x$ est ω (ou $\omega+\pi$) ; son abscisse curviligne est f (ou $-f$) ; sa courbure est donc

$$\frac{d\omega}{df}\left(\text{ou } -\frac{d\omega}{df}\right).$$

Déterminons l'allure au point $\zeta=1$ de la fonction analytique

$$\frac{d\omega}{df}=\frac{d\omega}{d\zeta}\,\frac{2\cdot\zeta^3}{a(\zeta^2-1)(\zeta^2-2\zeta\cos s_0+1)}\,. \tag{2,2}$$

Au voisinage du point $\zeta=1$, $\frac{d\omega}{d\zeta}$ vérifie une condition de Hölder d'exposant $\mu\nu$ (*cf* § 12) et nous avons donc

$$\left|\frac{d\omega}{df}-\frac{\omega'(1)}{4a(1-\cos s_0)}\,\frac{\zeta+1}{\zeta-1}\right|<\mathrm{C^{te}}\,|\zeta-1|^{\mu\nu-1}\,.\quad\left(\omega'=\frac{d\omega}{d\zeta}\right). \tag{2,3}$$

D'autre part[26]) sur le démi-cercle $\zeta=e^{is}$ $(0<s<\pi)$

$$\mathrm{R}\left(\frac{d\omega}{df}\right)=\Psi'[l]\frac{dl}{df}$$

or d'après (1,3) $|df|=e^{\tau}|dl|$; d'où

$$\mathrm{R}\left(\frac{d\omega}{df}\right)=\Psi'[l]\cdot e^{-\tau}\cdot\text{signe de }\frac{df}{dl}\,.$$

[26]) R signifie „partie réelle de . . .“

$\mathrm{R}\left(\frac{d\omega}{df}\right)$ reprend ces mêmes valeurs sur le demi-cercle complémentaire; le long du cercle $|\zeta| = 1$ et au voisinage du point $\zeta = 1$, $\mathrm{R}\left(\frac{d\omega}{df}\right)$ vérifie donc une condition de Hölder d'exposant $\mu\nu$. Introduisons une fonction $W(\zeta)$ qui présente les caractères suivants : elle est analytique pour $|\zeta| < 1$; pour $|\zeta| \leqslant 1$ elle vérifie une condition de Hölder d'exposant $\mu\nu$; elle est réelle en même temps que ζ ; sa partie réelle vaut $\mathrm{R}\left(\frac{d\omega}{df}\right)$ le long de $|\zeta| = 1$, au voisinage de $\zeta = 1$. La fonction

$$\frac{d\omega}{df} - \frac{\omega'(1)}{4a(1-\cos s_0)} \frac{\zeta+1}{\zeta-1} - W(\zeta)$$

a sa partie réelle nulle le long de ce cercle, au voisinage de $\zeta = 1$; d'après le principe de symétrie elle existe et est holomorphe dans un petit cercle pointé $0 < |\zeta - 1| < \varepsilon$; elle y vérifie une inégalité semblable à (2,3) ; elle est donc holomorphe au point $\zeta = 1$. Par définition $W(1) = -\Psi'[b]$. On a donc le développement

$$\frac{d\omega}{df} = \frac{\omega'(1)}{4a(1-\cos s_0)} \frac{\zeta+1}{\zeta-1} - \Psi'[b] + \cdots \tag{2,4}$$

les points ...... représentant une fonction qui s'annule pour $\zeta = 1$ et qui vérifie une condition de Hölder d'exposant $\mu\nu$ dans le cercle $|\zeta| \leqslant 1$, au voisinage du point $\zeta = 1$.

La ligne de jet se détache donc vers l'amont, vers l'aval ou en proue suivant que $d\omega/d\zeta$ est positif, négatif ou nul au point de détachement.

N.B. Quand le détachement est en proue $\omega'(1) = 0$, $d\omega/df$ est continue au point de détachement; et la formule (2,4) prouve que la courbure de la ligne de jet y est égale à celle de l'obstacle (Villat).

14° Calcul de $\omega'(1)$ et $\omega'(-1)$

Considérons le sillage associé à des fonctions $\Psi[l]$ et $l(s)$ données. Calculons $\omega'(1)$ et $\omega'(-1)$ à l'aide de ces données. Nous avons d'après (1,5)

$$\frac{\omega(1) - \omega(\zeta)}{1-\zeta^2} = \frac{1}{\pi} \int_0^\pi [\Phi(0) - \Phi(s)] \frac{ds}{1 - 2\zeta\cos s + \zeta^2};$$

167

Faisons tendre ζ vers 1 par des valeurs réelles, et tenons compte de l'inégalité, déduite de (1,7), (1,8) et (1,9):

$$| \Phi(0) - \Phi(s) | < C^{te} | 1 - \cos s |^{\nu} \qquad (1/2 < \nu < 1);$$

opérons de même au point $\zeta = -1$; nous obtenons les deux formules

$$(2,5)\qquad \begin{aligned} \omega'(1) &= \frac{1}{2\pi} \int_0^{\pi} \{ \Phi(0) - \Phi(s) \} \frac{ds}{\sin^2(s/2)}; \\ \omega'(-1) &= \frac{1}{2\pi} \int_0^{\pi} \{ \Phi(s) - \Phi(\pi) \} \frac{ds}{\cos^2(s/2)}. \end{aligned}$$

Les relations (1,8) permettent de donner à (2,5) la forme suivante [27])

$$(2,6)\qquad \begin{aligned} \omega'(1) &= \frac{1}{2\pi} \int_0^{\pi} \{ \Psi[l(0)] - \Psi[l(s)] \} \frac{ds}{\sin^2(s/2)} - \operatorname{cotg} \frac{s_0}{2}; \\ \omega'(-1) &= \frac{1}{2\pi} \int_0^{\pi} \{ \Psi[l(s)] - \Psi[l(\pi)] \} \frac{ds}{\cos^2(s/2)} - tg \frac{s_0}{2}. \end{aligned}$$

Les seconds membres de (2,6) sont des fonctionnelles de $l(s)$ et $\Psi[l]$ qui sont continues sauf quand $\Psi[l]$ se réduit identiquement à 0 ou à π.

Quelques cas où la nature du détachement est évidente a priori : Supposons que $\Psi[b]$ soit la plus petite des valeurs que prend $\Psi[l]$ sur la partie de l'obstacle inférieure au point de bifurcation (c'est-à-dire pour $0 \leqslant s \leqslant s_0$); ceci a lieu par exemple si $\Psi[b] = 0$; on a alors

$$\Phi(0) \leqslant \Phi(s); \text{ donc d'après (2,5), } \omega'(1) < 0.$$

Si $\Psi[b] = \pi$ nous avons $\Phi(0) = 0$; donc

$$\omega'(1) = -\frac{1}{2\pi} \int_0^{\pi} \Phi(s) \frac{ds}{\sin^2 \frac{s}{2}} = \frac{1}{2\pi} \int_0^{\pi} \left[\frac{1}{\sin^2 \frac{s_0}{2}} - \frac{1}{\sin^2 \frac{s}{2}} \right] \Phi(s) \, ds;$$

or le crochet a le signe de $\Phi(s)$; donc $\omega'(1) > 0$.

[27]) Les deux quantités $\omega'(1)$ et $\omega'(-1)$ intervenant fréquemment dans les travaux de M. *Villat*, signalons l'aspect qu'elles y présentent: M. *Villat* se limite en général au cas symétrique où elles sont égales à

$$-\frac{2}{\pi} \int_0^{\frac{\pi}{2}} \frac{1}{\sin s} \frac{d\Phi}{ds} ds - 1.$$

Différentiation des fonctionelles $\omega'(1)$ et $\omega'(-1)$.

L'inégalité (1,18) prouve [28]) que les fonctionnelles, $\omega'(1)$ et $\omega'(-1)$ possèdent des différentielles de Fréchet, $\delta\omega'(1)$ et $\delta\omega'(-1)$. Nous avons [29])

$$(2,7)\qquad \delta\omega'(1) = \frac{1}{2\pi}\int_0^\pi \{\delta\Psi[l(0)] - \delta\Psi[l(s)]\}\frac{ds}{\sin^2(s/2)} + \frac{1}{2}\frac{\delta s_0}{\sin^2\frac{s_0}{2}}.$$

Cette expression et l'expression analogue de $\delta\omega'(-1)$ permettent de vérifier que $\delta\omega'(1)$ et $\delta\omega'(-1)$ sont les dérivées[30]), aux points ± 1, de la fonction $\delta\omega(\zeta)$ définie par (1,23).

15° Equations fonctionnelles du problème de la proue

Etant donnés un élément $l(s)$ de E_ν et un élément $\Psi[l]$ de $E_{1,\mu}$, posons

$$\mathsf{B}\{l(s), \Psi[l]\} = \omega'(1)\sin\frac{s_0}{2}, \quad \mathsf{C}\{l(s), \Psi[l]\} = \omega'(-1)\cos\frac{s_0}{2};$$

c.-à.-d.

$$\mathsf{B}\{l(s), \Psi[l]\} = \frac{1}{2\pi}\sin\frac{s_0}{2}\int_0^\pi\{\Psi[l(0)] - \Psi[l(s)]\}\frac{ds}{\sin^2(s/2)} - \cos\frac{s_0}{2},$$

(2,8)

$$\mathsf{C}\{l(s), \Psi[l]\} = \frac{1}{2\pi}\cos\frac{s_0}{2}\int_0^\pi\{\Psi[l(s)] - \Psi[l(\pi)]\}\frac{ds}{\cos^2(s/2)} - \sin\frac{s_0}{2}.$$

Ces fonctionnelles sont continues par rapport à leurs arguments. La condition pour qu'en l'extrémité inférieure (ou supérieure) de l'obstacle le détachement soit vers l'aval, vers l'amont ou en proue est que B (ou C) soit négatif, positif ou nul. Et ces propriétés subsistent, même quand l'obstacle devient parallèle au courant. Il y a donc avantage à considérer B et C au lieu de $\omega'(1)$ et $\omega'(-1)$.

Le problème de la proue se formule comme suit: on donne ν, $\Psi[l]$, b_0, c_0 ($1/2\mu < \nu < 1$; $0 \leqslant \Psi[l] \leqslant \pi$; $b_0 < c_0$); on demande de trouver un point $l(s)$ de E_ν et deux constantes b et c qui vérifient l'un des quatre systèmes écrits ci-dessous

---

[28]) Car nous avons l'inégalité $\mu\nu\rho > 1/2$.

[29]) On ne peut guère restreindre les hypothèses faites sur la régularité de l'obstacle sans que la définition de $\delta\omega'(1)$ perde toute signification; or le chapitre VI est entièrement basé sur l'existence de $\delta\omega'(1)$.

[30]) Calculées le long du diamètre réel.

$$(2,9) \qquad l(s) = \mathsf{V}\{l(s), \Psi[l], b, c\}, \qquad \mathsf{B}\{l(s), \Psi[l]\} = 0,$$
$$\mathsf{C}\{l(s), \Psi[l]\} = 0, \qquad b_0 < b < c < c_0;$$

$$(2,10) \qquad l(s) = \mathsf{V}\{l(s), \Psi[l], b_0, c\}, \qquad \mathsf{B}\{l(s), \Psi[l]\} \leqq 0,$$
$$\mathsf{C}\{l(s), \Psi[l]\} = 0, \qquad b_0 = b < c < c_0;$$

$$(2,11) \qquad l(s) = \mathsf{V}\{l(s), \Psi[l], b, c_0\}, \qquad \mathsf{B}\{l(s), \Psi[l]\} = 0,$$
$$\mathsf{C}\{l(s), \Psi[l]\} \leqq 0, \qquad b_0 < b < c = c_0;$$

$$(2,12) \qquad l(s) = \mathsf{V}\{l(s), \Psi[l], b_0, c_0), \qquad \mathsf{B}\{l(s), \Psi[l]\} \leqq 0,$$
$$\mathsf{C}\{l(s), \Psi[l]\} \leqq 0, \qquad b_0 = b, c = c_0.$$

Soient b_1, c_1, b_2, c_2 les abscisses curvilignes des points B_1, C_1, B_2, C_2 que définit le paragraphe 3; le chapitre IV établira que le problème symétrique de la proue est résoluble même quand on impose à b et c les restrictions

$$(2,13) \qquad b < b_1 \qquad c_1 < c.$$

Il établira que le problème de la proue est résoluble même quand on impose à b et c les restrictions[31])

$$(2,14) \qquad b < b_2 \qquad c_2 < c.$$

III. Limitation (a priori) des inconnues

16° But du chapitre

Nous dirons qu'une *famille d'obstacles* est *bornée* quand les longueurs $c - b$ et les courbures $|\Psi'[l]|$ de ces obstacles sont bornées dans leur ensemble. Nous nous proposons d'établir le théorème suivant:

Théorème. *Soit une famille bornée d'obstacles. Les fonctions $l(s)$ correspondantes (s'il en existe) vérifient simultanément une même inégalité*

$$|l(s) - l(s')| \leqslant C \,|\cos s - \cos s'|^{\nu}.$$

En d'autres termes les normes $||\, l(s)\, ||_\nu$ sont bornées dans leur ensemble.

[31]) Ces restrictions facilitent la résolution du problème.

L'inégalité de Hölder

$$\left|\int_a^b \varphi(x)\,\psi(x)\,dx\right| < \left[\int_a^b |\varphi(x)|^{\frac{1}{1-\nu}}dx\right]^{1-\nu}\cdot\left[\int_a^b |\psi(x)|^{\frac{1}{\nu}}dx\right]^{\nu}$$

s'écrit, quand on pose $x = \cos s$, $\psi = 1$, $\varphi = dl/d(\cos s)$:

$$|\,l(s) - l(s')\,| < \left|\int_{\cos s}^{\cos s'} \left|\frac{dl}{d(\cos s)}\right|^{\frac{1}{1-\nu}} d\,(\cos s)\right|^{1-\nu} \cdot\ |\cos s - \cos s'\,|^{\nu}\ ;$$

pour établir le théorème il suffit donc de majorer les intégrales

$$\int_{s=\pi}^{s=0} \left|\frac{dl}{d\,(\cos s)}\right|^{\frac{1}{1-\nu}} d\,(\cos s)\ .$$

Or nous avons l'équation de M. Villat (1,16),

$$\frac{dl}{ds} = 4\,a\,e^{-T(e^{is})}\sin^2\frac{s+s_0}{2}\sin s\ .$$

Le théorème énoncé est donc un corollaire des deux faits suivants, que nous allons établir indépendamment l'un de l'autre:

1° Les coefficients a sont bornés dans leur ensemble (§ 17).

2° Les intégrales

(3,1) $$\int_0^{\pi} e^{-(1-\nu)^{-1}T(e^{is})}\,ds$$

sont bornées dans leur ensemble (§ 18 à 21).

17° Majoration de a

Nous avons d'après la seconde formule (1,4)

(3,2) $$c - b = 2\,a\int_0^{\pi} e^{-\tau}\,|\cos s - \cos s_0\,|\sin s\,ds\ .$$

La convexité de la fonction exponentielle permet, comme on sait, de tirer de (3,2) l'inégalité[32])

(3,3) $$\log\frac{c-b}{2a\,(1+\cos^2 s_0)} > -\frac{1}{1+\cos^2 s_0}\int_0^{\pi}\tau(e^{is})|\cos s - \cos s_0|\sin s\,ds.$$

[32]) Cette inégalité exprime le fait suivant:
des masses infinitésimales $dm = \sin s\,|\cos s - \cos s_0\,|\,ds$ placées aux points $x(s) = \tau(s)$, $y(s) = e^{-\tau(s)}$ ont un centre de gravité situé dans le domaine $\log y > -x$.

Or $\int\limits_{s_0}^{s} \tau(e^{is'})$ $(\cos s' - \cos s_0)$ $\sin s'\, ds'$ est égal, le long du cercle $\zeta = e^{is}$, à la partie imaginaire de la fonction

$$\Pi(\zeta) = -\frac{1}{2} \int\limits_{e^{is_0}}^{\zeta} \omega(\zeta)\left[\frac{1}{2}(\zeta + \zeta^{-1}) - \cos s_0\right] \left[\zeta - \zeta^{-1}\right]\frac{d\zeta}{\zeta}.$$

On a

$$\Pi(\zeta) = \frac{1}{4}\omega'(0)[\zeta - \zeta^{-1}] + \frac{1}{4}[\omega''(0) - 2\omega'(0)\cos s_0]\log\zeta + \Pi_1(\zeta),$$

$\Pi_1(\zeta)$ étant holomorphe pour $|\zeta| < 1$.

La relation (1,5), où $|\Phi(s)| < \pi$, entraîne les inégalités

$$\omega'(0) < 4, \quad \omega''(0) < 8.$$

La partie réelle de $\Pi_1(\zeta)$ sur le cercle $\zeta = e^{is}$ est

$$\int\limits_{s_0}^{s} \theta(e^{is'}) \; (\cos s' - \cos s_0) \sin s'\, ds';$$

cette fonction a une dérivée comprise entre -2π et $+2\pi$; le théorème de Fatou-Priwaloff déjà utilisé permet d'en déduire que, sur le cercle $|\zeta| \leqslant 1$, $|\Pi_1(\zeta)|$ est inférieur à une certaine constante numérique.

Il existe donc une constante numérique qui majore $|\Pi(\zeta)|$; on peut donc assigner une borne inférieure[33]) au second membre de (3,3). Par suite a peut être majorée en fonction de $b-c$. C. Q. F. D.

18° Lemme

Soit une fonction, $\Omega_1(\zeta) = \Theta_1 + iT_1$, *hölderienne pour* $|\zeta| \leqslant 1$, *holomorphe pour* $|\zeta| < 1$, *réelle pour* $\zeta = 0$. *Supposons que l'oscillation de* $\Theta_1(e^{is})$ *soit* $2\tilde{\omega} < \pi$. *Je dis que*

$$\int\limits_0^{2\pi} e^{-T_1(e^{is})}\, ds \leqslant 2\pi\,(\cos\tilde{\omega})^{-1}. \tag{3,4}$$

La fonction $-i\int\limits_1^{\zeta} e^{i\Omega_1(\zeta)}\frac{d\zeta}{\zeta}$ transforme le cercle $\zeta = e^{is}$ $(0 \leqslant s \leqslant 2\pi)$ en un arc ouvert, Γ; l'origine de Γ est le point 0; l'extrémité de Γ est le point $2\pi e^{i\Theta_1(0)}$; la corde qui sous-tend Γ a donc pour longueur 2π.

[33]) J'ai cherché si l'on pouvait choisir cette borne égale à 0; il n'en est rien. Si ce choix avait été possible, il en serait résulté par (3,3) que la longueur de l'obstacle est toujours supérieure à celle de son image dans le plan f du potentiel complexe. Cette proposition est fausse elle aussi.

D'autre part Γ fait avec l'axe réel l'angle $\Theta_1(e^{is})$, dont l'oscillation est $2\tilde{\omega}$. Par suite la longueur de Γ vaut au plus $2\pi(\cos\omega)^{-1}$. Or le premier membre de (3,4) représente cette longueur. Notre lemme est donc établi.

Remarque. Supposons que la famille des obstacles donnés présente le caractère suivant: les oscillations des fonctions $\Psi[l]$, qui définissent ces obstacles, admettent une borne supérieure inférieure[34]) à $\pi(1-\nu)$; soit $2\tilde{\omega}(1-\nu)$. Envisageons un sillage correspondant à l'un de ces obstacles. Le lemme qui précède s'applique à la fonction $\Omega_1(\zeta) = (1-\nu)^{-1}\Omega(\zeta)$. L'intégrale (3,1) est identique au premier membre de (3,4). Le lemme ci-dessus suffit donc dans ce cas à établir le théorème du paragraphe 16.

19° Lemme sur la correspondance des frontières dans une représentation conforme

Il existe une fonction $\eta[\varepsilon]$, continue et nulle pour $\varepsilon = 0$, qui possède la propriété suivante: Soit F une variable complexe. Donnons-nous arbitrairement deux segments étrangers F_1F_2 et F_3F_4 de l'axe des F réels et une surface D^*, d'aire σ, qui soit l'image conforme du demi-plan $I(F)>0$. Appelons Λ la plus courte longueur des chemins tracés sur D^* qui joignent l'image de F_1F_2 à l'image de F_3F_4. On a[35])

$$\Lambda < \sqrt{\sigma}\,\eta[-(F_1F_3F_4F_2)]. \tag{3,5}$$

Démonstration: Transformons conformément le demi-plan $I(F)>0$ en un rectangle R d'un plan complexe $G+iH$, de façon que les points F_1, F_2, F_3, F_4 deviennent les sommets $0, \alpha, \alpha+i\beta, i\beta$ de R. Soit $M(G+iH)$ le module de la correspondance conforme qui représente R sur D^*. Nous avons

$$\Lambda^2 \leqslant \text{borne}\left[\int_0^\beta M(G+iH)\,dH\right]^2 \leqslant \text{borne}\ \beta\int_0^\beta M(G+iH)^2\,dH \leqslant$$

$$\leqslant \frac{\beta}{\alpha}\int_0^\alpha\int_0^\beta M(G+iH)^2\cdot dG\cdot dH = \frac{\beta}{\alpha}\sigma\,.$$

[34]) Nous supposons au cours de tout le mémoire $1/2 < \mu\nu < 1$; mais seule la discussion du nombre des solutions du problème de la proue (chapitre VI) tomberait en défaut si nous choisissions ν arbitrairement voisin de 0.

[35]) (F_1, F_3, F_4, F_2) représente le rapport anharmonique des points F_1, F_3, F_4, F_2.

D'après la définition même de la fonction modulaire λ,

$$(F_1\,,\ F_3\,,\ F_4\,,\ F_2) = \lambda\left[\frac{i\beta}{\alpha}\right].$$

Or $-\lambda[ix]$ croît de 0 à $+\infty$ quand x croît de 0 à $+\infty$. Par conséquent nous avons

$$\text{(3,6)} \qquad -\lambda\left[i\frac{\Lambda^2}{\sigma}\right] \leqslant -(F_1\,,\ F_3\,,\ F_4\,,\ F_2)\,,$$

et cette inégalité équivaut à une inégalité du type (3,5).

20° Construction d'un module de continuité pour la fonction $\Psi\,[l\,(s)]$

Considérons un sillage; nous allons lui appliquer le lemme ci-dessus. Nous représentons le demi-cercle $|\zeta| < 1, \eta > 0$ sur un demi-plan $I(F) > 0$ au moyen de la transformation $F = -\frac{1}{2}(\zeta + \zeta^{-1})$. Nous envisageons deux points $\zeta' = e^{is'}$, $\zeta'' = e^{is''}$ tels que $0 \leqslant s' < s'' \leqslant \pi$, $|\cos s' - \cos s''| < 1$; l'une des inégalités $\cos s' < \frac{1}{2}, -\frac{1}{2} < \cos s''$ est donc vérifiée; fixons les idées en admettant que $\cos s' < \frac{1}{2}$.

Les transformés des points ζ' et ζ'' sont $F_2 = -\cos s', F_3 = -\cos s''$; posons $F_1 = -1, F_4 = \infty$; nous avons

$$-(F_1\,,\ F_3\,,\ F_4\,,\ F_2) = \frac{\cos s' - \cos s''}{1 - \cos s'}\,, \qquad \text{donc}$$

$$\text{(3,7)} \qquad -(F_1\,,\ F_3\,,\ F_4\,,\ F_2) \leqslant 2\,(\cos s' - \cos s'')\,.$$

Soit D le domaine situé en amont de l'obstacle et des lignes libres. Soient $z' = x' + iy'$, $z'' = x'' + iy''$ les points de l'obstacle homologues de ζ' et ζ''. Traçons la sphère Σ de diamètre $c - b$ qui touche en z'' le plan z. Soit D^* la projection stéréographique[36]) de D sur Σ.

L'image de $\overline{F_1F_2}$ dans le plan z est un arc de l'obstacle qui appartient à la région D': $|z - z''| < c - b$, $y \leqq y'$. L'image de $\overline{F_3F_4}$ se compose de la ligne libre supérieure et d'une partie de l'obstacle; elle appartient donc au demi-plan D'': $y \geqslant y''$ (cf § 8). On vérifie sans peine que les projections sur Σ de D' et D'' sont distantes d'au moins $\dfrac{y'' - y'}{2}$. Par suite

$$\text{(3,8)} \qquad \frac{y'' - y'}{2} < \Lambda\,.$$

---

[36]) Le centre de projection est le point de Σ diamétralement opposé à z''.

Des inégalités (3,6), (3,7), (3,8) nous concluons que

$$(3,9) \qquad -\lambda\left[\frac{i}{4\pi}\frac{(y'-y'')^2}{(c-b)^2}\right] < 2\,|\cos s'-\cos s''\,| \text{ pour } |\cos s'-\cos s''| \leqslant 1.$$

Cette inégalité (3,9) fournit un module de continuité pour l'ordonnée $y(s)$ des points de l'obstacle.

Nous avons le long de l'obstacle

$$\sin \Psi d\Psi = \Psi'[l]\,dy\,,$$

donc

$$|\cos \Psi[l(s')] - \cos \Psi[l(s'')]\,| \leqq |\,y'-y''\,|\,.\,\text{Max}\,|\,\Psi'[l]\,|\,,$$

$$\frac{2}{\pi^2}\,|\,\Psi[l(s')] - \Psi[l(s'')]\,|^2 \leqq |\,y'-y''\,|. \quad \text{Max}\,|\,\Psi'[l]\,|$$

Portons cette inégalité dans (3,9); il vient, si $|\cos s' - \cos s''\,| \leqq 1$,

$$(3,10) \qquad -\lambda\left[\frac{i}{\pi^5}\frac{|\,\Psi[l(s')] - \Psi[l(s'')]\,|^4}{(c-b)^2\cdot\text{Max}\,|\,\Psi'[l]\,|^2}\right] < 2\,|\cos s' - \cos s'')\,.$$

Cette inégalité fournit pour la fonction $\Psi[l(s)]$ un module de continuité, qui dépend seulement de la grandeur $(c-b)$. Max $|\,\Psi'[l]\,|$.

21 Majoration des intégrales (3,1)

Considérons une famille bornée d'obstacles et les fonctions $\Psi[l(s)]$, $\vartheta(e^{is})$ correspondantes. Donnons-nous un nombre $\tilde{\omega} < \pi/2$. L'inégalité (3,10) entraîne l'existence d'une constante S possédant la propriété suivante: l'oscillation des fonctions $\Psi[l(s)]$, et par suite celle des fonctions $\Theta(e^{is})$ est inférieure à $2(1-\nu)\tilde{\omega}$ sur tous les arcs du cercle $|\zeta| = 1$ dont la longueur est $3\,S$.

Pour savoir majorer les intégrales (3,1), il suffit de savoir majorer les intégrales

$$(3,11) \qquad \int_{s_1}^{s_2} e^{-(1-\nu)^{-1}\,T(e^{is})}\,ds\,,$$

quand $s_2 - s_1 = S$. Soit $\Omega_1(\zeta) = \Theta_1 + i\,T_1$ la fonction holomorphe pour $|\zeta| < 1$, qui est réelle quand ζ est réel et dont la partie réelle Θ_1 est définie comme suit: $\Theta_1(\zeta)$ est continue au voisinage du cercle $\zeta = e^{is}$; $\Theta_1(e^{is})$ vaut $(1-\nu)^{-1}\Theta(e^{is})$ pour $s_1 - S \leqslant \pm s \leqslant s_2 + S$; $\Theta_1(e^{is})$ est constante au voisinage des autres valeurs de s. Puisque $0 \leqslant \Theta \leqslant \pi$

on peut construire, en fonction de S et ν, une quantité qui majore $| T_1(e^{is}) - (1-\nu)^{-1} T(e^{is}) |$ pour $s_1 \leqslant s \leqslant s_2$. Les intégrales (3,11) peuvent donc être majorées au moyen des intégrales $\int_{s_1}^{s_2} e^{-T_1(e^{is})}\, ds$. Or, d'après le paragraphe 18, celles-ci sont inférieures à $2\pi(\cos\tilde{\omega})^{-1}$.

On peut donc assigner une borne supérieure aux intégrales (3,1). C. Q. F. D.

IV. Theorèmes d'existence

22° Préliminaires

Nous allons maintenant établir que le problème du sillage possède toujours une solution au moins, et qu'il en est de même pour le problème de la proue. Nous n'expliciterons pas l'étude des problèmes symétriques: ceux-ci peuvent être traités par les raisonnements qui suivent, où l'on précise que tous les obstacles et tous les sillages envisagés sont symétriques.

Nous nous appuierons sur une théorie récente[37]) des équations fonctionnelles: Soit une équation de la forme

$$x = \mathsf{F}(x); \tag{4,1}$$

x étant un point d'un espace abstrait, linéaire, normé et complet, E; $\mathsf{F}(x)$ étant une transformation fonctionnelle, définie sur E, complètement continue. On associe à cette équation la transformation fonctionnelle

$$y = x - \mathsf{F}(x) \tag{4,2}$$

Soit dans E un domaine borné D dont la frontière ne comporte aucune solution de (4,1). On nomme indice total des solutions de (4,1) contenues dans D le degré topologique au point 0 de la transformation (4,2) envisagée sur D. Cet indice total reste constant quand on modifie continûment la transformation complètement continue $\mathsf{F}(x)$ sans qu'aucune solution de (4,1) atteigne la frontière de D; des théorèmes d'existence peuvent donc s'obtenir par le procédé suivant: on réduit continûment l'équation (4,1), sans qu'aucune de ses solutions atteigne la frontière de D, à une équation suffisamment simple pour qu'on puisse déterminer

[37]) *Leray-Schauder*, Annales de l'Ecole norm. sup., t. 51, 1934, p. 45.

l'indice total des solutions qu'elle a dans D; s'il diffère de 0, l'indice total des solutions que (4,1) a dans D, lui étant égal, diffère de 0; alors D contient nécessairement au moins une solution de (4,1).

23° Problème du sillage

Ce problème a été ramené (§ 10) à la résolution de l'équation

$$l(s) = \mathsf{V}\{ l(s), \Psi[l], b_0, c_0 \}; \tag{4,3}$$

l'inconnue $l(s)$ appartient à l'espace linéaire, complet, et normé E_ν.

Envisageons l'équation, qui dépend continûment d'un paramètre k,

$$l(s) = \mathsf{V}\left\{ l(s)\,,\ k\Psi[l] + (1-k)\frac{\pi}{2}\,,\ b_0\,,\ c_0 \right\},\quad (0 \leqslant k \leqslant 1)\,; \tag{4,4}$$

c'est l'équation du problème du sillage pour l'obstacle que définit la fonction

$$k\Psi[l] + (1-k)\frac{\pi}{2}\,. \tag{4,5}$$

Faire varier k de 1 à 0 revient à transformer continûment l'obstacle donné en un segment rectiligne de même longueur, perpendiculaire au courant.

La transformation $\mathsf{V}\{ l(s), k\,\Psi[l] + (1-k)\frac{\pi}{2}, b_0, c_0 \}$ est complètement continue dans l'espace E_ν, comme nous l'avons constaté au § 11: la théorie de l'indice total s'applique. Le théorème du § 16 certifie que les solutions $l(s)$ de (4,4) sont toutes intérieures à l'hypersphère D que constituent les points de E_ν dont la distance à l'origine est inférieure à une certaine constante; l'indice total de ces solutions est donc indépendant de k.

Pour $k = 0$ V est un élément de E_ν indépendant de $l(s)$ et cet indice total vaut donc 1. Par suite il vaut encore 1 pour $k = 1$, et l'équation (4,3) a au moins une solution C. Q. F. D.

24° Problème de la proue. Cas où $b_2 = b_0$

Dans ce cas la valeur de b est imposée et le problème de la proue peut être rattaché au paragraphe précédent: Considérons les obstacles $\widehat{B_0C}$ tels que $c_2 \leqslant c \leqslant c_0$; la théorie des équations fonctionnelles permet d'apporter la précision suivante au théorème qui affirme l'existence des sillages: il existe un ensemble *continu*[38]) de sillages qui correspondent à ces obstacles $\widehat{B_0C}$ en sorte qu'à chacun de ces obstacles soit associé au moins un sillage de ce continu. Pour tous ces sillages nous avons[39]) $\mathsf{B} < 0$. Nous avons[39]) $\mathsf{C} < 0$ quand $c = c_2$; si tous les sillages correspondant à $\widehat{B_0C_0}$ sont tels que $\mathsf{C} > 0$ il existe nécessairement un sillage du *continu* pour lequel $\mathsf{C} = 0$. Le problème de la proue est donc toujours possible quand $b_2 = b_0$.

Le cas où $c_2 = c_0$ se traite de la même façon.

Quand on a à la fois $b_2 = b_0$ et $c_2 = c_0$ le problème de la proue ne diffère pas du problème du sillage posé pour l'obstacle $\widehat{B_0C_0}$.

25° Problème de la proue

Le *cas général*, contrairement aux cas particuliers qui précèdent, ne peut être traité au moyen du théorème qui affirme l'existence du sillage[40]): nous allons devoir faire à nouveau un raisonnement de la même nature que le paragraphe 23.

Les inconnues du problème de la proue sont la fonction $l(s)$ et les paramètres b, c. L'espace abstrait E que nous considérerons aura pour élément l'ensemble x que constituent une fonction $l(s)$ de E_ν et deux constantes b, c. Par définition la norme d'un tel élément de E sera $||x|| = ||l(s)||_\nu + |b| + |c|$; si $x' = [l'(s), b', c']$ et $x'' = [l''(s), b'', c'']$ sont deux éléments de E leur combinaison linéaire à coefficients constants $h'x' + h''x''$ sera l'élément $[h'l'(s) + h''l''(s),\ h'b' + h''b'',\ h'c' + h''c'']$.

Il s'agit de trouver un élément de E qui vérifie les inégalités (2,14) et l'un des quatre systèmes (2,9), (2,10), (2,11), (2,12). Ce problème équivaut au suivant (dans l'énoncé duquel le symbole d^+ représente le nombre d quand $d > 0$ et 0 quand $d < 0$):

Trouver un élément $[l(s), b, c]$ de E qui appartient au domaine non borné

$$\mathsf{D}_2:\quad b < b_2, \quad c_2 < c, \quad b < c,$$

et qui satisfasse le système *unique*

---

[38]) Ceci signifie que les fonctions $l(s)$ correspondantes constituent un continu dans E_ν.

[39]) Cf. § 14, „Quelques cas où la nature du détachement est évidente a priori".

[40]) Toutefois le raisonnement de continuité du paragraphe précédent permet de résoudre le problème symétrique de la proue. Rappelons que dans le cas du problème symétrique nous remplaçons b_2 et c_2 par b_1 et c_1.

$$(4,6)\quad \begin{cases} l(s) = \mathsf{V}\{l(s)\,,\ \Psi[l]\,,\ b_0 + (b-b_0)^+\,,\ c_0 - (c_0-c)^+\}\,, \\ \mathsf{B}\{l(s)\,,\ \Psi[l]\} + (b_0 - b)^+ = 0\,, \\ \mathsf{C}\{l(s)\,,\ \Psi[l]\} + (c - c_0)^+ = 0\,. \end{cases}$$

Envisageons le système qui dépend d'un paramètre $k(0 \leqslant k \leqslant 1)$

$$(4,7)\quad \begin{cases} l(s) = \mathsf{V}\left\{l(s)\,,\ k\Psi[l] + (1-k)\dfrac{\pi}{2}\,,\ b_0 + (b-b_0)^+, c_0 - (c_0-c)^+\right\}, \\ \mathsf{B}\left\{l(s)\,,\ k\Psi[l] + (1-k)\dfrac{\pi}{2}\right\} + (b_0 - b)^+ = 0\,, \\ \mathsf{C}\left\{l(s)\,,\ k\Psi[l] + (1-k)\dfrac{\pi}{2}\right\} + (c - c_0)^+ = 0\,. \end{cases}$$

Chercher les points de D_2 qui le vérifient, c'est se poser le problème de la proue pour l'obstacle que définit la fonction (4,5); en effet quel que soit k le maximum et le minimum de la fonction (4,5) sont respectivement atteints pour $l = c_2$ et $l = b_2$. Le système (4,7) équivaut à une équation du type (4,1): la théorie de l'indice total s'applique.

Montrons qu'aucune solution de (4,7) ne peut appartenir à la frontière de D_2.

Supposons que nous ayons $b = c$; alors $b - b_0 \geqslant 0, c_0 - c \geqslant 0$; $b_0 + (b - b_0)^+ = c_0 - (c_0 - c)^+$; $(4,7)_1$ prouve que $l(s)$ est constant; donc d'après (2,8), l'une des quantités B, C est négative (l'autre est négative ou nulle); l'une des équations $(4,7)_2$, $(4,7)_3$ est impossible.

Supposons que nous ayons $b = b_2$; alors $b - b_0 \geqslant 0$; d'après $(4,7)_1$. $l(0) = b_2$; donc $\Psi[l(s)]$ atteint son minimum pour $s = 0$; ce minimum ne pouvant être π, il est impossible que $s_0 = \pi$; nous avons donc, d'après (2,8), $\mathsf{B} < 0$: $(4,7)_2$ ne peut pas être vérifiée. De même $(4,7)_3$ ne peut être vérifiée si $c = c_2$.

Considérons les solutions $[l(s), b, c]$ de (4,7) intérieures à D_2. Les obstacles correspondants constituent une famille bornée; d'après le théorème du paragraphe 16 les normes $||l(s)||_\nu$ sont donc bornées dans leur ensemble. Par suite les valeurs prises par B et C constituent un ensemble borné. Donc, en vertu de $(4,7)_2$, de $(4,7)_3$ et des inégalités définissant D_2 les valeurs prises par b et c sont bornées dans leur ensemble. Ainsi tout point de D_2 qui vérifie le système (4,7) appartient à la portion D de D_2 qui est intérieure à une certaine hypersphère

$$||l(s)||_\nu + |b| + |c| < \mathsf{C}^{\text{te}}.$$

L'indice total des solutions du problème, qui est l'indice total des solutions de (4,7) intérieures à D, est une constante indépendante de k, puisque le domaine D est borné et que sa frontière ne peut jamais contenir de solution de (4,7).

Déterminons cet indice en faisant dans (4,7) $k = 0$. La transformation fonctionnelle

$$\mathsf{V}\{\, l(s),\, k\Psi[l] + (1-k)\frac{\pi}{2},\, b_0 + (b-b_0)^+,\, c_0 - (c_0 - c)^+\}$$

est alors indépendante de $l(s)$ et les fonctionnelles

$$\mathsf{B}\left\{ l(s),\, k\Psi[l] + (1-k)\frac{\pi}{2}\right\},\quad \mathsf{C}\left\{ l(s),\, k\Psi[l] + (1-k)\frac{\pi}{2}\right\}$$

ont la valeur constante $-\sqrt{2}/2$; l'indice total des solutions de (4,7) est donc le degré topologique au point $b' = 0$, $c' = 0$ de la transformation

$$b' = -\sqrt{2}/2 + (b_0 - b)^+,\quad c' = -\sqrt{2}/2 + (c - c_0)^+,$$

envisagée sur le domaine à deux dimensions

$$b < b_2,\ c_2 < c,\ b < c.$$

L'image de la portion de ce domaine comprise hors de l'angle $0 < b_0 - b$ $0 < c - c_0$ fait partie des droites $b' = -\sqrt{2}/2$ et $c' = -\sqrt{2}/2$. L'angle $0 < b_0 - b$, $0 < c - c_0$ est transformé, par une translation suivie d'une symétrie, en l'angle $-\sqrt{2}/2 < b'$, $-\sqrt{2}/2 < c'$. Le point $b' = 0$, $c' = 0$ est donc recouvert une seule fois et le degré de la transformation y est -1.

Ainsi l'indice total des solutions de (4,7) intérieures à D est -1; D contient donc au moins une solution de (4,6). C. Q. F. D.

(A suivre)

(Reçu le 4 juillet 1935)

V. Cas où la solution du problème du sillage est unique

26° Préliminaires

Soit une fonction $l(s)$ résolvant le problème du sillage:

$$l(s) = \mathsf{V}\{ l(s),\ \Psi[l], b, c\} . \tag{5,1}$$

Nous avons prouvé au § 11 que V possède une différentielle de Fréchet W. Soient $\Delta\Psi[l]$, δb, δc des variations des données; écrivons l'équation, nommée *équation aux variations*,

$$\delta l(s) = \mathsf{W}\{\delta l(s),\ \Delta\Psi[l],\ \delta b, \delta c;\ \Psi[l(s)], b, c\}; \tag{5,2}$$

W est linéaire et complètement continue; (5,2) est donc une équation de Fredholm.

La théorie des équations fonctionnelles établit les propositions suivantes: Supposons que l'équation (5,2) possède une solution unique; alors $l(s)$ est une solution isolée de (5,1); quand $\Delta\Psi[l]$, δb, δc sont suffisamment petits, le problème du sillage posé pour l'obstacle $\Psi[l]+\Delta\Psi[l]$, $b+\delta b$, $c+\delta c$ possède au moins une solution voisine de $l(s)$; $\delta l(s)$ est la partie principale de la différence entre $l(s)$ et ces solutions voisines de $l(s)$. En outre la solution $\delta l(s)$ de (5,2), qui est supposée unique, a un indice topologique égal à celui de la solution $l(s)$ de (5,1). L'étude de (5,2) permet donc de préciser les indices des solutions de (5,1) et par suite le nombre des solutions de cette équation, puisque leur indice total vaut $+1$.

27. Enoncé du problème aux limites de M. Weinstein

Nous allons exposer les calculs[41]) par lesquels M. Weinstein transforme la résolution de (5,2) en la recherche d'une fonction harmonique β assujettie à certaines conditions aux limites.

*) Voir ce journal vol. 8 pag. 149.

[41]) M. *Weinstein* a fait ces calculs dans le cas du jet; M. *Jacob* m'a aidé à les transposer au cas présent.

Introduisons les quantités $\delta\Omega$, δa, δs_0, $\delta\omega$ que définissent les relations (1,20), ... (1,24) où l'on pose $\delta L = \delta l$; définissons δf et δz par les relations (1,1) et (1,3) différentiées logarithmiquement:

$$(5,3)\quad \frac{\delta f}{f} = \frac{\delta a}{a} + \frac{2 \sin s_0 \, \delta s_0}{\frac{1}{2}(\zeta + \zeta^{-1}) - \cos s_0}, \qquad (5,4)\quad \frac{d\delta z}{dz} = i\delta\omega + \frac{d\delta f}{df}.$$

Ces quantités sont les parties principales des variations que subissent, en un point ζ fixe, $\Omega(\zeta)$, ... $z(\zeta)$, quand δl est la partie principale de la variation de $l(s)$ qui correspond à une variation des données.

Posons

$$(5,5)\qquad \gamma = \delta f - \frac{df}{dz}\delta z \qquad (\gamma = \alpha + i\beta)$$

Quand δl est la partie principale de la variation de l, γ est la partie principale de la variation que subit $f(z)$ en un point z fixe.[42])

Nous allons transformer les conditions imposées à $\delta\omega$ en conditions imposées à β:

La relation qui lie γ, $\delta\omega$, δf est

$$\frac{d}{dz}\left[\frac{dz}{df}(\gamma - \delta f)\right] + \frac{d\delta f}{df} = -i\delta\omega ;$$

il suffit de remplacer dz/df par $e^{i\omega}$ pour lui donner les formes suivantes:

$$(5,6)\qquad \frac{d\gamma}{df} + i\frac{d\omega}{df}(\gamma - \delta f) = -i\delta\omega .$$

$$(5,6')\qquad \frac{d\gamma}{d\zeta} + i\frac{d\omega}{d\zeta}(\gamma - \delta f) = -i\delta\omega\frac{df}{d\zeta}.$$

$$(5,7)\qquad \gamma = i e^{-i\omega}\int e^{i\omega}[\delta f d\omega - \delta\omega df] .$$

γ et $d\gamma/d\zeta$ sont donc hölderiennes dans la moitié supérieure du cercle $|\zeta| \leqq 1$, sauf peut-être au voisinage des points $\zeta = 0$, e^{is_0}, ± 1.

a) *Le long du demi-cercle* $\zeta = e^{is}$ $(0 \leqslant s \leqslant \pi)$ nous devons avoir d'après (1,20) et (1,23)

$$(5,8)\qquad \delta\omega = \Psi'[l]\delta l - i\frac{d\delta l}{dl} + \Delta\Psi[l] + i\frac{d\delta f}{df}.$$

[42]) Cette interprétation de γ, quand elle est légitime, permet de déduire rapidement de l'énoncé même du problème du sillage que $\beta = \mathrm{I}(\gamma)$ doit vérifier des conditions aux limites simples sur l'obstacle et sur les lignes libres. Toutefois elle ne permet pas d'obtenir l'ensemble des conditions imposées à β.

Remplaçons dans (5,4) $\delta\omega$ par cette expression et dz par $e^{i\Psi}dl$; il vient

$$\delta z = \int e^{i\Psi}[i d\Psi \delta l + d\delta l] + i\int e^{i\Psi}\Delta\Psi[l]dl = e^{i\Psi}\delta l + \Delta z[l];$$

$z[l]$ est le point de l'obstacle dont l'abscisse curviligne est l; $\Delta z[l]$ est la variation connue de cette fonction; un choix particulier vient d'être fait pour la constante d'intégration, en sorte que γ et $\delta\omega$ se correspondent biunivoquement. Portons dans (5,5) la valeur obtenue pour δz; il vient

(5,9) $\gamma = \mp e^{\tau}\delta l - e^{-i\omega}\Delta z[l] + \delta f$ (+ pour $0 \leqslant s \leqslant s_0$; — pour $s_0 \leqslant s \leqslant \pi$).

Nous avons donc

(5, 10) $\beta = -I\{e^{-i\omega}\Delta z[l]\}$ sur le demi-cercle $\zeta = e^{is}$;

le second membre de cette relation est une donnée.

b) *Sur le diamètre* $(-1, +1)$ $\delta\omega$, $d\omega/df$, δf sont réels; donc d'après (5,6)

$$\frac{da}{df} = \frac{d\omega}{df}\beta;$$

en d'autres termes, $\frac{d}{dn}$ désignant la dérivée normale au diamètre $-1 < \zeta < +1$, on a

(5,11) $$\frac{1}{\beta}\frac{d\beta}{dn} = \frac{d\tau}{dn} \text{ pour } -1 < \zeta < +1.$$

c) *Voisinage du point* $\zeta = 1$. Nous désignerons par ...... des fonctions nulles en ce point et hölderiennes en son voisinage. La valeur de $\delta\omega$ pour $\zeta = 1$ étant réelle, est, d'après (5,8) et (1,21), $\Psi'[b]\delta b + \Delta\Psi[b]$; donc $\delta\omega = \Psi'[b]\delta b + \Delta\Psi[b] + \cdots$

D'après (2,4) nous avons les développements limités

$$\frac{d\omega}{d\zeta} = \omega'(1) + \cdots, \quad \frac{d\omega}{df} = \frac{\omega'(1)}{4a(1-\cos s_0)}\frac{\zeta+1}{\zeta-1} - \Psi'[b] + \cdots$$

Ces développements portés dans (5,7) prouvent que γ est hölderienne au point $\zeta = 1$; donc d'après (5,9)

$$\gamma - \delta f = \delta b + e^{-i\Psi[b]}\Delta z[b] + \cdots.$$

Portons cette valeur de $\gamma - \delta f$ dans l'équation (5,6'); il vient

$$\frac{d\gamma}{d\zeta} = -i\omega'(1)\{\delta b + e^{-i\Psi[b]}\Delta z[b]\} + \cdots$$

d'autre part $(d\delta f/d\zeta) = 0$; donc

$$\gamma - \delta f = \{\delta b + e^{-i\Psi[b]}\Delta z[b]\}\ \{1 - i\,\omega'(1)(\zeta - 1)\ (1 + \ldots\ldots.)\}.$$

Portons dans (5,6) les développements limités obtenus pour $\delta\omega$, $\frac{d\omega}{df}$ et $\gamma - \delta f$ il vient:

$$(5,12)\qquad \begin{aligned}\frac{d\gamma}{df} = \left\{\delta b + e^{-i\Psi[b]}\Delta z[b]\right\}\left\{-\frac{i\omega'(1)}{4a(1-\cos s_0)}\frac{\zeta+1}{\zeta-1} + \right. \\ \left. + i\Psi'[b] - \frac{\omega'(1)^2}{2a(1-\cos s_0)}\right\} \\ - i\{\Psi'[b]\delta b + \Delta\Psi[b]\} + \cdots\end{aligned}$$

d) *Voisinage du point* $\zeta = e^{is_0}$. Nous désignerons par ... des fonctions vérifiant une condition de Hölder au voisinage de ce point et nulles en ce point. Nous avons d'après (5,3), (2,1), (1,23) les développements limités

$$\delta f = a\sin s_0\,\delta s_0[\zeta + \zeta^{-1} - 2\cos s_0][1 + \cdots];$$

$$\frac{df}{d\zeta} = i a e^{-is_0}\sin s_0[\zeta + \zeta^{-1} - 2\cos s_0][1 + \cdots];$$

$$\frac{d\omega}{d\zeta} = -2e^{-is_0}\sin s_0[\zeta + \zeta^{-1} - 2\cos s_0]^{-1}[1 + \cdots];$$

$$\delta\omega = 2i\sin s_0\,\delta s_0[\zeta + \zeta^{-1} - 2\cos s_0]^{-1}[1 + \cdots].$$

D'où

$$(5,13)\qquad \delta f\frac{d\omega}{d\zeta} - \delta\omega\frac{df}{d\zeta} = \cdots$$

D'autre part, d'après (1,11)

$$e^{i\omega} = \frac{1 - \zeta e^{is_0}}{e^{is_0} - \zeta}[1 + \cdots].$$

Par suite $\int e^{i\omega}[\delta f d\omega - \delta\omega df]$ est höldérienne au point $\zeta = e^{is_0}$; autrement dit $\gamma(\zeta - e^{is_0})^{-1}$ est höldérienne en ce point. Ce fait et le développement (5,13) porté dans (5,6') démontrent que $d\gamma/d\zeta$ est höldérienne au point $\zeta = e^{is_0}$.

e) *Voisinage du point* $\zeta = 0$. ω, f, $\delta\omega$, δf sont des fonctions analytiques pour $|\zeta| < 1$, réelles en même temps que ζ; au point $\zeta = 0$ ω et $\delta\omega$ s'annulent, f et δf présentent un pôle double; par suite

$$\delta\omega \frac{df}{d\zeta} - \delta f \frac{d\omega}{d\zeta} = \frac{a'}{\zeta^2} + \frac{a''}{\zeta} + \cdots$$

a' et a'' étant des constantes réelles, qui dépendent des données et des inconnues. Portons ces développements dans (5,7); il vient

$$\gamma = -\frac{i a'}{\zeta} - (a' \omega'(0) - i a'') e^{-i\omega(\zeta)} \log \zeta + \cdots \tag{5,14}$$

les termes non écrits constituant un développement de Taylor.

Conclusion. Le problème de Weinstein, auquel se ramène ainsi la résolution de l'équation aux variations (5,2), consiste donc à trouver une fonction analytique γ qui vérifie les conditions suivantes: γ est définie dans la moitié supérieure du cercle $|\zeta| \leq 1$; $d\gamma/d\zeta$ est höldérienne sauf peut-être au voisinage des points $0, \pm 1$; $\gamma(e^{is_0}) = 0$; β a des valeurs données le long du demi cercle $\zeta = e^{is}$ [cf (5,10)]; la relation (5,11) est vérifiée sur le diamètre $(-1, +1)$; au voisinage des points $\zeta = +1$ et $\zeta = -1$ on doit avoir respectivement

$$\frac{d\gamma}{df} = b' \frac{\zeta+1}{\zeta-1} + b'' + \cdots \quad ; \quad \frac{d\gamma}{df} = c' \frac{\zeta-1}{\zeta+1} + c'' + \cdots$$

b' et b'', c' et c'' étant des constantes complexes *données* [cf (5,12)]; au point $\zeta = 0$ γ présente une singularité du type (5,14) où a' et a'' sont des constantes *réelles inconnues.*

N.B. S'il s'agit du problème symétrique du sillage, β s'annule sur le segment $(0, i)$ et prend des valeurs opposées aux points $\pm\xi + i\eta$.

28° L'hypothèse de Friedrichs

Enoncé. — Nous disons qu'une solution du problème du sillage [du problème symétrique du sillage] vérifie l'hypothèse de Friedrichs quand il existe une fonction $B(\zeta)$ présentant les particularités suivantes: $B(\zeta)$ est définie sur le demi-cercle $|\zeta| \leqslant 1, \eta \geqslant 0$ [dans le quart de cercle $|\zeta| \leqslant 1, \eta \geqslant 0 \xi \geqslant 0$]; $B(\zeta)$ y est surharmonique et y possède des dérivées hölderiennes[43]); $B(\zeta)$ est positive à l'intérieur de ce domaine de définition; on a le long du diamètre $(-1, +1)$ [du rayon $(0, +1)$]

$$\frac{1}{B}\frac{dB}{dn} = \frac{d\tau}{dn} . \tag{5,15}$$

Lemme de Friedrichs. — Supposons vérifiée l'hypothèse de Friedrichs. Envisageons une solution du problème de Weinstein, β, qui ne soit pas proportionnelle à B. Désignons par d les domaines en lesquels les lignes $\beta = 0$ décomposent le demi-cercle $|\zeta| \leqslant 1, \eta \geqslant 0$. Si la frontière d'un domaine d ne contient aucun arc du cercle $|\zeta| = 1$ où $\beta \neq 0$, alors cette frontière atteint le point $\zeta = 0$ et γ n'est pas holomorphe en ce point.

Pour établir ce fait M. Friedrichs[44]) rattache le problème étudié au calcul des variations, ce qui lui permet d'appliquer le „principe de Jacobi". Mais on peut résumer comme suit son raisonnement:

On a l'inégalité

$$\oint \left[\beta\frac{d\beta}{dn} - \frac{\beta^2}{\beta_0}\frac{d\beta_0}{dn}\right] ds \geqslant 0 , \tag{5,16}$$

sous la seule condition que β est harmonique à l'intérieur du contour d'intégration, que β_0 y est surharmonique et positive; l'égalité ne peut être réalisée que si β et β_0 sont proportionnels. En effet le premier membre de (5,16) est égal à l'intégrale double

$$\iint \left\{\left(\frac{\partial\beta}{\partial\xi} - \frac{\beta}{\beta_0}\frac{\partial\beta_0}{\partial\xi}\right)^2 + \left(\frac{\partial\beta}{\partial\eta} - \frac{\beta}{\beta_0}\frac{\partial\beta_0}{\partial\eta}\right)^2 - \frac{\beta^2}{\beta_0}\left(\frac{\partial^2\beta_0}{\partial\xi^2} + \frac{\partial^2\beta_0}{\partial\eta^2}\right)\right\} d\xi d\eta .$$

Appliquons l'inégalité (5,16) à la frontière d'une domaine d qui ne vérifie pas le lemme de Friedrichs[45]). Choisissons $\beta_0 = B + \beta$ si $\beta > 0$ dans d, $\beta_0 = B - \beta$ dans le cas contraire; puisque $\left|\frac{\beta}{\beta_0}\right| \leqslant 1$, le premier membre de (5, 16) a un sens. Nous avons sur l'axe réel

$$\frac{1}{\beta}\frac{d\beta}{dn} = \frac{1}{B}\frac{dB}{dn} = \frac{1}{\beta_0}\frac{d\beta_0}{dn} ;$$

nous avons sur le restant de la frontière de d $\beta = 0$. Donc le premier membre de (5, 16) est nul ; β est proportionnel à β_0, c'est-à-dire à B. C. Q. F. D.

---

[43]) On pourrait toutefois tolérer une singularité logarithmique au point $\zeta = 0$.

[44]) *K. Friedrichs,* Über ein Minimumproblem für Potentialströmungen mit freiem Rande, Math. Annalen, t. 109, p. 60, 1933.

[45]) S'il s'agit du problème symétrique d ne peut pas traverser l'axe $\xi = 0$; pour fixer les idées nous supposerons que d appartient au quart de cercle $|\zeta| \leq 1, \xi \geq 0, \eta \geq 0$.

Réalisations de l'hypothèse de Friedrichs.

Faisons subir à l'obstacle une variation, qui soit une translation $\Delta z = C^{te}$. Une solution de l'équation aux variations est évidente: on peut choisir[46] $\delta\omega = 0$, $\delta f = 0$; il vient d'après (5,7) et (5,9)

$$\gamma = -e^{-i\omega}\cdot \Delta z.$$

Supposons d'abord qu'il s'agisse du problème symétrique; donnons à Δz une valeur réelle négative; dans le quart de cercle $|\zeta| < 1$, $\xi > 0$, $\eta > 0$ nous avons $-\pi < \theta(\xi) < 0$ et par suite $\beta > 0$; nous pouvons donc choisir pour B cette fonction β. *Ainsi l'hypothèse de Friedrichs est toujours vérifiée dans le cas du problème symétrique.*

Ne supposons plus qu'il s'agisse du problème symétrique. Au voisinage du point de bifurcation $l = l_0$, l'argument de γ atteint les valeurs

$$\arg.\Delta z - \Psi[l_0] - \pi, \quad \arg.\Delta z - \Psi[l_0];$$

pour donner à β un signe constant il est donc nécessaire de prendre $\arg.\Delta z = \Psi[l_0] + \pi$, c'est-à-dire d'effectuer la translation parallèlement à la tangente au point de bifurcation. Ceci fait, $\beta(\zeta)$ a le signe de $\sin\{\Psi[l_0] - \theta(\zeta)\}$.

Supposons que nous ayons

$$\{\Psi[l] - \Psi[l_0]\}\,\{l - l_0\} > 0;$$

l'oscillation de $\Phi(s)$, donc celle de $\theta(\zeta)$ dépassent π; $\beta(\zeta)$ ne peut garder un signe constant. Toutefois β est négatif pour $|\zeta| = 1$, $\eta > 0$; γ est holomorphe pour $\zeta = 0$. Le lemme de Friedrichs est donc contredit; l'hypothèse de Friedrichs ne peut pas être vérifiée. En particulier l'*hypothèse de Friedrichs est en défaut quand l'obstacle est concave.*

Supposons au contraire

$$\{\Psi[l] - \Psi[l_0]\}\,\{l - l_0\} \leqq 0.$$

Nous avons $\quad 0 \leqq \Psi[l_0] - \Phi(s) \leqq \pi,$

donc $\quad 0 < \Psi[l_0] - \theta(\zeta) < \pi, \quad \beta(\zeta) > 0$

Nous pouvons choisir $B = \beta$. En particulier l'*hypothèse de Friedrichs est vérifiée quand l'obstacle est convexe.*

[46]) On connaît de même une solution de l'équation aux variations quand la transformation que subit l'obstacle est une homothétie, $\Delta z = h(z - z_1)$: on peut choisir $\delta\omega = 0$, $\delta f = hf$, $\gamma = h[f - e^{-i\omega}(z - z_1)]$.

29° Discussion du problème de Weinstein

On déduit aisément de (5,14) les conséquences suivantes: Si $a' \neq 0$ le point $\zeta = 0$ appartient à la frontière de deux domaines d. Si $a' = 0$ et si $a'' \neq 0$ ce point appartient à la frontière d'un seul domaine d. Le lemme de Friedrichs démontre donc le théorème ci-dessous:

Théorème a. — Supposons vérifiée l'hypothèse de Friedrichs; soit n le nombre des arcs en lesquels les points où $\beta = 0$ subdivisent la demi-circonférence $|\zeta| = 1$, $\eta > 0$. Le nombre des domaines d est au maximum $n + 2$; si ce maximum est atteint, on a dans (5,14) $a' \neq 0$.

Supposons que le problème de Weinstein admette une solution non nulle, γ, correspondant aux données nulles $\delta b = \delta c = \Delta \Psi[l] = \Delta z[l] = 0$. D'après (5,12) nous avons $d\gamma / df = 0$ pour $\zeta = 1$, c'est-à-dire pour $f = a\,[1 - \cos s_0]^2$; $\gamma(f)$ est définie dans le demi-plan $I(f) \leqq 0$. Donc β prend des valeurs positives et des valeurs négatives dans la partie de ce demi-plan qui est voisine du point[47]) $f = a\,[1 - \cos s_0]^2$. Autrement dit $\zeta = 1$ (et de même $\zeta = -1$) est point frontière de deux domaines d.

Faisons l'hypothèse de Friedrichs; d'après le théorème a il y a exactement deux domaines d, et chacun atteint le point $\zeta = 0$. Or ceci les empêche d'atteindre tous deux les points $\zeta = 1$ et $\zeta = -1$: on peut joindre le point $\zeta = 0$ au point $\zeta = i$ par un chemin intérieur à l'un des domaines d; ce chemin sépare les points $\zeta = \pm 1$ qui ne peuvent donc appartenir tous deux à la frontière de l'autre domaine d. Cette contradiction établit le théorème suivant.

Théorème b. — Quand l'hypothèse de Friedrichs est vérifiée, l'équation aux variations (5,2) possède une seule solution[48]).

Remarque. — Il est aisé d'obtenir, en précisant le théorème a, un résultat curieux: Considérons un sillage vérifiant l'hypothèse de Friedrichs; modifions infiniment peu la forme de l'obstacle; à ce nouvel

---

[47]) Cette proposition serait évidente si $\gamma(f)$ était holomorphe en ce point. Elle résulte, sous les hypothèses plus générales qui se présentent ici, d'un travail en préparation de M. *A. Magnier* (cf. Sur les valeurs limites des fonctions harmoniques, Comptes rendus de l'Académie des Sciences, t. 200 8 avril 1935, p. 1275).

[48]) L'hypothèse suivante joue un rôle essentiel dans les travaux de M. *Weinstein:* „Quelle que soit la constante k ($0 \leq k \leq 1$) il est impossible de trouver une fonction harmonique β, régulière pour $|\zeta| \leq 1$, $\eta \geq 0$, nulle pour $|\zeta| = 1$, qui vérifie l'équation $\frac{1}{\beta}\frac{d\beta}{dn} = k\frac{d\tau}{dn}$ pour $-1 < \xi < +1$". On démontre aisément que l'hypothèse de Friedrichs est sûrement vérifiée quand cette hypothèse de *Weinstein* l'est. Ceci permet de dire que le théorème b, sur lequel repose notre théorie, est une généralisation du théorème fondamental de M. Weinstein, que cet Auteur formule ainsi: „on peut réduire le problème d'unicité locale I au problème d'unicité locale II".

obstacle correspond un sillage infiniment voisin du sillage primitif (cf § 26). Soit p le nombre de fois que se croisent nos deux obstacles infiniment voisins. Le nombre des points en lesquels les nouvelles lignes de jet et les anciennes se rencontrent est au plus $p+4$; si les deux sillages présentent un même axe de symétrie, ce nombre est au plus $p+2$.

30° Indices de celles des solutions du problème du sillage qui vérifient l'hypothèse de Friedrichs

Soient deux sillages, pour lesquels s_0 a une même valeur; nous les repérerons par les indices 1 et 2. Envisageons les équations aux variations correspondantes

$$(5,2)_1 \qquad \delta l(s) = \mathsf{W}\{\,\delta l(s), \Delta\Psi[l], \delta b, \delta c;\ \Psi_1[l_1(s)], b_1, c_1\},$$

$$(5,2)_2 \qquad \delta l(s) = \mathsf{W}\{\,\delta l(s), \Delta\Psi[l], \delta b, \delta c;\ \Psi_2[l_2(s)], b_2, c_2\}.$$

Soit k un paramètre variant de 0 à 1. Posons $\Phi(s) = k\,\Phi_1(s) + (1-k)\,\Phi_2(s)$. Introduisons le sillage associé à cette fonction $\Phi(s)$: celui que définissent (1,4) et (1,5); notons que $\omega(\zeta) = k\,\omega_1(\zeta) + (1-k)\,\omega_2(\zeta)$. L'équation aux variations (5,2) qui correspond à ce sillage se réduit à $(5,2)_1$ pour $k=1$, à $(5,2)_2$ pour $k=0$.

Supposons que les deux sillages donnés vérifient l'hypothèse de Friedrichs. Posons $B(\zeta) = B_1(\zeta)^k.\ B_2(\zeta)^{1-k}$. $B(\zeta)$ est surharmonique. Nous avons, sur le diamètre $-1 \leqslant \zeta \leqslant +1$,

$$\frac{1}{B}\frac{dB}{dn} = k\frac{1}{B_1}\frac{dB_1}{dn} + (1-k)\frac{1}{B_2}\frac{dB_2}{dn} = k\frac{d\tau_1}{dn} + (1-k)\frac{d\tau_2}{dn} = \frac{d\tau}{dn}\,.$$

Le sillage variable vérifie donc l'hypothèse de Friedrichs quel que soit k. Par suite l'équation (5,2) possède toujours une seule solution; son indice est constant. Les équations $(5,2)_1$ et $(5,2)_2$ ont donc même indice topologique.

Etant donné le sillage numéroté 1, qui vérifie l'hypothèse de Friedrichs, on peut choisir pour sillage numéroté 2 celui qui correspond à un segment rectiligne de direction $\frac{1}{\pi}\int\limits_0^\pi \Psi_1[l_1(s)]\,ds$: ce second sillage vérifie l'hypothèse de Friedrichs. Le second membre de $(5,2)_2$ est alors indépendant de $\delta l(s)$; l'indice topologique de la solution de $(5,2)_2$ est donc $+1$. Par suite l'indice topologique de la solution de $(5,2)_1$ est $+1$. Il en résulte, comme nous l'avons rappelé au § 26, que $l(s)$ est une solution d'indice $+1$ du problème du sillage. Donc:

Théorème c. — Toute solution du problème du sillage qui vérifie l'hypothèse de Friedrichs a l'indice $+1$.

Or nous avons déterminé l'indice total des solutions du problème du sillage; c'est $+1$; donc:

Théorème d. — Soit un obstacle; s'il est impossible qu'une solution du problème du sillage correspondant mette en défaut l'hypothèse de Friedrichs, alors ce problème possède une seule solution.

En particulier *le problème symétrique du sillage possède une seule solution*; *le problème du sillage possède une seule solution quand l'obstacle est convexe.*

VI. Nombre des solutions du problème de la proue

31° Sillage infiniment voisin d'un sillage en proue

Soit un sillage vérifiant l'hypothèse de Friedrichs. Supposons que le détachement inférieur soit en proue: $\omega'(1) = 0$. Faisons subir à l'obstacle une variation infinitésimale, qui consiste à le prolonger en son extrémité inférieure; cette variation est définie par $\Delta z[l] = 0$, $\Delta \Psi[l] = 0$, $\delta c = 0$, $\delta b \neq 0$. Les termes écrits au second membre de (5,12) disparaissent; la solution du problème de Weinstein est évidemment $\beta = 0$. Donc $\gamma = 0$; l'examen de la figure le faisait d'ailleurs prévoir. Nous avons, d'après (5,6),

$$\delta\omega = \frac{d\omega}{df}\delta f;$$

rappelons la relation (5,3)

$$\delta f = \frac{\delta a}{a} f - 2\frac{\sin s_0\, \delta s_0}{\sqrt{a}}\sqrt{f}\ ;$$

les deux constantes δa, δs_0, se déterminent en remarquant que la relation (5,9) se réduit
pour $\zeta = 1$ à $\delta f = -\delta b$, pour $\zeta = -1$ à $\delta f = 0$; nous obtenons ainsi

$$\text{(6,1)}\qquad \delta\omega = -\frac{d\omega}{df}[f - \sqrt{a}\,(1+\cos s_0)\sqrt{f}\,]\frac{\delta b}{2a\,(1-\cos s_0)}\,.$$

D'où[49])

$$\text{(6,2)}\qquad \delta\omega'(+1) = -\left[\frac{d}{d\zeta}\left(\frac{d\omega}{df}\right)\right]_{\zeta=1}\delta b\,.$$

[49]) La dérivée écrite au second membre de (6,2) existe puisque $\delta\omega'(1)$ existe.

Si en outre le détachement supérieur est également en proue, on a

$$\delta\omega'(-1) = 0 \tag{6,3}$$

Remarques. — Rappelons que la courbure d'une ligne libre est $\varepsilon \frac{d\omega}{df}$ ($\varepsilon = +1$ pour la ligne libre supérieure; $\varepsilon = -1$ pour la ligne libre inférieure). Considérons un détachement en proue où

$$\frac{d}{d\zeta}\left(\frac{d\omega}{df}\right) > 0 \,. \tag{6,4}$$

On démontre[50]) qu'au voisinage du point de détachement τ ne prend que des valeurs négatives si l'obstacle est convexe en ce point. La dérivée de la courbure de la ligne libre par rapport à l'arc y vaut $+\infty$. Si nous prolongeons l'obstacle, ce prolongement se trouve donc situé en aval de la ligne libre; d'après (6,2) le détachement devient un détachement vers l'amont; il suffit d'ailleurs d'examiner la figure pour prévoir que ces deux circonstances se présentent simultanément.

Considérons au contraire un détachement en proue où

$$\frac{d}{d\zeta}\left(\frac{d\omega}{df}\right) < 0 \,. \tag{6,5}$$

Les faits opposés ont lieu; en particulier aucune des deux conditions de validité de M. Brillouin (§ 1) n'est satisfaite.

32° Problème symétrique de la proue

Considérons un obstacle symétrique $\widehat{B_0C_0}$; choisissons-en le milieu comme origine des abscisses curvilignes, l. Faisons varier le paramètre $c \equiv -b$ de 0 à c_0. Le chapitre V nous apprend qu'à chaque valeur de c correspond un seul sillage symétrique. Envisageons la courbe P qui représente les variations de $\omega'(1)$ en fonction de c. Les solutions du problème symétrique de la proue sont les points où cette courbe P coupe l'axe des c, et en outre le point c_0 si $\omega'(1)$ y est négatif. Quand c tend vers 0, $\omega'(1)$ tend vers -1 [cf (2,6)]. Il est donc certain que le problème de la proue possède une solution au moins. D'après (6,2) et (6,3) la pente de P en un point où elle coupe l'axe des c, est $\left[\frac{d}{d\zeta}\left(\frac{d\omega}{df}\right)\right]_{\zeta=1}$; les points où P

[50]) *J. Leray*, Sur la validité des solutions du problème de la proue, Volume du Jubilé de MM. Brillouin (Gauthier-Villars, 1935).

coupe l'axe des c avec une pente négative constituent donc des solutions *inacceptables* du problème.

De telles intersections peuvent avoir lieu: les méthodes de M. Villat fournissent aisément des obstacles symétriques, convexes $\widehat{BC}$, dont le sillage présente des détachements en proue où l'inégalité (6,5) est vérifiée. Nous en avons par exemple construit[50]) un, dont la courbure croît constamment en valeur absolue quand on se rapproche de son milieu, le rapport des courbures extrêmes étant 5,7. Soit $\widehat{B_0C_0}$ un obstacle symétrique convexe contenant un tel arc $\widehat{BC}$. L'examen de la courbe P montre immédiatement que *le problème de la proue posé pour cet obstacle* $\widehat{B_0C_0}$ *possède au moins trois solutions symétriques.*

Envisageons par contre *un obstacle symétrique en accolade* (cf § 2). On démontre[51]) que l'inégalité (6,4) a alors lieu en un point de détachement, quand le détachement y est en proue: la courbe P a une pente positive là où elle coupe l'axe des c. *Le problème de la proue possède donc dans ce cas une seule solution*[52]).

33° Obstacle circulaire convexe

Nous savons que la solution du problème du sillage est unique si l'obstacle est convexe. On démontre d'autre part que toute solution du problème de la proue vérifie l'inégalité (6,4) aux points où le détachement est en proue si l'obstacle est une accolade $\widehat{B_0B_1A\,C_1C_0}$ et si le courant bifurque en A[51]). Nous désirons faire simultanément ces deux hypothèses; la valeur absolue de la courbure de l'obstacle ne croîtra donc jamais quand on se rapprochera du point de bifurcation; or ce point est un point inconnu de l'obstacle. Nous sommes contraints à supposer l'obstacle circulaire.

---

[51]) Cf. 1c. (50). La démonstration est entièrement élémentaire: on pose $\frac{d\omega}{df} = U + iV$; on remarque que le long de l'obstacle $\frac{d}{dl}\left[U\frac{dl}{d\Psi}\right] = -V$; on régionne le demi-cercle $|\zeta| \leq 1$, $\eta \geq 0$ suivant les signes de U et V; on constate ainsi que les conditions de validité de M. Brillouin sont satisfaites; on en déduit, comme corollaire, que l'inégalité (6,4) est vérifiée là où le détachement est en proue.

[52]) Un cas particulier de ce théorème a déjà été établi: dans sa thèse M. *C. Jacob* prouve que si l'obstacle est un arc de cercle convexe la pente de P est constamment positive. Sa démonstration, sans rapport avec les raisonnements ci-dessus, est basée sur quelques inégalités remarquables. (Mathematica, t. 11, 1936).

Soit donc un demi-cercle convexe de rayon 1:

$$\Psi[l] = \frac{\pi}{2} - l \qquad \left(-\frac{\pi}{2} \leqslant l \leqslant \frac{\pi}{2}\right).$$

Représentons un arc $b \leqslant l \leqslant c$ de ce demi-cercle par un point du triangle. $\pi/2 \leqslant b \leqslant c \leqslant \pi/2$ dont les sommets $(\pi/2, \pi/2)$, $\left(-\frac{\pi}{2}, -\frac{\pi}{2}\right)$, $\left(-\frac{\pi}{2}, \frac{\pi}{2}\right)$ seront nommés m, n, p. A chaque point de ce triangle mnp correspond un sillage unique; les points qui nous intéressent sont ceux où $\mathsf{B} \leqslant 0$, $\mathsf{C} \leqslant 0$. Nous avons d'après le paragraphe 14 (quelques cas où la nature du détachement est évidente *a priori*)

$$\text{sur } \overline{mn} \quad \mathsf{B} < 0 \text{ et } \mathsf{C} < 0;$$

$$\text{sur } \overline{mp} \quad \mathsf{C} > 0; \text{ sur } \overline{np} \quad \mathsf{B} > 0.$$

Soit un point (b, c) où $\mathsf{B} = 0$, $\mathsf{C} < 0$; puisque l'arc BC est une accolade, l'inégalité (6,4) est vérifiée en B; il en résulte, d'après (6,2), que B a le signe de $-\delta b$ au point voisin $(b + \delta b, c)$. Soit de même un point (b, c) où $\mathsf{B} < 0$, $\mathsf{C} = 0$; C a le signe de δc au point voisin $(b, c + \delta c)$. Soit enfin un point (b, c) où $\mathsf{B} = 0$, $\mathsf{C} = 0$; les relations (6,2) et (6,3) prouvent qu'au point voisin $(b + \delta b, c + \delta c)$ B a le signe de $-\delta b$, C celui de δc.

Considérons l'un des domaines Δ en lesquels se décompose l'ensemble des points où B et C sont négatifs. Orientons la frontière Δ' de Δ de manière que Δ soit à sa gauche. La partie de Δ' qui est intérieure au triangle mnp est constituée par des arcs où $\mathsf{B} < 0$, $\mathsf{C} = 0$; des arcs où $\mathsf{B} = 0$, $\mathsf{C} < 0$; des points où $\mathsf{B} = \mathsf{C} = 0$. D'après ce qui précède un tel point est l'extrémité d'un arc où $\mathsf{B} < 0$, $\mathsf{C} = 0$ et l'origine d'un arc où $\mathsf{B} = 0$, $\mathsf{C} < 0$. La partie de Δ' intérieure au triangle mnp est donc un ensemble d'arcs $\widehat{mqn}$ tels que $\mathsf{B} < 0$, $\mathsf{C} = 0$ sur $\widehat{mq}$, $\mathsf{B} = 0$, $\mathsf{C} < 0$ sur $\widehat{qn}$. Le sens positif sur chacun de ces arcs est le sens $\widehat{mn}$. Il est donc nécessaire que Δ' contienne un seul arc $\widehat{mqn}$. Par suite Δ' contient le segment rectiligne $\overline{mn}$, et le domaine Δ est unique.

Ainsi les points où B et C sont négatifs constituent l'intérieur d'un triangle mnq, dont le côté $\overline{mn}$ est rectiligne, dont les côtés $\widehat{mq}$ et $\widehat{nq}$ sont curvilignes. Ce triangle est nécessairement symétrique par rapport à l'axe de symétrie du triangle mnp; il présente en q un angle droit saillant; l'arc $\widehat{mq}$ n'a pas de tangente parallèle à $\overline{np}$, ni l'arc $\widehat{nq}$ de tangente parallèle à $\overline{mp}$. Les points du triangle mnp où $\mathsf{B} < 0$, $\mathsf{C} = 0$ constituent $\widehat{mq}$; ceux où $\mathsf{B} = 0$, $\mathsf{C} < 0$ constituent $\widehat{nq}$; q est le seul point où $\mathsf{B} = \mathsf{C} = 0$.

Il nous est maintenant aisé d'indiquer quelle est la solution (b, c) du problème de la proue quand l'obstacle est un arc (b_0, c_0) du cercle donné. Abaissons de q les perpendiculaires $\overline{qr}$ et $\overline{qt}$ sur $\overline{mp}$ et $\overline{np}$.

Si (b_0, c_0) est dans le triangle ourviligne mnq, (b, c) est confondu avec (b_0, c_0).

Si (b_0, c_0) est dans le carré $prqt$, (b, c) est le point q.

Si (b_0, c_0) est dans le triangle curviligne mqr, (b, c) est le point de l'arc $\widehat{mq}$ dont l'abscisse est $b = b_0$.

Si (b_0, c_0) est dans le triangle curviligne nqt, (b, c) est le point de l'arc $\widehat{nq}$ dont l'ordonnée est $c = c_0$.

Nous constatons ainsi que le problème de la proue, posé pour un obstacle circulaire convexe, possède une seule solution.

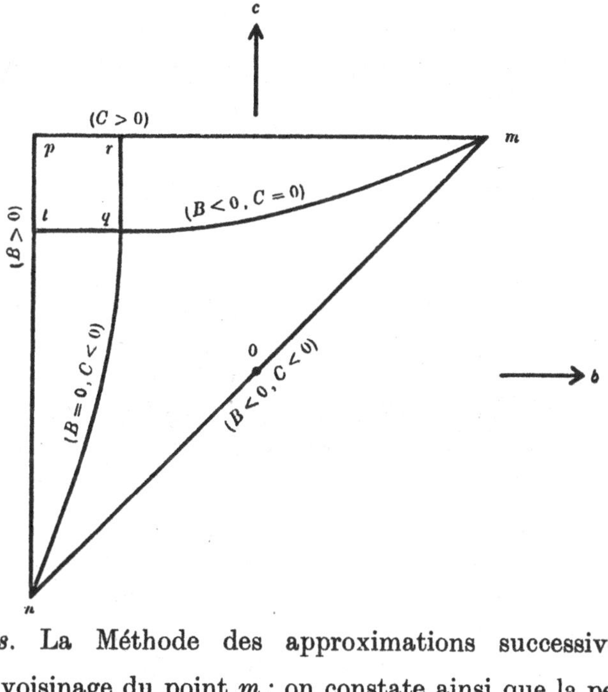

Remarques. La Méthode des approximations successives permet d'étudier le voisinage du point m: on constate ainsi que la pente de $\widehat{mq}$ en m est 7/15. D'après M. Brodetsky[53]) l'arc symétrique $\widehat{bc}$ qui correspond au point q a une mesure très voisine de 110°.

[53]) Voir note [11]), p. 152.

(Reçu le 4 juillet 1935.)

[1936b]

Les problèmes non linéaires

Enseign. Math. 35 (1936) 139–151

I. — Généralités concernant les équations fonctionnelles non linéaires.

1. — *Un type particulièrement simple d'espaces abstraits : ceux de* M. Banach. — Nous envisageons des problèmes dont l'inconnue est un point x d'un *espace fonctionnel donné*, $\mathcal{E}$.

Nous supposons que $\mathcal{E}$ est un espace abstrait de Banach: on peut combiner linéairement ses points; une distance est définie; la distance $\|x\|$ qui sépare l'origine du point x est nommée norme de x; on a, λ étant une constante réelle, $\|\lambda x\| = |\lambda| \,.\, \|x\|$.

$\mathcal{E}$ sera par exemple l'espace des fonctions continues, l'espace de Hilbert, l'espace des fonctions hölderiennes d'exposant α, l'espace des fonctions dont les dérivées premières sont hölderiennes et d'exposant α; $\mathcal{E}$ pourra être éventuellement un espace euclidien.

[1] Conférence faite le 19 juin 1935 dans le cycle des *Conférences internationales des Sciences mathématiques* organisées par l'Université de Genève; série consacrée aux *Equations aux dérivées partielles. Conditions propres à déterminer les solutions.*

En général un tel espace n'est pas compact: un domaine borné de $\mathcal{E}$ ne peut être recouvert à l'aide d'un nombre fini d'hypersphères de rayon ε. Par exemple il est impossible de trouver un système, constitué par un nombre fini de fonctions continues, qui présente le caractère suivant: toute fonction continue, dont la plus grande valeur absolue est inférieure à 1, est approchée à $^1/_{10}$ près par un élément au moins de ce système. Un espace qui n'est pas compact a une topologie relativement compliquée.

Nous nommerons *complètement continue* une transformation continue $\mathcal{F}(x)$ qui transformera tout ensemble borné en ensemble compact. Des critères trés aisés permettent d'affirmer qu'une transformation fonctionnelle est complètement continue: si $\mathcal{E}$ est l'espace des fonctions continues, $\mathcal{F}(x)$ est complètement continue quand elle transforme des fonctions bornées en des fonctions possédant un même module de continuité; toutes les transformations fonctionnelles forgées à l'aide d'intégrations sont complètement continues.

N. B. — Quand $\mathcal{E}$ est euclidien, toute transformation continue est évidemment complètement continue.

2. — *La notion de degré topologique dans un espace euclidien; son application à la discussion d'un système de* n *équations à* n *inconnues.* — Soit $y = \Phi(x)$ une transformation continue d'un espace euclidien $\mathcal{E}$ en lui-même; nous supposons $\Phi(x)$ définie sur un domaine D et sur sa frontière D'. Le nombre de fois que l'image Φ(D) de D recouvre un point b varie quand ce point se déplace; mais comptons un recouvrement comme étant positif quand il conserve l'orientation de l'espace, comme étant négatif dans le cas contraire; le nombre algébrique de fois que le point b est recouvert reste constant, tant que b ne franchit pas l'image Φ(D') de la frontière D'; ce nombre algébrique est appelé[1] « degré topologique de la transformation $\Phi(x)$ au point b ». Ce degré topologique reste constant quand on modifie continûment $\Phi(x)$, D, b sans que b traverse Φ(D').

La notion de degré topologique permet de discuter le nombre

[1] La relation $\Phi(x) = b$ représente en fait un système de n équations à n inconnues.

des solutions qu'une équation $\Phi(x) = b$ possède à l'intérieur d'un domaine D. Enonçons par exemple *le théorème d'existence* suivant: Si l'on peut réduire continûment la transformation $y = \Phi(x)$ à l'identité, $y = x$, sans que l'image de D' vienne jamais recouvrir le point b, si b appartient à D, alors l'équation $\Phi(x) = b$ possède au moins une solution. En effet le degré en b de $\Phi(x)$ est celui de l'identité, en vertu de la propriété d'invariance du degré: c'est $+1$; le point b est donc recouvert par l'image $\Phi(D)$ de D. C.Q.F.D.

3. — *Impossibilité de définir d'une manière générale le degré d'une transformation continue opérant dans un espace abstrait.* — Il est facile de donner des exemples d'équations fonctionnelles pour lesquelles le théorème d'existence énoncé ci-dessus ne vaut plus:

Considérons l'espace $\mathcal{E}$ des fonctions continues d'une variable s qui varie de 0 à 1. Evisageons dans $\mathcal{E}$ le domaine fonctionnel D des fonctions $x(s)$ telles que $0 < x(s) < 1$. Soit $\varphi[x]$ une fonction continue de x, dont les valeurs sont comprises entre 0 et 1, et qui vaut 0 et 1 en même temps que x. Nommons $\Phi(x)$ la transformation fonctionnelle qui associe à $x(s)$ la fonction $\varphi[x(s)]$. Soit un paramètre k variant de 0 à 1; la transformation $k\Phi(x) + (1-k)x$ dépend continûment de k; elle coïncide avec l'identité pour $k = 0$, avec Φ pour $k = 1$; elle transforme tout point de la frontière D' de D en point de D'. Les hypothèses du théorème d'existence sont vérifiées, à cela près que $\mathcal{E}$ n'est pas euclidien. Or l'équation $\varphi[x(s)] = b(s)$, où b est une fonction continue comprise entre 0 et 1, n'admet en général aucune solution continue $x(s)$, si $\varphi[x]$ n'est pas croissant.

La notion de degré topologique ne peut donc pas être généralisée à une transformation quelconque d'un espace abstrait.

4. — *Un type de transformations des espaces de Banach qui possèdent un degré topologique.* — Considérons tout d'abord une transformation « dégénérée », c'est-à-dire du type suivant: $y = x + \mathcal{F}_m(x)$, toutes les valeurs prises par $\mathcal{F}_m(x)$ appartenant à un sous-ensemble linéaire de $\mathcal{E}$, $\mathcal{E}_m$, qui a m dimensions. Cette transformation dégénérée laisse globalement invariant chaque

hyperplan parallèle à $\mathcal{E}_m$. Il est bien naturel de définir son degré topologique en un point b comme étant son degré quand on la considère dans l'hyperplan parallèle à $\mathcal{E}_m$ qui passe par b. On légitime aisément cette définition en prouvant que ce degré reste le même quand on substitue à $\mathcal{E}_m$ un hyperplan $\mathcal{E}_n$, à nombre plus grand de dimensions, qui contient $\mathcal{E}_m$. Le degré en un point b d'une transformation dégénérée, envisagée sur un domaine D, reste constant quand on modifie continûment b, D et cette transformation sans que b atteigne l'image de la frontière D'.

Considérons maintenant une transformation qui soit à ε près une transformation dégénérée, quel que soit ε; il est légitime de nommer degré de cette transformation les degrés (égaux à partir d'un certain rang) de ces transformations dégénérées qui l'approchent. *Les transformations en question sont les transformations* $y = x + \mathcal{F}(x)$, *où* $\mathcal{F}(x)$ *est complètement continue.* En effet l'ensemble des valeurs prises par $\mathcal{F}(x)$ appartient à m sphères de rayon ε; on peut donc approcher, à ε près, $\mathcal{F}(x)$ par une transformation $\mathcal{F}_m(x)$ dont toutes les valeurs appartiennent à l'hyperplan que déterminent les centres de ces sphères.

5. — *Propriétés d'un certain type d'équations fonctionnelles.* — Soit à étudier les points d'un domaine D qui satisfont à une équation du type

$$x + \mathcal{F}(x) = 0 .$$

Supposons qu'on sache réduire continûment cette équation à une équation simple, sans qu'aucune de ses solutions atteigne la frontière D'; on effectue pratiquement cette réduction en introduisant un paramètre $k (0 \leqq k \leqq 1)$; l'équation s'écrit

$$x + \mathcal{F}(x, k) = 0 ;$$

pour $k = 1$ on a l'équation proposée, pour $k = 0$ on a une équation simple. Le degré topologique au point $y = 0$ de la transformation $y = x + \mathcal{F}(x)$ est alors égal à celui de la transformation $y = x + \mathcal{F}(x, 0)$; on le connaît. S'il diffère de zéro l'équation proposée possède *au moins une solution.* C'est le cas, par exemple, si $\mathfrak{F}(x, 0) \equiv 0$ et si D contient le point $y = 0$.

On peut compléter ce théorème d'existence: la solution dont l'existence est assurée peut être rattachée à la solution $x = 0$, $k = 0$ par un *continu* de solutions de l'équation $x + \mathfrak{F}(x, k) = 0$.

Envisageons d'autre part la transformation $y = x + \mathfrak{F}(x)$ au voisinage des points où $x + \mathfrak{F}(x) = 0$; l'étude locale de cette transformation en ces points se fait à l'aide de l'équation aux variations de l'équation proposée; dans certains cas on arrive à démontrer que tous les recouvrements du point $y = 0$ sont positifs; si en outre le degré de la transformation $x + \mathfrak{F}(x)$ au point 0 est $+ 1$, un seul recouvrement est possible; on peut ainsi, dans ces circonstances favorables, établir que la solution de l'équation proposée est *unique.*

6. — *Conclusion.* — Quand D est une très grande sphère notre théorème d'existence revêt la forme suivante: Pour pouvoir affirmer que l'équation $x + \mathfrak{F}(x) = 0$ est résoluble, il suffit de démontrer qu'elle ne présente pas de solution *arbitrairement grande* quand on la réduit continûment à une équation telle que $x = 0$. Démontrer qu'une équation fonctionnelle a des solutions revient donc à résoudre le problème suivant: assigner des majorantes aux solutions qu'elle possède éventuellement. Il serait d'ailleurs inimaginable qu'on puisse résoudre une équation par un procédé qui ne fournisse pas de renseignement sur l'ordre de grandeur des inconnues. Pour nous, résoudre une équation, c'est majorer les inconnues et préciser leur allure le plus possible; ce n'est pas en construire, par des développements compliqués, une solution dont l'emploi pratique sera presque toujours impossible.

On peut se permettre de considérer ce théorème d'existence comme étant une généralisation au cas non linéaire de l'alternative de Fredholm: soit une équation de Fredholm $x + \mathcal{L}(x) = b$ (où $\mathcal{L}(x) = \int K(s, s')\, x(s')\, ds'$ est complètement continue); cette équation possède sûrement une solution, sauf si l'équation $x + \mathcal{L}(x) = 0$ en possède une; or ce cas est justement celui où l'équation proposée admettrait des solutions *arbitrairement grandes.*

II. — Equations aux dérivées partielles du second ordre et du type elliptique.

7. — *Application de la théorie des équations fonctionnelles au problème de Dirichlet non linéaire.* — Nous allons étudier le problème de Dirichlet que voici: définir dans un domaine à deux dimensions Δ une solution d'une équation du type elliptique

$$f\left(x,\, y,\, z,\, \frac{\partial z}{\partial x},\, \frac{\partial z}{\partial y},\, \frac{\partial^2 z}{\partial x^2},\, \frac{\partial^2 z}{\partial x \partial y},\, \frac{\partial^2 z}{\partial y^2}\right) = 0 \qquad (1)$$

$$\left(4f'\left(\frac{\partial^2 z}{\partial x^2}\right) f'\left(\frac{\partial^2 z}{\partial y^2}\right) - f'^2\left(\frac{\partial^2 z}{\partial x \partial y}\right) > 0\right)$$

qui prenne sur la frontière Δ' de Δ des valeurs données.

Nous simplifierons notablement notre exposé en supposant que l'équation est quasi-linéaire, c'est-à-dire du type

$$A\left(x,\, y,\, z,\, \frac{\partial z}{\partial x},\, \frac{\partial z}{\partial y}\right)\frac{\partial^2 z}{\partial x^2} + 2B(\ldots)\frac{\partial^2 z}{\partial x \partial y} + C(\ldots)\frac{\partial^2 z}{\partial y^2} = D(\ldots)\,. \qquad (2)$$

Ce que nous dirons au cours de ce paragraphe, concernant l'équation (2) s'adapte à l'équation (1), au prix de quelques complications.

Nous supposons que A, B, C, D sont des fonctions continues et dérivables de leurs arguments, et que

$$A(\ldots)\cdot C(\ldots) - B(\ldots)^2 > 0$$

quelles que soient les valeurs des arguments.

Etant donnée une fonction quelconque $z(x, y)$, envisageons la fonction $Z(x, y)$ qui prend sur Δ' les valeurs données et qui vérifie dans Δ l'équation

$$A\left(x,\, y,\, z,\, \frac{\partial z}{\partial x},\, \frac{\partial z}{\partial y}\right)\frac{\partial^2 Z}{\partial x^2} + 2B(\ldots)\frac{\partial^2 Z}{\partial x \partial y} + C(\ldots)\frac{\partial^2 Z}{\partial y^2} = D(\ldots)\,. \qquad (3)$$

Z est une fonctionnelle de z, $\mathcal{F}(z)$. Le problème de Dirichlet envisagé équivaut à l'équation fonctionnelle $z = \mathcal{F}(z)$.

Pour préciser la nature de la fonctionnelle $\mathcal{F}(z)$ les théorèmes les plus fins de la théorie des équations linéaires du type elliptique vont nous être indispensables. Nous allons supposer que z appartient à l'espace des fonctions dont les dérivées premières sont hölderiennes; le théorème de M. Schauder, qui fut l'objet de la conférence précédente, enseigne que Z appartient à l'espace des fonctions dont la dérivée seconde est hölderienne; Z est une fonction plus régulière que z; ceci entraîne que $\mathcal{F}(z)$ est une transformation complètement continue. La théorie des équations fonctionnelles exposée ci-dessus s'applique donc:

Introduisons dans l'équation (2) un paramètre k qui varie de 0 à 1: pour $k = 1$ nous avons le problème posé; pour $k = 0$ nous avons, par exemple, le problème de Dirichlet posé pour l'équation de Laplace.

$$\frac{\partial^2 z}{\partial x^2} + \frac{\partial^2 z}{\partial y^2} = 0 \ .$$

Si l'on peut trouver une condition de Hölder que vérifient les dérivées premières de toutes les solutions de l'équation ou, plus simplement, si l'on parvient à majorer en valeur absolue les dérivées secondes de ces solutions, alors le problème envisagé possède une solution au moins.

Résoudre le problème de Dirichlet, posé pour une équation du second ordre et du type elliptique, c'est donc majorer sa solution, ses dérivées premières et ses dérivées secondes; c'est les majorer avec le maximum de précision et d'élégance.

8. — *Résolution de l'équation quasi-linéaire sans second membre.* — On connaît un cas important où cette majoration de l'inconnue est possible: le problème de Dirichlet relatif à un domaine convexe Δ, quand l'équation est l'équation quasi-linéaire sans second membre

$$A\left(x, y, z, \frac{\partial z}{\partial x}, \frac{\partial z}{\partial y}\right)\frac{\partial^2 z}{\partial x^2} + 2B(\ldots)\frac{\partial^2 z}{\partial x \partial y} + C(\ldots)\frac{\partial^2 z}{\partial y^2} = 0 \qquad (4)$$

$$(AC - B^2 > 0) \ .$$

Tous les points de la surface inconnue $z(x, y)$ sont hyperboliques; cette surface ne peut contenir aucun contour fermé plan; chacun de ses plans tangents la coupe suivant deux courbes (au moins), qui aboutissent au contour donné, par lequel la surface est limitée. Ces plans rencontrent donc ce contour en quatre points au moins. Puisque ce contour a une projection convexe Δ' et puisqu'on le suppose régulier, la plus grande pente des plans qui le rencontrent en quatre points a une borne supérieure finie. Cette borne limite supérieurement $\sqrt{\left(\frac{\partial z}{\partial x}\right)^2 + \left(\frac{\partial z}{\partial y}\right)^2}$. Voici donc majorés z, $\frac{\partial z}{\partial x}$, $\frac{\partial z}{\partial y}$.

Malheureusement la majoration des dérivées secondes est à l'heure actuelle extrêmement compliquée. On étudie d'abord une certaine fonction w, quadratique par rapport à ces dérivées secondes et dont l'expression est loin d'être simple. Supposons que w atteigne son maximum en un point intérieur à Δ; on a en ce point $dw = 0$, $d^2w \leq 0$; ces relations, combinées avec les limitations de z, $\frac{\partial z}{\partial x}$, $\frac{\partial z}{\partial y}$, avec l'équation (4) et avec les diverses dérivées des deux premiers ordres de cette équation (4), permettent, grâce à un choix très adroit de w, de majorer le maximum de cette quantité. Majorer les dérivées secondes revient donc à les majorer le long du contour. De nouveaux changements d'inconnue très habiles ramènent ce problème à celui que nous avons traité ci-dessus : majorer la plus grande pente d'une surface dont le contour est donné et dont tous les points sont hyperboliques.

Remarquons que parmi les équations du type (4) se trouve celle des surfaces minima :

$$\left[1 + \left(\frac{\partial z}{\partial y}\right)^2\right] \frac{\partial^2 z}{\partial x^2} - 2 \frac{\partial z}{\partial x} \frac{\partial z}{\partial y} \frac{\partial^2 z}{\partial x \, \partial y} + \left[1 + \left(\frac{\partial z}{\partial x}\right)^2\right] \frac{\partial^2 z}{\partial y^2} = 0 .$$

9. — *Conclusion.* — M. S. Bernstein a traité divers autres cas spéciaux : celui des surfaces dont la courbure moyenne est constante, dont la courbure totale est constante, ...

M. H. Weyl a amorcé celui de la surface convexe dont le ds^2 est donné. Je ne les exposerai pas.

L'exemple du problème de Plateau montre bien que les problèmes de Dirichlet qu'envisage M. S. Bernstein ont pour inconnue non pas une fonction $z(x, y)$, mais une surface qui n'est pas en général représentée par une fonction de ce type. La

Physique mathématique fournit d'innombrables systèmes différentiels ou de Pfaff dont il est vraisemblablement aisé de prouver l'équivalence avec une équation fonctionnelle du type $x = \mathfrak{F}(x)$: les intégrer, c'est savoir majorer leurs solutions; or nous ne disposons à l'heure actuelle d'aucune méthode générale qui puisse diriger nos calculs. Forger une telle méthode, tel est le problème fondamental qui se pose. Nous possédons quelques inégalités diverses; je veux en citer une, particulièrement élégante, due à M. T. Carleman (*Math. Zeitschrift*, 1921, t. 9, p. 154-160), Radò et Beckenbach (*Trans. of the Amer. Math. Society*, t. 35, 1933): Si S est l'aire d'une surface (inconnue) dont tous les points sont hyperboliques et qui passe par un contour (donné) de longueur L, alors $S < \frac{L^2}{4\pi}$. Sans doute la théorie des fonctions analytiques, qui est si riche en inégalités, nous sera-t-elle un exemple très utile: le livre que M. Radò a consacré au problème de Plateau (On the Problem of Plateau, *Ergebnisse der Mathematik und ihrer Grenzgebiete*, Springer, Berlin, 1933) montre avec quel bonheur les idées de cette théorie ont déjà été appliquées à l'étude des surfaces minima.

III. — Les équations de Navier.

10. — *Régimes permanents.* — Les mouvements des liquides visqueux sont régis par les équations de Navier, qui constituent un système non linéaire du second ordre; les variables indépendantes, qui s'imposent, sont les coordonnées d'espace et de temps: l'inconnue est la vitesse; c'est un vecteur de divergence nulle.

Etudions d'abord un régime permanent; le problème qui se pose est un problème de Dirichlet dans un cas analogue au type elliptique. M. Odqvist l'a ramené à un système d'équations intégrales; celles-ci constituent une équation fonctionnelle du type $x = \mathfrak{F}(x)$. La première quantité que l'on majore est une grandeur physique: l'énergie dissipée par unité de temps. On parvient à la limiter en utilisant deux expressions qu'elle revêt: la première est une intégrale de volume qui exprime l'intensité du frottement visqueux interne; la deuxième est une intégrale de surface qui mesure la quantité d'énergie fournie au système. La majoration de l'énergie dissipée effectuée, on majore aisément les diverses inconnues, et ceci résout le problème.

11. — *Mouvements non permanents; solutions turbulentes.* — Etudions maintenant le mouvement qui correspond à un champ de vitesses initiales donné; le problème est d'un type analogue au type parabolique; simplifions la question en admettant que le liquide emplit tout l'espace. L'énergie cinétique décroît; la quantité d'énergie dissipée est au plus égale à l'énergie cinétique initiale; ces deux inégalités, qui résultent des équations de Navier, constituent deux premières majorations fondamentales.

Si le mouvement est plan, c'est-à-dire si l'on réduit à deux le nombre de dimensions de l'espace, on peut parvenir à combiner ces inégalités avec les équations de Navier de manière à obtenir une série d'inégalités de plus en plus précises; il en résulte l'existence d'une solution régulière définie de l'instant initial $t = 0$ à $t = +\infty$.

Mais il en va bien autrement dans l'espace à trois dimensions. Les inégalités énergétiques ne semblent pas entraîner que le maximum de la vitesse reste borné, que le mouvement reste régulier; on doute qu'il soit possible d'établir un théorème d'existence global, c'est-à-dire concernant l'intervalle $0 \leqq t < +\infty$. Cependant il est bien vraisemblable qu'on peut régulariser le mouvement en se contentant de renforcer les termes de viscosité quand des irrégularités tendent à se former; les équations de Navier, très peu modifiées, possèdent une solution définie de l'instant initial à $t = +\infty$. Pour examiner comment se comporte cette solution régulière, quand la modification apportée aux équations de Navier tend vers 0, il est nécessaire d'utiliser la théorie des fonctions mesurables: Le champ des vitesses tend vers une ou plusieurs limites, définies par des fonctions de carrés sommables, qu'on sait seulement être mesurables; ces fonctions possèdent des dérivées premières en un sens généralisé; elles vérifient les relations intégro-différentielles de M. Oseen. Ces relations intégro-différentielles équivalent en pratique aux équations de Navier; mais elles ont l'avantage sur ces dernières de ne pas contenir celles des dérivées des inconnues qui n'ont pas de raison physique d'exister; il se trouve que ce sont les dérivées dont on ne réussit pas à établir l'existence.

Nommons un tel champ de vitesses: « solution turbulente des équations de Navier ». Une solution turbulente a la structure suivante: il existe sur l'axe des temps une série d'intervalles de régularité, durant lesquels cette solution constitue une solution régulière des équations de Navier, indéfiniment dérivable; l'ensemble complémentaire de l'axe des temps, qui constitue l'ensemble des irrégularités, est de mesure nulle; à ces époques d'irrégularités le champ des vitesses vérifie seulement une condition de continuité très large.

La théorie des équations aux dérivées partielles semble ainsi être appelée à devenir un champ d'applications de la *théorie des fonctions réelles*.

HISTORIQUE ET BIBLIOGRAPHIE

Chapitre I.

Tout ce que l'on sait actuellement sur le sujet que traite le premier chapitre est contenu dans les deux articles suivants:

LERAY-SCHAUDER, *Annales de l'Ecole normale*, t. 51, 1934, p. 45-63 (ch. I, II, III).

LERAY, *Comptes Rendus de l'Académie des Sciences*, t. 200, 25 mars 1935, p. 1082.

Le premier théorème d'existence qui a réussi à résoudre une équation fonctionnelle pouvant admettre plusieurs solutions est celui « du point fixe »:

BIRKHOFF et KELLOG, *Transactions of the Amer. Math. Society*, t. 23 (1922).

SCHAUDER, *Studia mathematica*, t. 2, 1930, p. 170-179 (Satz II).

Ce théorème du point fixe n'est qu'un corollaire du théorème d'existence qu'expose le chapitre I de cette conférence.

J'ai signalé le premier que la démonstration d'un théorème d'existence pouvait être ramenée à la majoration de l'inconnue:

LERAY, Thèse, *Journal de Mathématiques*, t. 12, 1933, chap. I (p. 1-20).

M. SCHAUDER, le premier, découvrit que des théorèmes de Topologie combinatoire valent encore dans les espaces de Banach, quand on prend la précaution essentielle de substituer à la notion de transformation continue quelconque celle de transformation du type $x + \mathfrak{F}(x)$ (où $\mathfrak{F}(x)$ est complètement continue).

SCHAUDER, *Studia mathematica*, Invarianz des Gebietes in Funktionalräumen, t. 1, 1929 (p. 123-139).
Math. Annalen, t. 106, 1932 (p. 661-721).

La notion de degré topologique est due à

BROUWER, *Math. Annalen*, t. 71, 1912 (p. 97-106).

Mais cet auteur considère des transformations opérant sur des variétés fermées à n dimensions; l'emploi que, dans notre travail commun, M. Schauder et moi avons fait de cette notion, suppose essentiellement que la transformation envisagée est définie sur l'ensemble de fermeture d'un ensemble ouvert.

Chapitre II.

Les travaux fondamentaux et classiques sur les problèmes de Dirichlet non linéaires sont ceux de

E. PICARD, voir par exemple ses « Leçons sur quelques problèmes aux limites de la théorie des équations différentielles », rédigées par M. Brelot, *Cahiers scientifiques de M. Julia*, Gauthier-Villars, 1930.
S. BERNSTEIN, *Math. Annalen*, t. 69, 1910, p. 82-136. — *Annales de l'Ecole normale*, t. 27, 1910 (p. 233-256); t. 29, 1912, (p. 431-485).

M. GIRAUD a publié ces dernières années dans les *Annales de l'Ecole normale*, dans les *Comptes rendus de l'Académie* et dans les autres périodiques français, de nombreux et importants mémoires qui prolongent les recherches de MM. Picard et Bernstein.

MM. PICARD, BERNSTEIN et GIRAUD obtiennent leurs théorèmes d'existence par la méthode des approximations successives.

M. SCHAUDER, en s'appuyant sur des théorèmes de Topologie généralisés aux espaces abstraits, a établi des résultats que ne peut atteindre la méthode des approximations successives:

SCHAUDER, *Math. Zeitschrift*, t. 26, 1927. — *Studia mathematica*, t. 1, 1929. — *Math. Annalen*, t. 106, 1932 (p. 661-721). — *Comptes rendus de l'Académie*, t. 199, 26 déc. 1934.

L'affirmation du § 7, « résoudre le problème de Dirichlet, c'est savoir majorer l'inconnue », se trouve dans le travail déjà cité:

LERAY-SCHAUDER, *Annales de l'Ecole normale*, t. 51, 1934 (chap. IV et V).

Cette affirmation, qui s'appuie sur notre théorie des équations fonctionnelles, est une simplification notable des théorèmes dont M. S. Bernstein déduit ses théorèmes d'existence: cet auteur est conduit par ses méthodes à se restreindre aux cas où l'unicité de la solution est assurée; il fait des hypothèses superflues; par exemple, quand il résout l'équation quasi-linéaire sans second membre (4), il se trouve contraint à se limiter au cas où A, B, C dépendent de x, y, $\frac{\partial z}{\partial x}$, $\frac{\partial z}{\partial y}$ et sont indépendants de z.

Les majorations du § 8 se trouvent en principe dans *les pages* 119-124 du travail déjà cité:

S. BERNSTEIN, *Math. Annalen*, t. 69, 1910.

La majoration de la plus grande pente du plan tangent a été reprise par:

T. Radò, *Acta litt. ac scient.*, Szeged, t. 4, 1924-1936.
Von Neumann, *Abhandlungen des math. Seminares*, Hambourg, t. 8, 1931.

M. Schauder a repris la majoration des dérivées secondes en mettant bien en évidence que les six pages citées constituent la partie essentielle de la résolution de l'équation quasi-linéaire sans second membre:

Schauder, *Math. Zeitschrift*, t. 37, 1933, p. 623-634.

Voir, d'autre part, concernant les majorations des solutions d'équations du second ordre et du type elliptique:

H. Lewy, *Trans. of the American Math. Society*, t. 37, 1935.

Chapitre III.

Leray, Thèse, *Journal de Mathématiques*, t. 12, 1933, p. 1-82. — *Acta mathematica*, t. 63, p. 193-248 (1934). — *Journal de Mathématiques*, t. 13, 1934, p. 331-418. — *Comptes rendus de l'Académie*, t. 194, 30 mai 1932, p. 1893.

Ces quatre articles utilisent les travaux antérieurs de MM. Oseen et Odqvist:

Oseen, *Hydrodynamik*, Leipzig, 1927. — *Acta mathematica*, t. 34, 1911.
Odqvist, *Math. Zeitschrift*, t. 32, 1930.

[1939]

Discussion d'un problème de Dirichlet

J. Math. Pures Appl. 18 (1939) 249–284

I. — Introduction.

1. Nous nous proposons d'étudier les solutions d'une équation aux dérivées partielles du type elliptique ([2])

$$(1)\quad \begin{cases} f(r, s, t, p, q, x, y, z) = 0 \qquad (4f'_r f'_t > f'^2_s,\ f'_r > 0,\ f'_t > 0 \text{ quand } f = 0) \\ (r = z''_{x^2}(x, y),\ s = z''_{xy},\ t = z''_{y^2},\ p = z'_x,\ q = z'_y). \end{cases}$$

Notre étude sera le développement de la théorie dont M. S. Bernstein a exposé en 1910-1912 divers cas très importants, d'une assez grande généralité : elle consistera à chercher quand les solutions de (1) vérifient certains *théorèmes de compacité et d'existence*. Nos conclusions sont énoncées aux paragraphes **17** (p. 266) et **25** (p. 278).

Nous utiliserons les méthodes de majoration *a priori* que

([1]) L'essentiel de nos conclusions a été résumé aux *Comptes rendus*, t. **205**, 1937, p. 268 et 784.

([2]) Les travaux fondamentaux sur ce sujet sont ceux de MM. É. Picard et S. Bernstein :

E. Picard, *Journal de Mathématiques*, 1890; *Journal de l'École Polytechnique*, 1890; *Journal de Mathématiques*, 1900; *Acta mathematica*, 1902; *Annales de l'École Normale*, 1906; *Leçons sur quelques problèmes aux limites de la théorie des équations différentielles*, rédigées par M. Brelot, *Cahiers scientifiques de M. Julia*. Gauthier-Villars, 1930.

S. Bernstein, *Math. Annalen*, t. 69, 1910; *Annales de l'École Normale*, t. **27** et **29**, 1910 et 1912; *C. R. Acad. Sc.*, t. **151**, 10 octobre 1910; *Math. Annalen*, t. **95** et **96**, 1927.

M. S. Bernstein a créées, mais dont il ne s'est pas donné la peine de tirer des conclusions complètes, ayant un sens géométrique. Nos théorèmes d'existence résulteront de *la théorie topologique des équations fonctionnelles* (³).

2. Conventions diverses. — Nous supposons f trois fois dérivable. Nous supposons que, quelles que soient les valeurs arbitraires données à p, q, x, y, z, la surface $f=0$ décompose l'espace (r, s, t) en deux domaines.

Nous désignons par « valeur de f sur une surface $z_\lambda(x, y)$ » la valeur f_λ, que prend f quand on y remplace z, p, q, r, s, t par $z_\lambda(x, y)$, ses dérivées premières et secondes.

Nous nommons γ tout contour, d'un ou plusieurs tenants, de l'espace (x, y, z) qui est frontière de surfaces régulières $z(x, y)$; nous supposons que γ est défini par des fonctions $y(x)$, $z(x)$ qui sont cinq fois dérivables quand y'_x est fini.

Nous supposons que *toutes les hypothèses faites restent vérifiées quand on permute les rôles de y et x.*

Nous nommons ε un signe, variable le long de γ, qui est $+$ ou $-$, suivant que les surfaces $z(x, y)$ qui ont γ pour frontière sont, par rapport à γ, du côté $y=+\infty$ ou $y=-\infty$.

Nous disons que γ est compris entre deux surfaces $z_1(x, y)$ et $z_2(x,y)[z_1(x,y)<z_2(x,y)]$ quand γ est frontière de surfaces $z(x,y)$ qui vérifient l'inégalité $z_1(x,y)\leqq z(x,y)\leqq z_2(x,y)$.

γ étant compris entre $z_1(x,y)$ et $z_2(x,y)$, nous nommons « problème de Dirichlet de données $[(1), \gamma, z_1, z_2]$ » le problème qui consiste à trouver les surfaces $z(x,y)$ qui satisfont à (1), qui ont γ pour frontière et qui sont comprises entre z_1 et z_2.

3. Rappel de résultats. — *Théorème* 1. — Considérons un ensemble de problèmes de Dirichlet dont les données $[(1), \gamma, z_1, z_2]$ constituent un ensemble compact en soi. Supposons que *les dérivées secondes* des solutions de ces problèmes aient des valeurs absolues bornées dans

---

(³) Leray-Schauder, *Annales de l'École Normale*, t. 51, 1934.

leur ensemble. Alors l'ensemble de ces solutions, s'il n'est pas vide, est *compact en soi* dans l'espace des fonctions trois fois dérivables.

Théorème 2. — Supposons en outre ceci :

l'un de ces problèmes de Dirichlet possède une seule solution qui est simple (4);

l'ensemble des données [(1), γ, z_1, z_2] constitue un continu;

$(z_1 - z_2) f_1 \leqq 0$, l'égalité ne devant être atteinte que si γ est étranger à z_1;

$(z_2 - z_1) f_2 \leqq 0$, l'égalité ne devant être atteinte que si γ est étranger à z_2.

Alors chacun de ces problèmes de Dirichlet possède *au moins une solution*.

Le théorème 1 est dû à M. S. Bernstein; ce raisonnement de M. S. Bernstein a été amélioré par M. J. Schauder (5).

M. S. Bernstein a établi le théorème 2, par la méthode des approximations successives de M. É. Picard, dans le cas où l'unicité de la solution est assurée ($f'_z \leqq 0$ quand $f = 0$); l'énoncé ci-dessus se déduit du Chapitre V du *loc. cit.* (3) au moyen du lemme 1, que nous énoncerons au paragraphe 5.

Pour appliquer les théorèmes 1 et 2, il est nécessaire de savoir majorer les dérivées secondes des solutions de (1); or nous avons établi le théorème suivant (6).

Théorème 3. — Supposons que dans l'espace (r, s, t) la conique à l'infini $rt = s^2$ et la surface $f = 0$ n'aient pas de tangente commune. Il est alors possible de majorer $r^2 + s^2 + t^2$ sur une solution arbitraire de (1) en fonction des données suivantes : (1), γ, une borne supérieure de $p^2 + q^2$ dans Γ.

---

(4) Une solution est simple quand son équation aux variations possède une solution unique.

(5) J. Schauder, *Math. Zeitschrift*, p. 37, 1933.

(6) *Majoration des dérivées secondes des solutions d'un problème de Dirichlet* (*Journal de Mathématiques*, t. 17, p. 89, 1938); *voir* p. 91 les inégalités (2) et (3) qui expriment les conditions de régularité imposées à f quand $r^2 + s^2 + t^2$ est grand.

4. Sommaire. — Nous nous contenterons d'envisager deux types généraux d'équations $f=0$. Les équations du premier type (Chap. III et V), satisferont aux hypothèses du théorème 3; leur étude consistera essentiellement à chercher quand il est possible de majorer les dérivées premières de leurs solutions. Au contraire, les équations du second type seront caractérisées par la propriété suivante : dans l'espace (r, s, t), la surface $f=0$ a pour courbe à l'infini la conique $rt=s^2$; l'étude des équations de ce second type consistera à chercher quand il est possible de majorer les dérivées premières et secondes de leurs solutions.

II. — Lemmes fondamentaux.

Au cours de ce Chapitre II, nous envisageons une équation du type elliptico-parabolique

$$(2.1)\qquad \left\{\begin{array}{l} f(r, s, t, p, q, x, y, z)=0 \\ (4f'_r f'_t \geqq f'^2_s,\ f'_r \geqq 0,\ f'_t \geqq 0,\ f'^2_r+f'^2_t \neq 0 \text{ quand } f=0). \end{array}\right.$$

5. Lemme 1. — Supposons que, quels que soient p, q, x, y, z, la surface $f=0$ de l'espace (r, s, t) décompose cet espace en deux domaines. Supposons que deux fonctions $z(x, y)$ et $z_\lambda(x, y)$ soient définies sur un domaine Δ_λ et possèdent les propriétés que voici : $f \geqq 0$ sur z; Δ_λ et z_λ dépendent continûment de λ; pour au moins une valeur de λ, on a $z<z_\lambda$ sur tout le domaine Δ_λ et sur sa frontière Δ'_λ; pour les autres valeurs de λ, $f_\lambda<0$; en chaque point de Δ'_λ, ou bien l'inégalité $z<z_\lambda$ a lieu, ou bien il existe une direction, extérieure à Δ_λ, suivant laquelle les dérivées z' et z'_λ de z et z_λ vérifient l'inégalité $z'<z'_\lambda$.

Je dis que $z(x, y)<z_\lambda(x, y)$.

Démonstration. — Supposons que l'inégalité $z(x, y)<z_\lambda(x, y)$ soit vérifiée pour $\lambda=0$ et ne le soit pas quel que soit λ; envisageons la valeur de λ la plus proche de zéro telle qu'il existe un point de $\Delta_\lambda+\Delta'_\lambda$ où $z=z_\lambda$; soit m ce point. Nous avons $z \leqq z_\lambda$ sur $\Delta_\lambda+\Delta'_\lambda$.

Si m appartenait à Δ'_λ, nous aurions en m, $z=z_\lambda$, $z'<z'_\lambda$; il existerait donc un point de Δ_λ, voisin de m, en lequel $z>z_\lambda$; or l'inégalité contraire a lieu dans Δ_λ. Si m était intérieur à Δ_λ, nous aurions en m,

$$z = z_\lambda, \qquad p = p_\lambda, \qquad q = q_\lambda, \qquad r_\lambda - r \geqq 0, \qquad (r_\lambda - r)(t_\lambda - t) \geqq (s_\lambda - s)^2;$$

or, ces relations sont incompatibles avec les inégalités $f \geqq 0$, $f_\lambda < 0$.

Ces contradictions établissent le lemme 1.

6. Définitions. — Introduisons quatre variables nouvelles k, l, m, n et les opérateurs différentiels

$$\mathfrak{X} = k\frac{\partial}{\partial r} + l\frac{\partial}{\partial s} + m\frac{\partial}{\partial t} + r\frac{\partial}{\partial p} + s\frac{\partial}{\partial q} + p\frac{\partial}{\partial z} + \frac{\partial}{\partial x},$$
$$\mathfrak{Y} = l\frac{\partial}{\partial r} + m\frac{\partial}{\partial s} + n\frac{\partial}{\partial t} + s\frac{\partial}{\partial p} + t\frac{\partial}{\partial q} + q\frac{\partial}{\partial z} + \frac{\partial}{\partial y}.$$

Définissons comme suit le produit de deux opérateurs différentiels de ce type

$$\mathfrak{U} = \sum_i u_i\frac{\partial}{\partial x_i}, \qquad \mathfrak{V} = \sum_j v_j\frac{\partial}{\partial x_j}, \qquad \mathfrak{U}\mathfrak{V} = \mathfrak{V}\mathfrak{U} = \sum_{i,j} u_i v_j \frac{\partial^2}{\partial x_i \partial x_j}.$$

w étant une fonction de (r, s, t, p, q, x, y, z), posons

$$\begin{aligned}&\mathcal{B}(w) = \\ &f'_r\mathfrak{X}^2 w + f'_s\mathfrak{X}\mathfrak{Y} w + f'_t\mathfrak{Y}^2 w + (rf'_r + sf'_s + tf'_t + pf'_p + qf'_q)w'_z + f'_p w'_x + f'_q w'_y \\ &- w'_r\mathfrak{X}^2 f - w'_s\mathfrak{X}\mathfrak{Y} f - w'_t\mathfrak{Y}^2 f - (rw'_r + sw'_s + tw'_t + pw'_p + qw'_q)f'_z - w'_p f'_x - w'_q f'_y.\end{aligned}$$

Désignons par $\frac{d}{dx}$, $\frac{d}{dy}$, $\frac{d^2}{dx^2}$, $\frac{d^2}{dx\,dy}$, $\frac{d^2}{dy^2}$ les dérivées des deux premiers ordres d'une fonction (r, s, t, p, q, x, y, z) dans laquelle on a substitué à z, p, q, r, s, t une fonction $z(x, y)$ et ses dérivées des deux premiers ordres. Nommons k, l, m, n les dérivées d'ordre trois de $z(x, y)$. Nous avons les identités

$$\frac{dw}{dx} = \mathfrak{X}w, \qquad \frac{dw}{dy} = \mathfrak{Y}w, \qquad \frac{df}{dx} = \mathfrak{X}f, \qquad \frac{df}{dy} = \mathfrak{Y}f,$$

$$\begin{aligned}&f'_r\frac{d^2 w}{dx^2} + f'_s\frac{d^2 w}{dx\,dy} + f'_t\frac{d^2 w}{dy^2} + f'_p\frac{dw}{dx} + f'_q\frac{dw}{dy} \\ &- w'_r\frac{d^2 f}{dx^2} - w'_s\frac{d^2 f}{dx\,dy} - w'_t\frac{d^2 f}{dy^2} - w'_p\frac{df}{dx} - w'_q\frac{df}{dy} = \mathcal{B}(w).\end{aligned}$$

Sur toute solution de (2.1), nous avons donc

$$\frac{dw}{dx} = \mathfrak{X}w, \qquad \frac{dw}{dy} = \mathfrak{Y}w, \qquad \mathfrak{X}f = \mathfrak{Y}f = f = 0; \tag{2.3}$$

$$f'_r \frac{d^2 w}{dx^2} + f'_s \frac{d^2 w}{dx\,dy} + f'_t \frac{d^2 w}{dy^2} + f'_p \frac{dw}{dx} + f'_q \frac{dw}{dy} = \mathfrak{W}(w). \tag{2.4}$$

On constate aisément que, sur les solutions de (2.1), $\frac{dw}{dx}$, $\frac{dw}{dy}$, $\frac{d^2 w}{dx^2}$, $\frac{d^2 w}{dx\,dy}$, $\frac{d^2 w}{dy^2}$ sont liées par les seules relations (2. 3) et (2. 4) lorsque, comme nous le supposerons, w satisfait aux conditions suivantes :

ou bien w dépend seulement de p, q, x, y, z et $w'^2_p + w'^2_q \neq 0$;

ou bien $w'^2_r + w'^2_s + w'^2_t \neq 0$, les droites de coordonnées (f'_r, f'_s, f'_t) et (w'_r, w'_s, w'_t) sont distinctes, et leur point d'intersection (ρ, σ, τ) est étranger à la conique [7] $\rho\tau = \sigma^2$.

7. Lemme préliminaire. — Soit $(r_0, s_0, t_0, p_0, q_0, x_0, y_0, z_0)$ un système de valeurs de (r, s, t, p, q, x, y, z) en lequel les relations

$$\mathfrak{X}w = \mathfrak{Y}w = \mathfrak{X}f = \mathfrak{Y}f = f = w = 0, \qquad \mathfrak{W}(w) < 0$$

soient compatibles. Je dis qu'on peut construire, au voisinage du point (x_0, y_0), une solution analytique de (2.1), $z(x, y)$, sur laquelle on ait $w < 0$, sauf au point (x_0, y_0) où $w = 0$.

Démonstration. — D'après le théorème de Cauchy-Kowalewski, l'équation (2. 1) possède une solution qui est analytique au voisinage du point (x_0, y_0) et qui présente en ce point les caractères suivants :

$$w = 0, \qquad \frac{dw}{dx} = 0, \qquad \frac{dw}{dy} = 0, \qquad \mathfrak{W}(w) < 0;$$

$\frac{d^2 w}{dx^2}$, $\frac{d^2 w}{dx\,dy}$, $\frac{d^2 w}{dy^2}$ ont des valeurs arbitraires vérifiant (2.4). Choisissons ces valeurs telles que la forme de cofficients $\left(\frac{dx^2}{d^2 w}, \frac{d^2 w}{dx\,dy}, \frac{d^2 w}{dy^2}\right)$ soit définie; elle est négative d'après (2.4), ce qui prouve le lemme.

Lemme 2. — Soit une fonction positive $u(r, s, t, p, q, x, y, z)$, qui

---

(7) Par hypothèse, la première de ces droites est extérieure ou tangente à cette conique.

est indépendante de (r, s, t) lorsque w l'est; soit un paramètre λ, positif ou nul, voisin de zéro. Soient $k_\lambda, l_\lambda, m_\lambda, n_\lambda, r_\lambda, s_\lambda, t_\lambda, p_\lambda, q_\lambda, x_\lambda, y_\lambda, z_\lambda$ des fonctions analytiques de λ vérifiant les relations

$$\mathfrak{X}(w+\lambda u)=\mathfrak{Y}(w+\lambda u)=\mathfrak{X}f=\mathfrak{Y}f=w+\lambda u=f=0, \qquad \mathfrak{B}(w)<0;$$

f, w et u sont supposés analytiques au voisinage de

$$(r_0, s_0, t_0, p_0, q_0, x_0, y_0, z_0).$$

Je dis qu'on peut construire, au voisinage de (x_0, y_0), une solution de (2. 1), $z_\lambda(x, y)$, qui dépende analytiquement de (x, y, λ) et sur laquelle on ait $w<0$, sauf pour les valeurs $(x_0, y_0, 0)$ de (x, y, λ); pour ces valeurs, $w=0$.

Démonstration. — Pour chaque valeur de λ, le lemme précédent permet de construire, au voisinage de (x_0, y_0) une solution analytique de (2.1), $z_\lambda(x, y)$, sur laquelle $w+\lambda u<0$, sauf au point (x_λ, y_λ) où $w+\lambda u=0$. On peut faire en sorte que $z_\lambda(x, y)$ dépende analytiquement de λ.

8. Lemme 3. — w n'a de point stationnaire sur aucune solution de (2. 1) si les relations $\mathfrak{X}w=\mathfrak{Y}w=\mathfrak{X}f=\mathfrak{Y}f=f=0$ sont incompatibles.

Démonstration. — D'après (2. 3), l'incompatibilité de ces relations entraîne, sur toute solution de (2.1), l'incompatibilité des relations $\frac{dw}{dx}=\frac{dw}{dy}=0$.

Lemme de M. S. Bernstein [8]. — Une fonction w n'a de maximum relatif nul sur aucune solution de (2.1) si les relations

$$\mathfrak{X}w=\mathfrak{Y}w=\mathfrak{X}f=\mathfrak{Y}f=f=w=0$$

entraînent $\mathfrak{B}(w)>0$.

Démonstration. — En vertu de cette hypothèse, de (2. 3) et

---

[8] Nous avons déjà énoncé ce lemme [*loc. cit.* [6], p. 96], dont M. S. Bernstein avait énoncé et utilisé d'importants cas particuliers.

de (2.4), nous aurions en un tel maximum

$$f'_r \frac{d^2 w}{dx^2} + f'_s \frac{d^2 w}{dx\,dy} + f'_t \frac{d^2 w}{dy^2} > 0$$

ce qui est absurde.

LEMME 4. — Soit une fonction $v(r, s, t, p, q, x, y, z)$ définie au voisinage d'un morceau de surface d'équation $w(r, s, t, p, q, x, y, z) = 0$; v est supposé indépendant de (r, s, t) quand w l'est. Supposons qu'au voisinage de $w = 0$, les conditions

$$\mathfrak{X}f = \mathfrak{Y}f = f = 0; \qquad w < 0; \qquad w,\ \mathfrak{X}w \text{ et } \mathfrak{Y}w \text{ voisins de } 0$$

entraînent les inégalités

$$\mathcal{B}(w) > -A_0[\,|w| + |\mathfrak{X}w| + |\mathfrak{Y}w|\,], \qquad A_0|\mathfrak{X}v| + A_0|\mathfrak{Y}v| + |\mathcal{B}(v)| \leqq A_1,$$
$$f'_r(\mathfrak{X}v)^2 + f'_s\mathfrak{X}v\,\mathfrak{Y}v + f'_t(\mathfrak{Y}v)^2 \geqq A_2,$$

A_0, A_1, A_2 étant des constantes positives.

Soit une fonction positive $u(v)$ vérifiant l'inégalité

$$A_2 u''_{v^2} > A_1|u'_v| + A_0 u. \tag{2.5}$$

Je dis qu'au voisinage du morceau de surface $w = 0$, la fonction $\frac{w}{u(v)}$ ne possède de maximum relatif négatif sur aucune solution de (2.1).

Démonstration. — Il suffit d'établir que la fonction $w + \lambda u(v)$ ne possède aucun maximum relatif nul, λ étant une constante arbitraire, positive et voisine de zéro. D'après le lemme précédent, il suffit donc d'établir que $\mathcal{B}(w + \lambda u) > 0$ quand

$$\mathfrak{X}(w + \lambda u) = \mathfrak{Y}(w + \lambda u) = \mathfrak{X}f = \mathfrak{Y}f = f = w + \lambda u = 0.$$

Or, quand ces égalités ont lieu,

$$\begin{aligned}\mathcal{B}(w + \lambda u) = \mathcal{B}(w) + \lambda\mathcal{B}(u) &\geqq -A_0[\,|w| + |\mathfrak{X}w| + |\mathfrak{Y}w|\,] + \lambda\mathcal{B}(u)\\ &= \lambda\{-A_0 u - A_0|\mathfrak{X}u| - A_0|\mathfrak{Y}u| + \mathcal{B}(u)\}\\ &\geqq \lambda\{-A_0 u - [A_0|\mathfrak{X}v| + A_0|\mathfrak{Y}v| + |\mathcal{B}(v)|]\,|u'_v|\\ &\qquad + [f'_r(\mathfrak{X}v)^2 + f'_s\mathfrak{X}v\,\mathfrak{Y}v + f'_t(\mathfrak{Y}v)^2]\,u''_{v^2}\}\\ &\geqq \lambda\{-A_0 u - A_1|u'_v| + A_2 u''_{v^2}\} > 0.\end{aligned}$$

9. Au cours de ce paragraphe, les opérateurs différentiels $\mathfrak{X}$ et $\mathfrak{Y}$ ne seront appliqués qu'à des fonctions de (p, q, x, y, z); nous aurons donc

$$\mathfrak{X} = r\frac{\partial}{\partial p} + s\frac{\partial}{\partial q} + p\frac{\partial}{\partial z} + \frac{\partial}{\partial x}, \qquad \mathfrak{Y} = s\frac{\partial}{\partial p} + t\frac{\partial}{\partial q} + q\frac{\partial}{\partial z} + \frac{\partial}{\partial y}.$$

Lemme 5. — Soit une fonction $w(p, q, x, y, z)$. Supposons

$$w_p'^2 + w_q'^2 \neq 0.$$

Supposons que le système d'équations

$$\mathfrak{X}w = \mathfrak{Y}w = f = 0$$

possède une solution unique $r(p, q, x, y, z)$, $s(p, q, x, y, z)$, $t(p, q, x, y, z)$. Les inégalités

$$\frac{\mathfrak{Y}r - \mathfrak{X}s}{w_q'} > 0, \qquad \frac{\mathfrak{X}t - \mathfrak{Y}s}{w_p'} > 0$$

sont équivalentes. Si elles sont vérifiées, w ne possède de maximum relatif sur aucune solution de (1).

Démonstration. — Explicitons les équations qui définissent r, s, t en fonction de p, q, x, y, z

$$f = 0, \qquad rw_p' + sw_q' + pw_z' + w_x' = 0, \qquad sw_p' + tw_q' + qw_z' + w_y' = 0.$$

Appliquons les opérateurs $\mathfrak{X}$ et $\mathfrak{Y}$ à ces équations; il vient

$$\begin{aligned}
f_r'\,\mathfrak{X}r + f_s'\,\mathfrak{X}s + f_t'\,\mathfrak{X}t + rf_p' + sf_q' + pf_z' + f_x' &= 0,\\
w_p'\,\mathfrak{X}r + w_q'\,\mathfrak{X}s + rw_z' + \mathfrak{X}^2 w &= 0,\\
w_p'\,\mathfrak{X}s + w_q'\,\mathfrak{X}t + sw_z' + \mathfrak{X}\mathfrak{Y}w &= 0,\\
f_r'\,\mathfrak{Y}r + f_s'\,\mathfrak{Y}s + f_t'\,\mathfrak{Y}t + sf_p' + tf_q' + qf_z' + f_y' &= 0,\\
w_p'\,\mathfrak{Y}r + w_q'\,\mathfrak{Y}s + sw_z' + \mathfrak{X}\mathfrak{Y}w &= 0,\\
w_p'\,\mathfrak{Y}s + w_q'\,\mathfrak{Y}t + tw_z' + \mathfrak{Y}^2 w &= 0.
\end{aligned}$$

En ajoutant membres à membres ces équations multipliées respectivement par les coefficients (0, 0, — 1, 0, 1, 0) et

$$(-w_p'w_q',\ f_r'w_q',\ f_t'w_p',\ -w_q'^2,\ f_s'w_q' - f_t'w_p',\ f_t'w_q'),$$

nous obtenons les relations

$$\frac{\mathfrak{Y}r - \mathfrak{X}s}{w_q'} = \frac{\mathfrak{X}t - \mathfrak{Y}s}{w_p'} = \frac{\mathcal{B}(w)}{f_r'w_q'^2 - f_s'w_p'w_q' + f_t'w_p'^2}.$$

Ces relations montrent que le lemme 5 ne diffère pas du lemme de de M. S. Bernstein (§ 8).

III. — Un premier type d'équations.

Au cours de ce chapitre, nous nommons *notion géométrique* toute notion invariante par rapport au groupe des transformations ponctuelles

$$x_1(x, y), \qquad y_1(x, y), \qquad z_1(x, y, z), \tag{3.1}$$

qui transforment entre elles les droites parallèles à l'axe des $\left(\frac{\partial z_1}{\partial z}\right.$ peut être positif ou négatif$\left.\right)$.

Soit un contour γ; nous nommons Γ' le cylindre parallèle à Oz qui contient γ; Γ désigne l'intérieur de Γ' (Γ ne s'étend à l'infini que dans la direction de l'axe des z); rappelons que ε désigne le signe $+$ ou le signe $-$ suivant que Γ est, par rapport à Γ', du côté $y = +\infty$ ou $y = -\infty$.

10. Allure de l'équation (1) sur les cylindres verticaux. — Faisons subir à l'espace (x, y, z) le changement de coordonnées

$$X = x, \qquad Y = z, \qquad Z = y;$$

les nouvelles coordonnées

$$(R = Z''_{X^2}, \qquad S = Z''_{XY}, \qquad T = Z''_{Y^2}, \qquad P = Z'_X, \qquad Q = Z'_Y \qquad X, Y, Z)$$

de l'élément de contact (r, s, t, p, q, x, y, z) existent pour $q \neq 0$ et sont définies par les formules

$$\left\{ \begin{aligned} &r = -(R + 2Sp + Tp^2)q, \quad s = -(S + Tp)q^2, \quad t = -Tq^3, \\ &p = -PQ^{-1}, \quad q = Q^{-1}, \quad x = X, \quad y = Z, \quad z = Y. \end{aligned} \right. \tag{3.2}$$

L'équation étudiée

$$f(r, s, t, p, q, x, y, z) = 0 \qquad (4f'_r f'_t > f'^2_s,\ f'_r > 0,\ f'_t > 0 \text{ quand } f = 0) \tag{1}$$

équivaut à une équation

$$F(R, S, T, P, Q, x, y, z) = 0 \tag{3.3}$$

$$(4F'_R F'_T > F'^2_S,\ F'_R > 0,\ F'_T > 0 \text{ quand } F = 0 \text{ et que } Q \neq 0).$$

Je dis que la condition suivante a un sens géométrique

$$(3.4)\quad \begin{cases} \text{les relations} & Q = F = 0, \quad 4F'_R F'_T = F'^2_S \\ \text{entraînent} & F'_R = F'_S = 0, \quad F'_T > 0. \end{cases}$$

Cette condition exprime, en effet, que, sur les cylindres verticaux, les caractéristiques de l'équation $F = 0$ sont verticales quand elles sont réelles. Cette condition entraîne en particulier l'inégalité

$$(3.5)\quad F'_T > 0 \quad \text{quand} \quad F = 0.$$

L'inégalité

$$(z_1 - z_2)f(r_1, s_1, t_1, p_1, q_1, x, y, z_1) \leqq 0,$$

qui a un sens géométrique, équivaut à l'inégalité

$$q_1(z_1 - z_2)F(R_1, S_1, T_1, P_1, Q_1, x, y, z_1) \geqq 0;$$

la condition suivante a donc un sens géométrique

$$(3.6)\quad \begin{cases} \pm(z_1 - z_2)F(y''_{x^2}, 0, 0, y'_x, \pm 0, x, y, z_1) \geqq 0, \\ \text{quand } [x, y(x), z_1] \text{ décrit } \Gamma' \text{ et que } [x, y(x), z_2] \text{ décrit } \gamma. \end{cases}$$

Toute surface $z_1(x, y)$, intérieure à Γ, voisine de Γ' et ayant γ pour frontière, vérifie l'inégalité $q_1(z_1 - z_2)\varepsilon > 0$. Restreindre la condition (3, 6) par le choix suivant du signe $\pm$: $\pm(z_1 - z_2)\varepsilon > 0$ a donc un sens géométrique. Par suite, les conditions suivantes ont des sens géométriques

$$(3.7)\quad \begin{cases} \varepsilon F(y''_{x^2}, 0, 0, y'_x, \pm 0, x, y, z_1) \geqq 0, \text{ quand } [x, y(x), z_1] \text{ décrit } \Gamma', \\ \text{que } [x, y(x), z_2(x)] \text{ décrit } \gamma \text{ et que } \pm(z_1 - z_2)\varepsilon > 0; \end{cases}$$

$$(3.8)\quad \varepsilon F(y''_{x^2}, 0, 0, y'_x, \pm 0, x, y, z) \geqq 0 \quad \text{quand} \quad [x, y(x), z(x)] \text{ décrit } \gamma.$$

Le sens géométrique de (3.6) a, d'autre part, pour corollaire immédiat, le sens géométrique de la condition suivante :

$$(3.9)\quad \begin{cases} \pm F'_z(y''_{x^2}, 0, 0, y'_x, \pm 0, x, y, z) \geqq 0, \\ \text{au voisinage des points de } \Gamma' \text{ où } F(y''_{x^2}, 0, 0, y'_x, \pm 0, x, y, z) = 0. \end{cases}$$

Remarque. — (3.7) a nécessairement lieu quand γ vérifie (3.8) et que Γ' vérifie (3.9).

11. Cas d'impossibilité du problème de Dirichlet. — Lemme 6. —

Supposons qu'on puisse choisir $(y''_{x^2}, y'_x, \pm 0, x, y, z)$, en sorte que $F(y''_{x^2}, 0, 0, y'_x, \pm 0, x, y, z) \neq 0$. Alors le problème de Dirichlet est impossible pour certaines données présentant les caractères suivants : Γ' contient l'élément de contact (y''_{x^2}, y'_x, x, y); γ contient le point (x, y, z); en ce point, l'inégalité (3.8) n'est pas vérifiée.

S'il est possible de choisir $(y'_x, \pm 0, x, y, z)$ tels que

$$F(R, 0, 0, y'_x, \pm 0, x, y, z)$$

garde un signe constant quand R varie de $-\infty$ à $+\infty$, alors le problème de Dirichlet est impossible pour certaines données de la nature suivante : Γ' est d'un seul tenant, est convexe et a une courbure arbitrairement grande.

Démonstration. — L'hypothèse $F(y''_{x^2}, 0, 0, y'_x, \pm 0, x, y, z) \neq 0$ a un sens géométrique. Une transformation du groupe (3.1) permet donc de la réduire, à l'hypothèse $F(0, 0, 0, 0, -0, 0, 0, 0) < 0$, qui a la signification suivante : une surface $z(x, y)$ vérifie l'inégalité $f < 0$ au voisinage du point $(x = 0, y = 0, z = 0)$ lorsque ses éléments de contact du second ordre sont suffisamment voisins de ceux du plan $y = 0$, q étant négatif. Les cylindres $z_\lambda(y) = \lambda - \sqrt{y}$ vérifient donc l'inégalité $f < 0$ quand λ, x et y sont suffisamment voisins de zéro.

Soit un contour régulier γ, qui contienne le point

$$(x = 0,\ y = 0,\ z = 0),$$

et sur lequel on ait $z \leqq z_0$, $y > 0$. Soit une valeur positive de λ. Je dis qu'il n'existe pas de solution $z(x, y)$ de (1) qui ait γ pour frontière et qui satisfasse à l'inégalité $z(x, y) < z_\lambda(y)$. En effet, nous aurions, d'après le lemme 1, $z(x, y) \leqq z_0(y)$; or, cette inégalité est incompatible avec les relations

$$z(0, 0) = z_0(0), \qquad q_0(0) = -\infty, \qquad y > 0,$$

puisque $q(0, 0)$ est fini.

On peut tracer un tel contour γ sur tout cylindre Γ' satisfaisant aux conditions suivantes : les points de Γ sont voisins de l'axe Oz; le long de cet axe, Γ' a un contact d'ordre 3 avec le plan $y = 0$; dans Γ, $y > 0$. Cette latitude du choix de Γ' prouve le lemme 6.

12. Majoration frontière des dérivées premières. — Lemme 7. — Soit un contour γ, frontière d'une solution $z(x, y)$ de (1). Soit une surface $z_2(x,y)$ telle que $z_2(x,y) - z(x,y)$ ait un signe constant, $\pm$. Il est possible de majorer $\pm \varepsilon q$ sur γ, en fonction de (1), de γ et de z_2, lorsqu'on a

$$\varepsilon F(y''_{x^2}, 0, 0, y'_x, \pm \varepsilon 0, x, y, z) \geqq 0$$

sur la partie de Γ' qui est comprise entre γ et z_2.

N. B. — Nous supposons que chacun des éléments de contact d'ordre 2 de la partie de Γ' comprise entre γ et z_2 possède un voisinage sur lequel, ou bien F a un signe constant, ou bien F a des dérivées premières continues vérifiant (3.4).

Démonstration. — Il nous suffira d'étudier le voisinage de l'une des composantes de Γ'. Une transformation du groupe (3.1) réduit les hypothèses énoncées aux suivantes :

γ est l'axe des x; $z(x, 0) = 0$; z est une fonction périodique de x définie pour $0 \leqq y \leqq 1$; $z(x, y) < 1$; $F(0, 0, 0, 0, +0, x, 0, z) \geqq 0$ pour $0 \leqq z \leqq 1$, Il s'agit de majorer $q(x, 0)$.

Il existe des constantes positives A_0, A_1, A_2 telles que la surface $Z(Y)$ vérifie l'inégalité $F(0, 0, Z''_{Y^2}, 0, Z'_Y, X, Z, Y) > 0$ si les conditions suivantes sont remplies : Z, Z'_Y, Z''_{Y^2} sont voisins de 0, $Z > 0$, $Z'_Y > 0$, $0 \leqq Y \leqq 1$, $A_2 Z''_{Y^2} > A_1 Z'_Y + A_0 Z$.

Soit $Z(Y - \lambda)$ une famille de surfaces qui vérifient ces conditions, qui soient définies pour $0 \leqq \lambda \leqq Y \leqq 1$ et qui vérifient, en outre, la condition $Z(0) = 0$. Soit $z_\lambda(y) = z_0(y) + \lambda$ l'équation de ces surfaces dans le système de coordonnées (x, y, z). Sur la frontière de ces surfaces $z(x,y) < z_\lambda(y)$; d'autre part, $f_\lambda < 0$, $z(x,y) < z_1(y)$. Donc, d'après le lemme 1, $z(x, y) \leqq z_0(y)$. Or, $z(x, 0) = z_0(0)$. Par suite,

$$q(x, 0) \leqq q_0(0).$$

La majoration énoncée est effectuée.

13. Conventions nouvelles. — La fonction $F(R, S, T, P, Q, x, y, z)$ est, en général, discontinue pour $Q = 0$. Nous introduirons deux fonctions $F_+(R, S, T, P, Q, x, y, z)$ et $F_-(R, S, T, P, Q, x. y, z)$ qui soient régulières quand F, S, T, Q sont voisins de zéro et qui coïncident avec F, l'une quand $Q > 0$, l'autre quand $Q < 0$. Nous aurons donc

$$F_{\pm}(R, 0, 0, P, 0, x, y, z) = F(R, 0, 0, P, \pm 0, x, y, z).$$

Nous supposerons désormais que F_+ et F_- vérifient la condition (3.4).

Calcul préliminaire. — Supposons que l'équation (2.1) soit l'équation $F_{\pm} = 0$ et que w soit égale à $\mp Q$, ou plus généralement, au produit de $\pm Q$ par une fonction négative de (P, Q, x, y, z). La condition

$$\mathcal{B}(w) \gtrless 0 \quad \text{pour} \quad \mathcal{X}w = \mathcal{Y}w = \mathcal{X}F_{\pm} = \mathcal{Y}F_{\pm} = w = F_{\pm} = 0$$

équivaut à la condition

$$\pm F'_z(R, 0, 0, P, \pm 0, x, y, z) \gtrless 0 \qquad \text{pour} \quad F(R, 0, 0, P, \pm 0, x, y, z) = 0.$$

14. Cas où la majoration intérieure des dérivées premières est impossible. — Lemme 8. — Supposons qu'on puisse choisir $R, P, \pm, x, y, z$ tels qu'on ait

$$F(R, 0, 0, P, \pm 0, x, y, z) = 0, \qquad \pm F'_z(R, 0, 0, P, \pm 0, x, y, z) < 0$$

et que F soit analytique au voisinage de ce système d'arguments ([9]).

La majoration intérieure des dérivées premières est alors impossible.

Démonstration. — L'hypothèse énoncée permet d'appliquer le lemme 2 à l'équation $F_{\pm} = 0$ et à la fonction $w = \mp Q$. L'équation $F_{\pm} = 0$ possède donc une solution $Z_{\lambda}(X, Y)$ ayant les caractères suivants : Z est une fonction analytique de (X, Y, λ), définie au voisinage d'un point (X_0, Y_0) pour $\lambda \geqq 0$; $\pm Q_{\lambda}(X, Y) > 0$ quand $(X - X_0)^2 + (Y - Y_0)^2 + \lambda^2 \neq 0$; $Q_0(X_0, Y_0) = 0$.

Soit $z_{\lambda}(x, y)$ l'équation des surfaces $Z_{\lambda}(X, Y)$ dans le système de coordonnées (x, y, z); $z_{\lambda}(x, y)$ est une solution de (1), définie pour $\lambda \geqq 0$ au voisinage d'un point (x_0, y_0); z dépend analytiquement de (x, y, λ), sauf au point $x = x_0$, $y = y_0$, $\lambda = 0$; $z_{\lambda}(x, y)$ est

([9]) Autrement dit, que $F_{\pm}$ soit analytique au voisinage du système d'arguments $(R, 0, 0, P, 0, x, y, z)$.

continue même en ce point;

$$q_\lambda(x, y) \to +\infty \quad \text{quand} \quad (x-x_0)^2+(y-y_0)^2+\lambda^2 \to 0.$$

Ces propriétés de $z_\lambda(x, y)$ justifient le lemme 8.

15. Premier procédé de majoration intérieure des dérivées premières. — Lemme 9. — Supposons vérifiées les trois hypothèses suivantes :

1° $\pm F'_z(R, 0, 0, P, \pm 0, x, y, z) \geqq 0$ quand $F(R, 0, 0, P, \pm 0, x, y, z)$ est voisin de zéro;

2° $F(R, 0, 0, P, \pm 0, x, y, z)$ a le signe de R, quand $|R|$ est supérieur à une borne qui dépend continûment de P, x, y, z;

3° Les dérivées secondes de $F(R, S, T, P, Q, x, y, z)$ sont bornées, quand P, x, y, z étant bornés, F, S, T et Q sont simultanément voisins de zéro.

Je dis qu'il est alors possible de majorer p^2+q^2 sur une solution arbitraire de (1) en fonction des données suivantes : (1), γ, une borne supérieure de $|z|$ dans Γ, une borne supérieure de p^2+q^2 le long de γ.

Démonstration. — Ces données assignent des bornes inférieures et supérieures à x, y, z; au cours de la démonstration, ces variables seront supposées comprises entre ces bornes.

Appliquons le lemme 4 à l'équation $F_+(R, S, T, P, Q, X, Y, Z) = 0$ et aux fonctions $w = -\frac{1}{\sqrt{p^2+q^2}} = -\frac{Q}{\sqrt{1+P^2}}$, $v = z$, Q étant supposé positif et $|P|$ inférieur à 2. Les hypothèses de ce lemme sont vérifiées. Sur aucune solution de (1), $\sqrt{p^2+q^2}\,u(z)$ ne possède donc de maximum relatif en lequel q est grand, et $\left|\frac{p}{q}\right| < 2$, si la fonction positive u vérifie une certaine inégalité

$$A_2 u''_{z^2} > A_1 |u'_z| + A_0 u \qquad (A_i = \text{constantes positives}).$$

Cette conclusion subsiste si l'on change q en $-q$, si l'on permute les rôles de p et q. Il est donc possible de choisir la fonction positive u telle que le maximum de $\sqrt{p^2+q^2}\,u(z)$ sur une solution de (1) soit réalisée sur γ, s'il est supérieur à une borne connue; ceci établit le lemme 9.

16. SECOND PROCÉDÉ DE MAJORATION INTÉRIEURE DES DÉRIVÉES PREMIÈRES. — LEMME 10. — Supposons qu'à tout élément de contact du premier ordre d'un cylindre vertical, on puisse attacher deux éléments de contact du second ordre de cylindres verticaux satisfaisant aux conditions suivantes : soient $[y''_{x^2} = R(P, \pm o, x, y, z), y'_x = P, x, y, z]$ les éléments du second ordre attachés à l'élément du premier ordre

$$[y'_x = P, x, y, z];$$

1° $$F(R, o, o, P, \pm o, x, y, z) = F'_R(R, o, o, P, \pm o, x, y, z) = o,$$

quand $R = R(P, \pm o, x, y, z)$; $\pm R'_z(P, \pm o, x, y, z) > o$;

2° $R(P, \pm o, x, y, z)$ est une fonction trois fois dérivable de (P, x, y, z);

3° Les dérivées troisièmes de F sont bornées quand P, x, y, z étant bornés, S, T, Q étant voisins de zéro, R est voisin de $R(P, \pm o, x, y, z)$.

Je dis qu'il est possible de majorer $p^2 + q^2$ sur une solution arbitraire de (1) en fonction des données suivantes : (1), γ, une borne supérieure de $|z|$ dans Γ, une borne supérieure de $p^2 + q^2$ le long de γ.

Démonstration. — Ces données assignent des bornes inférieures et supérieures à x, y, z; au cours de la démonstration, nous supposerons que ces variables restent comprises entre ces bornes.

Définissons, pour Q positif et voisin de zéro, une fonction

$$R(P, Q, x, y, z)$$

qui se réduise à $R(P, +o, x, y, z)$ quand $Q = o$,

Soit une fonction $w(P, Q, x, y, z)$. La condition que le système

$$\mathfrak{X}w = Rw'_P + Sw'_Q + Pw'_y + w'_x = o,$$

$$\mathfrak{Y}w = Sw'_P + Tw'_Q + Qw'_y + w'_z = o, \qquad F_+(R, S, T, P, Q, x, y, z) = o$$

admette pour solution la fonction $R(P, Q, x, y, z)$ est que w satisfasse à l'équation aux dérivées partielles du premier ordre

$$(3.10) \quad F_+\left(R, -\frac{Rw'_P + Pw'_y + w'_x}{w'_Q}, \frac{Rw'^2_P + Pw'_P w'_y + w'_P w'_x - Qw'_y w'_Q - w'_z w'_Q}{w'^2_Q},\right.$$

$$\left. P, Q, x, y, z\right) =$$

Nous avons

$$F = F'_R = F'_S = F'_P = F'_x = F'_y = F'_z = 0, \qquad F'_T > 0,$$

quand les arguments sont $[R(P, +0, x, y, z), 0, 0, P, +0, x, y, z]$. L'équation aux dérivées partielles (3. 10) possède donc les caractéristiques que définissent les relations

$$dP = dx = dy = 0, \qquad Q = 0, \qquad w'_P = w'_x = w'_y = w'_z = 0,$$
$$\frac{dw'_Q}{dz} = w'_Q \frac{F'_Q}{F'_T}, \qquad w = 0.$$

Des caractéristiques voisines de celles-ci engendrent des solutions w de (3. 10) qui ont les propriétés suivantes; w est défini quand Q est voisin de zéro et que $Q \geqq 0$; $w = 0$ quand $Q = 0$; $w'_Q < 0$; donc $w < 0$ quand $Q > 0$; les dérivées premières et secondes de w par rapport à P, x, y, z sont voisines de zéro. Par suite,

$$\mathfrak{Y}R = SR'_P + TR'_Q + QR'_y + R'_z \quad \text{est voisin de } R'_z < 0;$$
$$\mathfrak{X}S = SR'_P + TS'_Q + PS'_y + S'_x \quad \text{est voisin de zéro.}$$

D'où

$$\frac{\mathfrak{Y}R - \mathfrak{X}S}{w'_Q} > 0;$$

le lemme 5 s'applique donc à ces fonctions w.

Plus généralement, posons

$$\varpi = (p^2 + q^2)^{-\frac{1}{2}}, \qquad \theta = \operatorname{arc\,tang} \frac{p}{q};$$

soit une fonction $w(\varpi, \theta, x, y, z)$; la condition pour que les solutions r, s, t du système $f = \mathfrak{X}w = \mathfrak{Y}w = 0$ vérifient l'équation

$$rq^2 - 2spq + tp^2 = -Q^{-3}R(P, Q, x, y, z)$$

est que w satisfasse à une équation aux dérivées partielles du premier ordre, dont (3. 10) est l'un des aspects. Cette équation possède des caractéristiques sur lesquelles θ, x, y sont des constantes arbitraires, $\varpi = 0$, $w'_\theta = w'_x = w'_y = w'_z = 0$, $\frac{1}{w'_Q}\frac{dw'_Q}{dz}$ est borné, $w = 0$. Des caractéristiques voisines de celles-ci permettent de construire une fonction w ayant les propriétés suivantes : w est une fonction uniforme de (p, q, x, y, z) définie quand ϖ est voisin de 0 $(\varpi \geqq 0)$; $w = 0$ quand

$\varpi = 0$; $w < 0$ quand $\varpi > 0$; le lemme 5 s'applique à cette fonction w, qui ne possède donc de maximum sur aucune solution de (1). Ceci établit le lemme 10.

17. Conclusions. — Nous nommerons Φ toute famille de contours γ contenant une sous-famille de la nature suivante : γ appartient à cette sous-famille quand il est d'un seul tenant et que la valeur absolue de la courbure de Γ' est supérieure à une borne, fonction du maximum qu'atteint $|z|$ sur γ.

Nous dirons que le *problème de Dirichlet est bien posé* ([10]) pour une équation $f = 0$ et une famille Φ de contours γ quand les deux propositions suivantes sont vraies :

1° Soit un ensemble compact en soi de données (γ, z_1, z_2), dont les contours γ appartiennent à Φ; les solutions des problèmes de Dirichlet correspondants constituent un ensemble *compact en soi* (ou vide), dans l'espace des fonctions trois fois dérivables.

2° Le problème de Dirichlet de données $[(1), \gamma, z_1, z_2]$ possède *au moins une solution* quand les conditions suivantes sont réalisées : γ appartient à Φ; γ est étranger à z_1 et à z_2;

$$(z_1 - z_2) f_1 \leqq 0, \qquad (z_2 - z_1) f_2 \leqq 0. \tag{3.11}$$

Nous dirons que *le problème de Dirichlet est mal posé* pour une équation (1), quand il n'existera aucune famille Φ telle que ce problème soit bien posé pour (1) et Φ.

Théorème I. — *Le problème de Dirichlet est* bien posé, *pour la famille Φ des contours γ le long desquels*

$$\varepsilon F(y''_{x^2}, 0, 0, y'_x, \pm 0, x, y, z) \geqq 0, \tag{3.8}$$

lorsque l'équation étudiée (1) *satisfait à l'ensemble des conditions géométriques que voici :*

a. Elle est du type elliptique ($4f'_r f'_t > f'^2_s$ *quand* $f = 0$); *en outre,* (3, 4) *est vérifiée.*

([10]) Nous nous permettons d'utiliser cette expression dans un sens différent de celui que lui a donné M. Hadamard.

b. Dans l'espace (r, s, t) *la conique à l'infini* $rt = s^2$ *et la surface* $f = 0$ *n'ont pas de tangente commune* ([11]).

c. L'une des conditions c_1 *ou* c_2 *est réalisée :*

(c_1) $F(R, 0, 0, P, \pm 0, x, y, z)$ *a le signe de* R *quand* $|R|$ *est supérieur à une borne, qui dépend continûment de* P, x, y, z;

(c_2) *il existe une fonction continue* $R(P, \pm 0, x, y, z)$ *telle que* $F(R, 0, 0, P, \pm 0, x, y, z) = 0$ *quand* R *est voisin de* $R(P, \pm 0, x, y, z)$.

d. $\pm F'_z(R, 0, 0, P, \pm 0, x, y, z) \geqq 0$ *quand*

$$F(R, 0, 0, P, \pm 0, x, y, z)$$

est voisin de zéro;

e. Les dérivées secondes (cas c_1*) ou troisièmes (cas* c_2*) de*

$$F(R, S, T, P, Q, x, y, z)$$

sont bornées quand R, P, x, y, z *sont bornées et que* F, S, T, Q *sont simultanément voisins de zéro.*

Le problème de Dirichlet est mal posé *quand l'une ou l'autre des circonstances suivantes se présente :*

$\bar{c}$. *Il est possible de choisir* $P, \pm, x, y, z$ *tels que*

$$F(R, 0, 0, P, \pm 0, x, y, z)$$

garde un signe constant quand R *varie de* $-\infty$ *à* $+\infty$.

$\bar{d}$. *Il est possible de choisir* $R, P, \pm, x, y$ *tels que*

$$F(R, 0, 0, P, \pm 0, x, y, z) = 0, \qquad \pm F'_z(R, 0, 0, P, \pm 0, x, y, z) < 0,$$

que (3. 4) *soit vérifiée et que* F *soit analytique au voisinage de ce système d'arguments.*

18. Démonstration du théorème I. — Les lemmes 6 et 8 prouvent que le problème de Dirichlet est mal posé quand l'une des circonstances $\bar{c}$ et $\bar{d}$ se présente.

Supposons réalisées les conditions *a, b, c, d, e*. Les théorèmes 1 et 3, le lemme 7 (complété par la remarque qui termine le para-

([11]) Et, plus précisément, les inégalités (2), (3), *loc. cit.* ([6]) sont vérifiées.

graphe 10), le lemme 9 (si c_1 est vérifié), le lemme 10 (si c_2 est vérifié), démontrent alors la proposition suivante :

« Soit un ensemble compact en soi de données (γ, z_1, z_2), dont les contours γ vérifient (3. 8); les solutions des problèmes de Dirichlet correspondants constituent un ensemble *compact en soi*, (ou vide), dans l'espace des fonctions trois fois dérivables. »

Pour déduire de cette proposition le théorème I, il suffit, d'après le théorème II, d'établir le lemme suivant :

« Soit un système de données (1), γ, z_1, z_2 vérifiant les conditions suivantes : (1) satisfait à *a*, *b*, *c*, *d*, *e*; γ satisfait à (3. 8); γ est étranger à z_1 et à z_2; $z_1 < z_2$; $f_1 \geqq 0$; $f_2 \leqq 0$. Soit z_0 une surface comprise entre z_1 et z_2 et ayant γ pour frontière. Je dis qu'on peut modifier continûment (1), en respectant les conditions précédentes, de manière à réaliser en outre les suivantes : $f_0 = 0$, $f'_z = 0$, en sorte que le nouveau problème de Dirichlet ainsi obtenu possède une solution unique et simple, z_0. »

Il est aisé d'opérer cette modification continue de f; on le constate en faisant les remarques suivantes :

On peut supposer $z_0 = 0$, $z_1 = -1$, $z_2 = +1$;
Les conditions $f_0 = 0$, $f_1 \geqq 0$, $f_2 \leqq 0$ concernent donc l'allure de f pour $p = q = 0$;
Au contraire, les conditions (3. 4), (3. 8), *c*, *d*, *e* concernent l'allure de f quand $p^2 + q^2$ est infiniment grand;
Les conditions (3. 8) *a*, *b*, *c*, *d*, *e* ne sont pas altérées quand on remplace, dans f, z par λz, λ étant un paramètre variant de 1 à 0.

IV. — Un second type d'équations.

19. L'équation aux dérivées partielles qu'étudie ce chapitre est représentée dans l'espace (r, s, t) par une surface qui décompose cet espace en deux domaines et qui a pour courbe à l'infini la conique $rt = s^2$.

Cette équation est définie par le système de relations

$$(4.1)\quad \begin{cases} rt - s^2 + g(r, s, t, p, q, x, y, z) + h(r, s, t, p, q, x, y, z) = 0, \\ t + g'_r + h'_r > 0, \qquad r + g'_t + h'_t > 0, \end{cases}$$

g étant homogène et de degré 1 en (r, s, t) et $|h|$ étant borné par une fonction continue de (p, q, x, y, z).

Nous introduirons une fonction continue $f(r, s, t, p, q, x, y, z)$ qui diffère de zéro hors de la surface (4. 1) et qui satisfasse sur cette surface aux relations $f=0$, $f'_r>0$, $f'_t>0$.

Au cours de ce chapitre, nous nommons *notion géométrique* toute notion invariante par rapport au groupe des transformations ponctuelles

$$(4.2)\qquad x_1(x, y), \qquad y_1(x, y), \qquad z_1(x, y, z) \qquad \left(\frac{\partial z_1}{\partial z} > 0\right),$$

qui transforment entre eux les axes parallèles à l'axe des z.

L'hypothèse que (4. 1) est du type elliptique s'exprime par l'inégalité

$$(g'_r + h'_r)(g'_t + h'_t) - \frac{1}{4}(g'_s + h'_s)^2 - h + rh'_r + sh'_s + th'_t > 0;$$

nous ferons l'hypothèse plus stricte

$$(4.3)\quad \begin{cases} (g'_r + h'_r)(g'_t + h'_t) - \frac{1}{4}(g'_s + h'_s)^2 - h + rh'_r + sh'_s + th'_t > A, \\ \text{A étant une fonction positive et continue de } (p, q, x, y, z). \end{cases}$$

Remarque 1. — Puisque (4. 1) est du type elliptique, la surface qu'elle définit dans l'espace (r, s, t) n'est traversée par aucun de ses plans tangents; exprimons cette propriété du plan qui la touche au point à l'infini dans la direction $(\beta^2, -\alpha\beta, \alpha^2)$; nous obtenons l'inégalité

$$(4.4)\qquad r\alpha^2 + 2s\alpha\beta + t\beta^2 + g(\beta^2, -\alpha\beta, \alpha^2, p, q, x, y, z) > 0,$$

Remarque 2. — Une courbe tracée sur une solution de (4. 1) vérifie l'identité

$$z''_{x^2} = r + 2sy'_x + ty'^2_x + qy''_{x^2};$$

d'après (4. 4), nous avons donc sur une telle courbe

$$z''_{x^2} - qy''_{x^2} + g(y'^2_x, -y'_x, 1, p, q, x, y, z) > 0. \tag{4.5}$$

20. Allure de l'équation (4.1) sur une courbe ([12]). — Faisons subir à l'espace (x, y, z) la transformation de contact d'Ampère; les nouvelles coordonnées

$$(\rho = \zeta''_{\xi^2}, \sigma = \zeta''_{\xi\eta}, \tau = \zeta''_{\eta^2}, \pi = \zeta'_\xi, \chi = \zeta'_\eta)$$

de l'élément de contact (r, s, t, p, q, x, y, z) existent pour $t \neq 0$ et sont définies par les formules

$$\begin{cases} r = \dfrac{\sigma^2 - \rho\tau}{\tau}, \quad s = -\dfrac{\sigma}{\tau}, \quad t = \dfrac{1}{\tau}, \\ p = -\pi, \quad q = \eta, \quad x = \xi, \quad y = \chi, \quad z = \chi\eta - \zeta. \end{cases} \tag{4.6}$$

(4.1) prend la forme

$$\begin{aligned} \varphi(\rho, \sigma, \tau, p, q, x, y, z) = \rho - g(\sigma^2 - \rho\tau, -\sigma, 1, p, q, x, y, z) \\ - \tau h\left(\frac{\sigma^2 - \rho\tau}{\tau}, -\frac{\sigma}{\tau}, \frac{1}{\tau}, p, q, x, y, z\right) = 0. \end{aligned} \tag{4.7}$$

Nous supposerons que les dérivées troisièmes de φ restent bornées quand τ s'annule.

L'hypothèse (4.3) fait que nous avons, même pour $\tau = 0$,

$$4\varphi'_\rho \varphi'_\tau > \varphi'^2_\sigma \qquad (\text{quand } \varphi = 0). \tag{4.8}$$

La transformation d'Ampère (4.6) transforme la courbe $y(x)$, $z(x)$ en la surface

$$\zeta(\xi, \eta) = \eta y(\xi) - z(\xi);$$

cette surface satisfait à (4.7) si

$$z''_{x^2} - qy''_{x^2} + g(y'^2_x, -y'_x, 1, p, q, x, y, z) = 0 \qquad (\text{quand } z'_x = p + qy'_x). \tag{4.9}$$

Imposer à une courbe $y(x)$, $z(x)$, et à l'un de ses plans tangents (p, q) la relation (4.9) ou (4.5), a donc un sens géométrique.

Soit un contour γ; exprimons que la condition géométrique (4.5)

([12]) *Cf.* E. Goursat, *Leçons sur l'intégration des équations aux dérivées partielles du second ordre*, t. I, § **27** et **28**.

est satisfaite par ceux de ses plans tangents qui sont voisins de plans verticaux et qui vérifient l'inégalité $\varepsilon q < 0$; nous obtenons la condition géométrique

$$(4.10)\quad \begin{cases} \varepsilon \{ y''_{x^2} - \lim q^{-1} g(y'^2_x, -y'_x, 1, p, q, x, y, z) \} > 0 \\ \text{pour } q \to -\varepsilon\infty \text{ et } p = z'_x - q y'_x. \end{cases}$$

Soit $x(\lambda)$, $y(\lambda)$, $z(\lambda)$ une représentation paramétrique de la courbe $y(x)$, $z(x)$; (4. 9) équivaut à

$$z''_{\lambda^2} - p x''_{\lambda^2} - q y''_{\lambda^2} + g(y'^2_\lambda, -x'_\lambda y'_\lambda, x'^2_\lambda, p, q, x, y, z) = 0 \qquad (z'_\lambda = p x'_\lambda + q y'_\lambda).$$

Posons

$$\lambda = z, \qquad p = -\mathrm{P}\mathrm{Q}^{-1}, \qquad q = \mathrm{Q}^{-1};$$

il vient

$$\mathrm{P} x''_{z^2} - y''_{z^2} + (y'_x - \mathrm{P})^{-2} q^{-3} g(y'^2_x, -y'_x, 1, p, q, x, y, z) = 0.$$

Appliquons cette condition aux courbes qui sont voisines des parallèles à l'axe des z et à ceux de leurs plans tangents qui ne sont pas verticaux; exprimons que cette condition puisse être vérifiée et soit continue, nous obtenons la condition

$$\lim q^{-3} g(\sigma^2, -\sigma, 1, p, q, x, y, z) = 0 \text{ pour } |q| \to \infty \text{ et } \sigma \neq \mathrm{P} = -pq^{-1}.$$

Du caractère géométrique de cette dernière condition résulte le caractère géométrique de la suivante :

$$(4.11)\quad \begin{cases} (p^2 + q^2 + 1)^{-1} |g(\sigma^2, -\sigma, 1, p, q, x, y, z)| \text{ reste inférieur} \\ \text{à une borne indépendante de } p^2 + q^2 \text{ tant que } \sigma, p, q, x, y, z \\ \text{restent bornés et que } pq^{-1} \neq \sigma. \end{cases}$$

D'autre part, en dérivant (4. 9), nous constatons qu'imposer à une courbe γ l'une ou l'autre des conditions suivantes à un sens géométrique

$$(4.12)\quad \begin{cases} \text{borne inf. } \varepsilon \left\{ y''_{x^2} + \left(y'_x \dfrac{\partial}{\partial p} - \dfrac{\partial}{\partial q} \right) g(y'^2_x, -y'_x, 1, p, q, x, y, z) \right\} > 0 \\ \text{pour } q \text{ arbitraire et } p = z'_x - q y'_x; \end{cases}$$

$$(4.13)\quad \begin{cases} \left(y'^2_x \dfrac{\partial^2}{\partial p^2} - 2 y'_x \dfrac{\partial^2}{\partial p \, \partial q} + \dfrac{\partial^2}{\partial q^2} \right) g(y'^2_x, -y'_x, 1, p, q, x, y, z) \leqq 0 \\ \text{pour } q \text{ arbitraire et } p = z'_x - q y'_x. \end{cases}$$

Remarque. — Lorsque γ vérifie (4.13), les conditions (4.10) et (4.12) sont équivalentes.

21. Majoration frontière de εq. — Lemme 11. — Soit un contour γ, frontière d'une solution $z(x, y)$ de (4.1). Lorsque γ satisfait à (4.12), il est possible de majorer le long de γ la dérivée intérieure, εq, en fonction de γ et de (4.1).

Démonstration. — q vérifie l'inégalité (4.5), où z''_{x^2}, y''_{x^2}, z'_x, y'_x, x, y, z sont donnés et où $p = z'_x - qy'_x$. L'hypothèse (4.12) fait que cette inégalité équivaut à une inégalité $\varepsilon q < \varepsilon q_0$, où q_0 est une fonction connue des données.

22. Majoration intérieure de $p^2 + q^2$. — Lemme 12. — Supposons

$$(4.14) \qquad (p^2+q^2+1)^{-1} g(\sigma^2, -\sigma, 1, p, q, x, y, z) \leqq (\sigma^2+1)A,$$

A étant une fonction de x, y, z, σ, pq^{-1} qui reste bornée tant que x, y, z restent bornés et que $\sigma \neq -pq^{-1}$; cette condition est géométrique, puisque (4.11) l'est. Je dis qu'il est possible de majorer $p^2 + q^2$ sur une solution arbitraire de (4.1) en fonction des données suivantes : A, γ, une borne supérieure de $|z|$ sur la solution envisagée et une borne supérieure de $p^2 + q^2$ sur γ.

Démonstration. — Ces données assignent des bornes inférieures et supérieures à x, y, z. Au cours de la démonstration x, y, z seront supposés compris entre ces bornes, σ sera supposé égal à $p^{-1}q$ et A sera supposé constant.

L'inégalité (4.4) a la conséquence suivante : l'équation (4.1) et les équations

$$r\alpha + s\beta + \gamma = 0, \qquad s\alpha + t\beta + \delta = 0$$

sont incompatibles si

$$g(\beta^2, -\alpha\beta, \alpha^2, p, q, x, y, z) \leqq \alpha\gamma + \beta\delta.$$

En particulier, (4.1) est incompatible avec les équations

$$\mathfrak{X}w = rw'_p + sw'_q + pw'_z + w'_x = 0, \qquad \mathfrak{Y}w = sw'_p + tw'_q + qw'_z + w'_y = 0$$

si

$$(4.15) \quad g(w'^2_q, -w'_p w'_q, w'^2_p, p, q, x, y, z) \leqq w'_p(pw'_z + w'_x) + w'_q(qw'_z + w'_y).$$

Donc, d'après le lemme 3, une fonction $w(p, q, x, y, z)$ qui satisfait à (4. 15) n'a de point stationnaire sur aucune solution de (4. 1).

Or, la relation (4. 14), quand on y choisit $\sigma = p^{-1}q$, exprime que la fonction

$$w = Az + \log\sqrt{p^2 + q^2 + 1}$$

satisfait à (4. 15). Cette fonction w atteint donc son maximum, sur une solution de (4. 1), en un point de la frontière de cette solution; ceci établit le lemme 12.

23. Majoration frontière des dérivées secondes. — Soit un contour γ, frontière d'une solution $z(x, y)$ de (4. 1). Nous nous proposons de majorer r, s, t sur γ, les données étant les suivantes : (4. 1), γ, des majorantes de $|p|$ et de $|q|$.

Il nous suffit d'étudier l'une des composantes de γ. Une transformation ponctuelle du groupe (4. 2) réduit ce problème au suivant :

γ est l'axe des x; $z(x, 0) = 0$; z est une fonction périodique de x définie pour $0 \leqq y \leqq 1$; $|p| < 1$ et $|q| < 1$ pour $0 \leqq y \leqq 1$.

Nous avons $r(x, 0) = 0$; (4. 4) nous donne l'inégalité

$$t + g(1, 0, 0, p, q, x, y, z) > 0,$$

qui minore t. Il s'agit donc de majorer $|s(x, 0)|$ et $t(x, 0)$.

Lemme. — La majoration de $|s(x, 0)|$ est possible lorsque l'on a

(4.16) $$g'_q(0, 0, 1, p, q, x, 0, 0) < 0 \quad \text{pour} \quad |p| < 1, |q| < 1.$$

Démonstration. — Posons

$$f(r, s, t, p, q, x, y, z) = rt - s^2 + g + h.$$

La dérivation de l'équation $f = 0$ nous donne

(4.17) $$f'_r p''_{x^2} + f'_s p''_{xy} + f'_t p''_{y^2} + rf'_p + sf'_q + pf'_z + f'_x = 0.$$

Faisons abstraction des relations différentielles qui lient z et q à p; ne tenons compte que des inégalités $|z| < y$, $|q| < 1$; considérons (4. 17) comme une équation d'inconnue p et appliquons-lui le lemme 7, nous avons

$$F(R, S, T, P, Q; x, y, z) = R + \frac{2rf'_r + sf'_s}{f'_r} S + \frac{r^2 f'_r + rsf'_s + s^2 f'_t}{f'_r} T - \frac{rf'_p + sf'_q + pf'_z + f'_x}{sf'_r},$$

où

$$r = p'_x = -PQ^{-1}, \qquad s = p'_y = Q^{-1}, \qquad |p| < 1, \qquad |q| < 1, \qquad |z| < y.$$

Faisons tendre y, P et Q vers zéro;

$$|s| \to +\infty, \qquad \frac{r}{s} \to 0, \qquad \frac{s}{t} \to 0,$$

les coefficients de S et T restent bornés, et

$$-\frac{rf'_p + sf'_q + pf'_z + f'_x}{sf'_r} \to -g'_q(0, 0, 1, p, q, x, 0, 0) > 0.$$

Les hypothèses du lemme 7 sont donc vérifiées; la majoration de $|p'_y(x, 0)| = |s(x, 0)|$ est donc possible.

Lemme. — La majoration de $t(x, 0)$ est possible lorsqu'on connaît une minorante positive de $g[0, 0, 1, 0, q(x, 0), x, 0, 0]$ et une majorante de $|s(x, 0)|$.

Démonstration. — Quand (4.1) est vérifiée, que s, p, q, x, y, z restent fixes et que t tend en croissant vers $+\infty$, alors r tend en décroissant vers une limite; d'après (4.1), cette limite est

$$-g(0, 0, 1, p, q, x, y, z).$$

Il est donc possible de majorer t en fonction de

$$r + g(0, 0, 1, p, q, x, y, z),$$

supposé positif, et de s, p, q, x, y, z. Le lemme ci-dessus n'est qu'un cas particulier de cette proposition.

Lemme. — Supposons que nous ayons

(4.18) borne sup. $g'_q(0, 0, 1, 0, q, x, 0, 0) < 0$ (q et x variant arbitrairement).

L'équation $g(0, 0, 1, 0, q_0, x, 0, 0) = 0$ possède donc une solution unique $q_0(x)$; l'inégalité (4. 5), appliquée à l'axe de x, nous donne

$$q(x, 0) < q_0(x) \qquad (\textit{cf.}\ \text{lemme } \mathbf{11}).$$

Je dis qu'il est alors possible de construire une majorante négative de $q(x, 0) - q_0(x)$, et par suite, une minorante positive de

$$g[0, 0, 1, 0, q(x, 0), x, 0, 0].$$

Démonstration. — Une transformation du groupe (4. 2) nous ramène au cas où $q_0(x) = 0$. Nous avons donc

$$\varphi(0, 0, 0, 0, 0, x, 0, 0) = 0 \qquad \text{et} \qquad \varphi'_q(0, 0, 0, 0, q, x, 0, 0) > 0$$

quels que soient q et x. D'autre part, d'après (4. 8), nous avons

$$\varphi'_t > 0 \qquad \text{quand} \quad \varphi = 0.$$

Il existe, par suite des constantes positives A_0, A_1, A_2, A_3 telles que la fonction $\zeta(\eta)$ vérifie l'inégalité

$$\varphi(0, 0, \zeta''_{\eta^2}, 0, \eta, x, \zeta'_\eta, \eta\zeta'_\eta - \zeta) > 0,$$

lorsque les conditions suivantes sont remplies, ζ, ζ'_η, ζ''_{η^2} sont voisins de 0;

$$A_2\zeta''_{\eta^2} > A_1|\zeta'_\eta| + A_0|\zeta| + A_3|\eta| \qquad \text{si} \quad \eta < 0;$$
$$A_2\zeta''_{\eta^2} > A_1|\zeta'_\eta| + A_0|\zeta| \qquad \text{si} \quad \eta \geqq 0.$$

Soit une constante négative a, voisine de zéro et un paramètre λ variant de a à 1. Il existe une famille de surfaces $\zeta_\lambda(\eta)$ qui vérifie les conditions que nous venons d'énoncer et, en outre, les suivantes :

$\zeta_\lambda(\eta)$ dépend continûment de λ et est défini pour $\lambda \leqq \eta \leqq 1$;
$\zeta_\lambda(\lambda)$ est nul si $\lambda = a$, négatif si $a < \lambda \leqq 1$;
$\chi_\lambda(\eta) = \dfrac{d\zeta_\lambda(\eta)}{d\eta}$ est nul si $\eta = \lambda$, positif si $\lambda < \eta \leqq 1$.

Soit $z_\lambda(y)$ l'équation de ces surfaces dans le système de coordonnées (x, y, z);
$z_\lambda(y)$ est défini pour $0 \leqq y \leqq y_\lambda$ où $y_\lambda = \chi_\lambda(1)$ (y_λ est voisin de 0);
$z_\lambda(0) = -\zeta_\lambda(\lambda)$ est nul si $\lambda = a$, positif si $a < \lambda \leqq 1$;
$q_\lambda(y_\lambda) = 1$; $q_\lambda(0) = \lambda$;
$y_1 = 0$, $z_1(y) > 0$;
enfin, puisque $\varphi_\lambda > 0$, nous avons $f_\lambda < 0$.

L'application du lemme 1 à la solution $z(x, y)$ de (4. 1) que nous étudions et à la fonction $z_\lambda(y)$, nous donne

$$z(x, y) < z_a(y);$$

d'où, puisque $z(x, 0) = z_a(0) = 0$,

$$q(x, 0) \leqq q_a(0) = a < 0;$$

la majoration annoncée est effectuée.

Cessons de supposer que γ soit l'axe des x.

LEMME 13. — Soit un contour γ, frontière d'une solution $z(x, y)$ de (4. 1). Supposons qu'on ait le long de ce contour

$$(4.19)\quad \left\{ \begin{array}{l} \text{borne inf.}\,\varepsilon \left\{ y''_{x^2} + \left(y'_x \dfrac{\partial}{\partial p} - \dfrac{\partial}{\partial q} \right) g(y'^2_x, -y'_x, 1, p, q, x, y, z) \right\} > 0 \\ (p \text{ et } q \text{ étant arbitraires}). \end{array} \right.$$

Je dis qu'il est possible de majorer r, s, t le long de γ en fonction des données suivantes : (4. 1), γ une borne supérieure de $p^2 + q^2$ sur la solution étudiée.

Démonstration. — La condition (4. 19) a un sens géométrique puisque (4. 12) en a un; elle implique (4. 18) et (4. 16) lorsque γ est l'axe des x; le lemme 13 est donc une conséquence immédiate des trois lemmes qui le précèdent.

24. MAJORATION INTÉRIEURE DES DÉRIVÉES SECONDES. CALCUL PRÉLIMINAIRE. — Supposons que l'équation (2. 1) soit l'équation $\varphi = 0$ et que w soit égal à $-\tau$, ou plus généralement au produit de τ par une fonction négative. La condition

$$\mathcal{B}(w) \gtrless 0 \qquad \text{pour} \quad \mathcal{X}w = \mathcal{Y}w = \mathcal{X}\varphi = \mathcal{Y}\varphi = w = \varphi = 0$$

équivaut à l'inégalité

$$\left(\frac{\partial}{\partial \eta} + \chi \frac{\partial}{\partial \zeta} + \sigma \frac{\partial}{\partial \pi} \right)^2 g(\sigma^2, -\sigma, 1, p, q, x, y, z) \lessgtr 0,$$

c'est-à-dire à l'inégalité

$$\left(\sigma^2 \frac{\partial^2}{\partial p^2} - 2\sigma \frac{\partial^2}{\partial p\, \partial q} + \frac{\partial^2}{\partial q^2} \right) g(\sigma^2, -\sigma, 1, p, q, x, y, z) \lessgtr 0.$$

LEMME 14. — Supposons qu'on puisse choisir σ, p, q, x, y, z tels qu'on ait

$$\left(\sigma^2\frac{\partial^2}{\partial p^2}-2\sigma\frac{\partial^2}{\partial p\,\partial q}+\frac{\partial^2}{\partial q^2}\right)g(\sigma^2,\,-\sigma,\,1,\,p,\,q,\,x,\,y,\,z)>0,$$

et que φ soit analytique au voisinage du système d'arguments

$$[\rho=g(\sigma^2,\,-\sigma,\,1,\,p,\,q,\,x,\,y,\,z),\,\sigma,\,\tau=0,\,p,\,q,\,x,\,y,\,z].$$

La majoration intérieure des dérivées secondes de (4. 1) est alors impossible.

Démonstration. — L'hypothèse énoncée et l'inégalité (4. 8) permettent d'appliquer le lemme 2 à l'équation $\varphi=0$ et à la fonction $w=-\tau$. L'équation $\varphi=0$ possède donc une solution $\zeta_\lambda(\xi,\eta)$ ayant les caractères que voici : ζ est une fonction analytique de (ξ,η,λ) définie au voisinage d'un point (ξ_0,η_0) pour $\lambda\geqq 0$; $\tau_\lambda(\xi,\eta)>0$ quand $(\xi-\xi_0)^2+(\eta-\eta_0)^2+\lambda^2\neq 0$; $\tau_0(\xi_0,\eta_0)=0$.

Soit $z_\lambda(x,y)$ l'équation des surfaces $\zeta_\lambda(\xi,\eta)$ dans le système de coordonnées (x,y,z); $z_\lambda(x,y)$ est une solution de (1), définie pour $\lambda\geqq 0$ au voisinage d'un point (x_0,y_0); z dépend analytiquement de (x,y,λ), sauf au point $x=x_0$, $y=y_0$, $\lambda=0$; $z_\lambda(x,y)$, $p_\lambda(x,y)$, $q_\lambda(x,y)$ sont continus même en ce point; $t_\lambda(x,y)\to+\infty$ quand $(x-x_0)^2+(y-y_0)^2+\lambda^2\to 0$.

Ces propriétés de $z_\lambda(x,y)$ justifient le lemme 14.

LEMME 15. — Supposons que l'on ait, quels que soient σ,p,q,x,y,z,

$$\left(\sigma^2\frac{\partial^2}{\partial p^2}-2\sigma\frac{\partial^2}{\partial p\,\partial q}+\frac{\partial^2}{\partial q^2}\right)g(\sigma^2,\,-\sigma,\,1,\,p,\,q,\,x,\,y,\,z)\leqq 0.$$

Il est alors possible de majorer $r^2+s^2+t^2$ sur une solution arbitraire de (4, 1) en fonction des données suivantes : (4, 1), γ, une borne supérieure de p^2+q^2 sur la solution étudiée, une borne supérieure de $r^2+s^2+t^2$ le long de γ.

Démonstration. — Ces données assignent des bornes inférieures et supérieures à p, q, x, y, z; au cours de la démonstration, ces variables seront supposées comprises entre ces bornes.

Appliquons le lemme 4 à l'équation $\varphi = 0$ et aux fonctions

$$w = -\frac{1}{\sqrt{r^2+s^2+t^2}} = -\frac{\tau}{\sqrt{(\sigma^2-\rho\tau)^2+\sigma^2+1}}, \qquad v = p + Ax = -\pi + A\xi,$$

A étant une constante. En tenant compte de l'inégalité (4. 8), nous constatons que les hypothèses de ce lemme 4 sont réalisées pour $|\sigma| < 2$ et $A > g(0, 0, 1, p, q, x, y, z)$. Sur aucune solution de (4. 1), la fonction $\sqrt{r^2+s^2+t^2}\,u(v)$ ne possède donc de maximum relatif en lequel $r^2+s^2+t^2$ est grand et $|st^{-1}| < 2$, si la fonction positive u satisfait à une certaine inégalité du type (2. 5).

(2.5) $\qquad A_2 u''_{v^2} > A_1 |u'_v| + A_0 u \qquad$ (A_i, constantes positives).

En permutant les rôles de x et y, on établit de même la proposition suivante : sur aucune solution de (4, 1), la fonction $\sqrt{r^2+s^2+t^2}\,u(v)$ ne possède de maximum relatif en lequel $r^2+s^2+t^2$ est grand et $|sr^{-1}| < 2$, si u satisfait à une certaine inégalité du type (2. 5).

Or, quand $r^2+s^2+t^2$ est grand, l'une au moins des quantités $|st^{-1}|$ et $|sr^{-1}|$ est inférieure à 2.

Il est donc possible de choisir la fonction positive $u(v)$ telle que le maximum de $\sqrt{r^2+s^2+t^2}\,u(p+Ax)$ sur une solution de (4. 1) soit réalisé le long de γ, s'il est supérieur à une borne connue ; ceci établit le lemme 15.

25. Conclusions. — Nous dirons que *le problème de Dirichlet est bien posé* pour une équation (4. 1) et une famille de contours γ quand les deux propositions suivantes seront vraies.

1° Soit un ensemble compact en soi de données (γ, z_1, z_2) dont les contours γ appartiennent à la famille de contours envisagée; supposons que les dérivées intérieures le long de γ, εq, des solutions des problèmes de Dirichlet correspondants sont bornées inférieurement dans leur ensemble ; ces solutions constituent alors un ensemble *compact en soi* (ou vide), dans l'espace des fonctions trois fois dérivables.

2° Le problème de Dirichlet de données $[(4.\ 1), \gamma, z_1, z_2]$ possède *au moins une solution* quand les conditions suivantes sont réalisées :

γ appartient à la famille de contours envisagée; $z_1(x, y) < z_2(x, y)$; γ est sur z_1; $f_1 > 0$; $f_2 \leqq 0$.

Nous dirons que le problème de Dirichlet est mal posé pour une équation (4. 1), quand il n'existera aucune famille Φ de contours γ telle que ce problème soit bien posé pour (4. 1) et Φ.

Théorème II. — *Le problème est* bien posé *pour l'équation* (4. 1) *et pour la famille des contours* γ *le long desquels*

$$\left\{\begin{array}{l}\varepsilon\{y''_{x^2} - \lim q^{-1} g(y'^2_x, -y'_x, 1, p, q, x, y, z)\} > 0 \\ (\text{pour } q \rightarrow -\varepsilon\infty, |p + qy'_x| \text{ restant borné}),\end{array}\right. \tag{4.20}$$

lorsque (4. 1) *satisfait à l'ensemble des conditions géométriques que voici :*

a. (4.3) *a lieu; les dérivées troisièmes de* $\varphi(\rho, \sigma, \tau, p, q, x, y, z)$ *restent bornées quand* τ *s'annule;*

$$b. \qquad \left(\sigma^2 \frac{\partial^2}{\partial p^2} - 2\sigma \frac{\partial^2}{\partial p\, \partial q} + \frac{\partial^2}{\partial q^2}\right) g(\sigma^2, -\sigma, 1, p, q, x, y, z) \leqq 0,$$

quels que soient σ, p, q, x, y, z;

$$c. \qquad (p^2 + q^2 + 1)^{-1} g(\sigma^2, -\sigma, 1, p, q, x, y, z) < (\sigma^2 + 1) A,$$

A *étant une fonction de* x, y, z, σ, pq^{-1} *qui reste bornée tant que* x, y, z *restent bornés et que* $\sigma \neq pq^{-1}$.

Le problème de Dirichlet est mal posé *lorsque la circonstance suivante se présente :*

$\overline{b}$. *On peut choisir* σ, p, q, x, y, z *tels qu'on ait*

$$\left(\sigma^2 \frac{\partial^2}{\partial p^2} - 2\sigma \frac{\partial^2}{\partial p\, \partial q} + \frac{\partial^2}{\partial q^2}\right) g(\sigma^2, -\sigma, 1, p, q, x, y, z) > 0$$

et que φ *soit analytique au voisinage du système d'arguments*

$$[\rho = g(\sigma^2, -\sigma, 1, p, p, x, y, z), \sigma, \tau = 0, p, q, x, y, z].$$

26. Démonstration du théorème II. — Le lemme 14 prouve que le problème de Dirichlet est mal posé quand la circonstance $\overline{b}$ se présente.

Supposons réalisées les conditions a, b, c. Le théorème I, les lemmes 11, 12, 13, 15 et la remarque qui termine le paragraphe **20** démontrent alors la proposition suivante :

« Soit un ensemble compact en soi de données (γ, z_1, z_2), dont les contours γ vérifient (4.20); supposons que le long de γ, les dérivées intérieures εq des solutions des problèmes de Dirichlet correspondants soient bornées inférieurement dans leur ensemble ; ces solutions constituent un ensemble *compact en soi* (ou vide), dans l'espace des fonctions trois fois dérivables. »

Pour déduire de cette proposition le théorème II, il suffit, d'après le théorème II, d'établir le lemme suivant :

« Soit un système de données (4.1), γ, z_1, z_2 vérifiant les conditions suivantes : (4.1) satisfait à a, b, c; γ satisfait à (4.20); $z_1 < z_2$; γ est sur z_1; $f_1 > 0$; $f_2 \leqq 0$. Soit z_0 une surface voisine de z_1 comprise entre z_1 et z_2 et ayant γ pour frontière. Je dis qu'on peut modifier continûment (4.1), en respectant les conditions précédentes, de manière à réaliser, en outre, les suivantes : $f_0 = 0$, $f'_z \leqq 0$, en sorte que le nouveau problème de Dirichlet ainsi obtenu possède une solution unique et simple, z_0. »

Démontrons ce lemme. Choisissons h tel que, dans la région $f \geqq 0$, l'inégalité (4.3) se trouve vérifiée et que nous puissions y poser

$$f(r, s, t, p, q, x, y, z) = rt - s^2 + g(r, s, t, p, q, x, y, z) + h(r, s, t, p, q, x, y, z).$$

Supposons $z_1 = 0$, $z_2 = 1$. Envisageons l'équation

$$f(r, s, t, p, q, x, y, z, \lambda) = f(r, s, t, p, q, x, y, \lambda z) + (1 - \lambda) l(p, q, x, y, z) = 0,$$

où λ est un paramètre, qui varie de 0 à 1. Cette équation vérifie les conditions a, b, c, l'inégalité (4.20), l'inégalité $f_1 > 0$ et, quand $\lambda = 0$, l'inégalité $f'_z \leqq 0$, si nous imposons les relations suivantes à la fonction l:

$$l(p, q, x, y, z) \leqq 0, \qquad l(0, 0, x, y, 0) = 0,$$
$$l'_z(p, q, x, y, z) \leqq 0 \qquad (\text{pour } z \geqq 0).$$

Il est aisé de trouver une fonction $l(p, q, x, y, z)$, qui satisfait à ces trois relations et qui satisfait, en outre, aux deux conditions suivantes :

$$f_2 \leqq 0 \quad \text{quelque soit } \lambda; \qquad f_0 = 0 \quad \text{quand } \lambda = 0. \qquad \text{C. Q. F. D.}$$

V. — Exemples.

Ce chapitre consiste en corollaires du théorème I; M. S. Bernstein, dans la seconde partie de son Mémoire paru au tome 29 des *Annales de l'École Normale*, avait donné des énoncés voisins de nos corollaires I et III et établi des cas particuliers de nos corollaires II et IV.

Nous attribuons à l'expression « problème de Dirichlet bien posé » le sens que définit le paragraphe **17** (p. 266).

27. Équation quasi linéaire. — Envisageons l'équation

$$ar + 2bs + ct + d = 0, \tag{5.1}$$

a, b, c, d étant quatre fonctions données de (p, q, x, y, z), qui vérifient les inégalités

$$ac > b^2, \qquad a > 0, \qquad c > 0.$$

Posons

$$E = ap^2 + 2bpq + cq^2.$$

Le théorème I appliqué à (5.1) prend la forme suivante :

Corollaire I. — *Supposons que* $\frac{a}{E}$ *et* $\frac{c}{E}$ *tendent vers zéro quand* $p^2 + q^2$ *augmente indéfiniment* (x, y *et* z *restant bornés*); *dans ces mêmes conditions,* $\frac{ap+bq}{E}$ *et* $\frac{bp+cq}{E}$ *tendent nécessairement vers zéro. Supposons que les dérivées troisièmes des fonctions* $\frac{a}{E}$, $\frac{c}{E}$, $\frac{ap+bq}{E}$, $\frac{bp+cq}{E}$, $\frac{d}{E\sqrt{p^2+q^2}}$ *par rapport aux variables* $\left[x, y, z, (p^2+q^2)^{-\frac{1}{2}}, \operatorname{arc\,tang}\frac{p}{q}\right]$ *restent bornées quand* $p^2 + q^2$ *augmente indéfiniment* (x, y *et* z *restant bornés*).

Le problème de Dirichlet est bien posé pour la famille de tous les contours γ, *lorsque* $\frac{|d|}{E}$ *reste borné quand* $p^2 + q^2$ *augmente indéfiniment* (x, y *et* z *restant bornés*).

Lorsque cette condition, $\frac{|d|}{E}$ *borné, n'est pas vérifiée et que les conditions précédentes sont vérifiées, alors le problème de Dirichlet est mal posé.*

Corollaire II. — *Supposons que nous ayons, quand p^2+q^2 est infiniment grand, les développements limités, deux fois dérivables,*

$$\frac{a}{E} = q^2\eta_{-2}+\alpha_{-1}+\alpha_{-2}+\ldots,$$

$$\frac{b}{E} = -pq\eta_{-2}+\beta_{-1}+\beta_{-2}+\ldots,$$

$$\frac{c}{E} = p^2\eta_{-2}+\gamma_{-1}+\gamma_{-2}+\ldots,$$

$$\frac{d}{E} = \delta_1+\ldots,$$

où η_n, α_n, β_n, γ_n sont des fonctions de (p, q, x, y, z) qui sont par rapport à (p, q), positivement homogènes (13) *et de degrés n. Nous avons nécessairement*

$$\alpha_{-1}p^2+2\beta_{-1}pq+\gamma_{-1}q^2=0, \qquad \alpha_{-2}p^2+2\beta_{-2}pq+\gamma_{-2}q^2=1.$$

Nous supposons que $\dfrac{(ac-b^2)(p^2+q^2)}{E^2}$ *ne peut tendre vers zéro quand p^2+q^2 augmente indéfiniment (x, y et z restant bornés); cette hypothèse équivaut à l'inégalité* (14)

$$\eta_{-2}>\beta_{-1}^2-\alpha_{-1}\gamma_{-1}, \tag{5.2}$$

dont le second membre ne peut être négatif.

Si nous avons, quels que soient p, q, x, y, z,

$$\frac{\partial}{\partial z}\left\{\frac{\delta_1(p, q, x, y, z)}{\eta_{-2}(p, q, x, y, z)}\right\}\leqq 0, \tag{5.3}$$

alors le problème de Dirichlet est bien posé pour la famille Φ des contours γ qui vérifient l'inégalité

$$\varepsilon\left\{y''_{x^2}\mp\frac{\delta_1(\mp y'_x, \pm 1, x, y, z)}{\eta_{-2}(\mp y'_x, \pm 1, x, y, z)}\right\}\geqq 0. \tag{5.4}$$

---

(13) $\alpha(p, q)$ est positivement homogène de degré n lorsque l'on a

$$\alpha_n(tp, tq)=t^n\alpha_n(p, q) \quad \text{quand} \quad t>0.$$

(14) L'hypothèse $ac>b^2$ entraîne l'inégalité $\eta_{-2}\geqq\beta_{-1}^2-\alpha_{-1}\gamma_{-1}$.

Si (5. 2), *a lieu et si* $\frac{a}{E}, \frac{b}{E}, \frac{c}{E}, \frac{d}{E\sqrt{p^2+q^2}}$ *sont des fonctions analytiques de* $\left[x, y, z, (p^2+q^2)^{-\frac{1}{2}}, \operatorname{arc\,tang}\frac{p}{q}\right]$, *au voisinage d'un système de valeurs* $\left[x, y, z, (p^2+q^2)^{-\frac{1}{2}} = 0, \operatorname{arc\,tang}\frac{p}{q}\right]$ *qui ne vérifient pas* (5. 3), *alors le problème de Dirichlet est mal posé.*

28. Extrémales d'une intégrale double. — Appliquons les deux corollaires précédents aux extrémales de l'intégrale double

$$\iint g(p, q, x, y, z)\,dx\,dy \qquad (g''_{p^2}g''_{q^2} > g''^2_{pq},\ g''_{p^2} > 0,\ g''_{q^2} > 0),$$

c'est-à-dire à l'équation

$$rg''_{p^2} + 2sg''_{pq} + tg''_{q^2} + g''_{px} + g''_{qy} + pg''_{pz} + qg''_{qz} - g'_z = 0.$$

Supposons que nous ayons, quand p^2+q^2 est infiniment grand, un développement limité, cinq fois dérivable

$$g(p, q, x, y, z) = g_n(p, q, x, y, z) + g_{n-1}(p, q, x, y, z) + g_{n-2}(p, q, x, y, z) + \ldots,$$

g_n, g_{n-1}, g_{n-2} étant, par rapport à (p, q), positivement homogènes et de degrés respectifs n, $n-1$, $n-2$.

Nous obtenons les conclusions suivantes :

Corollaire III. — *Supposons*

$$n > 1 \quad \text{et} \quad g_n(p, q, x, y, z) \neq 0 \quad (\text{quand } p^2+q^2 \neq 0);$$

le problème de Dirichlet est bien posé pour tous les contours γ.

Corollaire IV. — *Supposons* $n = 1$, *c'est-à-dire*

$$g(p, q, x, y, z) = g_1(p, q, x, y, z) + g_0(p, q, x, y, z) + g_{-1}(p, q, x, y, z) + \ldots.$$

Nous avons

$$\frac{\partial^2 g_1}{\partial p^2} = q^2 k_{-3}, \qquad \frac{\partial^2 g_1}{\partial p\,\partial q} = -pqk_{-3}, \qquad \frac{\partial^2 g_1}{\partial q^2} = p^2 k_{-3},$$

$$\frac{\partial g_0}{\partial p} = qk_{-2}, \qquad \frac{\partial g_0}{\partial q} = -pk_{-2},$$

k_{-3} *et* k_{-2} *étant des fonctions de* (p, q, x, y, z), *qui sont, par rapport* *à (p, q) positivement homogènes et de degrés respectifs* — 3 *et* — 2; *il en résulte que*

$$\frac{\partial^2 g}{\partial p^2}\frac{\partial^2 g}{\partial q^2}-\left(\frac{\partial^2 g}{\partial p\,\partial q}\right)^2 = 2g_{-1}k_{-3}-(k_{-2})^2+\ldots;$$

nous avons donc nécessairement

$$2g_{-1}k_{-3} \geqq (k_{-2})^2.$$

Supposons que

$$2g_{-1}k_{-3} > (k_{-2})^2. \tag{5.5}$$

Supposons enfin que nous ayons, quels que soient x, y, z, y'_x, $\pm$,

$$\frac{\partial}{\partial z}\left\{\frac{\pm\dfrac{\partial^2 g_1}{\partial x\,\partial y'_x}\pm y'_x\dfrac{\partial^2 g_1}{\partial y\,\partial y'_x}\mp\dfrac{\partial g_1}{\partial y}+\dfrac{\partial g_0}{\partial z}}{\dfrac{\partial^2 g_1}{\partial y'^2_x}}\right\}\geqq 0, \tag{5.6}$$

les arguments de g_1 et g_0 étant $(\mp y'_x, \pm 1, x, y, z)$.

Alors le problème de Dirichlet est bien posé pour la famille Φ des contours γ dont les équations $y(x)$, $z(x)$ vérifient l'inégalité différentielle

$$\varepsilon\left\{y''_{x^2}+\frac{\dfrac{\partial^2 g_1}{\partial x\,\partial y'_x}+y'_x\dfrac{\partial^2 g_1}{\partial y\,\partial y'_x}-\dfrac{\partial g_1}{\partial y}\pm\dfrac{\partial g_0}{\partial z}}{\dfrac{\partial^2 g_1}{\partial y'^2_x}}\right\}\geqq 0, \tag{5.7}$$

où g_1 et g_2 ont pour arguments $(\mp y'_x, \pm 1, x, y, z)$.

L'hypothèse (5. 6) *qui ne diffère pas de* (5. 3) *a le même caractère de nécessité que cette dernière.*

[1954a]

On linear hyperbolic differential equations with variable coefficients on a vector space

Ann. Math. Studies, Princeton University 33 (1954) 201–210

Abstract: In §1 of this paper a mistake in Petrowsky's proof of his fundamental existence theorem is pointed out; §2 shows how this theorem can be proved and §3 shows how it holds for merely Lipschitz continuous coefficients. This theorem is extended to systems and manifolds in another paper [2].

§1. INTRODUCTION

Cauchy and Kowalewski gave a local existence theorem for analytic equations. J. Hadamard [1] pointed out that for physical problems such a local theorem is useless and proved a global existence theorem for hyperbolic equations of second order; he used Riemannian geometry and Green's method which transforms the problem of finding regular solutions into a problem of finding solutions having a given singularity. Later on J. Schauder [4] gave an easier method: the classical energy relation enables him to extend the local Cauchy-Kowalewski solution into a global one for analytic and finally non-analytic equations of second order. Two years later I. Petrowsky [3] gave the definition of hyperbolic equations of any order and, using Schauder's process, proved a global existence theorem for these equations.

The main point of Petrowsky's paper is to find an a priori bound for a solution of Cauchy's problem for equations in l independent variables; he obtains his bound after 17 pages of inequalities without comments. His first step is to define a strange transformation involving both the Fourier transformation and the use in the $(l-1)$-dimensional space of a variable frame that depends on its first vector. He assume (pp. 821-822 and more explicitly in the last lines of p. 861) that this frame depends continuously on its first vector. But this assumption does not differ from the assumption that the $(l-2)$-sphere is parallelisable; i.e., that there exists on its surface a frame which depends continuously on its vertex. It is a known topological theorem that even-dimensional spheres cannot have any continuous vector field and therefore are not parallelisable.

In fact, Steenrod and Whitehead [5] have recently proved a deep theorem which asserts that a sphere whose dimension is not 2^k-1 is not parallelisable. If one could prove that there exist parallelisable spheres with arbitrarily large dimensions, Hadamard's descent method would enable us to complete Petrowsky's proof but at present we know only that the 1-, 3- and 7-dimensional spheres can be parallelised by means of complex numbers, quaternions and Cayley numbers [6]. We conclude: Petrowsky has actually established his a priori bound only when the number l of independent variables in the equations is $l \leq 9$. Let us outline in the next section how such a priori bounds can be obtained for any value of l by a method much simpler than Petrowsky's.

§2. EQUATIONS WITH INFINITELY OFTEN DIFFERENTIABLE COEFFICIENTS

Let X be an l-dimensional vector space and Σ its dual; consider a linear differential equation of order m

$$a(x,p)u(x) = v(x) \tag{1}$$

where

$$x = (x_1, x_2, \ldots, x_l) \in X, \quad p = (p_1, p_2, \ldots, p_l) = \left(\frac{\partial}{\partial x_1}, \frac{\partial}{\partial x_2}, \ldots, \frac{\partial}{\partial x_l}\right) \in \Sigma$$

Suppose Cauchy data $u, p_1u, \ldots, p_1^{m-1}u$ are given on the hyperplane

$$x_1 = \text{constant}$$

we seek an a priori bound for the solution of Cauchy's problem.

Replace equation (1) by a first order system, introducing new unknowns for the first $m-1$ derivatives of u with respect to x_1:

$$\begin{cases} p_1u_1 = u_2, \quad p_1u_2 = u_3, \ldots, \quad p_1u_{m-1} = u_m \\ p_1u_m = -c_o(x,p)u_1 - c_1(x,p)u_2 - \ldots - c_{m-1}(x,p)u_m + v \end{cases}$$

here

$$u_1(x) = u(x)$$

$$a(x,p) = p_1^m + c_{m-1}(x,p)p_1^{m-1} + \ldots + c_1(x,p)p_1 + c_o(x,p)$$

and $c_\lambda(x,p)$ is independent of p_1.

We write the system in the matrix form

$$p_1 U(x) = A(x,p)U(x) + V(x) \tag{2}$$

where

$$U = (u_1, u_2, \ldots, u_m), \qquad V = (v_1, v_2, \ldots, v_m)$$

and

$$A = \begin{pmatrix} 0 & 1 & 0 & \cdot & 0 \\ 0 & 0 & 1 & \cdot & 0 \\ 0 & 0 & 0 & \cdot & 0 \\ \cdot & \cdot & \cdot & \cdot & \cdot \\ 0 & 0 & 0 & \cdot & 1 \\ -c_0 & -c_1 & -c_2 & \cdot & -c_{m-1} \end{pmatrix} \tag{3}$$

thus the elements $a_{\lambda\mu}(x,p)$ of $A(x,p)$ are independent of p_1 and have (at most) the order $\lambda - \mu + 1$.

Now suppose we know another real matrix $B(x,p)$ with the following properties:

(a) The rank of B is the same as that of A.

(b) The elements $b_{\lambda\mu}(x,p)$ of B are independent of p_1; they have the order $2n - \lambda - \mu$. Hence, the $(\lambda,\mu)^{th}$ element of the product matrix BA has (at most) the order $2n - \lambda - \mu + 1$.

(c) However, the $(\lambda,\mu)^{th}$ element of the matrix $BA + (BA)^*$ has the smaller order $2n - \lambda - \mu$ (C^* denotes the adjoint of C).

(d) $B(x,p)$ is a hermitian positive definite operator, i.e.,

$$B = B^*$$

$$(B(x,p)U,U)_t > k \sum_{\substack{1 \leq \lambda \leq l \\ 0 \leq \mu \leq m}} \| p^{m-\mu} u_\mu(x) \|_t^2$$

where k is a positive constant and our inner product is defined as follows:

$$(u,v)_t = \int \cdots \int_{x_1 = t} u(x)v(x)\, dx_2 dx_3 \ldots dx_l$$

$$(U,V)_t = \sum_{1 \leq \lambda \leq l} (u_\lambda, v_\lambda)_t$$

$$\|u\|_t^2 = (u,u)_t$$

If $B(x,p)$ has the above properties, we say that the hermitian part of $A(x,p)$ is bounded in the sense of the norm induced by $B(x,p)$. Indeed, for the norm $\sqrt{(BU,U)_t}$, the adjoint of A is $B^{-1}A^*B$ and the hermitian part of A is

$$\frac{1}{2} A + \frac{1}{2} B^{-1}A^*B$$

which is bounded since $((BA + A^*B)U,U)_t < \text{const.}(BU, U)_t$.

Whenever the hermitian part of A is bounded in the norm induced by B, an "energy inequality" holds: From equation (2),

$$\frac{d}{dt}(BU,U)_t = ((BA + A^*B)U,U)_t + (B_tU,U)_t + 2(BU,V)$$

$$< \text{const.}\ (BU,U)_t + \text{const.}\ \sqrt{(BU,U)_t(BV,V)_t}$$

Let γ be a positive constant. Then

$$\frac{d}{dt}\left[\sqrt{(BU,U)_t}\ e^{-\gamma t}\right] < \text{const.}\ \sqrt{(BV,V)_t}\ e^{-\gamma t} \tag{4}$$

If we integrate (4) we obtain a priori bounds for $u(x)$ in terms of the norm induced by B. (If n can be chosen arbitrarily large, then arbitrarily high derivatives of u are involved in this norm.)

We shall call a real matrix A symmetric with respect to the norm induced by a real, symmetric, positive definite matrix B if the matrix BA is symmetric. A simple application of Fourier transforms yields operators $B(x,p)$ with respect to which the hermitian part of $A(x,p)$ is bounded (and hence, yields a priori bounds for the solution of our Cauchy problem) provided we can solve the following purely algebraic problem:

Let $H(x,\xi)$ be the matrix which we obtain when, in the matrix $A(x,\xi)$, we replace the elements $c_\lambda(x,\xi)$ by their principal parts $\tilde{c}_\lambda(x,\xi)$; then the elements $h_{\lambda\mu}(x,\xi)$ of $H(x,\xi)$ are polynomials in $(\xi_2,\ldots,\xi_l)$, homogeneous of degree $\lambda - \mu + 1$. We ask for a matrix $B(x,\xi)$ such that $H(x,\xi)$ is symmetric with respect to the norm induced by $B(x,\xi)$:

B is a symmetric, positive definite matrix, BH is symmetric; the elements $b_{\lambda\mu}(x,\xi)$ of $B(x,\xi)$ have to be polynomials in $(\xi_2,\xi_3,\ldots,\xi_l)$ homogeneous of degree $2n - \lambda - \mu$.

This problem can be solved only if all characteristic roots of $H(x,\xi)$ are real. When they are real and distinct, the problem has solutions even if A is not of the special type (3); but if A is of type (3) then the solution is particularly simple as we shall now show.

Let $P(t)$ be the characteristic polynomial of $H(x,\xi)$:

$$P(t) = t^m + \tilde{c}_{m-1}(x,\xi)t^{m-1} + \ldots + \tilde{c}_1(x,\xi)t + \tilde{c}_o(x,\xi)$$

The roots $t_1, t_2, \ldots, t_m$ of $P(t)$ are assumed to be real and distinct. Let

$$s_\lambda = \sum_{\mu=1}^{m} t_\mu^\lambda$$

and

$$T = \begin{pmatrix} 1 & 1 & 1 & . & 1 \\ t_1 & t_2 & t_3 & . & t_m \\ t_1^2 & t_2^2 & t_3^2 & . & t_m^2 \\ \ldots & \ldots & \ldots & \ldots & \ldots \\ t_1^{m-1} & t_2^{m-1} & t_3^{m-1} & . & t_m^{m-1} \end{pmatrix}$$

On the one hand, the matrix

$$S = \begin{pmatrix} s_o & s_1 & s_2 & . & s_{m-1} \\ s_1 & s_2 & s_3 & . & s_m \\ s_2 & s_3 & s_4 & . & s_{m+1} \\ \ldots & \ldots & \ldots & \ldots & \ldots \\ s_{m-1} & s_m & s_{m+1} & . & s_{2m-2} \end{pmatrix} = TT'$$

(where T' is the transpose of T) is symmetric and positive definite. On the other hand, the s_λ are polynomials in the $c_\lambda(x,\xi)$ and can be obtained by a classical induction formula so that we can easily verify that

$$HS = \begin{pmatrix} s_1 & s_2 & s_3 & . & s_m \\ s_2 & s_3 & s_4 & . & s_{m+1} \\ s_3 & s_4 & s_5 & . & s_{m+2} \\ \ldots & \ldots & \ldots & \ldots & \ldots \\ s_m & s_{m+1} & s_{m+2} & . & s_{2m-1} \end{pmatrix}$$

is symmetric. Therefore, our desired matrix can be chosen as

$$B(x,\xi) = (\xi_2^2 + \xi_3^2 + \ldots + \xi_1^2)^{n - \frac{m(m-1)}{2} - 1} |\det S| \cdot S^{-1}$$

Now that we have obtained a priori bounds for the solution of our Cauchy problem, we can, by means of Schauder's process, extend the local Cauchy-Kowalewski solution to a global one and thus obtain the existence theorem; then, using the well-known method of Holmgren, we obtain the uniqueness theorem.

The assumption that the roots of $P(t)$ are real and distinct is equivalent to the assumption that $a(x,p)$ is hyperbolic according to Definition 1, and to the assumption that the first axis of Σ lies in the interior of the director cone $\Gamma_x(a)$ defined below.

DEFINITION 1. Let $a(x,\xi)$ be a polynomial of degree m, and $h(x,\xi)$ the sum of its homogeneous terms of degree m. At a given point x, $h(x,\xi) = 0$ defines a cone in the space Σ.

$a(x,p)$ is said to be hyperbolic at the point x if there exists at least one point ξ_0 in Σ such that any real line through ξ_0 and not through the origin cuts the cone $h(x,\xi) = 0$ at m real and distinct points. All elements ξ satisfying this condition at a point x form a double convex cone $\Gamma_x(a)$, $-\Gamma_x(a)$ whose boundary belongs to the cone $h(x,\xi) = 0$; $h(x,\xi) = 0$ has no singular generators.

We can now draw the following conclusion:

PROPOSITION 1. Assume that $a(x,p)$ is hyperbolic everywhere in X, that its coefficients are infinitely often differentiable and that the interior of the set $\Gamma_X(a) = \bigcap_{x \in X} \Gamma_x(a)$ is not empty. Assume that $v(x)$ is infinitely often differentiable and vanishes outside a bounded region. Then equation (1) has a unique solution

$$u(x) = a(x,p)^{-1} v(x)$$

such that $u(x) \exp.(-x \cdot \xi)$ is square integrable on X for any ξ belonging to some domain whose director cone is $\Gamma_X(a)$.

REMARK 1. Let $u'(x)$ be a derivative of any order of $u(x)$; $u'(x)$ exp. $(-x\cdot\xi)$ is square integrable on X for any ξ belonging to some domain whose director cone is $\Gamma_X(a)$.

REMARK 2. Let $S(u)$ be the support of u (i.e., the smallest closed subset of X outside which $u = 0$); let $C_X(a)$ be the cone dual to $\Gamma_X(a)$. Then, by Proposition 1,

$$S(u) \subset S(v) + C_X(a) \tag{5}$$

Thus Proposition 1 solves the Cauchy problem for data zero at infinity in the direction $-C_X(a)$. Any "well posed" Cauchy problem can now be reduced to this one.

REMARK 3. The integral of the square of $u(x)$ exp. $(-x\cdot\xi)$ can be bounded by the integral of the square of $v(x)$ exp. $(-x\cdot\xi)$. However, such a bound cannot be obtained from the inequality (4) and the matrix $B(x,\xi)$.

§3. EQUATIONS WITH LIPSCHITZ-CONTINUOUS COEFFICIENTS

We shall now obtain new a priori bounds by a simpler process which does not employ any special choice of coordinates, but which supposes that the solution $u(x)$ of equation (1) is defined in the whole space X. Evidently such a priori bounds could not be the basis of Schauder's method used in the proof of Proposition 1; it dealt with solutions defined only in strips.

Let

$$P(\lambda) = \lambda^m + \ldots \qquad Q(\lambda) = \lambda^{m-1} + \ldots$$

be two real polynomials in one variable λ. We say that the roots of $Q(\lambda)$ separate the roots of $P(\lambda)$ if

(a) all the roots of both polynomials are real and distinct,

(b) letting $\lambda_1 < \lambda_2 < \ldots < \lambda_m$ denote the roots of $P(\lambda)$ and $\mu_1 < \mu_2 < \ldots < \mu_{m-1}$ the roots of $Q(\lambda)$,

$$\lambda_1 < \mu_1 < \lambda_2 < \mu_2 < \ldots < \mu_{m-1} < \lambda_m$$

If the roots of $Q(\lambda)$ separate the roots of $P(\lambda)$, then the quotient

(6) $$P(\lambda)/Q(\lambda)$$

maps the half plane $\mathrm{Im}(\lambda) > 0$ onto itself. (This property of (6) is classic.)

Now let $a(\xi)$ and $b(\xi)$ be two homogeneous hyperbolic polynomials of degrees m and $m-1$; we say that the sheets of the cone $b(\xi) = 0$ separate the sheets of the cone $a(\xi) = 0$ if any line not through the origin with direction in $\Gamma_X(a)$ cuts the cone $b(\xi) = 0$ at points which separate the points where that same line cuts the cone $a(\xi) = 0$. If this is the case we have

$$\mathrm{Re}[b(\overline{\zeta})a(\zeta)] \neq 0$$

where

$$\zeta = \xi + i\eta, \quad \overline{\zeta} = \xi - i\eta, \quad \xi \text{ in } \Gamma_X(a), \quad \eta \text{ in } \Sigma$$

If $a(\xi)$ is given we can choose for instance

$$b(\xi) = \xi_1^* \frac{\partial a(\xi)}{\partial \xi_1} + \dots + \xi_1^* \frac{\partial a(\xi)}{\partial \xi_1}$$

where ξ^* is in $\Gamma_X(a)$.

Using Laplace transforms, we arrive at the following assertion:

With any hyperbolic operator $a(x,p)$ of order m we can associate hyperbolic operators $b(x,p)$ of order $m-1$ such that, for the Hilbert norm

(7) $$\|f\| = \left[\int_X [f(x)\exp(-x\cdot\xi)]^2\, dx\right]^{1/2} \quad (\xi \text{ in } \Gamma_X(a), \ \|\xi\| \text{ large})$$

the hermitian operator of order $2(m-1)$

$$[b(x,p)]^* a(x,p) + [a(x,p)]^* b(x,p)$$

is positive definite; hence bounds for $a(x,p)^{-1}$ and $a(p,x)^{-1}$ can be obtained and enable us to extend Proposition 1 as follows:

PROPOSITION 2. Assume that the coefficients of $a(x,p)$ or $a(p,x)$ are Lipschitz continuous. Then

(a) $a(x,p)^{-1}v(x)$ (and its derivatives) of order $< m$ (of order $\leq m$) are locally square integrable if $v(x)$ (and its first derivatives) are locally square integrable.

(b) $a(p,x)^{-1}v_x$ (and its first derivatives) are locally square integrable if v_x is a derivative of order $\leq m-1$ (of order $< m-1$) of a square integrable function $v(x)$ whose support is bounded.

Now we can easily extend Propositions 1 and 2 to hyperbolic systems and also to manifolds and state a more precise relation between $S(u)$ and $S(v)$ than (5), cf. [2].

REMARK 4. We can now express the fundamental inequality as follows, using $a(x,p)^{-1}$: if, in the space Σ, the sheets of the cone $b(x,\xi) = 0$ separate the sheets of the cone $a(x,\xi) = 0$, if ξ is in the interior of $\Gamma_X(a)$, if $\|\xi\|$ is large and if

$$a(x,\xi)b(x,\xi) > 0$$

then the norms

$$\|\xi\| \sum_{\substack{1\leq\lambda\leq l \\ 0\leq\mu\leq m}} \| p_\lambda^\mu \, a(x,p)^{-1}v \|$$

(where $\| \ \|$ is defined by (7)) and

$$(v(x),b(x,p)a(x,p)^{-1}\, v(x))^{1/2}$$

are equivalent. This is not much more than the following assertion: the hermitian part of $b(x,p)a(x,p)^{-1}$ is positive definite. This last assertion is merely an extension of the classic property of (6).

BIBLIOGRAPHY

[1] HADAMARD, J., Le Problème de Cauchy et les équations aux dérivées partielles linéaires hyperboliques, Hermann et Cie, Paris (1932).

[2] LERAY, J., "The linear hyperbolic differential equation," (to be published in) Bulletin of the American Mathematical Society; cf. also mimeographed lecture notes at the Institute for Advanced Study, Princeton (1952).

[3] PETROWSKY, I., "Über das Cauchysche Problem für Systeme von partiellen Differentialgleichungen," Recueil math. (Mat. Sbornik) 2 44 (1937), 815-868.

[4] SCHAUDER, J., "Das Anfangswertproblem einer quasilinearen hyperbolischen Differentialgleichung zweiter Ordnung in beliebiger Anzahl von unabhängigen Veränderlichen," Fundamenta Mathematicae 24 (1935), 213-246.

[5] STEENROD, N. E., WHITEHEAD, J. H. C., "Vector fields on the n-sphere," Proceedings of the National Academy of Sciences 37 (1951), 58.

[6] STIEFEL, E., "Richtungsfelder und Fernparallelismus in n-dimensionalen Mannigfaltigkeiten,"Commentarii Mathematici Helvetici 8 (1935), 347.

[1965b]

(avec J.L. Lions)

Quelques résultats de Visik sur les problèmes elliptiques non linéaires par les méthodes de Minty-Browder

Bull. Soc. Math. France 93 (1965) 97–107

Dans des Notes aux *Doklady* de 1961, puis dans un travail récent détaillé, VIŠIK ([5], [6]) a donné une méthode générale de résolution pour *certains* problèmes elliptiques non linéaires [*cf.* hypothèses du paragraphe 2]. I. M. VIŠIK montre l'existence d'une solution de certains problèmes aux limites :

1° en construisant une solution approchée en dimension finie;

2° en passant à la limite par utilisation d'inégalités *a priori* et de *résultats de compacité.*

D'un autre côté, MINTY ([2], [3], [4]) a observé — et appliqué à des équations intégrales — que des *hypothèses de monotonie* convenables permettent d'éviter les résultats de compacité; BROWDER [1] a ensuite observé que les idées de MINTY pouvaient s'appliquer aux équations elliptiques considérées par VIŠIK et a développé cette idée dans une série de travaux, sans arriver, semble-t-il, à un énoncé contenant tous ceux de VIŠIK.

L'obtention d'un tel énoncé est l'objet de cet exposé; le paragraphe 1 donne un résultat « abstrait » général, le paragraphe 2 des exemples.

Notons que, *de toutes façons*, les résultats donnés ici ne dispensent *nullement* de la lecture du travail de VIŠIK, notamment en ce que, avec des hypothèses supplémentaires sur les coefficients, I. M. VIŠIK obtient des informations supplémentaires sur la régularité de la solution.

L. SCHWARTZ [qui nous a suggéré de remplacer dans (1.1) $\mathrm{Re}(A(v), v)$ par $|(A(v), v)|$ nous a communiqué une démonstration d'un résultat moins général que le théorème 1, mais sans hypothèse de séparabilité sur V. Des résultats de ce type, avec des démonstrations différentes, se trouvent également dans MINTY.

1. Résultats généraux.

1. — Soit V un espace de Banach *séparable* et *réflexif*, sur **R** ou **C**; soit [1] V' son dual (ou anti-dual). Soit $\| \quad \|$ (resp. $\| \quad \|_*$) la norme dans V (resp. V'); si $v \in V$, $v' \in V'$, (v', v) désigne la valeur de v' en v.

Une application, en général non linéaire, d'un Banach X dans un Banach Y est dite *bornée* si elle transforme les ensembles bornés de X en ensembles bornés de Y.

Le but du paragraphe est de montrer le théorème suivant :

THÉORÈME 1. — *Soit $v \to A(v)$ un opérateur borné de $V \to V'$, continu de tout sous-espace de V de dimension finie dans V' faible. On suppose que A est coercitif au sens suivant :*

$$\lim_{\|v\| \to \infty} \frac{(A(v), v)}{\|v\|} = \infty. \tag{1.1}$$

Alors, si l'une des hypothèses I, II ci-après a lieu, A est surjectif.

HYPOTHÈSE I. — $A(v)$ est *monotone*, i. e. $\operatorname{Re}(A(u) - A(v), u - v) \geqq 0$, $\forall u, v \in V$.

HYPOTHÈSE II. — Il existe une application bornée : $(u, v) \to A(u, v)$ de $V \times V \to V'$ telle que $A(u, u) = A(u)$, $\forall u \in V$, vérifiant les conditions :

(i) [Continuité et monotonie en v] : $\forall u \in V$, $v \to A(u, v)$ est continue de toute droite de V dans V' faible, et

$$\operatorname{Re}(A(u, u) - A(u, v), u - v) \geqq 0, \qquad \forall u, v \in V;$$

(ii) [Continuité de $A(u, v)$ en u] : Soit u_μ une suite telle que $u_\mu \to u$ dans V faible et $(A(u_\mu, u_\mu) - A(u_\mu, u), u_\mu - u) \to 0$; alors $\forall v \in V$, $A(u_\mu, v) \to A(u, v)$ dans V' faible;

(iii) [Continuité de $(A(u, v), u)$ en u] : Soit u_μ une suite telle que $u_\mu \to u$ dans V faible et $A(u_\mu, v) \to v'$ dans V' faible; alors

$$(A(u_\mu, v), u_\mu) \to (v', u).$$

2. Le cas où V est de dimension finie.

Lorsque V est de dimension finie, on montre le résultat en utilisant seulement (1.1). Par changement de norme (ne modifiant pas l'hypo-

[1] Le dual d'un Banach séparable est séparable : V' sera donc séparable.

thèse) on se ramène au cas où $V = V' = \mathbf{R}^N$ (cas réel pour simplifier); soit B_K la boule $\|v\| \leqq K$ de bord $S_K = \{ v \mid \|v\| = K \}$. Grâce à (1.1), pour K quelconque, on peut choisir R assez grand pour que

(2.1) $(A(v), v) \geqq KR, \qquad \forall v \in S_R$ (changer A en $-A$ si nécessaire).

Alors pour $\theta \in]0, 1[$, et $v \in S_R$, on a

$$\left| \left(\theta A(v) + (1-\theta) \frac{K}{R} v, v \right) \right| \geqq KR,$$

donc

$$\left\| \theta A(v) + (1-\theta) \frac{K}{R} v \right\| \geqq K, \qquad \forall v \in S_R,$$

et donc le degré topologique sur B_K de la restriction de $\theta A + (1-\theta) \frac{K}{R} I$ à $B_R (I =$ identité sur $V)$ est égal à 1, d'où le résultat.

Note. — Si $V = \mathbf{C}^N$, on commence par déformer A, pour obtenir (2.1): *cf.* Browder.

3. **Solutions approchées** u_m.

Soit $w_1, \ldots, w_m, \ldots$ une suite de V telle que, pour tout m, $w_1, \ldots, w_m$ soient linéairement indépendants, et que, V_m désignant l'espace engendré par $w_1, \ldots, w_m$, $\bigcup_m V_m$ soit dense dans V.

On va vérifier :

(3.1) $\left\{ \begin{array}{l} f \text{ étant donné dans } V', \text{ il existe } u_m \in V_m \text{ tel que} \\ \qquad (A(u_m), w) = (f, w), \qquad \forall w \in V_m. \end{array} \right.$

En effet, si $\theta_1, \ldots, \theta_m \in V'$ avec $(\theta_i, w_j) = \delta^i_j$, définissons $P_m \in \mathcal{L}(V'; V')$ par

$$P_m v' = \sum_{j=1}^{m} (v', w_j)\, \theta_j.$$

Alors (3.1) équivaut à

$$B_m(u_m) = P_m f,$$

où

$$B_m(v) = P_m(A(v)).$$

Si V'_m est l'espace engendré par $\theta_1, \ldots, \theta_m$, B_m applique V_m dans V'_m; comme $(B_m(v), v) = (A(v), v)$, la condition analogue à (1.1) est satisfaite; d'où (3.1) en appliquant le n° 2.

7.

4. Passage à la limite.

De (3.1) résulte que

$$|(A(u_m), u_m)| = |(f, u_m)| \leq \|f\|_* \|u_m\|,$$

d'où, en utilisant (1.1) (les c désignent des constantes diverses),

$$\|u_m\| \leq c.$$

Alors $\|A(u_m)\|_* \leq c$, et, V étant réflexif, on peut extraire u_μ telle que

(4.1) $$\begin{cases} u_\mu \to u & \text{dans } V \text{ faible;} \\ A(u_\mu) \to \chi & \text{dans } V' \text{ faible.} \end{cases}$$

Appliquant (3.1) pour $m = \mu$, on en déduit que $\chi = f$. Donc

(4.2) $$A(u_\mu) \to f \quad \text{dans } V' \text{ faible.}$$

Comme $\|A(u_\mu, u)\|_* \leq c$, on peut supposer (par nouvelle extraction, mais on ne change pas les indices) que

(4.3) $$A(u_\mu, u) \to u' \quad \text{dans } V' \text{ faible.}$$

Vérifions que

(4.4) $$(A(u_\mu, u_\mu) - A(u_\mu, u), u_\mu - u) \to 0.$$

En effet,

$$(A(u_\mu, u_\mu), u_\mu) = (f, u_\mu) \to (f, u)$$

et, d'après (4.2),

$$(A(u_\mu, u_\mu), u) \to (f, u);$$

d'après (iii),

$$(A(u_\mu, u), u_\mu) \to (u', u)$$

et enfin, d'après (4.3),

$$(A(u_\mu, u), u) \to (u', u).$$

Tout ceci entraîne (4.4).

D'après (4.1), (4.4) et (ii),

(4.5) $$A(u_\mu, v) \to A(u, v) \quad \text{dans } V' \text{ faible}$$

et

(4.6) $$(A(u_\mu, v), u_\mu) \to (A(u, v), u).$$

Mais alors on a :

(4.7) $$X_\mu'' = (A(u_\mu, u_\mu) - A(u_\mu, v), u_\mu - v) \to (f - A(u, v), u - v).$$

Mais, d'après (i), $\mathrm{Re}\,X_\mu^\nu \geqq 0$. Donc (4.7) donne

$$(4.8)\qquad \mathrm{Re}(f - A(u, v), u - v) \geqq 0, \qquad \forall v \in V.$$

Posant $v = u - \lambda w$, $\lambda > 0$, $w \in V$, il en résulte

$$\mathrm{Re}(f - A(u, u - \lambda w), w) \geqq 0, \quad \forall w \in V \quad \text{et} \quad \lambda > 0;$$

faisant tendre λ vers zéro, en utilisant (i), il vient

$$\mathrm{Re}(f - A(u), w) \geqq 0, \qquad \forall w \in V,$$

donc

$$f = A(u),$$

ce qui démontre le théorème.

2. Applications à un type d'équation aux dérivées partielles contenant l'équation d'Euler du calcul des variations.

1. Notations.

Ω = ouvert de $\mathbf{R}^n$, borné; les fonctions considérées sont *à valeurs réelles*

$$W_p^m(\Omega) = \{u \mid D^\alpha u \in L_p(\Omega), |\alpha| \leqq m\}, \qquad 1 < p < \infty;$$

$$\|u\| = \left(\sum_{|\alpha| \leqq m} \|D^\alpha u\|_{L_p(\Omega)}^p\right)^{\frac{1}{p}};$$

$\mathring{W}_p^m(\Omega)$ = adhérence dans $W_p^m(\Omega)$ du sous-espace des fonctions à support compact dans Ω;

$$\mathring{W}_p^m(\Omega) \subset V \subset W_p^m(\Omega),$$

V *fermé* dans $W_p^m(\Omega)$, inclusions strictes ou non;

V', dual de V, n'est un espace de distributions sur Ω que si $V = \mathring{W}_p^m(\Omega)$.

Notons que V est séparable et réflexif.

On suppose que

(1.1) l'application identique est compacte de $V \to W_p^{m-1}(\Omega)$.

Cette hypothèse a, par exemple, *toujours* lieu si $V = \mathring{W}_p^m(\Omega)$, et elle a lieu si $V = W_p^m(\Omega)$, Ω ayant la propriété du cône.

Les fonctions A_α. — Soit N_1 (resp. N_2) le nombre de dérivations D^β dans $\mathbf{R}^n$ d'ordre $\leqq m-1$ (resp. d'ordre $= m$); soit $A_\alpha(x, \eta, \xi)$ une famille de fonctions ($|\alpha| \leqq m$) définies sur $\Omega \times \mathbf{R}^{N_1} \times \mathbf{R}^{N_2}$, à valeurs dans $\mathbf{R}$; ces fonctions sont de Carathéodory, i. e. :

pour presque tout $x \in \Omega$, $(\eta, \xi) \to A_\alpha(x, \eta, \xi)$ est continue sur $\mathbf{R}^{N_1} \times \mathbf{R}^{N_2}$;
pour tout $(\eta, \xi) \in \mathbf{R}^{N_1} \times \mathbf{R}^{N_2}$, $x \to A_\alpha(x, \eta, \xi)$ est mesurable.

On pose

$$D^k u = \{ D^\beta u, \, |\beta| = k \};$$
$$\delta u = \{ u, Du, \ldots, D^{m-1} u \};$$
$$A_\alpha(x, \delta u, D^m v): \quad x \to A_\alpha(x, \delta u(x), D^m v(x)).$$

On suppose que

$$(1.2) \qquad \begin{cases} \forall u \in W_p^m(\Omega), & v \in W_p^m(\Omega), \\ \text{on a} & \\ A_\alpha(x, \delta u, D^m v) \in L_{p'}(\Omega), & \dfrac{1}{p} + \dfrac{1}{p'} = 1. \end{cases}$$

D'après M. A. Krasnosel'skij ([2]), on peut donner la condition nécessaire et suffisante pour que (1.2) ait lieu. Notons seulement ceci, de vérification facile : (1.2) a lieu si

$$(1.3) \qquad |A_\alpha(x, \eta, \zeta)| \leq c[\,|\eta|^{p-1} + |\zeta|^{p-1} + k(x)], \qquad k \in L_{p'}(\Omega).$$

On peut améliorer (i. e. augmenter) l'exposant de $|\eta|$ dans (1.3) en utilisant les inégalités de Sobolev.

L'opérateur A. — Pour u, $w \in V$, on définit

$$(1.4) \qquad a(u, w) = \sum_{|\alpha| \leq m} \int_\Omega A_\alpha(x, \delta u, D^m u) D^\alpha w \, dx,$$

ce qui a un sens, puisque $A_\alpha(x, \delta u, D^m u) \in L_{p'}(\Omega)$ et $D^\alpha w \in L_p(\Omega)$. La forme $w \to a(u, w)$ est linéaire continue sur V, donc de la forme

$$(1.5) \qquad a(u, w) = (A(u), w), \qquad A(u) \in V'.$$

Le problème aux limites. — Pour f donné dans V', on cherche u dans V, satisfaisant à

$$(1.6) \qquad A(u) = f$$

ou, ce qui revient au même,

$$(1.6') \qquad a(u, w) = (f, w), \qquad \forall w \in V.$$

C'est un problème avec conditions aux limites de Dirichlet (resp. Neumann, resp. « mêlées ») si $V = \mathring{W}_p^m(\Omega)$ [resp. $W_p^m(\Omega)$, resp. $\mathring{W}_p^m(\Omega) \subset V \subset W_p^m(\Omega)$ avec inclusions strictes].

([2]) Krasnosel'skij (M. A.). — *Topological methods in the theory of non linear integral equations* [traduction de l'édition russe de 1956]. — Oxford, London, New York, 1964 (International Series of Monographs on pure and applied Mathematics, 45).

2. THÉORÈME 2. — *On suppose que* (1.1) *et* (1.3) *ont lieu, ainsi que*

$$\frac{|a(v, v)|}{\|v\|} \to \infty \quad \text{si} \quad \|v\| \to \infty; \tag{2.1}$$

$$(2.2)_1 \quad \begin{cases} \sum_{|\alpha|=m} A_\alpha(x, \eta, \xi)\xi_\alpha / [\,|\xi| + |\xi|^{p-1}] \to \infty \quad \text{si} \quad \xi \to \infty, \\ x \text{ fixé, p. p. dans } \Omega, \text{ et pour } |\eta| \text{ borné,} \end{cases}$$

$$(2.2)_2 \quad \begin{cases} \sum_{|\alpha|=m} [A_\alpha(x, \eta, \xi^*) - A_\alpha(x, \eta, \xi)][\xi^*_\alpha - \xi_\alpha] > 0 \quad \text{si} \quad \xi^* \neq \xi, \\ \text{p. p. dans } \Omega. \end{cases}$$

Conclusion. — Il existe $u \in V$, *solution du problème aux limites* (1.6).

Remarques.

1° Il est facile de donner des conditions *suffisantes* pour que (2.1) ait lieu. Par exemple, l'hypothèse

$$\sum_{|\alpha|=m} A_\alpha(x, \eta, \xi)\xi_\alpha \geqq |\xi|^p \quad \text{pour} \quad |\xi| > \text{Cte},$$

et les inégalités de Sobolev impliquent que (2.1) a lieu quand Ω *est suffisamment petit et régulier* et que $V = \mathring{W}_p^m(\Omega)$, car alors

$$\|u\| \sim \left(\sum_{|\alpha|=m} \|D^\alpha u\|^p_{L_p(\Omega)} \right)^{\frac{1}{p}}.$$

2° On peut remplacer (sans changer la conclusion) (η, ξ) par ζ et (2.2) par

$$\sum_{|\alpha| \leqq m} [A_\alpha(x, \zeta) - A_\alpha(x, \zeta^*)][\zeta_\alpha - \zeta^*_\alpha] \geqq 0; \tag{2.3}$$

on prendra alors $A(u, v) = A(v)$; ce cas est plus simple à établir que celui de l'énoncé du théorème 2.

3. Lemmes.

LEMME 3.1. — *Si* $u_\mu \to u$ *dans* $W_p^{m-1}(\Omega)$ *fort et* $v \in W_p^m(\Omega)$, *on a*

$$A_\alpha(x, \delta u_\mu, D^m v) \to A_\alpha(x, \delta u, D^m v)$$

dans $L_{p'}$ *fort* (*cf.* KRASNOSEL'SKIJ, *loc. cit.* en 1).

LEMME 3.2. — *Soit* $g \in L_q(\Omega)$, $g_\nu \in L_q(\Omega)$, $\|g_\nu\|_{L_q(\Omega)} \leqq c$; $1 < q < \infty$; *si* $g_\nu \to g$ *p. p., alors* $g_\nu \to g$ *dans* $L_q(\Omega)$ *faible.*

Démonstration. — Soit

$$E(N) = \{x \mid x \in \Omega, \mid g_\nu(x) - g(x) \mid \leq 1, \ \forall \nu \geq N\}.$$

$E(N)$ croît avec N et $\operatorname{mes}(E(N)) \to \operatorname{mes}\Omega$; alors l'ensemble des fonctions $\varphi_N \in L_{q'}(\Omega)$, nulles (p. p.) hors de $E(N)$, est, lorsque $N \to \infty$, dense dans $L_{q'}(\Omega)$. Or

$$\int_\Omega \varphi_N(x)\,[g_\nu(x) - g(x)]\,dx \to 0$$

lorsque $\nu \to \infty$ (φ_N fixée); d'où le résultat.

LEMME 3.3. — *Soit* u_μ, $u \in W_p^m(\Omega)$, $\| u_\mu \| \leq c$, $u_\mu \to u$ *dans* V *faible. On pose*

$$\begin{aligned} F_\mu &= F(x, \delta u_\mu, D^m u_\mu, D^m u) \\ &= \sum_{|\alpha| = m} [A_\alpha(x, \delta u_\mu, D^m u_\mu) - A_\alpha(x, \delta u_\mu, D^m u)]\,[D^\alpha u_\mu - D^\alpha u], \end{aligned}$$

et l'on suppose que

$$\int_\Omega F(x, \delta u_\mu, D^m u_\mu, D^m u)\,dx \to 0.$$

Alors

(3.1) $\qquad A_\alpha(x, \delta u_\mu, D^m u_\mu) \to A_\alpha(x, \delta u, D^m u)$ *dans* $L_{p'}(\Omega)$ *faible.*

Démonstration. — Grâce à $(2.2)_2$, $F_\mu \geq 0$; donc de toute sous-suite de $\{\mu\}$ on peut extraire une sous-suite $\{\nu\}$ telle que

(3.2) $\qquad \delta u_\nu(x) \to \delta u(x), \ F_\nu(x) \to 0$ p. p. dans Ω.

Fixons x non exceptionnel dans (3.2) et tel que $k(x) < \infty$ [k donné dans (1.3)]; notons $\eta = \delta u(x)$, $\eta_\nu = \delta u_\nu(x)$, $\xi = D^m u(x)$ et ξ^* l'une quelconque des limites de $D^m u_\nu(x) = \xi_\nu$. Alors

$$F_\nu(x) \geq \sum_{|\alpha| = m} A_\alpha(x, \eta_\nu, \xi_\nu)\xi_{\nu\alpha} - c(|\xi_\nu|^{p-1} + |\xi_\nu| + 1)$$

et si l'on avait $|\xi^*| = \infty$, alors, vu $(2.2)_1$, on aurait $F_\nu(x) \to \infty$ contrairement à (3.2). Donc $|\xi^*| < \infty$.

Alors (3.2) et la continuité en η, ξ des A_α impliquent

$$\sum_{|\alpha| = m} [A_\alpha(x, \eta, \xi^*) - A_\alpha(x, \eta, \xi)]\,[\xi^*_\alpha - \xi_\alpha] = 0,$$

donc, vu $(2.2)_2$,

$$\xi^* = \xi.$$

Donc

$$A_\alpha(x, \delta u_\nu(x), D^m u_\nu(x)) \to A_\alpha(x, \delta u(x), D^m u(x)) \quad \text{p. p. dans } \Omega,$$

et, vu le lemme 3.2,

$$(3.3) \qquad A_\alpha(x, \delta u_\nu, D^m u_\nu) \to A_\alpha(x, \delta u, D^m u) \quad \text{dans } L_{p'}(\Omega) \text{ faible.}$$

Pour que de toute suite extraite de $\{\mu\}$ on puisse extraire une suite donnant lieu à (3.3) (donc avec une limite *indépendante* de la suite extraite), il faut que (3.1) ait lieu.

4. Démonstration du théorème 2.

Il est commode de poser

$$a_1(u, v, w) = \sum_{|\alpha|=m} \int_\Omega A_\alpha(x, \delta u, D^m v) D^\alpha w \, dx,$$

$$a_2(u, w) \quad = \sum_{|\alpha|\leq m-1} \int_\Omega A_\alpha(x, \delta u, D^m u) D^\alpha w \, dx.$$

Alors

$$a(u, v, w) = a_1(u, v, w) + a_2(u, w)$$

définit $A(u, v) \in V'$ par

$$a(u, v, w) = (A(u, v), w).$$

Il est facile de voir que tous ces opérateurs sont bornés. L'hypothèse (2.1) est évidemment équivalente à (1.1) de sorte que pour montrer le théorème, il suffit, en vertu du théorème 1, de vérifier que les hypothèses II, (i), (ii), (iii) ont lieu.

Vérification de (i). — On a

$$(A(u, u) - A(u, v), u - v) = [a_1(u, u, u - v) - a_1(u, v, u - v)]$$

et ceci est ≥ 0 d'après (2.2); il reste à montrer que

$$a(u, v_1 + \lambda v_2, w) \to a(u, v_1, w) \qquad \text{si} \quad \lambda \to 0, \quad u, v_i, w \in V.$$

Cela résulte de ce que

$$A_\alpha(x, \delta^{m-1} u, D^m(v_1 + \lambda v_2)) \to A_\alpha(x, \delta^{m-1} u, D^m v_1)$$

dans $L_{p'}(\Omega)$ faible (il y a même convergence dans $L_{p'}$ fort !), ce qui suit par exemple du lemme 3.2.

Vérification de (ii). — Soit u_μ une suite telle que $u_\mu \to u$ dans V faible et

$$(A(u_\mu, u_\mu) - A(u_\mu, u), u_\mu - u) \to 0.$$

Avec les notations du lemme 3.3,

$$(A(u_\mu, u_\mu) - A(u_\mu, u), u_\mu - u) = \int_\Omega F_\mu \, dx$$

et donc, d'après le lemme 3.3,

$$A_\alpha(x, \delta u_\mu, D^m u_\mu) \to A_\alpha(x, \delta u, D^m u) \quad \text{dans } L_{p'}(\Omega) \text{ faible,}$$

et, pour $|\alpha| = m$, $A_\alpha(x, \delta u_\mu, D^m v) \to A_\alpha(x, \delta u, D^m v)$ dans $L_{p'}(\Omega)$ faible (et même fort). Donc

$$a(u_\mu, v, w) \to a(u, v, w), \qquad \forall w \in V,$$

donc $A(u_\mu, v) \to A(u, v)$ dans V' faible.

C. Q. F. D.

Vérification de (iii). — Soit $u_\mu \to u$ dans V faible, $A(u_\mu, v) \to v'$ dans V' faible. Alors (lemme 3.1) $A_\alpha(x, \delta u_\mu, D^m v) \to A_\alpha(x, \delta u, D^m v)$ dans $L_{p'}(\Omega)$ fort, donc

$$(4.1) \qquad a_1(u_\mu, v, u_\mu) \to a_1(u, v, u).$$

Par ailleurs,

$$|a_2(u_\mu, u_\mu - u)| \leq c \sum_{|\alpha| \leq m-1} \| D^\alpha(u_\mu - u) \|_{L_p(\Omega)}$$

et donc, d'après (1.1), $a_2(u_\mu, u_\mu - u) \to 0$.

Grâce à (4.1),

$$a_2(u_\mu, u) = (A(u_\mu, v), u) - a_1(u_\mu, v, u) \to (v', u) - a_1(u, v, u),$$

donc

$$a_2(u_\mu, u_\mu) = a_2(u_\mu, u_\mu - u) + a_2(u_\mu, u) \to (v', u) - a_1(u, v, u).$$

Alors

$$(A(u_\mu, v), u_\mu) = a_1(u_\mu, v, u_\mu) + a_2(u_\mu, u_\mu) \to (v', u),$$

et (iii) suit.

5. Remarques.

1° Dans le cas où les coefficients $A_\alpha(x, \eta, \xi)$ ont une croissance *plus rapide que polynomiale*, il faut remplacer les espaces de Sobolev $W_p^m(\Omega)$, construits *à partir de* $L_p(\Omega)$, par des espaces analogues construits à partir d'*espaces d'Orlicz sur* Ω.

Noter aussi que les A_α n'ont pas tous forcément « même croissance »; on peut donc être conduit à introduire au lieu de $W_p^m(\Omega)$ des espaces

$$W_{p_\alpha}^m(\Omega) = \{ u \mid D^\alpha u \in L_{p_\alpha}(\Omega), |\alpha| \leq m, p_\alpha \text{ dépendant de } \alpha \};$$

remarque analogue encore en remplaçant $L_{p_\alpha}(\Omega)$ par un *espace d'Orlicz dépendant de* α. Pour tout cela, *cf.* VIŠIK [7].

2° Si la frontière Γ de Ω est assez régulière, on peut également introduire dans (1.4) des *intégrales de surface.*

BIBLIOGRAPHIE.

[1] BROWDER (F. E.). — Variational boundary value problems for quasi-linear elliptic equations of arbitrary order, *Proc. Nat. Acad. Sc. U. S. A.*, t. 50, 1963, p. 31-37, 592-598 et 794-798 ; *Non linear elliptic boundary value problems* (*Bull. Amer. Math. Soc.*, t. 69, 1963, p. 862-874).

[2] MINTY (G. J.). — Monotone (non linear) operators in Hilbert space, *Duke math. J.*, t. 29, 1962, p. 341-346.

[3] MINTY (G. J.). — On the maximal domain of a monotone function, *Michigan math. J.*, t. 8, 1961, p. 135-137.

[4] MINTY (G. J.). — On a « monotonicity » method for the solution of non linear equations in Banach spaces, *Proc. Nat. Acad. Sc. U. S. A.*, t. 50, 1963, p. 1038-1041.

[5] VIŠIK (M. I.). — *Doklady Akad. Nauk S. S. S. R.*, t. 138, 1961, p. 518-521.

[6] VIŠIK (M. I.). — *Trudy Moskovskogo Matematičeskogo Obščestva*, t. 12, 1963, p. 125-184.

[7] VIŠIK (M. I.). — *Doklady Akad. Nauk S. S. S. R.*, t. 151, 1963, p. 758-761.

(Manuscrit reçu le 30 juin 1964.)

Jean LERAY,
Professeur au Collège de France,
12, rue Pierre-Curie, Sceaux (Seine).

Jacques-Louis LIONS,
Professeur à la Faculté des Sciences de Paris,
42, rue du Hameau, Paris, 15e.

[1966a]

Equations hyperboliques non-strictes ; contre-exemples, du type De Giorgi, aux théorèmes d'existence et d'unicité

Math. Ann. 162 (1966) 228–236

Introduction

1. Considérons dans $\mathbf{R}^l$ un problème de Cauchy, hyperbolique non strict, d'inconnue $u(x)$:

$$(1.1)\qquad \begin{cases} a_1(x, D) \ldots a_p(x, D)\, u(x) = b(x, D)\, u(x) + v(x) \\ D^{m-1} u \,|\, S_0 \quad \text{donné}; \end{cases}$$

$D = \dfrac{\partial}{\partial x}$; $a_1, \ldots, a_p$ sont p opérateurs strictement hyperboliques relativement à S_0. Notons

$$\text{ordre } (a_1, \ldots, a_p) = m; \text{ ordre (b)} \leqq m - p + q\,, \quad \text{où} \quad 0 \leqq q\,.$$

Supposons que S_0 est un hyperplan; notons $\gamma^{n,(\alpha)}$ la classe des fonctions $\mathbf{R}^l \to \mathbf{C}$ dont les dérivées $f^{(n)}$ d'ordres $\leqq n$ ont des restrictions aux hyperplans S_t parallèles à S_0 qui vérifient uniformément par rapport à t la condition d'appartenir à la classe α de Gevrey:

$$\sup_{\substack{x \in S_t \\ |\beta| \leqq s}} |D^\beta f^{(n)}| \leqq (\text{const.})^s\, (s\,!)^\alpha$$

où D^β est une dérivée, d'ordre $|\beta|$, sur S_t.

On sait ceci (pour l'énoncé précis voir [2], n° 23,24): si les données du problème de Cauchy (1.1) appartiennent à la classe $\gamma^{n,(\alpha)}$, alors *ce problème possède une solution unique u et $u \in \gamma^{n,(\alpha)}$, quand on a*:

$$n \geqq m + p\,, \quad 1 \leqq \alpha < \frac{p}{q}\,.$$

Si $1 \leqq \alpha = \dfrac{p}{q}$, ces théorèmes d'existence et d'unicité valent sous certaines restrictions (existence locale, c'est-à-dire au voisinage de S_0; unicité sous l'hypothèse $u \in \gamma_2^{m+p,(\alpha)}$).

Un exemple de Giorgi montre que ces théorèmes deviennent faux quand on supprime l'hypothèse $\alpha \leqq \dfrac{p}{q}$; plus précisément, de Giorgi montre que cette hypothèse est nécessaire dans le cas $m = p = 8$, $q = 4$.

Nous allons construire, par un procédé simplifiant[1]), celui qu'emploie DE GIORGI, des contre-exemples prouvant que, quels que soient[2]) $m \geqq p \geqq 1$ et $q \geqq 1$, *l'hypothèse* $\alpha \leqq \frac{p}{q}$ *est nécessaire à la validité des théorèmes d'existence et d'unicité*[3]) qu'énonce [2] (*n*⁰ 23, 24, 25 et 26).

Cependant, si l'on impose à $a_1, \ldots, a_p, b$ d'être *réels*, nous ne prouvons la nécessité de cette hypothèse $\alpha \leqq \frac{p}{q}$ que dans le cas où q est *pair*.

§ 1. Préliminaires

2. RÉDUCTION AU CAS: $l = 2$, $m = p$. — Le théorème d'existence implique le théorème d'unicité, d'après HOLMGREN: voir [2], n⁰ 24. Il suffit donc de construire un contre-exemple au théorème d'unicité. Nous choisissons ce contre-exemple fonction de deux des variables indépendantes, ce qui nous ramène au cas où $\mathbf{R}^l = \mathbf{R}^2$.

Supposons que l'équation, à coefficients indéfiniment différentiables,

$$\frac{\partial^p u}{\partial t^p} = b\left(t, x, \frac{\partial}{\partial x}\right) u \quad (\text{ordre } (b) \leqq q) \tag{2.1}$$

possède une solution, indéfiniment différentiable, contredisant le théorème d'unicité, c'est-à-dire s'annulant p fois avec t; on voit que toutes ses dérivées s'annulent avec t. Par suite u est un contre-exemple au théorème d'unicité pour l'équation

$$\prod_{k=1}^{m-p}\left(\frac{\partial}{\partial t} - k\frac{\partial}{\partial x}\right)\frac{\partial^p u}{\partial t^p} = \prod_{k=1}^{m-p}\left(\frac{\partial}{\partial t} - k\frac{\partial}{\partial x}\right) bu$$

qui est du type (1.1), avec

$$a_1 = \prod_{k=0}^{m-p}\left(\frac{\partial}{\partial t} - k\frac{\partial}{\partial x}\right), \; a_j = \frac{\partial}{\partial t} \; (1 < j \leqq p).$$

Pour traiter le cas (m, p, q) quelconque, il nous suffit donc de construire, pour tout (p, q, α) tel que $\frac{p}{q} < \alpha$, un contre-exemple au théorème d'unicité concernant une équation du type (2.1); pour ce type d'équation, $m = p$.

3. QUASI-NORMES FORMELLES. — Nous notons (t, x) les coordonnées de $\mathbf{R}^2$ et S_t la droite d'abscisse t. Etant donnée une fonction $u(t, x)$, définie sur une bande $T_0 \leqq t \leqq T_1$, nous définissons sa quasi-norme

$$|u, S_t| = \sup_x |u(t, x)|$$

et sa quasi-norme formelle

$$|D^{h,\infty} u, S_t, \varrho| = \sum_{s=0}^{\infty} \frac{\varrho^s}{s!} \sup_j \left|\frac{\partial^{j+s} u}{\partial t^j \partial x^s}, S_t\right|, \text{ où } \quad 0 \leqq j \leqq h\,; \tag{3.1}$$

c'est une série formelle en ϱ, qui peut être une fonction de ϱ holomorphe à l'origine.

[1]) Là où nos § 2 et § 3 emploient 5 bandes, DE GIORGI en emploie 7.

[2]) Aucune hypothèse n'est faite sur p/q.

[3]) Et aussi à la validité de théorèmes de G. TALENTI [3] apparentés à ceux-ci.

16*

Soit une série formelle

$$\Phi(\varrho) = \sum_{s=0}^{\infty} \frac{\varrho^s}{s!} \quad \Phi_s;$$

$$\Phi(\varrho) \gg 0 \quad \text{signifie} \quad \Phi_s \geqq 0\,, \quad \forall s\,;$$

on dit que $\Phi \in \Gamma^{(\alpha)}$ *(classe de Gevrey formelle)* quand il existe une constante c, dépendant de Φ, telle que

(3.2) $$\Phi_s \leqq c^s (s!)^\alpha\,;$$

on dit que $u \in \gamma^{h,(\alpha)}$ *(classe de Gevrey)* quand il existe une série formelle $\Phi(\varrho)$, indépendante de t, telle que

(3.3) $$|D^{h,\infty} u, S_t, \varrho| \leqq \Phi(\varrho) \in \Gamma^{(\alpha)}\,.$$

Etant donné un opérateur différentiel

$$b\left(t, x, \frac{\partial}{\partial x}\right) = \sum_{j=0}^{q} b_j(t, x) \left(\frac{\partial}{\partial x}\right)^q,$$

nous notons

$$|D^{h,\infty} b, S_t, \varrho| = \sum_{j=0}^{q} |D^{h,\infty} b_j, S_t, \varrho|;$$

nous disons que $b \in \gamma^{h,(\alpha)}$ quand $b_j \in \gamma^{h,(\alpha)}$, $\forall j$.

4. LE CONTRE-EXEMPLE À CONSTRUIRE est, d'après le n⁰ 2, le suivant: Etant donnés (p, q, α) tels que

$$p \geqq 1, \quad q \geqq 1, \quad \frac{p}{q} < \alpha\,,$$

construire, sur une bande $0 \leqq t \leqq T$ de $\mathbf{R}^2$, une équation linéaire homogène

(4.1) $$\frac{\partial^p u}{\partial t^p} = b\left(t, x, \frac{\partial}{\partial x}\right) u \quad (\text{ordre } b \leqq q)$$

possèdant une solution $u(t, x) \neq 0$, telle que

(4.2) $$\frac{\partial^h u}{\partial t^h}(0, x) = 0, \quad \forall h;$$

(4.3) $$u \in \gamma^{h,(\alpha)}, \quad b \in \gamma^{h,(\alpha)}, \quad \forall h\,.$$

Note. — u et b sont indépendants de h.

DE GIORGI construit un tel contre-exemple en résolvant d'abord le problème non homogène que voici.

5. ENONCÉ D'UN PROBLÈME NON HOMOGÈNE. — Nous nous donnons (p, q, α), tels que

$$p \geqq 1, \quad q \geqq 1, \quad \frac{p}{q} < \alpha\,,$$

un nombre l_1 et un paramètre $l \leqq l_1$; nous cherchons sur la bande

$$0 \leqq t \leqq 1$$

de $\mathbf{R}^2$ une équation linéaire homogène

(5.1) $$\frac{\partial^p u}{\partial t^p} = b\left(t, x, \frac{\partial}{\partial x}\right) u \quad (\text{ordre } (b) \leqq q;\ b \text{ dépend de } l)$$

et une solution u de cette équation telles que:

$$\begin{cases} u(t,x) = e^{l}, & b = 0 \quad \text{pour } t \text{ voisin de } 0\,, \\ u(t,x) = e^{l'(l)}, & b = 0 \quad \text{pour } t \text{ voisin de } 1\,. \end{cases} \tag{5.2}$$

$$\begin{cases} |D^{h,\infty} u, S_t, \varrho| \leqslant \theta(l)\, \Phi(\varrho), & \forall h\,, \\ |D^{h,\infty} b, S_t, \varrho| \leqslant \theta(l)\, \Phi(\varrho), & \forall h\,, \end{cases} \tag{5.3}$$

où: l', θ, Φ dépendent de h; Φ ne dépend pas de l; $\Phi \in \Gamma^{(\alpha)}$; l' et θ sont des fonctions de l, ayant les propriétés suivantes:

$$l'(l) < l\,;$$

si nous définissons les suites $l_1, l_2, \ldots, \theta_1, \theta_2, \ldots$ par la loi de récurrence:

$$l_{k+1} = l'(l_k)\,, \quad \theta_k = \theta(l_k)$$

alors

$$\lim_{k\to\infty} k^c\, \theta_k = 0 \quad \text{pour toute constante } c\,. \tag{5.4}$$

6. Construction[4]) du contre-exemple $u(t,x)$ ayant les propriétés qu'exige le n° 4. — Supposons résolu le problème non homogène qu'énonce le n° 5; sa solution, pour $l = l_k$, sera notée $b_k\left(t, x, \frac{\partial}{\partial x}\right)$, $u_k(t,x)$.

Définissons $T_1, T_2, \ldots$ par la loi de récurrence:

$$T_1 = 0,\ T_{k+1} - T_k = \frac{1}{k^2}\,;$$

soit

$$T = \lim_{k\to\infty} T_k = \sum_{k=1}^{\infty} \frac{1}{k^2} < \infty\,.$$

Définissons

$$b\left(x, t, \frac{\partial}{\partial x}\right) = k^{2p} b_k\left(\frac{t - T_k}{T_{k+1} - T_k}, x, \frac{\partial}{\partial x}\right)$$

$$u(x,t) = u_k\left(\frac{t - T_k}{T_{k+1} - T_k}, x\right) \quad \text{pour} \quad T_k \leqq t \leqq T_{k+1}\,.$$

Vu (5.2), b et u sont indéfiniment dérivables sur la bande $0 \leqq t < T$; vu (5.1), sur cette bande, (4.1) est vérifiée.

Vu (5.3):

$$|D^{h,\infty} u, S_t, \varrho| \leqslant k^{2h} \theta_k \Phi(\varrho)$$

$$|D^{h,\infty} b, S_t, \varrho| \leqslant k^{2(h+p)} \theta_k \Phi(\varrho)\,, \quad \text{où} \quad \Phi \in \Gamma^{(\alpha)}$$

D'où, vu (5.4):

$$|D^{h,\infty} u, S_t, \varrho| \leqslant \varepsilon(t)\, \Phi(\varrho)\,,$$

$$|D^{h,\infty} b, S_t, \varrho| \leqslant \varepsilon(t)\, \Phi(\varrho)\,,$$

où $\lim_{t\to T} \varepsilon(t) = 0$; bien entendu, $\varepsilon(t)$ dépend de h.

Donc $u \in \gamma^{h,(\alpha)}$, $b \in \gamma^{h,(\alpha)}$, $\forall h$; toutes les dérivées de u et des coefficients de b s'annulent pour $t = T$.

---

[4]) Je remercie K. Jörgens d'avoir rectifié cette partie de mon exposé.

Nous avons construit le contre-exemple qu'exige le n⁰ 4, à la permutation près de 0 et T.

7. CONCLUSION DU § 1. — Ce qu'affirme l'introduction, à savoir *la nécessité de l'hypothèse $\alpha \leqq p/q$ dans les théorèmes d'existence et d'unicité concernant l'équation hyperbolique non stricte, sera donc prouvé quand nous aurons résolu le problème non homogène*, qu'énonce le n⁰ 5.

§ 2. Résolution du problème non homogène (n⁰5)

Il faut évidemment supposer u et b fonctions de x; il suffira de prendre u linéaire en $e^{i\omega x}$, où $\omega = \omega(l)$. Le terme de u indépendant de x est une fonction de t qui sera constante près des bords de la bande; le coefficient de $e^{i\omega x}$ aura pour coefficient, dans u, une fonction de t qui sera constante au centre de la bande. Cette bande ne sera pas la bande $0 \leqq t \leqq 1$, comme l'annonce le n⁰ 5, mais la bande

$$0 \leqq t \leqq 5 .$$

Notation. c désignera divers nombres, fonctions de (h, p, q), mais indépendants de l.

8. INTRODUCTION DU TERME EN $e^{i\omega x}$ DANS u. —

Lemme 1. *Donnons-nous des nombres*

$$m < l, \quad \omega > 1 .$$

On peut construire sur la bande

$$0 \leqq t \leqq 1$$

une équation du type (5.1) *admettant une solution u, telle que*

$$u(t, x) = e^l, b = 0 \quad \textit{pour } t \textit{ voisin de } 0;$$

$$u(t, x) = e^l + e^{m+i\omega x}, b = 0 \quad \textit{pour } t \textit{ voisin de } 1;$$

$$|D^{h,\infty} u, S_t, \varrho| \ll c e^{l+\omega\varrho};$$

$$|D^{h,\infty} b, S_t, \varrho| \ll c e^{m-l+\omega\varrho}.$$

Notation. — $f(t)$ désignera une fonction fixe, indéfiniment dérivable, telle que

$$f(t) = 0 \text{ pour } t \text{ voisin de } 0, \quad f(t) = 1 \text{ pour } t \text{ voisin de } 1.$$

Preuve. — La fonction u et l'opérateur b que voici vérifient (5.1):

$$u = e^l + e^{m+i\omega x} f(t)$$

$$b = e^{m-l+i\omega x} \frac{d^p f(t)}{dt^p} \left(\frac{i}{\omega} \frac{\partial}{\partial x} + 1\right).$$

9. AUGMENTATION DU COEFFICIENT DE $e^{i\omega x}$ DANS u. —

Lemme 2. *Donnons-nous des nombres*

$$m < l < n, \omega \quad \textit{tels que} \quad n - m > 1, \omega > 1 .$$

On peut construire sur la bande

$$0 \leqq t \leqq 2$$

une équation du type (5.1) *admettant une solution u, telle que*

$$u(t, x) = e^l, b = 0 \quad \textit{pour } t \textit{ voisin de } 0;$$

$$u(t, x) = e^l + e^{n+i\omega x}, b = 0 \quad \textit{pour } t \textit{ voisin de } 2;$$

$$|D^{h,\infty} u, S_t, \varrho| \ll c(n-m)^h e^{n+\omega\varrho}$$

$$|D^{h,\infty} b, S_t, \varrho| \ll c e^{m-l+\omega\varrho} + c\frac{(n-m)^p}{\omega^q}.$$

Preuve. — Définissons b et u par le lemme 1 pour $0 \leqq t \leqq 1$. Pour $1 \leqq t \leqq 2$, la fonction u et l'opérateur b que voici vérifient (5.1):

$$u = e^l + e^{nf+m(1-f)+i\omega x} \quad \text{où} \quad f = f(t-1);$$

$$b = e^{-nf-m(1-f)} \frac{d^p e^{nf+m(1-f)}}{dt^p} \frac{1}{(i\omega)^q} \frac{\partial^q}{\partial x^q}.$$

Or

$$e^{-nf-m(1-f)} \frac{d^p e^{nf+m(1-f)}}{dt^p}$$

est un polynome en $n - m$ de degré p, dont les coefficients sont des fonctions fixes de t.

10. Modification du terme de u indépendant de x. —

Lemme 3. *Donnons-nous des nombres*

$$m < l' < l < n, \quad \omega \textit{ tels que } n-m > 1, \omega > 1.$$

On peut construire sur la bande

$$0 \leqq t \leqq 3$$

une équation du type (5.1) *admettant une solution u, telle que*

$$u(t, x) = e^l, \quad b = 0 \textit{ pour } t \textit{ voisin de } 0;$$

$$u(t, x) = e^{l'} + e^{n+i\omega x}, \quad b = 0 \textit{ pour } t \textit{ voisin de } 3;$$

$$|D^{h,\infty} u, S_t, \varrho| \ll c(n-m)^h e^{n+\omega\varrho}$$

$$|D^{h,\infty} b, S_t, \varrho| \ll c(n-m)^{h+p} e^{l-n+\omega\varrho} + c e^{m-l+\omega\varrho} + c\frac{(n-m)^p}{\omega^q}.$$

Preuve. — Définissons b et u par le lemme 2 pour $0 \leqq t \leqq 2$. Pour $2 \leqq t \leqq 3$, la fonction u et l'opérateur b que voici vérifient (5.1):

$$u = e^{l(1-f)+l'f} + e^{n+i\omega x}, \quad \text{où} \quad f = f(t-2);$$

$$b = e^{-n-i\omega x} \frac{d^p e^{l(1-f)+l'f}}{dt^p} \frac{1}{i\omega} \frac{\partial}{\partial x}.$$

11. Fin de la construction de b et u. — Pour $0 \leqq t \leqq 3$, définissons b et u par le lemme 3; pour $3 \leqq t \leqq 5$, définissons b et u par le lemme 2, où l'on remplace

$$0 \leqq t \leqq 2 \quad \text{par} \quad 5 \geqq t \geqq 3$$

$$m < l < n \quad \text{par} \quad m < l' < n.$$

Il vient:

Lemme 4. *Donnons-nous des nombres*

(11.1) $$m < l' < l < n, \omega \quad \textit{tels que} \quad n-m > 1 \quad \textit{et} \quad \omega > 1.$$

On peut construire sur la bande

$$0 \leq t \leq 5$$

une équation du type (5.1) *admettant une solution* u, *telle que*

$$(11.2)\quad \begin{cases} u(t,x) = e^l, b = 0 & \textit{pour } t \textit{ voisin de } 0; \\ u(t,x) = e^{l'}, b = 0 & \textit{pour } t \textit{ voisin de } 5; \end{cases}$$

$$(11.3)\quad \begin{cases} |D^{h,\infty}u, S_t, \varrho| \ll c(n-m)^h e^{n+\omega\varrho}; \\ |D^{h,\infty}b, S_t, \varrho| \ll c(n-m)^{h+p}e^{l-n+\omega\varrho} + ce^{m-l'+\omega\varrho} + c\dfrac{(n-m)^p}{\omega^q}. \end{cases}$$

12. CHOIX DE l', m, n, ω EN FONCTION DE l. — Soient un paramètre $L > 1/4$ et un nombre fixe $\alpha \geqq 1$.

Choisissons, en accord avec (11.1):

$$m = -8L, \quad l' = -6L, \quad l = -4L, \quad n = -2L, \quad \omega = l^\alpha;$$

définissons

$$(12.1)\qquad \theta = |l|^{p-\alpha q}$$

Puisque $\sup\limits_L L^c e^{-L} < \infty$, (11.3) donne

$$(12.2)\quad \begin{cases} |D^{h,\infty}u, S_t, \varrho| \ll c\theta e^{-L+L^\alpha\varrho} \\ |D^{h,\infty}b, S_t, \varrho| \ll c\theta[e^{-L+L^\alpha\varrho} + 1]. \end{cases}$$

Le n° 13 va prouver le lemme suivant:

Lemme 5. — *Il existe une série formelle* $\Phi(\varrho) \in \Gamma^{(\alpha)}$, *indépendante de* L, *telle que*

$$e^{-L+L^\alpha\varrho} \ll \Phi(\varrho), \quad \forall L \geqq 0.$$

Donc (12.2) implique (5.3): le problème non homogène qu'énonce le n° 5 est résolu, quand (5.4) a lieu. Or:

$$l'(l) = \frac{3}{2}l;$$

d'où, en choisissant $l_1 = -\frac{3}{2}$, vu (12.1):

$$l_k = -\left(\frac{3}{2}\right)^k; \quad \theta_k = \left(\frac{2}{3}\right)^{(\alpha q - p)k};$$

d'où (5.4), si, comme le suppose le n° 5:

$$\alpha > \frac{p}{q}.$$

Le problème non homogène (n° 5) a donc une solution; vu le n° 7, ce qu'affirme l'introduction est prouvé; mais b a été choisi *non réel.*

13. PREUVE DU LEMME 5. — On a

$$(13.1)\qquad e^{-L+L^\alpha\varrho} = \sum_{s=0}^{\infty}\frac{\varrho^s}{s!}L^{\alpha s}e^{-L}.$$

Or

$$\sup_{L>0} (L^\beta e^{-L}) = \left(\frac{\beta}{e}\right)^\beta, \quad \text{si} \quad \beta \geqq 0\,, \tag{13.2}$$

car ce sup est atteint pour $L = \beta$.

Rappelons[5]) que

$$\left(\frac{s}{e}\right)^s < s!;$$

de (13.2) résulte donc

$$\sup_{L>0} (L^{\alpha s} e^{-L}) = \left(\frac{\alpha s}{e}\right)^{\alpha s} \leqq \alpha^{\alpha s} (s!)^\alpha\,.$$

En portant cette inégalité dans (13.1), nous obtenons

$$e^{-L+L^\alpha \varrho} \ll \sum_{s=0}^{\infty} (\alpha^\alpha \varrho)^s (s!)^{\alpha-1} \in \Gamma^{(\alpha)}\,.$$

Voici prouvé le lemme 5.

14. Conclusion du § 2. — Ce qu'affirme l'introduction, à savoir *la nécessité de l'hypothèse $\alpha \leqq p/q$ dans les théorèmes d'existence et d'unicité concernant l'équation hyperbolique non-stricte, est donc prouvé.*

Mais b a été choisi non réel.

§ 3. Choix d'un *b* réel

Si q est *pair*, on peut faire pour u et b un autre choix, *réel*, pour lequel subsistent les majorations des quasi-normes formelles employées ci-dessus et par suite les conclusions prouvées.

Indiquons rapidement ce choix.

15. Modifications a apporter au lemme 1. — *Modification à son énoncé.*

$$u(t, x) = e^l + e^m \sin(\omega x),\ b = 0 \text{ pour } t \text{ voisin de } 1\,.$$

Modification à sa preuve. —

$$u = e^l + e^m f(t) \sin(\omega x)$$

$$b = e^{m-l} \frac{d^p f}{dt^p} \sin(\omega x) \left[\frac{1}{\omega^2} \frac{\partial^2}{\partial x^2} + 1\right].$$

16. Modification au lemme 2. —

$$u(t, x) = e^l + e^n \sin(\omega x), \quad b = 0 \text{ pour } t \text{ voisin de } 2.$$

Modification à sa preuve. —

$$u = e^l + e^{nf+m(1-f)} \sin(\omega x)$$

$$b = e^{-nf-m(1-f)} \frac{d^p e^{nf+m(1-f)}}{dt^p} \frac{1}{(i\omega)^q} \frac{\partial^q}{\partial x^q},$$

en supposant q *pair*.

17. Modification au lemme 3.

$$u(t, x) = e^{l'} + e^n \sin(\omega x), \quad b = 0 \text{ pour } t \text{ voisin de } 3.$$

[5]) car $\frac{x^s}{s!} < e^x$.

Modification à sa preuve. —

$$u = e^{l(1-t)+l't} + e^{n} \sin(\omega x)$$

$$b = e^{-n} \frac{d^{p}\, e^{l(1-t)+l't}}{dt^{p}} \left[\frac{1}{\omega} \cos(\omega x) \frac{\partial}{\partial x} - \frac{1}{\omega^{2}} \sin(\omega x) \frac{\partial^{2}}{\partial x^{2}} \right].$$

Bibliographie

[1] DE GIORGI: Un esempio di non-unicità della soluzione del problema di Cauchy. Università di Roma. Rend. Mat. **14**, 382—387 (1955).

[2] LERAY, J., et Y. OHYA: Systèmes linéaires, hyperboliques non-stricts. Colloque C.B.M., Louvain (1964).

[3] TALENTI, G.: Sur le problème de Cauchy pour les équations aux dérivées partielles. C. R. Acad. Sci. **259**, 1932—1933 (1964).

(Reçu le 2 juillet 1965)

Druck: Brühlsche Universitätsdruckerei Gießen

[1967b]

(avec Y. Ohya)

Equations et systèmes non-linéaires, hyperboliques non-stricts

Math. Ann. 170 (1967) 167–205

Introduction

0. Historique

Le problème de Cauchy fut étudié d'abord quand les données et les inconnues sont holomorphes (CAUCHY-KOWALESKI; N. A. LEDNEV [8] supprime l'hypothèse d'holomorphie par rapport au «temps», tout en conservant l'hypothèse d'holomorphie par rapport aux coordonnées «d'espace»). Puis ce problème le fut, sous l'hypothèse d'hyperbolicité stricte, quand les données et les inconnues sont des fonctions dérivables jusqu'à un ordre donné ou même des distributions (HADAMARD, PETROWSKY, J. LERAY [9], L. GÅRDING [4], P. DIONNE [3]); alors la solution ne dépend que localement des données; plus précisément, il existe des «domaines d'influence».

Récemment divers auteurs ont étudié des cas intermédiaires: DE GIORGI [6] discute l'unicité, C. PUCCI [14] et G. TALENTI [15] prouvent l'existence quand le cône caractéristique se réduit à des droites parallèles; L. HÖRMANDER [7] (théorème 5.7.3) traite l'équation linéaire à coefficients constants, hyperbolique non stricte[1]; Y. OHYA [13] étudie, en coefficients variables, l'opérateur de Calderon-Zygmund et, en particulier, l'opérateur linéaire hyperbolique, dont le polynome caractéristique est un produit d'opérateurs strictement hyperboliques; nous avons étendu ses conclusions aux systèmes linéaires [10] en formalisant son procédé et en employant une suggestion de L. WAELBROECK, dont l'article [11] va maintenant nous permettre de traiter le cas non linéaire. Tous ces travaux ont des conclusions du type que le n° 1 va énoncer.

1. Énoncé des résultats

Nous résolvons le problème de Cauchy pour un système non linéaire.

Nos hypothèses ont pour cas extrêmes les deux cas suivants:

1°) *hyperbolicité stricte;* données et inconnues *indéfiniment dérivables;* (il y a alors *des domaines d'influence*);

2°) *aucune hypothèse d'hyperbolicité;* données et inconnues *holomorphes* par rapport aux coordonnées d'espaces; (il n'y a pas de domaine d'influence).

Hors de ces cas extrêmes, nos hypothèses sont les suivantes:

[1] HÖRMANDER réserve le terme «hyperbolique» au strictement hyperbolique. Pour nous, il y a hyperbolicité quand il y a domaine d'influence.

3°) *le polynôme caractéristique est un produit de polynômes strictement hyperboliques;* les données et les inconnues sont indéfiniment différentiables par rapport aux coordonnées d'espace; plus précisément. elles sont dans une *classe de Gevrey, non quasi-analytique;* il existe *des domaines d'influence.*

On trouvera les énoncés précis aux n° 20, 27 et 29, Mme. CHOQUET-BRUHAT les a complétés [2].

Applications. S. S. CHERN et HANS LEWY [1] ont rencontré en géométrie différentielle le problème non linéaire que nous résolvons.

Mme. Y. CHOQUET-BRUHAT [2] et A. LICHNÉROWICZ [12] ont ramené à ce problème la résolution des équations de la magnéto-hydrodynamique relativiste.

2. Sommaire

Nous adaptons au cas non-linéaire le procédé qu'emploie l'article [10], dont la connaissance n'est pas indispensable; ce procédé se simplifie, car l'étude non linéaire est purement locale; cependant il doit employer pour les coefficients des normes un peu moins simples: les normes de Schauder.

Le problème est résolu par approximations successives, que définissent des problèmes de Cauchy linéaires, strictement hyperboliques. L'étude de ces approximations successives emploie leurs normes formelles, c'est-à-dire des séries formelles ayant pour coefficients les normes de toutes leurs dérivées. La majoration des approximations successives résulte de la résolution d'un problème de Cauchy non linéaire formel, c'est-à-dire ayant pour données et inconnue des séries formelles, appartenant à une classe de Gevrey formelle. La convergence des approximations successives résulte de la résolution d'un second problème de Cauchy formel, qui est linéaire.

L'existence des domaines d'influence résulte du théorème d'unicité que nous avons obtenu dans le cas linéaire [10]; la précision de ce théorème d'unicité provient de ce que, dans ce cas linéaire, un théorème d'existence non local peut être obtenu, par ces raisonnements mêmes dont la suppression allège le présent article.

§ 1. Normes formelles

3. Normes

Notons les coordonnées de $\mathbf{R}^{l+1}$

$$(x_0, x_1, \ldots, x_l)$$

et

$$D_x^\beta = \frac{\partial^{|\beta|}}{\partial x_0^{\beta_0} \ldots \partial x_l^{\beta_l}}.$$

Soit X la bande de $\mathbf{R}^{l+1}$ d'équation

$$X: 0 \leqq x_0 \leqq |X|;$$

soit S_t l'hyperplan de X d'équation

$$S_t: x_0 = t.$$

Notons: K_t les cubes, de côté 1, appartenant à S_t;

$$|f, S_t|_2 = \left[\int_{S_t} |f|^2 \, dx_1 \dots dx_l\right]^{1/2};$$

$$|f, K_t|_2 = \left[\int_{K_t} |f|^2 \, dx_1 \dots dx_l\right]^{1/2}.$$

Etant donné un entier $n \geqq 0$, nous nommons *quasi-normes* d'une fonction

$$f: X \to \mathbf{C}$$

les deux fonctions de t:

$$|D^n f, S_t| = c \sup_{\beta} |D_x^\beta f, S_t|_2$$

$$\|D^n f, S_t\| = c \sup_{\beta, K_t} |D_x^\beta f, K_t|_2; \qquad (|\beta| \leqq n)$$

ce sont des normes de $f \bmod (x_0 - t)^n$; $c = c(l, n)$ est une fonction de (l, n), croissante en n et assez grande pour que la propriété (3.1) et la formule (3.2) soient exactes.

Dionne [3], ch. 1, (6.3.9), déduit des théorèmes de Sobolev ceci, sous l'hypothèse:

$$n > l/2:$$

(3.1) ces deux normes sont des *normes d'algèbres;* leur finitude entraîne la continuité de f;

on a *la formule du produit:*

$$|D^n(f \cdot g), S_t| \leqq \|D^n f, S_t\| \cdot |D^n g, S_t|. \tag{3.2}$$

Soit un domaine $Y \subset \mathbf{C}^m$. Nous nommons *quasi-normes* d'une fonction

$$F: X \times Y \to \mathbf{C}$$

les deux fonctions de t, dépendant d'un vecteur $v = (v_1, \dots, v_m)$, à composantes $v_j \geqq 0$:

$$|D^n F, S_t \times Y, v| = c \sup_{\beta} \left| \sup_{y \in Y} \left| D_{x,y}^\beta F(x, y) \right|, \; S_t \right|_2 (1 + c'|v|)^n$$

$$\|D^n F, S_t \times Y, v\| = c \sup_{\beta, K_t} \left| \sup_{y \in Y} \left| D_{x,y}^\beta F(x, y) \right|, K_t \right|_2 (1 + c'|v|)^n,$$

où

$$D_{x,y}^\beta = \frac{\partial^{|\beta|}}{\partial x_0^{\beta_0} \dots \partial y_m^{\beta_{m+l}}}, \quad |\beta| \leqq n, |v| = v_1 + \dots + v_m,$$

$c' = c'(m)$ suffisamment grand pour avoir (3.3). Soit une application

$$v = (v_1, \dots, v_m): X \to Y;$$

notons $F \circ v$ la fonction composée

$$(F \circ v)(x) = F(x, v(x));$$

notons $|D^n v, S_t|$ le vecteur de composantes $|D^n v_j, S_t|$ $(j = 1, \dots, m)$. Dionne [3], théorème 6.4, explicite comme suit le *théorème de composition* de Sobolev:

12*

si on a $n > l/2 + 1$,

(3.3) $$\|D^n(F \circ v), S_t\| \leqq \|D^n F, S_t \times Y, |D^n v, S_t|\| ;$$

on peut remplacer $\| \dots \|$ par $| \dots |$.

4. *Normes formelles*

On nomme *quasi-normes formelles* de $f: X \to \mathbf{C}$ les deux séries formelles de ϱ, à coefficients fonctions de t:

$$|D^{n,\infty} f, S_t, \varrho| = \sum_{s=0}^{\infty} \frac{\varrho^s}{s!} \sup_{\sigma} |D^n D_x^\sigma f, S_t|$$

$$= c \sum_{s=0}^{\infty} \frac{\varrho^s}{s!} \sup_{\beta,\sigma} |D_x^{\beta+\sigma} f, S_t|_2 ,$$

$$\|D^{n,\infty} f, S_t\, \varrho\| = \sum_{s=0}^{\infty} \frac{\varrho^s}{s!} \sup_{\sigma} \|D^n D_x^\sigma f, S_t\|$$

$$= c \sum_{s=0}^{\infty} \frac{\varrho^s}{s!} \sup_{\beta,\sigma,K_t} |D_x^{\beta+\sigma} f, K_t|_2$$

où

$$|\beta| \leqq n, \quad \sigma = (0, \sigma_1, \dots, \sigma_l), \quad |\sigma| = \sigma_1 + \dots + \sigma_l = s .$$

Introduisons des variables commutatives $(\varrho, \eta_1, \dots, \eta_m, v)$; notons $\eta = (\eta_1, \dots, \eta_m)$, $\eta^\tau = \eta_1^{\tau_1} \dots \eta_m^{\tau_m}$; nous définissons de même les *quasi-normes formelles* de $F: X \times Y \to \mathbf{C}$:

$$\|D^{n,\infty} F, S_t \times Y, \varrho, \eta, v\| = \sum_{s,\tau} \frac{\varrho^s}{s!} \frac{\eta^\tau}{\tau!} \sup_{\sigma} \|D^n D_x^\sigma D_y^\tau F, S_t \times Y, v\|$$

$$|D^{n,\infty} F, S_t \times Y, \varrho, \eta, v| = \sum_{s,\tau} \frac{\varrho^s}{s!} \frac{\eta^\tau}{\tau!} \sup_{\sigma} |D^n D_x^\sigma D_y^\tau F, S_t \times Y, v| ,$$

où

$$\sigma = (0, \sigma_1, \dots, \sigma_l), \quad |\sigma| = \sigma_1 + \dots + \sigma_l = s .$$

Une série formelle $\gg 0$ est une série à coefficients $\geqq 0$.

Enonçons les propriétés des quasi-normes formelles; le n° 5 les prouvera.

Formule du produit. Si $n > l/2$, on a:

(4.1) $$|D^{n,\infty}(f g), S_t, \varrho| \ll \|D^{n,\infty} f, S_t, \varrho\| \cdot |D^{n,\infty} g, S_t, \varrho| ;$$

on peut remplacer $|\dots|$ par $\| \dots \|$.

Formule de la dérivée. Notons $D_j = \dfrac{\partial}{\partial x_j}$; si $j > 0$, on a

(4.2) $$|D^{n,\infty} D_j f, S_t, \varrho| \ll \frac{\partial}{\partial \varrho} |D^{n,\infty} f, S_t, \varrho| \ll |D^{n+1,\infty} f, S_t, \varrho| \ll$$
$$\ll c'' |D^{0,\infty} D_0^{n+1} f, S_t, \varrho| + c'' \left(1 + \frac{\partial}{\partial \varrho}\right) |D^{n,\infty} f, S_t, \varrho| ,$$

où $c'' = c''(l, n)$; on peut remplacer $|\dots|$ par $\| \dots \|$.

Formule du commutateur. Soit $a(x, D)$ un opérateur différentiel linéaire *normal*[2] d'ordre $m \geqq 1$; sa quasi-norme formelle $\|D^{n,\infty} a, S_t, \varrho\|$ sera la somme de celles de ses coefficients; nous définissons

$$|D^n[D^\infty, a]f, S_t, \varrho| = \sum_{s=0}^{\infty} \frac{\varrho^s}{s!} \sup_\sigma |D^n[D^\sigma, a]f, S_t|$$
$$= c \sum_{s=0}^{\infty} \frac{\varrho^s}{s!} \sup_{\beta,\sigma} |D^\beta[D^\sigma, a]f, S_t|_2$$

où

$$[D^\sigma, a]f = D^\sigma(af) - a(D^\sigma f), \ |\beta| \leqq n, \sigma = (0, \sigma_1, \ldots, \sigma_l), \ |\sigma| = s.$$

Nous avons, si $n > l/2$:

$$(4.3) \qquad |D^n[D^\infty, a]f, S_t, \varrho| \ll \ll [\|D^{n,\infty} a, S_t, \varrho\| - \|D^n a, S_t\|] \left(1 + \frac{\partial}{\partial \varrho}\right) |D^{m+n-1,\infty} f, S_t, \varrho|.$$

Formule de composition. Si $v: X \to Y$, $(F \circ v)(x) = F(x, v(x))$, et $n > l/2 + 1$, nous avons:

$$(4.4) \qquad \|D^{n,\infty}(F \circ v), S_t, \varrho\| \ll \ll \|D^{n,\infty} F, S_t \times Y, \varrho, \ |D^{n,\infty} v, S_t, \varrho| - |D^n v, S_t|, \ |D^n v, S_t|\|;$$

on peut remplacer $\| \ldots \|$ par $| \ldots |$.

5. Preuves des formules précédentes

[10] montre comment (3.3) implique *la formule de composition* (4.4); (il faut remplacer dans [6] $| \ldots |$ par $|D^n \ldots|$, $\| \ldots \|$ par $\|D^n \ldots \|$).

La formule de la dérivée (4.2) est facile à prouver.

Prouvons *celle du commutateur*, en prouvant d'abord la suivante [dont il suffit de modifier légèrement la preuve pour établir celle du produit (4.1)]:

Une formule préliminaire. Définissons la série formelle en $\xi = (\xi_1, \ldots, \xi_l)$:

$$\|D^{n,\infty} f, S_t; \xi\| = \sum_\sigma \frac{\xi^\sigma}{\sigma!} \|D^n D^\sigma f, S_t\|$$

et de même avec $|\ldots|$ au lieu de $\|\ldots\|$; rappelons que

$$\sigma! = \sigma_1! \ldots \sigma_l!, \quad \xi^\sigma = \xi_1^{\sigma_1} \ldots \xi_l^{\sigma_l}.$$

Notons

$$[D^\sigma, f]g = D^\sigma(fg) - f D^\sigma g,$$

$$(5.1) \quad |D^n[D^\infty, f]g, S_t; \xi| = \sum_\sigma \frac{\xi^\sigma}{\sigma!} |D^n[D^\sigma, f]g, S_t|, \qquad \text{où} \quad \sigma_0 = 0;$$

$$(5.2) \quad |D^n[D^\infty, f]g, S_t, \varrho| = \sum_s \frac{\varrho^s}{s!} \sup_\sigma |D^n[D^\sigma, f]g, S_t| \qquad \text{où} \quad \sigma_0 = 0, \ |\sigma| = s.$$

[2] Son premier coefficient, c'est-à-dire celui de D_0^m, vaut 1; il suffit de diviser un opérateur par son premier coefficient pour le rendre normal.

D'après la formule de Leibniz de la dérivée d'un produit:

$$|D^n[D^\infty, f]g, S_t; \xi| = \sum_\sigma \frac{\xi^\sigma}{\sigma!} |D^n(D^\sigma(f\cdot g) - f\cdot D^\sigma g), S_t| \ll$$

$$\ll \sum_{\sigma,\tau} \frac{\xi^\sigma}{\sigma!}\frac{\xi^\tau}{\tau!} |D^n(D^\sigma f)\cdot(D^\tau g), S_t|; \quad \text{où} \quad |\sigma|>0; \quad \sigma_0=\tau_0=0,$$

donc, d'après la formule du produit (3.2):

$$|D^n[D^\infty, f]g, S_t; \xi| \ll [\|D^{n,\infty} f, S_t; \xi\| - \|D^n f, S_t\|]\, |D^{n,\infty} g, S_t; \xi|;$$

d'où, en posant

$$\varrho = \xi_1 + \cdots + \xi_l,$$

ce qui implique

$$\frac{\varrho^s}{s!} = \sum_\sigma \frac{\xi^\sigma}{\sigma!} \qquad (|\sigma|=s), \tag{5.3}$$

$$|D^n[D^\infty, f]g, S_t; \xi| \ll [\|D^{n,\infty} f, S_t, \varrho\| - \|D^n f, S_t\|]\, |D^{n,\infty} g, S_t, \varrho|.$$

Or, (L. GÅRDING), vu (5.3), (5.2) est la plus petite série en ϱ qui majore (5.1); l'inégalité précédente signifie donc que

$$|D^n[D^\infty, f]g, S_t, \varrho| \ll [\|D^{n,\infty} f, S_t, \varrho\| - \|D^n f, S_t\|]\cdot |D^{n,\infty} g, S_t, \varrho|. \tag{5.4}$$

Preuve de la formule du commutateur (4.3). Il suffit de prouver cette formule quand $a(x, D)$ est un monôme:

$$a(x, D) = a_\alpha(x) D^\alpha, \quad \text{où} \quad |\alpha| \leqq m.$$

Si $|\alpha| \leqq m-1$, (5.4) donne

$$|D^n[D^\infty, a]f, S_t, \varrho| \ll [\|D^{n,\infty} a, S_t, \varrho\| - \|D^n a, S_t\|]\cdot |D^{m+n-1,\infty} f, S_t, \varrho|.$$

Si $\alpha = (m, 0, \ldots, 0)$, alors $a_\alpha = 1$, puisque a est normal; donc

$$|D^n[D^\infty, a]f, S_t, \varrho| = 0.$$

Enfin si $|\alpha| = m$ et $\alpha_0 < m$, alors $D^\alpha = D^\beta D_j$ où $|\beta| = m-1$, $1 \leqq j$ et (5.4) donne:

$$|D^n[D^\infty, a]f, S_t, \varrho| \ll [\|D^{n,\infty} a, S_t, \varrho\| - \|D^n a, S_t\|]\, |D^{m+n-1,\infty} D_j f, S_t, \varrho| \ll$$

$$\ll [\|D^{n,\infty} a, S_t, \varrho\| - \|D^n a, S_t\|] \frac{\partial}{\partial\varrho} |D^{m+n-1,\infty} f, S_t, \varrho|,$$

vu la formule de la dérivée (4.2).

§ 2. Opérateurs linéaires hyperboliques non stricts

6. L'opérateur strictement hyperbolique a les propriétés que voici (DIONNE [3])

Sur la bande X soit un opérateur hyperbolique d'ordre m

$$a(x, D) = \sum_{|\beta| \leqq m} a_\beta(x) D^\beta$$

et une fonction $b(x)$; posons le problème de Cauchy d'inconnue $u(x)$

(6.1) $$a(x, D)\, u(x) = b(x), \qquad D^{m-1} u \mid S_0 = 0.$$

Nous supposons $a(x, D)$ normal et régulièrement hyperbolique pour les hyperplans S_t; nous notons $\chi(a)$ son caractère de régularité: rappelons qu'il dépend de l'image de X par l'application $\{a_\beta(x)\}$ ($|\beta| = m$), sans dépendre des valeurs des dérivées des $a_\beta(x)$. Nous supposons

$$\|D^{n,\infty} a, S_t, \varrho\| \ll C(t, \varrho), \quad |D^{n,\infty} b, S_t, \varrho| \ll B(t, \varrho)$$

B [et C] étant une série formelle en ϱ, ayant pour coefficients des fonctions bornées [et *croissantes*] de t. Nous supposons enfin:

(6.2) $$D_0^j b \mid S_0 = 0 \quad \text{pour} \quad j < n$$

ce qui impliquera

$$D_0^j u \mid S_0 = 0 \quad \text{pour} \quad j < m + n;$$

(6.3) $$n > \frac{l}{2} + 1.$$

On sait [4], [9] que le problème de Cauchy (6.1) possède une et une seule solution telle que $|D^m u, S_t|$ soit borné; on sait que cette solution vérifie l'inégalité

(6.4) $$|D^{m+n-1} u, S_t| \leqq A_0(t) \int_0^t B(t', 0)\, dt',$$

où

$$A_0(t) = c(l, m, \chi, C(t, 0));$$

$c(l, m, \chi, C)$ est une fonction connue, dont toutes les dérivées en C sont $\geqq 0$.

Précisons comme suit ces résultats:

Lemme 6.1. *On a*

$$|D^{m+n-1,\infty} u, S_t, \varrho| \ll A_0(t)\, \Phi(t, \varrho) \quad \textit{pour} \quad 0 \leqq t \leqq |X|;$$

$A_0(t)$ vient d'être défini; $\Phi(t, \varrho)$ est la série formelle que définit le problème de Cauchy formel

(6.5) $$\begin{cases} \left[\dfrac{\partial}{\partial t} - A(t, \varrho)\left(1 + \dfrac{\partial}{\partial \varrho}\right)\right] \Phi(t, \varrho) = B(t, \varrho) \\ \Phi(0, \varrho) = 0, \end{cases}$$

où $A(t, \varrho)$ est la série formelle $\gg 0$, s'annulant avec ϱ:

$$A(t, \varrho) = A_0(t)\, [C(t, \varrho) - C(t, 0)].$$

Note 6. La résolution du problème de Cauchy (6.5) est élémentaire: le coefficient $\Phi_s(t)$ de

$$\Phi(t, \varrho) = \sum_s \frac{\varrho^s}{s!} \Phi_s(t)$$

s'obtient successivement pour $s=0,1,\dots$ en résolvant (par quadratures: voir lemme 8) le problème de Cauchy

$$\text{(6.6)}\qquad \left[\frac{d}{dt}-s a_0(t)\right]\Phi_s(t)=\Psi_{s-1}(t), \qquad \Phi_s(0)=0,$$

où $\Psi_{s-1}(t)-B_s(t)$ est une combinaison linéaire de $\Phi_0, \Phi_{s-1}(t)$; les coefficients sont ceux de A; ils sont $\geqq 0$;

$$a_0(t)=\frac{\partial A}{\partial \varrho}(t,0).$$

Preuve. On peut prouver l'existence de toutes les dérivées $D^\sigma u$, où $\sigma_0=0$, en les construisant successivement pour $|\sigma|=m+n$, $m+n+1,\dots$ par les problèmes de Cauchy

$$\text{(6.7)}\qquad a D^\sigma u=-[D^\sigma,a]u+D^\sigma b, \quad D^{m-1}D^\sigma u\,|\,S_0=0;$$

elles sont donc telles que $|D^{m+n-1}D^\sigma u, S_t|$ soit une fonction bornée de t. D'après (6.7) et (6.4), on a pour tout σ tel que $\sigma_0=0$:

$$|D^{m+n-1}D^\sigma u, S_t|\leqq A_0(t)\int_0^t |D^n[D^\sigma,a]u, S_{t'}|\,dt'+A_0(t)\int_0^t |D^n D^\sigma b, S_{t'}|\,dt';$$

d'où, en appliquant $\sum_s \frac{\varrho^s}{s!}\sup_\sigma$, où $|\sigma|=s$:

$$|D^{m+n-1,\infty}u, S_t, \varrho|\ll$$

$$\ll A_0(t)\int_0^t |D^n[D^\infty,a]u, S_{t'},\varrho|\,\mathrm{d}t'+A_0(t)\int_0^t |D^{n,\infty}b, S_{t'},\varrho|\,dt';$$

d'où, en appliquant la formule du commutateur (4.3) et en notant $|D^{n,\infty}u, S_t, \varrho| = A_0(t)\,\varphi(t,\varrho)$:

$$\varphi(t,\varrho)\ll\int_0^t A(t',\varrho)\left(1+\frac{\partial}{\partial\varrho}\right)\varphi(t',\varrho)\,dt'+\int_0^t B(t',\varrho)\,dt'.$$

Explicitons cette inégalité, en posant

$$\varphi(t,\varrho)=\sum_{s=0}^\infty \frac{\varrho^s}{s!}\varphi_s(t);$$

puisque $A(t,0)=0$, il vient, en posant $a_0(t)=\frac{\partial A}{\partial\varrho}(t,0)$:

$$\varphi_s(t)\leqq\int_0^t s\,a_0(t')\,\varphi_s(t')\,dt'+\psi_{s-1}(t),$$

où ψ_{s-1} ne dépend que de $\varphi_0,\dots,\varphi_{s-1}$ et des données A, B; d'où, par une intégration d'inégalité classique:

$$\varphi(t,\varrho)\ll\Phi(t,\varrho),$$

si Φ est défini par l'équation intégrale

$$\Phi(t,\varrho)=\int_0^t A(t',\varrho)\left(1+\frac{\partial}{\partial\varrho}\right)\Phi(t',\varrho)\,dt'+\int_0^t B(t',\varrho)\,dt',$$

c'est-à-dire par le problème de Cauchy (6.5). C.Q.F.D.

L'emploi du lemme 6.1 que nous allons faire sera facilité par le lemme suivant:

Lemme 6.2. *Soit Φ^* la solution du problème* (6.5), *quand on y remplace par B^* la donné B. Supposons*

$$0 \ll B(t,\varrho) \ll A_0(t)\, B^*(t,\varrho), \quad \textit{où} \quad A_0(t) \textit{ est croissant}.$$

Alors

$$\Phi(t,\varrho) \ll A_0(t)\,\Phi^*(t,\varrho).$$

Preuve. Vu la note 6, il suffit de prouver que les solutions $\Phi(t)$ et $\Phi^*(t)$ des problèmes de Cauchy (6.6)

$$\left[\frac{\partial}{\partial t}-s\,c_0(t)\right]\Phi(t)=B(t), \qquad \Phi(0)=0$$

$$\left[\frac{\partial}{\partial t}-s\,c_0(t)\right]\Phi^*(t)=B^*(t), \quad \Phi^*(0)=0$$

vérifient $\Phi(t)\leqq A_0(t)\,\Phi^*(t)$, si $0\leqq B\leqq A_0 B^*$ (A_0 croissant). Or cela résulte immédiatement des solutions explicites (8.3) de ces problèmes.

7. Produit d'opérateurs strictement hyperboliques

Sur la bande X, nous nous donnons à nouveau un opérateur $a(x,D)$ hyperbolique et une fonction $b(x)$; notons

$$m=\text{ordre}\,(a);$$

nous nous posons le problème de Cauchy

(7.1) $$a(x,D)\,u(x)=b(x), \quad D_0^j u\,|\,S_0=0 \quad \text{pour} \quad j<m.$$

Nous supposons que

$$a(x,D)=a_1(x,D)\ldots a_p(x,D)$$

est le produit de p opérateurs $a_j(x,D)$ normaux et régulièrement hyperboliques pour les hyperplans S_t; notons $m_j=\text{ordre}\,(a_1)+\cdots+\text{ordre}\,(a_j)$; donc $m_p=m$; notons $\chi(a)$ l'ensemble des caractères de régularité des a_j; nous supposons:

(7.2) $$\begin{cases}\|D^{m_j+n-j,\infty}a_{j+1},S_t,\varrho\|\ll C(t,\varrho) \quad \forall j;\\ \|D^{n-p+k,\infty}a,S_t,\varrho\|\ll C_k(t,\varphi), \quad (k\text{: entier donné tel que } 0\leqq k\leqq p);\\ |D^{n,\infty}b,S_t,\varrho|\ll B(t,\varrho);\end{cases}$$

$C(t,\varrho)$, $C_k(t,\varrho)$ et $B(t,\varrho)$ sont des séries formelles, dont chaque coefficient est une fonction bornée de t; nous supposons

$$\frac{\partial^j C(t,\varrho)}{\partial t^j}\gg 0 \quad \text{pour} \quad j=0,\ldots,p.$$

Nous définissons, comme au n° 6:

$$A_0(t) = c(l, m, \chi, C(t, 0)). \tag{7.3}$$

Nous définissons la série formelle, *s'annulant avec* ϱ:

$$A(t, \varrho) = A_0(t)\,[C(t, \varrho) - C(t, 0)];$$

puis, c_k'' ne dépendant que de l, m, n, p, k:

$$A_k(t, \varrho) = c_k''\, A_0(t)\,[1 + C_k(t, \varrho)]^k.$$

Bien entendu:

$$A_0(t, \varrho) = A_0(t),\ c_0'' = 1.$$

Nous supposons

$$n > \frac{l}{2} + p,\ D^j b \mid S_0 = 0 \quad \text{pour} \quad j < n. \tag{7.4}$$

Lemme 7. *Le problème de Cauchy* (7.1) *possède une et une seule solution* $u(x)$ *telle que* $|D^m u, S_t|$ *soit borné; on a pour* $0 \leqq t \leqq |X|$, $0 \leqq k \leqq p$:

$$|D^{m+n-p+k,\infty} u, S_t, \varrho| \ll A_k(t, \varrho)\left(1 + \frac{\partial}{\partial t} + \frac{\partial}{\partial \varrho}\right)^k \Phi(t, \varrho); \tag{7.5$_k$}$$

$\Phi(t, \varrho)$ *est la série formelle que définit le problème de Cauchy formel*

$$\left\{\begin{aligned} &\left[\frac{\partial}{\partial t} - A(t, \varrho)\left(1 + \frac{\partial}{\partial \varrho}\right)\right]^p \Phi(t, \varrho) = B(t, \varrho) \\ &\frac{\partial^j \Phi}{\partial t^j}(0, \varrho) = 0 \quad \textit{pour} \quad j = 0, \ldots, p-1. \end{aligned}\right. \tag{7.6}$$

Note. Ce problème (7.6) se résout en calculant successivement les coefficients $\Phi_s(t)$ $(s = 0, 1, \ldots)$ de $\Phi(t, \varrho)$; ce calcul se fait par quadratures.

Preuve de $(7.5)_0$. Le problème (7.1) équivaut à la suite de problèmes de Cauchy:

$$a_j(x, D)\, u_j(x) = u_{j-1}(x), \quad D^{m_j - 1} u_j \mid S_0 = 0,$$

où $j = 1, \ldots, p$, $u_0 = b$, $u_p = u$.

D'où, par application du n° 6, l'existence de u, son unicité et les majorations:

$$|D^{m_1 + \cdots + m_j + n - j, \infty} u_j, S_t, \varrho| \ll c_1(t)\, \Phi_j(t, \varrho),$$

les $\Phi_j(t, \varrho)$ étant les séries formelles définies par les problèmes de Cauchy formels:

$$\left\{\begin{aligned} &\left[\frac{\partial}{\partial t} - A(t, \varrho)\left(1 + \frac{\partial}{\partial \varrho}\right)\right] \Phi_j(t, \varrho) = \Phi_{j-1}(t, \varrho) \\ &\Phi_j(0, \varrho) = 0 \end{aligned}\right.$$

où $\Phi_0 = B$. D'où (7.4) en prenant $\Phi = \Phi_p$, ce qui revient à définir Φ par (7.6).

Preuve de $(7.5)_k$ *pour* $1 \leqq k \leqq p$. La formule de la dérivée (4.2) donne

$$|D^{m+n-p+k,\infty} u, S_t, \varrho| \ll$$

$$\ll c'' |D^{0,\infty} D_0^{m+n-p+k} u, S_t, \varrho| + c'' \left(1 + \frac{\partial}{\partial \varrho}\right) |D^{m+n-p+k-1,\infty} u, S_t, \varrho|;$$

or, puisque $a(x, D)u = b$, on a, vu la formule de la dérivée $|D^{0,\infty} D_0^j \ldots| \ll$ $\ll |D^{j,\infty} \ldots|$,

$$|D^{0,\infty} D_0^{m+n-p+k} u, S_t, \varrho| \ll |D^{n-p+k,\infty}[a(x, D) - D_0^m] u, S_t, \varrho| + |D^{n-p+k,\infty} b, S_t, \varrho|$$

où $a(x, D) - D_0^m$ a un premier coefficient nul, car a est normal; donc, vu la formule du produit (4.1), qui s'applique car $n - p + k > l/2$, et la formule de la dérivée (4.2):

$$|D^{n-p+k,\infty}[a(x, D) - D_0^m] u, S_t, \varrho| \ll$$
$$\ll \|D^{n-p+k,\infty} a, S_t, \varrho\| \left(1 + \frac{\partial}{\partial \varrho}\right) |D^{m+n-p+k-1,\infty} u, S_t, \varrho|.$$

Les trois inégalités précédentes donnent

$$|D^{m+n-p+k,\infty} u, S_t, \varrho| \ll$$
$$\ll c''[1 + \|D^{n-p+k,\infty} a, S_t, \varrho\|] \left(1 + \frac{\partial}{\partial \varrho}\right) |D^{m+n-p+k-1,\infty} u, S_t, \varrho| +$$
$$+ c''|D^{n-p+k,\infty} b, S_t, \varrho|.$$

D'où, par récurrence sur $k > 0$, la formule, évidente pour $k = 0$:

$$|D^{m+n-p+k,\infty} u, S_t, \varrho| \ll [1 + \|D^{n-p+k,\infty} a, S_t, \varrho\|]^k \left(1 + \frac{\partial}{\partial \varrho}\right)^k |D^{m+n-p,\infty} u, S_t, \varrho|$$
$$+ c'' \sum_{j=1}^{k} [1 + \|D^{n-p+k,\infty} a, S_t, \varrho\|]^{k-j} \left(1 + \frac{\partial}{\partial \varrho}\right)^{k-j} |D^{n-p+j,\infty} b, S_t, \varrho|;$$

la valeur de c'' a été modifiée; la formule de la dérivée (4.3) a été appliquée à $\|\ldots\|$.

Pour tirer $(7.5)_k$ de l'inégalité précédente, il suffit évidemment, vu $(7.5)_0$, de prouver ceci:

$$(7.7) \qquad |D^{n-p+j,\infty} b, S_t, \varrho| \ll \left(\frac{\partial}{\partial t}\right)^j \Phi(t, \varrho) \quad \text{pour} \quad j = 1, \ldots, p.$$

Preuve de (7.7). Puisque $D^{n-1} b \mid S_0 = 0$, nous avons

$$D^{\beta+\sigma} b(x) = \int_0^{x_0} \frac{(x_0 - x_0')^{j-1}}{(j-1)!} D_0^j D^{\beta+\sigma} b(x')\, dx_0'$$

pour $x = (x_0, x_1, \ldots, x_l)$, $x' = (x_0', x_1, \ldots, x_l)$,

$$\sigma_0 = 0, \quad 0 < j, \quad j + \beta_0 \leqq n;$$

d'où

$$|D^{\beta+\sigma} b, S_t|_2 \leqq \int_0^t \frac{(t - t')^{j-1}}{(j-1)!} |D_0^j D^{\beta+\sigma} b, S_{t'}|_2\, dt'$$

et, en appliquant $\sum_s \frac{\varrho^s}{s!} \sup_{\beta,\sigma} \ldots$, où $|\beta| \leqq n-j$ et $\sigma_0=0$:

$$(7.8)\quad \begin{aligned} |D^{n-j,\infty} b, S_t, \varrho| &\ll \int_0^t \frac{(t-t')^{j-1}}{(j-1)!} |D^{n,\infty} b, S_{t'}, \varrho|\, dt' \\ &\ll \int_0^t \frac{(t-t')^{j-1}}{(j-1)!} B(t', \varrho)\, dt', \quad \text{pour} \quad 0<j\leqq n, \end{aligned}$$

car

$$(7.9)\qquad |D^{n,\infty} b, S_t, \varrho| \ll B(t, \varrho).$$

Or le lemme 9.2 va déduire de l'hypothèse

$$\frac{\partial^j A(t,\varrho)}{\partial t^j} \gg 0 \quad \text{pour} \quad j=0, \ldots, p-1$$

que

$$(7.10)\quad B(t,\varrho) \ll \frac{\partial^p \Phi(t,\varrho)}{\partial t^p}, \quad \int_0^t \frac{(t-t')^{j-1}}{(j-1)!} B(t',\varrho)\, dt' \ll \frac{\partial^{p-j}\Phi(t,\varrho)}{\partial t^{p-j}} \quad \text{pour} \quad 0<j\leqq p.$$

Les majorations (7.8) et (7.9) de b donnent donc:

$$|D^{n-j,\infty} b, S_t, \varrho| \ll \frac{\partial^{p-j}\Phi(t,\varrho)}{\partial t^{p-j}} \quad \text{pour} \quad 0\leqq j\leqq p.$$

Voici prouvé (7.7), donc le lemme 7.

§ 3. Problèmes de Cauchy formels

L'emploi du lemme 7 va introduire des problèmes de Cauchy formels. Etudions leurs propriétés, dont l'une (7.10) vient d'être appliquée.

8. L'inégalité classique pour l'équation différentielle du premier ordre

Lemme 8. *Soit $\Phi(t)$ la solution du problème de Cauchy*

$$(8.1)\qquad \left[\frac{d}{dt} - a(t)\right] \Phi(t) = b(t), \quad \Phi(0)=0,$$

où a et b sont des fonctions sommables

$$a(t) \geqq 0; \quad t \geqq 0.$$

Alors l'application

$$(a, b) \to \Phi$$

est croissante en b et, si $b \geqq 0$, en a, pour les relations d'ordre suivantes:

$$(8.2)\qquad \begin{cases} a \prec a^* & \text{signifie: } a(t) \leqq a^*(t);\\ b \prec b^* & \text{signifie: } b(t) \leqq b^*(t);\\ \Phi \prec \Phi^* & \text{signifie: } \Phi(t) \leqq \Phi^*(t) \text{ et } \dfrac{d\Phi}{dt} \leqq \dfrac{d\Phi^*}{dt},\ \forall t \geqq 0. \end{cases}$$

Preuve. C'est évident, car

$$(8.3)\qquad \Phi(t) = \int_0^t b(t') \exp\left[\int_{t'}^t a(t'')\,dt''\right] dt' \quad \text{et} \quad \frac{d\Phi}{dt} = a\Phi + b.$$

9. *Extension de cette inégalité à un problème de Cauchy formel*

Donnons-nous une série formelle en ϱ, fonction de $t \geqq 0$, $A(t, \varrho)$ telle que

$$A(t, 0) = 0;$$

notons[3] L l'opérateur

$$L\left(t, \varrho, \frac{\partial}{\partial \varrho}\right) = A(t, \varrho)\left(1 + \frac{\partial}{\partial \varrho}\right);$$

soit un entier $p > 0$. Etant donnée $B(t, \varrho)$, série formelle en ϱ, fonction de $t \geqq 0$, nous en cherchons une autre, $\Phi(t, \varrho)$, qui soit solution du problème de Cauchy formel

$$(9.1)\left[\frac{\partial}{\partial t} - L\right]^p \Phi(t, \varrho) = B(t, \varrho), \quad \frac{\partial^j \Phi}{\partial t^j}(0, \varrho) = 0 \quad \text{pour} \quad j = 0, \ldots, p-1.$$

Lemme 9.1. *Ce problème* (9.1) *possède une solution unique; elle s'obtient par quadratures.*

Lemme 9.2. *Supposons*

$$(9.2)\qquad \frac{\partial^j A(t, \varrho)}{\partial t^j} \gg 0 \quad \textit{pour} \quad j = 0, \ldots, p-1.$$

Alors l'application $(A, B) \to \Phi$ est croissante en B et, si $B \gg 0$, en A, pour les relations d'ordre suivantes:

$$A(t, \varrho) \prec A^*(t, \varrho) \quad \textit{signifie:} \quad \left(\frac{\partial}{\partial t}\right)^j A \ll \left(\frac{\partial}{\partial t}\right)^j A^* \quad \textit{pour} \quad j = 0, \ldots, p-1;$$

$$B(t, \varrho) \prec B^*(t, \varrho) \quad \textit{signifie:} \quad B \ll B^*;$$

$$\Phi(t, \varrho) \prec \Phi^*(t, \varrho) \quad \textit{signifie:} \quad \left(\frac{\partial}{\partial t}\right)^j \Phi \ll \left(\frac{\partial}{\partial t}\right)^j \Phi^* \quad \textit{pour} \quad j = 0, \ldots, p.$$

[3] Ce qui suit est plus généralement vrai pour

$$L\left(t, \varrho, \frac{\partial}{\partial \varrho}\right) = A'(t, \varrho) + A(t, \varrho)\frac{\partial}{\partial \varrho}$$

$A'(t, \varrho)$, $A(t, \varrho)$ étant des séries formelles en ϱ, fonctions de t, vérifiant: $A(t, 0) = 0$; on complète (9.2) par

$$\frac{\partial^j A'(t, \varrho)}{\partial t^j} \gg 0.$$

D'où, en particulier, puisque $0 \prec A$, les inégalités (7.10): si $B \gg 0$, alors

$$
\left\{
\begin{aligned}
&0 \ll B(t,\varrho) \ll \frac{\partial^p \Phi}{\partial t^p}(t,\varrho),\\
&0 \ll \int_0^t \frac{(t-t')^{j-1}}{(j-1)!} B(t',\varrho)\,dt' \ll \frac{\partial^{p-j}\Phi(t,\varrho)}{\partial t^{p-j}}
\end{aligned}
\right. \tag{9.3}
$$

Preuve du lemme 9.1. Notons

$$\Phi_j = \left[\frac{\partial}{\partial t} - L\right]^{p-j} \Phi;$$

le problème (9.1) se décompose en les p problèmes d'ordre 1:

$$\left[\frac{\partial}{\partial t} - L\right] \Phi_j(t,\varrho) = \Phi_{j-1}(t,\varrho), \quad \Phi_j(0,\varrho) = 0 \tag{9.4$_j$}$$

où

$$j = 1, \ldots, p, \quad \Phi_0 = B \quad \text{et} \quad \Phi_p = \Phi.$$

Supposons $\Phi_{j-1}(t,\varrho)$ calculé; il s'agit de résoudre (9.4); les coefficients $\varphi_s(t)$ de

$$\Phi_j(t,\varrho) = \sum_{s=0}^{\infty} \frac{\varrho^s}{s!} \varphi_s(t)$$

se calculent successivement pour $s = 0, 1, 2, \ldots$ en résolvant des problèmes de Cauchy du type (8.1):

$$\left[\frac{d}{dt} - s\, a_0(t)\right] \varphi_s(t) = \text{donnée}, \quad \varphi_s(0) = 0 \tag{9.5}$$

où

$$a_0(t) = \frac{\partial A}{\partial \varrho}(t, 0).$$

Preuve du lemme 9.2 pour $p = 1$. Les coefficients $\varphi_s(t)$ de $\Phi(t,\varrho)$ se calculent par (9.5), où le second membre donné est une combinaison linéaire, à coefficients positifs, des coefficients de B et des coefficients $\varphi_0, \ldots, \varphi_{s-1}$ de Φ. Il suffit donc d'appliquer le lemme 8.

Preuve du lemme 9.2 *pour* $p > 1$. Puisque le lemme vaut pour $p = 1$, $(9.4)_1$ prouve que Φ_1 et $\dfrac{\partial \Phi_1}{\partial t}$ sont croissants[4] et, si $B \gg 0$, qu'ils sont $\gg 0$. Puisque

[4] La croissance de $\left(\dfrac{\partial}{\partial t}\right)^i \Phi_j$ signifie la croissance de l'application

$$(A, B) \to \left(\frac{\partial}{\partial t}\right)^i \Phi_j$$

pour la relation d'ordre suivante:

$$\left(\frac{\partial}{\partial t}\right)^i \Phi_j \prec \left(\frac{\partial}{\partial t}\right)^i \Psi_j \quad \text{signifie} \quad \left(\frac{\partial}{\partial t}\right)^i \Phi_j(t,\varrho) \ll \left(\frac{\partial}{\partial t}\right)^i \Psi_j(t,\varrho).$$

le lemme vaut pour $p=1$, $(9.4)_2$ prouve donc que Φ_2 et $\frac{\partial \Phi_2}{\partial t}$ sont croissants[4] et, si $B \gg 0$, qu'ils sont $\gg 0$; d'où, en appliquant $\frac{\partial}{\partial t}$ à $(9.4)_2$ et en employant l'hypothèse $\frac{\partial A}{\partial t} \gg 0$: $\frac{\partial^2 \Phi_2}{\partial t^2}$ est croissant[4] et, si $B \gg 0$, est $\gg 0$.

Le raisonnement se poursuit de façon évidente.

Voici un lemme analogue au précédent:

Lemme 9.3. *Soit $\Phi(t, \varrho)$ la série formelle que définit le problème de Cauchy* (9.1). *Supposons*

$$\frac{\partial^j A}{\partial t^j}(0, \varrho) \gg 0 \quad \text{pour} \quad j=0, \ldots, p+k-1$$

$$\frac{\partial^j B}{\partial t^j}(0, \varrho) \gg 0 \quad \text{pour} \quad j=0, \ldots, k$$

Alors

$$\frac{\partial^j \Phi}{\partial t^j}(0, \varrho) \gg 0 \quad \text{pour} \quad j=0, \ldots, p+k.$$

Preuve pour $p=1$. On applique $\left(\frac{\partial}{\partial t}\right)^j$ $(j=0, \ldots, k)$ à l'équation $\frac{\partial \Phi}{\partial t} = L\Phi + B$, puis l'on fait $t=0$.

Preuve pour $p>1$. Puisque le lemme vaut pour $p=1$,

$$(9.4)_1 \quad \text{donne} \frac{\partial^j \Phi_1}{\partial t^j}(0, \varrho) \gg 0 \quad \text{pour} \quad j=0, \ldots, k+1;$$

$$(9.4)_2 \quad \text{donne} \frac{\partial^j \Phi_2}{\partial t^j}(0, \varrho) \gg 0 \quad \text{pour} \quad j=0, \ldots, k+2;$$

le raisonnement se poursuit de façon évidente.

10. Énoncé d'un problème de Cauchy formel non-linéaire

Notations. Etant donnée $\Phi(t, \varrho)$, série formelle en ϱ, fonction de $t \geqq 0$, nous notons $D^q \Phi(t, \varrho)$ l'ensemble de ses dérivées $\frac{\partial^{i+j}}{\partial t^i \partial \varrho^j} \Phi(t, \varrho)$ d'ordre $i+j \leqq q$; leur nombre est $\frac{(q+1)(q+2)}{2}$.

Notons: τ un vecteur variable ayant pour composantes $\frac{(q+1)(q+2)}{2}$ variables numériques $\geqq 0$; θ un vecteur ayant pour composantes $\frac{(q+1)(q+2)}{2}$ variables formelles commutant entre elles et avec ϱ; $F_q[\tau, \varrho, \theta]$ une série formelle en (ϱ, θ), à coefficients fonctions de τ; $F_q \gg 0$ signifie que ces coefficients sont $\geqq 0$. Notons

$$F_q(D^q \Phi) = F_q[D^q \Phi(t, 0), \varrho, D^q \Phi(t, \varrho) - D^q \Phi(t, 0)];$$

c'est une série formelle en ϱ, s'annulant avec ϱ si $F_q[\tau, 0, 0]=0$.

Etant donné deux entiers $p \geqq q$ et deux séries formelles, F_0 et F_q, nous considérons *le problème de Cauchy formel* suivant, (il servira à majorer le problème qu'énonçe le n° 1): trouver pour $0 \leqq t \leqq T$ (T petit) une série formelle $\Phi(t, \varrho)$ vérifiant

$$(10.1)\quad \left[\frac{\partial}{\partial t} - F_0(\Phi)\left(1 + \frac{\partial}{\partial \varrho}\right)\right]^p \Phi = F_q(D^q \Phi), \quad \frac{\partial^j \Phi}{\partial t^j}(0, \varrho) = 0$$

pour $j = 0, \ldots, p-1$

et telle que

$$(10.2)\quad \frac{\partial^j \Phi(t, \varrho)}{\partial t^j} \gg 0 \quad \text{pour} \quad j = 0, \ldots, p;$$

nous supposons ceci:

$$(10.3)\quad \begin{cases} F_q(\tau, \varrho, \theta] \gg 0 \\ F_0[\tau, 0, 0] = 0; \quad \dfrac{\partial^j}{\partial \tau^j} F_0[\tau, \varrho, \theta] \gg 0 \quad \text{pour} \quad |j| = 0, \ldots, p; \end{cases}$$

si $p = q$, alors $\dfrac{\partial^p \Phi}{\partial t^p}$ ne figure pas dans $F_p(D^p \Phi)$.

11. Le théorème de Cauchy-Kowalewski permet de résoudre le problème (10.1) sous les hypothèses suivantes: $F_0[\tau, \varrho, \theta]$ et $F_p[\tau, \varrho, \theta]$ sont des *fonctions holomorphes au point* (0, 0, 0); $p = q$.

En effet (10.1) est du type Cauchy-Kowalewski à un détail près: dans l'équation figure non seulement

$$\frac{\partial^{i+j} \Phi}{\partial t^i \partial \varrho^j}(t, \varrho),$$

mais aussi

$$\frac{\partial^{i+j} \Phi}{\partial t^i \partial \varrho^j}(t, 0);$$

mais ce détail n'altère ni l'énoncé ni la preuve du théorème de Cauchy-Kowalewski.

Le problème (10.1) possède donc une solution $\Phi(t, \varrho)$ qui est une série de Taylor en ϱ; ses coefficients sont des fonctions de t holomorphes pour $0 \leqq |t| \leqq T$; T est un nombre > 0, dépendant des données.

Prouvons que Φ vérifie (10.2) si *tous les coefficients de Taylor des fonctions holomorphes* $F_0(\tau, \varrho, \theta)$ *et* $F_p(\tau, \varrho, \theta)$ *sont* $\geqq 0$. Notons

$$A(t, \varrho) = F_0(\Phi), \quad B(t, \varrho) = F_p(D^p \Phi);$$

vu $(10.3)_2$, nous avons:

$$A(t, 0) = 0.$$

Supposons prouvé que:

$$(11.1)_{k-1}\quad \frac{\partial^j \Phi}{\partial t^j}(0, \varrho) \gg 0 \quad \text{pour} \quad j = 0, \ldots, p+k-1 \ (k \geqq 0),$$

ce qui a lieu, d'après (10.1), pour $k=0$. Nous avons alors:

$$\frac{\partial^j A}{\partial t^j}(0,\varrho) \gg 0 \quad \text{pour} \quad j=0,\ldots,p+k-1\,,$$

$$\frac{\partial^j B}{\partial t^j}(0,\varrho) \gg 0 \quad \text{pour} \quad j=0,\ldots,k\,;$$

d'où $(11.1)_k$, vu le lemme 9.3.

Donc $(11.1)_k$ a lieu pour tout k; les coefficients de $\Phi(t,\varrho)$, dévelopée en série de puissances de ϱ, sont donc des fonctions de t, holomorphes à l'origine, dont tous les coefficients de Taylor sont $\geqq 0$; ces fonctions et toutes leurs dérivées sont donc $\geqq 0$ pour $0 \leqq t \leqq T$; d'où, en particulier (10.2).

En résumé:

Lemme 11. *Adjoignons aux hypothèses* (10.3) *les suivantes:*

$$p=q\,;$$

$F_0[\tau,\varrho,\theta]$ *et* $F_p[\tau,\varrho,\theta]$ *sont des fonctions holomorphes au point* (0, 0, 0); *leurs coefficients de Taylor en ce point sont tous* $\geqq 0$.

Alors le problème de Cauchy formel (10.1) *possède pour*

$$0 \leqq t \leqq T \quad (T \text{ petit}, \ T>0)$$

au moins une solution vérifiant (10.2).

12. Opérateurs sur les séries formelles

Etant donné un nombre $\alpha \geqq 1$, nommons λ l'opérateur qui transforme comme suit les séries formelles:

si $\quad \Phi(t,\varrho) = \sum_{s=0}^{\infty} \frac{\varrho^s}{s!}\Phi_s(t), \quad$ alors $\quad \lambda\Phi(t,\varrho) = \sum_s \frac{\varrho^s}{(s!)^\alpha}\Phi_s(t)\,;$

si $\quad F(\tau,\varrho,\theta) = \sum_{s,\gamma} \frac{\varrho^s}{s!}\frac{\theta^\gamma}{\gamma!}F_{s\gamma}(\tau)\,,$

où $\quad \gamma=(\gamma_1,\gamma_2,\ldots),\ \theta=(\theta_1,\theta_2,\ldots),\ \theta^\gamma=\theta_1^{\gamma_1}\theta_2^{\gamma_2}\ldots,\ \gamma!=\gamma_1!\gamma_2!\ldots$

alors

$$\lambda F(\tau,\varrho,\theta) = \sum_{s,\gamma} \frac{1}{[(s+|\gamma|)!]^{\alpha-1}}\frac{\varrho^s}{s!}\frac{\theta^\gamma}{\gamma!}F_{s\gamma}(\tau), \quad \text{où} \quad |\gamma|=\gamma_1+\gamma_2+\cdots.$$

L'opérateur λ a les propriétés suivantes, faciles à vérifier (voir [10], n° 19 et [11], n° 6 et 9):

Formule du produit.

(12.1) $$\lambda(\Phi\cdot\Psi) \ll (\lambda\Phi)\cdot(\lambda\Psi)\,.$$

Formules de la dérivée.

(12.2) $$\begin{cases} \lambda\left(\Phi\cdot\dfrac{\partial\Psi}{\partial\varrho}\right) \ll (\lambda\Phi)\cdot\dfrac{\partial}{\partial\varrho}(\lambda\Psi), & \text{si} \quad \Phi(t,0)=0\,. \\ \lambda\left(\dfrac{\partial}{\partial\varrho}\right)^j\Phi \ll \left(\dfrac{\partial}{\partial\varrho}\right)^j\left(1+\varrho\dfrac{\partial}{\partial\varrho}\right)^r\lambda\Phi, & \text{si} \quad j \ll q,\ \alpha \ll \dfrac{q+r}{q}\,. \end{cases}$$

Formule de composition (que [6] note: $\lambda(F\circ\Phi)\ll(\lambda F)\circ(\lambda\Phi)$):

$$\lambda F(\Phi)\ll f(\lambda\Phi),\quad \text{si}\quad \lambda F=f. \tag{12.3}$$

Appliquons ces formules au problème de Cauchy linéaire, formel (9.1).

Lemme 12. Considérons le problème (9.1) et le problème du même type

$$\left[\frac{\partial}{\partial t}-a(t,\varrho)\left(1+\frac{\partial}{\partial\varrho}\right)\right]^p\varphi(t,\varrho)=b(t,\varrho),\ \frac{\partial^j\varphi}{\partial t^j}(0,\varrho)=0$$

pour $j=0,\dots,p-1$,

où

$$a(t,0)=0.$$

Supposons:

$$0\ll\left(\frac{\partial}{\partial t}\right)^j\lambda A(t,\varrho)\ll\left(\frac{\partial}{\partial t}\right)^j a(t,\varrho)\quad \textit{pour}\quad j=0,\dots,p-1;$$

$$0\ll\lambda B(t,\varrho)\ll b(t,\varrho).$$

Alors

$$\left(\frac{\partial}{\partial t}\right)^j\lambda\Phi(t,\varrho)\ll\left(\frac{\partial}{\partial t}\right)^j\varphi(t,\varrho)\quad \textit{pour}\quad j=0,\dots,p.$$

Preuve pour $p=1$. Les formules du produit et de la dérivée donnent

$$\lambda\left[A(t,\varrho)\left(1+\frac{\partial}{\partial\varrho}\right)\Phi(t,\varrho)\right]\ll a(t,\varrho)\left(1+\frac{\partial}{\partial\varrho}\right)\lambda\Phi(t,\varrho). \tag{12.4}$$

Donc

$$\left[\frac{\partial}{\partial t}-a(t,\varrho)\left(1+\frac{\partial}{\partial\varrho}\right)\right]\lambda\Phi(t,\varrho)\ll\lambda B(t,\varrho)\ll b(t,\varrho);$$

donc, vu le lemme 9.2 (croissance):

$$\lambda\Phi(t,\varrho)\ll\varphi(t,\varrho),\quad \frac{\partial}{\partial t}\lambda\Phi\ll\frac{\partial\varphi}{\partial t}.$$

Preuve pour $p>1$. Notons

$$\varphi_j=\left[\frac{\partial}{\partial t}-a(t,\varrho)\left(1+\frac{\partial}{\partial\varrho}\right)\right]^{p-j}\varphi,\quad \varphi_0=b,\quad \varphi_p=\varphi;$$

nous avons les formules analogues à $(9.4)_j$:

$$\left[\frac{\partial}{\partial t}-a(t,\varrho)\left(1+\frac{\partial}{\partial\varrho}\right)\right]\varphi_j(t,\varrho)=\varphi_{j-1}(t,\varrho),\quad \varphi_j(0,\varrho)=0. \tag{12.5$_j$}$$

Puisque le lemme vaut pour $p=1$, $(9.4)_1$ et $(12.5)_1$ donnent

$$\lambda\Phi_1\ll\varphi_1,\quad \frac{\partial}{\partial t}\lambda\Phi_1\ll\frac{\partial}{\partial t}\varphi_1;$$

$(9.4)_2$ et $(12.5)_2$ donnent alors:

$$\lambda\Phi_2\ll\varphi_2,\quad \frac{\partial}{\partial t}\lambda\Phi_2\ll\frac{\partial}{\partial t}\varphi_2;$$

d'où, en appliquant $\frac{\partial}{\partial t}\lambda$, puis (12.4), à $(9.4)_2$

$$\frac{\partial^2}{\partial t^2}\lambda\Phi_2 \ll \frac{\partial^2}{\partial t^2}\varphi_2 .$$

Le raisonnement se poursuit de façon évidente et donne

$$\left(\frac{\partial}{\partial t}\right)^j \lambda\Phi_i \ll \left(\frac{\partial}{\partial t}\right)^j \varphi_i \quad \text{pour} \quad 0 \leqq j \leqq i \leqq p ;$$

en particulier, puisque $\Phi_p = \Phi$ et $\varphi_p = \varphi$, on a les inégalités énoncées.

13. Classes de Gevrey formelles

Définition. — Etant donné un entier $p \geqq 0$ et un nombre $\alpha \geqq 1$, nous nommons classe de Gevrey formelle $\Gamma^{p,(\alpha)}$ l'ensemble des séries formelles

$$\Phi(t, \varrho) = \sum_{s=0}^{\infty} \frac{\varrho^s}{s!}\Phi_s(t), \quad F[\tau, \varrho, \theta] = \sum_{s,\gamma} \frac{\varrho^s}{s!}\frac{\theta^\gamma}{\gamma!}F_{s\gamma}(\tau)$$

vérifiant la condition suivante pour t ou τ petits:

$$\left(\frac{\partial}{\partial t}\right)^j \lambda\Phi(t, \varrho) = \sum_s \frac{\varrho^s}{(s!)^\alpha}\frac{\partial^j\Phi_s}{\partial t^j},$$

$$\left(\frac{\partial}{\partial \tau}\right)^j \lambda F[\tau, \varrho, \theta] = \sum_{s,\gamma} \frac{1}{[(s+|\gamma|)!]^{\alpha-1}}\frac{\varrho^s}{s!}\frac{\theta^\gamma}{\gamma!}F_{s\gamma}(\tau) \quad (|j| \leqq p)$$

sont des fonctions de ϱ ou de (ϱ, θ) holomorphes à l'origine, uniformément par rapport à t ou τ ; c'est-à-dire : il existe un voisinage de l'origine, indépendant de t ou τ, où elles ont une borne, indépendante de t ou τ.

Cette condition peut s'énoncer:

$$\sup_{s,t} \frac{1}{[1+s]^\alpha}\left|\frac{d^j\Phi_s}{dt^j}\right|^{\frac{1}{1+s}} < \infty$$

ou

$$\sup_{s,\gamma,\tau} \frac{1}{[1+s+|\gamma|]^\alpha}\left|\frac{\partial^j F_{s\gamma}(\tau)}{\partial\tau^j}\right|^{\frac{1}{1+s+|\gamma|}} < \infty$$

Propriétés. Les propriétés de λ montrent que l'addition, le produit, la dérivation en ϱ et la composition transforment des éléments de $\Gamma^{p,(\alpha)}$ en éléments de $\Gamma^{p,(\alpha)}$.

Note. Si $\Phi(t, \varrho)$ et $\Psi(t, \varrho)$ sont des séries formelles en ϱ, alors la série formelle composée $\Psi(t, \Phi(t, \varrho))$ *est définie quand* $\Phi(t, 0) = 0$ et seulement dans ce cas [à moins que $\Phi(t, \varrho)$ ne soit fonction holomorphe de ϱ].

13*

14. Résolution du problème de Cauchy (10.1)

L'opérateur λ permet de déduire du lemme 11 la propriété suivante, qu'emploiera le § 4.

Théorème d'existence, pour le problème de Cauchy formel, non linéaire

Complétons les hypothèses (10.3) *par les suivantes:*

$$F_0 \in \Gamma^{p,(\alpha)}, \quad F_q \in \Gamma^{0,(\alpha)}, \quad \text{où } 1 \leqq \alpha \leqq \frac{p}{q}. \tag{14.1}$$

Alors le problème de Cauchy formel (10.1) *possède, pour*

$$0 \leqq t \leqq T \quad (T \text{ petit}, \ T>0)$$

au moins une solution $\Phi(t, \varrho)$ *vérifiant* (10.2) *et*

$$\Phi \in \Gamma^{p,(\alpha)}. \tag{14.2}$$

Cette solution Φ va être construite par approximations successives.

Définition d'approximations successives $\Phi_K(t, \varrho)$ $(K=0, 1, \ldots)$.

$$\Phi_0(t, \varrho) = 0\,;$$

quand la série formelle en ϱ, fonction de $t \geqq 0$, $\Phi_K(t, \varrho)$ a été définie, $\Phi_{K+1}(t, \varrho)$ l'est par le problème de Cauchy suivant:

$$\left[\frac{\partial}{\partial t} - F_0(\Phi_K)\left(1+\frac{\partial}{\partial \varrho}\right)\right]^p \Phi_{K+1} = F_q(D^q \Phi_K), \quad \frac{\partial^j \Phi_{K+1}}{\partial t^j}(0, \varrho) = 0 \quad (j=0, \ldots, p-1). \tag{14.3$_K$}$$

Rappelons que ce problème $(14.3)_K$ s'intègre par quadratures (lemme 9.1).

Positivité des approximations successives. Prouvons l'inégalité, évidente pour $K=0$:

$$0 \ll \left(\frac{\partial}{\partial t}\right)^j \Phi_K(t, \varrho) \qquad \text{pour } j=0, \ldots, p. \tag{14.4$_K$}$$

Puisque F_0 et $F_q \gg 0$, $(14.4)_K$, $(14.3)_K$ et (9.3) impliquent $(14.4)_{K+1}$.

Croissance des approximations successives. Prouvons l'inégalité, évidente d'après la précédente quand $K=0$:

$$\left(\frac{\partial}{\partial t}\right)^j \Phi_K(t, \varrho) \ll \left(\frac{\partial}{\partial t}\right)^j \Phi_{K+1}(t, \varrho) \qquad \text{pour } j=0, \ldots, p. \tag{14.5$_K$}$$

En appliquant le lemme de croissance 9.2 aux problèmes de Cauchy $(14.3)_K$ et $(14.3)_{K+1}$, on voit que $(14.5)_K$ implique $(14.5)_{K+1}$.

Définition d'une série formelle $\varphi(t, \varrho)$, qui servira à majorer les approximations successives. — Les hypothèses (14.1) signifient ceci: il existe des fonctions $f_0(\tau, \varrho, \theta)$ et $f_q(\tau, \varrho, \theta)$, holomorphes au point $(0, 0, 0)$ et à coefficients de Taylor $\geqq 0$, telles que:

$$\left(\frac{\partial}{\partial \tau}\right)^j \lambda F_0 \ll \left(\frac{\partial}{\partial \tau}\right)^j f_0 \qquad \text{pour } j=0, \ldots, p, \ |\tau| \leqq T_0$$

$$\lambda F_q \ll f_q \qquad \text{pour } |\tau| \leqq T_q,$$

quand τ est à composantes $\geqq 0$. Comme (10.3) le permet, nous choisissons

$$f_0(\tau, 0, 0) = 0 .$$

Considérons le problème de Cauchy

$$(14.6) \qquad \begin{cases} \left[\dfrac{\partial}{\partial t} - f_0(\varphi)\left(1+\dfrac{\partial}{\partial \varrho}\right)\right]^p \varphi = f_q\left(D^q\left(1+\varrho\dfrac{\partial}{\partial \varrho}\right)^{p-q}\varphi\right) \\ \dfrac{\partial^j \varphi}{\partial t^j}(0, \varrho) = 0 \quad \text{pour} \quad j = 0, \ldots, p-1 . \end{cases}$$

D'après le lemme 11, ce problème (14.6) possède une solution $\varphi(t, \varrho)$, définie pour

$$0 \leqq t \leqq T \quad (T \text{ petit}, \ T > 0)$$

telle que

$$\left(\frac{\partial}{\partial t}\right)^j \varphi(t, \varrho) \gg 0 \quad \text{pour} \quad j = 0, \ldots, p-1 .$$

Nous choisissons T assez petit pour que

$$\varphi(t, 0) \leqq T_0 \, ; \qquad \left| D^q\left(1+\varrho\frac{\partial}{\partial \varrho}\right)^{p-q} \varphi \right| \leqq T_q .$$

Majoration des approximations successives. Prouvons l'inégalité, évidente pour $K=0$:

$$(14.7)_K \qquad \left(\frac{\partial}{\partial t}\right)^j \lambda \Phi_K \ll \left(\frac{\partial}{\partial t}\right)^j \varphi \quad \text{pour} \quad j = 0, \ldots, p, 0 \leqq t \leqq T .$$

Vu les propriétés de λ (n° 12), $(14.7)_K$ implique

$$\left(\frac{\partial}{\partial t}\right)^j \lambda F_0(\Phi_K) \ll \left(\frac{\partial}{\partial t}\right)^j f_0(\lambda \Phi_K) \ll \left(\frac{\partial}{\partial t}\right)^j f_0(\varphi)$$

$$\lambda F_q(D^q \Phi_K) \ll f_q(\lambda D^q \Phi_K) \ll f_q\left(D^q\left(1+\varrho\frac{\partial}{\partial \varrho}\right)^{p-q} \lambda \Phi_K\right) \ll f_q\left(D^q\left(1+\varrho\frac{\partial}{\partial \varrho}\right)^{p-q} \varphi\right),$$

car $\alpha \leqq p/q$. D'où $(14.5)_{K+1}$, en appliquant le lemme 12 aux problèmes de Cauchy $(14.3)_{K+1}$ et (14.6).

Fin de la preuve du théorème. Pour $0 \leqq t \leqq T$, la suite

$$\frac{\partial^j \Phi_0}{\partial t^j}, \ldots, \frac{\partial^j \Phi_K}{\partial t^j}, \ldots \qquad (0 \leqq j \leqq p)$$

est croissante d'après (14.5) et bornée d'après (14.7); elle possède donc une limite $\Phi(t, \varrho)$, qui vérifie (10.1) d'après (14.3), (10.2) d'après (14.4) et appartient à $\Gamma^{p,(\alpha)}$ d'après (14.7). C.Q.F.D.

Nous aurons besoin du résultat suivant, que fournit la démonstration précédente:

Théorème de convergence

Donnons-nous deux séries formelles en ϱ, fonctions de $t(0 \leqq t \leqq T)$: $A(t, \varrho)$ et $B(t, \varrho)$ telles que

$$A(t,0)=0, \quad \left(\frac{\partial}{\partial t}\right)^j A(t,\varrho) \gg 0 \; (j=0, \ldots, p), \quad A \in \Gamma^{p,(\alpha)}$$

$$B(t,\varrho) \gg 0, \quad B \in \Gamma^{0,(\alpha)}.$$

Donnons-nous un opérateur différentiel, d'ordre $q \leqq p$, ne contenant pas $\left(\frac{\partial}{\partial t}\right)^p$ si $q=p$:

$$L_q\left(\varrho, \frac{\partial}{\partial t}, \frac{\partial}{\partial \varrho}\right),$$

ayant pour coefficients des séries formelles en ϱ, fonction de t, appartenant à $\Gamma^{0,(\alpha)}$ et $\gg 0$.
Supposons

$$1 \leqq \alpha \leqq p/q.$$

Définissons, pour $0 \leqq t \leqq T$, des séries formelles en ϱ, fonctions de t, $\varphi_K(t, \varrho)$, $(K=1, 2, \ldots)$ par les problèmes de Cauchy suivants:

$$\left[\frac{\partial}{\partial t} - A(t,\varrho)\left(1+\frac{\partial}{\partial \varrho}\right)\right]^p \varphi_1(t,\varrho) = B(t,\varrho), \quad \frac{\partial^j \varphi_1}{\partial t^j}(0,\varrho)=0 \quad (j=0, \ldots, p-1)$$

$$\left[\frac{\partial}{\partial t} - A(t,\varrho)\left(1+\frac{\partial}{\partial \varrho}\right)\right]^p \varphi_{K+1}(t,\varrho) = L_q\left(\varrho, \frac{\partial}{\partial t}, \frac{\partial}{\partial \varrho}\right)\varphi_K(t,\varrho),$$

$$\frac{\partial^j \varphi_{K+1}}{\partial t^j}(0,\varrho)=0, \qquad (j=0, \ldots, p-1)$$

(Rappelons que ces problèmes s'intègrent par quadratures.) Alors

$$\left(\frac{\partial}{\partial t}\right)^j \varphi_K(t,\varrho) \gg 0, \quad \varphi_K \in \Gamma^{p,(\alpha)}, \quad \sum_K \left(\frac{\partial}{\partial t}\right)^j \varphi_K(t,\varrho) \;\; \textit{converge} \quad (j=0, \ldots, p),$$

$$\sum_K \varphi_K \in \Gamma^{p,(\alpha)}, \quad \text{pour} \quad 0 \leqq t \leqq T' \quad (\text{où } 0 < T' \leqq T).$$

Preuve. Les approximations successives Φ_K qu'emploie la preuve du théorème précédent ont pour expression:

$$\Phi_0 = 0, \quad \Phi_K = \varphi_1 + \cdots + \varphi_K \quad \text{si} \quad K>0.$$

Or nous avons vu que $\left(\frac{\partial}{\partial t}\right)^j \Phi_K \; (j=0, \ldots, p)$ est $\gg 0$, croît avec K et tend vers une série formelle dont chaque coefficient est une fonction bornée de t.

Note. [10] prouve (§ 4) et emploie (§ 5 et § 6) un résultat plus précis: on peut prendre $T'=T$ si $\alpha < p/q$.

§ 4. Etude d'une application non-linéaire: $v \rightarrow u$

Cette étude permettra au § 5 de résoudre l'équation non linéaire par approximations successives.

15. Classes de Gevrey

Définitions. Soit une fonction $f: X \rightarrow \mathbf{C}$; nous disons que

$$f \in \gamma_2^{n,(\alpha)}(X) \quad \text{si} \quad |D^{n,\infty}f, S_t, \varrho| \in \Gamma^{0,(\alpha)} \quad \text{pour} \quad 0 \leqq t \leqq |X|;$$

c'est-à-dire si

$$\sup_{\beta,\sigma,t} \frac{1}{[1+|\sigma|]^\alpha} [|D_x^{\beta+\sigma}f, S_t|]^{\frac{1}{1+|\sigma|}} < \infty, \quad \text{pour} \quad |\beta| \leqq n,\, \sigma_0 = 0,\, 0 \leqq t \leqq |X|.$$

De même, soit une fonction $F: X \times Y \rightarrow \mathbf{C}$; nous disons que

$$F \in \gamma_2^{n,(\alpha)}(X \times Y) \quad \text{si} \quad |D^{n,\infty}F, S_t \times Y, \varrho, \eta, \nu| \in \Gamma^{0,(\alpha)} \quad \text{pour} \quad 0 \leqq t \leqq |X|;$$

c'est-à-dire si

$$\sup_{\beta,\sigma,\tau,t} \frac{1}{[1+|\sigma|+|\tau|]^\alpha} [|D_x^{\beta+\sigma}D_y^\tau F, S_t \times Y, \nu|]^{\frac{1}{1+|\sigma|+|\tau|}} < \infty$$

$$\text{pour} \quad |\beta| \leqq n,\, \sigma_0 = 0,\, 0 \leqq t \leqq |X|;$$

ν est fixe et son choix n'altère pas la condition ci-dessus.

En remplaçant $|\ldots|$ par $\|\ldots\|$ dans les définitions précédentes, on obtient celles de $\gamma_{[2]}^{n,\alpha}$.

Propriétés. Les propriétés des quasi-normes formelles (n° 4) et de $\Gamma^{0,(\alpha)}$ (n° 13) ont pour conséquence évidente ceci:

$$D_x^\beta: \gamma_{[2]}^{n,(\alpha)}(X) \rightarrow \gamma_{[2]}^{n-\beta_0,(\alpha)}(X), \quad \text{si} \quad \beta_0 \leqq n;$$

si $n > l/2$, alors $\gamma_{[2]}^{n,(\alpha)}(X)$ est une *algèbre*; si $n > l/2 + 1$, $f = (f_1, f_2, \ldots): X \rightarrow Y$, $f_j \in \gamma_2^{n,(\alpha)}$ et $F \in \gamma_{[2]}^{n,(\alpha)}(X \times Y)$, alors $F(x, f(x)) \in \gamma_{[2]}^{n,(\alpha)}(X)$.

Dans toutes ces propriétés, [2] peut être remplacé par 2.

Note. En particulier, si $n > l/2 + 1$, si $f \in \gamma_{[2]}^{n,(\alpha)}(X)$ et si $1/f$ est borné, alors

$$1/f \in \gamma_{[2]}^{n,(\alpha)}(X).$$

Cette propriété permet, si $n > l/2 + 1$, de diviser chaque opérateur différentiel $\in \gamma_{[2]}^{n,(\alpha)}(X)$ par son premier terme, sans qu'il cesse d'être dans $\gamma_{[2]}^{n,(\alpha)}(X)$; autrement dit: l'hypothèse, faite ci-dessus, que ces opérateurs sont *normaux* devient superflue.

16. Définition d'une application $v \rightarrow u$

Etant donnée une fonction $v: X \rightarrow \mathbf{C}$ telle que $D_0^j v \,|\, S_0 = 0$ pour $j < m$, nous définirons une fonction

$$u: X' \rightarrow \mathbf{C}, \quad \text{où} \quad X': 0 \leqq x_0 < |X'| \, (X' \subset X),$$

par le problème de Cauchy:

$$(16.1) \qquad \begin{cases} a(x, D^{m-1}v, D)\, u = b(x, D^m v), \\ D_0^j u \,|\, S_0 = 0 \quad \text{pour} \quad j < m. \end{cases}$$

Nous supposons que $a(x, y, D)$ et $b(x, y)$ ont les propriétés qu'énonce le n° 20: (20.2) ... (20.7); les dérivées de v qu'on substitue aux composantes de y s'annulent donc sur S_0; Y est donc un voisinage de l'origine.

Nous supposons en outre

(16.2) $$v \in \gamma_2^{m+n,(\alpha)}(X), \quad D_0^j v \mid S_0 = 0 \quad \text{pour} \quad j < m+n,$$

(16.3) $$D_0^j b(x, 0) \mid S_0 = 0 \quad \text{pour} \quad j < n.$$

Enfin, χ sera le caractère de régularité de l'ensemble des a_j.

Nous allons voir que, sous ces hypothèses, (16.1) définit une application $v \to u$; nous allons la majorer et majorer son module de continuité; il suffira d'appliquer la formule de composition (4.4) et le lemme 7.

17. Existence et majoration de l'application $v \to u$

D'après l'hypothèse (16.2), il existe des séries formelles en ϱ, fonctions de $t(0 \leqq t \leqq |X|)$, $\Psi_k(t, \varrho)$ telles que:

$$|D^{m+n-p+k,\infty} v, S_t, \varrho| \ll \Psi_k(t, \varrho) \qquad (k = 0, \ldots, p);$$

(17.1) $$\Psi_k \in \Gamma^{0,(\alpha)}; \; \Psi_0 \in \Gamma^{p,(\alpha)}; \; \left(\frac{\partial}{\partial t}\right)^j \Psi_0(t, \varrho) \gg 0 \text{ pour } j \leqq p, \; 0 \leqq t \leqq |X|;$$

$$\Psi_0(0, 0) = 0.$$

Notons

(17.2) $$\psi(t) = \Psi_0(t, 0), \quad \text{ce qui implique} \quad \psi(0) = 0.$$

La formule de composition (4.4) et les hypothèses (20.2) ... (20.7) permettent de construire, à partir de

$$\|D^{m_j+n-j,\infty} a_{j+1}(x, y, D), S_t \times Y, \varrho, \eta, \nu\|$$
$$\|D^{n,\infty} a(x, y, D), S_t \times Y, \varrho, \eta, \nu\|$$
$$|D^{n,\infty} b(x, y), S_t \times Y, \varrho, \eta, \nu|$$

des séries formelles en deux variables (ϱ, θ), à coefficients fonctions de τ:

$$C[\tau, \varrho, \theta] \in \Gamma^{p,(\alpha)}, \quad C_j[\tau, \varrho, \theta] \in \Gamma^{0,(\alpha)}, \quad B[\tau, \varrho, \theta] \in \Gamma^{0,(\alpha)}$$

telles que[5]:

$$\|D^{m_j+n-j,\infty} a_{j+1}(x, D^{m-m_j\prec p+j} v, D), S_t, \varrho\| \ll C(\Psi_0),$$
$$\|D^{n-p+k,\infty} a(x, D^{m-1} v, D), S_t, \varrho\| \ll C_k(\Psi_{k-1}) \qquad (k = 1, \ldots, p),$$
$$|D^{n,\infty} b(x, D^m v), S_t, \varrho| \ll B(\Psi_q),$$
$$\ll B\left(\Psi_{p-1} + \frac{\partial}{\partial \varrho} \Psi_{p-1}\right) \quad \text{si} \quad q = p;$$

$C(\Psi_0)$, $C_k(\Psi_{k-1})$, $B(\Psi_q)$ sont des séries formelles en ϱ, fonctions de t; ces séries $\in \Gamma^{0,(\alpha)}$. Leur définition exige $D^m v \in Y$; pour réaliser cette condition, il suffit (Sobolev) de prendre $\psi(t)$ suffisamment petit; donc de prendre:

$$0 \leqq t \leqq T(\psi)$$

---

[5] Rappelons que $C(\Psi)$ désigne la série formelle en ϱ, fonction de t:

$$C[\Psi(t, 0), \varrho, \Psi(t, \varrho) - \Psi(t, 0)].$$

où $T(\psi)$ est une fonctionelle de ψ, dont la définition est évidente et qui vérifie:

$$0 < T(\psi) \leqq |X|.$$

Nous choisissons $C[\tau, \varrho, \theta]$ tel que

$$\frac{\partial^j}{\partial \tau^j} C[\tau, \varrho, \theta] \gg 0 \quad \text{pour} \quad j \leqq p.$$

Comme au n° 7, nous considérons la fonction de t

(17.3) $$A_0(\psi) = c(l, m, \chi, C[\psi(t), 0, 0]),$$

la série formelle en ϱ, fonction de t, définie pour $0 \leqq t \leqq T(\psi)$:

(17.4) $$A(\psi, \Psi_0) = A_0(\psi)\{C[\psi(t), \varrho, \Psi_0(t, \varrho) - \psi(t)] - C[\psi(t), 0, 0]\}$$

enfin la série formelle en ϱ, fonction de t, $\Phi(t, \varrho)$ que définit le problème de Cauchy formel

(17.5) $$\begin{cases} \left[\frac{\partial}{\partial t} - A(\psi, \Psi_0)\left(1 + \frac{\partial}{\partial \varrho}\right)\right]^p \Phi(t, \varrho) = B(\Psi_q) & \text{si} \quad q < p, \\ \qquad = B\left(\left(1 + \frac{\partial}{\partial \varrho}\right)\Psi_{p-1}\right) & \text{si} \quad q = p; \\ \frac{\partial^j \Phi}{\partial t^j}(0, \varrho) = 0 \quad \text{pour} \quad j < p. \end{cases}$$

$A, B \in \Gamma^{0,(\alpha)}$; vu le théorème du n° 14 et l'unicité de la solution du problème (17.5),

$$\Phi \in \Gamma^{p,(\alpha)};$$

Φ est défini pour $0 \leqq t \leqq T(\psi)$.

Le lemme 7 montre ceci:

La solution $u(x)$ du problème de Cauchy (16.1) *existe et est unique sur la bande*

$$X_\psi : 0 \leqq x_0 \leqq T(\psi);$$
$$u \in \gamma_2^{m+n,(\alpha)}(X_\psi);$$

plus précisément on a

(17.6) $$|D^{m+n-p+k,\infty} u, S_t, \varrho| \ll \Phi_k(t, \varrho) \qquad (k = 0, \ldots, p)$$

où

(17.7) $$\begin{cases} \Phi_0 = A_0(\psi)\Phi \\ \Phi_k = c_k'' A_0(\psi)\,[1 + C_k(\psi_{k-1})]^k \left(1 + \frac{\partial}{\partial t} + \frac{\partial}{\partial \varrho}\right)^k \Phi \qquad (k = 1, \ldots, p). \end{cases}$$

Notons que

$$D_0^j u \,|\, S_0 = 0 \quad \text{pour} \quad j < m + n;$$

en effet

$$D^j b(x, D^{m-p+q} v(x)) \,|\, S_0 = 0 \quad \text{pour} \quad j < n.$$

Ces résultats vont servir à prouver le lemme que voici:

18. Un sous-ensemble de $\gamma_2^{m+n,(\alpha)}(X')$ que l'application $v \to u$ applique en lui-même

Lemme 18. *Il existe une bande*

$$X': 0 \leqq x_0 \leqq |X'|$$

et des séries formelles en ϱ, fonctions de $t(0 \leqq t \leqq |X'|)$

$$\Phi_k(t, \varrho) \in \Gamma^{0,\alpha} \qquad (k=0, \ldots, p)$$

telles que si

$$|D^{m+n-p+k,\infty} v, S_t, \varrho| \ll \Phi_k(t, \varrho), D_0^j v | S_0 = 0$$

sous les hypothèses

$$0 \leqq t \leqq |X'|, k \leqq p, j < m+n,$$

alors on a, sous ces mêmes hypothèses:

$$|D^{m+n-p+k,\infty} u, S_t, \varrho| \ll \Phi_k(t, \varrho), D_0^j u | S_0 = 0.$$

Preuve. Il suffit de choisir au n° 17 les $\Psi_k(k=0, \ldots, p)$ tels que

$$\Psi_k(t, \varrho) = \Phi_k(t, \varrho),$$

c'est-à-dire, vu (18.7), tels que

$$\text{(18.1)} \qquad \begin{cases} \Psi_0 = A_0(\psi)\, \Phi \\ \Psi_k = c_k'' A_0(\psi)\, [1 + C_k(\Psi_{k-1})]^k \left(1 + \dfrac{\partial}{\partial t} + \dfrac{\partial}{\partial \varrho}\right)^k \Phi \ (k=1, \ldots, p). \end{cases}$$

Notons

$$\varphi(t) = \Phi(t, 0);$$

la définition (17.2) de $\psi(t)$ s'écrit donc:

$$\text{(18.2)} \qquad \begin{cases} \psi = A_0(\psi)\, \varphi, \\ \text{où } A_0(\psi) \text{ est une fonction de } \psi \text{ que définit (17.3); elle vérifie} \\ A_0(0) > 0, \dfrac{d^j A_0(\psi)}{d\psi^j} \geqq 0 \quad \text{pour} \quad \psi \geqq 0, j=0, \ldots, p. \end{cases}$$

Nous montrerons (fin de ce n° 18) que, pour ψ petit, (18.2) équivaut à une relation

$$\text{(18.3)} \qquad \begin{cases} \psi = f(\varphi) \quad (\varphi \text{ petit}), \\ \text{où } f \text{ est une fonction vérifiant} \\ f(0) = 0, \dfrac{d^j f}{d\varphi^j} \geqq 0 \quad \text{pour} \quad \varphi \quad \text{petit} \geqq 0, j=0, \ldots, p. \end{cases}$$

Les relations (18.3) et (18.1) permettent d'exprimer ψ et $\Psi_k(k=0, \ldots, p)$ en fonction des dérivées de Φ d'ordres $\leqq k$; on peut donc éliminer ψ, Ψ_0 et Ψ_q(ou Ψ_{p-1}) de (17.5), qui s'écrit avec les notations du n° 10:

$$\text{(18.4)} \qquad \begin{cases} \left[\dfrac{\partial}{\partial t} - F_0(\Phi)\left(1 + \dfrac{\partial}{\partial \varrho}\right)\right]^p \Phi = F_q(D^q \Phi) \\ \dfrac{\partial^j \Phi}{\partial t^j}(0, \varrho) = 0 \quad \text{pour} \quad j < p; \end{cases}$$

(18.4) est un problème de Cauchy formel d'inconnue Φ; $F_0[\tau, \varrho, \theta]$ et $F_q[\tau, \varrho, \theta]$ sont des séries formelles en (ϱ, θ), fonctions de τ, vérifiant:

$$F_0 \in \Gamma^{p,(\alpha)}, \quad F_q \in \Gamma^{0,(\alpha)},$$

$$F_0[\tau, 0, 0] = 0, \frac{\partial^j F_0[\tau, \varrho, \theta]}{\partial \tau^j} \gg 0 \quad \text{pour} \quad j \leqq p, F_q[\tau, \varrho, \theta] \gg 0;$$

si $q = p$, alors $\dfrac{\partial^p \Phi}{\partial t^p}$ ne figure pas dans $F_q(D^p\Phi)$.

Pour satisfaire (17.1), il suffit qu'on ait

$$\Phi \in \Gamma^{p,(\alpha)}, \frac{\partial^j \Phi(t, \varrho)}{\partial t^j} \gg 0 \quad \text{pour} \quad j \leqq p. \tag{18.5}$$

D'après le théorème d'existence du n° 14, le problème de Cauchy formel (18.4) possède une solution Φ vérifiant (18.5). La preuve du lemme est achevée.

Preuve de (18.3). Faisons croître ψ de 0 à un nombre $\tilde{\psi}$ suffisamment petit pour que $\psi/A_0(\psi)$ soit croissant, c'est-à-dire pour que

$$\frac{\psi}{A_0} \frac{dA_0}{d\psi} < 1. \tag{18.6}$$

Alors φ croît de 0 à $\tilde{\varphi}$ et la relation $\psi = A_0(\psi)\, \varphi$ équivaut à une relation

$$\psi = f(\varphi) \qquad (0 \leqq \varphi \leqq \tilde{\varphi}),$$

où f est une fonction croissante telle que $f(0) = 0$, $f(\varphi) \geqq 0$. Supposons prouvé que

$$f, \ldots, \frac{d^{j-1} f}{d\varphi^{j-1}} \geqq 0 \qquad (j \leqq p).$$

Alors l'application de $\dfrac{d^j}{d\varphi^j}$ à la relation $f(\varphi) = A_0(f(\varphi))\, \varphi$ donne

$$\left[1 - \varphi \frac{dA_0}{d\psi}\right] \frac{d^j f}{d\varphi^j} \geqq 0,$$

c'est-à-dire

$$\left[1 - \frac{\psi}{A_0} \frac{dA_0}{d\psi}\right] \frac{d^j f}{d\varphi^j} \geqq 0$$

et, vu (18.6):

$$\frac{d^j f}{d\varphi^j} \geqq 0.$$

Voici prouvé (18.3).

19. Module de continuité de l'application $v \to u$

Notons $\Gamma^{(\alpha)}$ l'ensemble des séries formelles en ϱ, indépendantes de t, appartenant à $\Gamma^{0,(\alpha)}$.

Lemme 19. *Supposons qu'on ait sur X, pour h = 0, 1:*

$$(19.1)\qquad \begin{cases} a(x, D^{m-1} v_h, D)\, u_h = b(x, D^m v_h) \\ D_0^j u_h | S_0 = 0 \quad \text{pour} \quad j < m \end{cases}$$

$$|D^{m+n,\infty} v_h, S_t, \varrho| \ll \Theta(\varrho), \quad |D^{m+n,\infty} u_h, S_t, \varrho| \ll \Theta(\varrho), \quad \Theta \in \Gamma^{(\alpha)},$$

$$D^j v_h | S_0 = 0 \quad \textit{pour} \quad j < m+n, \quad \textit{donc} \quad D^j u_h | S_0 = 0 \quad \textit{pour} \quad j < m+n.$$

Il existe alors des séries formelles en ϱ, *appartenant à* $\Gamma^{(\alpha)}$, *dépendant de* a, b, Θ, *mais indépendantes de* u_h *et* v_h,

$$A(\varrho),\ B(\varrho)$$

vérifiant:

$$A(\varrho) \gg 0, \ A(0) = 0, \ B(\varrho) \gg 0,$$

telles qu'on ait, pour $k = 0, \ldots, p$:

$$|D^{m+n-p+k,\infty}(u_1 - u_0), S_t, \varrho| \ll C(\varrho) \left(1 + \frac{\partial}{\partial t} + \frac{\partial}{\partial \varrho}\right)^k \varphi(t, \varrho),$$

si l'on a, pour $k = 0, \ldots, p$:

$$|D^{m+n-k,\infty}(v_1 - v_0), S_t, \varrho| \ll C(\varrho) \left(1 + \frac{\partial}{\partial t} + \frac{\partial}{\partial \varrho}\right)^k \varphi(t, \varrho)$$

si $C(\varrho) \gg 0$, $C \in \Gamma^{(\alpha)}$ *et si* $\varphi(t, \varrho)$ *est la solution du problème de Cauchy formel*

$$\begin{cases} \left[\dfrac{\partial}{\partial t} - A(\varrho) \left(1 + \dfrac{\partial}{\partial \varrho}\right)\right]^p \varphi(t, \varrho) = B(\varrho)\, C(\varrho) \left(1 + \dfrac{\partial}{\partial t} + \dfrac{\partial}{\partial \varrho}\right)^q \psi(t, \varrho) \\ \hfill \textit{quand } q < p, \\ \hfill = B(\varrho)\, C(\varrho) \left(1 + \dfrac{\partial}{\partial t} + \dfrac{\partial}{\partial \varrho}\right)^{p-1} \dfrac{\partial \psi}{\partial \varrho} \\ \hfill \textit{quand } q = p, \\ \dfrac{\partial^j \varphi}{\partial t^j}(0, \varrho) = 0 \quad \textit{pour} \quad j < p. \end{cases}$$

Preuve. Nous avons

$$a(x, D^{m-1} v_0, D)(u_0 - u_1) = b(x, D^m v_0) - b(x, D^m v_1) - \\ - [a(x, D^{m-1} v_0, D) - a(x, D^{m-1} v_1, D)]\, u_1;$$

autrement dit, en notant

$$v_h = (1-h)\, v_0 + h v_1, h \text{ variant maintenant de } 0 \text{ à } 1,$$

nous avons

$$(19.2)\qquad \begin{aligned} a(x, D^{m-1} v_0, D)(u_0 - u_1) &= \sum_\beta D^\beta (v_0 - v_1) \cdot \int_0^1 b_\beta(x, D^m v_h)\, dh \\ &- \sum_\beta D^\beta (v_0 - v_1) \cdot \int_0^1 a_\beta(x, D^{m-1} v_h, D)\, u_1\, dh \end{aligned}$$

où

$$|\beta| \leqq m-p+q, \quad D^\beta \neq D_0^m \quad \text{si} \quad p=q,$$

$$b_\beta(x,y)=\frac{\partial b(x,y)}{\partial y_\beta} \quad \text{et} \quad a_\beta(x,y,\xi)=\frac{\partial a(x,y,\xi)}{\partial y_\beta}.$$

Or, par hypothèse:

$$|D^{m+n,\infty} v_h, S_t, \varrho| \ll \Theta(\varrho) \quad \text{pour} \quad 0 \leqq h \leqq 1.$$

Donc, vu la formule de composition (4.4) on peut construire, en fonction de Θ et des normes formelles de a et b, une série formelle $B(\varrho)$, indépendante de v_h et u_h, telle que

$$|D^{n,\infty} b_\beta(x, D^m v_h), S_t, \varrho| + \|D^{n,\infty} a_\beta(x, D^{m-1} v_h, D)\, u_1, S_t, \varrho\| \ll B(\varrho);$$

vu les propriétés des classes de Gevrey formelles, on peut choisir

$$B \in \Gamma^{(\alpha)}.$$

Donc (19.2) donne, vu la formule du produit (4.1) et la formule de la dérivée (4.2)

$$|D^{n,\infty} a(x, D^{m-p+q} v_0, D)(u_0-u_1), S_t, \varrho| \ll B(\varrho) |D^{m+n-p+q}(v_0-v_1), S_t, \varrho| \quad \text{quand } q<p,$$

$$\ll B(\varrho)\left(1+\frac{\partial}{\partial\varrho}\right)|D^{m+n-1}(v_0-v_1), S_t, \varrho| \quad \text{quand } q=p.$$

Il suffit d'appliquer le lemme 7 à cette inégalité pour obtenir le lemme 19.

§ 5. L'équation quasi-linéaire

20. Enoncé des résultats

Donnons-nous sur une bande de $\mathbf{R}^{l+1}$

$$X: 0 \leqq x_0 < |X|, \quad \text{de bord} \quad S_0: x_0 = 0,$$

le problème de Cauchy

$$\text{(20.1)} \qquad \begin{cases} a(x, D^{m-1}u, D)\, u = b(x, D^m u) \\ D_0^j u | S_0 \quad \text{donné} \quad \in \gamma^{(\alpha)}(S_0) \quad (j<m); \end{cases}$$

son inconnue est la fonction numérique complexe $u(x)$.

Nous faisons les hypothèses suivantes:

$$\text{(20.2)} \qquad a(x,y,D) \in \gamma_{[2]}^{n,(\alpha)}(X \times Y) \quad \text{et} \quad b(x,y) \in \gamma_2^{n,(\alpha)}(X \times Y)$$

sont respectivement un opérateur différentiel d'ordre m et une fonction, donnés sur X, dépendant d'un paramètre $y \in Y$; Y est un ouvert de l'espace vectoriel complexe de dimension égale au nombre des dérivées de u d'ordres $\leqq m$; Y contient l'adhérence des valeurs prises par les données de Cauchy $D_0^j u | S_0$; quand on substitue à y, dans $a(x,y,D)$ et $b(x,y)$, les dérivées d'une fonction $v(x)$, on obtient $a(x, D^{m-1}v, D)$ qui ne dépend que des dérivées de v d'ordres $\leqq m-1$, et $b(x, D^m v)$, que nous supposons indépendant de $D_0^m v$; nous supposons

$$\text{(20.3)} \qquad a(x, D^{m-1}v, D) = a_1 \ \dots\ a_{j+1}(x, D^{m-m_j-p+j} v, D) \dots a_p,$$

où

(20.4) $$a_{j+1}(x, y, D) \in \gamma_{[2]}^{m_j+n-j,(\alpha)}(X \times Y)$$

est un opérateur *régulièrement hyperbolique* sur $X \times Y$, $\forall j$; on a noté:

(20.5) $$m_j = \text{ordre}\,(a_1) + \cdots + \text{ordre}\,(a_j),\ m_p = m,\ m_0 = 0.$$

Soit q le plus petit entier tel que

(20.6) $$\begin{cases} 0 \leqq q \leqq p \\ a(x, D^{m-1}v, D) = a(x, D^{m-p+q}v, D) \\ b(x, D^m v) = b(x, D^{m-p+q}v)\,; \end{cases}$$

le sens de cette dernière relation est, bien entendu, le suivant: $b(x, D^m v)$ ne dépend que des dérivées de v d'ordres $\leqq m-p+q$.

Nous supposons enfin

(20.7) $$1 \leqq \alpha \leqq \frac{p}{q},\ \frac{l}{2} + p < n.$$

Voici les théorèmes que nous allons prouver:

Théorèmes d'existence et d'unicité

Il existe une bande

$$X' : 0 \leqq x_0 < |X'| \qquad (X' \subset X)$$

sur laquelle le problème de Cauchy (20.1) *possède une solution*

$$u \in \gamma_2^{m+n,(\alpha)}(X').$$

Sur aucune bande plus petite

$$X'' : 0 \leqq x_0 < |X''| \qquad (X'' \subset X)$$

il ne possède de solution $\in \gamma_2^{m+n,(\alpha)}(X'')$ *autre que* u.

Note. Si $q = 0$, on peut prendre $\alpha = \infty$, c'est-à-dire employer comme dans [3] des espaces de Sobolev au lieu de classes de Gevrey: on est dans le cas strictement hyperbolique: voir P. DIONNE [3].

Note. Un exemple de GIORGI [6] montre que ces théorèmes d'existence et d'unicité sont faux si $\frac{p}{q} < \alpha$.

Théorème local d'unicité (domaine d'influence)

Supposons

$$1 \leqq \alpha < p/q.$$

Soient deux fonctions $u_h \in \gamma_2^{m+n,(\alpha)}(X')$ $(h = 0, 1)$ *qui, sur un domaine* D' *de* X', *soient solution du problème de Cauchy* (20.1). *Supposons que* D' *possède la propriété suivante, relativement au cône caractéristique de l'opérateur*

$$a(x, D^{m-1}u_0, D):$$

l'émission rétrograde[6] *dans* X' *de tout point de* D' *appartient à* $D' \cup S_0$. *Alors*

$$u_0 = u_1 \quad \text{sur} \quad D'.$$

Note. Il suffirait de supposer $u_h \in \gamma_2^{m+n,(\alpha)}(D')$, moyennant diverses complications, dont la première serait de définir $\gamma_2^{m+n,(\alpha)}(D')$.

Prouvons d'abord le théorème d'existence.

21. Réduction à des données de Cauchy nulles

Il est aisé de déduire de (20.1) les valeurs que doit avoir $D_0^j u \mid S_0$ pour $j = m, \ldots, m+n-1$; ces valeurs $\in \gamma_2^{(\alpha)}(S_0)$. Construisons sur X une fonction $w \in \gamma_2^{m+n,(\alpha)}(X)$ telle que $D_0^j w \mid S_0$ ($j \leqq m+n-1$) ait ces valeurs; prenons pour nouvelle inconnue $u - w$.

Nous voici ramenés au cas suivant: les données de Cauchy sont nulles, c'est-à-dire:

(21.1) $$D^{m-1} u \mid S_0 = 0;$$

de plus le problème (20.1) implique

$$D^{m+n-1} u \mid S_0 = 0.$$

D'où, en appliquant D^{n-1} à $au = b$:

$$D^{n-1} b(x, D^m u) \mid S_0 = 0;$$

c'est-à-dire:

(21.2) $$D_0^j b(x, 0) \mid S_0 = 0 \quad \text{pour} \quad j < n.$$

Voici donc réalisées les hypothèses (16.3) qu'emploient les lemmes 18 et 19.

22. Définition d'approximations successives

Notons u_K ($K = 0, 1, \ldots$) ces approximations successives de u. Nous choisissons

$$u_0 = 0;$$

nous définissons u_{K+1} à partir de u_K par le problème de Cauchy

(22.1) $$\begin{cases} a(x, D^{m-p+q} u_K, D) u_{K+1} = b(x, D^{m-p+q} u_K), \\ D_0^j u_{K+1} \mid S_0 = 0 \quad \text{pour} \quad j < m. \end{cases}$$

23. Majoration des approximations successives

Le lemme 18, où l'on remplace les $\Phi_k(t, \varrho)$ par une série formelle, $\Theta(\varrho)$, qui les majore et est indépendante de t, a pour conséquence immédiate ceci: il existe une série formelle en ϱ, indépendante de K, $\Theta \in \Gamma^{(\alpha)}$, et une bande indépendante de K:

$$X': 0 \leqq x_0 \leqq |X'|$$

...

[6] L'émission rétrograde d'un point x de X' est la réunion des arcs de X' d'extrémité x, à tangente dans le cône caractéristique (cône convexe) de l'opérateur linéaire $a(x, D^{m-p+q} u_0, D)$; ces arcs sont orientés dans le sens où x_0 croît.

sur laquelle tous les $u_K(x)$ sont définis et vérifient

$$|D^{m+n,\infty} u_K, S_t, \varrho| \ll \Theta(\varrho). \tag{23.1}$$

24. Convergence des approximations successives

Le lemme 19 a pour conséquence évidente ceci: il existe des séries formelles en ϱ, indépendantes de K, $A(\varrho)$, $B(\varrho)$ appartenant à $\Gamma^{(\alpha)}$ et vérifiant

$$A(\varrho) \gg 0, \quad A(0)=0, \quad B(\varrho) \gg 0$$

telles qu'on ait pour $0 \leqq t \leqq |X'|$ et pour $k=0, \ldots, p$:

$$|D^{m+n-p+k,\infty}(u_{K+1}-u_K), S_t, \varrho| \ll C(\varrho)\left(1+\frac{\partial}{\partial t}+\frac{\partial}{\partial \varrho}\right)^k \varphi_{K+1}(t, \varrho), \tag{24.1}$$

quand on choisit $C \in \Gamma^{(\alpha)}$ tel qu'on ait (24.1) pour $K=0$ et quand φ_{K+1} est défini, pour $K>0$, par le problème de Cauchy formel

$$\begin{cases} \left[\dfrac{\partial}{\partial t} - A(\varrho)\left(1+\dfrac{\partial}{\partial \varrho}\right)\right]^p \varphi_{K+1}(t, \varrho) = B(\varrho)C(\varrho)\left(1+\dfrac{\partial}{\partial t}+\dfrac{\partial}{\partial \varrho}\right)^q \varphi_K(t, \varrho) & \text{quand } q<p, \\ \qquad = B(\varrho)C(\varrho)\left(1+\dfrac{\partial}{\partial t}+\dfrac{\partial}{\partial \varrho}\right)^{p-1} \dfrac{\partial \varphi_K}{\partial \varrho} & \text{quand } q=p, \\ \dfrac{\partial^j \varphi}{\partial t^j}(0, \varrho) = 0 \quad \text{pour } j<p. \end{cases} \tag{24.2}$$

D'après le théorème de convergence du n° 14, la série

$$\sum_K \left(\frac{\partial}{\partial t}\right)^j \varphi_K(t, \varrho) \qquad (j<p)$$

converge pour $0 \leqq t < |X''|$; donc

$$\lim_{K\to\infty} \left(\frac{\partial}{\partial t}\right)^j \varphi_K(t, \varrho) = 0 \quad \text{pour} \quad 0 \leqq t < |X''|.$$

Par suite u_K converge vers une limite u sur la bande

$$X'': 0 \leqq x_0 < |X''|.$$

Plus précisément, vu (24.1), $D^{m+n} u_K$ converge vers $D^{m+n} u$ sur X'';

$$u \in \gamma_2^{m+n,(\alpha)}(X'').$$

Les théorèmes de Sobolev permettent de préciser que $D^m u_K$ converge uniformément; vu (22.1), u est donc solution du problème (20.1).

Voici prouvé le théorème d'existence qu'énonce le n° 20.

25. Preuve de premier théorème d'unicité (énoncé n° 20)

Supposons que

$$u_h \in \gamma_2^{m+n,(\alpha)}(X) \qquad (h=0, 1) \tag{25.1}$$

soient deux solutions distinctes du même problème de Cauchy (20.1). Notons

$$X^*: 0 \leqq x_0 < |X^*|$$

la plus grande bande semi-ouverte où elles sont identiques. En remplaçant X par $X - X^*$, nous obtenons deux solutions u_1, u_2 d'un même problème de Cauchy (20.1), qui sont distinctes sur toute bande

$$X': 0 \leqq x_0 < |X'| \quad (X' \subset X).$$

Montrons que c'est incompatible avec l'hypothèse (25.1).

Réalisons les conditions (21.1) et (21.2); appliquons le lemme 19, en y faisant $u_h = v_h$; nous obtenons ceci: l'inégalité

$$(25.2)_K \quad |D^{m+n-p+k,\infty}(u_1 - u_0), S_t, \varrho| \ll C(\varrho)\left(1 + \frac{\partial}{\partial t} + \frac{\partial}{\partial \varrho}\right)^k \varphi_K(t, \varrho), \quad (k = 0, \ldots, p)$$

implique l'inégalité $(25.2)_{K+1}$, si φ_{K+1} est défini par le problème de Cauchy formel:

$$\begin{cases} \left[\dfrac{\partial}{\partial t} - A(\varrho)\left(1 + \dfrac{\partial}{\partial \varrho}\right)\right]^p \varphi_{K+1}(t, \varrho) = B(\varrho)C(\varrho)\left(1 + \dfrac{\partial}{\partial t} + \dfrac{\partial}{\partial \varrho}\right)^q \varphi_K(t, \varrho) & \text{quand } q < p, \\ \qquad = B(\varrho)C(\varrho)\left(1 + \dfrac{\partial}{\partial t} + \dfrac{\partial}{\partial \varrho}\right)^{q-1} \dfrac{\partial \varphi_K}{\partial \varrho} & \text{quand } q = p, \\ \dfrac{\partial^j \varphi_{K+1}}{\partial t^j}(0, \varrho) = 0 \quad \text{pour} \quad j < p; \end{cases}$$

ce problème est indépendant de K; $A(0) = 0$.

Choisissons, ce qui est possible par hypothèse, φ_1 tel que $(25.2)_1$ soit vrai et que

$$\varphi_1 \in \Gamma^{p,(\alpha)}, \quad \frac{\partial^j \varphi_1}{\partial t^j}(t, \varrho) \gg 0 \quad \text{pour} \quad j \leqq p.$$

D'après le théorème de convergence du n° 14,

$$\sum_K \left(\frac{\partial}{\partial t}\right)^j \varphi_K(t, \varrho) \qquad (j \leqq p)$$

converge sur un intervalle $0 \leqq t < |X'|$; donc

$$\lim_{K \to \infty} \left(\frac{\partial}{\partial t}\right)^j \varphi_K(t, \varrho) = 0 \quad \text{pour} \quad 0 \leqq t < |X'|, \quad j \leqq p;$$

donc

$$u_0 = u_1 \quad \text{sur la bande} \quad X': 0 \leqq x_0 < |X'|;$$

cette conclusion contredit les hypothèses.

Voici prouvé le premier théorème d'unicité. Son seul intérêt est de ne pas exiger $\alpha < p/q$, ce que va supposer le théorème d'unicité locale, dont les conclusions sont plus fortes.

26. *Preuve du théorème d'unicité locale (énoncé n° 20)*

Soient deux fonctions

$$u_h \in \gamma_2^{m+n,(\alpha)}(X') \qquad (h=0,1),$$

solutions sur D' du problème de Cauchy (20.1). Sur D', nous avons donc (19.1), avec $v_h = u_h$. Donc $u_0 - u_1$ vérifie une équations hyperbolique non stricte, linéaire et homogène; ses coefficients vérifient les hypothèses qu'énonce le n° 23 de [10]; $D^{m-1}(u_0-u_1)|S_0 = 0$. D'après le théorème d'unicité qu'énonce le n° 24 de [10] et la note qui suit ce théorème, nous avons donc

$$u_0 = u_1 \quad \text{sur} \quad D';$$

le théorème est prouvé.

§ 6. Systèmes quasi-linéaires diagonaux

L'extension des théorèmes du n° 20 aux systèmes quasi-linéaires diagonaux est aisée; nous ne donnerons pas le détail des preuves; mais nous expliciterons les résultats, que A. LICHNÉROWICZ [12] et Mme. Y. CHOQUET-BRUHAT [2] appliquent à la magnéto-hydrodynamique relativiste.

27. *Énoncé des résultats*

Donnons-nous sur une bande de $\mathbf{R}^{l+1}$

$$X: 0 \leqq x_0 < |X|, \quad \text{de bord} \quad S_0: x_0 = 0$$

le problème de Cauchy[7]:

$$(27.1) \qquad \begin{cases} a^\nu(x, D^{m^\mu - n^\nu - 1} u^\mu, D) u^\nu = b^\nu(x, D^{m^\mu - n^\nu} u^\mu), \\ D_0^j u^\nu | S_0 \quad \text{donné} \quad \in \gamma^{(\alpha)}(S_0), \quad (j < m^\nu - n^\nu), \end{cases}$$

où μ, ν valent 1, ..., N; les inconnues sont les N fonctions numériques complexes $u^\nu(x)$.

Nous faisons les hypothèses suivantes:

$$(27.2) \qquad a^\nu(x, y, D) \in \gamma_{[2]}^{n^\nu,(\alpha)}(X \times Y) \quad \text{et} \quad b^\nu(x, y) \in \gamma_2^{n^\nu,(\alpha)}(X \times Y)$$

sont respectivement N opérateurs différentiels d'ordres $m^\nu - n^\nu$ et N fonctions, donnés sur X, dépendant d'un paramètre $y \in Y$; Y est un ouvert de l'espace vectoriel complexe de dimension égal au nombre des dérivées des u^ν ($\nu = 1, \ldots, N$) d'ordres $\leqq \sup_\mu m^\mu - n^\nu$; Y contient l'adhérence des valeurs prises par les données de Cauchy $D_0^j u^\nu | S_0$; quand on substitue dans $a^\nu(x, y, D)$ et $b^\nu(x, y)$ à y les dérivées de fonctions $v^\mu(x)$, on obtient

$$a^\nu(x, D^{m^\mu - n^\nu - 1} v^\mu, D) \quad \text{et} \quad b^\nu(x, D^{m^\mu - n^\nu} v^\mu),$$

que nous supposons indépendant des $D_0^{m^\mu - n^\nu} v^\mu$; nous supposons

$$(27.3) \qquad a^\nu(x, D^{m^\mu - n^\nu - 1} v^\mu, D) = a_1^\nu \ldots a_{j+1}^\nu(x, D^{m^\mu - m_j^\nu - p^\mu + j} v^\mu, D) \ldots a_{p^\nu}^\nu$$

[7] Bien entendu, si $m^\mu < n^\nu$, alors ni u^μ ni aucune de ses dérivées ne figure dans $b^\nu(x, D^{m^\mu - n^\nu} u^\mu)$.

où

(27.4) $$a^{\nu}_{j+1}(x, y, D) \in \gamma^{m^{\nu}_j - j,(\alpha)}_{[2]}(X \times Y)$$

est un opérateur *régulièrement hyperbolique* sur $X \times Y$; on a noté

(27.5) $$m^{\nu}_j = n^{\nu} + \mathrm{ordre}(a^{\nu}_1) + \cdots + \mathrm{ordre}(a^{\nu}_j), \quad m^{\nu}_{p^{\nu}} = m^{\nu}, \quad m^{\nu}_0 = n^{\nu}.$$

Soient q^{μ} *les plus petits entiers* tels que

$$0 \leqq q^{\mu} \leqq p^{\mu}$$

(27.6) $$\begin{cases} a^{\nu}(x, D^{m^{\mu}-n^{\nu}-1} v^{\mu}, D) = a^{\nu}(x, D^{m^{\mu}-n^{\nu}-p^{\mu}+q^{\mu}} v^{\mu}, D) \\ b^{\nu}(x, D^{m^{\mu}-n^{\nu}} v^{\mu}) = b^{\nu}(x, D^{m^{\mu}-n^{\nu}-p^{\mu}+q^{\mu}} v^{\mu}). \end{cases}$$

Nous supposons enfin

(27.7) $$1 \leqq \alpha \leqq \frac{p^{\nu}}{q^{\nu}}; \quad \frac{l}{2} + p^{\nu} < n^{\nu}, \forall \nu.$$

Théorèmes d'existence et d'unicité

Il existe une bande

$$X' : 0 \leqq x_0 < |X'| \qquad (X' \subset X)$$

sur laquelle le problème de Cauchy (27.1) *possède une solution*

$$u^{\nu} \in \gamma_2^{m^{\nu},(\alpha)}(X').$$

Sur aucune bande plus petite X'' il ne possède de solution $\in \gamma_2^{m^{\nu},(\alpha)}(X'')$, autre que u^{ν}.

Note. Si $q^{\nu} = 0$, $\forall \nu$, on peut prendre $\alpha = \infty$, c'est-à-dire employer des espaces de Sobolev au lieu de classes de Gevrey; on est dans le cas strictement hyperbolique.

Théorème local d'unicité (domaine d'influence)

Supposons

$$1 \leqq \alpha < p_{\nu}/q_{\nu}, \ \forall \nu.$$

Soient, sur un domaine D' de X', deux solutions

$$u^{\nu}_h \in \gamma_2^{m^{\nu},(\alpha)}(X') \qquad (h = 0, 1)$$

du problème de Cauchy (27.1). *Supposons que D' possède la propriété suivante, relativement au cône caractéristique de l'opérateur $\prod_{\nu} a^{\nu}(x, D^{m^{\mu}-n^{\nu}-1} u^{\mu}_0, D)$: l'émission rétrograde dans X' de tout point de D' appartient à $D' \cup S_0$. Alors*

$$u^{\nu}_0 = u^{\nu}_1 \quad \text{sur} \quad D'.$$

28. Preuve sommaire

On opère, comme au § 5, par approximations successives, après s'être ramené au cas:

$$D^j_0 u^{\nu} | S_0 = 0 \quad \text{pour} \quad j < m^{\nu} - n^{\nu}; \quad D^j_0 b^{\nu}(x, 0) | S_0 = 0 \quad \text{pour} \quad j < n^{\nu}.$$

14*

Il faut d'abord avoir étudié, comme au § 4, l'application $v \to u$ que définit le problème de Cauchy

$$\text{(28.1)} \qquad \begin{cases} a^\nu(x, D^{m^\mu - n^\nu - 1} v^\mu, D)\, u^\nu = b(x, D^{m^\mu - n^\nu} v^\mu) \\ D_0^j u^\nu | S_0 = 0 \quad \text{pour} \quad j < m^\nu - n^\nu. \end{cases}$$

Majoration de l'application $v \to u$. — Supposons, comme au n° 17,

$$|D^{m^\mu - p^\mu + k, \infty} v^\mu, S_t, \varrho| \ll \Psi_k^\mu(t, \varrho), \qquad (k = 0, \ldots, p^\mu)$$

les Ψ vérifiant (17.1); on pose

$$\text{(28.2)} \qquad \psi(t) = \sum_\mu \Psi_0^\mu(t, 0);$$

on obtient, sur une bande X_ψ:

$$|D^{m^\nu - p^\nu + k, \infty} u^\nu, S_t, \varrho| \ll \Phi_k^\nu(t, \varrho) \qquad (k = 0, \ldots, p^\nu),$$

en posant

$$\text{(28.3)} \qquad \begin{cases} \Phi_0^\nu = A_0(\psi)\, \Phi^\nu \\ \Phi_{p^\nu - j}^\nu = c'' A_0(\psi)\, [1 + C(\Psi_{r_j^\mu}^\mu)]^{p^\nu - j} \left(1 + \dfrac{\partial}{\partial t} + \dfrac{\partial}{\partial \varrho}\right)^{p^\nu - j} \Phi^\nu, \end{cases}$$

où

$$0 \leqq j \leqq p^\nu, \; r_j^\mu = \inf(p^\mu - j - 1, q^\mu - j), \; \Psi_r^\mu = \Psi_0^\mu \quad \text{pour} \quad r \leqq 0,$$

et en définissant les Φ^ν par le système de Cauchy formel:

$$\text{(28.4)} \qquad \begin{cases} \left[\dfrac{\partial}{\partial t} - A(\psi, \sum_\mu \Psi_0^\mu) \left(1 + \dfrac{\partial}{\partial \varrho}\right)\right]^{p^\nu} \Phi^\nu(t, \varrho) = B^\nu(\Psi_{q^\mu}^\mu) \\ \dfrac{\partial^j \Phi^\nu}{\partial t^j}(0, \varrho) = 0 \quad \text{pour} \quad j < p^\nu; \end{cases}$$

dans B^ν, on remplace $\Psi_{q^\mu}^\mu$ par $\left(1 + \dfrac{\partial}{\partial \varrho}\right) \Psi_{p^\mu - 1}^\mu$, quand $q^\mu = p^\mu$.

Un sous-ensemble de $\sum_\nu \gamma_2^{m^\nu, (\alpha)}(X')$ *que* $\{v^\nu\} \to \{u^\nu\}$ *applique en lui-même* s'obtient alors, comme au n° 18, en montrant qu'on peut choisir

$$\text{(28.5)} \qquad \Psi_k^\nu = \Phi_k^\nu.$$

On note

$$\varphi(t) = \sum_\nu \Phi^\nu(t, 0);$$

la définition (28.2) de ψ s'écrit donc

$$\psi = A_0(\psi)\, \varphi;$$

on met, comme au n° 18, cette relation sous la forme

$$\text{(28.6)} \qquad \varphi = f(\psi).$$

En éliminant les Φ_k^ν entre (28.5) et (28.3), on obtient

$$(28.7)\qquad \begin{cases} \Psi_0^\nu = A_0(\psi)\,\Phi^\nu \\ \Psi_{p^\nu-j}^\nu = c''A_0(\psi)\,[1+C(\Psi_{r_j^\mu}^\mu)]^{p^\nu-j}\left(1+\dfrac{\partial}{\partial t}+\dfrac{\partial}{\partial \varrho}\right)^{p^\nu-j}\Phi^\nu . \end{cases}$$

Puisque $r_j^\mu = p^\mu - i$, où $i>j$, les équations (28.7) se résolvent par un nombre fini d'itérations; on obtient, en employant une généralisation évidente de la notation du n° 10:

$$\Psi_{p^\nu-j}^\nu = G_j^\nu(\psi, D^{p^\nu-j}\Phi^\nu, D^{r_i^\mu}\Phi^\mu), \quad \text{où} \quad i \geqq j .$$

Prenons $j>0$, ce qui implique $i>0$, donc $r_i^\mu < q^\mu$; il vient:

$$\Psi_{p^\nu-j}^\nu = G_j^\nu(\psi, D^{p^\nu-j}\Phi^\nu, D^{q^\mu-1}\Phi^\mu) \quad \text{pour} \quad j>0 ;$$

d'où, en faisant $j=p^\nu-q^\nu$ quand $q^\nu<p^\nu$, puis $j=1$ quand $q^\nu=p^\nu$:

$$(28.8)\qquad \begin{cases} \Psi_{q^\nu}^\nu = G^\nu(\psi, D^{q^\nu}\Phi^\nu, D^{q^\mu-1}\Phi^\mu) \quad \text{pour} \quad q^\nu \neq p^\nu , \\ \Psi_{p^\nu-1}^\nu = G^\nu(\psi, D^{q^\mu-1}\Phi^\mu) \quad \text{pour} \quad q^\nu = p^\nu . \end{cases}$$

En portant (28.8) dans (28.4), nous voyons que $\{\Phi^\nu\}$ doit être une solution du problème de Cauchy formel

$$(28.9)\qquad \begin{cases} \left[\dfrac{\partial}{\partial t} - F_0^\nu(\Phi^\mu)\left(1+\dfrac{\partial}{\partial \varrho}\right)\right]^{p^\nu}\Phi^\nu = F^\nu(D^{q^\mu}\Phi^\mu) \\ \dfrac{\partial^j\Phi^\nu}{\partial t^j}(0,\varrho)=0 \quad \text{pour} \quad j<p^\nu ; \end{cases}$$

ce problème a des propriétés analogues à celles du problème (18.4); par exemple:

$$\frac{\partial^{p^\nu}\Phi^\nu}{\partial t^{p^\nu}} \text{ ne figure pas dans } F^\nu(D^{q^\mu}\Phi^\mu) .$$

Il s'agit de trouver une solution du problème (28.9) telle que

$$(28.10)\qquad \Phi^\nu \in \Gamma^{p^\nu,(\alpha)}, \frac{\partial^j\Phi^\nu}{\partial t^j}(t,\varrho) \gg 0 \quad \text{pour} \quad j \leqq p^\nu .$$

Une telle solution existe, car le théorème d'existence du n° 14 s'étend aisément à des systèmes formels du type (28.9).

Voici achevée la construction de l'ensemble que l'application $v \to u$ applique en lui-même.

La majoration des approximations successives en résulte, comme au n° 23.

Le module de continuité de l'application $v \to u$ est donné par un lemme analogue au lemme 19: on suppose

$$|D^{m^\mu,\infty}v_h^\mu, S_t, \varrho| \ll \Theta(\varrho), |D^{m^\mu,\infty}u_h^\mu, S_t, \varrho| \ll \Theta(\varrho), \quad \text{où} \quad \Theta \in \Gamma^{(\alpha)}, h=0,1 ;$$

on a

$$(28.11)\quad |D^{m^\mu-p^\mu+k,\infty}(u_1^\mu - u_0^\mu), S_t, \varrho| \ll C(\varrho)\left(1+\frac{\partial}{\partial t}+\frac{\partial}{\partial \varrho}\right)^k \varphi^\mu(t,\varrho)$$

$$(k=0,\ldots,p^\mu)$$

si l'on a

$$(28.12)\quad |D^{m^\mu - p^\mu + k, \infty}(v_1^\mu - v_0^\mu), S_t, \varrho| \ll C(\varrho)\left(1 + \frac{\partial}{\partial t} + \frac{\partial}{\partial \varrho}\right)^k \psi^\mu(t, \varrho)$$

$$(k = 0, \ldots, p^\mu)$$

et si les φ^μ sont la solution du problème de Cauchy formel:

$$(28.13)\quad \begin{cases} \left[\frac{\partial}{\partial t} - A(\varrho)\left(1 + \frac{\partial}{\partial \varrho}\right)\right]^{p^\nu} \varphi^\nu = \sum_\mu B_\mu^\nu(\varrho)\, C(\varrho)\left(1 + \frac{\partial}{\partial t} + \frac{\partial}{\partial \varrho}\right)^{q^\mu} \psi^\mu \\ \frac{\partial^j \varphi^\nu}{\partial t^j}(0, \varrho) = 0 \quad \text{pour} \quad j < p^\nu; \end{cases}$$

dans (28.13), $\left(1 + \frac{\partial}{\partial t} + \frac{\partial}{\partial \varrho}\right)^{q^\mu} \psi^\mu$ est remplacé par $\left(1 + \frac{\partial}{\partial t} + \frac{\partial}{\partial \varrho}\right)^{p^\mu - 1} \frac{\partial \psi^\mu}{\partial \varrho}$ quand $q^\mu = p^\mu$; A, B_μ^ν dépendent de a^ν, b^ν, Θ, sans dépendre de u_h^μ ni de v_h^μ; $A(0) = 0$; A, B_μ^ν sont $\gg 0$ et $\in \Gamma^{(\alpha)}$.

La convergence des approximations successives en résulte, comme au n° 24, en employant une extension facile, aux systèmes formels, du théorème de convergence du n° 14.

Les théorèmes d'unicité se prouvent, comme aux n° 25 et 26.

§ 7. Systèmes quasi-linéaires ou non-linéaires

29. Un tel système peut être transformé en un système à partie principale diagonale, c'est-à-dire du type qui vient d'être étudié au § 6: voir Mme. Y. CHOQUET-BRUHAT [2].

Bibliographie

[1] CHERN, S. S., et H. LEWY: Plongement d'une multiplicité riemannienne dans un espace euclidien (en préparation).

[2] CHOQUET-BRUHAT, Y.: Diagonalisation des systèmes quasi-linéaires et hyperbolicité non stricte. Journal de Math. **45**, 371—386 (1966); — Etude des équations des fluides chargés relativistes inductifs et conducteurs. Commun. math. Physics **3**, 334—357 (1966).

[3] DIONNE, P.: Sur les problèmes de Cauchy hyperboliques bien posés. J. d'Analyse Math., **10**, 1—90 (1962).

[4] GÅRDING, L.: Cauchy's problem for hyperbolic equations. Lecture Notes, University of Chicago, 1957; — Energy inequalities for hyperbolic systems. Colloque international de Bombay, 1964.

[5] GEVREY, M.: Sur la nature analytique des solutions des équations aux dérivées partielles. Ann. sci. école norm. super. **35**, 129—189 (1917).

[6] DE GIORGI, E.: Un teorema di unicità per il problema di Cauchy relativo ad equazioni differenziali lineari a derivate parziali di tipo parabolico. Annali di Mat. **40**, 371—377 (1955); — Un esempio di non-unicita della soluzione del problema di Cauchy; Università di Roma, Rendiconti di Matematica, **14**, 382—387 (1955); — J. LERAY, Equations hyperboliques non strictes: contre-exemples du type de Giorgi, aux théorèmes d'existence et d'unicité. Math. Ann. **162**, 228—236 (1966).

[7] HÖRMANDER, L.: Linear partial differential operators. Berlin-Göttingen-Heidelberg: Springer 1963.

[8] LEDNEV, N. A.: Nouvelle méthode pour résoudre les équations aux dérivées partielles. Mat. Sb. **22**, 205—259 (1948) (en russe), voir: L. GÅRDING, Une variante de la méthode de majoration de Cauchy. Acta math. **116**, 143—158 (1965).
[9] LERAY, J.: Hyperbolic differential equations. Institute for adv. study, Princeton 1953, Notes miméographiées; — La théorie de Gårding des équations hyperboliques linéaires. CIME, Varenna, 1956, Notes miméographiées.
[10] —, et Y. OHYA: Systèmes linéaires, hyperboliques non stricts. Colloque de Liège, 1964, C. N. R. B.
[11] —, et L. WAELBROECK: Normes des fonctions composées. Colloque de Liège, 1964, C. N. R. B.
[12] LICHNEROWICZ, A.: Etude mathématique des équations de la magnétohydrodynamique relativiste. C. R. Acad. Sci. **260**, 4.449—4.453 (1965).
[13] OHYA, Y.: Le problème de Cauchy pour les équations hyperboliques à caractéristiques multiples. J. Math. Soc. Japan **16**, 268—286 (1964).
[14] PUCCI, C.: Nuove ricerche sul problema di Cauchy. Mem. Acc. Sci. Torino, serie 3 , **1**, 45—67 (1955).
[15] TALENTI, G.: Sur le problème de Cauchy pour les équations aux dérivées partielles. C. R. Acad. Sci. **259**, 1932—1933 (1964).

Professor JEAN LERAY
Collège de France
11 Place Marcelin Bethelot
Paris 5ième/France

Professeur YUJIRO OHYA
Institut de Mathématiques Faculté des Ingénieurs
Université de Kioto
Kioto, Japon

(Received July 2, 1965)

[1972b]

(avec Y. Choquet-Bruhat)

Sur le problème de Dirichlet quasilinéaire, d'ordre 2

C. R. Acad. Sci., Paris **274** (1972) 81–85

Des équations quasilinéaires d'ordre 2, d'inconnue u, définies pour tout ∂u, mais seulement pour $\beta_0(x) < u < \gamma_0(x)$, se rencontrent souvent, sur des domaines de $\mathbf{R}^n$ et aussi sur des variétés V avec ou sans bord [*voir* (2)]. Le problème de Dirichlet correspondant peut être étudié par la théorie des points fixes et des majorations *a priori;* si dim V = 2, cette étude est faite quand $V \subset \mathbf{R}^2$ (6); si dim V > 2, les majorations de De Giorgi, Nash, Morrey, Ladyzenskaya et Uraltseva (4), Serrin (8) permettent cette étude, que nous allons faire dans le cas de l'équation à partie principale divergentielle. Elle ne semble pas possible au moyen des méthodes de compacité de Višik ou de monotonie de Minty et Browder (7).

Soit V une variété riemanienne orientée, dont le bord ∂V peut être vide. V et ∂V sont supposés de classe $C_{2,\alpha}$ (dérivées secondes höldériennes), $\overline{V} = V \cup \partial V$ compacte. Soient η l'élément de volume, p un vecteur $\in T_x$, $(x^1, \ldots, x^n)$ et $(p_1, \ldots, p_n)$ des coordonnées locales de x et p, $\partial = \partial/\partial x$ et ∇ la différentielle absolue sur V. Soient données sur $\overline{V}$ deux fonctions numériques β_0 et $\gamma_0 \in C_2$ telles que

$$-\infty \leqq \beta_0(x) < \gamma_0(x) \leqq +\infty$$

et, sur ∂V, une fonction numérique $\varphi \in C_{2,\alpha}$, telle que

$$\beta_0(x) < \varphi(x) < \gamma_0(x) \quad \text{pour tout } x \in \partial V.$$

Soient un champ de vecteurs et une fonction numérique :

$$(x, p, u) \mapsto A(x, p, u) \in T_x, \qquad (x, p, u) \mapsto a(x, p, u) \in \mathbf{R}$$

de classes $C_{1,\alpha}$ et $C_{0,\alpha}$ définis pour

$$x \in \overline{V}, \qquad p \in T_x, \qquad \beta_0(x) < u < \gamma_0(x).$$

Nous étudions le problème de Dirichlet dont l'inconnue u doit être définie sur $\overline{V}$ et avoir des dérivés bornées :

$$(\pi_0) \qquad \operatorname{div} A(x, \partial u, u) = a(x, \partial u, u) \text{ sur V}, \qquad u = \varphi \text{ sur } \partial V;$$
$$\beta_0 < u < \gamma_0 \quad [\text{c'est-à-dire } \beta_0(x) < u(x) < \gamma_0(x) \text{ sur } \overline{V}].$$

Nous supposons ce problème elliptique, c'est-à-dire

$$\frac{\partial A^j}{\partial p_k} \xi_j \xi_k > 0 \quad \text{pour tout } x, p, u \in (\beta_0(x), \gamma_0(x)), \quad \xi \in T_x, \quad \xi \neq 0.$$

Définition. — Les sur-solutions γ de (π_0) sont les fonctions réelles, définies sur $\overline{V}$, de classe $C_{2,\alpha}$, telles que $\beta_0 < \gamma < \gamma_0$,

$$\operatorname{div} A(x, \partial\gamma, \gamma) < a(x, \partial\gamma, \gamma) \quad \text{sur } V, \qquad \varphi < \gamma \quad \text{sur } \partial V.$$

Les sous-solutions sont définies de même par $a < \operatorname{div} A$, $\beta < \varphi$.

Étant données une sous-solution β et une sur-solution γ telles que $\beta < \gamma$, nous étudions le problème :

(π) Trouver les solutions u de (π_0) telles que $\beta \leq u \leq \gamma$.

Théorème 1 (*existence*). — *S'il existe des constantes* $m > 1$, μ_0, μ_1, μ_2 *telles que*

$$(1)_1 \qquad 0 < \mu_0 \leq \frac{\partial A^j(x, p, u)}{\partial p_k} \xi_j \xi_k \Big/ (1 + |p|^{m-2}) |\xi|^2 \leq \mu_1,$$

$$(1)_2 \qquad \left[|a(x, p, u)| + \left(\left| \frac{\partial A}{\partial u} \right| + |A| \right)(1 + |p|) + \left| \frac{\partial A}{\partial x} \right| \right] \Big/ (1 + |p|^m) \leq \mu_2$$

pour $\beta(x) \leq u \leq \gamma(x)$, *alors le problème* (π) *a au moins une solution.*

Note 1. — On a $\beta < u < \gamma$. Si β et γ appartiennent à des continus B' et Γ' de sous- et sur-solutions, alors

$$\sup_{\beta' \in B'} \beta'(x) < u(x) < \inf_{\gamma' \in \Gamma'} \gamma'(x) \quad \text{pour tout } x \in \overline{V}.$$

Théorème 2 (*unicité*). — *Sous les hypothèses* (1), *la solution du problème* (π) *est unique quand l'une des deux conditions de monotonie* 1° *ou* 2° *que voici est vérifiée pour* u *et* $v \in (\beta(x), \gamma(x))$:

1° *Il existe une constante* $\lambda > 0$ *telle que*

$$(2)_1 \quad \lambda (p - q)_j [A^j(x, p, u) - A^j(x, q, v)] + (u - v)[a(x, p, u) - a(x, q, v)] \geq 0;$$

$$(2)_2 \qquad a(x, p, u) \quad \textit{croît strictement avec } u.$$

(*Évidemment* $(2)_1$ *implique que* $a(x, p, u)$ *avec croît* u.)

2° *On a* $(2)_2$ *et*

$$(2)_3 \qquad A = A(x, p) \quad \textit{est indépendant de } u.$$

Note 2. — C'est parce que les articles cités supposent ∂V *non vide* qu'ils peuvent donner des théorèmes d'unicité supposant seulement la croissance non stricte de $a(x, p, u)$ en u.

Théorème 3 (*non existence*). — *Le problème* (π_0) *est impossible dans chacun des deux cas suivants :*

1° *Il existe un continu* Γ *de* C_2 *tel que :* $\gamma_0 \in \Gamma$; γ *est sur-solution si* $\gamma_0 \neq \gamma \in \Gamma$; *en au moins un point* x *de* V

$$\beta_0(x) = \inf_{\gamma \in \Gamma} \gamma(x).$$

2° *Il existe un continu* B *de* C_2 *tel que* : $\beta_0 \in B$; β *est sous-solution si* $\beta_0 \neq \beta \in B$; $\gamma_0(x) = \sup_{\beta \in B} \beta(x)$ *en un point* x *de* V.

Note 3. — (π_0) est impossible si $\partial V = \emptyset$ et si l'on a :
— soit

$$\int_V b\,\eta > 0, \qquad \text{où} \quad b(x) = \inf_{p,u} a(x, p, u);$$

— soit

$$\int_V c\,\eta < 0, \qquad \text{où} \quad c(x) = \sup_{p,u} a(x, p, u).$$

Preuve de la Note 3 : (π_0) et $\partial V = \emptyset$ impliquent

$$\int_V a(x, \partial u, u)\,\eta = 0.$$

Preuve du théorème 2. — 1° Soient u et v deux solutions de (π); vu un premier théorème fondamental de ([1]), u et $v \in C_{2,\alpha}$. On a

$$\operatorname{div}[A(x, \partial u, u) - A(x, \partial v, v)] = a(x, \partial u, u) - a(x, \partial v, v);$$

d'où, en multipliant par $(u - v)_+^{\lambda}\,\eta$ et en intégrant,

$$\int_V W\,\eta = 0,$$

où

$$W = (u - v)_+^{\lambda - 1}\{\lambda\,\partial(u - v)_j\,[A^j(x, \partial u, u) - A^j(x, \partial v, v)] \\ + (u - v)\,[a(x, \partial u, u) - a(x, \partial v, v)]\};$$

or $W \geq 0$ par hypothèse; donc $W = 0$. En un maximum positif de $u - v$ on aurait donc

$$\partial u = \partial v, \qquad a(x, \partial u, u) = a(x, \partial u, v),$$

contrairement à l'hypothèse que a croît avec u. Donc $u \leq v$; de même $u \geq v$.

Preuve du théorème 2. — 2° Comme ci-dessus en un maximum positif de $u - v$ on aurait

$$\partial u = \partial v, \qquad \frac{\partial A^j}{\partial p_k}(x, \partial u)\,\partial_{jk}(u - v) = a(x, \partial u, u) - a(x, \partial u, v) > 0;$$

donc, vu l'ellipticité, un vecteur t vérifiant, ce qui est impossible,

$$t^j\,t^k\,\partial_{jk}(u - v) > 0.$$

Un raisonnement analogue donne ceci, d'où résultent la Note 1 et le Théorème 3 :

Principe du maximum. — Soit β une sous-solution (ou γ une sur-solution); si $\beta \leqq u$ (ou $u \leqq \gamma$), alors $\beta < u$ (ou $u < \gamma$).

Un cas particulier du théorème d'existence. — Soient $x \mapsto Q(x)$, $x \mapsto f(x)$, $x \mapsto g(x)$ un champ de tenseurs d'ordre 2 et deux fonctions définis sur $\overline{V}$, de classe $C_{0,\alpha}$, tels que $Q^{jk}(x)\,\xi_j\,\xi_k > 0$ pour $\xi \neq 0$, $f(x) > 0$. Étudions le problème de Dirichlet

$$(\varpi_0) \qquad Q^{jk}(x)\,\nabla_j \nabla_k u = f(x)\,u + g(x) \quad \text{dans V}, \qquad u = \varphi \quad \text{sur } \partial V.$$

Les propriétés locales de cette équation prouvent que (ϖ_0) est fredholmien : or pour $g = 0$, $\varphi = 0$, (ϖ_0) admet pour sur- et sous-solutions les constantes > 0 et < 0; donc (ϖ_0) possède une solution unique; on sait que $u \in C_{2,\alpha}$ [*voir* (1)].

Étant donnés Q, φ, β et γ tels que $\beta < \gamma$ sur V, $\beta < \varphi < \gamma$ sur ∂V, on peut choisir $f > 0$, puis g, tels que β et γ soient sous- et sur-solutions; alors $\beta_0 = -\infty$, $\gamma_0 = +\infty$, $\beta - \rho$ et $\gamma + \rho$ sont sous- et sur-solutions quelle que soit la constante $\rho > 0$; donc, vu le théorème 3 : $\beta < u < \gamma$; (ϖ_0) sera alors noté (ϖ).

Preuve du théorème 1. — Étant donnés V, β et γ tels que $\beta < \gamma$, et cinq constantes $m > 1$, $\mu_0, \ldots, \mu_3$ notons Π_m l'ensemble des données (a, A, φ) de (π) vérifiant les conditions (1), la condition que β et γ sont sous- et sur-solutions, enfin la condition $|\varphi|_{2,\alpha} \leqq \mu_3$; Π_m est convexe, non vide; choisissons les μ assez grands pour que $(\varpi) \in \Pi_2$ et notons

$$\Pi = \bigcup_{m \in [m_0, m_1]} \Pi_m, \qquad \text{où} \quad 1 < m_0 < 2 < m_1;$$

Π est connexe. D'après un second théorème fondamental de (4), toutes les solutions u de tous les problèmes $(\pi) \in \Pi$ appartiennent à une boule $|u|_{1,\alpha} < K$ de $C_{1,\alpha}$ (et aussi à une boule de $C_{2,\alpha}$); v désignant une fonction sur $\overline{V}$, notons

$$\Omega = \{ v \in C_{1,\alpha} \mid \beta < v < \gamma,\ |u|_{1,\alpha} < K \},$$

Ω est un domaine, dont le bord ne contient aucune solution d'aucun $(\pi) \in \Pi$ (*cf.* Principe du maximum). Or (π_0) est le problème quasi-linéaire

$$(4) \quad \left[\frac{\partial A^j(x, p, u)}{\partial p_k}\right]_{p=\partial u} \nabla_j \nabla_k u + [\operatorname{Div} A(x, p, u)]_{p=\partial u} = a(x, \partial u, u), \qquad u = \varphi \quad \text{sur } \partial V$$

en notant Γ les coefficients de connexion et posant

$$\operatorname{Div} A(x, p, u) = \frac{\partial A^j}{\partial x^j} + \Gamma^j_{jk} A^k + \Gamma^j_{hk}\, p_j \frac{\partial A^h}{\partial p_k} + p_j \frac{\partial A^j}{\partial u};$$

il est évident que $\partial A^j/\partial p_k$ est un tenseur; vu (4), Div A est donc une fonction sur V. Donc (π) équivaut à la recherche des points fixes $\in \Omega$ de l'application $v \mapsto w$ définie par le problème de Dirichlet du type (ϖ_0) :

$$\left[\frac{\partial A^j(x, p, v)}{\partial p_k}\right]_{p=\partial v} \nabla_j \nabla_k w = f(x)[w - v] + a(x, \partial v, v) - [\text{Div A}(x, p, v)]_{p=\partial v},$$
$$w = \varphi \quad \text{sur } \partial V.$$

Cette application $v \mapsto w$ est une application bornée de $\overline{\Omega}$ dans $C_{2,\alpha}$, donc une application compacte de $\overline{\Omega}$ dans $C_{1,\alpha}$. Dans le cas où $(\pi_0) = (\varpi)$, on a

$$A^j(x, p) = Q^{jk}(x)\, p_k, \qquad a(x, p, u) = \text{Div A} + f(x)\, v + g(x);$$

l'application $v \mapsto w$ est donc l'application constante de $\overline{\Omega}$ sur la solution de (ϖ), donc sur un point de Ω. L'indice total ([5]) des points fixes de l'application compacte $v \mapsto w$ est donc 1 en un point de Π. Elle est donc 1 en tout point de Π, puisque Π est connexe et que $\partial\Omega$ ne contient pas de point fixe de cette application, quel que soit $(\pi) \in \Pi$. D'où le théorème 1.

(*) Séance du 20 décembre 1971.

(1) J. M. Bony, *Séminaire Choquet* (miméographié), 1966.

(2) Y. Choquet-Bruhat, *Relativité, Problème des conditions initiales sur une variété compacte, Comptes rendus*, 274, série A, 1972, (à paraître).

(3) Y. Choquet-Bruhat, *Géométrie différentielle et système extérieurs*, Dunod, Paris, 1968.

(4) O. A. Ladyzenskaja et N. N. Uraltseva, *Équations aux dérivées partielles de type elliptique*, Moscou, 1964; traduction : Dunod, Paris, 1968; N. N. Uraltseva, *Congrès international de Mathématiques*, 2, 1970, p. 885-899.

(5) J. Leray et J. Schauder, *Ann. scient. Éc. Norm. Sup.*, 51, 1934, p. 47-78.

(6) J. Leray, *J. Math. pures et appl.*, 28, 1939, p. 249-284 et les articles antérieurs de S. Bernstein.

(7) J. Leray et J. L. Lions, *Bull. Soc. Math. Fr.*, 93, 1965, p. 97-107.

(8) J. Serrin, *Philos. Trans. Roy. Soc.*, série A, n° 1153, 264, 1969, p. 413-496; *Congrès international de Mathématiques*, 2, 1970, p. 867-875.

Université Paris VI,
Département de Mécanique,
Quai Saint-Bernard,
75-Paris, 5e;
Collège de France,
place Marcelin-Berthelot
75-Paris, 5e.

[1964c]

Calcul par réflexions des fonctions M-harmoniques dans une bande plane, vérifiant aux bords M conditions différentielles à coefficients constants

Archiwum Mechaniki Stosowanej **16** (1964) 1041–1088

Sommaire. Le *chapitre* II construit explicitement la fonction de Green

$$G(z, z') \quad [z = x + iy,\ z' = x' + iy']$$

qui est M-harmonique dans la bande plane $|x| < a$ et qui vérifie sur chacun de ses bords M conditions différentielles, à coefficients constants et d'ordres quelconques. $G(z, z')$ est *unique* quand on lui impose une allure *anti-asymptotique*: il doit exister une exponentielle polynome $\tilde{G}(z, z')$, bornée dans la bande, telle que $G(z, z') - \tilde{G}(z, z')$ $[G+\tilde{G}]$ et ses dérivées tendent rapidement vers 0 quand $y - y'$ tend vers $+\infty [-\infty]$. La structure de G est la suivante:

$$G(z, z') = \mathrm{Re}\, \mathcal{V}\left(x, x', \alpha, \frac{d}{dz}\right)\Phi(z - z') + \mathrm{Re}\, \mathcal{W}\left(x, x', \alpha, \frac{d}{dz}\right)\Phi(z + \bar{z}'),$$

$\mathcal{V}(x, x', \tau, t)$ et $\mathcal{W}$ étant des polynomes de $(x, x', \tau, \tau^{-1}, t)$ explicitement connus, α étant la translation:

$$\alpha\Phi(z) = \Phi(z + a),$$

$\Phi(z)$ étant une fonction holomorphe. Elle vérifie une équation[1] de convolution; elle est la transformée de Laplace d'une distribution $\mathcal{L}^{-1}[\Phi]$; cette distribution est caractérisée par une fonction, pouvant avoir un nombre fini de singularités polaires; cette fonction a pour expression un déterminant de rang $2M$.

Le *chapitre* I a préalablement étudié les fonctions holomorphes antiasymptotiques et les fonctions dont elles sont les transformées de Laplace: ce sont des fonctions indéfiniment différentiables, ayant un nombre fini de pôles et, à l'infini, une décroissance exponentielle.

Les derniers chapitres particularisent ces résultats:

Le *chapitre* III suppose G *biharmonique* ($M = 2$); il explicite $\mathcal{V}$, $\mathcal{W}$ et $\mathcal{L}^{-1}[\Phi]$; il simplifie ces expressions de $\mathcal{V}$, $\mathcal{W}$ et $\mathcal{L}^{-1}[\Phi]$ quand les conditions aux limites sont les mêmes sur les deux bords de la bande.

Le *chapitre* IV suppose G biharmonique, ces conditions les mêmes sur les deux bords et *homogènes* en $\left(\frac{\partial}{\partial x}, \frac{\partial}{\partial y}\right)$: le calcul de $\Phi(z)$ équivaut à celui de deux fonc-

---

[1] C'est l'équation dont Hans Lewy, F. Sloss et D. Brown déduisent leurs théorèmes de réflexion.

tions *méromorphes* $\varphi(z)$ et $\psi(z)$ vérifiant le système de convolution, où ϱ est un paramètre:

$$4\varrho a \frac{d\varphi(z)}{dz} = \psi(z+2a) - \psi(z-2a),$$

$$4\varrho a \frac{d\psi(z)}{dz} = \varphi(z+2a) - \varphi(z-2a);$$

$\varphi(z)$ et $\psi(z)$ ont pour pôles respectifs ceux de tg $\frac{\pi z}{4a}$ et cotg $\frac{\pi z}{4a}$, sauf $z = 0$; si $|\varrho| < 1$, les développements de φ et ψ suivant les puissances de ϱ sont très simples.

C'est le cas, quand on étudie *la flexion de la bande élastique*; de nouvelles simplifications se produisent dans les expressions de $\mathcal{V}$ et $\mathcal{W}$; $G(z, z')$ est symétrique en (z, z'): ce cas, qui est important en technique, est celui où nos résultats se prêtent le mieux aux *calculs numériques*.

Note. Nous ne traitons pas le cas encore plus simple:
$M = 1$, G harmonique; rappelons que A. Weinstein [8] puis G. Hoheisel [3] l'ont étudié.

Introduction

Divers Auteurs ont étudié les solutions d'une équation elliptique d'ordre 2 M, vérifiant M conditions différentielles aux limites d'ordres quelconques: Agmon, Douglis, Nirenberg [1] ont résolu explicitement le cas le plus simple (demi-espace; opérateurs à coefficients constants) et obtenu dans le cas général des majorations a priori, permettant la preuve de théorèmes d'existence; Hans Lewy [6], F. Sloss [7] et R. D. Brown [2] ont établi un "théorème de réflexion" prolongeant analytiquement ces solutions dans le domaine complexe.

En pratique, on rencontre de tels problèmes et on a besoin de les résoudre explicitement. Le théorème de réflexion permet de résoudre, par transformation de Laplace, les plus simples d'entre eux; en particulier le problème de la flexion de la bande élastique à bords libres (n° 28 et [4]), qui présente l'intérêt suivant: il permet de résoudre approximativement un grand nombre de problèmes de flexion de plaques, importants en pratique: voir J. C. Leray [5].

CHAPITRE I. TRANSFORMATION DE LAPLACE

Ce chapitre rappelle qu'une fonction holomorphe dans une bande, à décroissance rapide ou à croissance lente, est transformée de Laplace d'une fonction ou distribution définie sur la droite réelle; puis il étudie les fonctions holomorphes anti-asymptotiques.

1. Fonctions holomorphes à décroissance rapide

Soit $z = x + iy$ une variable numérique complexe; soit $a > 0$; nous notons
$B(a)$ la bande: $|x| < a$
et $b(a)$ toute bande $|x| < c$ où $0 < c < a$.

Définition. $\mathcal{H}(c)$ désigne l'ensemble des fonctions numériques complexes $F(z)$ holomorphes dans $B(a)$ et à décroissance rapide: quels que soient $b(a)$ et le nombre n, $y^n F(z)$ tend vers 0 aux deux bouts de $b(a)$.

On peut construire ces fonctions comme suit:

D é f i n i t i o n. Soit t une variable numérique réelle. $\mathcal{D}(a)$ désigne l'ensemble des fonctions numériques complexes, $f(t)$ indéfiniment différentiables et vérifiant la condition

$$\operatorname*{Sup.}_{t}\left|e^{ct}\frac{d^n f}{dt^n}\right| < \infty,$$

quels que soient l'entier $n \geqslant 0$ et le nombre c tel que $|c| < a$.

D é f i n i t i o n. La transformation de Laplace $\mathcal{L}$ transforme $f \in \mathcal{D}(a)$ en $\mathcal{L}[f] \in \mathcal{H}(a)$, définie par

$$(1.1) \qquad \mathcal{L}[f](z) = \int_{-\infty}^{\infty} f(t)e^{-tz}dt \quad \text{où} \quad z \in B(a).$$

Les propriétés de $\mathcal{L}$ que voici sont évidentes et classiques:

$$(1.2) \qquad P(z)\mathcal{L}[f(t)] = \mathcal{L}\left[P\left(\frac{d}{dt}\right)f(t)\right], \text{ } P \text{ étant un polynome;}$$

$$(1.3) \qquad P\left(\frac{d}{dz}\right)\mathcal{L}[f(t)] = \mathcal{L}[P(-t)f(t)];$$

$$(1.4) \qquad e^{-cz}\mathcal{L}[f(t)] = \mathcal{L}[f(t-c)], \text{ } c \text{ étant une constante réelle;}$$

$$(1.5) \qquad \mathcal{L}[f(t)]\left(\frac{z}{c}\right) = |c|\mathcal{L}[f(ct)](z), \text{ où } f(ct) \in \mathcal{D}(a|c|),$$

$$(1.6) \qquad \mathcal{L}[f(t)](z-z') = \mathcal{L}[f(t)e^{tz'}](z), \text{ où } z' = x'+iy' \in B(a) \text{ et } z \in B(a-|x'|).$$

La formule d'inversion, que voici, est classique: si $F(z) = \mathcal{L}[f(t)]$, alors $\mathcal{L}^{-1}[F]$ désigne f et est donnée par l'intégrale:

$$(1.7) \qquad \mathcal{L}^{-1}[F](t) = \frac{1}{2\pi i}\int_{-i\infty}^{i\infty} F(z)e^{tz}dz;$$

le chemin d'intégration est dans l'une des bandes $b(a)$.

Cette formule (1.7) définit $\mathcal{L}^{-1}[F] \in \mathcal{D}(a)$, quel que soit $F \in \mathcal{H}(a)$; donc $\mathcal{L}$ est un isomorphisme de $\mathcal{D}(a)$ sur $\mathcal{H}(a)$.

2. Fonctions holomorphes à croissance lente

D é f i n i t i o n. $\mathcal{H}'(a)$ désigne l'ensemble des fonctions numériques complexes $F(z)$, holomorphes dans $B(a)$ et à croissance lente: quel que soit $b(a)$, il existe un polynome $P(z)$, dépendant de $b(a)$, tel que $F(z)/P(z)$ soit borné dans $b(a)$.

On peut construire ces fonctions comme suit:

D é f i n i t i o n. $\mathcal{D}'(a)$ désigne l'ensemble des distributions numériques complexes $f(t)$ telles que, quel que soit $c < a$ il existe un polynome P et une fonction mesurable $g(t)$, dépendant de c et vérifiant les conditions:

$$f(t) = P\left(\frac{d}{dt}\right)g(t), \text{ au sens de la théorie des distributions;}$$

$$\operatorname{Sup}|g(t)e^{c|t|}| < \infty.$$

Définition. La transformation de Laplace transforme

$$f \in \mathcal{D}'(a) \text{ en } \mathcal{L}[f] \in \mathcal{H}'(a),$$

définie par la formule

$$\mathcal{L}[f](z) = P(z) \int_{-\infty}^{\infty} g(t) e^{-tz} dt. \tag{2.1}$$

Cette définition de $\mathcal{L}[f]$ est indépendante des choix de P et g; elle possède les propriétés (1.2) ... (1.6): la preuve[2] en est aisée et classique.

La formule d'inversion que voici est classique: si $F(z) = \mathcal{L}[f((t)]$, alors $\mathcal{L}^{-1}[F]$ désigne f et est donnée par l'intégrale

$$\mathcal{L}^{-1}[F] = P\left(\frac{d}{dt}\right) \frac{1}{2\pi i} \int_{-i\infty}^{i\infty} \frac{F(z)}{P(z)} e^{tz} dz; \tag{2.2}$$

le chemin d'intégration est choisi dans une bande $b(a)$; $P(z)$ est choisi tel que $F(z)\ (1+|z|^2)/P(z)$ soit borné dans $b(a)$.

Cette formule (2.2) définit $\mathcal{L}^{-1}[F] \in \mathcal{D}'(a)$ et est indépendante du choix de P, quel que soit $F \in \mathcal{H}'(a)$; donc $\mathcal{D}'(a)$ est un espace vectoriel, comme $\mathcal{H}'(a)$, et *$\mathcal{L}$ est un isomorphisme de* $\mathcal{D}'(a)$ sur $\mathcal{H}'(a)$. Evidemment

$$\mathcal{D}(a) \subset \mathcal{D}'(a), \quad \mathcal{H}(a) \subset \mathcal{H}'(a). \tag{2.3}$$

Exemples. 1°) Si $f(t) = P\left(\frac{\partial}{\partial t}\right) g(t)$, g étant une fonction mesurable à support compact, alors la formule (1.1)

$$\mathcal{L}[f](z) = \int_{-\infty}^{\infty} f(t) e^{-tz} dt, \tag{2.4}$$

vaut évidemment au sens de la théorie des distributions.

En particulier, $\delta(t)$ étant la mesure de Dirac:

$$\mathcal{L}\left[\left(\frac{d}{dt}\right)^p \delta(t-c)\right] = z^p e^{-cz}, \quad (c\text{: nombre réel}). \tag{2.5}$$

2°) Une application immédiate de (2.1), où l'on prend $P = 1, f = g$, donne, pour $|x'| \geqslant |a|$:

$$\mathcal{L}\left[\frac{1}{2}(\operatorname{sgn} t - \operatorname{sgn} x') e^{tz'}\right] = \frac{1}{z - z'} \quad (\text{sgn.: signe de} \ldots). \tag{2.6}$$

[2] On peut prouver comme suit que $\mathcal{L}[f]$ est indépendant des choix de P et g. Soit $k(t)$ une fonction indéfiniment dérivable, à support compact: $k \in \mathcal{D}(a)$. Soit $f * k$ sa convolution avec $f: f * k \in \mathcal{D}(a)$. On montre que: $\mathcal{L}[f * k] = \mathcal{L}[f] \cdot \mathcal{L}[k]$,
$\mathcal{L}[f * k]$ et $\mathcal{L}[k]$ étant définis par (1.1), $\mathcal{L}[f]$ par (2.1).

Nous allons en déduire les formules importantes pour la suite:

(2.7) $$\mathcal{L}\left[\frac{|c|}{\operatorname{ch}(ct)}\right]=\frac{\pi}{\cos\frac{\pi z}{2c}},\qquad (c \text{ réel};\ a<|c|);$$

(2.8) $$\mathcal{L}\left[\frac{|c|}{\operatorname{sh}(ct)}\right]=-\pi\operatorname{tg}\frac{\pi z}{2c};$$

cette dernière formule emploie la

Définition. $\frac{c}{\operatorname{sh}(ct)}$ et $\frac{1}{t}$ désignent les distributions définies comme suit: quelle que soit la fonction $k(t)$, indéfiniment dérivable et à support compact, on a

$$\int_{-\infty}^{\infty} k(t)\frac{c}{\operatorname{sh}(ct)}\,dt = P.P\int_{-\infty}^{\infty} k(t)\frac{c}{\operatorname{sh}(ct)}\,dt,$$

$$\int_{-\infty}^{\infty} k(t)\frac{dt}{t} = P.P\int_{-\infty}^{\infty} k(t)\frac{dt}{t},$$

$$\text{où P.P.}\int_{-\infty}^{\infty}=\lim_{\substack{\varepsilon\to 0\\ \varepsilon>0}}\left[\int_{-\infty}^{-\varepsilon}+\int_{\varepsilon}^{\infty}\right].$$

Note. L'intérêt de la distribution $1/\operatorname{sh} t$ est qu'elle est un élément de $\mathcal{D}'(a)$ possédant un pôle simple, alors[3] que $\frac{1}{t}\notin\mathcal{D}'(a)$.

Preuve de (2.7). On a, la série du second membre convergeant pour $t\neq 0$ et ayant des sommes partielles uniformément bornées:

$$\frac{1}{\operatorname{ch} t}=(\operatorname{sgn} t+1)\,[e^{-t}-e^{-3t}+e^{-5t}-\ldots]-(\operatorname{sgn} t-1)\,[e^{t}-e^{3t}+\ldots];$$

d'où, en appliquant (2.6)

$$\frac{1}{2}\mathcal{L}\left[\frac{1}{\operatorname{ch} t}\right]=\frac{1}{z+1}-\frac{1}{z+3}+\frac{1}{z+5}-\ldots-\frac{1}{z-1}+\frac{1}{z-3}-\ldots$$

$$=\frac{\pi}{4}\operatorname{ctg}\frac{\pi}{4}(z+1)-\frac{\pi}{4}\operatorname{ctg}\frac{\pi}{4}(z-1)=\frac{1}{2}\,\frac{\pi}{\cos\frac{\pi z}{2}}.$$

Preuve de (2.8). On a, de même, la série du second membre convergeant pour $t\neq 0$ et ayant des sommes partielles uniformément bornées:

$$\frac{t}{\operatorname{sh} t}=t(\operatorname{sgn} t+1)[e^{-t}+e^{-3t}+\ldots]+t(\operatorname{sgn} t-1)[e^{t}+e^{3t}+\ldots];$$

[3] En effet, la restriction de $\mathcal{L}[f]$ à $x=0$ est la transformée de Fourier $\mathcal{F}[f]$; or $\mathcal{F}[1/t]=|y|$ n'est pas holomorphe.

d'où, vu (2.6) et (1.3)

$$\frac{1}{2}\mathcal{L}\left[\frac{t}{\operatorname{sh} t}\right]=\frac{1}{(z+1)^2}+\frac{1}{(z+3)^2}+\dots+\frac{1}{(z-1)^2}+\frac{1}{(z-3)^2}+\dots=\frac{d}{dz}\left[\frac{\pi}{2}\operatorname{tg}\frac{\pi z}{2}\right];$$

d'où, vu (1.3) et l'imparité de $\mathcal{L}\left[\frac{1}{\operatorname{sh} t}\right]$

$$\mathcal{L}\left[\frac{1}{\operatorname{sh} t}\right]=-\pi\operatorname{tg}\frac{\pi z}{2}.$$

3. Fonctions holomorphes, anti-asymptotiques à des exponentielles-polynomes

Ces fonctions sont importantes pour la suite.

D é f i n i t i o n. $\tilde{\mathcal{H}}(a)$ désigne l'ensemble des fonctions $F(z)\in\mathcal{H}'(a)$ auxquelles on peut associer une exponentielle-polynome

$$\tilde{F}(z)=i\sum_j P_j(z)e^{-t_j z} \tag{3.1}$$

$\left(\sum_j\right.$: somme finie; P_j: polynome; t_j: nombre réel$\left.\right)$ telle que, quelle que soit $b(a)$:

(3.2)
$F(z)-\tilde{F}(z)$ tende rapidement[4] vers 0 quand z tend vers $i\infty$ dans $b(a)$;
$F(z)+\tilde{F}(z)$ tende rapidement[4] vers 0 quand z tend vers $-i\infty$.

On dit que $F(z)$ est *anti-asymptotique* (à $\tilde{F}$) dans $B(a)$; la donnée de F détermine $\tilde{F}$, car l'exponentielle-polynome (3.1) est nulle si elle tend vers 0 quand z tend vers $i\infty$ dans $b(a)$.

Exemple. — $\operatorname{tg}(cz)$ est anti-asymptotique à i dans $B(a)$ si $a<c$.

Cet exemple permet d'énoncer comme suit la définition précédente:

D é f i n i t i o n (variante). $\tilde{\mathcal{H}}$(a) est l'ensemble des fonctions $F(z)$ auxquelles on peut associer un système fini de polynomes P_j, de nombres réels t_j et $c_j>a$ tels que

$$F(z)-\sum_j P_j(z)\operatorname{tg}\frac{\pi z}{2c_j}e^{-t_j z}\in\mathcal{H}(a). \tag{3.3}$$

D é f i n i t i o n. $\tilde{\mathcal{D}}(a)$ est le sous-espace de $\mathcal{D}'(a)$ que l'isomorphisme $\mathcal{L}$ transforme en $\tilde{\mathcal{H}}(a)$.

D'où, vu la définition (3.3) de $\tilde{\mathcal{H}}$, vu les formules (2.8), (1.2) et (1.4):

D é f i n i t i o n (variante). —$\tilde{\mathcal{D}}(a)$ est l'ensemble des distributions $f(t)$ auxquelles on peut associer un système fini de polynomes P_j, de nombres réels t_j et $c_j>a$ tels que

$$f(t)+\frac{1}{\pi}\sum_j P_j\left(\frac{d}{dt}\right)\frac{c_j}{\operatorname{sh} c_j(t-t_j)}\in\mathcal{D}(a); \tag{3.4}$$

[4] Plus vite que $|y|^{-n}$, quel que soit n.

au premier membre, $1/\operatorname{sh} c_j(t-t_j)$ représente une distribution, à laquelle on applique $P_j(d/dt)$ au sens de la théorie des distributions.

P r o p r i é t é s. 1°) On a évidemment

$$\mathcal{H}(a) \subset \tilde{\mathcal{H}}(a) \subset \mathcal{H}'(a), \quad \mathcal{D}(a) \subset \tilde{\mathcal{D}}(a) \subset \mathcal{D}'(a).$$

2°) Soit $f(t) \in \tilde{\mathcal{D}}(a)$; la distribution $f(t)$ est une fonction, sauf en un nombre fini de points: ses "pôles" t_j; la connaissance de la fonction $f(t)$ caractérise la distribution $f(t)$; nous *identifierons* cette fonction et cette distribution. Cela permet l'énoncé suivant: soit une fonction $f(t)$; pour que $f(t) \in \tilde{\mathcal{D}}(a)$, il faut et il suffit qu'il existe un polynome $P(t)$ tel que

$$P(t)\, f(t) \in \mathcal{D}(a), \tag{3.5}$$

le produit $P(t)\, f(t)$ étant celui des deux fonctions $P(t)$ et $f(t)$.

3°) La définition (3.5) de $\tilde{\mathcal{D}}(a)$ a les conséquences évidentes que voici: Un élément de $\tilde{\mathcal{D}}(a)$ est transformé en élément de $\tilde{\mathcal{D}}(a)$ quand il est translaté, dérivé ou multiplié par une fonction indéfiniment dérivable, à croissance lente. *Pour que des distributions $f_j(t) \in \tilde{\mathcal{D}}(a)$ vérifient une relation*

$$\sum_j A_j\left(t, \frac{d}{dt}\right) f_j(t-t_j) = 0,$$

où les t_j sont des constantes et les A_j des opérateurs différentiels à coefficients indéfiniment dérivables, à croissance lente, il faut et suffit que les fonctions f_j vérifient cette relation.

4°) En particulier, dans $\tilde{\mathcal{D}}(a)$, la division par un polynome non nul est possible d'une façon et d'une seule.

N o t e. Ce n'est pas vrai dans $\mathcal{D}'(a)$, puisque $t^{n+1}\left(\frac{d}{dt}\right)^n \delta(t) = 0$; donc

$$\left(\frac{d}{dt}\right)^n \delta(t) \notin \tilde{\mathcal{D}}(a).$$

$\mathcal{L}$ transforme les propriétés 2°) et 4°) en les deux suivantes:

5°) Si $F(z) \in \tilde{\mathcal{H}}(a)$, alors il existe un polynome P tel que

$$P\left(\frac{d}{dz}\right) F(z) \in \mathcal{H}(a).$$

6°) Etant donnés $F(z) \in \tilde{\mathcal{H}}(a)$ et un polynome P il existe dans $\tilde{\mathcal{H}}(a)$ une solution et une seule H de l'équation différentielle

$$P\left(\frac{d}{dz}\right) H(z) = F(z);$$

c'est

$$H = \mathcal{L}\left[\frac{1}{P(-t)} \quad \mathcal{L}^{-1}[F]\right].$$

On peut expliciter H; le n° 4 le fait dans les deux cas les plus simples: $P(t) = t^{n+1}$; $P(t)$ a toutes ses racines réelles.

Définition. Soit $f \in \tilde{\mathcal{D}}(a)$; $\mathcal{L}[f]$ est anti-asymptotique à une exponentielle-polynome, qui sera notée $\tilde{\mathcal{L}}[f]$ et dont voici l'expression:

$$\tilde{\mathcal{L}}[f] = -\pi i \text{ rés}[f(t)e^{-tz}]; \tag{3.6}$$

rés ... désigne la somme des résidus des pôles *réels*: si $g(t) - \sum_j \frac{g_j(t)}{(t-t_j)^{n_j+1}}$ est continu et si les t_j sont réels, alors

$$\text{rés}[g(t)] = \sum_j \frac{1}{(n_j)!} \frac{d^{n_j} g_j(t)}{dt^{n_j}}.$$

Preuve de (3.6). Supposons (3.4) vérifié; alors on a (3.1), c'est-à-dire

$$\tilde{\mathcal{L}}[f] = i \sum_j P_j(z) e^{-t_j z},$$

or (3.4) donne

$$-\pi i \text{ rés}[f(t)e^{-tz}] = i \text{ rés}\left[e^{-tz} \sum_j P_j\left(\frac{d}{dt}\right) \frac{1}{t-t_j}\right] = i \sum_j P_j(z) e^{-t_j z},$$

car

$$\text{rés}\left[e^{-tz}\left(\frac{d}{dt}\right)^n \frac{1}{t-t_j}\right] = \text{rés}\left[e^{-tz} \frac{(-1)^n n!}{(t-t_j)^{n+1}}\right] = (-1)^n \left[\left(\frac{d}{dt}\right)^n e^{-tz}\right]_{t=t_j} = z^n e^{-t_j z}.$$

Note. Supposons que la fonction $f \in \tilde{\mathcal{D}}(a)$ de t soit en outre fonction holomorphe d'un paramètre λ; la définition de la distribution f et le calcul de $\mathcal{L}[f]$ emploient les pôles réels t_j de f; $\mathcal{L}(f]$ *est fonction holomorphe de* λ *si ces pôles réels* t_j *sont fonctions holomorphes de* λ: cette conditon n'est pas vérifiée quand le nombre de ces pôles change.

4. La primitive de $F(z) \in \tilde{\mathcal{H}}(a)$

Nous venons de voir qu'il existe une primitive d'ordre $n+1$ de $F(z)$ et une seule $\in \tilde{\mathcal{H}}(a)$; nous aurons à l'utiliser par la suite; construisons-la explicitement, c'est-à-dire sans recourir à $\mathcal{L}$.

Puisque $F(z) - \tilde{F}(z)$ [resp. $F + \tilde{F}$] tend rapidement vers 0 quand z tend vers $i\infty$ [resp. $-i\infty$] dans $b(a)$,

$$\begin{aligned} &F(z) - \tilde{F}(z) \text{ a pour primitive d'ordre } n+1\text{: } \int_{i\infty}^{z} \frac{(z-w)^n}{n!} [F(w) - \tilde{F}(w)]\,dw, \\ &F(z) + \tilde{F}(z) \text{ a pour primitive d'ordre } n+1\text{: } \int_{-i\infty}^{z} \frac{(z-w)^n}{n!} [F(w) + \tilde{F}(w)]\,dw; \end{aligned} \tag{4.1}$$

ces intégrales sont calculées dans $b(a)$: la première [la seconde] tend rapidement vers 0 quand z tend vers $i\infty$ $[-i\infty]$ dans $b(a)$.

Notons

$$(4.2)\qquad \int^{z}\frac{(z-w)^n}{n!}F(w)\,dw=\frac{1}{2}\int_{i\infty}^{z}\frac{(z-w)^n}{n!}[F(w)-\tilde{F}(w)]\,dw$$
$$+\frac{1}{2}\int_{-i\infty}^{z}\frac{(z-w)^n}{n!}[F(w)+\tilde{F}(w)]\,dw;$$

remarquons que la fonction de z

$$(4.3)\qquad \frac{1}{2}\int_{z}^{i\infty}\frac{(z-w)^n}{n!}[F(w)-\tilde{F}(w)]\,dw+\frac{1}{2}\int_{-i\infty}^{z}\frac{(z-w)^n}{n!}[F(w)+\tilde{F}(w)]\,dw$$

est une exponentielle-polynome, puisque sa dérivée d'ordre $(n+1)$ est l'exponentielle-polynome $\tilde{F}(z)$.

Les formules (4.1) montrent que $\int^{z}\frac{(z-w)^n}{n!}F(w)\,dw$ *est une primitive d'ordre* $n+1$ *de* $F(z)$, *anti-asymptotique à l'exponentielle-polynome* (4.3).

Exemple. En employant la définition de $\mathcal{L}$ sur $\tilde{\mathcal{D}}(a)$, on a:

$$(4.4)\qquad \mathcal{L}\left[\frac{1}{t\,\mathrm{sh}(ct)}\right]=-2\log\left[2\cos\frac{\pi z}{2c}\right],\qquad c>0,$$

en prenant la détermination de log [...] réelle pour $-c<z<c$,

$$(4.5)\qquad \tilde{\mathcal{L}}\left[\frac{1}{t\,\mathrm{sh}(ct)}\right]=\pi i z\,.$$

P r e u v e. On applique $-\frac{1}{c}\int^{z}$ à (2.8); au premier membre, on emploie (1.3); au second on obtient $-2\log\left[k\cos\frac{\pi z}{2c}\right]$, k étant une constante >0, qu'on choisit telle que $\log\left[k\cos\frac{\pi z}{2c}\right]$ soit anti-asymptotique; cela donne $k=2$. On tire (4.5) de (3.6).

N o t e. Une généralisation évidente de la définition de $\int^{z}$ prouve ceci: soit $P(t)$ un polynome à racines toutes *réelles*: la solution élémentaire de $P(d/dz)$ est

$$E(z)=\text{rés.}\left[\frac{e^{tz}}{P(t)}\right]\qquad \text{(rés.: somme des résidus);}$$

elle est à croissance lente dans toute bande $B(a)$; on peut donc définir, si $F\in\tilde{\mathcal{H}}(a)$:

$$\int^{z}E(z-w)F(w)\,dw=\frac{1}{2}\int_{i\infty}^{z}E(z-w)[F(w)-\tilde{F}(w)]\,dw$$
$$+\frac{1}{2}\int_{-i\infty}^{z}E(z-w)[F(w)+\tilde{F}(w)]\,dw;$$

c'est une fonction $\in \tilde{\mathcal{H}}(a)$, anti-asymptotique à l'exponentielle-polynome

$$\frac{1}{2}\int_{z}^{i\infty} E(z-w)\,[F(w)-\tilde{F}(w)]\,dw+\frac{1}{2}\int_{-i\infty}^{z} E(z-w)\,[F(w)+\tilde{F}(w)]\,dw\,;$$

c'est la solution $\in \tilde{\mathcal{H}}(a)$ de l'équation différentielle

$$P\left(\frac{d}{dz}\right)\int^{z} E(z-w)F(w)\,dw=F(z)\,.$$

5. Fonctions ayant des singularités sur une droite de $B(a)$

Soit σ un nombre réel tel que $|\sigma|<a$; soit $F(z)$ une fonction holomorphe dans la bande $-a<x<\sigma$ et dans la bande $\sigma<x<a$:

$$F\left(z+\frac{\sigma-a}{2}\right) \text{ est holomorphe pour } z\in B\left(\frac{a+\sigma}{2}\right);$$

$$F\left(z+\frac{\sigma+a}{2}\right) \text{ est holomorphe pour } z\in B\left(\frac{a-\sigma}{2}\right).$$

Définition. $\mathcal{H}(a,\sigma)$ désigne l'ensemble des fonctions $F(z)$, holomorphes dans la réunion de ces deux bandes, et telles que

$$F\left(z+\frac{\sigma-a}{2}\right)\in\mathcal{H}\left(\frac{a+\sigma}{2}\right),\qquad F\left(z+\frac{\sigma+a}{2}\right)\in\mathcal{H}\left(\frac{a-\sigma}{2}\right).$$

On définit de même $\mathcal{H}'(a,\sigma)$ et $\tilde{\mathcal{H}}(a,\sigma)$, en remplaçant $\mathcal{H}$ par $\mathcal{H}'$ et $\tilde{\mathcal{H}}$.

Définition. $\mathcal{D}(a,\sigma)$ désigne l'ensemble des couples de fonctions $f_\pm=(f_-,f_+)$ tels que

$$f_-(t)e^{-\frac{\sigma-a}{2}t}\in\mathcal{D}\left(\frac{a+\sigma}{2}\right),\qquad f_+(t)e^{-\frac{\sigma+a}{2}t}\in\mathcal{D}\left(\frac{a-\sigma}{2}\right).$$

On définit de même $\mathcal{D}'(a,\sigma)$ et $\tilde{\mathcal{D}}(a,\sigma)$.

Définition. La transformation de Laplace $\mathcal{L}$ transforme $f_\pm\in\mathcal{D}'(a,\sigma)$ en la fonction $\mathcal{L}[f_\pm]=F(z)$ que voici:

si $-a<x<\sigma$,

$$F(z+c)=\mathcal{L}[f_-(t)e^{-ct}]\quad\text{où}\quad c=\frac{\sigma-a}{2}\,;$$

si $\sigma<x<a$,

$$F(z+c)=\mathcal{L}[f_+(t)e^{-ct}]\quad\text{où}\quad c=\frac{\sigma+a}{2}\,.$$

Evidemment: $\mathcal{L}$ possède encore les propriétés (1.2), ..., (1.6); $\mathcal{L}$ applique isomorphiquement

$$\mathcal{D}(a,\sigma)\subset\tilde{\mathcal{D}}(a,\sigma)\subset\mathcal{D}'(a,\sigma)\qquad\text{sur}\qquad\mathcal{H}(a,\sigma)\subset\tilde{\mathcal{H}}(a,\sigma)\subset\mathcal{H}'(a,\sigma)\,;$$

si $f_\pm\in\mathcal{D}'(a,\sigma)$, si $f_+=f_-$ et est noté f, alors $f\in\mathcal{D}'(a)$ et $\mathcal{L}[f_\pm]=\mathcal{L}[f]$.

Si $F \in \mathcal{H}'(a, \sigma)$ et si $f_\pm = \mathcal{L}^{-1}[F]$, alors f_+ et f_- sont notées:

$$f_+ = \mathcal{L}_+^{-1}[F], \quad f_- = \mathcal{L}_-^{-1}[F].$$

Supposons que $F(z)$ ait pour seules singularités dans $B(a)$ un nombre fini de points; alors

$$\mathcal{L}_+^{-1}[F] - \mathcal{L}_-^{-1}[F] = \text{rés}[F(z)e^{tz}] \tag{5.1}$$

(rés: somme des résidus de ces points singuliers).

P r e u v e d e (5.1). La formule (2.2) donne

$$2\pi i[f_+(t) - f_-(t)] = e^{\frac{\sigma+a}{2}t} P\left(\frac{d}{dt} + \frac{\sigma+a}{2}\right) \int_{-i\infty}^{i\infty} \frac{F\left(z + \frac{\sigma+a}{2}\right)e^{tz}dz}{P\left(z + \frac{\sigma+a}{2}\right)}$$

$$- e^{\frac{\sigma-a}{2}t} P\left(\frac{d}{dt} + \frac{\sigma-a}{2}\right) \int_{-i\infty}^{i\infty} \frac{F\left(z + \frac{\sigma-a}{2}\right)}{P\left(z + \frac{\sigma-a}{2}\right)} e^{tz} dz$$

$$= P\left(\frac{d}{dt}\right) \int_{\frac{\sigma+a}{2}-i\infty}^{\frac{\sigma+a}{2}+i\infty} \frac{F(z)}{P(z)} e^{tz} dz - P\left(\frac{d}{dt}\right) \int_{\frac{\sigma-a}{2}-i\infty}^{\frac{\sigma-a}{2}+i\infty} \frac{F(z)}{P(z)} e^{tz} dz$$

$$= P\left(\frac{d}{dt}\right) \oint \frac{F(z)}{P(z)} e^{tz} dz = 2\pi i \,\text{rés}[F(z)e^{tz}].$$

Exemples. Si $z' = x' + iy'$ et $|x'| < a \leqslant c$, on a, avec $\sigma = x'$:

$$\mathcal{L}[(\text{sgn.}\, t \pm 1)e^{tz'}] = \frac{2}{z - z'}, \tag{5.2}$$

$$\mathcal{L}[(\text{cth}\,(\text{ct}) \pm 1)e^{tz'}] = \frac{\pi}{c} \,\text{ctg}\, \frac{\pi(z-z')}{2c}. \tag{5.3}$$

P r e u v e. Vu (1.6), il suffit de prouver ces formules quand $y' = 0$; vu la définition de $\mathcal{L}$ sur $\mathcal{D}(a, \sigma)$, (5.2) et (5.3) équivalent à

$$\mathcal{L}[(\text{sgn}\, t \pm 1)e^{\mp\frac{at}{2}}] = \frac{2}{z \pm \frac{a}{2}}, \tag{5.4}$$

$$\mathcal{L}[(\text{cth ct} \pm 1)e^{\mp\frac{a}{2}}] = \frac{\pi}{c} \,\text{ctg}\, \frac{\pi}{2c}\left(z \pm \frac{a}{2}\right); \tag{5.5}$$

or (5.4) résulte de (2.6); vu (1.6), (5.5) résulte de la formule

$$\mathcal{L}[(\text{cth ct} \pm 1)e^{\mp ct}] = \frac{\pi}{c} \,\text{ctg}\, \frac{\pi}{2c}(z \pm c),$$

qui est identique à (2.8).

6. Prolongement analytique de $\mathcal{L}[f]$ hors de $B(a)$

Notons

(6.1) $$\alpha^k F(z) = F(z+ka) \quad (k\text{: nombre réel});$$

α est donc la translation $0 \to a$.

Lemme. *Soit $r(t)$ une fonction rationnelle et*

$$F(z) = \mathcal{L}\left[\frac{r(t)}{\operatorname{sh}(at)}\right] \in \tilde{\mathcal{H}}(a);$$

$F(z)$ est holomorphe dans le plan z muni des deux coupures réelles

$$[-\infty, -a], \quad [a, \infty].$$

Pour prolonger analytiquement $F(z)$ hors de $B(a)$, on peut employer la formule:

$$(\alpha - \alpha^{-1}) F(z) = \pm 2\pi i \operatorname{rés}[r(t) e^{-tz}], \text{ où } \pm y > 0;$$

rés *désigne la somme des résidus des pôles réels de $r(t)\, e^{-tz}$.*

Preuve. Soit un polynome $p(t)$ et

$$F(z) = \mathcal{L}\left[\frac{1}{p(t)\operatorname{sh}(at)}\right];$$

vu (1.3) et (2.8)

$$p\left(-\frac{d}{dz}\right) F(z) = -\frac{\pi}{a} \operatorname{tg}\frac{\pi z}{2a}:$$

$F(z)$ est donc holomorphe dans le plan z muni des deux coupures réelles $[-\infty, -a]$ et $[a, \infty]$; puisque $\operatorname{tg}\frac{\pi z}{2a}$ a la période $2a$,

$$p\left(-\frac{d}{dz}\right)[F(z+a) - F(z-a)] = 0;$$

$F(z+a) - F(z-a)$ est donc une exponentielle-polynome dans chacun des deux demi-plans $y > 0$ et $y < 0$ où elle est définie; donc

$$F(z+a) - F(z-a) = \pm[\tilde{F}(z+a) - \tilde{F}(z-a)].$$

Or d'après (3.6)

$$\tilde{F}(z) = -\pi i \operatorname{rés}\frac{e^{-tz}}{p(t)\operatorname{sh}(at)}.$$

Donc

$$F(z+a) - F(z-a) = \mp \pi i \operatorname{rés}\frac{e^{-t(z+a)} - e^{-t(z-a)}}{p(t)\operatorname{sh}(at)} = \pm 2\pi i \operatorname{rés}\frac{e^{-tz}}{p(t)}.$$

En appliquant $q(d/dz)$ (q: polynome) à cette formule, on obtient le lemme.

Lemme. *Soit*

$$F(z) = \mathcal{L}\left[\frac{r(t)}{\operatorname{ch}(at)}\right] \in \tilde{\mathcal{H}}(a);$$

$F(z)$ est holomorphe dans le plan muni des deux mêmes coupures. Pour prolonger $F(z)$ hors de $B(a)$, on peut employer la formule:

$$(\alpha+\alpha^{-1})F(z) = \mp 2\pi i \,\text{rés}\,[r(t)e^{-tz}].$$

Preuve analogue. Soit

$$F(z) = \mathcal{L}\left[\frac{1}{p(t)\operatorname{ch}(at)}\right];$$

vu (1.3) et (2.7)

$$p\left(-\frac{d}{dz}\right)F(z) = \frac{\pi}{\cos\dfrac{\pi z}{2a}};$$

donc

$$p\left(-\frac{d}{dz}\right)[F(z+a)+F(z-a)] = 0;$$

$$F(z+a)+F(z-a) = \pm[\tilde{F}(z+a)+\tilde{F}(z-a)] = \mp\pi i\,\text{rés}\left[\frac{e^{-t(z+a)}+e^{-t(z-a)}}{p(t)\operatorname{ch}(at)}\right]$$

$$= \mp 2\pi i\,\text{rés}\,\frac{e^{-tz}}{p(t)}.$$

Les deux lemmes précédents permettent d'établir le suivant, où $\tilde{\mathcal{D}}$ et $\tilde{\mathcal{H}}$ pourraient être remplacés par $\mathcal{D}'$ et $\mathcal{H}'$:

Lemme 6.1. *Supposons que $f(t)\in\tilde{\mathcal{D}}(a)$ et qu'il existe deux fonctions rationnelles $r_1(t)$ et $r_2(t)$ telles que*

$$f(t)-\frac{1}{4}r_1(t)\left[\frac{1}{\operatorname{ch}(at)}-\frac{1}{\operatorname{sh}(at)}\right]-\frac{1}{4}r_2(t)\left[\frac{1}{\operatorname{ch}(at)}+\frac{1}{\operatorname{sh}(at)}\right]\in\tilde{\mathcal{D}}(a+2c)$$

où $0<c$. *Alors $F(z)=\mathcal{L}[f]$ est holomorphe dans $B(a+2c)$ muni des deux coupures réelles*

$$[-a-2c,\,-a],\qquad [a,\,a+2c].$$

Pour prolonger analytiquement $F(z)$ hors de $B(a)$, on peut employer la propriété que voici: soit

$$p(\tau,t) = p_0(t)+\tau p_1(t)+\tau^{-1}p_2(t),$$

les p_i étant des polynomes; soit, en notant $\pm y>0$:

$$\psi(z) = p\left(\alpha,\frac{d}{dz}\right)F(z)\pm\pi i\,\text{rés}\,[p_1(-t)r_1(t)e^{-tz}] \qquad \text{pour}\quad 0<x<2c;$$

$$\psi(z) = p\left(\alpha,\frac{d}{dz}\right)F(z)\pm\pi i\,\text{rés}\,[p_2(-t)r_2(t)e^{-tz}] \qquad \text{pour}\quad -2c<x<0.$$

On a, si $2c\leqslant a$:

(6.1) $$\psi\in\tilde{\mathcal{H}}(2c,\,o),$$

(6.2) $$\mathcal{L}_+^{-1}[\psi] = p(e^{-at},\,-t)\,f(t)-p_1(-t)r_1(t),$$

(6.3) $$\mathcal{L}_-^{-1}[\psi] = p(e^{-at},\,-t)\,f(t)-p_2(-t)r_2(t).$$

Preuve. Notons

$$F_0(z) = \mathcal{L}\left[f - \frac{r_2 - r_1}{4\,\mathrm{sh}\,(at)} - \frac{r_2 + r_1}{4\,\mathrm{ch}\,(at)}\right] \in \tilde{\mathcal{H}}(a+2c),$$

$$F_1(z) = \mathcal{L}\left[\frac{r_2 - r_1}{4\,\mathrm{sh}\,(at)}\right], \quad F_2(z) = \mathcal{L}\left[\frac{r_2 + r_1}{4\,\mathrm{ch}\,(at)}\right];$$

on a donc

$$F(z) = F_0(z) + F_1(z) + F_2(z).$$

Puisque F_1 et F_2 sont holomorphes dans le plan muni des deux coupures $[-\infty, -a]$, $[a, \infty]$, $F(z)$ est donc holomorphe dans $B(a+2c)$ muni de ces deux coupures.

Vu (1.6) et les lemmes précédents, on a, pour $|x| < c \leqslant 2a$, $y \neq 0$ et $\pm y > 0$:

$$F_0(z+a+c) = \mathcal{L}\left[\left(f - \frac{r_2 - r_1}{4\mathrm{sh}\,at} - \frac{r_2 + r_1}{4\mathrm{ch}\,at}\right)e^{-(a+c)t}\right] \in \tilde{\mathcal{H}}(c),$$

$$F_1(z+a+c) - F_1(z-a+c) \pm 2\pi i\,\mathrm{rés}\left[\frac{r_2 - r_1}{4}e^{-(z+c)t}\right] = 0,$$

$$F_1(z-a+c) = \mathcal{L}\left[\frac{r_2 - r_1}{4\mathrm{sh}\,at}e^{(a-c)t}\right] \in \tilde{\mathcal{H}}(c),$$

$$F_2(z+a+c) + F_2(z-a+c) \pm 2\pi i\,\mathrm{rés}\left[\frac{r_2 + r_1}{4}e^{-(z+c)t}\right] = 0,$$

$$-F_2(z-a+c) = \mathcal{L}\left[-\frac{r_2 + r_1}{4\mathrm{ch}\,at}e^{(a-c)t}\right] \in \tilde{\mathcal{H}}(c).$$

D'où, en ajoutant membre à membre ces relations:

$$F(z+a+c) \pm \pi i\,\mathrm{rés}[r_1 e^{-(z+c)t}] = \mathcal{L}[(fe^{-at} - r_1)e^{-ct}] \in \tilde{\mathcal{H}}(c).$$

En appliquant $p_1(d/dz)$ à la relation précédente et $p_0(d/dz) + \alpha^{-1}p_2(d/dz)$ à $F(z+c) = \mathcal{L}[fe^{-ct}]$, on obtient:

$$\psi(z+c) = \mathcal{L}[\{p(e^{-at}, -t)f(t) - p_1(-t)r_1(t)\}e^{-ct}] \in \tilde{\mathcal{H}}(c).$$

Un calcul analogue donne

$$\psi(z-c) = \mathcal{L}[\{p(e^{-at}, -t)f(t) - p_2(-t)r_2(t)\}e^{ct}] \in \tilde{\mathcal{H}}(c).$$

Ces deux dernières formules équivalent à (6.1), (6.2), (6.3).

Lemme 6.2. *Soit M un entier > 1. Supposons que $f \in \tilde{\mathcal{D}}(Ma)$ et qu'il existe deux fonctions rationnelles r_1 et r_2 telles que*

$$f(t) - \frac{1}{4}r_1(t)\left[\frac{1}{\mathrm{ch}\,(Mat)} - \frac{1}{\mathrm{sh}\,(Mat)}\right] - \frac{1}{4}r_2(t)\left[\frac{1}{\mathrm{ch}\,(Mat)} + \frac{1}{\mathrm{sh}\,(Mat)}\right] \in \tilde{\mathcal{D}}(Ma+2c), \tag{6.4}$$

où $0 < c$. Alors, si $c \leqslant a$:

$$e^{(M-1)at}f(t) - \frac{1}{4}r_2(t)\left[\frac{1}{\mathrm{ch}\,(at)} + \frac{1}{\mathrm{sh}\,(at)}\right] \in \tilde{\mathcal{D}}(a+2c), \tag{6.5}$$

$$e^{(1-M)at}f(t) - \frac{1}{4}r_1(t)\left[\frac{1}{\mathrm{ch}\,(at)} - \frac{1}{\mathrm{sh}\,(at)}\right] \in \tilde{\mathcal{D}}(a+2c). \tag{6.6}$$

Preuve de (6.5)

$$r_1(t)e^{(M-1)at}\left[\frac{1}{\operatorname{ch}(Mat)}-\frac{1}{\operatorname{sh}(Mat)}\right]=-\frac{2r_1e^{-at}}{\operatorname{sh}(2Mat)}\in\tilde{\mathcal{D}}\big((2M-1)a\big);$$

$$r_2(t)e^{(M-1)at}\left[\frac{1}{\operatorname{ch}(Mat)}+\frac{1}{\operatorname{sh}(Mat)}\right]-r_2\left[\frac{1}{\operatorname{ch}(at)}+\frac{1}{\operatorname{sh}(at)}\right]$$

$$=2r_2\left[\frac{e^{(2M-1)at}}{\operatorname{sh}(2Mat)}-\frac{e^{at}}{\operatorname{sh}(2at)}\right]\in\tilde{\mathcal{D}}(3a).$$

Le lemme 6.2 permet de généraliser comme suit le lemme 6.1:

Proposition 6. *Soit un entier $M\geqslant 1$; supposons $0<2c<a$; faisons l'hypothèse* (6.4). *Alors $F(z)=\mathcal{L}[f]$ est holomorphe dans $B(Ma+2c)$, muni des deux coupures réelles*:

$$[-Ma-2c,\ -Ma],\qquad [Ma,\ Ma+2c].$$

Pour prolonger analytiquement $F(z)$ hors de $B(Ma)$, on peut employer la propriété que voici; soit

$$p(\tau,t)=\sum_{m=-M}^{M}\tau^m p_m(t),\qquad p_m \text{ étant un polynome};$$

soit, en notant $\pm y>0$:

$$\psi(z)=p\left(\alpha,\frac{d}{dz}\right)F(z)\pm\pi i\,\text{rés}\,[p_M(-t)r_1(t)e^{-tz}]\quad\text{pour}\quad 0<x<2c,$$

$$\psi(z)=p\left(\alpha,\frac{d}{dz}\right)F(z)\pm\pi i\,\text{rés}\,[p_{-M}(-t)r_2(t)e^{-tz}]\quad\text{pour}\quad -2c<x<0.$$

On a, si $2c\leqslant a$:

$$\psi\in\tilde{\mathcal{H}}(2c,0),$$

$$\mathcal{L}_+^{-1}[\psi]=p(e^{-at},-t)f(t)-p_M(-t)r_1(t),$$

$$\mathcal{L}_-^{-1}[\psi]=p(e^{-at},-t)f(t)-p_{-M}(-t)r_2(t).$$

Note. Ces rés. sont évidemment des exponentielles-polynomes

Preuve. Si $p_M=p_{-M}=0$, alors (1.3) et (1.6) prouvent cette proposition; on a $\psi\in\tilde{\mathcal{H}}(a)$. Si $M=1$, cette proposition est identique au lemme 6.1. Il suffit donc de la prouver quand on a $M>1$ et

$$p(\tau,t)=\tau^{-M}p_{-M}(t)\quad\text{ou}=\tau^M p_M(t);$$

elle s'obtient alors en remplaçant dans le lemme 6.1

$$f(t)\ \text{par}\ e^{(M-1)at}f(t)\quad\text{ou}\quad e^{(1-M)at}f(t)$$

et en employant le lemme 6.2.

7. Solutions anti-asymptotiques d'équations de convolution

La proposition 6 a pour conséquence la suivante:

Proposition 7. *Soit*

$$p(\tau, t) = \sum_{m=-M}^{M} \tau^m p_m(t), \qquad q(\tau, t) = \sum_{m=-M}^{M} \tau^m q_m(t),$$

les p_m *et* q_m *étant des polynomes,* $q_M \cdot q_{-M}$ *n'étant pas identiquement nul; soit* $r(t)$ *une fonction rationnelle; soit*

$$\Phi(z) = \mathcal{L}\left[\frac{r(t)}{q(e^{-at}, -t)}\right] \tag{7.1}$$

1°) $\Phi(z) \in \tilde{\mathcal{H}}(M\,a)$; *$\Phi(z)$ est holomorphe dans le plan muni des deux coupures réelles*

$$[-\infty, -(M+1)a], \quad [(M+1)a, \infty];$$

elle est holomorphe sur chaque bord de ces coupures, sauf aux points[5] *multiples de a.*

2°) *$\Phi(z)$ vérifie l'équation de convolution, qui emploie la notation* (6.1):

$$q\left(\alpha, \frac{d}{dz}\right)\Phi(z) = \mp \pi i \,\text{rés}\,[r(t)e^{-tz}] \quad (\text{rés: } \textstyle\sum \text{ résidus pôles réels}). \tag{7.2}$$

3°) *Plus généralement: définissons, en notant* $\pm y > 0$:

$$\psi(z) = p\left(\alpha, \frac{d}{dz}\right)\Phi(z) \pm \pi i \,\text{rés}\left[\frac{p_M(-t)}{q_M(-t)} r(t) e^{-tz}\right] \quad \text{pour} \quad 0 < x < a,$$

$$\psi(z) = p\left(\alpha, \frac{d}{dz}\right)\Phi(z) \pm \pi i \,\text{rés}\left[\frac{p_{-M}(-t)}{q_{-M}(-t)} r(t) e^{-tz}\right] \quad \text{pour} \quad -a < x < 0.$$

On a:

$$\psi \in \tilde{\mathcal{H}}(a, 0),$$

$$\mathcal{L}_+^{-1}[\psi] = \frac{p(e^{-at}, -t)}{q(e^{-at}, -t)} r(t) - \frac{p_M(-t)}{q_M(-t)} r(t),$$

$$\mathcal{L}_-^{-1}[\psi] = \frac{p(e^{-at}, -t)}{q(e^{-at}, -t)} r(t) - \frac{p_{-M}(-t)}{q_{-M}(-t)} r(t).$$

Preuve de 3°). Il est évident que

$$f(t) = \frac{r(t)}{q(e^{-at}, -t)} \in \tilde{\mathcal{D}}(Ma)$$

et que l'hypothèse (6.4) est vérifiée, en prenant

$$r_1(t) = \frac{r(t)}{q_M(-t)}, \qquad r_2(t) = \frac{r(t)}{q_{-M}(-t)}, \qquad 2c = a.$$

[5] Nous n'analysons pas la nature de ces singularités, alors qu'il est possible de le faire. Dans les plus simples des cas particuliers que nous rencontrerons, $F(z)$ est méromorphe ou primitive d'une fonction méromorphe.

Vu la proposition 6, $\Phi(z)$ est donc holomorphe dans $B\big((M+1)a\big)$ muni des deux coupures réelles

$$[-(M+1)a, -Ma], \qquad [Ma, (M+1)a]$$

et le 3°) de la proposition 7 est exact.

Preuve de 2°) dans $B(a)$. Dans ce 3°) on choisit $p=q$; on obtient $\psi=0$; donc (7.2) vaut pour $z\in B(a)$, $y\neq 0$.

Preuve de 1°). (7.2) permet de calculer $p_M\left(\frac{d}{dz}\right)\Phi(z+Ma)$ en fonction des dérivées de $\Phi\big(z+(M-1)a\big), \ldots, \Phi(z-Ma)$ et permet donc de prolonger analytiquement $\Phi(z)$ à tout le demi-plan $x>0$, muni de la coupure réelle $[Ma, \infty]$, les seuls points singuliers des bords de cette coupure étant les multiples de a. L'équation (7.2) permet de calculer $p_{-M}\left(\frac{d}{dz}\right)\Phi(z-Ma)$ et de traiter de même le demi-plan $x<0$. L'équation (7.2) se prolonge analytiquement à chacun des demi-plans $y>0$ et $y<0$.

CHAPITRE II. LA FONCTION DE GREEN $(N+1)$-HARMONIQUE

Ce chapitre étudié la fonction de Green du problème que voici:

8. Un problème aux limites

Dans le plan de la variable complexe $z=x+iy$, considérons la bande $B(a)$: $|x|<a$ et son adhérence $\overline{B(a)}$: $|x|\leqslant a$.

Problème aux limites. — On cherche sur $\overline{B(a)}$ une fonction numérique $F(x,y)$ vérifiant les conditions suivantes:

1°) $\left(\frac{\partial^2}{\partial x^2}+\frac{\partial^2}{\partial y^2}\right)^{N+1} F(x,y)=H(x,y)$ sur $B(a)$,

la fonction ou distribution H étant donnée;

2°) $p_j\left(x, \frac{\partial}{\partial x}, \frac{\partial}{\partial y}\right)F(x,y)=K_j(x,y), \quad j=0,\ldots,N$

sur les deux bords $x=\pm a$ de $B(a)$, les K_j étant des fonctions données et les p_j des opérateurs différentiels donnés; le plus grand de leurs ordres sera noté N_0;

3°) $F(x,y)$ et ses dérivées d'ordres $\leqslant 2N+1+N_0$ sont continues sur $\overline{B(a)}$ et croissent lentement à l'infini.

L'hypothèse suivante sera faite: notons

$$p_j^n(x,\xi,\eta)=\left(x+\frac{d}{d\xi}\right)^n p(x,\xi,\eta); \quad p_j^n(x,t)=p_j^n(x,t,it); \tag{8.1}$$

$$P(x,t)=\text{dét}\big(p_j^n(x,t)\big), \quad j=0,\ldots,N;\ n=0,\ldots,N; \tag{8.2}$$

nous supposons que le polynome $P(a,t)\,P(-a,t)$ de la variable t n'est pas identiquement nul.

2*

Le théorème d'unicité que voici sera établi (n°12) sous cette hypothèse: ce problème aux limites, quand ses données H et K_j sont nulles, a pour seules solutions des exponentielles-polynomes:

$$\operatorname{Re} \sum_h \pi_h(x, z) e^{t_h z} \tag{8.3}$$

(π_h: polynomes; t_h: nombres réels; Re: partie réelle de ...); elles sont les combinaisons linéaires d'un nombre fini d'entre elles; on pourrait les expliciter (comme les n°28 et 29 le font dans un cas particulier).

On sait que pour résoudre ce problème aux limites, il suffit de le résoudre dans le cas particulier suivant: les K_j sont nulles; $H(x, y)$ est la mesure de Dirac $\delta(z-z')$, $z' = x' + iy'$ étant un point donné de $B(a)$; $F(x, y)$ est alors nommée *fonction de Green* et notée $G(z, z')$; nous lui imposerons d'être anti-asymptotique. Plus explicitement:

La fonction de Green $G(z, z')$ est définie par les conditions suivantes:

1°) $G(z, z')$ est une fonction numérique réelle, indéfiniment dérivable, de $z \in \overline{B(a)}$, pour $z \neq z'$; elle est $N+1$-harmonique, c'est-à-dire:

$$\left(\frac{\partial^2}{\partial x^2} + \frac{\partial^2}{\partial y^2}\right)^{N+1} G(z, z') = 0;$$

2°) $G(z, z') - \frac{1}{2\pi 4^N (N!)^2} |z-z'|^{2N} \log |z-z'|$ est une fonction de z indéfiniment dérivable au point z', évidemment $(N+1)$-harmonique;

3°) $p_j\left(x, \frac{\partial}{\partial x}, \frac{\partial}{\partial y}\right) G(z, z') = 0$ sur chacun des deux bords de $\overline{B(a)}$: $x = \pm a$.

4°) Il existe une exponentielle-polynome $\tilde{G}(z. z')$, c'est-à-dire une fonction du type (8.3) à coefficients fonctions de z', telle que

$$G(z, z') - \tilde{G}(z, z') \qquad [\text{et } G + \tilde{G}]$$

tende rapidement vers 0 quand, sur $\overline{B(a)}$, z tend vers $i\infty$ [et $-i\infty$], z' restant fixe.

Le théorème d'existence que voici sera établi (n°18) sous l'hypothèse qui précède: la fonction de Green $G(z, z')$ existe. Nous savons qu'elle est unique (n°12); nous préciserons *sa structure* et nous *l'expliciterons* (n°18); nous calculerons enfin *sa partie singulière* (n°19).

9. Fonction $(N+1)$-harmonique dans $B(a)$

Rappelons un lemme classique:

Lemme. *Toute fonction $(N+1)$-harmonique dans $B(a)$ est du type*

$$F(z) = \operatorname{Re} \sum_{n=0}^{N} x^n U_n(z), \quad (\text{Re: } \textit{partie réelle de ...}) \tag{9.1}$$

les fonctions $U_n(z)$ étant holomorphes dans $B(a)$. On peut choisir les $U_n(z)$ à croissance lente sur $\overline{B(a)}$ quand F et ses dérivées d'ordre $\leqslant 2N+1$ sont à croissance lente.

Preuve par récurrence sur N. Supposons prouvé que

$$\Delta F(z) = \mathrm{Re} \sum_{n=0}^{N-1} x^n V_n(z), \qquad \left(\Delta = \frac{\partial^2}{\partial x^2} + \frac{\partial^2}{\partial y^2}\right),$$

les $V_n(z)$ étant holomorphes dans $B(a)$ [et à croissance lente, si c'est le cas pour ΔF et ses dérivées d'ordres $\leqslant 2N-1$]. Pour qu'on ait

$$\mathrm{Re} \sum_{n=0}^{N-1} x^n V_n(z) = \Delta\, \mathrm{Re} \sum_{n=1}^{N} x^n U_n(z),$$

il suffit qu'on ait:

$$2n \frac{dU_n}{dz} + n(n+1) U_{n+1} = V_{n-1}, \qquad n = N, \ldots, 1; \; U_{N+1} = 0;$$

d'où, par quadratures, des $U_n(z)$, holomorphes dans $B(a)$ [à croissance lente], tels que

$$\Delta\, \mathrm{Re}\left[F - \sum_{n=1}^{N} x^n U_n\right] = 0;$$

d'où le lemme.

10. Fonction $(N+1)$-harmonique dans une bande vérifiant une condition différentielle sur l'un de ses bords

Lemme. *Si $p(x, \xi)$ est un polynome en ξ* et n *un entier* $\geqslant 0$, *alors, quelle que soit la fonction f, on a*:

$$p\left(x, \frac{d}{dx}\right) [x^n f(x)] = p^{(n)}\left(x, \frac{d}{dx}\right) f(x),$$

où

$$p^{(n)}(x, \xi) = \left(x + \frac{d}{d\xi}\right)^n p(x, \xi).$$

Preuve. La formule de Leibniz donne

$$\left(\frac{d}{dx}\right)^r [x f(x)] = x \left(\frac{d}{dx}\right)^r f(x) + r \left(\frac{d}{dx}\right)^{r-1} f(x);$$

le lemme est donc vrai quand $n = 1$. Une récurrence relative à n achève sa preuve.

Notations. Etant donné un opérateur différentiel $p\left(x, \frac{\partial}{\partial x}, \frac{\partial}{\partial y}\right)$, nous posons:

(10.1) $$p^{(n)}(x, \xi, \eta) = \left(x + \frac{d}{d\xi}\right)^n p(x, \xi, \eta), \; p^n(x, t) = p^n(x, t, it).$$

On a donc l'identité, qui caractérise les p^n:

$$e^{\tau x} p(x, t + \tau, it) = \sum_{n=0}^{\infty} \frac{\tau^n}{n!} p^n(x, t).$$

Le lemme qui précède a pour conséquence évidente le suivant:

Lemme. *Si les fonctions $U_n(z)$ sont holomorphes, alors*

$$p\left(x, \frac{\partial}{\partial x}, \frac{\partial}{\partial y}\right) \operatorname{Re} \sum_{n=0}^{N} x^n U_n(z) = \operatorname{Re} \sum_{n=0}^{N} p^n\left(x, \frac{d}{dz}\right) U_n(z).$$

N o t a t i o n s. Nous notons $\bar{z} = x - iy$ l'imaginaire conjuguée de z; étant donnée une fonction $U(z)$, son imaginaire conjuguée $\bar{U}(z)$ est définie par la relation

$$\bar{U}(\bar{z}) = \overline{U(z)};$$

elle est donc holomorphe en même temps que U.

Nous notons

$$\hat{U}(z) = \bar{U}(-z), \quad \hat{p}(x, t) = \bar{p}(x, -t). \tag{10.2}$$

Rappelons le principe de réflexion classique:

Lemme. *Si $V(z)$ est holomorphe dans une bande ouverte $x \in [\beta, \gamma]$ et continue sur la droite $x = \beta$, alors la condition*

$$\operatorname{Re} V(z) = 0 \quad \text{pour} \quad x = \beta$$

équivaut aux suivantes:

$V(z)$ est holomorphe pour $x \in [2\beta - \gamma, \gamma]$; $V(z + \beta) + \hat{V}(z - \beta) = 0$.

Les deux lemmes qui précèdent donnent immédiatement le suivant:

Lemme 9. *Soit, dans une bande $x \in [\beta, \gamma]$, une fonction $(N+1)$-harmonique*

$$F(z) = \operatorname{Re} \sum_{n=0}^{N} x^n U_n(z),$$

vérifiant la condition d'ordre N_0

$$p\left(x, \frac{\partial}{\partial x}, \frac{\partial}{\partial y}\right) F(z) = 0 \text{ sur la droite } x = \beta; \tag{10.3}$$

nous supposons que, sur cette droite, $F(z)$ est $(2N+1+N_0)$-fois continûment différentiable. Alors cette condition (10.3) *équivaut aux suivantes:*

$$\sum_{n=0}^{N} p^n\left(\beta, \frac{d}{dz}\right) U_n(z + \beta)$$

est holomorphe pour $z \in B(|\gamma - \beta|)$;

$$\sum_{n=0}^{N} p^n\left(\beta, \frac{d}{dz}\right) U_n(z + \beta) + \sum_{0}^{N} \hat{p}^n\left(\beta, \frac{d}{dz}\right) \hat{U}_n(z - \beta) = 0.$$

11. Fonction $(N+1)$-harmonique dans une bande, vérifiant $N+1$ conditions différentielles sur l'un de ses bords

N o t a t i o n s. Nous nous donnons $N+1$ opérateurs différentiels

$$p_j\left(x, \frac{\partial}{\partial x}, \frac{\partial}{\partial y}\right), \quad j = 0, 1, \ldots, N;$$

conformément à (10.1), nous définissons $p_j^n(x, t)$ par (8.1); nous définissons $P(x, t)$ par (8.2)

Le théorème suivant est un cas particulier des théorèmes de réflexion de HANS LEWY [6], F. SLOSS [7] et R. D. BROWN [2].

Théorème de réflexion. *Soit, dans une bande* $x \in [\beta, \gamma]$, *une fonction* $(N+1)$*-harmonique*

(11.1) $$F(z) = \operatorname{Re} \sum_{n=0}^{N} x^n U_n(z),$$

vérifiant les $N+1$ *conditions différentielles*:

(11.2) $$p_j\left(x, \frac{\partial}{\partial x}, \frac{\partial}{\partial y}\right) F(z) = 0 \text{ sur la droite } x = \beta, \quad j = 0,1, \ldots, N;$$

soit N_0 *le plus grand de leurs ordres; nous supposons que, sur cette droite,* $F(z)$ *est* $(2N+1+N_0)$*-fois continûment différentiable; nous supposons le polynome en* t: $P(\beta, t)$ *non identiquement nul.*

1°) *Ces conditions* (11.2) *équivalent aux suivantes*:

(11.4) $$U_n(z+\beta) \text{ est holomorphe pour } z \in B(|\gamma-\beta|);$$

(11.5) $$\sum_{n=0}^{N} p_j^n\left(\beta, \frac{d}{dz}\right) U_n(z+\beta) + \sum_{n=0}^{N} \hat{p}_j^n\left(\beta, \frac{d}{dz}\right) \hat{U}_n(z-\beta) = 0, \quad j = 0, \ldots, N.$$

2°) *Si* $F(z)$ *et ses dérivées d'ordres* $\leqslant 2N+1+N_0$ *sont à croissance lente sur la bande* $x \in [\beta, \gamma]$, *fermée sur son bord* $x = \beta$, *alors*

(11.6) $$U_n(z+\beta) \in \mathcal{H}'(|\gamma-\beta|).$$

P r e u v e d e 1°). On applique le lemme 9: les fonctions

(11.7) $$\sum_{n=0}^{N} p_j^n\left(\beta, \frac{d}{dz}\right) U_n(z+\beta)$$

sont holomorphes dans $B(|\beta-\gamma|)$; puisque $\det p_j^n\left(\beta, \frac{d}{dz}\right) \neq 0$, les fonctions $U_n(z+\beta)$, qui sont holomorphes pour $x \in [0, \gamma-\beta]$, se prolongent donc analytiquement à $B(|\gamma-\beta|)$.

P r e u v e d e 2°). L'hypothèse faite sur $F(z)$ implique que les fonctions $U_n(z+\beta)$ et leurs dérivées d'ordres $\leqslant N_0$ sont à croissance lente dans la bande $x \in [0, \gamma-\beta]$; donc, vu (11.5), les fonctions (11.7) $\in \mathcal{H}'(|\gamma-\beta|)$; d'où (11.6), par intégration sur les droites $x = \text{const}$.

12. Unicité, a des exponentielles-polynomes près, de la solution du problème aux limites énoncé n°8

Supposons: les données H et K_j de ce problème nulles;

(12.1) le polynome $P(a, t)\ P(-a, t)$ non identiquement nul.

Alors, d'après le théorème de réflexion (n°11), les solutions de ce problème sont les fonctions

$$F(z) = \operatorname{Re} \sum_{n=0}^{N} x^n U_n(z)$$

vérifiant les deux conditions: $U_n(z)$ est holomorphe dans $B(2a)$, à croissance lente dans toute $b(2a)$;

$$\sum_{n=0}^{N} p_j^n\left(\pm a, \frac{d}{dz}\right) U_n(z \pm a) + \sum_{0}^{N} \hat{p}_j^n\left(\pm a, \frac{d}{dz}\right) \hat{U}_n(z \mp a) = 0 .$$

Introduisons la transformée de Laplace (Ch. I):

$$u_n(t) = \mathcal{L}^{-1}[U_n(z)];$$

notons

$$\hat{u}_n(t) = \bar{u}(-t); \tag{12.2}$$

d'après le n°2, (1.3) et (1.6) les conditions précédentes s'énoncent:

$$u_n(t) \in \mathcal{D}'(a) \tag{12.3}$$

$$\left.\begin{aligned} &\sum_{n=0}^{N} e^{-at} p_j^n(a, -t)\, u_n(t) + \sum_{n=0}^{N} e^{at} p_j^n(a, -t)\, \hat{u}_n(t) = 0 , \\ &\sum_{n=0}^{N} e^{at} p_j^n(-a, -t)\, u_n(t) + \sum_{n=0}^{N} e^{-at} p_j^n(-a, -t)\, \hat{u}_n(t) = 0 . \end{aligned}\right\} \tag{12.4}$$

Notre problème aux limites se ramène ainsi à la recherche des distributions u_n et $\hat{u}_n$, vérifiant (12.2) et (12.3), solutions du système linéaire et homogène (12.4). Le déterminant de ce système va être désormais essentiel.

N o t a t i o n. Notons

$$Q(\tau, t) = \text{dét} \begin{pmatrix} \tau p_j^m(a, t) & \tau^{-1} \hat{p}_j^n(a, t) \\ \tau^{-1} p_k^m(-a, t) & \tau \hat{p}_k^n(-a, t) \end{pmatrix} \tag{12.5}$$

où $m, n, j, k = 0, 1, \ldots, N$;

$$\bar{Q}(\bar{\tau}, \bar{t}) = \overline{Q(\tau, t)};\ \hat{Q}(\tau, t) = \overline{Q(\bar{\tau}^{-1}, -\bar{t})}.$$

P r o p r i é t é s d e $Q(\tau, t)$. —$Q(\tau, t)$ est un polynome en τ, τ^{-1}, t;

$$\hat{Q}(\tau, t) = (-1)^{N+1} Q(\tau, t) ; \tag{12.6}$$

les seules puissances de τ que contient $Q(\tau, t)$ sont

$$\tau^{2N+2}, \ldots , \tau^{2N+2-4k}, \ldots \tau^{-2N-2} \quad (0 \leqslant k \leqslant N+1) ; \tag{12.7}$$

ses termes de plus haut et plus bas degrés en τ sont

(12.8) $$\tau^{2N+2}P(a,t)\hat{P}(-a,t) \quad \text{et} \quad (-1)^{N+1}\tau^{-2N-2}P(-a,t)\hat{P}(a,t).$$

P r e u v e d e (12.7). Dans le dét. (12.5), multiplions

les $(N+1)$	premières lignes par	i
$N+1$	autres lignes	$-i$
$N+1$	dernières colonnes	-1;

nous obtenons $Q(i\tau, t)$; donc

$$Q(i\tau,t) = (-1)^{N+1}Q(\tau,t);$$

$Q(\tau, t)$ ne contient donc que des puissances $\tau^{2N+2-4k}$ de τ(k entier).

L e s s o l u t i o n s d e (12.4) vérifient

(12.9) $$Q(e^{-at}, -t)u_n(t) = 0.$$

Or, vu (12.1) et (12.8) $Q(e^{at}, t)$ n'est pas identiquement nul; l'ensemble de ses zéros t_h est fini; (12.9) signifie que

$$u_n(t) = \sum_h \pi_n^h\left(\frac{d}{dt}\right)\delta(t+t_h),$$

π_n^h étant un polynome dont le degré est inférieur à l'ordre du zéro t_h de $Q(e^{at}, t)$; d'où, vu (2.5)

$$U_n(z) = \sum_h \pi_n^h(z)e^{t_h z}.$$

D'où le théorème suivant, qu'a déjà résumé le n°8;

Théorème d'unicite. *Supposons l'hypothèse* (12.1) *vérifiée. Soit* $F(z)$ *une fonction vérifiant les conditions suivantes*:

1°) $F(z)$ *est* $(N+1)$*-harmonique sur* $B(a)$;

2°) $F(z)$ *vérifie les* $N+1$ *conditions aux bords*

$$p_j\left(x, \frac{\partial}{\partial x}, \frac{\partial}{\partial y}\right)F(z) = 0 \quad \text{pour} \quad x = \pm a,\ j = 0, \dots, N;$$

les p_j *sont des opérateurs différentiels donnés; leur plus grand ordre est* N_0;

3°) $F(z)$ *et ses dérivées d'ordres* $\leqslant 2N+1+N_0$ *sont à croissance lente sur* $\overline{B(a)}$.

Alors $F(z)$ *est nécessairement une exponentielle-polynome*:

$$F(z) = \mathrm{Re} \sum_h \pi_h(x,z)e^{t_h z};$$

t_h *est un zéro réel de la fonction* $Q(e^{at}, t)$, *que définit* (12.5); *ses zéros réels sont en nombre fini et deux à deux opposés*; $\pi_h(x, z)$ *est un polynome dont le degré en* x *est au plus* N *et le degré en* z *inférieur à l'ordre du zéro* t_h.

Ces $F(z)$ *constituent donc un espace vectoriel de dimension finie.*

Puisque deux exponentielles-polynomes ne peuvent être anti-asymptotiques sans être nulles, ce théorème donne:

C o r o l l a i r e. *Sous l'hypothèse* (12.1), *il existe au plus une fonction de Green.*

13. Début du calcul de la fonction de Green

Le n°8 a défini cette fonction. Nous faisons l'hypothèse (12.1).

Le théorème de réflexion permet d'exprimer qu'une fonction $G(z, z')$ est une fonction de $z\,(N+1)$-harmonique dans $B(a)$, pour $x \neq x'$, et qu'elle vérifie les conditions aux bords imposées à la fonction de Green; il *suffit* que:

$$G(z, z') = \operatorname{Re} \sum_{n=0}^{N} x^n U_n(z, z')\,; \tag{13.1}$$

$$U_n(z, z') \in \tilde{\mathcal{H}}(2a - |x'|, x') \quad \text{(en tant que fonction de } z\text{)}; \tag{13.2}$$

$$\sum_{n=0}^{N} p_j^n\left(\pm a, \frac{d}{dz}\right) U_n(z \pm a) \pm \sum_{n=0}^{N} \hat{p}_j^n\left(\pm a, \frac{d}{dz}\right)\hat{U}(z \mp a) = 0. \tag{13.3}$$

La fonction $G(z, z')$ a la singularité imposée à la fonction de Green quand on a, mod. les fonctions de (x, y) indéfiniment dérivables sur $B(a)$:

$$\begin{aligned} 2\pi 4^N (N!)^2 G(z, z') &\equiv |z - z'|^{2N} \log|z - z'| \\ &\equiv \operatorname{Re} |z - z'|^{2N} \log(z - z') \\ &\equiv \operatorname{Re} [2(x - x') - (z - z')]^N [z - z']^N \log(z - z') \\ &\equiv \operatorname{Re} \sum_{n=0}^{N} \sum_{k=0}^{N-n} \frac{(-1)^{N-n} N!\, 2^{n+k}}{(N-n-k)!\,n!\,k!} x^n x'^k (z - z')^{2N-n-k} \log(z - z'). \end{aligned}$$

Il *suffit* donc qu'on ait, mod. les fonctions holomorphes de z:

$$2\pi 4^N N!\, U_n(z, z') \equiv \sum_{k=0}^{N-n} \frac{(-1)^{N-n} 2^{n+k}}{(N-n-k)!\,n!\,k!} x'^k (z - z')^{2N-n-k} \log(z - z'),$$

c'est-à-dire

$$\frac{\partial^{2N+1} U_n(z, z')}{\partial z^{2N+1}} \equiv 2 l_n\left(x', \frac{d}{dz}\right) \frac{1}{z - z'},$$

en notant

$$l_n(x', t) = \frac{(-1)^{N-n}}{\pi N!\, n!} \sum_{k=0}^{N-n} \frac{(2N-n-k)!}{(N-n-k)!\,k!} 2^{n+k-2N-2} x'^k t^{n+k}. \tag{13.4}$$

Il suffit donc qu'on ait, pour $c > a$:

$$\frac{\partial^{2N+1} U_n(z, z')}{\partial z^{2N+1}} - \frac{\pi}{c} l_n\left(x', \frac{d}{dz}\right) \operatorname{ctg} \frac{\pi(z - z')}{2c} \in \tilde{\mathcal{H}}(2a - |x'|). \tag{13.5}$$

En résumé:

Lemme 13. La fonction $G(z, z')$, définie par (13.1), où les U_n vérifient (13.2), (13.3) et (13.5), est la fonction de Green, si elle possède la propriété suivante: il existe une exponentielle-polynome $\tilde{G}(z, z')$, du type (8.3), à coefficients fonctions de z', telle que

$$G(z, z') - \tilde{G}(z, z') \quad [\text{et } G + \tilde{G}]$$

tende rapidement vers 0 quand z tend vers $i\infty$ [*et* $-i\infty$], z' restant fixe.

Note. l_n est *caractérisé* par l'identité suivante, que nous emploierons deux fois:

$$\sum_{n=0}^{N} x^n l_n\left(x', \frac{d}{dz}\right) \frac{(z-z'-w)^{2N}}{(2N)!} = \frac{(z-z'-w)^N(\bar{z}-\bar{z}'+w)^N}{\pi 4^{N+1}(N!)^2}. \tag{13.6}$$

Preuve de (13.6):

$$\sum_{n=0}^{N} x^n l_n\left(x', \frac{d}{dz}\right) \frac{(z-z'-w)^{2N}}{(2N)!} = \sum_{n=0}^{N} \sum_{k=0}^{N-n} \frac{(-1)^N}{\pi N!} \frac{(z-z'-w)^{2N-n-k}}{(N-n-k)!} \frac{(-2x)^n}{n!} \frac{(2x')^k}{k!}$$

$$= \frac{(-1)^N}{\pi 4^{N+1}(N!)^2}(z-z'-w)^N(z-z'-2x+2x'-w)^N = \frac{(z-z'-w)^N(\bar{z}-\bar{z}'+w)^N}{\pi 4^{N+1}(N!)^2}.$$

14. Application de la transformation de Laplace à la recherche des U_n

Employons les définition du n°5; notons

$$u_{n-}(t, z') = \mathcal{L}_-^{-1}[U_n(z, z')], \quad u_{n+}(t, z') = \mathcal{L}_+^{-1}[U_n(z, z')]. \tag{14.1}$$

La condition (13.2) s'énonce:

$$u_{n-} e^{\left(a - \frac{x'+|x'|}{2}\right)t} \in \tilde{\mathcal{D}}\left(a + \frac{x'-|x'|}{2}\right),$$
$$u_{n+} e^{-\left(a + \frac{x'-|x'|}{2}\right)t} \in \tilde{\mathcal{D}}\left(a - \frac{x'+|x'|}{2}\right). \tag{14.2}$$

Vu (5.2) et la possibilité de diviser par t dans $\tilde{\mathcal{D}}$, la condition (13.5) s'énonce comme suit: on a

$$u_{n\pm} + \frac{1}{t^{2N+1}} l_n(x', -t)[\operatorname{cth}(ct) \pm 1] e^{tz'} \in \tilde{\mathcal{D}}(2a - |x'|), \tag{14.3}$$

le premier membre étant *indépendant* du choix du signe $\pm$. Il est évident que

$$\frac{1}{t^{2N+1}} l_n(x', -t)[\operatorname{cth}(ct) - 1] e^{tz'} e^{\left(a - \frac{x'+|x'|}{2}\right)t} \in \tilde{\mathcal{D}}\left(a + \frac{x'-|x'|}{2}\right);$$

donc (14.3) implique $(14.2)_1$; il implique de même $(14.2)_2$.

D'autre part (14.3) signifie qu'il existe une fonction

$$u_n(t, z') = u_{n+}(t, z') + \frac{1}{t^{2N+1}} l_n(x', -t) e^{tz'} = u_{n-}(t, z') - \frac{1}{t^{2N+1}} l_n(x', -t) e^{tz'} \tag{14.4}$$

telle que

$$u_n(t, z') + \frac{1}{t^{2N+1}} l_n(x' -t) e^{tz'} \operatorname{cth}(ct) \in \tilde{\mathcal{D}}(2a - |x'|). \tag{14.5}$$

En résumé, (14.1) transforme les conditions (13.2) et (13.5) en (14.4) et (14.5). Ecrivons maintenant la relation en laquelle (14.1) transforme (13.3):

Définition de $\hat{U}_n(z, z')$ et $\hat{u}_n(t, z')$. Nous notons comme si z' était constant:

$$\overline{U}_n(\bar{z}, z') = \overline{U_n(z, z')}, \qquad \hat{U}_n(z, z') = \overline{U}_n(-z, z');$$
(14.6)
$$\overline{u}_{n\pm}(t, z') = \overline{u_{n\pm}(t, z')}\,(t \text{ réel}), \quad \hat{u}_{n\pm}(t, z') = \overline{u}_{n\pm}(-t, z');$$

$\overline{u}_n$ et $\hat{u}_n$ se définissent de même.

D'où, vu les définitions du n°5, les formules, dont l'analogie avec (14.1), n'est que partielle:

$$\hat{u}_{n-}(t, z') = \mathcal{L}_+^{-1}[\hat{U}_n(z, z')], \quad \hat{u}_{n+}(t, z') = \mathcal{L}_-^{-1}[\hat{U}_n(z, z')]. \tag{14.7}$$

D'après le n°5, (14.1) et (14.7) donnent:

$$U_n(z \pm a, z') = \mathcal{L}[u_{n\pm}(t, z')e^{\mp at}] \quad \text{pour} \quad z \in B(a - |x'|),$$
$$\hat{U}_n(z \mp a, z') = \mathcal{L}[\hat{u}_\pm(t, z')e^{\pm at}] \quad \text{pour} \quad z \in B(a - |x'|);$$

donc $\mathcal{L}^{-1}$ transforme (13.3) en la relation

$$\sum_{n=0}^{N} e^{\mp at} p_j^n(\pm a, -t) u_{n\pm}(t, z') + \sum_{n=0}^{N} e^{\pm at} \hat{p}_j^n(\pm a, -t) \hat{u}_\pm(t, z') = 0.$$

Portons dans cette relation l'expression (14.4) de $u_{n\pm}$ et l'expression de $\hat{u}_{n\pm}$ qui s'en déduit par (14.6):

$$\hat{u}_n(t, z') = \hat{u}_{n\pm}(t, z') \mp \frac{1}{t^{2N+1}} \hat{l}_n(x', -t)e^{-t\bar{z}'};$$

nous obtenons le système:

(14.7')
$$\sum_{n=0}^{N} e^{-at} p_j^n(a, -t)[u_n(t, z') - v_n(t, z')] + \sum_{n=0}^{N} e^{at} \hat{p}_j^n(a, -t)[\hat{u}_n(t, z') - \hat{v}_n(t, z')] = 0$$
$$\sum_{n=0}^{N} e^{at} p_j^n(-a, -t)\,[u_n(t, z') + v_n(t, z')] + \sum_{n=0}^{N} e^{-at} \hat{p}_j^n(-a, -t)\,[\hat{u}_n(t, z') + \hat{v}_n(t, z')] = 0$$

où, puisque l_n est réel:

(14.8)
$$v_n(t, z') = \frac{1}{t^{2N+1}} l_n(x', -t)e^{tz'},$$
$$\hat{v}_n(t, z') = -\frac{1}{t^{2N+1}} l_n(x', t)e^{-t\bar{z}'}.$$

Si nous ne tenons pas compte de la relation liant u_n et $\hat{u}_n$, (14.7) est un système linéaire, dont le discriminant $Q(e^{-at}, -t)$ n'est pas identiquement nul: le n°12 l'a déduit de l'hypothèse (12.1); il définit donc un système unique de fonctions u_n, $\hat{u}_n$. Ces fonctions vérifient la relation liant u_n et $\hat{u}_n$, puisque $\wedge$ laisse invariant chacune des équations (14.7).

Nous avons donc établi le

Lemme 14. *Si la solution* $u_n\ (t, z')$ *du système linéaire* (14.7) *vérifie* (14.5), *alors les fonctions*

$$U_n(z, z') = \mathcal{L}\left[u_n(t, z') \mp \frac{1}{t^{2N+1}} l_n(x', -t)e^{tz'}\right] \tag{14.9}$$

vérifient les conditions (13.2), (13.3) *et* (13.5) *qu'exige le lemme* 13.

Note. (14.9) emploie sur $\tilde{\mathcal{D}}(2a-|x'|, x')$ la définition de $\mathcal{L}[f_\pm]$ qu'énonce le n°5.

15. La solution du système linéaire (14.7)

La solution du systéme linéaire (14.7) est donnée par les formules:

$$Q(e^{-at}, -t)u_n(t, z') = \sum_j Q_n^j(e^{-at}, -t)v_j(t, z') + \sum_j R_n^j(e^{-at}, -t)\hat{v}_j(t, z') \tag{15.1}$$

où $Q(\tau, t)$ est le déterminant (12.5), les $Q_n^j(\tau, t)$ et $R_n^j(\tau, t)$ étant des déterminants que nous allons définir et étudier.

Définition de $Q_r^s(\tau, t)$. C'est le déterminant qui se déduit du déterminant $Q(\tau, t)$ en remplaçant la colonne

$$\begin{matrix} \tau p_j^r(a, t) & & \tau p_j^s(a, t) \\ & \text{par} & \\ \tau^{-1} p_k^r(-a, t) & & -\tau^{-1} p_k^s(-a, t)\,. \end{matrix}$$

Notons

$$\bar{Q}_r^s(\bar{\tau}, \bar{t}) = \overline{Q_r^s(\tau, t)}\,; \qquad \hat{Q}_r^s(\tau, t) = \bar{Q}_r^s(\tau^{-1}, -t)\,.$$

On établit, comme pour Q, les

Propriétés. $Q_r^s(\tau, t)$ est un polynome en τ, τ^{-1}, t; les seules puissances de τ que contient $Q_r^s(\tau, t)$ sont

$$\begin{matrix} \tau^{2N-2}, \ldots, \tau^{2N+2-4k}, \ldots, \tau^{-2N+2} & (0 < k \leqslant N) \text{ si } r \neq s, \\ \tau^{2N+2}, \ldots, \tau^{2N+2-4k}, \ldots, \tau^{-2N-2} & (0 \leqslant k \leqslant N+1) \text{ si } r = s; \end{matrix} \tag{15.2}$$

les termes de $Q_r^r(\tau, t)$ de plus haut et plus bas degrés en τ sont

$$\tau^{2N+2}P(a, t)\hat{P}(-a, t) \quad \text{et} \quad (-1)^N \tau^{-2N-2}P(-a, t)\hat{P}(a, t)\,. \tag{15.3}$$

Définition de $R_r^s(\tau, t)$. — C'est le déterminant qui se déduit du déterminant $Q(\tau, t)$ en remplaçant la colonne

$$\begin{matrix} \tau p_j^r(a, t) & & \tau^{-1} \hat{p}_j^s(a, t) \\ & \text{par} & \\ \tau^{-1} p_k^r(-a, t) & & -\tau \hat{p}_k^s(-a, t)\,. \end{matrix}$$

Propriétés de $R_r^s(\tau, t)$. — $R_r^s(\tau, t)$ est un polynome en τ, τ^{-1}, t; les seules puissances de τ que contient $R_r^s(\tau, t)$ sont

$$\tau^{2N}, \ldots, \tau^{2N-4k}, \ldots, \tau^{-2N} \quad (0 \leqslant k \leqslant N); \tag{15.4}$$

les termes de $R_r^s(\tau, t)$ de plus haut et plus bas degrés en τ sont

$$(15.5)\qquad 2\tau^{2N} P_r^s(a, t)\hat{P}(-a, t) \text{ et } (-1)^N 2\tau^{-2N} P_r^s(-a, t)\,\hat{P}(a, t)\ ,$$

en notant $P_r^s(x, t)$ le déterminant qui se déduit du déterminant $P(x, t)$, que définit (8.2), en remplaçant sa colonne $p_j^r(x, t)$ par $\hat{p}_j^s(x, t)$.

P r e u v e d e (15.4). — Dans le déterminant $R_r^s(\tau, t)$, multiplions

les $N+1$ premières lignes par i
les $N+1$ autres lignes par $-i$
les $N+1$ dernières colonnes par -1
la r. ième colonne par -1;

nous obtenons $R_r^s(i\,\tau, t)$; donc

$$R_r^s(i\,\tau, t) = (-1)^N R_r^s(\tau, t)\,;$$

$R_r^s(\tau, t)$ ne contient donc que des puissances τ^{2N-4k} de τ (k entier). Pour achever la preuve de (15.4), il suffit de prouver (15.5).

P r e u v e d e (15.5). La définition de R_r^s peut s'énoncer comme suit: $\frac{1}{2} R_r^s(\tau, t)$ est le déterminant qui se déduit du déterminant $Q(\tau, t)$ en remplaçant la colonne

$$\begin{matrix} \tau p_j^r(a, t) \\ \tau^{-1} p_k^r(-a, t) \end{matrix} \quad \text{par} \quad \begin{matrix} \tau^{-1}\hat{p}_j^s(a, t) \\ 0 \end{matrix} \quad \text{ou par} \quad \begin{matrix} 0 \\ -\tau\hat{p}_k^s(-a, t); \end{matrix}$$

d'où (15.5)

16. Le calcul de $U_n(z, z')$

Lemme. *La solution $u_n(t, z')$ du système* (14.7) *vérifie l'hypothèse* (14.5) *du lemme* 14.

P r e u v e. En portant les valeurs (14.8) de v_n et $\hat{v}_n$ dans (15.1), nous obtenons

$$(16.1)\qquad u_n(t, z') = \sum_{j=0}^{N} \frac{Q_n^j(e^{-at}, -t)}{Q(e^{-at}, -t)} \frac{l_j(x', -t)}{t^{2N+1}} e^{tz'} - \sum_{j=0}^{N} \frac{R_n^j(e^{-at}, -t)}{Q(e^{-at}, -t)} \frac{l_j(x', +t)}{t^{2N+1}} e^{-t\bar{z}'}\,.$$

Les propriétés (12.8), (15.2), (15.3) et (15.4) de Q, Q_s^r et R_s^r montrent que

$$\frac{Q_n^n(e^{at}, t)}{Q(e^{at}, t)} - \operatorname{cth}(ct) \in \tilde{\mathcal{D}}(4a), \qquad \text{pour } 2a < c$$

$$\frac{Q_n^j(e^{at}, t)}{Q(e^{at}, t)} \in \tilde{\mathcal{D}}(4a) \text{ pour } j \neq n; \quad \frac{R_n^j(e^{at}; t)}{Q(e^{at}, t)} \in \tilde{\mathcal{D}}(2a)\,.$$

D'où (14.5).

Vu (16.1) et (1.6), le lemme 14 s'énonce donc:

Lemme. *Les fonctions*

$$U_n(z, z') = V_n(x', z - z') + W_n(x', z + \bar{z}')\,,$$

où

$$(16.2)\qquad V_n(x', z) = \mathcal{L}\left[\sum_{j=0}^{N} \frac{Q_n^j(e^{-at}, -t)}{Q(e^{-at}, -t)} \frac{l_j(x', -t)}{t^{2N+1}} \mp \frac{l_n(x, -t')}{t^{2N+1}}\right] \in \tilde{\mathcal{H}}(4a, 0)\,,$$

$$(16.3)\qquad W_n(x', z) = -\mathcal{L}\left[\sum_{j=0}^{N} \frac{R_n^j(e^{-at}, -t)}{Q(e^{-at}, -t)} \frac{l_j(x', +t)}{t^{2N+1}}\right] \in \tilde{\mathcal{H}}(2a),$$

vérifient les conditions (13.2), (13.3) et (13.4) qu'exige le lemme 13.

N o t e. — (16.2) emploie la définition de $\mathcal{L}[f_\pm]$ qu'énonce le n°5.

Ce lemme 13 s'énonce donc:

Lemme 16. *Soit*

$$(16.4)\qquad G(z, z') = \operatorname{Re} \sum_{n=0}^{N} x^n [V_n(x', z-z') + W_n(x', z+\bar{z}')],$$

V_n et W_n étant définis par (16.2) *et* (16.3); *$G(z, z')$ est la fonction de Green s'il existe une exponentielle-polynome $\tilde{G}(z, z')$, du type* (8.3), *à coefficients fonctions de z', telle que*

$$G(z, z') - \tilde{G}(z, z') \qquad [\text{et } G + \tilde{G}]$$

tende rapidement vers 0 *quand z tend vers $i\infty$* [*et* $-i\infty$], *z' restant fixe.*

Pour obtenir $\tilde{G}$, simplifions l'expression (16.4) de G.

17. Expression de G au moyen d'une seule fonction holomorphe $\Phi(z)$

D é f i n i t i o n. — Soit

$$(17.1)\qquad \Phi(z) = \mathcal{L}\left[\frac{1}{t^{2N+1} Q(e^{-at}, -t)}\right] \in \tilde{\mathcal{H}}\big((2N+2)a\big).$$

Rappelons que la proposition 7 s'applique à $\Phi(z)$; nous notons

$$\alpha^k \Phi(z) = \Phi(z + ka) \qquad (k\text{: entier} \geqslant 0 \text{ ou } < 0);$$

nous avons d'après le 2°) de cette proposition:

$$(17.2)\qquad Q\left(\alpha, \frac{d}{dz}\right)\Phi(z) = \mp \pi i \frac{z^{2N}}{(2N)!}, \qquad \text{où } \pm y > 0.$$

C a l c u l d e $V_n(x', z)$ et $W_n(x', z)$. D'après (1.3) et (1.6), (16.3) s'écrit:

$$(17.3)\qquad W_n(x', z) = -\sum_{j=0}^{N} R_n^j\left(\alpha, \frac{d}{dz}\right) l_j\left(x', -\frac{d}{dz}\right)\Phi(z) \in \tilde{\mathcal{H}}(2a).$$

La proposition 7, où l'on fait

$$p(\tau, t) = \sum_{j=0}^{N} Q_n^j(\tau, t) l_j(x', t), \; q(\tau, t) = Q(\tau, t), \; r = \frac{1}{t^{2N+1}},$$

$$M = 2N+2, \quad \frac{p_M(t)}{q_M(t)} = l_n(x', t), \quad \frac{p_{-M}(t)}{q_{-M}(t)} = -l_n(x', t), \quad \psi = V_n$$

donne, en prenant $\pm xy > 0$:

$$(17.4)\qquad V_n(x', z) = \sum_{j=0}^{N} Q_n^j\left(\alpha, \frac{d}{dz}\right) l_j\left(x', \frac{d}{dz}\right)\Phi(z) \pm \pi i \operatorname{rés}\left[\frac{l_n(x', -t)}{t^{2N+1}} e^{-tz}\right].$$

On pourrait appliquer à (17.1) la proposition 7 en y remplaçant a et τ par $2a$ et τ^2; la relation (17.4) vaut donc dans $B(2a)$.

Calcul de $\operatorname{Re}\sum_{n=0}^{N} x^n V_n(x', z-z')$. On a

$$\text{rés}\left[\frac{l_n(x', -t)}{t^{2N+1}} e^{-t(z-z')}\right] = l_n\left(x', \frac{d}{dz}\right) \text{rés}\left[\frac{e^{-t(z-z')}}{t^{2N+1}}\right];$$

on le prouve, par exemple, en transformant le rés. en une intégrale par la formule de Cauchy. D'où, vu la formule (13.6), qui caractérise l_n:

$$\sum_{n=0}^{N} x^n \left[\text{rés} \frac{l_n(x', -t)}{t^{2N+1}} e^{-t(z-z')}\right] = \sum_{n=0}^{N} x^n l_n\left(x', \frac{d}{dz}\right) \frac{(z-z')^{2N}}{(2N)!} = \frac{|z-z'|^{2N}}{\pi 4^{N+1}(N!)^2}\,.$$

Puisque cette valeur est réelle, (17.4) donne

$$\operatorname{Re}\sum_{n=0}^{N} x^n V_n(x', z-z') = \operatorname{Re}\sum_{n=0}^{N}\sum_{j=0}^{N} x^n Q_n^j\left(a, \frac{d}{dz}\right) l_j\left(x', \frac{d}{dz}\right) \Phi(z-z')\,. \tag{17.5}$$

L'expression de $G(z, z')$ s'obtient en portant (17.5) et (17.3) dans (16.4):

$$\begin{aligned} G(z, z') = {} & \operatorname{Re}\sum_{n=0}^{N}\sum_{j=0}^{N} x^n Q_n^j\left(a, \frac{d}{dz}\right) l_j\left(x', \frac{d}{dz}\right) \Phi(z-z') \\ & - \operatorname{Re}\sum_{n=0}^{N}\sum_{j=0}^{N}{}' x^n R_n^j\left(a, \frac{d}{dz}\right) l_j\left(x', -\frac{d}{dz}\right) \Phi(z+\bar{z}')\,. \end{aligned} \tag{17.6}$$

On voit de suite que la fonction $\tilde{G}$, envisagée par le lemme 16, existe: c'est

$$\begin{aligned} \tilde{G}(z, z') = {} & \operatorname{Re}\sum_{n=0}^{N}\sum_{j=0}^{N} x^n Q_n^j\left(a, \frac{d}{dz}\right) l_j\left(x', \frac{d}{dz}\right) \tilde{\Phi}(z-z') \\ & - \operatorname{Re}\sum_{n=0}^{N}\sum_{j=0}^{N} x^n R_n^j\left(a, \frac{d}{dz}\right) l_j\left(x', -\frac{d}{dz}\right) \tilde{\Phi}(z+\bar{z}')\,. \end{aligned} \tag{17.7}$$

$G(z, z')$ est donc la fonction de Green.

Enonçons les résultats ainsi prouvés:

18. Les principaux théorèmes

Notations. Nous notons:

$$\begin{aligned} \mathscr{V}(x, x', \tau, t) &= \sum_{n=0}^{N}\sum_{j=0}^{N} x^n l_j(x', t) Q_n^j(\tau, t)\,, \\ \mathscr{W}(x, x', \tau, t) &= -\sum_{n=0}^{N}\sum_{j=0}^{N} x^n l_j(x', -t) R_n^j(\tau, t); \end{aligned} \tag{18.1}$$

ce sont des polynomes en x, x', τ^2, τ^{-2}, t de degrés N en x et en x', $2N+2$ en τ et en τ^{-1}; l_j est défini par (13.4), Q_n^j et R_n^j par le n°15, Q par le n°12; P par (8.2) et $p_j^n(x, t)$ par (8.1)

(18.2)
$$\Phi(z) = \mathcal{L}\left[\frac{1}{t^{2N+1}Q(e^{-\alpha t}, -t)}\right] \in \tilde{\mathcal{H}}\big((2N+2)a\big).$$
$$\alpha^k\Phi(z) = \Phi(z+ka) \qquad (k\text{: entier} \geqslant \text{ou} < 0).$$

L e s p r o p r i é t é s d e Φ sont données par la proposition 7: $\Phi(z)$ est holomorphe dans le plan muni des deux coupures réelles $[-\infty, -(2N+2)a]$, $[(2N+2)a, \infty]$; elle est holomorphe sur chaque bord de cette coupure sauf aux points multiples de $2a$; elle vérifie l'équation de convolution

(18.3)
$$Q\left(\alpha, \frac{d}{dz}\right)\Phi(z) = \mp \pi i \frac{z^{2N}}{(2N)!}, \qquad \text{où } \pm y > 0.$$

D'autre part, (12.6) donne:

$$\hat{\Phi}(z) = (-1)^N \Phi(z),$$

et (3.6)

$$\tilde{\Phi}(z) = -\pi i \,\text{rés}\left[\frac{e^{tz}}{t^{2N+1}Q(e^{\alpha t}, t)}\right].$$

Le n°17 a prouvé:

Le théorème d'existence. *Si le polynome $P(a, t)P(-a, t)$ n'est pas identiquement nul, alors la fonction de Green $G(z, z')$, que définit le* n°8, *existe: elle est unique* (n°12).

Théorème de structure. *On a*

(18.4)
$$G(z, z') = \text{Re}\,\mathcal{V}\left((x, x', \alpha, \frac{d}{dz}\right)\Phi(z-z') + \text{Re}\,\mathcal{W}\left(x, x', \alpha, \frac{d}{dz}\right)\Phi(z+\bar{z}').$$

$\mathcal{V}$ et $\mathcal{W}$ étant les polynomes (18.1); *on a de même*:

(18.5)
$$\tilde{G}(z, z') = \text{Re}\,\mathcal{V}\left(x, x', \alpha, \frac{d}{dz}\right)\tilde{\Phi}(z-z') + \text{Re}\,\mathcal{W}\left(x, x', \alpha, \frac{d}{dz}\right)\tilde{\Phi}(z+\bar{z}').$$

L'expression explicite de $\Phi(z)$ est donnée par (18.2), *dont le* n°3 *explique le sens. Si $Q(\tau, t)$, $\mathcal{V}(x, x', \tau, t)$ et $\mathcal{W}$ sont divisibles par un même polynome Δ de t, on peut les remplacer par Q/Δ, $\mathcal{V}/\Delta$ et $\mathcal{W}/\Delta$ dans* (18.2), (18.3), (18.4) *et* (18.5): *voir* (1.3).

Dans divers cas particuliers on peut mieux expliciter Q, $\mathcal{W}$ et Φ (voir chap. 3, 4, 5).

19. La partie singulière de $G(z, z')$

La définition de $G(z, z')$ (n°8) précise quelle est la partie singulière de $G(z, z')$ quand z' reste à l'intérieur de $B(a)$; les résultats qui précèdent permettent d'étudier l'allure de $G(z, z')$ quand cette condition n'est pas vérifiée.

Partie singulière de Re $\mathcal{V}\Phi$. D'après (17.5) et (16.2)

$$\text{(19.1)}\qquad \operatorname{Re}\mathcal{V}\left(x, x', \alpha, \frac{d}{dz}\right)\Phi(z-z') = \operatorname{Re}\sum_{n=0}^{N} x^n V_n(x', z-z'),$$

$$\text{(19.2)}\qquad V_n(x', z) = \mathcal{L}\left[\sum_{j=0}^{N}\frac{l_j(x', -t)}{t^{2N+1}}\,\frac{Q_n^j(e^{-at}, -t)}{Q(e^{-at}, -t)} + \frac{l_n(x', -t)}{t^{2N+1}}\operatorname{cth}(ct)\right]$$
$$-\mathcal{L}\left[\frac{l_n(x', -t)}{t^{2N+1}}(\operatorname{cth}(ct)\pm 1)\right];$$

au second membre de (19.2), le premier terme $\in\tilde{\mathcal{H}}(4a)$, vu les propriétés (12.8) de Q, (15.2) et (15.3) de Q_n^j car on choisit $c \geqslant 2a$; le second terme est donné par (5.5) et (1.3); c'est

$$-\mathcal{L}\left[\frac{l_n(x', -t)}{t^{2N+1}}(\operatorname{cth}(ct)\pm 1)\right] = \frac{\pi}{c}\, l_n\left(x', \frac{d}{dz}\right)\int^{z}\frac{(z-w)^{2N}}{(2N)!}\operatorname{ctg}\frac{\pi w}{2c}\,dw$$

où $\int^{z}$ est défini par les conventions du n°4, appliquées à l'une des bandes $x\in[0,2c]$ ou $x\in[-2c, 0]$. On a donc, mod. les fonctions de (x, y, x', y') holomorphes pour $|x-x'| < 4a$, x, y, x' et y' réels:

$$\sum_{n=0}^{N} x^n V_n(x', z-z') \equiv \frac{\pi}{c}\sum_{n=0}^{N} x^n l_n\left(x', \frac{d}{dz}\right)\int^{z-z'}\frac{(z-z'-w)^{2N}}{(2N)!}\operatorname{ctg}\frac{\pi w}{2c}\,dw;$$

puisque l_n est d'ordre N, l'identité (13.6) qui caractérise l_n donne

$$\sum_{n=0}^{N} x^n V_n(x', z-z') \equiv \frac{1}{c4^{N+1}(N!)^2}\int^{z-z'}(z-z'-w)^N(\bar{z}-\bar{z}'+w)^N\operatorname{ctg}\frac{\pi w}{2c}\,dw$$

c'est-à-dire

$$\equiv \frac{1}{2\pi 4^N(N!)^2}|z-z'|^{2N}\log|z-z'|.$$

D'où, vu (19.1):

$$\text{(19.3)}\qquad \operatorname{Re}\mathcal{V}\left(x, x', \alpha, \frac{d}{dz}\right)\Phi(z-z') \equiv \frac{1}{2\pi 4^N(N!)^2}|z-z'|^{2N}\log|z-z'|.$$

Autrement dit: Re $\mathcal{V}\Phi$ a sur $\overline{B(a)}$ la partie singulière que la définition de G(n°8) impose à G dans $B(a)$.

Partie singulière de Re $\mathcal{W}\Phi$. D'après (17.3) et (16.3)

$$\text{(19.4)}\qquad \operatorname{Re}\mathcal{W}\left(x, x', \alpha, \frac{d}{dz}\right)\Phi(z+\bar{z}') = \operatorname{Re}\sum_{n=0}^{N} x^n W_n(x', z+\bar{z}'),$$

$$\text{(19.5)}\qquad W_n(x', z) = -\mathcal{L}\left[\sum_{j=0}^{N}\frac{l_j(x', t)}{t^{2N+1}}\,\frac{R_n^j(e^{-at}, -t)}{Q(e^{-at}, -t)}\right].$$

Les propriétés (12.8) de Q et (15.5) de R_n^j donnent mod $\tilde{\mathcal{D}}(6a)$:

$$\frac{R_n^j(e^{at}, t)}{Q(e^{at}, t)} \equiv 2\,\frac{e^{2Nat}P_n^j(a, t)\hat{P}(-a, t) + (-1)^N e^{-2Nat}P_n^j(-a, t)\,\hat{P}(a, t)}{e^{2(N+1)at}P(a, t)\hat{P}(-a, t) + (-1)^{N+1}e^{-2(N+1)at}P(-a, t)\hat{P}(a, t)}$$

$$\equiv \frac{e^{2at}}{\operatorname{sh}(4at)}\,\frac{P_n^j(a, t)}{P(a, t)} + \frac{e^{-2at}}{\operatorname{sh}(4at)}\,\frac{P_n^j(-a, t)}{P(-a, t)}.$$

En portant cette formule dans (19.5), on obtient mod $\tilde{\mathcal{H}}$ (6*a*):

$$W_n(x', z) \equiv \alpha^2 \sum_{j=0}^{N} l_j\left(x', -\frac{d}{dz}\right) P_n^j\left(a, \frac{d}{dz}\right) \mathcal{L}\left[\frac{1}{t^{2N+1}P(a, -t)\operatorname{sh}(4at)}\right]$$

$$+ \alpha^{-2} \sum_{j=0}^{N} l_j\left(x', -\frac{d}{dz}\right) P_n^j\left(-a, \frac{d}{dz}\right) \mathcal{L}\left[\frac{1}{t^{2N+1}P(-a, -t)\operatorname{sh}(4at)}\right].$$

En portant ce résultat dans (19.4) et en employant les notations ci-dessous, on obtient mod. les fonctions de (x, y, x', y') holomorphes pour $|x+x'| < 6a$, x, y, x' et y' réels:

$$\text{(19.6)} \qquad \operatorname{Re}\mathcal{W}\left(x, x', a, \frac{d}{dz}\right)\Phi(z+\bar{z}') \equiv \operatorname{Re}\mathcal{U}\left(a, x, x', \frac{d}{dz}\right) \equiv \theta(a, z+\bar{z}'$$

$$+2a) + \operatorname{Re}\mathcal{U}\left(-a, x, x', \frac{d}{dz}\right)\theta(-a, z+\bar{z}'-2a).$$

Vu la 3°) propriété de θ, cette formule montre que Re $\mathcal{W}\Phi$ est régulier sur $\overline{B(a)}$, sauf quand z et z' viennent se confondre sur sa frontière.

N o t a t i o n s. Nous notons, comme le fera le chapitre III:

$$\text{(19.7)} \qquad \mathcal{U}(\pm a, x, x', t) = -2\sum_{n=0}^{N}\sum_{j=0}^{N} x^n l_j(x', -t)P_n^j(\pm a, t),$$

$$\text{(19.8)} \qquad \theta(\pm a, z) = -\mathcal{L}\left[\frac{1}{2t^{2N+1}P(\pm a, -t)\operatorname{sh}(4at)}\right] \in \tilde{\mathcal{H}}(4a).$$

P r o p r i é t é s d e θ. — 1°) Vu (1.3) et (2.8), on a

$$\text{(19.9)} \qquad P\left(\pm a, \frac{d}{dz}\right)\left(\frac{d}{dz}\right)^{2N+1}\theta(\pm a, z) = -\frac{\pi}{8a}\operatorname{tg}\frac{\pi z}{8a}.$$

2°) Vu (3.6), $\theta(\pm a, z)$ est anti-asymptotique à

$$\text{(19.10)} \qquad \tilde{\theta}(\pm a, z) = +\pi i \operatorname{rés}\left[\frac{e^{-tz}}{2t^{2N+1}P(\pm a, -t)\operatorname{sh}(4at)}\right];$$

ces deux propriétés caractérisent évidemment θ.

3°) θ est donc holomorphe dans le plan z muni des deux coupures réelles

$$[-\infty, -4a], \quad [4a, \infty].$$

3*

Les formules (18.4), (19.3) et (19.6) prouvent le

Théorème sur la partie singulière de G.

(19.11) $$G(z, z') - \frac{|z-z'|^{2N}\log|z-z'|}{2\pi 4^N(N!)^2} - \operatorname{Re}\mathcal{U}\left(a, x, x', \frac{d}{dz}\right)\theta(a, z+\bar{z}'+2a) - \operatorname{Re}\mathcal{U}\left(-a, x, x', \frac{d}{dz}\right)\theta(-a, z+z'-2a)$$

est une fonction des variables réelles (x, y, x', y') holomorphe pour z et $z' \in B(2a)$.

N o t e. Les deux premiers termes de la partie singulière de G:

$$\frac{|z-z'|^{2N}\log|z-z'|}{2\pi 4^N(N!)^2} + \operatorname{Re}\mathcal{U}\left(a, x, x', \frac{d}{dz}\right)\theta(a, z+\bar{z}'+2a)$$

donnent la singularité de $G(z, z')$ quand z et z' viennent en un même point du bord $x = a$ de $B(a)$; leur calcul n'emploie que les conditions aux limites données sur ce bord.

Cette remarque et l'un des théorèmes de réflexion de Hans Lewy (fonction harmonique, condition au bord à coefficients constants, bord rectiligne) suggèrent l'hypothèse suivante:

P r o b l è m e. La fonction de Green, $(N+1)$-harmonique, du demi-plan $x > 0$ annulant au bord les $p_j\left(0, \frac{\partial}{\partial x}, \frac{\partial}{\partial y}\right)$ est-elle

$$\frac{|z-z'|^{2N}\log|z-z'|}{2\pi 4^N(N!)^2} + \operatorname{Re}\mathcal{U}\left(0, x, x', \frac{d}{dz}\right)\theta(z+\bar{z}'),$$

où $\theta(z)$ est solution de l'équation

$$P\left(0, \frac{d}{dz}\right)\left(\frac{d}{dz}\right)^{2N+1}\theta(z) = \frac{1}{z}\ ?$$

CHAPITRE III. LA FONCTION DE GREEN BI-HARMONIQUE

Nous supposons $N = 1$; nous explicitons alors $Q, \mathcal{V}, \mathcal{W}$, pour faciliter le calcul effectif de la fonction de Green.

20. Une première expression de Q, $\mathcal{V}$ et $\mathcal{W}$

C a l c u l d e l_n. La définition (13.4) donne

(20.1) $$l_0(x', t) = -\frac{1+x't}{8\pi}, \quad l_1(x', t) = \frac{t}{8\pi}.$$

C a l c u l d e s $P(x, t)$ e t $P_n^j(x, t)$. La définition (8.2) de P et celle de P_n^j($n°$ 15; propriétés de R_r^s) donnent:

(20.2) $$P = \begin{vmatrix} p_0^0 & p_0^1 \\ p_1^0 & p_1^1 \end{vmatrix}, \qquad P_0^0 = \begin{vmatrix} \hat{p}_0^0 & p_0^1 \\ \hat{p}_1^0 & p_1^1 \end{vmatrix} = \hat{P}_1^1,$$
$$P_1^0 = \begin{vmatrix} p_0^0 & \hat{p}_0^0 \\ p_1^0 & \hat{p}_1^0 \end{vmatrix} = -\hat{P}_1^0, \quad P_0^1 = \begin{vmatrix} \hat{p}_0^1 & p_0^1 \\ \hat{p}_1^1 & p_1^1 \end{vmatrix} = -\hat{P}_0^1;$$

ces dernières relations montrent que

(20.3) $$P_1^0(x,0)=0\,,\qquad P_0^1(x,0)=0\,.$$

L a r e l a t i o n e n t r e l e s $P(x,t)$ e t $P_n^j(x,t)$. On a évidemment:

$$\begin{vmatrix} p_0^0 & p_0^1 & \hat{p}_0^0 & \hat{p}_0^1 \\ p_1^0 & p_1^1 & \hat{p}_1^0 & \hat{p}_1^1 \\ p_0^0 & p_0^1 & \hat{p}_0^0 & \hat{p}_0^1 \\ p_1^0 & p_1^1 & \hat{p}_1^0 & \hat{p}_1^1 \end{vmatrix} = 0\,.$$

En développant ce déterminant du quatrième ordre suivant les mineurs d'ordre 2 extraits de ses deux premières lignes et deux dernières lignes, on obtient

(20.4) $$\hat{P}\;P = P_0^0\,\hat{P}_0^0 + P_1^0\,\hat{P}_0^1\,.$$

C a l c u l d e $Q(\tau,t)$. La propriété (12.8) de $Q(\tau,t)$ donne

$$Q(\tau,t) = (\tau^4-1)\,P(a,t)\,\hat{P}(-a,t) + (\tau^{-4}-1)\,P(-a,t)\,\hat{P}(a,t) + Q(1,t).$$

La définition (12.5) de Q donne

$$Q(1,t) = \begin{vmatrix} p_0^0(a,t) & p_0^1(a,t) & \hat{p}_0^0(a,t) & \hat{p}_0^1(a,t) \\ p_1^0(a,t) & p_1^1(a,t) & \hat{p}_1^0(a,t) & \hat{p}_1^1(a,t) \\ p_0^0(-a,t) & p_0^1(-a,t) & \hat{p}_0^0(-a,t) & \hat{p}_0^1(-a,t) \\ p_1^0(-a,t) & p_1^1(-a,t) & \hat{p}_1^0(-a,t) & \hat{p}_1^1(-a,t) \end{vmatrix}$$

$$= P(a,t)\,\hat{P}(-a,t) + P(-a,t)\,\hat{P}(a,t)$$

$$-P_0^0(a,t)\hat{P}_0^0(-a,t) - P_0^0(-a,t)\,\hat{P}_0^0(a,t) - P_1^0(a,t)\,\hat{P}_0^1(-a,t) - P_1^0(-a,t)\,\hat{P}_0^1(a,t)\,.$$

D'où

(20.5) $$Q(\tau,t) = \tau^4 P(a,t)\,\hat{P}(-a,t) + \tau^{-4} P(-a,t)\hat{P}(a,t)$$

$$-P_0^0(a,t)\hat{P}_0^0(-a,t) - P_0^0(-a,t)\,\hat{P}_0^0(a,t) - P_1^0(a,t)\,\hat{P}_0^1(-a,t) - \hat{P}_1^0(-a,t)\,\hat{P}_0^1(a,t)\,.$$

C a l c u l d e $\mathscr{V}(x,x',\tau,t)$, La définition (18.1) de $\mathscr{V}$ et les propriétés (15.2), (15.3) de Q_n^j donnent, vu (20.1):

$$8\pi\mathscr{V}(x,x',\tau,t) =$$

$$-[1-xt+x't]\,[(\tau^4-1)\,P(a,t)\hat{P}(-a,t) - (\tau^{-4}-1)P(-a,t)\,\hat{P}(a,t)] + 8\pi\mathscr{V}(x,x',1,t)\,.$$

D'après (18.1) et (20.1)

$$8\pi\mathscr{V}(x,x',1,t) = -x(1+x't)Q_1^0(1,t) + xtQ_1^1 - (1+x't)Q_0^0 + tQ_0^1\,.$$

Le calcul de $Q_n^j(1,t)$ est celui d'un déterminant du quatrième ordre, analogue aux précédents, que définit le n° 15; notons, si $A(x,t)$ et $B(x,t)$ sont deux fonctions quelconques

(20.6) $$[A,B] = A(a,t)\,B(-a,t) - A(-a,t)\,B(a,t)\,;$$

on obtient

$$Q_1^0(1,t) = 2[P_1^0, \hat{P}_0^0], \quad Q_0^1 = 2[P_0^0, \hat{P}_0^1],$$

$$Q_0^0 = [P, \hat{P}] + [P_0^0, \hat{P}_0^0] - [P_1^0, \hat{P}_0^1],$$

$$Q_1^1 = [P, \hat{P}] - [P_0^0, \hat{P}_0^0] + [P_1^0, \hat{P}_0^1].$$

D'où

$$(20.7) \quad 4\pi\mathcal{V}(x, x', \tau, t) = -\frac{1}{2}[1 - xt + x't]\,[\tau^4 P(a, t)\hat{P}(-a, t)$$

$$-\tau^{-4}P(-a, t)\hat{P}(a, t)] + \left(\frac{1}{2} - xt\right)\left(\frac{1}{2} + x't\right)H(t) + (x+x')tK(t) + L(t)$$

en posant

$$(20.8) \quad H(t) = \frac{1}{t}[P_1^0, \hat{P}_0^0], \; K(t) = -\frac{H}{2} - \frac{1}{2}[P_0^0, \hat{P}_0^0] + \frac{1}{2}[P_1^0, \hat{P}_0^1]$$

$$L(t) = \frac{H}{4} + K + t[P_0^0, \hat{P}_0^1].$$

Calcul de $\mathcal{W}(x, x', \tau, t)$. — La définition (18.1) de $\mathcal{W}$ et les propriétés (15.4), (15.5) des R_n^j donnent

$$(20.9) \quad \mathcal{W}(x, x', \tau, t) = \tau^2\mathcal{U}(a, x, x', t)\,\hat{P}(-a, t) - \tau^{-2}\mathcal{U}(-a, x, x', t)\,\hat{P}(a, t)$$

où

$$\mathcal{U}(\pm a, x, x', t) = -2\sum_{n=0}^{1}\sum_{j=0}^{1} x^n l_j(x', -t) P_n^j(\pm a, t),$$

c'est-à-dire, vu (20.1) et les relations (20.2) entre P_s^r et $\hat{P}_n^j$:

$$(20.10) \quad 4\pi\mathcal{U}(\pm a, x, x', t) = \left(\frac{1}{2} - xt\right)\left(\frac{1}{2} - x't\right)D(\pm a, t)$$

$$+\left(\frac{1}{2} - xt\right)E(\pm a, t) - \left(\frac{1}{2} - x't\right)\hat{E}(\pm a, t) + F(\pm a, t)$$

en posant

$$(20.11) \quad D(x, t) = -\frac{1}{t}P_1^0(x, t) = \hat{D}, \; E = \frac{D}{2} - P_1^1, \; F = \frac{D}{4} - \frac{E}{2} - \frac{\hat{E}}{2} + tP_0^1 = \hat{F}.$$

Puisque $P_1^0 = -\hat{P}_1^0$ d'après (20.2) et que $P_r^s(x, 0)$ est réel car $p_j^n(x, 0)$ l'est d'après (8.1), on a $P_1^0(x, 0) = 0$; $D(x, t)$ est donc un polynome.

21. Le calcul de Q, $\mathcal{V}$ et $\mathcal{W}$

Le calcul de Q, $\mathcal{V}$, $\mathcal{W}$ se simplifie du fait que H, K, L s'expriment au moyen de D, E, F; en effet, en portant (20.11) dans (20.8), on obtient, vu les relations (20.2) entre P_s^r et $\hat{P}_n^j$:

$$H = [D, E], \quad K = \frac{1}{2}[D, F] + \frac{1}{2}[E, \hat{E}], \quad L = [\hat{E}, F].$$

En portant (20.11) dans l'identité (20.4), on obtient de même:

$$P\hat{P} = DF + E\hat{E}.$$

En portant (20.11) dans (20.5), on obtient:

$$Q(\tau, t) = \tau^4 P(a, t)\hat{P}(-a, t) + \tau^{-4} P(-a, t)\hat{P}(a, t)$$
$$-D(a, t)F(-a, t) - D(-a, t)F(a, t) - E(a, t)\hat{E}(-a, t) - E(-a, t)\hat{E}(a, t).$$

Les formules obtenues peuvent donc s'énoncer comme suit:

Théorème concernant la fonction de Green biharmonique, *Soit*

$$P(x, t) = \begin{vmatrix} p_0^0 & p_0^1 \\ p_1^0 & p_1^1 \end{vmatrix}, \quad \text{où } p_n^j = p_n^j(x, t);\ \hat{p}_n^j = \bar{p}_n^j(x, -t);$$

$$D(x, t) = -\frac{1}{t}\begin{vmatrix} p_0^0 & \hat{p}_0^0 \\ p_1^0 & \hat{p}_1^0 \end{vmatrix}, \quad E(x, t) = \frac{D}{2} - \begin{vmatrix} p_0^0 & \hat{p}_0^1 \\ p_1^0 & \hat{p}_1^1 \end{vmatrix},$$

$$F(x, t) = \frac{D}{4} - \frac{E + \hat{E}}{2} - t\begin{vmatrix} p_0^1 & \hat{p}_0^1 \\ p_1^1 & \hat{p}_1^1 \end{vmatrix}.$$

ce sont des polynomes en t, vérifiant les identités:

$$D = \hat{D}, \quad F = \hat{F}, \quad P\hat{P} = DF + E\hat{E},$$
$$H(t) = [D, E] = D(a, t)E(-a, t) - D(-a, t)E(a, t),$$
$$K = \frac{1}{2}[D, F] + \frac{1}{2}[E, \hat{E}], \quad L = [\hat{E}, F].$$

On a:

$$Q(\tau, t) = \tau^4 P(a, t)\hat{P}(-a, t) + \tau^{-4} P(-a, t)\hat{P}(a, t)$$
$$-D(a, t)F(-a, t) - D(-a, t)F(a, t) - E(a, t)\hat{E}(-a, t) - E(-a, t)\hat{E}(a, t);$$

$$4\pi\mathcal{V}(x, x', \tau, t) = -\frac{1}{2}[1 - xt + x't][\tau^4 P(a, t)\hat{P}(-a, t) - \tau^{-4} P(-a, t)\hat{P}(a, t)]$$
$$+\left(\frac{1}{2} - xt\right)\left(\frac{1}{2} + x't\right)H(t) + (x + x')tK(t) + L(t)$$

$$\mathcal{W}(x, x', \tau, t) = \tau^2\mathcal{U}(a, x, x', t)\hat{P}(-a, t) - \tau^{-2}\mathcal{U}(-a, x, x', t)\hat{P}(a, t)$$

en posant

$$4\pi\mathcal{U}(\pm a, x, x', t) =$$
$$\left(\frac{1}{2} - xt\right)\left(\frac{1}{2} - x't\right)D(\pm a, t) + \left(\frac{1}{2} - xt\right)E(\pm a, t) - \left(\frac{1}{2} - x't\right)\hat{E}(\pm a, t) + F(\pm a, t).$$

22. Un cas particulier: mêmes conditions aux deux bords

Supposons $p_j(\xi, \eta)$ indépendant de x $(j = 0, 1)$; le théorème précédent se simplifie comme suit: notons

(22.1) $$q_j(\xi, \eta) = \frac{\partial p_j(\xi, \eta)}{\partial \xi},$$

(22.2) $$p_j(t) = p_j(t, it), \quad q_j(t) = q_j(t, it).$$

Nous avons donc

$$p_j^0(x,t)=p_j(t),\quad p_j^1(x,t)=xp_j(t)+q_j(t),$$

$$(22.3)\qquad P(t)=\begin{vmatrix}p_0 & q_0\\ p_1 & q_1\end{vmatrix},\quad \text{où } p_j=p_j(t),\ q_j=q_j(t),$$

$$D(t)=A(t),\quad E(x,t)=xtA(t)+B(t),\quad F(x,t)=x^2t^2A+xt(B-\hat{B})+C,$$

en notant

$$(22.4)\qquad \begin{aligned} A(t)&=-\frac{1}{t}\begin{vmatrix}p_0 & \hat{p}_0\\ p_1 & \hat{p}_1\end{vmatrix},\quad B(t)=\frac{A}{2}-\begin{vmatrix}p_0 & \hat{q}_0\\ p_1 & \hat{q}_1\end{vmatrix},\\ C(t)&=\frac{A}{4}-\frac{B+\hat{B}}{2}-t\begin{vmatrix}q_0 & \hat{q}_0\\ q_1 & \hat{q}_1\end{vmatrix},\quad \text{où } \hat{p}(x,t)=\overline{p}(x,-t);\end{aligned}$$

Le théorème précédent devient:

C o r o l l a i r e. *Supposons p_j indépendant de x; définissons A, B, C et P par* (22.1), (22.2), (22.3) et (22.4); *ce sont des polynomes en t, indépendants de x, vérifiant les identités*:

$$(22.5)\qquad A=\hat{A},\quad C=\hat{C},\quad P\hat{P}=AC+B\hat{B}.$$

On a, vu les relations précédentes:

$$(22.6)\qquad Q(\tau,t)=(\tau^2-\tau^{-2})^2P\hat{P}-4a^2t^2A^2;$$

$$(22.7)\qquad 4\pi\mathcal{V}(x,x',\tau,t)=-\frac{1}{2}(\tau^4-\tau^{-4})(1-xt+x't)P\hat{P}$$
$$-2at\left[\left(\frac{1}{2}-xt\right)A-\hat{B}\right]\left[\left(\frac{1}{2}+x't\right)A+\hat{B}\right]-2at(a^2t^2A^2+P\hat{P});$$

$$(22.8)\qquad 4\pi\mathcal{W}(x,x',\tau,t)=(\tau^2+\tau^{-2})\left[(1-xt-x't)A+B-\hat{B}\right]at\hat{P}$$
$$+(\tau^2-\tau^{-2})\left[\left(\frac{1}{2}-xt\right)\left(\frac{1}{2}-x't\right)A+\left(\frac{1}{2}-xt\right)B-\left(\frac{1}{2}-x't\right)\hat{B}+a^2t^2A+C\right]\hat{P}.$$

CHAPITRE IV. LA FONCTION DE GREEN BIHARMONIQUE, VÉRIFIANT, AUX DEUX BORDS, DEUX MÊMES CONDITIONS HOMOGÈNES EN $\left(\frac{\partial}{\partial x},\frac{\partial}{\partial y}\right)$

Le corollaire précédent peut être simplifié et explicité comme suit:

23. Les polynomes Q, $\mathcal{V}$ et $\mathcal{W}$

Nous supposons $p_j(\xi,\eta)$ indépendant de x, homogène de degré n_j en (ξ,η); $j=0,1$; notons $n=n_0+n_1$.

Alors $P(t)$, $A(t)$, $B(t)$, $C(t)$, vu leurs définitions (22.4), (22.5), sont homogènes en t de degré $n-1$; nous les diviserons par le polynome, invariant par $\wedge$:

$$it^{n-1} \text{ si } n \text{ pair};\ t^{n-1} \text{ si } n \text{ impair}.$$

Les formules (22.5), (22.6), (22.7), (22.8) restent valables (voir n° 18: possibilité de diviser Q, $\mathcal{V}$, $\mathcal{W}$ par un même polynome Δ de t). Dans ces formules P, A, B, C sont donc maintenant des constantes; A et C sont réelles; $\hat{P} = \bar{P}$, $\hat{B} = \bar{B}$.

Nous pouvons, grâce à (22.5), donner à $\mathcal{W}$ une expression analogue à (22.7):

(23.1) $$4\pi\mathcal{W}(x, x', \tau, t) = (\tau^2+\tau^{-2})\,[(1-xt-x't)A+B-\hat{B}]\ at\ \hat{P}$$
$$+(\tau^2-\tau^{-2})\left[\left(\frac{1}{2}-xt\right)A-\hat{B}\right]\left[\left(\frac{1}{2}-x't\right)A+B\right]\frac{\hat{P}}{A}+(\tau^2-\tau^{-2})(a^2t^2A^2+P\hat{P})\frac{\hat{P}}{A}\cdot$$

24. Les fonctions $\varphi_0(z)$ et $\psi_0(z)$

Soit ϱ l'un des deux nombres réels tels que

(24.1) $$A^2 = 4\varrho^2 P\hat{P};$$

vu (22.6), (18.2) et (18.3):

(24.2) $$4P\hat{P}\Phi(z) = \mathcal{L}\left[\frac{1}{t^3[\operatorname{sh}^2(2at)-4\varrho^2a^2t^2]}\right],$$

(24.3) $$4P\hat{P}\left[\frac{1}{4}(\alpha^2-\alpha^{-2})^2-4\varrho^2a^2\frac{d^2}{dz^2}\right]\Phi(z) = \mp\pi i\frac{z^2}{2}, \text{ où } \pm y>0.$$

Or les expressions (22.7) et (23.1) de $\mathcal{V}$ et $\mathcal{W}$ montrent que l'expression (18.4) de G emploie exclusivement $(\alpha^2-\alpha^{-2})\Phi$ et $\dfrac{d\Phi}{dz}\cdot$

Définissons donc:

(24.4)
$$\varphi_0(z) = -\frac{P\hat{P}}{\pi}(\alpha^2-\alpha^{-2})\Phi(z),$$
$$\psi_0(z) = -4\varrho a\frac{P\hat{P}}{\pi}\frac{d\Phi(z)}{dz};$$

c'est-à-dire:

(24.5)
$$\varphi_0(z) = \frac{1}{\pi}\mathcal{L}\left[\frac{1}{2t^3}\,\frac{\operatorname{sh}(2at)}{\operatorname{sh}^2(2at)-4\varrho^2a^2t^2}\right]\in\tilde{\mathcal{H}}(2a),$$
$$\psi_0(z) = \frac{1}{\pi}\mathcal{L}\left[\frac{1}{t^2}\,\frac{\varrho a}{\operatorname{sh}^2(2at)-4\varrho^2a^2t^2}\right]\in\tilde{\mathcal{H}}(4a).$$

Les propriétés de φ_0 et ψ_0 sont les suivantes: ce sont des fonctions *réelles* et *paires* de z; l'élimination de Φ entre les relations (24.4) donne

(24.6) $$4\varrho a\frac{d\varphi_0}{dz} = (\alpha^2-\alpha^{-2})\psi_0;$$

en portant (24.4) dans (24.3), on obtient:

(24.7) $$4\varrho a\frac{d\psi_0}{dz} = (\alpha^2-\alpha^{-2})\varphi_0\mp i\frac{z^2}{2}, \text{ où } \pm y>0.$$

En éliminant ψ_0 ou φ_0 entre ces deux relations, on obtient:

$$\left(4\varrho^2 a^2 \frac{d^2}{dz^2}+1\right)\varphi_0=\left(\frac{\alpha^2+\alpha^{-2}}{2}\right)^2\varphi_0\mp iaz, \tag{24.8}$$

$$\left(4\varrho^2 a^2 \frac{d^2}{dz^2}+1\right)\psi_0=\left(\frac{\alpha^2+\alpha^{-2}}{2}\right)^2\psi_0\mp i\varrho az, \quad \text{où} \pm y>0 \tag{24.9}$$

25. Les fonctions φ_1, φ_2, ψ_1 et ψ_2

Les expressions (22.7) et (23.1) de $\mathcal{V}$ et $\mathcal{W}$ et les formules (24.8) et (24.9) montrent que l'expression (18.4) de G emploie les fonctions dont voici la définition et la principale propriété ($\pm y>0$):

$$\varphi_1=\frac{\alpha^2+\alpha^{-2}}{2}\varphi_0\mp i\frac{z^2}{4}, \quad \varphi_1+\frac{z^2}{2\pi}\log\left[2\sin\frac{\pi z}{4a}\right]\in\tilde{\mathcal{H}}(4a); \tag{25.1}$$

log [...] étant réel pour $x\in[0,4a]$, et continu dans $B(4a)$, sauf pour $x\in[-4a, 0]$;

$$\varphi_2=\left(4\varrho^2 a^2\frac{d^2}{dz^2}+1\right)\varphi_0=\left(\frac{\alpha^2+\alpha^{-2}}{2}\right)^2\varphi_0\mp iaz\in\tilde{\mathcal{H}}(2a); \tag{25.2}$$

$$\psi_1=\frac{\alpha^2+\alpha^{-2}}{2}\psi_0\in\tilde{\mathcal{H}}(2a), \tag{25.3}$$

$$\psi_2=\left(4\varrho^2 a^2\frac{d^2}{dz^2}+1\right)\psi_0=\left(\frac{\alpha^2+\alpha^{-2}}{2}\right)^2\psi_0\mp i\varrho az\in\tilde{\mathcal{H}}(4a). \tag{25.4}$$

Ces fonctions sont *réelles* et *paires*.

On peut remplacer dans (25.1) ... (25.4) φ_j et ψ_j par $\tilde{\varphi}_j$ et $\tilde{\psi}_j$.

P r e u v e d e (25.1). Appliquons la proposition 7 3°) en prenant

$$r(t)=\frac{1}{2\pi t^3}, \quad q(\tau, t)=\left(\frac{\tau^2-\tau^{-2}}{2}\right)^2-4\varrho^2a^2t^2, \quad p(\tau)=\frac{\tau^{-4}-\tau^4}{4}.$$

Vu la définition (24.5) de φ_0 et (1.6), nous obtenons

$$\frac{\alpha^2+\alpha^{-2}}{2}\varphi_0\mp\frac{i}{2}\,\text{rés}\,\frac{e^{-tz}}{t^3}=\frac{1}{2\pi}\mathcal{L}\left[\frac{1}{t^3}\,\frac{\text{sh}(2at)\,\text{ch}\,(2at)}{\text{sh}^2(2at)-4\varrho^2a^2t^2}\pm\frac{1}{t^3}\right],$$

où $\pm xy>0$; c'est-à-dire, mod $\tilde{\mathcal{H}}(4a)$:

$$\frac{\alpha^2+\alpha^{-2}}{2}\varphi_0\mp i\frac{z^2}{4}\equiv\frac{1}{2\pi}\mathcal{L}\left[\frac{1}{t^3}(\text{cth}\,2at\pm 1)\right];$$

c'est-à-dire, vu (1.5), (5.3) et le n° 4

$$\equiv-\frac{1}{4a}\int^z\frac{(z-w)^2}{2}\,\text{ctg}\,\frac{\pi w}{4a}\,dw\equiv-\frac{1}{4a}\,\frac{z^2}{2}\int^z\text{ctg}\,\frac{\pi w}{4a}\,dw;$$

mais $\int^z \text{ctg}\,\frac{\pi w}{4a}\,dw$ n'a pas la même constante d'intégration dans les deux bandes $x\in[-4a, 0]$ et $x\in[0, 4a]$; dans cette dernière bande,

$$\int^{z} \operatorname{ctg} \frac{\pi w}{4a} dw = \frac{4a}{\pi} \log\left[k \sin \frac{\pi z}{4a}\right],$$

k étant une constante >0, le log étant réel pour z réel; k doit être tel que ce log soit anti-asymptotique; cela impose $k = 2$, comme dans la preuve de (4.4). On a donc, en prenant $\log\left[2 \sin \frac{\pi z}{4a}\right]$ réel pour $0 < z < 4a$ et continu dans $B(4a)$ sauf si $-4a < z < 0$ et en prenant $\pm y > 0$:

$$\frac{a^2 + a^{-2}}{2} \varphi_0 \mp \frac{iz^2}{4} + \frac{z^2}{2\pi} \log\left[2 \sin \frac{\pi z}{4a}\right] \in \tilde{\mathcal{H}}(4a).$$

C'est ce qu'affirme (25.1).

L'expression de G, (18.4), peut s'écrire maintenant comme suit, en supposant $A \neq 0$ et en notant:

$$\beta = \frac{B}{A}, \quad e^{i\theta} = -\frac{A}{2\varrho P} \tag{25.5}$$

(β: constante complexe; θ: constante réelle):

$$\begin{aligned} 8\varrho G(z, z') = {} & \operatorname{Re} \psi_2(z - z') + 2\varrho \operatorname{Re}\left(1 - x\frac{d}{dz} + x'\frac{d}{dz}\right)\varphi_1(z - z') \\ & + \varrho^2 \operatorname{Re}\left(1 - 2\bar{\beta} - 2x\frac{d}{dz}\right)\left(1 + 2\bar{\beta} + 2x'\frac{d}{dz}\right)\psi_0(z - z') \\ & + \operatorname{Re} e^{i\theta}\varphi_2(z + \bar{z}') + 2\varrho \operatorname{Re} e^{i\theta}\left(1 + \beta - \bar{\beta} - x\frac{d}{dz} - x'\frac{d}{dz}\right)\psi_1(z + \bar{z}') \\ & + \varrho^2 \operatorname{Re} e^{i\theta}\left(1 - 2\bar{\beta} - 2x\frac{d}{dz}\right)\left(1 + 2\beta - 2x'\frac{d}{dz}\right)\varphi_0(z + \bar{z}'); \end{aligned} \tag{25.6}$$

$\tilde{G}$ est donné par la même formule, où l'on remplace φ et ψ par $\tilde{\varphi}$ et $\tilde{\psi}$.

26. Expressions explicites de φ_0 et ψ_0

φ_0 et ψ_0 sont des fonctions de ϱ réel, holomorphes pour $|\varrho| \neq 1$ (Note du n° 3). Explicitons-les dans le cas le plus simple: $|\varrho| < 1$. Nous avons alors le développement, que nous porterons dans (24.5):

$$\frac{1}{\operatorname{sh}^2(2at) - 4\varrho^2 a^2 t^2} = \sum_{k=0}^{\infty} \frac{(2\varrho at)^{2k}}{\operatorname{sh}^{2k+2}(2at)};$$

il vient

$$\varphi_0(z) = \frac{1}{2\pi} \sum_{k=0}^{\infty} \varrho^{2k} \mathcal{L}\left[\frac{t^{2k-3}(2a)^{2k}}{\operatorname{sh}^{2k+1}(2at)}\right],$$

$$\psi_0(z) = \frac{1}{2\pi} \sum_{k=0}^{\infty} \varrho^{2k+1} \mathcal{L}\left[\frac{t^{2k-2}(2a)^{2k+1}}{\operatorname{sh}^{2k+2}(2at)}\right].$$

Vu la proposition 7 et les formules (24.5), φ_0 et ψ_0 sont holomorphes en (ϱ, z), pour $|\varrho| < 1$, dans le plan z muni des coupures réelles $[-\infty, -2a]$ et $[2a, \infty]$ et sur les bords[6] de ces coupures, sauf en les points z multiples de $2a$; ϱ peut être complexe. Les séries (26.1) convergent donc absolument et uniformément pour

$$|\varrho| < 1, \ z \text{ non multiple de } 2a.$$

Le calcul explicite de $\mathcal{L}\left[\frac{(2a)^q}{\operatorname{sh}^q(2at)}\right]$ est aisé:

on a

$$\left[\frac{d^2}{dt^2} - j^2\right]\frac{(j-1)!}{\operatorname{sh}^j t} = \frac{(j+1)!}{\operatorname{sh}^{j+2} t};$$

d'où

$$\text{(26.2)} \quad \begin{aligned} &\left[\frac{d^2}{dt^2} - 1\right]\left[\frac{d^2}{dt^2} - 3^2\right]\ldots\left[\frac{d^2}{dt^2} - (2k-1)^2\right]\frac{1}{\operatorname{sh} t} = \frac{(2k)!}{\operatorname{sh}^{2k+1} t};\\ &\frac{d}{dt}\left[\frac{d^2}{dt^2} - 2^2\right]\ldots\left[\frac{d^2}{dt^2} - (2k)^2\right]\operatorname{cth} t = -\frac{(2k+1)!}{\operatorname{sh}^{2k+2} t}. \end{aligned}$$

Introduisons donc les polynomes

$$P_0(z) = 1, \quad P_1(z) = z, \quad P_2(z) = \frac{[z-2a][z+2a]}{2},$$

$$\text{(26.3)} \quad \begin{aligned} &P_{2k+1}(z) = \frac{1}{(2k+1)!}\prod_{m=-k}^{k}[z - 4ma], \quad m\text{: entier},\\ &P_{2k}(z) = \frac{1}{(2k)!}\prod_{n=\frac{1}{2}-k}^{k-1/2}[z - 4na], \quad \left(n - \frac{1}{2}\text{: entier}\right). \end{aligned}$$

$P_{2k}(z)$ [ou $P_{2k+1}(z)$] est donc un polynome de degré $2k$ [ou $2k+1$], ayant pour zéros les pôles de $\operatorname{tg}\frac{\pi z}{4a}\left[\text{ou } \operatorname{ctg}\frac{\pi z}{4a}\right]$ les plus proches de 0. Les formules (26.2) et (1.2) donnent

$$\mathcal{L}\left[\frac{(2a)^{2k}}{\operatorname{sh}^{2k+1}(2at)}\right] = P_{2k}(z) \quad \mathcal{L}\left[\frac{1}{\operatorname{sh}(2at)}\right],$$

$$\mathcal{L}\left[\frac{(2a)^{2k+1}}{\operatorname{sh}^{2k+2}(2at)}\right] = -P_{2k+1}(z) \quad \mathcal{L}[\operatorname{cth}(2at) \pm 1],$$

ce dernier terme employant le n° 5; les seconds membres sont donnés par (2.8) et (5.3); d'où

$$\text{(26.4)} \quad \begin{aligned} &\mathcal{L}\left[\frac{(2a)^{2k}}{\operatorname{sh}^{2k+1}(2at)}\right] = -\frac{\pi}{2a}P_{2k}(z)\operatorname{tg}\frac{\pi z}{4a},\\ &\mathcal{L}\left[\frac{(2a)^{2k+1}}{\operatorname{sh}^{2k+2}(2at)}\right] = -\frac{\pi}{2a}P_{2k+1}(z)\operatorname{ctg}\frac{\pi z}{4a}. \end{aligned}$$

[6] Sur un voisinage indépendant de ϱ de chaque point de ce bord non multiple de $2a$.

En portant ces formules dans (26.1), en employant (1.3) et les définitions du n° 4, nous obtenons

$$(26.5)\qquad 4a\varphi_0(z) = \int^z \frac{(z-w)^2}{2}\operatorname{tg}\frac{\pi w}{4a}\,dw + \varrho^2\int^z P_2(w)\operatorname{tg}\frac{\pi w}{4a}\,dw + \sum_{k=2}^{\infty}\varrho^{2k}\left(\frac{d}{dz}\right)^{2k-3}\left[P_{2k}(z)\operatorname{tg}\frac{\pi z}{4a}\right];$$

$$(26.6)\qquad 4a\psi_0(z) = -\varrho\int^z (z-w)\,w\operatorname{ctg}\frac{\pi w}{4a}\,dw - \sum_{k=1}^{\infty}\varrho^{2k+1}\left(\frac{d}{dz}\right)^{2k-2}\left[P_{2k+1}(z)\operatorname{ctg}\frac{\pi z}{4a}\right].$$

Ce que nous avons dit de la convergence des séries (26.1) prouve ceci:

Propriétés de φ_0 et ψ_0. Dans tout polycylindre

$$|\varrho| < 1, \quad |z| < \gamma$$

les séries (26.5) et (26.6), privées d'un nombre[7] suffisant de leurs premiers termes, sont fonctions holomorphes de (ϱ, z)

$$\frac{d^3\varphi_0}{dz^3} \text{ et } \frac{d^2\psi_0}{dz^2} \text{ sont donc, pour } |\varrho| < 1,$$

des fonctions de z méromorphes dans tout le plan.

Nous allons voir que, plus précisément, les fonctions méromorphes de z

$$\frac{d^3\varphi_0}{dz^3} = \frac{1}{4a}\sum_{k=0}^{\infty}\varrho^{2k}\left(\frac{d}{dz}\right)^{2k}\left[P_{2k}(z)\operatorname{tg}\frac{\pi z}{4a}\right],$$

$$\frac{d^3\psi_0}{dz^3} = -\frac{1}{4a}\sum_{k=0}^{\infty}\varrho^{2k+1}\left(\frac{d}{dz}\right)^{2k+1}\left[P_{2k+1}(z)\operatorname{ctg}\frac{\pi z}{4a}\right]$$

ont pour développements de *Mittag-Leffler* les séries doubles

$$(26.7)\qquad \frac{d^3\varphi_0}{dz^3} = -\frac{1}{\pi}\sum_{k=0}^{\infty}\sum_{n=k+\frac{1}{2}}^{\infty}(2k)!\,\varrho^{2k}\left[\frac{P_{2k}(4an)}{(z-4an)^{2k+1}} + \frac{P_{2k}(4an)}{(z+4an)^{2k+1}}\right],$$

$$(26.8)\qquad \frac{d^3\psi_0}{dz^3} = \frac{1}{\pi}\sum_{k=0}^{\infty}\sum_{m=k+1}^{\infty}(2k+1)!\,\varrho^{2k+1}\left[\frac{P_{2k+1}(4am)}{(z-4am)^{2k+2}} - \frac{P_{2k+1}(4am)}{(z+4am)^{2k+2}}\right]$$

où k, m, $n-1/2$ sont entiers; dans tout polycylindre

$$|\varrho| < \beta, \quad |z| < \gamma, \quad \beta < 1,$$

[7] Ce nombre est fonction de γ.

ces séries doubles, privées d'un nombre suffisant de leurs premiers termes, convergent absolument et uniformément.

Preuve de (26.7). On a

$$\frac{\pi}{2a}\operatorname{tg}\frac{\pi z}{4a} = -\sum_{n=-\infty}^{\infty}\left[\frac{1}{z-4an}+\frac{1}{z+4an}\right], \quad \left(n-\frac{1}{2}\text{entier}\right);$$

donc

$$2\pi\frac{d^3\varphi_0}{dz^3} = -\sum_{k=0}^{\infty}\varrho^{2k}\left(\frac{d}{dz}\right)^{2k}\sum_{n=-\infty}^{\infty}\left[\frac{P_{2k}(z)}{z-4an}+\frac{P_{2k}(z)}{z+4an}\right];$$

or, puisque $P_{2k}(z)$ est un polynome en z de degré $2k$:

$$\left(\frac{d}{dz}\right)^{2k}\frac{P_{2k}(z)-P_{2k}(4an)}{z-4an} = 0,$$

d'où (26.7), vu la parité de $P_{2k}(z)$. Majorons le terme général de cette série double, pour prouver sa convergence absolue et uniforme: d'une part

$$(2k)!\,P_{2k}(4an) = (4a)^{2k}\left[n^2-\frac{1}{4}\right]\ldots\left[n^2-\left(k-\frac{1}{2}\right)^2\right] < (4an)^{2k};$$

d'autre part, puisque

$$\left|\frac{1}{u^{2k+1}}-\frac{1}{v^{2k+1}}\right| \leqslant \frac{(2k+1)\,|u-v|}{[\inf(|u|,|v|)]^{2k+2}}$$

on a

$$\left|\frac{1}{(z-4an)^{2k+1}}+\frac{1}{(z+4an)^{2k+1}}\right| \leqslant \frac{2(2k+1)|z|}{|4an-|x||^{2k+2}};$$

supprimons dans la série (26.7) les termes, en nombre fini, dont l'indice n ne vérifie pas

$$\frac{4an\varrho}{|4an-|x||} < \frac{1+\varrho}{2};$$

les termes restants sont majorés par ceux de la série double convergente

$$\frac{2}{\pi}|z|\sum_{k=0}^{\infty}(2k+1)\left(\frac{1+\varrho}{2}\right)^{2k+2}\sum_{n=\frac{1}{2}}^{\infty}\frac{1}{(4an\varrho)^2};$$

d'où la convergence de (26.7), dans les conditions énoncées.

La preuve de (26.8) et l'étude de sa convergence sont analogues.

Les expressions de $\tilde{\varphi}_0$ et $\tilde{\psi}_0$ s'obtiennent en appliquant (3.6) à (24.5): si $|\varrho| < 1$,

$$4a\tilde{\varphi}_0(z) = \frac{i}{6}\frac{1}{1-\varrho^2}z^3 - \frac{2i}{3}\frac{1+\varrho^2}{(1-\varrho^2)^2}a^2 z, \tag{26.9}$$

$$4a\tilde{\psi}_0(z) = \frac{i}{6}\frac{\varrho}{1-\varrho^2}z^3 - \frac{4i}{3}\frac{\varrho}{(1-\varrho^2)^2}a^2 z. \tag{26.10}$$

Une majoration appropriée des séries (26.7) et (26.8) et de leurs dérivées en z et l'emploi des équations de convolution (24.6), (24.7) permet d'établir que, à l'infini,

$$\varphi_0 \mp \tilde{\varphi}_0 \quad \text{et} \quad \psi_0 \mp \tilde{\psi}_0, \quad \pm y > 0$$

tendent rapidement vers 0 *dans tout domaine*

$$|x| < c_0|y| + c_1, \quad \left(c_0 \text{ et } c_1 \text{ constants}; \; c_0 < \frac{\sqrt{1-|\varrho|^2}}{|\varrho|}\right);$$

nous ne donnerons pas les détails de la démonstration.

Résumons les résultats ainsi obtenus:

27. Théorème concernant la fonction de Green biharmonique, vérifiant, aux deux bords, deux mêmes conditions homogènes en $\left(\frac{\partial}{\partial x}, \frac{\partial}{\partial y}\right)$

Nous supposons $p_j(\xi, \eta)$ $(j = 0,1)$ *indépendant de* x *et homogène en* (ξ, η); *nous notons* $q_j(\xi, \eta) = \frac{\partial p_j}{\partial \xi}$. *Nous notons* $\varrho e^{i\theta}$ (ϱ, θ réels) *et* β (β *complexe*) *les constantes définies par les équations*

(27.1) $$2\varrho e^{i\theta}\begin{vmatrix} p_0 & q_0 \\ p_1 & q_1 \end{vmatrix} = \begin{vmatrix} p_0 & \hat{p}_0 \\ p_1 & \hat{p}_1 \end{vmatrix},$$

(27.2) $$\left(\beta - \frac{1}{2}\right)\begin{vmatrix} p_0 & \hat{p}_0 \\ p_1 & \hat{p}_1 \end{vmatrix} = \begin{vmatrix} p_0 & \hat{q}_0 \\ p_1 & \hat{q}_1 \end{vmatrix},$$

où

$$p_j = p_j(1, i), \quad q_j = q_j(1, i), \quad \hat{p}_j = p_j(-1, i), \quad \hat{q}_j = q_j(-1, i);$$

nous supposons non nuls les déterminants des premiers membres, donc $\varrho \neq 0$. *Alors* $G(z, z')$ *est donnée par* (25.6), *où les* φ_j *et* ψ_j *sont définis par* (24.5), (25.1), ... (25.4); *on obtient* $\tilde{G}$ *en remplaçant dans* (25.6) *les* φ_j *et* ψ_j *par* $\tilde{\varphi}_j$ *et* $\tilde{\psi}_j$; $\tilde{\varphi}_0$ *et* $\tilde{\psi}_0$ *résultent de* (3.6) *et* (24.5); $\tilde{\varphi}_j$ *et* $\tilde{\psi}_j$ $(j = 1, 2)$ *en résultent par les relations qu'on obtient en remplaçant dans* (25.1) ... (25.4) φ_j *et* ψ_j *par* $\tilde{\varphi}_j$ *et* $\tilde{\psi}_j$.

Si $|\varrho| < 1$, *alors* φ_0 *et* ψ_0 *sont donnés par* (26.5) *et* (26.6) *et aussi par* (26.7), (26.8); $\tilde{\varphi}_0$ *et* $\tilde{\psi}_0$ *par* (26.9) *et* (26.10); $\tilde{G}(z, z')$ *est donc un polynome en* (x, y, x', y') *de degré* 3.

Puisque les $\varphi_j(z)$ et $\psi_j(z)$ sont des fonctions réelles et paires, on tire aisément de cette formule (25.6) ceci:

Corollaire. *Sous les hypothèses du théorème précédent,* $G(z, z'$ (*est symétrique en* (z, z') *si et seulement si*[8]

(27.3) $$\beta = 0, \quad \theta = 0.$$

Alors l'expression (25.6) *de* G *peut s'écrire*:

(27.4) $$8\varrho G(z, z') = \mathrm{Re}\left[\psi_2(z - z') + \varphi_2(z + \bar{z}')\right] + 2\varrho \,\mathrm{Re}\left(1 - x\frac{\partial}{\partial x} - x'\frac{\partial}{\partial x'}\right)\left[\varphi_1(z - z') + \psi_1(z + \bar{z}')\right] + \varrho^2 \mathrm{Re}\left(1 - 2x\frac{\partial}{\partial x}\right)\left(1 - 2x'\frac{\partial}{\partial x'}\right)\left[\psi_0(z - z') + \varphi_0(z + \bar{z}')\right];$$

[8] Nous imposons que $-\pi < \theta < \pi$, ce qui est possible puisque ϱ peut être < 0.

si $|\varrho| < 1$:

$$(27.5)\qquad 8\varrho\tilde{G}(z, z') = \frac{(1+\varrho)(3\varrho-1)}{8(1-\varrho)a}(x^2+x'^2)(y-y')$$

$$-\frac{1+\varrho}{4a}xx'(y-y') + \frac{(1+\varrho)^2}{24(1-\varrho)a}(y-y')^3 + \frac{(1+\varrho)(1-5\varrho+6\varrho^2)}{6\varrho(1-\varrho)^2}a(y-y').$$

Le théorème d'unicité (n° 12) s'énonce comme suit:

Théorème d'unicité. *Faisons les hypothèses du théorème précédent et l'hypothèse* $|\varrho| < 1$. *Soit* $F(z)$ *une fonction biharmonique, vérifiant les conditions aux bords*

$$(27.6)\qquad p_j\left(\frac{\partial}{\partial x}, \frac{\partial}{\partial y}\right)F(z) = 0 \quad \text{pour } x = \pm a, \quad j = 0, 1;$$

notons $n_0 \leqslant n_1$ *les ordres des* p_j; *supposons* $F(z)$ *et ses dérivées d'ordres* $\leqslant n_1 + 3$ *à croissance lente sur* $\overline{B(a)}$.

Alors $F(z)$ *est nécessairement un polynome en* (x, y), *biharmonique.*

Note. Evidemment $\tilde{G}(z, z')$ est un tel polynome, quel que soit z'.

28. L'étude de la flexion de la bande élastique, à bords libres

L'étude de la flexion de la bande élastique, à bords libres, homogène et isotrope (voir [4]), est celui du cas

$$(28.1)\qquad p_0\left(\frac{\partial}{\partial x}, \frac{\partial}{\partial y}\right) = \left(\frac{\partial^2}{\partial x^2} + \nu\frac{\partial^2}{\partial y^2}\right), \quad p_1\left(\frac{\partial}{\partial x}, \frac{\partial}{\partial y}\right) = \frac{\partial^3}{\partial x^3} + (2-\nu)\frac{\partial^3}{\partial x \partial y^2};$$

la constante ν est le coefficient d'élasticité de Poisson:

$$|\nu| < 1.$$

Les formules (27.1) et (27.2) donnent:

$$(28.2)\qquad \theta = 0, \quad \beta = 0, \quad \varrho = \frac{1-\nu}{3+\nu}, \quad 0 < \varrho < 1;$$

puisque (27.3) est vérifié, $G(z, z')$ est symétrique; il en résulte (voir l'article cité) que la bande élastique satisfait, comme il le faut, le principe de réciprocité de la résistance des matériaux, qui exprime le principe de conservation de l'énergie.

L'expression de G est donc (27.4), où φ_j et ψ_j sont définis par (26.3) (26.5), (26.6) [ou encore (26.7), (26.8)], (25.1) ... (25.4); celle de $\tilde{G}$ est (27.5). Ces formules sont utiles en technique.

Le théorème d'unicité se complète enfin (voir n° 29) comme le suggère la mécanique: les seules fonctions $F(z)$, vérifiant les conditions qu'il énonce, sont les combinaisons linéaires des six polynomes:

$$(28.3)\qquad \begin{gathered} \pi_1(x, y) = 1, \ \pi_2 = x, \ \pi_3 = y, \ \pi_4 = xy, \\ \pi_5 = \nu x^2 - y^2, \ \pi_6 = \nu x^2 y - \frac{y^3}{3}. \end{gathered}$$

Note. Par suite, $\tilde{G}(z, z')$ est une forme bilinéaire antisymétrique des $\pi_j(x, y)$ et $\pi_j(x', y')$; on le vérifie aisément.

29. Preuve de (28.3)

Il est évident que les π_j sont six polynômes biharmoniques, vérifiant les conditions aux bords (27.6).

Supposons qu'il existe un tel polynôme, qui soit linéairement indépendant des π_j; toutes ses dérivées en y sont, elles aussi, de tels polynômes. Il existe donc, alors, un polynôme F tel que:

F et $\frac{\partial F}{\partial y}$ sont biharmoniques et vérifient les conditions aux bords (27.6);

F n'est pas combinaison linéaire de π_j;

$\frac{\partial F}{\partial y}$ est combinaison linéaire des π_j.

Il s'agit de prouver l'absurdité de cette hypothèse.

Les seuls polynômes biharmoniques indépendants de y sont les combinaisons linéaires de π_1, π_2 et de,

$$\Pi_1 = x^2, \quad \Pi_2 = x^3;$$

d'autre part, tout π_j est la dérivée en y d'une combinaison linéaire des π_k et des deux polynômes biharmoniques:

$$\Pi_3 = xy^2, \quad \Pi_4 = x^4 - y^4 - 2\nu(x^4 - 3x^2y^2).$$

Il s'agit donc de prouver que toute combinaison linéaire F des Π_j, ($j = 1, \ldots, 4$), vérifiant les conditions aux bords (27.6), est nulle.

Or

$$p_1\left(\frac{\partial}{\partial x}, \frac{\partial}{\partial y}\right)\Pi_j = \text{const pour } j < 4,$$
$$= 24(1-\nu^2)x \text{ pour } j = 4;$$

on a $|\nu| < 1$ et $p_1\left(\frac{\partial}{\partial x}, \frac{\partial}{\partial y}\right)F = 0$ pour $x = \pm a$;

il faut donc que F soit combinaison linéaire des seuls polynômes Π_1, Π_2, Π_3.

De même:

$$p_0\left(\frac{\partial}{\partial x}, \frac{\partial}{\partial y}\right)\Pi_j = 2 \text{ pour } j = 1,$$
$$= \text{const}\, x \text{ pour } j = 2, 3;$$

on a $p_0 F = 0$ pour $x = \pm a$; il faut donc que F soit combinaison linéaire des seuls polynômes Π_2 et Π_3:

$$F = c_1 x^3 + c_2 xy^2.$$

Les conditions aux bords (27.6) s'écrivent alors

$$3c_1 + \nu c_2 = 0, \quad 3c_1 + (2-\nu)c_2 = 0;$$

elles exigent $F = 0$, puisque $\nu \neq 1$.

Voici achevée la preuve de (28.3).

Bibliographie

[1] S. Agmon, A. Douglis, L. Nirenberg, *Estimates near the boundary for solutions of elliptic partial differential equations satisfying general boundary conditions*, I. Comm. pure and appl. math., **12** (1959), 623–727; II, idem, 17 (1964), 35–92.

[2] R.D. Brown, *On the reflection laws of fourth order elliptic differential equations in two independant variables*. sous presse.

[3] G. Hoheisel, *Randwertaufgaben und funktionale Differentialgleichungen*, Jahresbericht der deutsch. math. Vereinigung, **39** (1930), 54–58.

[4] J. Leray, *Flexion de la bande homogène isotrope à bords libres et du rectangle à deux bords parallèles appuyés*, article à paraître dans Arch. Mech. Stos.

[5] J.C. Leray, *Calcul numérique des plaques*, à paraître dans Arch. Mech. Stos.

[6] H. Lewy, *On the reflection laws of second order differential equations in two independent variables*, Bull, of the Amer. Math. Soc., t. 65, n° 2, March. 1959.

[7] J. Sloss, *Reflection of biharmonic functions across analytic boundary conditions, sous presse*.

[8] A. Weinstein, *Sur un problème aux limites dans une bande indéfinie*, Comptes rendus Ac. Sc., **184**, (1927), 497.

Le présent article et les article [4] et [5] ont été exposés au Symposium sur les applications de la théorie de fonctions à la mécanique des milieux continus, IUTAM, Tbilisi, sept. 1963.

[1965a]

Flexion de la bande homogène isotrope à bords libres et du rectangle à deux bords parallèles appuyés

Archiwum Mechaniki Stosowanej 17 (1964) 3–14

Introduction

La théorie de Saint-Venant de la flexion de la poutre a longtemps suffi aux besoins techniques. Aujourd'hui la construction de *ponts-plaques* en béton précontraint exige qu'on calcule la flexion du parallélogramme ayant deux bords parallèles libres, deux autres appuyés et des lignes d'appuis intermédiaires. Or on ne sait pas faire ce calcul de façon à la fois rigoureuse et explicite.

La théorie de Saint-Venant est simple parce que la longueur d'une poutre non pesante ne joue aucun rôle: supprimer ses deux bouts, au-delà des appuis et charges extrêmes, ne change rien. Aussi postule-t-on en résistance des matériaux ceci:

Principe de Saint-Venant. *La flexion de la bande élastique non pesante à bords libres et sur appuis quelconques diffère peu de celle de la plaque qui s'obtient en supprimant ses deux bouts, au-delà des appuis et charges extrêmes.*

L'intérêt de ce principe est de réduire le calcul de flexion d'une plaque, ayant deux bords libres parallèles, à celui de la *bande*; or la bande homogène et isotrope ne dépend d'aucun paramètre; sa flexion est donnée par *des formules explicites*; elles s'obtiennent par *la méthode des réflexions biharmoniques*; les conclusions du précédent article [6] et les chapitres II et III du présent article les énoncent. Ces formules permettent à l'Ingénieur de calculer, avec une aisance et une approximation suffisantes, toutes les réactions d'appui et tensions que créeront dans un pont-plaque tous les systèmes de charges qu'il aura à porter.

Justifier ce principe par des considérations théoriques est possible: le problème étudié équivaut à un problème de calcul des variations, où les deux bouts de la bande jouent des rôles négligeables (voir n° 3).

Vérifier ce principe par la concordance de résultats numériques est possible, car de nombreux cas particuliers furent résolus par d'autres méthodes:

la tension de plaques en plexiglass fléchies a été mesurée expérimentalement par photoélasticité;

la méthode des différences finies a été appliquée à divers cas particuliers;

celle de l'approximation polynomiale également, par G. Fichera [3], M. Picone [8] et F. Conforto [1];

---

* Le présent article et les articles [6] et [7] ont été présentes au Symposium de l'IUTAM, Tbilisi, Septembre 1963.

les plaques rectangulaires, ayant deux bords libres parallèles et deux bords appuyés, ont été calculées par E. ESTANAVE [2], au moyen de séries de Fourier;

elles peuvent l'être aussi, plus commodément, par les formules que donne le chapitre IV du présent article.

Cette *vérification* numérique du principe de Saint-Venant et l'application de ces formules au *calcul des ponts-plaques* ont été faites sur machine IBM 7.094 par M. JEAN-CLAUDE LERAY [7] à ma demande et à celle du Service spécial des Autoroutes.

CHAPITRE I. PROBLEME DE LA FLEXION DE LA BANDE ELASTIQUE SANS APPUI

Ce chapitre rappelle les divers aspects de ce problème.

Historique. Le problème de la flexion de la *plaque* mince fut abordé par Poisson; ses conclusions furent corrigées par KIRCHHOFF [5], dont RAYLEIGH [9] confirma les vues. K. FRIEDRICHS [4] a parachevé cette théorie en prouvant, par les méthodes directes du calcul des variations, que ce problème possède une solution unique; il étudie une plaque de forme quelconque, mais de diamètre fini.

1. Le problème de mécanique. Soit une bande, homogène, isotrope, de coefficient de Poisson ν. Notons $z = x+iy$ l'affixe d'un de ses points, son équation étant $|x| < a$; ses deux bouts sont donc

$$z = i\infty \quad \text{et} \quad z = -i\infty .$$

Elle supporte une charge, qui lui est orthogonale et dont la densité est une fonction $F(z)$ continûment dérivable; la partie chargée de la bande est compacte et intérieure à la bande; cette charge provoque une déformation de la bande, $w(z)$, qui lui est orthogonale.

Ce sont les principes variationnels et la mécanique qui permirent à Kirchhoff de mettre correctement ce problème en équations.

2. Le problème de calcul des variations. L'énergie de la bande fléchie est (à un facteur constant près):

$$E(w) = \int_{-a}^{a} \int_{-\infty}^{\infty} \left[\frac{1}{2} (\Delta w)^2 - (1-\nu)\, (w_{x^2} w_{y^2} - w_{xy}^2) \right] dx\, dy; \tag{2.1}$$

$$\left(\Delta = \frac{\partial^2}{\partial x^2} + \frac{\partial^2}{\partial y^2}\,;\ w_{x^2} = \frac{\partial^2 w}{\partial x^2} \right);$$

[...] est une forme quadratique définie > 0 de $(w_{x^2}, w_{xy}, w_{y^2})$, car $|\nu| < 1$.

D'après les principes variationnels de la mécanique, $w(z)$ *doit minimiser*.

$$E(w) = \int_{-a}^{a} \int_{-\infty}^{\infty} F(z)\, w(z)\, dx\, dy . \tag{2.2}$$

3. Justification sommaire du principe de Saint-Venant. Il est évident que dans (2.1) [...], c'est-à-dire $(w_{x^2}, w_{xy}, w_{y^2})$ tendra rapidement vers 0 aux deux bouts de la bande: nous le vérifierons. Transformons la bande en une plaque, par suppression de ses deux bouts, sans altérer la partie chargée; ce qui précède subsiste, $\iint$ étant étendue à la plaque: $(w_{x^2}, w_{xy}, w_{y^2})$ est petit sur ce qui subsiste des deux bouts. Le problème de calcul des variations à résoudre est donc très peu modifié; cela justifie le principe de Saint-Venant.

4. Le calcul de la variation de E permettra de déterminer w. On a

$$E(u+v) = E(u) + E(v) + 2E(u,v)\,, \tag{4.1}$$

$E(u, v)$ ayant l'expression suivante, quand on choisit pour D la bande $|x| < a$:

$$E(u,v) = \frac{1}{2}\iint\limits_D [\Delta u \cdot \Delta v - (1-\nu)(u_{x^2}v_{y^2} + u_{y^2}v_{x^2} - 2u_{xy}v_{xy})]\,dx\,dy\,. \tag{4.2}$$

Un emploi classique de la formule de GREEN (RAYLEIGH, t. 1, chap. 10; FRIEDRICHS, p. 225, note 30) exprime $E(u, v)$ par des intégrales portant sur u et sur sa dérivée normale extérieure du/dn:

$$\begin{aligned} 2E(u,v) = {} & \iint\limits_D u \cdot \Delta^2 v\,dx\,dy \\ & - \int\limits_{\partial D} u\left\{\frac{d(\Delta v)}{dn}ds + (1-\nu)\,d[(v_{x^2} - v_{y^2})x'y' - v_{xy}(x'^2 - y'^2)]\right\} \\ & + \int\limits_{\partial D} \frac{du}{dn}\cdot[\Delta v - (1-\nu)(v_{x^2}x'^2 + 2v_{xy}x'y' + v_{y^2}y'^2)]\,ds\,; \end{aligned} \tag{4.3}$$

∂D est le bord de D, orienté dans le sens positif; s est son abscisse curviligne; x' et y' sont les cosinus directeurs de sa tangente; la seconde intégrale est prise au sens de Stieltjès.

On suppose que u a des dérivées secondes sommables et v des dérivées quatrièmes continues.

5. Le problème aux limites suivant est suggéré par la formule (4.3) quand on l'applique à la bande $|x| < a$:

$$\begin{cases} \Delta^2 w = F(z) \text{ pour } |x| < a; \\ w_{x^2} + \nu w_{y^2} = w_{x^3} + (2-\nu)w_{xy^2} = 0 \text{ pour } x = \pm a; \\ w \text{ et ses dérivées d'ordres} \leqslant 4 \text{ sont continues;} \\ \text{ses dérivées d'ordres 2, 3 et 4 tendent rapidement vers 0 à l'infini.} \end{cases} \tag{5.1}$$

Sa solution $w(z)$ est une fonction réelle, qui n'est évidemment définie qu'à l'addition près d'une fonction linéaire de (x, y).

Soit $u(z)$ une fonction définie sur cette bande $|x| < a$, à dérivées secondes de carrés sommables sur cette bande; d'après un théorème classique de Sobolev, $u(z)$ est uniformément continue; donc

$$|u(z)| < \text{const} + \text{const}\,|y|\,.$$

Quand u et w vérifient ces hypothèses, alors (4.3), où l'on prend pour D un rectangle tendant vers la bande, donne:

$$2E(u,w) = \int\limits_{-a}^{a}\int\limits_{-\infty}^{\infty} F(z)u(z)\,dx\,dy\,. \tag{5.2}$$

Portons ce résultat dans (4.1), en rappelant que, puisque $|\nu| < 1$:

$$E(u) \geqslant 0 \ (= 0 \text{ si } u \text{ est linéaire; } > 0 \text{ sinon});$$

il vient

$$E(u+w)-\int_{-a}^{a}\int_{-\infty}^{\infty}F(z)[u(z)+w(z)]\,dx\,dy\geqslant E(w)-\int_{-a}^{a}\int_{-\infty}^{\infty}F(z)w(z)\,dx\,dy$$

(= si u est linéaire; > 0 sinon).

Donc: *La solution w du problème* (5.1), *si elle existe, réalise le minimum de l'intégrale* (2.2) *et est la seule fonction qui réalise ce minimum; cette solution w de* (5.1) *est donc unique.* Rappelons qu'elle n'est définie qu'à l'addition près d'une fonction linéaire.

Note 5.1. Nous avons vu que cette solution w vérifie (5.2), où nous pouvons choisir u linéaire; alors l'expression (4.3) de E donne: $E(u, w) = 0$; d'où

$$\int_{-a}^{a}\int_{-\infty}^{\infty}F(z)u(z)\,dx\,dy=0,\ \text{quel que soit } u \text{ linéaire.}$$

Autrement dit: *Le problème* (5.1) *n'est possible que si*

$$\int_{-a}^{a}\int_{-\infty}^{\infty}xF(z)\,dx\,dy=\int_{-a}^{a}\int_{-\infty}^{\infty}yF(z)\,dx\,dy=\int_{-a}^{a}\int_{-\infty}^{\infty}F(z)\,dx\,dy=0, \tag{5.3}$$

c'est-à-dire: si le système des charges données est équivalent à 0.

Note 5.2. L'énergie de la bande fléchie par la charge de densité F est $E(w)\geqslant 0$, c'est-à-dire, vu (5.2)

$$E(w)=\frac{1}{2}\int_{-a}^{a}\int_{-\infty}^{\infty}F(z)\,w(z)\,dx\,dy\geqslant 0\ \ (>0 \text{ si } F\neq 0). \tag{5.4}$$

CHAPITRE II. CALCUL DE LA FLEXION DE LA BANDE ÉLASTIQUE SANS APPUI

Ce chapitre résout explicitement le problème de la flexion de la bande élastique sans appui, dont le chap. I vient de rappeler l'énoncé; il le fait au moyen de la fonction de Green, que *l'article précédent* [6] (n°28) *a défini et calculé explicitement* par la méthode des *réflexions biharmoniques.*

6. La fonction de Green de la bande élastique a été définie comme suit par cet article:

Définition. $G(z, z')$ est la fonction des deux points z et z' de la bande $|x|\leqslant a$ qui vérifie les conditions suivantes:

$$\left(\frac{\partial^2}{\partial x^2}+\frac{\partial^2}{\partial y^2}\right)^2 G(z,z')=\delta(z-z')\ \ (\delta\text{: mesure de Dirac});\tag{6.1}$$

$$\frac{\partial^2 G}{\partial x^2}+\nu\frac{\partial^2 G}{\partial y^2}=\frac{\partial^3 G}{\partial x^3}+(2-\nu)\frac{\partial^3 G}{\partial x\,\partial y^2}=0 \ \text{pour}\ x=\pm a;\tag{6.2}$$

G a des dérivées continues de tous ordres pour $|x|\leqslant a$, $|x'|\leqslant a$, $z\neq z'$; il existe un polynome en (z, z'), $\tilde G(z, z')$ tel que $G(z, z')-\tilde G(z, z')$ [resp. $G+\tilde G$] tende rapidement[1] vers 0 quand $y-y'$ tend vers ∞ [resp. $-\infty$].

[1] Plus rapidement que $|y-y'|^{-k}$, quel que soit k.

Note 6. La condition (6.1) peut s'énoncer:

(6.3) $$G(z, z') - \frac{1}{8\pi} |z - z'|^2 \log |z - z'| \text{ est fonction biharmonique de } (x, y).$$

Rappelons (n° 28 de [6]) les théorèmes suivants:

Théorème de symétrie. $G(z, z')$ et $\tilde{G}(z, z')$ sont respectivement symétriques et anti-symétriques:

(6.4) $$G(z, z') = G(z', z), \quad \tilde{G}(z, z') = -\tilde{G}(z', z).$$

Théorème sur le degré de $\tilde{G}(z, z')$. — $\tilde{G}(z, z')$ est un polynome en $(x, x', y-y')$ de degré 3.

Théorème d'unicité. Considérons les fonctions $F(z)$ vérifiant les conditions suivantes:

ce sont des fonctions de (x, y) définies et biharmoniques pour $|x| \leqslant a$; elles vérifient les conditions aux bords (6.2);

leurs dérivées d'ordres $\leqslant 6$ sont continues et à croissance lente.

Ces fonctions sont les combinaisons linéaires, à coefficients constants, des six polynomes:

(6.5) $$\pi_1(x, y) = 1, \quad \pi_2 = x, \quad \pi_3 = y, \quad \pi_4 = xy$$
$$\pi_5 = \nu x^2 - y^2, \quad \pi_6 = \nu x^2 y - \frac{y^3}{3}.$$

Il est évident que $\tilde{G}$ est biharmonique et vérifie les conditions aux bords (6.2); d'après les théorèmes précédents, on a donc:

(6.6) $$\tilde{G}(z, z') = \sum_{j,k} c_{jk}[\pi_j(x, y)\pi_k(x', y') - \pi_j(x', y')\pi_k(x, y)]$$
$$\text{où } j < k, \ c_{jk} = \text{const}, \ c_{jk} = 0 \text{ si } 4 \leqslant j < k;$$

on le déduit d'ailleurs aisément de l'expression explicite de $\tilde{G}$ (n°28 de [6]).

7. Flexion de bande sans appui. Nous pouvons maintenant résoudre explicitement le problème 5.1, quand la donnée $F(z)$ vérifie la condition nécessaire (5.3); elle implique, vu le degré de $\tilde{G}$, que

(7.1) $$\tilde{w}(z) = \int_{-a}^{a} \int_{-\infty}^{\infty} \tilde{G}(z, z') F(z') dx' dy' \text{ est fonction linéaire de } (x, y);$$

donc, vu les propriétés (6.1), (6.2) et (6.3) de G, la solution du problème 5.1 est

(7.2) $$w(z) = \int_{-a}^{a} \int_{-\infty}^{\infty} G(z, z') F(z') dx' dy'$$

à l'addition près d'une fonction linéaire de (x, y). Autrement dit, nous avons:

La formule de flexion sans appui: *la déformation de la bande élastique sans appui soumise à la charge de densité F est donnée par* (7.2), *à un déplacement près.*

Cette formule (7.2) vaut si la partie chargée de la bande est compacte; elle s'étend de suite à d'autres cas, par exemple à des charges ponctuelles.

Note 7.1. $w(z)-\tilde{w}(z)$ [resp. $w+\tilde{w}$] tend rapidement vers 0 quand $y-y'$ tend vers ∞[resp. $-\infty$].

Note 7.2. — Vu (5.4), l'énergie de la bande ainsi chargée est

$$(7.3)\qquad \frac{1}{2}\int_{-a}^{a}\int_{-\infty}^{\infty}\int_{-a}^{a}\int_{-\infty}^{\infty} F(z)G(z,z')F(z')\,dx\,dy\,dx'\,dy' \geqslant 0 \qquad (>0 \text{ si } F\neq 0);$$

rappelons que cette inégalité (7.3) suppose que F vérifie (5.3).

CHAPITRE III. CALCUL DE LA FLEXION DE LA BANDE ELASTIQUE SUR UN NOMBRE FINI D'APPUIS SIMPLES INDEFORMABLES

Ce calcul est celui auquel le principe de Saint-Venant ramène le calcul d'un pont-plaque.

8. Le calcul des réactions d'appuis. Continuons à noter $F(z)$ la densité des charges et $w(z)$ la déformation de la bande; soient z_k les affixes des appuis, qui ne doivent pas être alignés, w_k leurs cotes et R_k leurs réactions. La formule de flexion (7.2) de la bande sans appui donne:

$$(8.1)\qquad w(z)=\int_{-a}^{a}\int_{-\infty}^{\infty} G(z,z')F(z')\,dx'\,dy' - \sum_k G(z,z_k)R_k - Ux - Vy - W;$$

les réactions d'appui R_k et les trois inconnues numériques U, V, W s'obtiennent en écrivant ceci:

1) $w(z_k)=w_k$ en chaque appui;

2) les réactions d'appui et les charges constituent un système équivalent à 0.

Il vient:

Calcul des réactions d'appui: *ces réactions R_k et les trois inconnues numériques U, V, W sont données par le système linéaire, où les z_j et z_k sont les affixes des appuis;*

$$(8.2)\qquad \begin{aligned}
\sum_k G(z_j,z_k)R_k + x_jU + y_jV + W &= \int_{-a}^{a}\int_{-\infty}^{\infty} G(z_j,z')F(z')\,dx'\,dy' - w_k,\\
\sum_k R_k &= \int_{-a}^{a}\int_{-\infty}^{\infty} F(z')\,dx'\,dy',\\
\sum_k x_kR_k &= \int_{-a}^{a}\int_{-\infty}^{\infty} x'F(z')\,dx'\,dy',\\
\sum_k y_kR_k &= \int_{-a}^{a}\int_{-\infty}^{\infty} y'F(z')\,dx'\,dy'.
\end{aligned}$$

La déformation de la bande a l'expression (8.1).

9. Discussion du système (8.2). Prouvons que *ce système possède une solution unique.*

Il suffit de traiter le cas où $F = w_k = 0$. Alors les relations $(8.2)_2$, $(8.2)_3$ et $(8.2)_4$ expriment que les R_k constituent un système équivalent à 0; cela permet de déduire de $(8.2)_1$ la relation

$$\sum_{j,k} R_j G(z_j, z_k) \mathrm{R}_k = 0$$

et d'en conclure, vu (7.3), que

$$R_k = 0\,.$$

(8.2) se réduit à

$$x_j U + y_j V + W = 0\,,$$

qui implique $U = V = W = 0$, puisque les appuis ne sont pas alignés. La preuve est achevée.

CHAPITRE IV. INTERPRÉTATIONS MÉCANIQUES DE G ET $\tilde{G}$

10. Interprétation mécanique de $G + \tilde{G}$. Supposons que, les charges restant fixes et voisines de l'origine, les appuis tendent vers $-i\infty$, sans s'aligner; notons L la distance approximative des appuis aux charges: $L \to \infty$; supposons $w_k = O(L^p)$ (p: entier $\geqslant 1$; O: ordre de...).

Les formules (8.2), où $G(z_j, z')$ est très voisin de $\tilde{G}(z_j, z')$, qui est du troisième degré en (z_j, z'), montrent que

$$R_k = O(L^p); \tag{10.1}$$

$$\sum_k R_k = \iint F(z')\,dx'dy', \quad \sum_k x_k R_k = \iint x' F(z')\,dx'dy', \tag{10.2}$$

$$\sum_k y_k R_k = \iint y' F(z')\,dx'dy'$$

sont indépendants de L.

Appliquons (8.2) à la partie de la bande où

$$-\frac{3L}{4} < y; \tag{10.3}$$

puisque $G(z, z_k) - \tilde{G}(z, z_k)$ tend très rapidement vers 0, on peut, vu (10.1), remplacer $\sum_k G(z, z_k) R_k$ par $\sum_k \tilde{G}(z, z_k) R_k$; c'est-à-dire, vu (10.2) et le fait que $\tilde{G}$ est de degré 3, par

$$\iint \tilde{G}(z, z') F(z')\,dx'dy', \text{ à une fonction linéaire de } (x, y) \text{ près.}$$

La déformation de la partie (10.3) de la bande est donc

$$\iint [G(z, z') - \tilde{G}(z, z')] F(z')\,dx'\,dy', \tag{10.4}$$

à un déplacement près; cette déformation (10.2) s'annule rapidement au-delà des charges, du côté $i\infty$.

Autrement dit: *plaçons la bande élastique sur des appuis voisins de* $-i\infty$ [*ou* $+i\infty$]; *appliquons-lui au point* z' *la charge* $+1$; *donnons à ces appuis un déplacement tel que la déformation de la bande s'annule en* $i\infty$ [*ou* $-i\infty$]; *alors cette déformation vaut au point* z: $G(z, z') - \tilde{G}(z, z')$ [*ou* $G + \tilde{G}$].

11. Interprétation mécanique des polynomes $\pi_j(x, y)$. Conservons les hypothèses du n° précédent; dans la partie de la bande

$$-\frac{3L}{4} < y < -\frac{L}{4},$$

l'expression (10.4) de la déformation peut être remplacée par

$$-2\int\int \tilde{G}(z, z') F(z')\, dx'\, dy', \text{ à un déplacement près;}$$

vu l'expression (6.6) de $\tilde{G}$, cette déformation est donc une combinaison linéaire des six polynomes $\pi_i(x, y)$ que définit (6.5); les trois premiers représentent d'ailleurs des déplacements.

Il est évident qu'on peut, plus généralement, affirmer ceci, sous des conditions faciles à préciser: *si la bande repose sur des appuis, voisins les uns de* $i\infty$, *les autres de* $-i\infty$ *et si les points d'application des charges sont voisins les uns de* $i\infty$, *les autres de* $-i\infty$, *alors, à distance finie de l'origine, sa déformation est une combinaison linéaire des six polynomes* $\pi_j(x, y)$.

CHAPITRE V. FLEXION DU RECTANGLE ÉLASTIQUE AYANT DEUX BORDS PARALLELES LIBRES ET DEUX BORDS APPUYES

12. Enoncé des résultats. La déformation d'un tel rectangle, en un point z, sous l'action de la charge 1 appliquée en z' est une fonction $\mathcal{G}(z, z')$, qui sera nommée *fonction de Green du rectangle fléchi*. D'apprès la mécanique, elle doit vérifier le théorème suivant, où $|\nu| < 1$:

Théorème d'existence et d'unicité. *Il existe une fonction* $\mathcal{G}(z, z')$ *et une seule ayant les propriétés suivantes*:

$\mathcal{G}(z, z')$ *est une fonction réelle de* z *et* z' *qui sont deux points du rectangle donné*;

$$\left(\frac{\partial^2}{\partial x^2} + \frac{\partial^2}{\partial y^2}\right)^2 \mathcal{G}(z, z') = \delta(z - z') \; (\delta\text{: mesure de Dirac}); \tag{12.1}$$

$$\frac{\partial^2 \mathcal{G}}{\partial x^2} + \nu \frac{\partial^2 \mathcal{G}}{\partial y^2} = \frac{\partial^3 \mathcal{G}}{\partial y^3} + (2 - \nu) \frac{\partial^3 \mathcal{G}}{\partial x \partial y^2} = 0 \text{ sur les bords libres } x = \text{const}; \tag{12.2}$$

$$\mathcal{G} = \frac{\partial^2 \mathcal{G}}{\partial y^2} = 0 \text{ sur les bords appuyés: } y = \text{const}; \tag{12.3}$$

on suppose que $\mathcal{G}$ *possède des dérivées sixièmes continues, pour* $z \neq z'$.

D'après la mécanique (loi de réciprocité, résultant de la conservation de l'énergie), il faut que le théorème suivant soit vrai:

Théorème de symétrie. *On a*

$$\mathcal{G}(z, z') = \mathcal{G}(z', z). \tag{12.4}$$

Nous allons prouver ces deux théorèmes, en même temps que nous calculerons $\mathcal{G}$ explicitement comme suit:

Théorème de structure. *Soit*

$$|x| \leqslant a, \quad 0 \leqslant y \leqslant b$$

le rectangle donné, ses bords $x = \pm a$ *étant libres, ses bords* $y = 0$ *et* $y = b$ *appuyés. Alors* $\mathcal{G}(z, z')$ *se prolonge en une fonction biharmonique de z définie pour*

$$|x| \leqslant a, \quad |x'| \leqslant a, \quad z - z' \not\equiv 0, \quad z - \bar{z}' \not\equiv 0 \text{ mod. } 2ib$$

(c'est-à-dire: $z - z'$ *et* $z - \bar{z}'$ *non multiples de* $2ib$*);* $\mathcal{G}$ *est une fonction impaire et de période* $2b$ *de* y *et de* y'*;*

$$(12.5) \qquad \mathcal{G}(z, z') = \sum_{n=-\infty}^{\infty} G(z, z' + 2\,inb) + \operatorname{sgn}(n)\, \tilde{G}(z, z' + 2\,inb)$$

$$- \sum_{n=-\infty}^{\infty} G(z, \bar{z}' + 2\,inb) - \operatorname{sgn}(n)\, \tilde{G}(z, \bar{z}' + 2\,inb) + K(z, z'),$$

où n est entier,

$$\operatorname{sgn}(n) = 1 \quad \textit{pour } n > 0, = -1 \quad \textit{pour } n < 0, = 0 \quad \textit{pour} \quad n = 0;$$

$K(z, z')$ *est un polynome en* (x, y, x', y') *de degré* 4.

L'expression explicite de $K(z, z')$ est la suivante:

$$(12.6) \qquad 8\varrho K(z, z') = \frac{(1+\varrho)(3\varrho - 1)}{4(1-\varrho)ab}(x^2 + x'^2)yy' - \frac{1+\varrho}{2ab}xx'yy'$$

$$+ \frac{(1+\varrho)^2}{12(1-\varrho)ab}(y^2 + y'^2 + 2b^2)yy' + \frac{(1+\varrho)(1 - 5\varrho + 6\varrho^2)a}{3\varrho(1-\varrho)^2 b}yy' \qquad \text{où } \varrho = \frac{1-\nu}{3+\nu}$$

13. Preuve du théorème d'unicité. Il s'agit de prouver qu'une fonction numérique réelle $F(z)$ est nécessairement nulle quand elle possède les propriétés suivantes:

elle est biharmonique dans le rectangle $|x| < a$, $0 < y < b$ et elle possède des dérivées quatrièmes continues sur ses bords;

$$(13.1) \qquad \frac{\partial^2 F}{\partial x^2} + \nu \frac{\partial^2 F}{\partial y^2} = \frac{\partial^3 F}{\partial x^3} + (2-\nu)\frac{\partial^3 F}{\partial x\, \partial y^2} = 0 \text{ pour } x = \pm a;$$

$$(13.2) \qquad F = \frac{\partial^2 F}{\partial y^2} = 0 \text{ pour } y = 0 \text{ et pour } y = b.$$

Or (4.3) prouve que ces hypothèses impliquent $E(F) = 0$; donc $F_{x^2} = F_{xy} = F_{y^2} = 0$; donc $F = 0$, vu (13.2).

Note. Voici une autre preuve, qui suppose les dérivées sixièmes de F continues aux bords: (13.2) montre que $F(z)$ se prolonge dans toute la bande $|x| < a$ en une fonction biharmonique, vérifiant (13.1), qui, par rapport à y, est impaire et de période $2b$. Le théorème d'unicité du n°6 prouve que c'est une combinaison linéaire des polynomes (6.5), vérifiant (13.2); elle est donc nulle.

Note. Le raisonnement que fait la note précédente montre que $\mathcal{G}(z, z')$ doit se prolonger en une fonction de z définie dans la bande $|x| < a$, impaire et périodique en y, biharmonique en (x, y) pour $z-z' \not\equiv 0$ et $z'-\bar{z}' \not\equiv 0 \mod 2ib$. Ce raisonnement suggère la construction de $\mathcal{G}(z, z')$ que voici.

14. Construction de $\mathcal{G}(z,z')$. Construisons d'abord la série, évidemment convergente, puisque G est anti-asymptotique à $\tilde{G}$:

$$H(z, z') = \sum_{n=-\infty}^{\infty} G(z, z' + 2\,inb) + \operatorname{sgn}(n)\tilde{G}(z, z' + 2inb)\,. \tag{14.1}$$

Ses propriétés sont évidemment les suivantes:

$$\left(\frac{\partial^2}{\partial x^2} + \frac{\partial^2}{\partial y^2}\right)^2 H(z, z') = \sum_{n=-\infty}^{\infty} \delta(z - z' - 2\,inb)\,; \tag{14.2}$$

H vérifie les conditions aux bords (12.2);

$$H(z, z') = H(z', z)\,, \tag{14.3}$$

car $G(z, z')$ [et $\tilde{G}$] est symétrique [antisymétrique] et ne dépend que de $(x, x', y - y')$;

$$H(z, z') = H(\bar{z}, \bar{z}') \tag{14.4}$$

car

$$G(z, z') = G(\bar{z}, \bar{z}'), \qquad \tilde{G}(z, z') = -\tilde{G}(\bar{z}, \bar{z}')\,,$$

vu leurs expressions explicites: [6], n°28;

$$H(z + 2ib, z') - H(z, z') = \tilde{G}(z + 2ib, z') + \tilde{G}(z, z')\,. \tag{14.5}$$

Vu (14.4),

$$H(z, z') - H(z, \bar{z}') = H(z, z') - H(\bar{z}, z')$$

est une fonction impaire de y' et de y.

Donc:

$$\mathcal{G}(z, z') = H(z, z') - H(z, \bar{z}') + K(z, z')$$

a les propriétés (12.1), (12.2), (12.3) et (12.4) si $K(z, z')$ est une fonction symétrique de (z, z'), biharmonique de (x, y) vérifiant les conditions aux bords (12.2), telle que $\mathcal{G}(z, z')$ soit impaire et de période $2b$ en y. Ces conditions peuvent s'énoncer ainsi:

$K(z, z')$ est symétrique;

$K(z, z')$ est une combinaison linéaire des polynomes (6.5) à coefficients fonctions de z';

$K(z, z')$ est une fonction impaire de y;

$$K(z + 2ib, z') - K(z, z') = \tilde{G}(z + 2ib, \bar{z}') + \tilde{G}(z, \bar{z}') - \tilde{G}(z + 2\,ib, z') - \tilde{G}(z, z')\,.$$

Or il est aisé de vérifier que le polynome (12.6) satisfait toutes ces conditions, ce qui prouve les résultats énoncés n° 12.

Bibliographie

1. F. Conforto, *Neue Fortschritte in der numerischen Lösung der partiellen Differentialgleichungen der höheren Technik*, Archiv der Mathematik **2** (1949), 135–138.

2. E. Estanave, *Contribution à l'équilibre élastique d'une plaque rectangulaire mince dont deux bords opposés au moins sont appuyés sur un cadre*, Annales de l'Ecole normale supérieure, **36** (1900), 295–358.

3. G. Fichera, *Risultati concernenti la risoluzione delle equazioni funzionali lineari dovuti all', Istituto Nazionale per le applicazioni del calcolo*, Atti Accad. Naz. Lincei, Mém. Cl. Sci. Fis. Mat. Nat. (8), 3 (1950), 1–81.

4. K. Friedrichs, *Randwertprobleme bei elastischen Platten*, Math. Annalen, **98** (1928), 205–247.

5. G. Kirchhoff, *Über das Gleichgewicht und die Bewegungen einer elastischen Scheibe*, J. fur reine und angewandte Math., **40** (1850), 51.

6. J. Leray, *Calcul, par réflexions, des fonctions M-harmoniques dans une bande plane, vérifiant aux bords M conditions différentielles à coefficients constants*, Arch. Mech. Stos., 5, **16** (1964).

7. J. C. Leray, *Calcul numérique des plaques*, Arch. Mech. Stos., 1, **17** (1965).

8. M. Picone, *Exposition d'une méthode de calcul numérique des systèmes d'équations linéaires aux dérivées partielles, mise en œuvre à l'Institut national pour les applications du calcul*, *Les machines à calculer et la pensée humaine*, Colloque CNRS, 37, Paris 1953.

9. Rayleigh, *The theory of sound*, **1**, ch. 10, *Vibration of plates*.

[1971a]

(avec S. Delache)

Calcul de la solution élémentaire de l'opérateur d'Euler-Poisson-Darboux et de l'opérateur de Tricomi-Clairaut hyperbolique d'ordre 2

Bull. Soc. Math. France **99** (1971) 313–336

RÉSUMÉ. — Cet article calcule explicitement la solution élémentaire hyperbolique de l'opérateur d'Euler-Darboux-Poisson (incomplètement explicitée par R. DAVIS en 1956) et de l'opérateur de Tricomi-Clairaut d'ordre 2. Les formules obtenues donnent donc des exemples d'allure de solution élémentaire hyperbolique *à la frontière du domaine d'hyperbolicité;* elles donnent de nouveaux exemples d'opérateurs hyperboliques d'ordre 2 ayant des *lacunes* (en dimensions paires ≥ 6). Elles emploient une *distribution hypergéométrique,* définie par l'équation hypergéométrique, et sa composée avec une fonction régulière, positive dans un demi-cône, nulle hors de ce demi-cône; l'étude de ces distributions est un complément au t. 1 du traité *Distributions* de GEL'FAND et ŠILOV. Signalons, par exemple, que *la formule de Kummer* s'applique à cette distribution hypergéométrique; elle permet de déduire la solution élémentaire de l'opérateur de Tricomi-Clairaut de celle d'Euler-Poisson-Darboux.

Introduction

Ces solutions élémentaires se calculent *au moyen de la fonction hypergéométrique* (*voir* théorèmes 2 *et* 3, n° 6 et 9).

1. Historique.

R. BADER et P. GERMAIN [1] l'ont établi en 1952 pour l'opérateur de Tricomi $x_2 \frac{\partial^2}{\partial x_1^2} + \frac{\partial^2}{\partial x_2^2}$, qui équivaut à l'opérateur $\frac{\partial^2}{\partial x_1^2} - \frac{\partial^2}{\partial x_2^2} + \frac{1}{3\,x_1}\frac{\partial}{\partial x_1}$, celui-ci est un cas particulier de l'opérateur d'*Euler-Poisson-Darboux*

$$(1.1)\qquad \frac{\partial^2}{\partial x_1^2} - \sum_{j=2} \frac{\partial^2}{\partial x_j^2} + \frac{2\,\alpha}{x_1}\frac{\partial}{\partial x_1}$$

qui fut étudié par A. WEINSTEIN et son école (Maryland); en particulier, R. M. DAVIS [2] a prouvé en 1956 que la solution élémentaire de cet opérateur s'exprime au moyen de la fonction hypergéométrique.

Nous nous proposons d'expliciter et de compléter ce résultat, puis de l'étendre à certains *opérateurs de Tricomi-Clairaut* d'ordre 2.

Nous complétons ainsi l'article de S. DELACHE [3], qui exprime par des intégrales la solution élémentaire de certains opérateurs de Tricomi-Clairaut.

2. Méthode.

Le chapitre II calcule la solution élémentaire d'un opérateur d'Euler-Poisson-Darboux (1.1) en employant *la théorie des distributions;* il n'a pas besoin de la théorie de M. RIESZ des équations du second ordre [6] qu'emploie R. M. DAVIS. Des changements de variables appropriés permettent les prolongements analytiques qui établissent les théorèmes 2 et 3 (chap. II, n° 6; chap. IV, n° 9).

Le chapitre I définit les distributions nécessaires à l'énoncé des théorèmes 2 et 3; les lemmes 4.1, 4.2 et le théorème 1 (n° 5) résument leurs propriétés. Ces distributions ont été définies par GEL'FAND et ŠILOV [4], qui les ont étudiées par le prolongement analytique qui est à la base de la théorie de M. RIESZ [6]. Mais il nous faut modifier les notations, et compléter les résultats de GEL'FAND et ŠILOV.

Le chapitre III précise les particularités se présentant en dimension 2.

CHAPITRE I

Définition de quelques distributions

3. La distribution $\chi_q(\cdot)$.

Elle est définie sur la droite réelle $T = \mathbf{R}$, de coordonnée t; elle est fonction holomorphe du paramètre $q \in \mathbf{C}$.

Si $\operatorname{Re} q > -1$, c'est la fonction localement sommable ayant pour valeur

$$(3.1) \qquad \chi_q(t) = \frac{t^q}{\Gamma(q+1)} \quad \text{si } t > 0; \qquad \chi_q(t) = 0 \quad \text{si } t \leq 0;$$

($t^q = e^{q \log t}$, où $\log t$ est réel, si $t > 0$). Elle est holomorphe en q et elle vérifie

$$\chi_q(t) = \frac{d\chi_{q+1}(t)}{dt};$$

elle se prolonge donc analytiquement en une fonction entière de q.

Ses propriétés sont évidemment les suivantes : $\chi_q(.)$ est une *distribution sur T*, fonction entière de $q \in \mathbf{C}$; on a, en employant la *dérivation généralisée de Riemann-Liouville* (*cf.* [4], ch. 1, § 5) :

$$\chi_{q-p}(t) = \frac{d^p \chi_q(t)}{dt^p} \quad \text{pour tout } p \in \mathbf{C}; \tag{3.2}$$

$\chi_q(.)$ est *positivement homogène* de degré q, c'est-à-dire : $\chi_q(ct) = c^q \chi_q(t)$ pour toute constante $c > 0$; on a donc la formule d'Euler

$$t\,\chi_{q-1}(t) = q\,\chi_q(t). \tag{3.3}$$

Note. — GEL'FAND et ŠILOV [4] notent

$$\chi_q = \delta^{(-q-1)} \quad \text{si } q \text{ est entier} < 0, \qquad \chi_q(t) = \frac{t_+^q}{\Gamma(q+1)} \quad \text{sinon.}$$

4. Distributions composées.

La distribution composée $\chi_q(t(.))$ peut être définie pour divers types de fonctions $t(.)$ (*voir*) [4]); nous aurons besoin de fonctions $t(.)$ du type très spécial que voici

$$t(x) = f(x)\,k(x) \geqq 0$$

est défini sur un voisinage ouvert X de 0 dans $\mathbf{R}^l$; $k(.)$ est égale à une forme quadratique hyperbolique [c'est-à-dire de signature $(1, l-1)$] dans l'un des demi-cônes convexes, C, où cette forme est > 0; $k = 0$ hors de ce demi-cône C; $f(.)$ est une fonction > 0, définie sur X, indéfiniment différentiable. Nous emploierons dans X des coordonnées telles que

$$\begin{aligned} k(x) &= x_1^2 - \sum_j{}^* x_j^2 \quad &&\text{si } x_1 > \sqrt{\sum_j{}^* x_j^2} \qquad \left(\sum{}^* = \sum_{j=2}^{l}\right), \\ &= 0 &&\text{si } x_1 \leqq \sqrt{\sum_j{}^* x_j^2}. \end{aligned}$$

Si $\operatorname{Re} q > -1$, la distribution composée $\chi_q(t(.))$ est la fonction localement sommable sur X, ayant pour valeur en x

$$\chi_q(t(x)) = \frac{t^q(x)}{\Gamma(q+1)}. \tag{4.1}$$

Elle est holomorphe en q, pour $\operatorname{Re} q > -1$; elle vérifie

$$\chi_q(t(x)) = f^q(x)\,\chi_q(k(x)); \tag{4.2}$$

or $f^q(x)$ est indéfiniment différentiable en x et holomorphe en q, quel que soit q; pour étudier le prolongement analytique de $\chi_q(t(.))$, il suffit donc d'étudier celui de $\chi_q(k(.))$. Or, le dalembertien étant noté

$$\square_x = \frac{\partial^2}{\partial x_1^2} - \sum_j^* \frac{\partial^2}{\partial x_j^2},$$

on a, pour $\mathrm{Re}(q) > 0$,

$$(4.3) \qquad 2(l + 2q)\,\chi_q(k(x)) = \square_x\, \chi_{q+1}(k(x));$$

$\chi_q(k(.))$ se prolonge donc analytiquement en une distribution, fonction méromorphe de q, dont les pôles, tous simples, sont les points $q = -\frac{l}{2} - n$ (n : entier $\geqq 0$),

$$\chi_q(k(x)) = 0 \qquad \text{hors de } \overline{C},$$
$$= \frac{k^q(x)}{\Gamma(q+1)} \qquad \text{dans } C;$$

donc $\mathrm{Supp}\,[\chi_q(k(.))] = \partial C$ (bord de C) si q est entier < 0, $= \overline{C}$ sinon.

On a

$$(4.4) \qquad \frac{\partial k}{\partial x}\chi_q(k(x)) = \frac{\partial}{\partial x}\chi_{q+1}(k(x)),$$

la restriction de $\chi_q(k(.))$ à $\overset{\circ}{X} = X \setminus 0$ est donc une fonction holomorphe de q.

Le résidu de $\chi_q(k(.))$ en son pôle $-\frac{l}{2} - n$ est donc une distribution homogène en x, de degré $-l-n$, de support 0; en particulier, le résidu de $\chi_q(k(.))$ en son pôle $-\frac{l}{2}$ est donc un multiple de la mesure de Dirac δ. Vu (4.3),

$$(4.5) \qquad \text{rés}_{-n-l/2}[\chi_q(k(.))] = \frac{1}{(-4)^n\, n\,!}\,\square^n\, \text{rés}_{-l/2}[\chi_q(k(.))];$$

$$(4.6) \qquad \text{rés}_{-l/2}\;[\chi_q(k(.))] = \frac{1}{4}\,\square\,\chi_{1-l/2}(k(.)) = \frac{1}{4}\,c_l\,\delta(.),$$

c_l étant une constante que nous allons calculer : l'intérêt de ce calcul est que, vu (4.6), $\frac{1}{c_l}\chi_{1-l/2}(k(.))$ est la solution élémentaire de $\square$.

Calcul de c_l. — Notons $X' = \mathbf{R}^{l-1}$, δ' la mesure de Dirac sur X', $x' = (x_1, \ldots, x_{l-1})$,

$$k'(x') = x_1^2 - \sum_{j=2}^{l-1} x_j^2, \qquad \square' = \frac{\partial^2}{\partial x_1^2} - \sum_{j=2}^{l-1}\frac{\partial^2}{\partial x_j^2}.$$

Un calcul élémentaire donne, pour Re $(q) > -1$:

$$\int_{-\infty}^{\infty} \chi_q (k(x))\, dx_l = 2\frac{\Gamma(q+3/2)}{\Gamma(q+1)} \chi_{q+1/2} (k'(x')) \int_0^1 (1-t^2)^q\, dt,$$

donc

$$\int_{-\infty}^{+\infty} \chi_q (k(x))\, dx_l = \sqrt{\pi}\, \chi_{q+1/2} (k'(x')),$$

cette formule vaut pour tout q; en appliquant $\int_{-\infty}^{+\infty} \circ\, dx_l$ à (4.6), on obtient donc

$$\sqrt{\pi}\, \Box' \chi_{3/2-l/2} (k'(x')) = c_l\, \delta'(x'),$$

c'est-à-dire

$$c_l = \sqrt{\pi}\, c_{l-1};$$

or, vu (4.6),

$$c_1 = \frac{1}{\Gamma(3/2)} = \frac{2}{\sqrt{\pi}}.$$

Donc

(4.7) $$c_l = 2\,\pi^{l/2-1}.$$

Nous avons donc prouvé les deux lemmes suivants :

LEMME 4.1. — La distribution composée $\chi_q (t(.))$ est une *distribution sur X, positivement homogène en t, de degré q;* c'est-à-dire :

$$\chi_q (u(.)\, t(.)) = u^q(.)\, \chi_p (t(.))$$

pour toute fonction $u(.) > 0$ indéfiniment dérivable; elle est *fonction méromorphe* de q; ses pôles sont les points $q = -n - \frac{l}{2}$ (n : entier ≥ 0); ils sont simples; le résidu de $\chi_q (t(.))$, en le pôle $-n-\frac{l}{2}$, est

$$\text{rés}_{-n-l/2} [\chi_q (t(.))] = \frac{1}{2} \pi^{l/2-1} \frac{f^q(0)}{(-4)^n\, n!} \Box^n \delta(.).$$

LEMME 4.2. — La solution élémentaire du dalembertien $\Box$ est

$$\frac{1}{2} \pi^{1-l/2} \chi_{1-l/2} (k(.)).$$

Note. — GEL'FAND et ŠILOV [4] prouvent des propriétés beaucoup plus générales de la composition de χ_q et des fonctions; mais elles n'impliquent pas le lemme 4.1. Ils prouvent le lemme 4.2 quand l est pair.

Plus généralement, soit $\varphi(.)$ une distribution définie sur T, du type

$$\varphi(.) = \sum_{q \in Q} c_q \chi_q(.) + \psi(.), \tag{4.7}$$

où $c_q \in \mathbf{C}$, Q est un ensemble fini de points sur lequel $q + \frac{l}{2}$ n'est jamais un entier $\leqq 0$, et $\psi(.)$ une fonction localement bornée; la donnée de $\varphi(.)$ définit donc sans ambiguïté le second membre de (4.7). Étant donnée $t(.)$, nous pouvons donc définir sur X la distribution composée $\varphi(t(.))$ comme suit :

$$\varphi(t(.)) = \sum_{q \in Q} c_q \chi_q(t(.)) + \psi(t(.)).$$

5. La distribution hypergéométrique $\Phi(A, B, C; r, t)$.

La distribution hypergéométrique $\Phi(A, B, C; r, t)$, qui est du type (4.7), va être définie au moyen de l'opérateur hypergéométrique

$$h\left(A, B, C; t, \frac{d}{dt}\right) = t(1-t)\frac{d^2}{dt^2} + [C - (A+B+1)t]\frac{d}{dt} - AB; \tag{5.1}$$

elle s'exprimera au moyen de la distribution $\chi_q(t)$ et de la fonction hypergéométrique

$$\begin{cases} F(A, B, C; t) = 1 + \displaystyle\sum_{n=1}^{\infty} \frac{A \dots (A+n-1)\, B \dots (B+n-1)}{n!\, C \dots (C+n-1)} t^n, \\ \qquad (|t| < 1). \end{cases} \tag{5.2}$$

Rappelons que F est défini, sauf quand C est un entier $\leqq 0$; F est la fonction, holomorphe et égale à 1 à l'origine, que h annule; h annule aussi

$$t^{1-C} F(A - C + 1,\ B - C + 1,\ 2 - C;\ t). \tag{5.3}$$

Rappelons que, pour tout $p \in \mathbf{C}$, on a (en employant la dérivation de Riemann-Liouville) :

$$h\left(A, B, C; t, \frac{d}{dt}\right)\frac{d^p}{dt^p} = \frac{d^p}{dt^p} h\left(A - p, B - p, C - p; t, \frac{d}{dt}\right). \tag{5.4}$$

Rappelons enfin la formule, due à KUMMER : si $s = 4t(1-t)$ et $C = \frac{A+B+1}{2}$, alors

$$h\left(A, B, C; t, \frac{d}{dt}\right) = 4h\left(\frac{A}{2}, \frac{B}{2}, C; s, \frac{d}{ds}\right). \tag{5.5}$$

Le chapitre II emploiera la solution du problème de Cauchy suivant :

Définir sur $\mathbf{R}$, au voisinage de $t = 0$, une distribution φ, dépendant du paramètre $r \in \mathbf{C}$, telle que

$$h\left(A, B, C; rt, \frac{1}{r}\frac{d}{dt}\right)\varphi(t) = 0, \qquad \varphi = 0 \text{ pour } t < 0. \tag{5.6}$$

THÉORÈME 1. — *Les solutions de ce problème de Cauchy* (5.6) *sont* $\varphi = c\Phi$, *c étant une constante, et* Φ *étant la distribution, indépendante du choix de* $p \in \mathbf{C}$, *et holomorphe en* r :

$$\Phi(A, B, C; r, t) \tag{5.7}$$
$$= \frac{d^p}{dt^p}[\chi_{p+1-C}(t)\, F(1 + A - C, 1 + B - C, p + 2 - C; rt)]$$

Φ *est définie sur la demi-droite* $t < \frac{1}{r}$ *si* $r > 0$, *sur* $\mathbf{R}$ *sinon.*

Note 5.1. — GEL'FAND et ŠILOV [4] [ch. I, § 5, n° 5, formule (20)] donnent un résultat analogue à ce lemme.

Note 5.2. — On peut définir Φ sans employer la fonction hypergéométrique, puisque

$$F(A, B, A, t) = F(B, A, A, t) = (1-t)^{-B};$$

en choisissant $p = A - 1$ ou $p = B - 1$, on a donc

$$\Phi(A, B, C; r, t) = \frac{d^{A-1}}{dt^{A-1}}[\chi_{A-C}(t)(1-rt)^{1+B-C}], \tag{5.8}$$
$$= \frac{d^{B-1}}{dt^{B-1}}[\chi_{B-C}(t)(1-rt)^{1+A-C}].$$

Ces formules équivalent à la représentation classique de F par une intégrale.

Note 5.3. — Pour expliciter Φ, il est cependant commode d'employer la fonction hypergéométrique. *Si C n'est pas un entier* $\geqq 2$, on peut choisir $p = 0$; donc

$$\Phi(A, B, C; r, t) = \chi_{1-C}(t)\, F(1 + A - C, 1 + B - C, 2 - C; rt). \tag{5.9}$$

Si C est un entier $\geqq 2$, on peut choisir $p = C - 1$; donc

$$(5.10)\quad \Phi(A, B, C; r, t)$$

$$= \frac{d^{C-1}}{dt^{C-1}} \chi_0 [\,(t)\, F(1 + A - C, 1 + B - C, 1; rt]$$

$$= \chi_{1-C}(t)$$

$$+ \sum_{n=1}^{C-2} \frac{\left\{ \begin{array}{c} (1 + A - C)\ldots(n + A - C) \\ \times (1 + B - C)\ldots(n + B - C) \end{array} \right\}}{n!} r^n \chi_{1+n-C}(t)$$

$$+ \chi_0(t) \frac{(1 + A - C)\ldots(A - 1)(1 + B - C)\ldots(B - 1)}{(C - 1)!}$$

$$\times r^{C-1} F(A, B, C; rt).$$

Les formules (5.8), (5.9), (5.10) supposent Φ défini, c'est-à-dire $r \leqq 0$ ou $t < \frac{1}{r}$.

Note 5.4. — On a évidemment, vu le développement de Taylor (5.2) de F,

$$(5.11)\quad \Phi(A, B, C; r, t) = \chi_{1-C}(t)$$

$$+ \sum_{n=1}^{\infty} \frac{\left\{ \begin{array}{c} (1 + A - C)\ldots(n + A - C) \\ \times (1 + B - C)\ldots(n + B - C) \end{array} \right\}}{n!}$$

$$\times r^n \chi_{n+1-C}(t)$$

pour $|rt| < 1$.

Preuve du théorème. — L'ensemble des solutions du problème de Cauchy (5.6) est un espace vectoriel; notons-le $V(A, B, C, r)$; les fonctions continûment dérivables appartenant à V constituent un sous-espace $v(A, B, C, r)$ de V.

Si C n'est pas un entier > 1, notons

$$(5.12)\quad \Phi(A, B, C; r, t) = \chi_{1-C}(t)\, F(A + 1 - C, B + 1 - C, 2 - C; rt),$$

$\Phi(A, B, C; r, .) \neq 0$; un calcul aisé, employant la formule d'Euler (3.3), montre que $\Phi(A, B, C; r, .) \in V(A, B, C, r)$; donc

$$\dim V \geqq 1.$$

Si C n'est pas un entier, les fonctions $\psi(.)$ continûment dérivables telles que

$$h\left(A, B, C; rt, \frac{1}{r} \frac{d}{dt}\right) \psi(t) = 0$$

sont donc, sur l'intervalle $]0, 1[$, du type

$$\psi(t) = c_1 F(A, B, C; rt) + c_2 t^{1-C} F(A+1-C, B+1-C, 2-C; rt),$$

donc

$$\dim v(A, B, C, r) = 0 \quad (\text{c'est-à-dire } v = \emptyset) \quad \text{si} \quad \operatorname{Re} C \geqq 0,$$
$$\dim v(A, B, C, r) = 1 \quad \text{si} \quad \operatorname{Re} C < 0.$$

Or (5.4) montre que, pour tout $p \in \mathbf{C}$, $\frac{d^p}{dt^p}$ définit un isomorphisme

$$V(A-p, B-p, C-p, r) \to V(A, B, C, r);$$

évidemment, tout élément de $V(A, B, C, r)$ appartient, pour p entier assez grand, à

$$\frac{d^p}{dt^p} v(A-p, B-p, C-p, r);$$

donc, puisque $\dim v \leqq 1$ et $\dim V \geqq 1$:

$$\dim V = 1;$$

$V(A, B, C, r)$ est sous-tendu par le vecteur

$$\frac{d^p}{dt^p} \Phi(A-p, B-p, C-p; r, .),$$

quel que soit p tel que $C-p$ ne soit pas un entier > 1.

On déduit aisément de (5.12) que la partie principale au point $t=0$ de la fonction $\frac{d^p}{dt^p} \Phi(A-p, B-p, C-p; r, t)$ est indépendante de p; nous avons donc

$$(5.13) \qquad \Phi(A, B, C; r\, .) = \frac{d^p}{dt^p} \Phi(A-p, B-p, C-p; r, .)$$

pour tout p tel que $C-p$ ne soit pas un entier > 1, si C n'est pas un tel entier; sinon nous pouvons définir, par (5.13), Φ, qui sous-tend V; (5.13) vaut alors sans restriction.

Preuve de (5.10). — Pour toute fonction $\sum_{n=0}^{\infty} c_n \frac{t^n}{n!}$ holomorphe à l'origine, on a

$$\chi_0(t) \sum_{n=0}^{\infty} \frac{c^n}{n!} t^n = \sum_{n=0}^{p-1} c_n \chi_n(t) + \chi_0(t) \sum_{n=p}^{\infty} c_n \frac{t^n}{n!};$$

donc, si p est un entier $\geqq 0$, vu (3.2) :

$$\frac{d^p}{dt^p}\left[\chi_0(t)\sum_{n=0}^{\infty}\frac{c_n}{n!}t^n\right]=\sum_{n=0}^{p-1}c_n\,\chi_{n-p}(t)+\chi_0(t)\frac{d^p}{dt^p}\left(\sum_{n=0}^{\infty}\frac{t^n}{n!}\right);$$

d'où (5.10).

Lemme 5.1 (Kummer). — Si $C=\frac{A+B+C}{2}$, on a, pour tout t si $r<0$, pour $t<\frac{1}{2r}$ si $r>0$:

$$\Phi(A,B,C;r,t)=4^{C-1}\,\Phi\left(\frac{A}{2},\frac{B}{2},C;r,4t(1-rt)\right); \tag{5.14}$$

le second membre représente le composé de l'application croissante

$$t\mapsto 4t(1-rt)$$

et de la distribution $\Phi\left(\frac{A}{2},\frac{B}{2},C;r,\,.\right)$.

Preuve. — Vu (5.5), on a

$$h\left(A,B,C;rt,\frac{1}{r}\frac{d}{dt}\right)=h\left(\frac{A}{2},\frac{B}{2},C;rs,\frac{1}{r}\frac{d}{ds}\right)$$

si $C=\frac{A+B+1}{2}$ et $s=4t(1-rt)$; donc

$$\Phi\left(\frac{A}{2},\frac{B}{2},C;r,4t(1-rt)\right)\in V(A,B,C,r);$$

d'où (5.14), la valeur 4^{C-1} du coefficient résultant de l'allure des deux membres au voisinage de $t=0$.

L'homogénéité de χ et (5.7) ont pour conséquence évidente le lemme suivant :

Lemme 5.2. — On a, si $u>0$:

$$\Phi(A,B,C;r,ut)=u^{1-C}\,\Phi(A,B,C;ru,t).$$

Note 5.5. — Soit $r(.)$ une fonction numérique complexe de $x\in X\subset\mathbf{R}^l$; soit $t(.)$ la fonction de x que définit le n° 4; supposons ceci :

$$r(x)\,t(x)<1 \qquad \text{pour} \quad x\in X;$$

$$\frac{l}{2}-C \quad \text{n'est pas entier} <0;$$

alors la distribution $\Phi(A, B, C; r(.), t(.))$ est évidemment définie sur X; c'est une fonction holomorphe de A, B, C et des paramètres dont r est fonction holomorphe; (5.14) reste valable quand on compose chaque membre avec $(r(.), t(.))$: c'est évident quand (5.14) est une fonction de t, c'est-à-dire quand Re $C > -2$; or chacun de ces membres est une fonction méromorphe de C.

Chapitre II

L'opérateur d'Euler-Poisson-Darboux

6. L'expression de sa solution élémentaire.

Notons X l'espace affine de dimension l, de coordonnées $(x_1, \ldots, x_l)$ soit Ξ le dual de l'espace $\mathbf{R}^l$ des vecteurs de X; soient $(\xi_1, \ldots, \xi_l)$ les coordonnées de Ξ, telles que la valeur de $\xi \in \Xi$ en $x \in X$ soit

$$\langle \xi, x \rangle = \xi_1 x_1 + \ldots + \xi_l x_l.$$

Nous étudierons l'opérateur, un peu plus général que l'opérateur (1.1),

$$a_\alpha\left(x, \frac{\partial}{\partial x}\right) = Q\left(\frac{\partial}{\partial x}\right) + \frac{2\alpha}{L(x)} Q\left(L_x, \frac{\partial}{\partial x}\right), \tag{6.1}$$

où $Q(\xi) = \frac{1}{2}\sum_{ij} Q_{ij}\,\xi_i\,\xi_j$ $(Q_{ij} = Q_{ji})$ est une forme quadratique réelle sur Ξ, hyperbolique de signature $(1, l-1)$;

$$Q(\xi, \eta) = \frac{1}{2}\sum_{ij} Q_{ij}\,\xi_i\,\eta_j \quad \text{est sa forme polaire;}$$

L est une fonction affine ([1]) sur X; $L_x = \dfrac{\partial L(x)}{\partial x}$;

$\alpha \in \mathbf{C}$ est un paramètre.

Notations. — Sur l'espace $\mathbf{R}^l$ des vecteurs de X, définissons la forme quadratique $q(.)$ en éliminant ξ des équations

$$\langle \xi, x \rangle = q(x), \qquad \frac{\partial Q(\xi)}{\partial \xi} = x; \tag{6.2}$$

([1]) Linéaire, homogène ou non, à valeurs complexes.

$q(x)$ est donc définie par l'équation

$$(6.3) \qquad \begin{vmatrix} q(x) & x_i & \\ x_j & Q_{ij} & \\ & & \end{vmatrix} = 0$$

et a même signature que Q. Le cône caractéristique de sommet x' a pour équation

$$q(x - x') = 0.$$

Nous notons $k(.)$ la fonction égale à $q(.)$ dans l'un des deux demi-cônes convexes $q(.) \geqq 0$ et nulle ailleurs. Notons enfin

$$(6.4) \qquad H = (-1)^{l-1} \operatorname{Hess}_\xi(Q) = (-1)^{l-1} \operatorname{dét}(Q_{ij}) > 0.$$

Ce chapitre II va prouver ceci :

Théorème 2. — *Soit E_α la solution élémentaire de a_α dont le support appartient à ce demi-cône*

$$(6.5) \qquad E_\alpha(x, x') = \pi^{1-l/2} H^{-1/2} [L(x')/L(x)]^\alpha \Phi,$$

où

$$\Phi = \Phi\left(\frac{l}{2} - \alpha, \frac{l}{2} - 1 + \alpha, \frac{l}{2}; -\frac{1}{2}\frac{Q(L_x)}{L(x)L(x')}, k(x - x')\right)$$

est la distribution composée définie par la note 5.5.

Bien entendu $[L(x)/L(x')]^\alpha = 1$ pour $x = x'$.

Note 6.1. — Le *support singulier* de $E_\alpha(x, x')$ appartient donc à la réunion des hypersurfaces suivantes :

le *cône* $q(x - x') = 0$;

les deux *hyperplans* $L(x) L(x') = 0$;

le *cône*, coupant le précédent sur ces hyperplans :

$$(6.6) \qquad Q(L_x) q(x - x') + 2 L(x) L(x') = 0.$$

Si L est réel et $Q(L_x) > 0$, ce cône (6.6) n'appartient pas au support singulier du prolongement analytique réel de $E_\alpha(.,.)$.

Note 6.2. — Vu (5.9) et (5.10), nous avons dans (6.5), en notant

$$t = k(x - x'), \qquad r = -Q(L_x)/2L(x)L(x'),$$

(6.7) $\Phi = \chi_{1-l/2}(t)F\left(\alpha, 1-\alpha, 2-\frac{l}{2}; rt\right)$ si l est *impair*;

$= \chi_0(t)F(\alpha, 1-\alpha, 1; rt)$ si $l = 2$;

$= \delta(t) + \chi_0(t)\alpha(1-\alpha)rF(1+\alpha, 2-\alpha, 2; rt)$ si $l = 4$;

$$= \chi_{1-l/2}(t) + \sum_{n=1}^{l/2-2}(-1)^n \frac{(\alpha-n)\dots(\alpha+n-1)}{n!}$$

$$\times r^n \chi_{n+1-l/2}(t) + \chi_0(t)(-1)^{l/2-1}$$

$$\times \frac{(\alpha+1-l/2)\dots(\alpha-2+l/2)}{(l/2-1)!} r^{l/2-1}$$

$\times F\left(\frac{l}{2}-\alpha, \frac{l}{2}+\alpha-1, \frac{l}{2}; rt\right)$ si l est *pair* $\geqq 6$.

Note 6.3. — Vu (6.6), les cas où l'opérateur a_α a une *lacune*, c'est-à-dire où $E_\alpha(x, x') = 0$ hors du cône caractéristique, sont les suivants :

1° l est *pair* et α est un *entier* tel que $2 - \frac{l}{2} \leqq \alpha \leqq \frac{l}{2} - 1$;

2° l est *pair* > 2 et $Q(L_x) = 0$.

Note 6.4. — Deux opérateurs $a\left(x, \frac{\partial}{\partial x}\right)$ et $b\left(x, \frac{\partial}{\partial x}\right)$ sont équivalents quand il existe une application $x \mapsto y(x)$ et deux fonctions $f(x)$ et $g(x)$ telles que $b\left(y, \frac{\partial}{\partial y}\right)$ soit le transformé de

$$f(x)\, a\left(x, \frac{\partial}{\partial x}\right)[g(x).] \qquad \text{par} \quad x \mapsto y(x).$$

Supposons a et b hyperboliques; on vérifie aisément que cette équivalence équivaut à la propriété suivante de leurs solutions élémentaires hyperboliques $E(x, x')$ et $F(y, y') : x \mapsto y(x)$ transforme

$$\frac{1}{g(x)f(x')} E(x, x')\, dx'_1 \wedge \dots \wedge dx'_l \qquad \text{en} \quad F(y, y')\, dy'_1 \wedge \dots \wedge dy'_l.$$

Vu (6.5), (6.6) et le lemme 4.1 (homogénéité de χ_q), les cas, où $a_\alpha\left(x, \frac{\partial}{\partial x}\right)$ *équivaut au dalembertien* $\frac{\partial^2}{\partial y_1^2} - \sum_{j=2}^{l} \frac{\partial^2}{\partial y_j^2}$, sont donc les trois cas suivants :

$$\alpha = 0; \qquad \alpha = 1; \qquad Q(L_x) = 0.$$

La note 6.3 donne donc *de nouveaux exemples d'opérateurs d'ordre 2 non équivalents au dalembertien et ayant une lacune :* a_α pour l pair ≥ 6 et α entier tel que $2-\frac{l}{2}\leq\alpha\leq -1$ ou $2\leq\alpha\leq\frac{l}{2}-1$.

Rappelons que N. H. IBRAGIMOV et E. V. MARMONTOV [5] ont récemment trouvé de tels opérateurs en dimension $l = 4$.

7. Calcul de E_α dans un cas particulier.

Pour prouver le théorème 2, étudions d'abord le cas particulier suivant :

(7.1) $$a_\alpha\left(x, \frac{\partial}{\partial x}\right) = \frac{1}{2}\square_x + \frac{\alpha}{x_1}\frac{\partial}{\partial x_1}, \qquad \text{où} \quad x_1 > 0;$$

choisissons

(7.2) $$Q(\xi) = \frac{1}{2}\left(\xi_1^2 - \sum_j{}^* \xi_j^2\right), \qquad L(x) = x_1;$$

nous avons

(7.3) $$q(x) = x_1^2 - \sum_j{}^* x_j^2.$$

a_α est invariant par le groupe qui laisse x_1 invariant et qui transforme $(x_2, \ldots, x_l)$ par déplacement euclidien; a_α est homogène en x de degré -2. Donc $E_\alpha(x, x')$ doit être la composée de l'application

$$(x, x') \mapsto (x_1^2, x_1'^2, q(x-x'))$$

et d'une distribution homogène de degré $1-\frac{l}{2}$, en les points où

$$x_1 x_1' \, dx_1 \wedge dx_1' \wedge dq(x-x') \neq 0,$$

c'est-à-dire où $x_1 \neq 0$, $x_1' \neq 0$, $\sum_j{}^* (x_j - x_j')^2 \neq 0$.

Nous allons constater, plus précisément, que E_α est une somme de monômes :

$$x_1^{-\alpha-n} x_1'^{\alpha-n} \chi_{n+1-l/2}(k(x-x')).$$

Appliquons a_α à ces monômes : on a

$$a_x\left(x, \frac{\partial}{\partial x}\right)[x_1^{-\alpha} x_1'^{\alpha} \chi_{1-l/2}(k(x-x'))]$$
$$= \frac{1}{2} x_1^{-\alpha} x_1'^{\alpha} \square \chi_{1-l/2} + \frac{1}{2}\alpha(1-\alpha) x_1^{-\alpha-2} x_1'^{\alpha} \chi_{1-l/2}$$

donc, vu le lemme 4.2,

$$a_\alpha\left(x, \frac{\partial}{\partial x}\right)[x_1^{-\alpha} x_1'^{\alpha} \chi_{1-l/2}(k(x-x'))]$$
$$= \pi^{l/2-1}\,\delta(x-x') + \frac{1}{2}\alpha(1-\alpha)\, x_1^{-\alpha-2} x_1'^{\alpha} \chi_{1-l/2};$$

on a de même, vu (4.3) et (4.4), si n n'est pas entier ≤ 0 :

$$a_\alpha\left(x, \frac{\partial}{\partial x}\right)[x_1^{-\alpha-n} x_1'^{\alpha-n} \chi_{n+1-l/2}]$$
$$= \frac{1}{2}(n+\alpha)(n+1-\alpha)\, x_1^{-\alpha-n-2} x_1'^{\alpha-n} \chi_{n+1-l/2}$$
$$+ 2n\, x_1^{-\alpha-n-1} x_1'^{\alpha-n+1} \chi_{n-l/2}.$$

Les deux formules précédentes prouvent que

$$E_\alpha(x, x') = \pi^{1-l/2} \sum_{n=0}^{\infty} c_n\, x_1^{-\alpha-n} x_1'^{\alpha-n} \chi_{n+1-l/2}(k(x-x'))$$

si $c_0 = 1, \frac{1}{2}(n-1+\alpha)(n-\alpha)\, c_{n-1} + 2n\, c_n = 0 \quad (n = 1, \ 2, \ \ldots),$
c'est-à-dire si

$$c_n = \left(-\frac{1}{4}\right)^n \frac{\alpha \ldots (n-1+\alpha)(1-\alpha)\ldots(n-\alpha)}{n\,!}.$$

D'où, vu (5.11) :

LEMME 7.1. — La solution élémentaire de l'opérateur (7.1) est

(7.4) $$E_\alpha(x, x') = \pi^{1-l/2}(x_1'/x_1)^\alpha\, \Phi,$$

où $\Phi = \Phi\left(\frac{l}{2}-\alpha, \frac{l}{2}+\alpha-1, \frac{l}{2}; -\frac{1}{4\,x_1\,x_1'}, k(x-x')\right).$

Note. — Vu (7.2), le théorème 2 s'applique donc à l'opérateur (7.1). Évidemment :

LEMME 7.2. — Le support singulier de E_α appartient à la réunion des deux hyperplans $x_1 = 0$, $x_1' = 0$ et des deux cônes

$$(x_1 \pm x_1')^2 = \sum_j{}^{*} (x_j - x_j')^2.$$

Le premier de ces cônes n'appartient évidemment pas au support singulier du prolongement analytique réel de E_α.

8. Preuve du théorème 2.

$E_\alpha(x, x')\, dx'_1 \wedge \ldots \wedge dx'_l$ et $H^{-1/2}\, dx_1 \wedge \ldots \wedge dx_l$ sont indépendants du choix des coordonnées affines de X; donc $H^{1/2}\, E_\alpha(x, x')$ est indépendant de ce choix.

Supposons L réel et l'hyperplan $L(x) = 0$ spatial pour l'opérateur $Q\left(\frac{\partial}{\partial x}\right)$, c'est-à-dire

$$Q(L_x) > 0; \tag{8.1}$$

choisissons alors des coordonnées telles que

$$Q(\xi) = \frac{1}{2}\Big(\xi_1^2 - {\sum_j}^* \xi_j^2\Big), \qquad L(x) = cx_1, \qquad x_1 > 0.$$

On a

$$q(x) = x_1^2 - {\sum_j}^* x_j^2, \qquad H = 1;$$

a_α a l'expression (7.1); donc, vu le lemme 7.1,

$$H^{1/2}\, E_\alpha(x, x') = \pi^{1-l/2}\, [L(x')/L(x)]^\alpha\, \Phi,$$

où $\Phi = \Phi\left(\frac{l}{2} - \alpha, \frac{l}{2} + \alpha - 1, \frac{l}{2}; -\frac{c^2}{4\, L(x)\, L(x')}, k(x - x')\right)$.

Il suffit de noter que $\frac{1}{2}\, c^2 = Q(L_x)$ pour obtenir (6.5).

La relation (6.5) est donc vraie sous l'hypothèse : L est réel et vérifie (8.1); mais les deux membres de (6.5) sont *holomorphes* en L si $L \neq 0$; donc (6.5) vaut sans cette hypothèse.

Le lemme 7.2 prouve la note 6.1.

Chapitre III

L'opérateur de Tricomi-Clairaut

Un changement de variables, la formule de Kummer et un prolongement analytique permettent de déduire du théorème 2 le théorème 3, énoncé ci-dessous; il donne, pour le second ordre, la solution élémentaire des équations de Tricomi-Clairaut qu'a étudiées Mme S. Delache en tout ordre.

9. L'expression de la solution élémentaire de l'opérateur de Tricomi-Clairaut.

Notons $Y = \mathbf{R}^l$; Ξ son dual. Nous étudierons l'opérateur de Tricomi-Clairaut

$$(9.1) \qquad b_\beta\left(y, \frac{\partial}{\partial y}\right) = Q\left(\frac{\partial}{\partial y}\right) + \left(\sum_j y_j \frac{\partial}{\partial y_j} + \beta\right) L \frac{\partial}{\partial y}\Big),$$

où :

$y \in Y$;

$Q(\xi) = \frac{1}{2} \sum_{ij} Q_{ij} \xi_i \xi_j$ est une forme quadratique réelle sur Ξ, hyperbolique, de signature $(1, l-1)$;

$L(\xi) = \langle L, \xi \rangle$ est une forme linéaire réelle sur Ξ;

β est un paramètre appartenant à $\mathbf{C}$.

Notations. — Notons

$$H = (-1)^{l-1} \operatorname{Hess}(Q) = (-1)^{l-1} \operatorname{dét}(Q_{ij}) > 0.$$

Sur Y, définissons la forme quadratique $q(.)$ en éliminant ξ des équations

$$(9.2) \qquad \langle \xi, y \rangle = q(y), \qquad \frac{\partial Q(\xi)}{\partial \xi} = y;$$

$q(y)$ est donc défini par l'équation

$$(9.3) \qquad \begin{vmatrix} q(y) & y_i & \cdots \\ y_j & Q_{ij} & \cdots \\ \vdots & \vdots & \end{vmatrix} = 0;$$

$q(.)$ est hyperbolique de signature $(1, l-1)$; notons $q(., .)$ sa forme polaire. Nous verrons que

$$(9.4) \qquad \operatorname{Hess}_\xi \left[Q(\xi) + L(\xi) \sum_j y_j \xi_j \right] = \operatorname{Hess}_\xi(Q) f(L, y),$$

où

$$(9.5) \qquad f(L, y) = [q(L, y) + 1]^2 - q(L) q(y);$$

si $q(L) \neq 0$, l'hypersurface $f(L, y) = 0$ est un paraboloïde de direction asymptotique L; il décompose donc Y en deux domaines; b_β est *hyperbolique* à l'origine, donc dans tout l'ouvert où

$$f(L, y) > 0 \quad [\text{même si } q(L) = 0].$$

(Ce paraboloïde est une caractéristique singulière : tous ses hyperplans sont caractéristiques; ils constituent une intégrale complète de l'équation caractéristique, qui est du type de Clairaut.)

Nous aurons à employer la fonction $f(L, y, y')$, symétrique en (y, y'), affine en y et en y', telle que

$$f(L, y, y) = f(L, y);$$

de (9.5) résulte immédiatement que

$$f^2(L, y, y') - f(L, y) f(L, y') \quad \text{s'annule avec } q(L);$$

ce sera essentiel lors du plongement analytique que nous effectuerons. Plus précisément, on a

$$(9.6) \qquad f^2(L, y, y') - f(L, y) f(L, y') = q(L) k_0(L, y, y'),$$

où

$$(9.7) \quad k_0(L, y, y') = -\begin{vmatrix} q(L) & q(L, y) + 1 & q(L, y') + 1 \\ q(L, y) + 1 & q(y) & q(y, y'), \\ q(L, y') + 1 & q(y, y') & q(y') \end{vmatrix},$$

car, pour tout $(A, B, C, X, Y, Z) \in \mathbf{C}^6$:

$$X \begin{vmatrix} X & C & B \\ C & Y & A \\ B & A & Z \end{vmatrix} = (XY - C^2)(XZ - B^2) - (AX - BC)^2.$$

Nous verrons que l'équation du cône caractéristique de sommet y' est

$$(9.8) \qquad k_0(L, y, y') = 0.$$

[Ce cône est évidemment circonscrit au paraboloïde $f(L, y) = 0$, le long de son intersection par le plan $f(L, y, y') = 0$, si $q(L) \neq 0$; si $q(L) = 0$, ce cône caractéristique contient la quadrique d'équations

$$q(L, y) + 1 = q(y) = 0$$

dont les hyperplans tangents sont caractéristiques.] Si y' est fixe et appartient au domaine d'hyperbolicité $f(L, y') > 0$, alors $k_0(L, y, y') \geq 0$ quand y appartient à la réunion de deux demi-cônes convexes opposés, car $k_0(L, y, 0) = q(y)$, de signature $(1, l - 1)$; nous choisissons l'un de ces demi-cônes, variant continûment avec y', et nous définissons

$$(9.9) \qquad \begin{aligned} k(L, y, y') &= k_0(L, y, y') && \text{dans ce demi-cône,} \\ &= 0 && \text{hors de ce demi-cône.} \end{aligned}$$

Ce chapitre III va prouver ceci :

THÉORÈME 3. — *Soit $\mathcal{E}_\beta$ la solution élémentaire de b_β dont le support appartient à ce demi-cône*

$$\mathcal{E}_\beta(y, y') = \pi^{1-l/2} H^{-1/2} f(L, y)^{(1-\beta)/2} f(L, y')^{(\beta-l)/2} \Phi, \tag{9.10}$$

où $\Phi = \Phi\left(\frac{\beta-1}{2}, \frac{l-\beta}{2}, \frac{l}{2}; -q(L), \frac{k(L, y, y')}{f(L, y) f(L, y')}\right)$.

Note 9.1. — Le *support singulier de* $\mathcal{E}_\beta(., .)$ appartient donc à la réunion des hypersurfaces suivantes :

le *cône* $k(L, y, y') = 0$;
le *paraboloïde* $f(L, y) = 0$;
le *paraboloïde* $f(L, y') = 0$.

Preuve de la note 9.1. — Si

$$C = A + B + \frac{1}{2}, \tag{9.11}$$

alors la composée des fonctions

$$t = 1 - \frac{f^2(L, y, y')}{f(L, y) f(L, y')} \quad \text{de } (y, y') \qquad \text{et} \qquad F(A, B, C; t) \quad \text{de } t$$

est une fonction de (y, y') holomorphe pour

$$f^2(L, y, y') \neq f(L, y) f(L, y') \neq 0, \tag{9.12}$$

car si $t \neq 0$ et si (9.11) a lieu, F est une fonction holomorphe et multiforme de $\sqrt{1-t}$. Vu (5.9) et (5.10), $\Phi(A, B, C; r, t)$ est donc une fonction holomorphe de (y, y') quand (9.12) est vérifié.

Note 9.2. — L'opérateur b_β a une lacune dans les cas suivants :

1° l *est pair*, β est un *entier* tel que $2 \leq \beta \leq l-1$;

2° l est *pair* > 2 et $q(L) = 0$.

Note 9.3. — Les cas où l'opérateur b_β *équivaut au dalembertien* sont les trois cas :

$$\beta = \frac{l}{2}, \qquad \beta = \frac{l}{2} + 1, \qquad q(L) = 0.$$

10. Calcul de $\mathcal{E}_\beta$ dans un cas particulier.

Étudions le cas particulier suivant :

(10.1) $$b_\beta\left(y, \frac{\partial}{\partial y}\right) = \frac{c}{2}\,\Box_y + c\left(\sum_j y_j \frac{\partial}{\partial y_j} + \beta\right)\frac{\partial}{\partial y_1}, \qquad \text{où} \quad c > 0.$$

Pour cela il suffit (P. GERMAIN) d'utiliser dans X les coordonnées $(y_1, \ldots, y_l)$ définies par

(10.2) $$y_1 = \frac{1}{2}\left(x_1^2 - {\sum_j}^* x_j^2 - 1\right), \qquad x_j = y_j \qquad (j \neq 1);$$

on obtient, en définissant a_α par (7.1), et en posant $\beta = \alpha + \frac{l}{2}$

$$b_\beta\left(y, \frac{\partial}{\partial y}\right) = c\, a_\alpha\left(x, \frac{\partial}{\partial x}\right),$$

donc

$$\mathcal{E}_\beta(y, y')\, dy'_1 \wedge \ldots \wedge dy'_l = c^{-1} E_\alpha(x, x')\, dx'_1 \wedge \ldots \wedge dx'_l,$$

c'est-à-dire, vu le lemme 7.1, si $x_1 > 0$ et $x'_1 > 0$:

(10.3) $$\mathcal{E}_\beta(y, y') = \pi^{1-l/2}\, c^{-1}\, x_1^{\beta - l/2}\, {x'_1}^{\beta - 1 - l/2}\, \Phi,$$

où

$$\Phi = \Phi\left(\beta - 1, l - \beta, \frac{l}{2}; -\frac{1}{4\, x_1\, x'_1}, \varkappa(x - x')\right),$$

$$\varkappa(x - x') = (x_1 - x'_1)^2 - {\sum_j}^* (x_j - x'_j)^2$$

dans un des demi-cônes où le second membre est > 0, $\varkappa = 0$ hors de ce demi-cône.

Or les définitions (9.3) et (9.5) donnent :

$$q(y) = \frac{1}{c}\left(y_1^2 - {\sum_j}^* y_j^2\right), \qquad q(L, y) = y_1, \qquad q(L) = c,$$

$$f(L, y) = 1 + 2\, y_1 + {\sum_j}^* y_j^2, \qquad f(L, y, y') = 1 + y_1 + y'_1 + {\sum_j}^* y_j\, y'_j;$$

la vérification de (9.4) est aisée. L'équation caractéristique de b_β est une équation de Clairaut, admettant pour intégrale complète l'hyperplan de Y d'équation

$$Q(\xi) + L(\xi) \sum_j \xi_j y_j = 0$$

qui, vu (9.4), enveloppe le paraboloïde d'équation

$$f(L, y) = 0.$$

Le cône caractéristique de sommet y' est le cône circonscrit à ce paraboloïde; son équation est

$$f^2(L, y, y') = f(L, y)\, f(L, y'), \qquad \text{c'est-à-dire} \quad k_0(L, y, y') = 0.$$

b_β est hyperbolique dans le domaine $f(L, y) > 0$, où nous l'étudions. Vu (10.2), $x_1 = \sqrt{f(L, y)}$, $x'_1 = \sqrt{f(L, y')}$,

$$\text{(10.4)} \quad \varkappa(x - x') = 2f(L, y, y') - 2\sqrt{f(L, y)\, f(L, y')} \quad \text{si } \varkappa > 0,$$
$$= 0 \quad \text{sinon.}$$

La formule (10.3) s'écrit donc, vu le lemme 5.2,

$$\text{(10.5)} \qquad \mathcal{E}_\beta(y, y') = \pi^{1-l/2}\, c^{-1}\, f^{(1-\beta)/2}(L, y)\, f^{(\beta-l)/2}(L, y')\, \Phi,$$

où

$$\Phi = \Phi\left(\beta - 1, l - \beta, \frac{l}{2}; -\frac{1}{4}, \frac{\varkappa(x - x')}{\sqrt{f(L, y)\, f(L, y')}}\right),$$

c'est-à-dire, vu le lemme 5 (Kummer),

$$\Phi = 4^{l/2-1}\, \Phi\left(\frac{\beta - 1}{2}, \frac{l - \beta}{2}, \frac{l}{2}; -\frac{1}{4}, \frac{4\varkappa[\sqrt{f(L, y)\, f(L, y)} + \varkappa/4]}{f(L, y)\, f(L, y')}\right);$$

or on a, vu (10.4),

$$4\varkappa[\sqrt{f(L, y)\, f(L, y')} + \varkappa/4] = 4[f^2(L, y, y') - f(L, y)\, f(L, y')]$$

si $\varkappa > 0$; $= 0$ sinon. Donc, vu (9.6), où $q(L) = c$, et (9.8),

$$4\varkappa[\sqrt{f(L, y)\, f(L, y')} + \varkappa/4] = 4\, c\, k(L, y, y'),$$

l'expression précédente de Φ s'écrit donc :

$$\Phi = 4^{l/2-1}\, \Phi\left(\frac{\beta - 1}{2}, \frac{l - \beta}{2}, \frac{l}{2}; -\frac{1}{4}, 4c\, \frac{k(L, y, y')}{f(L, y)\, f(L, y')}\right),$$

c'est-à-dire, vu le lemme 5.2,

$$\Phi = c^{1-l/2}\,\Phi\left(\frac{\beta-1}{2}, \frac{l-\beta}{2}, \frac{l}{2}; -c, \frac{k(L, y, y')}{f(L, y)\,f(L, y')}\right).$$

Or $c = q(L)$, $H = c^l$; vu (10.5), nous avons donc :

$$H^{1/2}\,\mathcal{E}_\beta(y, y') = \pi^{1-l/2} f^{(1-\beta)/2}(L, y)\, f^{(\beta-l)/2}(L, y')\,\Phi,$$

où

$$\Phi = \Phi\left(\frac{\beta-1}{2}, \frac{l-\beta}{2}, \frac{l}{2}; -q(L), \frac{k(L, y, y')}{f(L, y)\,f(L, y')}\right).$$

Nous avons donc prouvé que le n° 9 et le théorème 3 s'appliquent à l'opérateur (10.1).

11. Preuve du théorème 3.

$H^{1/2}\,\mathcal{E}_\beta(y, y')$ est indépendant du choix des coordonnées (*cf.* n° 8). Or si $q(L) > 0$ nous pouvons choisir des coordonnées telles que b_β ait l'expression (10.1). Vu le n° 10, la formule (9.4), l'équation (2.8) du cône caractéristique et le théorème 3 valent donc pour $q(L) > 0$. Un prolongement analytique montre qu'ils valent quel que soit L.

Chapitre IV

Le cas particulier de la dimension 2

12. Deux particularités.

Deux particularités se présentent quand $l = 2$:

— L'équation, quand elle est hyperbolique a quatre solutions élémentaires à supports contenus dans des angles : on les obtient en appliquant le théorème 2 à a_α et $-a_\alpha$, le théorème 3 à b_β et $-b_\beta$.

— La distribution Φ, qu'emploient les théorèmes 2 et 3, est une fonction, dont (5.9) donne l'expression.

On obtient ainsi les théorèmes suivants.

13. Opérateur d'Euler-Poisson-Darboux.

Employons les notations du n° 6, en prenant $l = 2$:

THÉORÈME 2 *bis*. — *Soit E_α la solution élémentaire de a_α dont le support appartient à l'un des quatre angles fermés, sur les bords desquels* $q(x - x') = 0$;

$$(13.1) \qquad E_\alpha(x, x') = (\operatorname{sgn} q)\, H^{-1/2}\,[L(x)/L(x')]^\alpha\, F,$$

où sgn q *est le signe de* q *et*

$$F = F\left(1 - \alpha, \alpha, 1; -\frac{Q(L_x)}{2\,L(x)\,L(x')}\,q(x - x')\right);$$

(13.1) *vaut sur la composante connexe, contenant* $x = x'$, *de la partie de cet angle où*

$$(13.2) \qquad L(x)\,L(x') > 0, \qquad -Q(L_x)\,q(x - x') < 2\,L(x)\,L(x').$$

14. Opérateur de Tricomi-Clairaut.

Employons les notations du n° 9, en faisant $l = 2$.

THÉORÈME 3 *bis*. — *Supposons* y *et* y' *dans le domaine d'hyperbolicité*

$$f(L, y) > 0, \qquad f(L, y') > 0.$$

Soit $\mathcal{E}_\beta$ *la solution élémentaire de* b_β *dont le support appartient à l'un des quatre demi-cônes fermés sur le bord desquels*

$$f(L, y)\,f(L, y') = f^2(L, y, y'),$$

$$(14.1) \qquad \mathcal{E}_\beta(y, y') = \pm\, H^{-1/2}\,[f(L, y)]^{(1-\beta)/2}\,[f(L, y')]^{(\beta/2)-1}\, F,$$

où $\pm = \operatorname{sgn} q(L)\,[f^2(L, y, y') - f(L, y)\,f(L, y')]$,

$$F = F\left(\frac{\beta - 1}{2}, 1 - \frac{\beta}{2}, 1; 1 - \frac{f^2(L, y, y')}{f(L, y)\,f(L, y')}\right);$$

(14.1) *vaut sur la composante connexe, contenant* $y = y'$, *de la partie de ce demi-cône, où*

$$(14.2) \qquad f(L, y) > 0, \qquad f(L, y') > 0.$$

BIBLIOGRAPHIE

[1] BADER (R.) et GERMAIN (P.). — *Sur quelques problèmes relatifs à l'équation du type mixte de Tricomi*, ONERA, Publication n° 54, 1952.

[2] DAVIS (Ruth M.). — On a regular Cauchy problem for the Euler-Poisson-Darboux equation, *Annali di Mat. pura ed appl.*, t. 42, 1956, p. 205-226.

[3] DELACHE (S.). — Calcul des solutions élémentaires des opérateurs de Tricomi-Clairaut auto-adjoints, strictement hyperboliques, *Bull. Soc. math. France*, t. 97, 1969, p. 5-79.

[4] GEL'FAND (I. M.) et ŠILOV (G. E.). — Les distributions, t. 1. Traduit par G. Rideau. — Paris, Dunod, 1962 (Collection universitaire de Mathématiques, 8).

[5] IBRAGIMOV (N. H.) et MARMONTOV (E. V.). — Sur le problème de J. Hadamard relatif à la diffusion des ondes, *C. R. Acad. Sc. Paris*, t. 270, 1970, série A, p. 456-458.

[6] RIESZ (M.). — L'intégrale de Riemann-Liouville et le problème de Cauchy, *Acta Mathematica*, t. 81, 1948, p. 1-223.

(Texte reçu le 26 mai 1971.)

Solange DELACHE,
42, avenue Jean-de-La-Fontaine,
06-Nice;

Jean LERAY,
Collège de France,
Place Marcelin-Berthelot,
75-Paris 05.

[1983b]

The meaning of Maslov's asymptotics method: the need of Planck's constant in mathematics*

Bull. Am. Math. Soc. 5 (1983) 15–27

ABSTRACT. H. Poincaré defined asymptotic expansions. Their use by the W. K. B. method introduced a new kind of solution of linear differential equations. Maslov showed their singularities to be merely apparent. The clarification of those results leads to the introduction of "Lagrangian functions", of their scalar product and of "Lagrangian operators", which constitutes a new structure: the "Lagrangian analysis". The last step of its definition requires the choice of a constant. That constant has to be Planck's constant, when the equation is the Schrödinger or the Dirac equation describing the hydrogen atom–the study of atoms with several electrons is very incomplete.

1. Henri Poincaré's main field, more precisely the one where the number of his publications is the highest, happens to be celestial mechanics. For instance, he tried to establish the convergence of the series by means of which the motion of the solar system is computed; it was a failure. He proved indeed the opposite: the divergence of those series, whose numerical values furnished the most impressive, precise and famous predictions in science during the last century! Henri Poincaré explained that paradox: those series give a very good approximation of the wanted result, provided only their first terms, namely, a reasonable number of them, are taken into account. Of course, demanding mathematicians to be reasonable is dubious but Henri Poincaré [4] made it clear by defining *the asymptotic expansion* $\Sigma_{n=0}^{\infty} a_n x^n$ of a function of x at the origin: it is a *formal series* such that for each natural number N there exists a positive number c_N such that

$$\left| f(x) - \sum_{n=0}^{N} a_n x^n \right| < c_N |x|^{N+1} \quad \text{for } x \text{ near } 0. \tag{1.1}$$

Thus an asymptotic expansion of f is a formal series able to give a very good approximation of $f(x)$, when x is small, but unable to supply the exact value of $f(x)$.

2. The W.K.B. method constructs *asymptotic solutions* of a linear differential equation

$$H\left(x, \frac{1}{\nu}\frac{\partial}{\partial x}\right)u(\nu, x) = 0 \qquad \left(x \in X = \mathbf{R}^l;\, \nu \in i\,[0, \infty[\right), \tag{2.1}$$

whose unknown is the function u and whose parameter ν *tends to* $i\infty$.

---

* Lecture at the Symposium "The Poincaré Legacy" AMS 1981

1980 *Mathematics Subject Classification.* Primary 47B99, 81C99; Secondary 35S99, 42B99.

Key words and phrases. Fourier transform, Metaplectic group, Asymptotic solution, Lagrangian, Operator, Schrödinger, Dirac equation.

Assume that (2.1) describes the evolution of a mechanical system; if that system were a finite set of particles, i.e., if (2.1) were an ordinary differential system, then Cauchy's problem should be studied. But let us assume it is a continuous mechanical system; therefore the physicists cannot impose its initial position and velocity: they have no more interest in Cauchy's problem.

What they are interested in are the *waves*

$$U(\nu, x) = \alpha(\nu, x)e^{\nu\phi(x)}, \tag{2.2}$$

solutions of the equation (2.1); in (2.2), the *phase* ϕ is a real-valued function, ν is near $i\infty$; therefore $e^{\nu\phi}$ rapidly oscillates, whereas the *amplitude* α is a complex-valued function which slowly varies.

Therefore ϕ has to satisfy the first order nonlinear differential equation

$$H(x, \phi_x) = 0 \qquad (\phi_x = \partial\phi/\partial x). \tag{2.3}$$

Assume H to be a real-valued function of

$$(x, p) \in X \oplus X^*, X^* \text{ being the dual of } X;$$

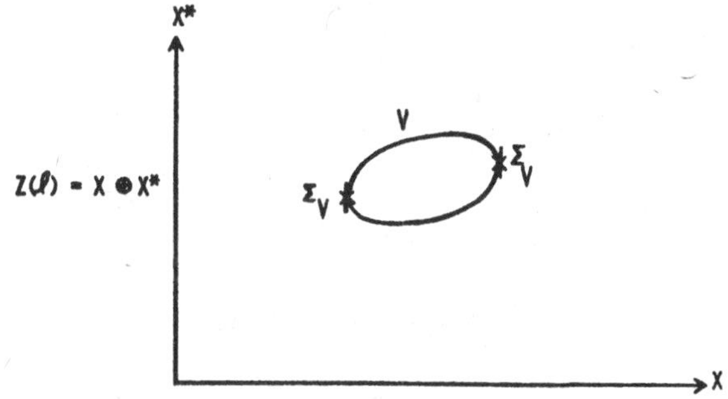

FIGURE 1

Denote by W the hypersurface of $X \oplus X^*$ where H vanishes:

$$W\colon H(x, p) = 0; \text{ assume } (H_x, H_p) \neq 0 \text{ on } W; \tag{2.4}$$

denote the graph of ϕ_x by

$$V = \{(x, \phi_x)\} \subset X \oplus X^*. \tag{2.5}$$

Then V is any l-dimensional subvariety of W on whose universal covering space $\check{V}$ there exists a function ϕ such that

$$d\phi = \langle p, dx\rangle \qquad (\langle p, x\rangle\text{: value of } p \in X^* \text{ at } x \in X); \tag{2.6}$$

i.e., V is any l-dimensional subvariety of W on which

$$\sum_{j=1}^{l} dp_j \wedge dx_j = 0 \tag{2.7}$$

$[(x_j), (p_j)$: dual coordinates of $x \in X$ and $p \in X^*]$.

Let $Z(l)$ be the $2l$-dimensional vector space $X \oplus X^*$ provided with the *symplectic structure* $[\cdot, \cdot]$ defined as follows

$$\text{if } z = (x, p) \text{ and } z' = (x', p'), \text{ then } [z, z'] = \langle p, x'\rangle - \langle p', x\rangle. \tag{2.8}$$

By definition, the *Lagrangian* subspaces of $Z(l)$ are its l-dimensional subspaces on which $[\cdot, \cdot]$ identically vanishes; the Lagrangian varieties of $Z(l)$ are its l-dimensional varieties whose tangent planes are Lagrangian. The definition (2.7) of V means

$$V \text{ is any Lagrangian variety contained in the hypersurface } W. \tag{2.9}$$

The solution of the first order nonlinear differential equation (2.3) rests on the following fundamental property of V: the variety V is generated by *characteristic curves* of W, i.e., by curves of W satisfying the Hamiltonian system

$$\frac{dx_j}{H_{p_j}(x,p)} = -\frac{dp_k}{H_{x_k}(x,p)} \tag{2.10}$$

[$j, k \in \{1, \ldots, l\}$; H is a first integral of that system].

Without discussing more completely the construction of V, assume V and hence ϕ chosen: then (2.2) satisfies (2.1) mod $1/\nu$.

Now $U(\nu, x)$ satisfies

$$H\left(x, \frac{1}{\nu}\frac{\partial}{\partial x}\right)U(\nu, x) = 0 \quad \text{mod } 1/\nu^N \tag{2.11}$$

[for any natural number N]

if and only if $\alpha(\nu, x)$ is a *formal series* in $1/\nu$

$$\alpha(\nu, x) = \sum_{r=0}^{\infty} \frac{1}{\nu^r}\alpha_r(x), \tag{2.12}$$

the derivatives of $\alpha_0, \ldots, \alpha_r, \ldots$ along the characteristics generating V having a known value, ..., a value depending on $(\alpha_0, \ldots, \alpha_{r-1})$, ... Then $U(\nu, x)$, defined by (2.2), is a formal (with respect to $1/\nu$) function of x satisfying (2.11): it is said to be an *asymptotic solution* of (2.1); its above construction is called: *W.K.B. method.*

By that method *wave mechanics* is related to *particle mechanics*: indeed, the Hamiltonian system (2.10) could describe the motion of particles and the computation of α_0 defines a density of those particles such that the conservation of their mass holds. Now the physicists hesitated between a corpuscular (Descartes and Newton, 17th century) and a wave (Huygens and Fresnel, 17th–19th centuries) structure of the light, before they concluded that light (Einstein, 1905: photons and quanta) and matter (de Broglie, 1924) have both structures. Henri Poincaré died[1] in 1912 some years before it became clear that the *quanta* require a new physics, which has not yet been attained even today. So let us continue to study the asymptotic solutions of differential equations and thus apply to problems which arose before Henri Poincaré's death some of the concepts owing to him: algebraic topology, first homotopy group, covering spaces and groups.

(1) He was only 58 years old; it was 3 years before "General Relativity" finally made "Relativity" acceptable by the astronomers.

An asymptotic solution U happens to be defined not on X but on V, where it has *singularities* on the *apparent contour* Σ_V of V, which is the set of the points of V where $dx_1 \wedge \cdots \wedge dx_l = 0$, i.e., where x cannot be used as local coordinate on V; the α_r become infinite on Σ_V; the order of their singularity increases with r.

For instance, let us use geometrical optics, i.e., use asymptotic solutions of the wave equation of light, for describing the propagation of the light issued from a monochromatic source through a steady optical system: the projections on X of the characteristic curves generating V are the rays of light, whose envelope, the "caustic", is the projection of Σ_V on X; that caustic plays the role of image of the source; on it the asymptotic solution is no more defined; therefore geometrical optics should have no meaning beyond the caustic; however, it still holds. That paradox has been solved by *V. P. Maslov* [3] as follows.

The singularities of an asymptotic solution U on the apparent contour Σ_V are merely *apparent singularities*: indeed they are suppressed by a convenient Fourier transform; Maslov's proof needs to be clarified by *V. I. Arnold's* topological results [1] and by *V. C. Buslaev's* use [2] of *I. E. Segal's* metaplectic group [5], which contains the Fourier transforms used by Maslov. Those improvements finally do not give some deeper knowledge of the asymptotic behaviour of the functions; but they lead to a new structure, defining, for instance, quite a new type of solutions of differential equations; §3 describes that *structure*, called *Lagrangian analysis*; §4 discusses its applications.

3. Lagrangian analysis.

The symplectic geometry. Denote by Z the symplectic space of dimension $2l$: i.e., $\mathbf{R}^{2l}$ provided by a bilinear antisymmetric real-valued form $[\cdot, \cdot]$ of maximal rank. A *frame*[2] is any isomorphism

$$R: Z \to Z(l) = X \oplus X^*$$

consistent with the symplectic structures of Z and $Z(l)$ [see §2].

If R' is another frame, then the *change of frame* RR'^{-1} is any automorphism of $Z(l)$, that is, any element s of the symplectic group $\mathrm{Sp}(l)$:

$$RR'^{-1} \in \mathrm{Sp}(l).$$

Each real-valued quadratic form A of $(x, x') \in X \oplus X'$, such that $\det(A_{x_j x'_k}) \neq 0$, defines an element s_A of $\mathrm{Sp}(l)$ as follows:

$$(x, p) = s_A(x', p') \text{ if and only if}$$
$$p = A_x(x, x'), \qquad p' = -A_{x'}(x, x'); \tag{3.1}$$

[2] R is the initial of the French translation Repère or Frame. Let us recall that an orthonormed frame of the Euclidean space E^3 is nothing else but an isomorphism $E^3 \to \mathbf{R} \oplus \mathbf{R} \oplus \mathbf{R}$, that direct sum being provided by the Euclidean structure implied by the structure of $\mathbf{R}$. That isomorphism has to be consistent with the Euclidean structures.

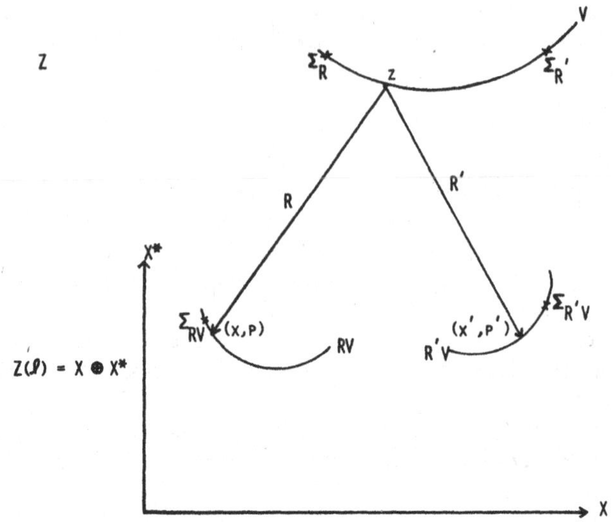

FIGURE 2

whence by Euler's formula

$$A(x, x') = \langle p, x\rangle - \langle p', x'\rangle; \tag{3.2}$$

s_A is the generic element s of $\mathrm{Sp}(l)$–but not any $s \in \mathrm{Sp}(l)$.

Lagrangian varieties V are defined in Z as they were in $Z(l)$ [see §2]; that definition can be expressed as follows:

$$d[z, dz] = 0 \quad \text{on } V;$$

i.e., on the universal covering space $\check{V}$ of V there exists a real-valued function ψ, the *Lagrangian phase*, such that

$$d\psi = \tfrac{1}{2}[z, dz]. \tag{3.3}$$

The image RV of V by R is a Lagrangian variety of $Z(l)$; denote its phase [§2] by $\phi_R \circ R^{-1}$; then, by a convenient choice of constants of integration

$$\phi_R(\check{z}) = \psi(\check{z}) + \tfrac{1}{2}\langle p, x\rangle, \tag{3.4}$$

where $z \in V$ is the projection of $\check{z} \in \check{V}$ and $(x, p) = Rz$.

Hence, from (3.2), if $RR'^{-1} = s_A$:

$$\phi_R(\check{z}) = \phi_{R'}(\check{z}) + A(x, x'), \tag{3.5}$$

where

$$(x, p) = Rz, \qquad (x', p') = R'z, \tag{3.6}$$

$$z \in V \text{ being the projection of } \check{z} \in \check{V}.$$

The *apparent contour* $\check{\Sigma}_R$ of $\check{V}$ *relative to* R is the subset of $\check{V}$ projecting on $\Sigma_R = R^{-1}\Sigma_{RV}$, which is the apparent contour of V, relative to R. In a sufficiently small neighborhood of each point of $\check{V} \setminus \check{\Sigma}_R \cup \check{\Sigma}_{R'}$, the maps $\check{z} \mapsto z$, $z \mapsto x$, $z \mapsto x'$ are diffeomorphisms. Now, since RV is the graph of the gradient of its phase [see §2]

$$p = \partial\phi_R/\partial x, \qquad p' = \partial\phi_{R'}/\partial x';$$

thus, by $(3.1)_2$, the diffeomorphism $x \mapsto x'$ can be defined by

$$\left[A(x, x') + \phi_{R'}\right]_{x'} = 0, \quad \text{assuming (3.6).} \tag{3.7}$$

The group $\mathrm{Sp}_2(l)$. Define a *formal function* on $\check V \setminus \check\Sigma_{R'}$ by the choice of a frame R' and by an expression

$$U_{R'}(\nu, \check z) = \alpha_{R'}(\nu, \check z)e^{\nu\phi_{R'}(\check z)}, \tag{3.8}$$

where $\alpha_{R'}$ is a formal series

$$\alpha_{R'}(\nu, \check z) = \sum_{r=0}^{\infty} \frac{1}{\nu^r}\alpha'_r(\check z),$$

the α'_r being infinitely derivable functions: $\check V \setminus \check\Sigma_{R'} \to \mathbf{C}$.

From now on, *let A be the datum of*

(i) a real-valued quadratic form A of $(x, x') \in X \oplus X$;

(ii) a choice of $\Delta(A) = \pm[\det(A_{x_j x'_k})]^{1/2}$; we assume: $\Delta(A) \neq 0$.

Let $R = s_A R'$; i.e., $RR'^{-1} = s_A \in \mathrm{Sp}(l)$; define a linear map S_A: $U_{R'} \mapsto U_R$ by

$$\begin{aligned}(S_A U_{R'})(\nu, \check z) &= U_R(\nu, \check z)\\ &= \left(\frac{|\nu|}{2\pi i}\right)^{1/2} \Delta(A) \int_{\check V \setminus \check\Sigma_{R'}} e^{\nu A(x,x')} U_{R'}(\nu, \check z')\, d^l x',\end{aligned} \tag{3.9}$$

where

$$z \in V \text{ is the projection of } \check z \in \check V;\ (x, p) = Rz;$$

$$z' \in V \text{ is the projection of } \check z' \in \check V;\ (x', p') = R'z'.$$

Obviously that map S_A can be decomposed into:

(i) the product by $e^{\nu A(0,\cdot)}$;

(ii) a map of type (3.9), where A is a bilinear, real-valued function of $(x, x') \in X \oplus X$, so that it is essentially a *Fourier transform*, which is unitary thanks to the numerical factor in (3.9);

(iii) the product by $e^{\nu A(\cdot,0)}$.

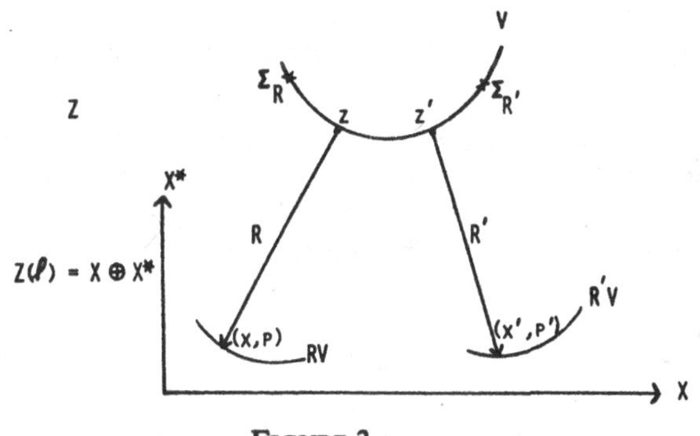

FIGURE 3

According to Maslov, the integral in (3.9) has to be computed by the method of the stationary phase (neglecting the terms more rapidly decreasing than any power of $1/\nu$, when ν tends to $i\infty$). The phase of the integrand is $A(x, x') + \phi_{R'}(\check{z}')$; assuming that $\mathrm{Supp}(U_{R'})$ belongs to $\check{V} \setminus \check{\Sigma}_R \cup \check{\Sigma}_{R'}$ and is small, the assumption that this phase is stationary means that (3.7) holds; then $z = z'$; hence, from (3.5): *U_R is a formal function on $\check{V}$, related to R*; the linear transform S_A is *local* on $\check{V}$: $\mathrm{Supp}(U_R) = \mathrm{Supp}(U_{R'})$.

It can be shown that the map S_A of formal functions is the generic–but not any–element of *the covering group of order* 2, $\mathrm{Sp}_2(l)$, *of* $\mathrm{Sp}(l)$; the projection $\mathrm{Sp}_2(l) \to \mathrm{Sp}(l)$ maps the two S_A corresponding to opposite choices of $\Delta(A)$ onto the same s_A. Hence

LEMMA. *Any $S \in \mathrm{Sp}_2(l)$, with projection $s \in \mathrm{Sp}(l)$, maps each formal function $U_{R'}$ defined on $\check{V} \setminus \check{\Sigma}_R \cup \check{\Sigma}_{R'}$ into such a formal function U_R, where $R = sR'$. That mapping is local.*

COMMENT. Of course the preceding account is not a proof of that lemma, which follows from the following results. Let $\mathcal{S}(X)$ be the Schwartz space of functions: $X \to \mathbf{C}$, all of whose derivatives decrease rapidly at infinity; its dual is the Schwartz space $\mathcal{S}'(X)$ of tempered distributions; let $\mathcal{H}(X)$ be the Hilbert space of square-integrable functions: $X \to \mathbf{C}$;

$$\mathcal{S}(X) \subset \mathcal{H}(X) \subset \mathcal{S}'(X).$$

Each $S \in \mathrm{Sp}_2(l)$ defines a continuous automorphism of $\mathcal{S}'(X)$; its restriction to $\mathcal{H}(X)$ is a unitary automorphism of $\mathcal{H}(X)$; its restriction to $\mathcal{S}(X)$ is a continuous automorphism of $\mathcal{S}(X)$, which is defined by (3.9) if $S = S_A$. Then each S defines also an automorphism of the vector space whose elements are the classes of functions of (x, ν) having the same *asymptotic behaviour* when ν tends to $i\infty$; any formal function U, defined on X by

$$U(\nu, x) = \alpha(\nu, x)e^{\phi\nu(x)}, \tag{3.10}$$

$$\text{where } \alpha(\nu, x) = \sum_{r=0}^{\infty} \frac{1}{\nu^r}\alpha_r(x), \qquad \alpha_r: X \to \mathbf{C},\ \phi: X \to \mathbf{R},$$

specifies one of those asymptotic classes; now $\mathrm{Sp}_2(l)$ does *locally* operate [see: lemma], if lifted from X to $\check{V}$, by means of the use of formal functions U_R on $\check{V}$ and of their projections U defined by

$$U(\nu, x) = \sum_{\check{z}} U_R(\nu, \check{z}), \quad \text{where } x \text{ and } \check{z} \text{ have to satisfy (3.6)} \tag{3.11}$$

(that lifting assumes the support of U_R to be small enough).

COMMENT. The two $S \in \mathrm{Sp}_2(l)$ having the same projection $s \in \mathrm{Sp}(l)$ may be denoted by $\pm S$. Denote by $c \in S^1$ the product of a function by the complex number c of norm 1. The elements of *I. E. Segal's metaplectic* group [5] are the cS, assuming $cS = c'S'$, if and only if $c' = \pm c$, $S' = \pm S$ ($\pm$ being the same).

The q-symplectic geometry enables an improvement of the preceding lemma. Denote by Λ the *Lagrangian Grassmannian* of Z, i.e., the set of its Lagrangian vector subspaces; *V. I. Arnold* [1] established the isomorphism of its Poincaré group (i.e., first homotopy group) with the additive group of the integers

$$\pi_1[\Lambda] \simeq \mathbf{Z}. \tag{3.12}$$

Thus, for any $q \in \{1, 2, \ldots, \infty\}$, Λ has a unique *covering space* Λ_q *of order* q. The choice of a $\lambda_q \in \Lambda_q$ with a given projection λ on Λ is said to be the choice of a *q-orientation* of that λ; the 2-orientation is the usual Euclidean orientation. Similarly define $\Lambda(l)$ and $\Lambda_q(l)$ for $Z(l)$.

Moreover,

$$\pi_1[\mathrm{Sp}(l)] \simeq \mathbf{Z}; \tag{3.13}$$

thus, for any q, $\mathrm{Sp}(l)$ has a unique *covering group* $\mathrm{Sp}_q(l)$ *of order* q. Now $S \in \mathrm{Sp}_q(l)$ induces a homeomorphism of $\Lambda_{2q}(l)$, which has a projection on $\Lambda(l)$, namely, the homeomorphism of $\Lambda(l)$ induced by the projection s of S onto $\mathrm{Sp}(l)$.

Let us define a *q-frame* R as being

(i) an isomorphism $Z \to Z(l)$, consistent with the symplectic structures;

(ii) a homeomorphism $\Lambda_{2q} \to \Lambda_{2q}(l)$, having a projection which is the homeomorphism $\Lambda \to \Lambda(l)$ induced by the preceding isomorphism.

Then a change of q-frame RR'^{-1} is

(i) an element s of $\mathrm{Sp}(l)$;

(ii) a homeomorphism of $\Lambda_{2q}(l)$ induced by one of the $S \in \mathrm{Sp}_q(l)$, whose projection is $s \in \mathrm{Sp}(l)$.

Hence, that change of q-frame RR'^{-1} may be identified with that $S \in \mathrm{Sp}_q(l)$:

$$RR'^{-1} = S \in \mathrm{Sp}_q(l); \quad \text{i.e., } R = SR'. \tag{3.14}$$

Let us choose $q = 2$ and make more precise the definition of a *formal function* $U_{R'}$ on $\check{V}$: from now on, R' *has to be a 2-frame*; then the definition of $U_R = SU_{R'}$ has to be supplemented as follows:

$$R = SR'.$$

Thus the statement of the preceding lemma is simplified as follows:

THEOREM. *Any* $S \in \mathrm{Sp}_2(l)$ *maps any formal function* $U_{R'}$ *defined on* $\check{V} \setminus \check{\Sigma}_R \cup \check{\Sigma}_{R'}$ *into such a formal function* U_R, *where* $R = SR'$. *That mapping is local.*

The preceding theorem makes the following definition possible.

Lagrangian functions on $\check{V}$. *Let* V *be a Lagrangian variety in* Z. *If for each 2-frame* R *a formal function* U_R *is given on* $\check{V} \setminus \check{\Sigma}_R$ *and if*

$$(\forall\, R, R') \qquad U_R = SU_{R'} \quad \text{on } \check{V} \setminus \check{\Sigma}_R \cup \check{\Sigma}_{R'}, \text{ where } S = RR'^{-1},$$

then the set of those U_R *constitutes a Lagrangian function* $\check{U}$ *on* $\check{V}$:

$$\check{U} = \{U_R\}, \quad \text{by definition};$$

U_R *is said to be the expression of* $\check{U}$ *in the 2-frame* R. *Obviously* $\check{U}$ *has a support and a restriction to each open subset of* $\check{V}$:

$$(\check{V} \setminus \check{\Sigma}_R) \cap \mathrm{Supp}(\check{U}) = \mathrm{Supp}(U_R).$$

COMMENT. U_R has on $\check{\Sigma}_R$ singularities, which can be described, using [3] *Maslov's index* m_R: it is a locally constant function $\check{V} \setminus \check{\Sigma}_R \to \mathbf{Z}$, whose topological definition (by means of Kronecker's index; i.e., intersection of chains) is due to *V. I. Arnold* [1] and which has also a geometric definition.

The scalar product $(\cdot\,]\,\cdot)$ of two Lagrangian functions with compact supports can be defined, using the facts that $Sp_2(l)$ is unitary on $\mathcal{K}(X)$ and that there are partitions of the unity into sums of Lagrangian operators with supports in elements of any given open covering of Z.

Lagrangian operators. Let Ω be an open subset of Z; define on Ω a formal function, without phase

$$a^0(\nu, z) = \sum_{r=0}^{\infty} \frac{1}{\nu^r} a_r^0(z),$$

a_r^0 being an infinitely derivable function $\Omega \to \mathbf{C}$. For each frame R, define

$$a_R^0(\nu, x, p) = a^0(\nu, z), \quad \text{where } (x, p) = Rz,$$

and then

$$a_R^{\pm}(\nu, x, p) = \exp\left(\pm \frac{1}{2\nu} \langle \partial/\partial x, \partial/\partial p \rangle\right) a_R^0(\nu, x, p).$$

First, assume a^0, i.e., the a_r, to be polynomial; define the formal differential operator with polynomial coefficients

$$a_R = a_R^+\left[\nu, \overset{(2)}{x}, \frac{1}{\nu} \overset{(1)}{\frac{\partial}{\partial x}}\right] = a_R^-\left[\nu, \overset{(1)}{x}, \frac{1}{\nu} \overset{(2)}{\frac{\partial}{\partial x}}\right],$$

(1) specifying the operators to be applied at first; a_R locally maps a formal function U defined on X [see (3.10)] onto another one of same type and, by means of the projection (3.11) of U_R onto U, a formal function U_R defined on $\check{V} \setminus \check{\Sigma}_R$ onto another one. The set of the a_R constitutes a *Lagrangian operator*: $a = \{a_R\}$, by definition; if $\check{U} = \{U_R\}$ is a Lagrangian function defined on $\check{V}$, then $\{a_R U_R\}$ is also such a function, denoted by

$$a\check{U} = \{a_R U_R\}.$$

Now if formal polynomials tend on Ω to a formal function a^0, then their associated Lagrangian operators have a limit: the *Lagrangian operator a associated to the formal function a^0 defined on Ω.*

If $\check{U}$ is a Lagrangian function defined on $\check{V}$ and if $V \subset \Omega$, *then a maps locally $\check{U}$ onto $a\check{U}$* defined on $\check{V}$.

Assume

$$(\forall z \in \Omega) \qquad a_0^0(z) \neq 0;$$

then a has an inverse a^{-1}, which is still a Lagrangian operator.

4. Lagrangian functions on V: The need of Planck's constant. *The definition of Lagrangian functions on V* makes use of Lagrangian functions on $\check{V}$ and of Poincaré's group $\pi_1[V]$ of V.

Each $\gamma \in \pi_1[V]$ defines a homeomorphism of $\check{V}$: if $\check{z} \in \check{V}$, then $\gamma\check{z} \in \check{V}$, $\check{z}$ and $\gamma\check{z}$ having the same projection on V. $\phi_R \circ \gamma - \phi_R$ is a constant, namely, the period $c_\gamma = \frac{1}{2}\int_\gamma [z, dz]$ of ψ. Therefore, if $U_R = \alpha_R e^{\nu\phi_R}$ is a formal function defined on $\check{V}$, then

$$U_R \circ \gamma^{-1} = \alpha_R \circ \gamma^{-1} e^{\nu\phi_R - \nu c_\gamma}$$

is not a formal function defined on $\check{V}$; indeed, its phase is not ϕ_R, but $\phi_R - c_\gamma$. Obviously the simplest definition of the image, γU_R, which has to be a formal function on $\check{V}$, of U_R by γ is

$$\gamma U_R = e^{(\nu - \nu_0)c_\gamma} U_R \circ \gamma^{-1}, \tag{4.1}$$

ν_0 being a constant we have to choose; since ν is a purely imaginary variable tending to $i\infty$, let us choose

$$\nu_0 \in i[0, \infty[\tag{4.2}$$

and note that there is no reason for making some more specific choice, for instance $\nu_0 = 0$.

In the quantum mechanics, the choice agreeing with the experimental results will be [see §5]

$$\nu_0 = \frac{i}{\hbar} = \frac{2\pi i}{h}, \qquad h \text{ being } \textit{Planck's constant}. \tag{4.3}$$

Once ν_0 is chosen, (4.1) shows how Poincaré's group $\pi_1[V]$ maps formal functions U_R, defined on $\check{V}$ and related to R, onto formal functions of the same kind; $\pi_1[V]$ commutes with $\mathrm{Sp}_2(l)$; therefore $\pi_1[V]$ maps Lagrangian functions $\check{U}$ on $\check{V}$ onto Lagrangian functions on $\check{V}$

$$\text{if } \check{U} = \{U_R\}, \quad \text{then } \gamma\check{U} = \{\gamma U_R\}. \tag{4.4}$$

The group $\pi_1[V]$ commutes with the Lagrangian operators: $a(\gamma\check{U}) = \gamma(a\check{U})$.

Define the *Lagrangian functions* on V as those Lagrangian functions $U = \{U_R\}$ on $\check{V}$ which are *invariant by* $\pi_1[V]$, i.e., such that for some R and hence for any R:

$U_R^0 = \alpha_R e^{\nu_0\phi_R}$ is a function defined on V, with formal numerical values.

A Lagrangian operator a transforms locally a Lagrangian function U on V; aU is a Lagrangian function on V. A Lagrangian function U on V has a support

$$\mathrm{Supp}(U) \subset V. \tag{4.5}$$

Define

$$\mathrm{Supp}(a) = \mathrm{Supp}(a^0) \subset Z, \tag{4.6}$$

where the Lagrangian operator a is associated with the formal function a^0. Then

$$\mathrm{Supp}(aU) \subset \mathrm{Supp}(a) \cap \mathrm{Supp}(U). \tag{4.7}$$

The scalar product $(\cdot\rceil\cdot)$ of two Lagrangian functions on V and V' can be defined, when the intersection of their supports is compact; that definition makes use of $(\cdot\rceil\cdot)$ which essentially differs from $(\cdot\rceil\cdot)$.

$(\cdot \rceil \cdot)$ defines only a quasi-norm: if $\check{U}$ is defined on $\check{V}$, then $(\check{U} \rceil \check{U}) = 0$ does not imply $\check{U} = 0$.

$(\cdot \rceil \cdot)$ defines a *norm* $\|U\|$, which is a *positive formal number without phase*

$$\|U\| = \sum_{r=0}^{\infty} \frac{1}{\nu^r} \alpha_r, \quad \text{where } \alpha_r \in \mathbf{C};$$

"positive" means $i^{-r}\alpha_r$ real, $i^{-s}\alpha_s > 0$, s being the smallest r such that $\alpha_r \neq 0$.

Schwarz's inequality and triangle inequality hold for those scalar products, quasi-norm and norm, strictly for $(\cdot \rceil \cdot)$.

Now *the definition* of the *new structure* called *Lagrangian analysis* is *achieved*.

Nonhomogeneous Lagrangian equation. Let

$$aU = U' \tag{4.8}$$

be that equation, where a is the Lagrangian operator associated with the given formal function

$$a^0 = \sum_{r=0}^{\infty} \frac{1}{\nu^r} a_r^0 \qquad (a_r^0 \colon \Omega \to \mathbf{C}),$$

where U' is a given Lagrangian function on $V \subset \Omega$, the unknown Lagrangian function U having, obviously, to be defined on V. *Assume*

$$(\forall z \in \Omega) \qquad a_0^0(z) \neq 0;$$

then a has an inverse a^{-1}, which is a Lagrangian operator defined on Ω; therefore (4.8) has the unique solution

$$U = a^{-1}U'. \tag{4.9}$$

The homogeneous Lagrangian equation

$$aU = 0 \tag{4.10}$$

is much less trivial: U is defined on a Lagrangian variety V belonging to the variety W where a_0^0 vanishes; assume a_0^0 real-valued; denote $a_0^0 = H$; then W is the hypersurface of Z defined by the equation

$$W\colon H(z) = 0; \tag{4.11}$$

on each Lagrangian variety $V \subset W$, the solutions of (4.10) can be locally constructed by *the W.K.B. method*; the complete discussion of (4.10) is never easy, except for $l = 1$.

The homogeneous Lagrangian system

$$(\forall j = 1, 2, \ldots, l) \qquad a^{(j)}U = 0 \tag{4.12}$$

is especially interesting under the following assumptions: the l Lagrangian operators $a^{(j)}$ *commute* and are associated with *real-valued functions* $H^{(j)}$ defined on a domain Ω of Z. Then U has to be defined on the variety V of Z whose equations are

$$V\colon H^{(1)}(z) = \cdots = H^{(l)}(z) = 0; \tag{4.13}$$

that variety is Lagrangian; indeed the $H^{(J)}$ are in involution (i.e., their Poisson brackets vanish); the amplitude α_R of each expression U_R of U is obtained by the integration on V of closed Pfaffian forms.

5. Application to the quantum mechanics of the hydrogen atom in a constant magnetic field.

Schrödinger's equation. Let H be the Hamiltonian of the electron belonging to that atom; i.e., the Hamiltonian system (2.10) describes the nonquantified trajectories of that nonrelativistic or relativistic electron; then the Lagrangian operator a associated to H is the *Schrödinger* operator or the relativistic Schrödinger operator, i.e., the *Klein-Gordon* operator. H and, therefore, a depend on a parameter E, which is the *energy level* of the electron.

The quantum mechanics asserts that E has a value such that the equation

$$aU = 0 \tag{5.1}$$

has *a nontrivial solution.*

In wave quantum mechanics, the numerical value $\nu_0 = i/\hbar$ is given to ν, U is a function $X \to \mathbf{C}$, U and its gradient U_x have to be square-integrable. U represents a *not-observable* quantity.

That fact allows us to assume that U is a *Lagrangian function* defined on a Lagrangian variety V. Replace the assumption of square-integrability by the following one: *V is compact.* Note that the equation (5.1) has always to be supplemented by two other equations connected to the length of the momentum of the impulse and its component in the direction of the magnetic field. Therefore U has to satisfy a system of three Lagrangian equations. That system belongs to the type (4.12).

That Lagrangian system and the classical system studied in wave quantum mechanics are not equivalent, but the constructions of their solutions have some likeness and finally both of them define *the same energy levels E.*

Their computation becomes extremely *direct* and *simple* if the Lagrangian system is used mod $1/\nu^2$ and therefore U defined mod $1/\nu$.

Dirac's equation can be likewise solved in Lagrangian analysis; that gives anew the standard energy levels, even when the magnetic field is so strong that the Zeeman effect is replaced by the much more complicated Paschen-Back effect.

6. The study of atoms with several electrons by the wave quantum mechanics requires the computing of eigenvalues, which cannot be carried out, except in a few cases, or by using crude approximations suggested by the spirit of the first quantum mechanics. Until now the Lagrangian analysis did not offer better possibilities; see Maslov and his collaborators about the use of crude approximations.

BIBLIOGRAPHY

1. V. I. Arnold, *On a characteristic class intervening in quantum conditions*, Functional Anal. Appl. **1** (1967), 1–14. (Russian with English transl.)

2. V. C. Buslaev, *Quantization and the W. K. B. method*, Trudy Mat. Inst. Steklov **110** (1970), 5–28. (Russian)

3. V. P. Maslov, *Perturbation theory and asymptotic methods*, M. G. U., Moscow, 1965. (Russian)

4. H. Poincaré, *Sur les intégrales irrégulières des équations linéaires*, Acta Math. 8 (1886), 295–344.

5. I. E. Segal, *Foundations of the theory of dynamical systems of infinitely many degrees of freedom*. I, Mat.-Fys. Medd. Danske Vid. Selsk. 31 (1959), 1–39.

6. J. Leray, *Analyse lagrangienne et mécanique quantique*, Séminaire du Collège de France 1976–1977; R. C. P. 25, Strasbourg, 1978.

The present paper is a comment of the preceding preprint, a revised version of which will be published in English by M. I. T. Press, Cambridge, Massachusetts and in Russian by M. I. R., Moscow.

Collège de France, (Math.) F-75231 Paris Cedex 05, France

[1976a]

(avec Y. Hamada et C. Wagschal)

Systèmes d'équations aux dérivées partielles à caractéristiques multiples : probléme de Cauchy ramifié ; hyperbolicité partielle

J. Math. Pures Appl. 55 (1976) 297–352

INTRODUCTION

Cet article a pour objet l'étude du problème de Cauchy linéaire non caractéristique pour des opérateurs analytiques à caractéristiques multiples de multiplicité constante.

La première partie de cette étude est consacrée au problème de Cauchy ramifié; il s'agit du problème

$$(0.1)\qquad \begin{cases} a(x, \mathrm{D})\, u(x) = 0, \\ \mathrm{D}_0^h u(x)\big|_{\mathrm{S}} = w_h(x'), \qquad 0 \leqq h < m, \end{cases}$$

où l'opérateur $a(x, \mathrm{D})$ est un opérateur différentiel linéaire d'ordre m et à coefficients fonctions holomorphes de $x = (x^j)_{0 \leqq j \leqq n}$ au voisinage de l'origine de $\mathbf{C}^{n+1}$, où l'hyperplan $\mathrm{S} : x^0 = 0$ n'est pas caractéristique à l'origine pour cet opérateur et où les données $w_h(x')$, $x' = (x^j)_{1 \leqq j \leqq n}$, holomorphes sont supposées ramifiées autour de l'hyperplan de S :

$$\mathrm{T}: \quad x^0 = x^1 = 0.$$

Nous étudierons le problème (0.1) avec les hypothèses suivantes. Soit $g(x, \xi)$ le polynôme caractéristique de l'opérateur $a(x, \mathrm{D})$; considérons la décomposition de ce polynôme en facteurs irréductibles :

$$g(x, \xi) = \prod_s g_s(x, \xi)^{m_s}$$

et notons d le degré du polynôme réduit

$$g_0(x, \xi) = \prod_s g_s(x, \xi).$$

Nous supposerons que l'équation en $\xi_0 \in \mathbf{C}$:

$$g_0(0; \xi_0, 1, 0, \ldots, 0) = 0$$

admet d racines distinctes; cette hypothèse permet de construire d hypersurfaces caractéristiques issues de T (*cf.* § 1).

Sous les hypothèses précédentes, on a le résultat suivant (*cf.* th. 1.1) :

THÉORÈME 0.1. — *Le problème de Cauchy* (0.1) *admet une unique solution holomorphe ramifiée autour des hypersurfaces caractéristiques issues de* T.

Rappelons que ce théorème a d'abord été démontré par Y. Hamada lorsque les données de Cauchy (w_h) sont uniformes et présentent des singularités polaires ou essentielles : le cas des opérateurs à caractéristiques simples ($m_s = 1$ pour tout s) est traité dans [7], le cas des opérateurs à caractéristiques multiples vérifiant une condition de E. E. Lévi est traité dans [8], puis Y. Hamada [9] et L. Lamport [11] se sont affranchis de cette condition.

C. Wagschal [27] a ensuite montré que le théorème 0.1 subsistait sans aucune hypothèse sur la nature des singularités des données (w_h) pour des opérateurs à caractéristiques simples; l'objet essentiel de la première partie de ce travail est de montrer qu'il en est de même pour des opérateurs à caractéristiques multiples.

La méthode d'étude du problème (0.1) est celle qui a été développée dans [27]; elle consiste essentiellement à chercher la solution de (0.1) sous la forme

$$u(x) = \sum_{i=1}^{d} u^i(k^i(x), x), \tag{0.2}$$

où $k^i(x) = 0$ $(1 \leq i \leq d)$ désigne les hypersurfaces caractéristiques distinctes issues de T; les inconnues $u^i(t, x)$ sont des fonctions de $x \in \mathbf{C}^{n+1}$ et d'une variable t décrivant le revêtement universel $\mathcal{R}$ d'un disque pointé centré à l'origine du plan complexe. Ceci conduit à des équations intégrodifférentielles [*cf.* les équations (3.17)] que nous résolvons par la méthode des approximations successives (*cf.* § 5) : les fonctions u^i sont alors données sous la forme de séries :

$$u^i(t, x) = \sum_{k \in \mathbf{N}} u^i_k(t, x), \tag{0.3}$$

où les fonctions $u^i_k : \mathcal{R} \times \Omega \to \mathbf{C}$ sont holomorphes, Ω désignant un voisinage ouvert de l'origine de $\mathbf{C}^{n+1}$. La principale difficulté de ce travail réside dans la démonstration de la convergence de ces séries; la méthode est celle qui avait été utilisée dans [27]; cette méthode décrite au paragraphe 5 consiste à composer les fonctions $t \to u^i_k(t, x)$ avec des chemins $\gamma : \mathrm{I} \to \mathcal{R}$, $\mathrm{I} = [0, 1]$, de classe $\mathscr{C}^\infty$ tracés sur le revêtement $\mathcal{R}$; on obtient ainsi des fonctions $x \to u^i_k(\gamma(.), x)$ holomorphes dans Ω à valeurs dans l'espace de Fréchet $\mathscr{C}^\infty(\mathrm{I}; \mathbf{C})$; on prouve alors la convergence (sous certaines conditions) des séries $\sum u^i_k(\gamma(s), x)$ dans l'espace $\mathscr{H}(\Omega; \mathscr{C}^\infty(\mathrm{I}; \mathbf{C}))$, d'où l'on déduit la convergence des séries (0.3).

La méthode précédente conduit en fait à la résolution d'un problème de Cauchy généralisé dans des espaces de fonctions holomorphes à valeurs dans des espaces du type de Gevrey (*cf.* th. 5.1). Cette remarque est fondamentale pour la seconde partie de notre travail : grâce à ce théorème 5.1, on peut en effet étudier le problème de Cauchy dans $\mathbf{R}^{n+1}$ pour des opérateurs analytiques partiellement hyperboliques.

Indiquons dans cette introduction le théorème essentiel auquel conduit cette étude. On considère au voisinage de l'origine de $\mathbf{R}^{n+1}$ le problème de Cauchy non caractéristique :

$$(0.4)\qquad \begin{cases} a(x, \mathrm{D})\,u(x) = v(x), \\ \mathrm{D}_0^h u(x)\,|_{\mathrm{S}} = w_h(x'), \qquad 0 \leqq h < m, \end{cases}$$

où $a(x, \mathrm{D})$ est maintenant un opérateur à coefficients **R**-analytiques au voisinage de l'origine de $\mathbf{R}^{n+1}$ ($x = (x^j)_{0 \leqq j \leqq n}$). Etant donné une sous-variété linéaire T de S,

$$\mathrm{T}: \quad x^0 = x^1 = \ldots = x^q = 0 \qquad (1 \leqq q \leqslant n)$$

nous dirons, suivant la terminologie de J. Leray [18], que l'opérateur $a(x, \mathrm{D})$ est *partiellement hyperbolique relativement à* S *modulo* T, si pour tout $\eta = (\eta_1, \ldots, \eta_q) \in \mathbf{R}^q - \{0\}$, l'équation en ξ_0 :

$$g_0(0; \xi_0, \eta, 0, \ldots, 0) = 0$$

admet *d* racines réelles distinctes.

Posons $y = (x^1, \ldots, x^q)$, $z = (x^{q+1}, \ldots, x^n)$ et soit α un nombre $\geqq 1$. Nous supposons les données v et w_h de classe $\mathscr{C}^\infty$ au voisinage de l'origine et qu'il existe une constante $c \geqq 0$ telle que, pour tous les multi-indices de dérivation $p \in \mathbf{N}$, $\beta \in \mathbf{N}^q$, $\gamma \in \mathbf{N}^{n-q}$,

$$(0.5)\qquad \begin{cases} |\,\mathrm{D}_0^p \mathrm{D}_y^\beta \mathrm{D}_z^\gamma v(x^0, y, z)\,| \leqq c^{p+|\beta|+|\gamma|+1}(p!\,\beta!)^\alpha \gamma!, \\ |\,\mathrm{D}_y^\beta \mathrm{D}_z^\gamma w_h(y, z)\,| \leqq c^{|\beta|+|\gamma|+1}(\beta!)^\alpha \gamma!. \end{cases}$$

On a alors le théorème suivant (*cf.* th. 11.1) :

THÉORÈME 0.2. — *On suppose* $1 \leqq \alpha < m_0/(m_0-1)$, *où* $m_0 = \sup m_s$ *désigne l'ordre de multiplicité maximum des facteurs irréductibles du polynôme caractéristique de l'opérateur* $a(x, \mathrm{D})$. *Alors, si* $a(x, \mathrm{D})$ *est partiellement hyperbolique relativement à* S *modulo* T, *le problème de Cauchy* (0.4)-(0.5) *admet au voisinage de l'origine une unique solution de classe de Gevrey* α.

Ce théorème [que complètent, quand T est un hyperplan de S, la remarque 10.3 (domaine d'influence) et la proposition 10.1 (frontière du domaine d'analyticité lorsque $\alpha = 1$)] et en quelque sorte intermédiaire entre le théorème de Cauchy-Kowalewski où aucune hypothèse d'hyperbolicité n'est nécessaire et les théorèmes bien connus concernant des opérateurs hyperboliques non stricts (correspondant à T = S) tels que le théorème 5.7.3 de Hörmander [10], le théorème d'Ohya [20] et les théorèmes de Leray-Ohya ([16] et [17]).

PREMIÈRE PARTIE

Étude du problème de Cauchy ramifié

1. NOTATIONS ET ÉNONCÉ DU THÉORÈME. — Les coordonnées d'un point x de C^{n+1} seront notées $(x^j)_{0 \leqq j \leqq n}$. Si $\alpha = (\alpha_j)_{0 \leqq j \leqq n}$ est un multi-indice à composantes entières, on appelle longueur de α l'entier

$$|\alpha| = \sum_{j=0}^{n} \alpha_j.$$

L'opérateur de dérivation par rapport à la variable x^j $(0 \leqq j \leqq n)$ sera noté D_j et, si $\alpha \in N^{n+1}$ est un multi-indice de dérivation, nous poserons

$$D^\alpha = D_0^{\alpha_0} \times \ldots \times D_n^{\alpha_n}.$$

On considère dans C^{n+1} une matrice carrée d'ordre N d'opérateurs différentiels linéaires à coefficients holomorphes dans un voisinage ouvert Ω de l'origine

$$(1.1) \qquad (a_\mu^\nu(x, D))_{1 \leqq \mu, \nu \leqq N}.$$

On note m_μ^ν l'ordre de l'opérateur a_μ^ν (on convient que l'ordre de l'opérateur identiquement nul est $-\infty$) et on pose [1].

$$m = \sup_{\pi \in \mathscr{P}} \sum_{\mu=1}^{N} m_\mu^{\pi(\mu)},$$

où $\mathscr{P}$ désigne l'ensemble des permutations de $[1, N]$. Nous supposerons que $m \geqq 0$.

Chaque opérateur $a_\mu^\nu(x, D)$ se met sous la forme

$$a_\mu^\nu(x, D) = \sum_\alpha a_{\mu,\alpha}^\nu(x) D^\alpha$$

et on lui associe le polynôme à $n+1$ indéterminées, notées $\xi = (\xi_j)_{0 \leqq j \leqq n}$,

$$a_\mu^\nu(x, \xi) = \sum_\alpha a_{\mu,\alpha}^\nu(x) \xi^\alpha, \qquad \text{où} \quad \xi^\alpha = \xi_0^{\alpha_0} \times \ldots \times \xi_n^{\alpha_n}.$$

On construit ainsi une matrice de polynômes, dont le déterminant est un polynôme en ξ de degré au plus égal à m; la partie homogène de degré m est appelée *polynôme caractéristique* du système (1.1) : il sera noté $g(x, \xi)$.

Dans tout ce qui suit nous supposerons que l'hyperplan

$$S: \quad x^0 = 0$$

n'est pas caractéristique par rapport à ce polynôme $g(x, \xi)$, c'est-à-dire que

$$g(x, \xi) \neq 0 \quad \text{pour } \xi = (1, 0, \ldots, 0) \text{ et tout } x \in \Omega.$$

[1] On adopte les règles de calcul suivantes : si $x \in N \cup \{-\infty\}$, $x + (-\infty) = -\infty$ et $-\infty < x$.

On se donne enfin un système de poids de Leray-Volevič associé à la matrice des ordres (m_μ^ν), c'est-à-dire (*cf.* [13], chap. VIII, [3] et [25]) une suite de 2 N entiers $\geqq 0$, $\sigma = (t_1, \ldots, t_N, s_1, \ldots, s_N)$ telle que

(1.2)
$$\begin{cases} \forall (\mu, \nu) \in [1, N]^2, & m_\mu^\nu \leqq t_\nu - s_\mu, \\ m = \sum_{\nu=1}^{N} t_\nu - \sum_{\mu=1}^{N} s_\mu. \end{cases}$$

Rappelons (*cf.* [3], [4], [25] et [26]) que le problème de Cauchy, où $x' = (x^j)_{1 \leqq j \leqq n}$,

(1.3)
$$\begin{cases} \sum_{\nu=1}^{N} a_\mu^\nu(x, D) u_\nu(x) = v_\mu(x), & 1 \leqq \mu \leqq N, \\ D_0^h u_\nu(x)|_S = w_{\nu,h}(x'), & 1 \leqq \nu \leqq N, \quad 0 \leqq h < t_\nu, \end{cases}$$

admet une unique solution holomorphe au voisinage de l'origine lorsque les fonctions (v_μ) et $(w_{\nu,h})$ holomorphes au voisinage de l'origine vérifient les conditions de compatibilité [2] :

(1.4)
$$v_\mu(x) - \sum_{\nu=1}^{N} a_\mu^\nu(x, D) w_\nu(x) \text{ s'annule } s_\mu \text{ fois sur S,}$$

où les fonctions (w_ν) holomorphes au voisinage de l'origine sont telles que

(1.5)
$$D_0^h w_\nu(x)|_S = w_{\nu,h}(x'), \qquad 1 \leqq \nu \leqq N, \quad 0 \leqq h < t_\nu.$$

Ces conditions de compatibilité (1.4) ne dépendent pas du choix des fonctions (w_ν) assujetties à (1.5), d'après les relations (1.2).

On se propose alors d'étudier le problème de Cauchy (1.3) lorsque les fonctions $(w_{\nu,h})$ présentent des singularités sur une sous-variété analytique complexe de S de codimension un, que nous prendrons sous la forme

$$T: \quad x^0 = x^1 = 0.$$

Plus précisément, soit $\Omega_1 \subset \Omega$ un voisinage ouvert de l'origine tel que $\Omega_1 \cap (S-T)$ soit connexe et donnons-nous au voisinage (relativement à S) d'un point $y \in \Omega_1 \cap (S-T)$ des fonctions holomorphes $(w_{\nu,h})$ se prolongeant analytiquement au revêtement universel [3] $\mathcal{R}(\Omega_1 \cap (S-T))$ en des fonctions que nous noterons encore $(w_{\nu,h})$, soit [4] :

$$w_{\nu,h} \in \mathcal{H}(\mathcal{R}(\Omega_1 \cap (S-T))).$$

Supposons provisoirement les seconds membres (v_μ) holomorphes dans Ω_1; alors, si les conditions de compatibilité (1.4) sont vérifiées au voisinage de y, le problème de

[2] On dit qu'une fonction u s'annule t fois sur S ($t \in \mathbb{N}$), si ses dérivées d'ordre $0, \ldots, t-1$ sont nulles sur S.

[3] Pour toute variété analytique complexe connexe V, on note $\mathcal{R}$ (V) le revêtement universel de V muni de sa structure de variété analytique complexe.

[4] Pour toute variété analytique complexe V, $\mathcal{H}$ (V) désigne l'algèbre des fonctions holomorphes sur V à valeurs complexes.

Cauchy (1.3) admet une unique solution holomorphe au voisinage de ce point y. On se propose de préciser le support singulier de cette fonction holomorphe au voisinage de l'origine. Lorsque les hypersurfaces caractéristiques issues de T sont simples, on sait d'après [27] que cette solution se prolonge analytiquement le long de tout chemin d'origine y, suffisamment voisin de l'origine et ne rencontrant pas ces hypersurfaces. On se propose de montrer que le même résultat subsiste pour un opérateur à caractéristiques multiples de multiplicité constante.

De façon plus précise, notons A l'anneau des polynômes à $n+1$ indéterminées à coefficients dans l'anneau des germes de fonctions holomorphes à l'origine; cet anneau A étant factoriel, décomposons le polynôme caractéristique $g(x, \xi)$ en facteurs irréductibles dans A :

$$g(x, \xi) = \prod_s [g_s(x, \xi)]^{m_s};$$

l'entier $m_s \geqq 1$ est appelé la multiplicité du facteur irréductible $g_s(x, \xi)$; les polynômes $g_s(x, \xi)$ sont homogènes et à coefficients holomorphes au voisinage de l'origine; sans restreindre la généralité, on peut supposer ces coefficients holomorphes dans Ω. Nous poserons en outre

$$d_s = \text{degré}(g_s(x, \xi)),$$

$$(1.6) \qquad d = \sum_s d_s;$$

on a donc

$$(1.7) \qquad m = \sum_s m_s d_s.$$

Considérons alors le polynôme réduit de degré d :

$$g_0(x, \xi) = \prod_s g_s(x, \xi);$$

nous supposerons que T *n'est pas caractéristique*, c'est-à-dire que l'équation en ξ_0 :

$$g_0(0; \xi_0, 1, 0, \ldots, 0) = 0$$

admet d racines distinctes $(\xi_0^i)_{1 \leqq i \leqq d}$. Nous noterons alors k^i la solution du problème de Cauchy du premier ordre :

$$(1.8) \qquad \begin{cases} g_0(x, \operatorname{grad} k^i(x)) = 0, \\ k^i(x) = x^1 \quad \text{pour} \quad x^0 = 0, \\ \operatorname{grad} k^i(0) = (\xi_0^i, 1, 0, \ldots, 0); \end{cases}$$

ces fonctions k^i sont définies et holomorphes au voisinage de l'origine; on peut évidemment les supposer définies et holomorphes dans tout Ω.

On construit ainsi d hypersurfaces caractéristiques issues de T :

$$K^i: \quad k^i(x) = 0, \qquad 1 \leqq i \leqq d.$$

Nous pouvons préciser maintenant *les hypothèses de ramification* concernant les fonctions (v_μ); nous supposerons qu'il existe des fonctions holomorphes au voisinage de y :

$$v_\mu^i, \qquad 1 \leqq i \leqq d, \quad 1 \leqq \mu \leqq N,$$

se prolongeant analytiquement au revêtement universel $\mathscr{R}(\Omega_1 - K^i)$ (on peut évidemment supposer $\Omega_1 - K^i$ connexe) telles que

$$v_\mu = \sum_{i=1}^{d} v_\mu^i; \tag{1.9}$$

les fonctions v_μ se prolongent donc analytiquement le long de tout chemin d'origine y tracé dans $\Omega_1 - \bigcup_{i=1}^{d} K^i$; on suppose, bien sûr, que les conditions de compatibilité (1.4) sont vérifiées au voisinage de y.

Nous démontrerons alors le théorème suivant :

THÉORÈME 1.1. — *Sous les hypothèses précédentes* (S *et* T *non caractéristiques, ramification des* v_μ), *il existe un voisinage ouvert de l'origine* Ω_2 *contenant le point* y *tel que* $\Omega_2 - K^i$ *soit connexe et il existe des fonctions* u_ν^i ($1 \leqq i \leqq d$, $1 \leqq \nu \leqq N$) *holomorphes au voisinage de* y *et se prolongeant analytiquement à* $\mathscr{R}(\Omega_2 - K^i)$ *telles que*

$$u_\nu(x) = \sum_{i=1}^{d} u_\nu^i(x)$$

soit la solution du problème de Cauchy (1.3).

La solution du problème de Cauchy (1.3) se prolonge donc analytiquement le long de tout chemin d'origine y tracé dans $\Omega_2 - \bigcup_{i=1}^{d} K^i$.

Note. — L'ouvert Ω_2 ne dépend que du système donné (a_μ^ν) et de l'ouvert Ω_1.

2. RÉDUCTION DU PROBLÈME RAMIFIÉ A SON TYPE LE PLUS SIMPLE. — Pour étudier le problème de Cauchy (1.3) nous allons d'abord nous ramener au cas où *les données de Cauchy sont nulles*; nous ferons ensuite *une diagonalisation* du système telle que *les ordres de multiplicité* des diverses caractéristiques deviennent *tous égaux*.

Utilisons d'abord le résultat suivant de [27] (§ 4) : il existe un voisinage ouvert de l'origine que nous noterons encore Ω_1 et des fonctions (w_ν^i) holomorphes au voisinage de y, se prolongeant analytiquement à $\mathscr{R}(\Omega_1 - K^i)$ telles que les fonctions

$$w_\nu = \sum_{i=1}^{d} w_\nu^i$$

vérifient (1.5) : il en résulte que ces fonctions vérifient (1.4). En prenant les fonctions $u_\nu - w_\nu$ comme nouvelles inconnues, on peut donc supposer nulles les données de Cauchy $(w_{\nu,h})$; les conditions de compatibilité (1.4) s'écrivent alors

$$v_\mu \text{ s'annule } s_\mu \text{ fois sur S.} \tag{2.1}$$

La diagonalisation sera faite en tenant compte de la multiplicité des différentes caractéristiques de la façon suivante.

Considérons la matrice σ-caractéristique, c'est-à-dire [25] la matrice $(g_\mu^\nu(x, \xi))_{1 \leqq \mu, \nu \leqq N}$, où $g_\mu^\nu(x, \xi)$ est la partie homogène de degré $t_\nu - s_\mu$ du polynôme $a_\mu^\nu(x, \xi)$; il résulte de (1.2) que

$$g(x, \xi) = \text{dét}(g_\mu^\nu(x, \xi)). \tag{2.2}$$

Notons $G_\mu^\nu(x, \xi)$ le cofacteur de $g_\nu^\mu(x, \xi)$ dans la matrice σ-caractéristique; $G_\mu^\nu(x, \xi)$ est un polynôme homogène en ξ et, d'après (1.2),

$$\text{degré } G_\mu^\nu(x, \xi) = m - (t_\mu - s_\nu). \tag{2.3}$$

Posons, d'autre part,

$$\hat{g}(x, \xi) = \prod_s g_s(x, \xi)^{m_0 - m_s}$$

et

$$h(x, \xi) = \hat{g}(x, \xi)\, g(x, \xi) = g_0(x, \xi)^{m_0},$$

où $m_0 = \operatorname{Max}_s m_s$ désigne l'ordre maximal de multiplicité des caractéristiques; le polynôme homogène $h(x, \xi)$ est de degré $m_1 = m_0 d$ et le polynôme homogène $\hat{g}(x, \xi)$ est donc de degré $m_1 - m$. Il en résulte, en posant

$$H_\mu^\nu(x, \xi) = \hat{g}(x, \xi)\, G_\mu^\nu(x, \xi)$$

que

$$\text{degré } H_\mu^\nu(x, \xi) = m_1 - (t_\mu - s_\nu). \tag{2.4}$$

Soient $H_\mu^\nu(x, D)$ des opérateurs différentiels dont le polynôme caractéristique soit précisément $H_\mu^\nu(x, \xi)$; étant donné que

$$\sum_{\nu=1}^{N} g_\mu^\nu(x, \xi)\, H_\nu^\lambda(x, \xi) = \delta_\mu^\lambda\, h(x, \xi) \quad (\delta_\mu^\lambda : \text{symbole de Kronecker}).$$

l'opérateur

$$\sum_{\nu=1}^{N} g_\mu^\nu(x, D) \circ H_\nu^\lambda(x, D)$$

est d'ordre $\leqq t_\nu - s_\mu + m_1 - (t_\nu - s_\lambda)$, soit $m_1 + s_\lambda - s_\mu$, et le polynôme caractéristique de cet opérateur, en tant qu'opérateur d'ordre $m_1 + s_\lambda - s_\mu$, est égal à $\delta_\mu^\lambda\, h(x, \xi)$. Si $h(x, D)$ est un opérateur différentiel admettant pour polynôme caractéristique le polynôme $h(x, \xi)$, on a donc

$$\sum_{\nu=1}^{N} a_\mu^\nu(x, D) \circ H_\nu^\lambda(x, D) = \delta_\mu^\lambda\, h(x, D) + b_\mu^\lambda(x, D),$$

où

$$\text{ordre } (b_\mu^\lambda(x, D)) \leqq m_1 + s_\lambda - s_\mu - 1.$$

Cherchons alors la solution du problème (1.3) (où $w_{\nu,h} \equiv 0$) sous la forme

$$u_\nu(x) = \sum_{\lambda=1}^{N} H_\nu^\lambda(x, D)\,\hat{u}_\lambda(x). \tag{2.5}$$

Pour que u_ν s'annule t_ν fois sur S, il suffit, d'après (2.4), d'imposer à $\hat{u}_\lambda$ de s'annuler m_1+s_λ fois sur S. Il en résulte que (2.5) sera la solution de (1.3), si $(\hat{u}_\nu)$ est solution de

$$\begin{cases} h(x, D)\,\hat{u}_\mu(x) + \sum_{\nu=1}^{N} b_\mu^\nu(x, D)\,\hat{u}_\nu(x) = v_\mu(x), \qquad 1 \leqq \mu \leqq N, \\ \hat{u}_\nu \text{ s'annule } m_1 + s_\nu \text{ fois sur S.} \end{cases} \tag{2.6}$$

Ce problème de Cauchy (2.6) est un problème de Cauchy avec poids (*cf.* [25]) : l'ordre total du système est $N\,m_1$; on peut prendre comme système de poids

$$\hat{\sigma} = (\hat{t}_1, \ldots, \hat{t}_N, \hat{s}_1, \ldots, \hat{s}_N):$$

$$\hat{t}_\nu = m_1 + s_\nu, \qquad \hat{s}_\mu = s_\mu;$$

les conditions de compatibilité correspondantes sont bien vérifiées d'après (2.1). En outre, on remarque que le système (2.6) est $\hat{\sigma}$-diagonal (*cf.* [25]), exemple 4.1) : il en résulte que *le problème* (2.6) *est équivalent au problème*

$$\begin{cases} h(x, D)\,\hat{u}_\mu(x) + \sum_{\nu=1}^{N} b_\mu^\nu(x, D)\,\hat{u}_\nu(x) = v_\mu(x), \qquad 1 \leqq \mu \leqq N, \\ \hat{u}_\nu \text{ s'annule } m_1 \text{ fois sur S.} \end{cases} \tag{2.7}$$

3. Substitution au problème ramifié d'un problème intégro-différentiel, non ramifié, contenant une variable supplémentaire. — Il s'agit d'étudier le problème de Cauchy (2.7), les fonctions v_μ étant données sous la forme (1.9). Nous allons transformer ce problème en un problème de Cauchy « généralisé » à $n+2$ variables, où l'une des variables décrit le revêtement universel d'un disque pointé du plan complexe.

Nous utiliserons les notations suivantes. Pour tout $\omega > 0$, posons

$$\mathbf{D}_\omega = \{ t \in \mathbf{C} \mid |t| < \omega \}, \qquad \dot{\mathbf{D}}_\omega = \mathbf{D}_\omega - \{0\},$$

et notons $\mathcal{R}_\omega$ le *revêtement universel de ce disque pointé.* Soit $a \in \dot{\mathbf{D}}_\omega$; a sera nommé *point de base* de $\mathbf{D}_\omega$; tout point $\tilde{t} \in \mathcal{R}_\omega$ peut être considéré comme la classe d'homotopie avec extrémités fixes d'un chemin d'origine a :

$$\gamma : \mathrm{I} \to \mathbf{D}_\omega, \qquad \text{où} \quad \mathrm{I} = [0, 1]; \tag{3.1}$$

si $t = \gamma(1)$ désigne l'extrémité de ce chemin, notons $\pi : \mathcal{R}_\omega \to \dot{\mathbf{D}}_\omega$ l'application $\tilde{t} \to t$, dite projection canonique. La classe d'homotopie du lacet constant $\gamma(\theta) = a$, $\theta \in \mathrm{I}$, sera notée $\tilde{a} \in \mathcal{R}_\omega$; $\tilde{a}$ sera nommé *point de base* de $\mathcal{R}_\omega$. Rappelons enfin que le chemin (3.1) se relève de façon unique en un chemin $\tilde{\gamma} : \mathrm{I} \to \mathcal{R}_\omega$ tel que $\gamma = \pi \circ \tilde{\gamma}$ et $\tilde{\gamma}(0) = \tilde{a}$.

Soit $u(t)$ une fonction, holomorphe au voisinage du point a, qui se prolonge analytiquement le long de tout chemin d'origine a tracé dans $\dot{\mathbf{D}}_\omega$; le prolongement analytique de u est une fonction holomorphe sur $\mathcal{R}_\omega$ qui sera encore notée u. Les dérivées d'ordre $j \in \mathbf{N}$ et les primitives d'ordre $-j \in \mathbf{N}$, s'annulant $-j$ fois en $\tilde{a}$, d'une telle fonction seront notées $D_t^j u : \mathcal{R}_\omega \to \mathbf{C}$; en supposant le chemin (3.1) de classe $\mathcal{C}^1$, on a donc

$$(3.2)\qquad D_t^{-1} u(\tilde{t}) = \int_{\tilde{\gamma}} u(\zeta)\, d\zeta = \int_0^1 u(\tilde{\gamma}(\theta))\,\gamma'(\theta)\, d\theta, \qquad \text{où} \quad \tilde{t} = \tilde{\gamma}(1).$$

Note. — On a $D_t^j \circ D_t^k = D_t^{j+k}$ lorsque $j \in \mathbf{N}$, ou bien lorsque $-k \in \mathbf{N}$.

Nous choisirons le point $a \in \mathbf{C} - \{0\}$ de la façon suivante : étant donné que $y \in \mathrm{S}$, il résulte de (1.8) que $k^i(y) = y^1$ pour tout $i \in [1, d]$; nous prendrons

$$(3.3)\qquad a = k^i(y) = y^1;$$

le point y étant un point quelconque de $\Omega_1 \cap (\mathrm{S} - \mathrm{T})$, on observera que le point a peut être pris arbitrairement voisin de l'origine : le choix définitif ne sera fait qu'ultérieurement.

On observe alors (*cf.* [27]), § 5) qu'il existe :

(i) un nombre $\omega > 0$;

(ii) un voisinage ouvert simplement connexe de l'origine $\Omega_2 \subset \Omega$, tel que $k^i(\Omega_2) \subset \dot{\mathbf{D}}_\omega$;

(iii) des fonctions $\hat{v}_\mu^i(t, x)$ holomorphes au voisinage du point (a, y) [on peut évidemment supposer $(a, y) \in \dot{\mathbf{D}}_\omega \times \Omega_2$], se prolongeant analytiquement à $\mathcal{R}_\omega \times \Omega_2$ telles que l'on ait au voisinage de y,

$$(3.4)\qquad v_\mu^i(x) = \hat{v}_\mu^i(k^i(x), x).$$

Nous chercherons alors la solution du problème (2.7) sous une forme analogue à celle des seconds membres (3.4). Donnons-nous un entier

$$(3.5)\qquad s_0 \geqq \max_{1 \leqq \mu \leqq \mathrm{N}} s_\mu + m_0 - 1$$

et cherchons *a priori* $(\hat{u}_\nu)$ sous la forme

$$(3.6)\qquad \hat{u}_\nu(x) = \sum_{i=1}^{d} D_t^{s_0 - s_\nu} \hat{u}_\nu^i(k^i(x), x);$$

il s'agit de déterminer des fonctions $\hat{u}_\nu^i(t, x)$ holomophes au voisinage du point (a, y), se prolongeant analytiquement à $\mathcal{R}_{\omega'} \times \Omega'$, où ω' est un nombre strictement positif et Ω' un voisinage ouvert simplement connexe de l'origine à déterminer, de telle sorte que (3.6) soit la solution du problème (2.7).

Pour que (3.6) soit la solution de (2.7), il suffit que l'on ait [en supprimant les chapeaux coiffant les fonctions figurant dans (3.4) et (3.6)] :

$$(3.7)\qquad h(x, D)\, D_t^{s_0 - s_\mu} u_\mu^i(k^i(x), x) + \sum_{\nu=1}^{\mathrm{N}} b_\mu^\nu(x, D)\, D_t^{s_0 - s_\nu} u_\nu^i(k^i(x), x) = v_\mu^i(k^i(x), x),$$

$$\mathrm{D}_0^h\left(\sum_{i=1}^{d} \mathrm{D}_t^{s_0-s_\nu} u_\nu^i(k^i(x), x)\right)\bigg|_{x^0=0} = 0, \qquad 0 \leqq h < m_1. \tag{3.8}$$

Précisons le choix de l'opérateur $h(x, \mathrm{D})$. Soient $g_0(x, \mathrm{D})$ un opérateur différentiel admettant le polynôme $g_0(x, \xi)$ pour polynôme caractéristique; nous choisissons

$$h(x, \mathrm{D}) = [g_0(x, \mathrm{D})]^{m_0}.$$

D'après le lemme 5.1 de [27], il existe des opérateurs différentiels linéaires $\mathrm{P}_l^i(x, \mathrm{D})$ à coefficients holomorphes dans Ω, d'ordre $\leqq l$, tels que, pour toute fonction holomorphe $u(t, x)$, on ait

$$g_0(x, \mathrm{D})\, u(k^i(x), x) = \sum_{l=1}^{d} \mathrm{P}_l^i(x, \mathrm{D})\, \mathrm{D}_t^{d-l} u(t, x)\big|_{t=k^i(x)};$$

on a en outre

$$\mathrm{P}_1^i(x, \mathrm{D})_0 . = \sum_{j=0}^{n} \mathrm{D}_{\xi_j} g_0(x, \operatorname{grad} k^i(x))\, \mathrm{D}_{j0} . + a^i(x).. \tag{3.9}$$

Il en résulte que

$$h(x, \mathrm{D})\, u(k^i(x), x) = \sum_{l=m_0}^{m_1} \mathrm{Q}_l^i(x, \mathrm{D})\, \mathrm{D}_t^{m_1-l} u(t, x)\big|_{t=k^i(x)},$$

où les opérateurs $\mathrm{Q}_l^i(x, \mathrm{D})$ linéaires et à coefficients holomorphes dans Ω sont d'ordre $\leqq l$; de plus

$$\mathrm{Q}_{m_0}^i(x, \mathrm{D}) = [\mathrm{P}_1^i(x, \mathrm{D})]^{m_0}. \tag{3.10}$$

Ceci prouve que

$$h(x, \mathrm{D})\, \mathrm{D}_t^{s_0-s_\mu} u_\mu^i(k^i(x), x) = \sum_{l=m_0}^{m_1} \mathrm{Q}_l^i(x, \mathrm{D})\, \mathrm{D}_t^{s_0-s_\mu+m_1-l} u_\mu^i(t, x)\big|_{t=k^i(x)}. \tag{3.11}$$

D'après le lemme 5.1 de [27], il existe d'autre part des opérateurs $\mathrm{Q}_{\mu, l}^{\nu, i}(x, \mathrm{D})$ linéaire et à coefficients holomorphes dans Ω d'ordre $\leqq l$ tels que

$$b_\mu^\nu(x, \mathrm{D})\, \mathrm{D}_t^{s_0-s_\nu} u_\nu^i(k^i(x), x) = \sum_{l=0}^{l(\mu, \nu)} \mathrm{Q}_{\mu, l}^{\nu, i}(x, \mathrm{D})\, \mathrm{D}_t^{s_0-s_\mu+m_1-l-1} u_\nu^i(t, x)\big|_{t=k^i(x)}, \tag{3.12}$$

où $l(\mu, \nu) = m_1 + s_\nu - s_\mu - 1$.

D'après (3.11) et (3.12), les relations (3.7) sont donc équivalentes à la condition que les relations

$$\sum_{l=m_0}^{m_1} \mathrm{Q}_l^i(x, \mathrm{D})\, \mathrm{D}_t^{s_0-s_\mu+m_1-l} u_\mu^i(t, x) + \sum_{\nu=1}^{\mathrm{N}} \sum_{l=0}^{l(\mu, \nu)} \mathrm{Q}_{\mu, l}^{\nu, i}(x, \mathrm{D})\, \mathrm{D}_t^{s_0-s_\mu+m_1-l-1} u_\nu^i(t, x) = v_\mu^i(t, x)$$

soient vérifiées moyennant la restriction : $t = k^l(x)$; *nous omettrons cette restriction.* Etant donné que $s_0 - s_\mu + m_1 - m_0 \geqq 0$ d'après le choix de s_0, ces relations seront *a fortiori* vérifiées si

$$\sum_{l=m_0}^{m_1} Q_l^i(x, D) D_t^{m_0-l} u_\mu^i(t, x) + \sum_{\nu=1}^{N} \sum_{l=0}^{l(\mu,\nu)} Q_{\mu,l}^{\nu,i}(x, D) D_t^{m_0-l-1} u_\nu^i(t, x) = D_t^{-(s_0-s_\mu+m_1-m_0)} v_\mu^i(t, x).$$

Notons enfin que dans l'opérateur $Q_{m_0}^i(x, D)$ le coefficient de $D_0^{m_0}$ est égal à $(D_{\xi_0} g_0(x, \operatorname{grad} k^i(x)))^{m_0}$ d'après (3.9) et (3.10); on peut supposer que ce coefficient ne s'annule pas dans Ω : il est en effet non nul pour $x = 0$ d'après l'hypothèse que T n'est pas caractéristique. Les équations précédentes peuvent donc s'écrire sous la forme :

$$\text{(3.13)}\qquad D_0^{m_0} u_\mu^i(t, x) = \sum_{l=m_0}^{m_1} R_l^i(x, D) D_t^{m_0-l} u_\mu^i(t, x) + \sum_{\nu=1}^{N} \sum_{l=0}^{l(\mu,\nu)} R_{\mu,l}^{\nu,i}(x, D) D_t^{m_0-l-1} u_\nu^i(t, x) + v_\mu'^i(t, x),$$

où les opérateurs R_l^i, $R_{\mu,l}^{\nu,i}$ sont d'ordre $\leqq l$,

$$\text{(3.14)}\qquad \operatorname{ordre}_{x^0}(R_{m_0}^i(x, D)) < m_0$$

et

$$v_\mu'^i(t, x) = [D_{\xi_0} g_0(x, \operatorname{grad} k^i(x))]^{-m_0} D_t^{-(s_0-s_\mu+m_1-m_0)} v_\mu^i(t, x).$$

Il s'agit maintenant de satisfaire aux données de Cauchy (3.8). Nous utiliserons le lemme suivant, dont la démonstration est immédiate :

LEMME 3.1. — *Soit $k(x)$ une fonction holomorphe et soit h un entier $\geqq 0$. Il existe des opérateurs $P_l^h(x, D_0)$ $(0 \leqq l \leqq h)$ linéaires et à coefficients holomorphes tels que pour toute fonction holomorphe $u(t, x)$*

$$D_0^h u(k(x), x) = \sum_{l=0}^{h} P_l^h(x, D_0) D_t^{h-l} u(t, x)\big|_{t=k(x)}.$$

De plus, la partie principale de l'opérateur $P_l^h(x, D_0)$ est égale à

$$\binom{h}{l}[D_0 k(x)]^{h-l} D_0^l, \qquad \textit{où} \quad \binom{h}{l} = \frac{h!}{l!(h-l)!}.$$

D'après ce lemme, on a donc

$$D_0^h\left(\sum_{i=1}^{d} D_t^{s_0-s_\nu} u_\nu^i(k^i(x), x)\right) = \sum_{i=1}^{d} \sum_{l=0}^{h} P_l^{i,h}(x, D_0) D_t^{s_0-s_\nu+h-l} u_\nu^i(t^i, x)\big|_{t^i=k^i(x)},$$

où les opérateurs $P_l^{i,h}(x, D_0)$ sont linéaires, à coefficients holomorphes dans Ω et d'ordre $\leqq l$. Etant donné que $k^i(x) = x^1$ pour $x^0 = 0$, les données de Cauchy (3.8) sont donc équivalentes à la condition que les relations

$$\sum_{i=1}^{d} \sum_{l=0}^{h} P_l^{i,h}(x, D_0) D_t^{s_0-s_\nu+h-l} u_\nu^i(t, x)\big|_{x^0=0} = 0, \qquad 0 \leqq h < m_1,$$

soient vérifiées moyennant la restriction : $t = k^i(x)$; *nous omettrons cette restriction.* D'après le lemme 3.1 et vu que $h \geqq 0$, ces équations seront *a fortiori* vérifiées si

$$(3.15)\quad \sum_{i=1}^{d}\sum_{l=0}^{m_0-1}\binom{h}{l}[D_0 k^i(x')]^{h-l} D_0^l D_t^{s_0-s_\nu-l} u_\nu^i(t, 0, x')$$
$$= \sum_{i=1}^{d}\sum_{l=m_0}^{h} Q_l^{i,h}(x', D_0) D_t^{s_0-s_\nu-l} u_\nu^i(t, 0, x')$$
$$+ \sum_{i=1}^{d}\sum_{l=1}^{m_0-1} R_{l-1}^{i,h}(x', D_0) D_t^{s_0-s_\nu-l} u_\nu^i(t, 0, x'), \qquad 0 \leqq h < m_1, \quad 1 \leqq \nu \leqq N,$$

où les opérateurs $Q_l^{i,h}$ et $R_l^{i,h}$ sont d'ordre $\leqq l$ et où l'on convient que

$$\binom{h}{l} = 0 \qquad \text{lorsque} \quad h < l,$$
$$\sum_{l=m_0}^{h} \ldots \equiv 0 \qquad \text{lorsque} \quad h < m_0,$$
$$\sum_{l=1}^{m_0-1} \ldots \equiv 0 \qquad \text{lorsque} \quad m_0 = 1.$$

Les équations (3.15) constituent, ν étant fixé, un système linéaire dont les inconnues sont les fonctions

$$D_0^l D_t^{s_0-s_\nu-l} u_\nu^i(t, 0, x'), \qquad 1 \leqq i \leqq d, \quad 0 \leqq l \leqq m_0-1,$$

la matrice de ce système linéaire étant la matrice d'éléments

$$\binom{h}{l}[D_0 k^i(x')]^{h-l},$$

où l'indice de ligne h varie de 0 à $m_1 - 1$ et les indices de colonne i et l varient respectivement de 1 à d et de 0 à $m_0 - 1$ (rappelons que $m_1 = m_0 d$). Ce système linéaire est un système de Cramer d'après le lemme 6 de [1] : en effet les d nombres $D_0 k^i(0) = \xi_0^i$ sont distincts; on peut donc supposer distinctes dans $\Omega \cap S$ les d fonctions $D_0 k^i(x')$. La résolution du système (3.15) conduit à des équations équivalentes de la forme suivante :

$$D_0^h D_t^{s_0-s_\nu-h} u_\nu^i(t, 0, x') = \sum_{j=1}^{d}\sum_{l=m_0}^{m_1-1} Q_l^{i,j,h}(x', D_0) D_t^{s_0-s_\nu-l} u_\nu^j(t, 0, x')$$
$$+ \sum_{j=1}^{d}\sum_{l=1}^{m_0-1} R_{l-1}^{i,j,h}(x', D_0) D_t^{s_0-s_\nu-l} u_\nu^j(t, 0, x'), \qquad 0 \leqq h < m_0.$$

où les opérateurs $Q_l^{i,j,h}$ et $R_l^{i,j,h}$ sont d'ordre $\leqq l$.

D'après (3.5), on a $s_0 - s_\nu - h \geqq 0$ lorsque $1 \leqq \nu \leqq N$, $0 \leqq h < m_0$; les équations précédentes seront donc *a fortiori* vérifiées si

$$(3.16)\quad \begin{cases} D_0^h u_\nu^i(t, 0, x') = \displaystyle\sum_{j=1}^{d}\sum_{l=m_0}^{m_1-1} Q_l^{i,j,h}(x', D_0) D_t^{h-l} u_\nu^j(t, 0, x') \\ \qquad + \displaystyle\sum_{j=1}^{d}\sum_{l=1}^{m_0-1} R_{l-1}^{i,j,h}(x', D_0) D_t^{h-l} u_\nu^j(t, 0, x'), \qquad 0 \leqq h < m_0. \end{cases}$$

Il s'agit maintenant d'étudier le problème (3.13)−(3.16). Les inconnues (u_μ^i) de ce problème sont indexées par deux indices (i et μ); pour simplifier les notations nous utiliserons des notations vectorielles; le problème (3.13)−(3.16) est un cas particulier [à savoir le cas : $m = m_0$, $n_1 = n_2 = 1$ donc $l(h) = 1$] du problème suivant :

$$(3.17)\quad \begin{cases} D_0^m u(t, x) = \sum\limits_{l=m}^{n_0} A_l^m(x, D)\, D_t^{m-l} u(t, x) + \sum\limits_{l=n_1}^{m-1} B_{l-n_2}^m(x, D)\, D_t^{m-l} u(t, x) + w_m(t, x), \\ D_0^h u(t, x) - \sum\limits_{l=h}^{n_0} A_l^h(x, D)\, D_t^{h-l} u(t, x) \\ \qquad - \sum\limits_{l=l(h)}^{h-1} B_{l-n_2}^h(x, D)\, D_t^{h-l} u(t, x) - w_h(t, x) = o(x^0), \qquad 0 \leqq h < m, \end{cases}$$

où les entiers m, n_0, n_1, n_2 sont assujettis aux conditions

$$1 \leqq n_2 \leqq n_1 \leqq m \leqq n_0,$$

où l'entier $l(h)$ est défini par la formule

$$(3.18)\qquad l(h) = \operatorname{Max}(n_1 + h - m,\, n_2), \qquad 0 \leqq h < m,$$

où les opérateurs différentiels linéaires $A_l^h(x, D)$ et $B_{l-n_2}^h(x, D)$, $(0 \leqq h \leqq m)$ d'ordre inférieur ou égal à l et $l-n_2$ respectivement admettent pour coefficients des fonctions holomorphes au voisinage de l'origine à valeurs dans un espace de Banach complexe E; on suppose en outre

$$(3.19)\qquad \text{ordre}_{x^0}(A_h^h(x, D)) < h \qquad \text{pour} \quad 0 \leqq h \leqq m;$$

pour $h = 0$ cette condition signifie que l'opérateur $A_0^0(x, D)$ est identiquement nul, où les données $(w_h)_{0 \leqq h \leqq m}$ et l'inconnue u sont des fonctions à valeurs dans un espace de Banach complexe F et on suppose donnée une application bilinéaire et continue $(a, u) \mapsto au$ de $E \times F$ dans F ce qui permet de donner un sens aux équations (3.17).

On convient enfin que $\sum\limits_{l=a}^{b} \ldots = 0$ dès que $a > b$; en particulier lorsque $n_1 = m$ les termes contenant les opérateurs $B_{l-n_2}^h$, $0 \leqq h \leqq m$, disparaissent.

Note. — Nous traiterons le problème (3.17) aussi dans le cas où t décrit un intervalle de l'axe réel, nous verrons qu'il se résout dans les classes de Gevrey contenant la classe des fonctions analytiques et contenues dans une classe de Gevrey dépendant de (m, n_1, n_2); nous avons cru intéressant de ne pas restreindre l'énoncé de ce résultat au cas particulier $n_1 = n_2 = 1$ qui suffit à la résolution du problème de Cauchy holomorphe ramifié.

Note. — Lorsque le système initial (1.1) est à caractéristiques simples $(m_0 = 1)$, on a alors $m = n_1 = n_2 = 1$ et $h = 0$; dans les équations (3.17) les termes $\sum\limits_{l=1}^{m-1} \ldots$ et $\sum\limits_{l=1}^{h-1} \ldots$ sont identiquement nuls et il n'apparaît dans ces équations que des termes intégraux en t. Cette propriété particulière aux opérateurs à caractéristiques simples, qui avait été utilisée par l'un d'entre nous (*cf.* [26] et [27]), n'est plus vérifiée pour des opérateurs à caractéristiques multiples.

Le théorème 1.1 est une conséquence évidente du théorème suivant dont le paragraphe 5 décrira la preuve.

THÉORÈME 3.1. — *Pour tout voisinage ouvert $\mathcal{O}$ de l'origine, il existe un nombre $\omega_0 > 0$ et un voisinage ouvert $\mathcal{O}_1$ de l'origine tels que pour*

$$|a| < \omega \leqq \omega_0 \qquad et \qquad w_h \in \mathscr{H}(\mathscr{R}_\infty \times \mathcal{O}; \mathrm{F}), \qquad 0 \leqq h \leqq m,$$

le problème de Cauchy (3.17) *admette une solution unique*

$$u \in \mathscr{H}(\mathscr{R}_\infty \times \mathcal{O}_1; \mathrm{F}).$$

4. CADRE FONCTIONNEL. — Avant d'aborder la démonstration du théorème 3.1, introduisons les espaces fonctionnels qui seront utiles dans cette preuve.

Etant donné un intervalle compact I de **R** et un espace de Banach complexe F, nous noterons $\mathscr{C}^k(\mathrm{I}; \mathrm{F})$, $0 \leqq k \leqq +\infty$, l'espace des fonctions de I dans F k-fois continûment différentiables; lorsque $0 \leqq k < +\infty$, l'espace $\mathscr{C}^k(\mathrm{I}; \mathrm{F})$ est muni de sa structure usuelle d'espace de Banach; l'espace $\mathscr{C}^\infty(\mathrm{I}; \mathrm{F})$ est muni de sa structure d'espace de Fréchet. D'après Grotkendieck (*cf.* [6]), les espaces de fonctions holomorphes à valeurs dans ces espaces $\mathscr{C}^k(\mathrm{I}; \mathrm{F})$ se caractérisent ainsi. Soit Ω un ouvert de $\mathbf{C}^{n+1}$ et soit une application $u : \mathrm{I} \times \Omega \to \mathrm{F}$; alors l'application $x \to u(., x)$ appartient à l'espace $\mathscr{H}(\Omega; \mathscr{C}^k(\mathrm{I}; \mathrm{F}))$ si et seulement si les conditions suivantes sont vérifiées :

1° pour tout $x \in \Omega$, l'application $s \to u(s, x)$ de I dans F est de classe $\mathscr{C}^k$;

2° pour tout $p \in [0, k]$ (pour tout $p \geqq 0$ si $k = +\infty$), l'application $(s, x) \to \mathrm{D}_s^p u(s, x)$ est continue sur $\mathrm{I} \times \Omega$ et, pour tout $s \in \mathrm{I}$, les applications $x \to \mathrm{D}_s^p u(s, x)$ sont holomorphes de Ω dans F.

Il résulte de cette caractérisation que

$$\mathscr{H}(\Omega; \mathscr{C}^\infty(\mathrm{I}; \mathrm{F})) = \bigcap_{k \in \mathrm{N}} \mathscr{H}(\Omega; \mathscr{C}^k(\mathrm{I}; \mathrm{F})). \tag{4.1}$$

Donnons-nous un opérateur linéaire et continu

$$\mathscr{D} : \quad \mathscr{C}^\infty(\mathrm{I}; \mathrm{F}) \to \mathscr{C}^\infty(\mathrm{I}; \mathrm{F});$$

les applications $u \to \sup_{s \in \mathrm{I}} \| \mathscr{D}^p u(s) \|$, $p \in \mathrm{N}$, sont alors des semi-normes continues sur $\mathscr{C}^\infty(\mathrm{I}; \mathrm{F})$; nous ferons l'hypothèse essentielle qui suit

(4.2) $\left\{\begin{array}{l}\text{l'ensemble des semi-normes } u \to \sup_{s \in \mathrm{I}} \| \mathscr{D}^p u(s) \|, \text{ lorsque } p \text{ décrit N, définit} \\ \text{la topologie usuelle de l'espace } \mathscr{C}^\infty(\mathrm{I}; \mathrm{F}).\end{array}\right.$

L'opérateur $\mathscr{D}$ permet de définir des espaces analogues aux espaces de Gevrey. Soit $\alpha \geqq 1$ et soit L un nombre réel > 0; nous noterons $\mathrm{G}^\alpha_{\mathscr{D}, \mathrm{L}}(\mathrm{I}; \mathrm{F})$ l'ensemble des $u \in \mathscr{C}^\infty(\mathrm{I}; \mathrm{F})$ tels que

$$\| u \|_{\mathrm{G}^\alpha_{\mathscr{D}, \mathrm{L}}} = \sup_{p \in \mathrm{N}} \sup_{s \in \mathrm{I}} \frac{\| \mathscr{D}^p u(s) \|}{\mathrm{L}^p (p\,!)^\alpha} < +\infty;$$

il est clair que $G^{\alpha}_{\mathscr{D},L}(I; F)$ est un sous-espace vectoriel de $\mathscr{C}^{\infty}(I; F)$ et que $\|\cdot\|_{G^{\alpha}_{\mathscr{D},L}}$ est une norme sur cet espace; l'hypothèse (4.2) montre que l'injection canonique de $G^{\alpha}_{\mathscr{D},L}$ dans $\mathscr{C}^{\infty}$ est continue.

LEMME 4.1. — *L'espace normé* $G^{\alpha}_{\mathscr{D},L}(I; F)$ *est un espace de Banach.*

Preuve. — Soit (u_n) une suite de Cauchy dans $G^{\alpha}_{\mathscr{D},L}$; d'après la continuité de l'injection de $G^{\alpha}_{\mathscr{D},L}$ dans $\mathscr{C}^{\infty}$, cette suite est de Cauchy dans l'espace $\mathscr{C}^{\infty}$ qui est complet et par suite elle converge vers une application $u \in \mathscr{C}^{\infty}$ dans $\mathscr{C}^{\infty}$; il est alors immédiat de vérifier que $u \in G^{\alpha}_{\mathscr{D},L}$ et que la suite (u_n) converge vers u dans $G^{\alpha}_{\mathscr{D},L}$.

C. Q. F. D.

Si $L < L'$, on a évidemment $G^{\alpha}_{\mathscr{D},L} \subset G^{\alpha}_{\mathscr{D},L'}$, l'injection canonique étant continue; nous poserons

$$G^{\alpha}_{\mathscr{D}}(I; F) = \bigcup_{L>0} G^{\alpha}_{\mathscr{D},L}(I; F);$$

cet espace est évidemment un sous-espace vectoriel de $\mathscr{C}^{\infty}(I; F)$ que nous munirons de la topologie limite inductive (au sens des espaces localement convexes) des topologies des espaces $G^{\alpha}_{\mathscr{D},L}$ lorsque L tend vers $+\infty$.

L'espace $G^{\alpha}_{\mathscr{D}}$ est une limite inductive non stricte d'une suite d'espaces de Banach; c'est donc un espace (DF) (*cf.* [6 bis]). On notera que l'injection canonique de $G^{\alpha}_{\mathscr{D}}$ dans $\mathscr{C}^{\infty}$ est continue; la topologie de $G^{\alpha}_{\mathscr{D}}$ est donc séparée. Un raisonnement analogue à celui fait par Roumieu ([22], p. 44) montre qu'une partie de $G^{\alpha}_{\mathscr{D}}$ est bornée dans $G^{\alpha}_{\mathscr{D}}$ si et seulement si elle est contenue et bornée dans $G^{\alpha}_{\mathscr{D},L}$. Nous préciserons les propriétés topologiques de $G^{\alpha}_{\mathscr{D}}$ grâce au lemme suivant.

LEMME 4.2. — *Soit* (u_n) *une suite bornée de* $G^{\alpha}_{\mathscr{D},L}$ *convergente vers* u *dans* $\mathscr{C}^{\infty}$. *Alors* u *appartient à* $G^{\alpha}_{\mathscr{D},L}$ *et, pour tout* $L' > L$, *la suite* (u_n) *converge vers* u *dans* $G^{\alpha}_{\mathscr{D},L'}$.

Preuve. — Il existe une constante $c \geqq 0$, telle que pour tout $p \in \mathbf{N}$ et tout $n \in \mathbf{N}$, on ait

$$\sup_{s \in I} \|\mathscr{D}^p u_n(s)\| \leqq c\, L^p (p\,!)^{\alpha},$$

d'où, d'après la continuité de $\mathscr{D}$,

$$\sup_{s \in I} \|\mathscr{D}^p u(s)\| \leqq c\, L^p (p\,!)^{\alpha}$$

ce qui prouve que $u \in G^{\alpha}_{\mathscr{D},L}$. Pour $L' > L$, on a alors

$$\|u_n - u\|_{G^{\alpha}_{\mathscr{D},L'}} = \sup\left(\sup_{0 \leqq p < p_0} \sup_{s \in I} \frac{\|\mathscr{D}^p (u_n - u)\|}{L^p (p\,!)^{\alpha}},\ 2c \left(\frac{L}{L'}\right)^{p_0} \right),$$

ce qui permet de conclure, vu que la suite $(u_n - u)$ converge vers zéro dans $\mathscr{C}^{\infty}$.

C. Q. F. D.

Considérons alors un borné B de $G^{\alpha}_{\mathscr{D}}$; il existe $L > 0$ tel que B soit contenu et borné dans $G^{\alpha}_{\mathscr{D},L}$; si (u_n) est une suite de B convergeant vers $u \in B$ pour la topologie $\mathscr{C}^{\infty}$, le lemme précédent montre que cette suite converge vers u pour la topologie des $G^{\alpha}_{\mathscr{D},L'}$, avec $L' > L$, donc *a fortiori* pour la topologie de $G^{\alpha}_{\mathscr{D}}$. Ceci prouve que sur les bornés de $G^{\alpha}_{\mathscr{D}}$ les topologies induites par les topologies de $G^{\alpha}_{\mathscr{D}}$ et de $\mathscr{C}^{\infty}$ coïncident. Le même raisonnement prouve qu'une partie bornée de $G^{\alpha}_{\mathscr{D}}$, fermée pour la topologie de $G^{\alpha}_{\mathscr{D}}$ est fermée pour la topologie $\mathscr{C}^{\infty}$. Il en résulte que les fermés bornés de $G^{\alpha}_{\mathscr{D}}$ sont complets; l'espace $G^{\alpha}_{\mathscr{D}}$ est donc quasi-complet; compte tenu du corollaire 2 de [6 bis] (p. 77), ceci prouve que $G^{\alpha}_{\mathscr{D}}$ *est un espace complet.*

Remarque 4.1. — Si F est de dimension finie, l'espace $\mathscr{C}^{\infty}$ (I; F) est alors un espace de Montel; vu le lemme précédent, il en résulte que l'injection canonique de $G^{\alpha}_{\mathscr{D},L}$ dans $G^{\alpha}_{\mathscr{D},L'}$, $(L < L')$ est compacte : l'espace $G^{\alpha}_{\mathscr{D}}$ est un espace de Silva [19] (chap. 7).

En ce qui concerne l'opérateur $\mathscr{D}$ nous avons le

LEMME 4.3. — *Lorsque* $L < L'$, *l'opérateur* $\mathscr{D}$ *opère continûment de* $G^{\alpha}_{\mathscr{D},L}$ (I; F) *dans* $G^{\alpha}_{\mathscr{D},L'}$ (I; F).

Preuve. — Soit $u \in G^{\alpha}_{\mathscr{D},L}$, posons $v = \mathscr{D}u$; le lemme résulte de l'inégalité

$$\|v\|_{G^{\alpha}_{\mathscr{D},L'}} \leqq \|u\|_{G^{\alpha}_{\mathscr{D},L}} \times \sup_{p\in\mathbb{N}} \frac{L^{p+1}(p+1)^{\alpha}}{L'^{p}}.$$

C. Q. F. D.

On en déduit que $\mathscr{D}$ *opère continûment dans l'espace* $G^{\alpha}_{\mathscr{D}}$ (I; F).

Les espaces de fonctions holomorphes à valeurs dans les espaces $G^{\alpha}_{\mathscr{D},l}$ et $G^{\alpha}_{\mathscr{D}}$ se caractérisent comme suit :

PROPOSITION 4.1. — *Soit* Ω *un ouvert de* $\mathbb{C}^{n+1}$ *et soit* $u : \Omega \to G^{\alpha}_{\mathscr{D},L}$ (I; F) *une fonction holomorphe. On a alors les deux propriétés :*

1° *l'application* $u : \Omega \to \mathscr{C}^{\infty}$ (I; F) *est holomorphe;*

2° *pour tout compact* K *de* Ω, *il existe une constante* $c_K \geqq 0$ *telle que*

$$\sup_{x\in K}\|u(.,x)\|_{G^{\alpha}_{\mathscr{D},L}} \leqq c_K.$$

Réciproquement, si $u : \Omega \to \mathscr{C}^{\infty}$ (I; F) *est une application vérifiant les* 1° *et* 2°, *alors, pour tout* $L' > L$, *l'application* $u : \Omega \to G^{\alpha}_{\mathscr{D},L'}$ (I; F) *est holomorphe.*

Preuve. — La première partie de la proposition est évidente : la condition 1 résulte de la continuité de l'injection canonique de $G^{\alpha}_{\mathscr{D},L}$ dans $\mathscr{C}^{\infty}$ et la condition 2° résulte de la continuité de u, u(K) est compact donc borné dans $G^{\alpha}_{\mathscr{D},L}$.

Réciproquement, l'injection $G^{\alpha}_{\mathscr{D},L'} \subset \mathscr{C}^{\infty}$ étant continue et l'application $u : \Omega \to \mathscr{C}^{\infty}$ étant supposée holomorphe, une remarque de Grothendieck ([6], § 2, rem. 1) prouve que l'application $u : \Omega \to G^{\alpha}_{\mathscr{D},L'}$, est holomorphe si elle est continue. Or si (x_n) est une suite de Ω convergeant vers un point $a \in \Omega$, la suite $(u(.,x_n))$ est une suite bornée de $G^{\alpha}_{\mathscr{D},L}$ d'après le 2° qui converge vers $u(.,a)$ dans $\mathscr{C}^{\infty}$; d'après le lemme 4.2, la convergence a lieu également dans $G^{\alpha}_{\mathscr{D},L'}$, ce qui prouve la continuité de $u : \Omega \to G^{\alpha}_{\mathscr{D},L'}$.

C. Q. F. D.

PROPOSITION 4.2. — *Une application* $u : \Omega \to G^\alpha_{\mathscr{D}}(I; F)$ *est holomorphe si et seulement si les deux propriétés suivantes sont vérifiées :*

1° *l'application* $u : \Omega \to \mathscr{C}^\infty(I; F)$ *est holomorphe;*

2° *pour tout compact* K *de* Ω, *il existe une constante* $c_K \geqq 0$ *telle que, pour tout* $p \in \mathbf{N}$,

$$\sup_{x \in K} \sup_{s \in I} \| \mathscr{D}^p u(s, x) \| \leqq c_K^{p+1} (p!)^\alpha.$$

Preuve. — Si $u : \Omega \to G^\alpha_{\mathscr{D}}$ est holomorphe, on a le 1° d'après la continuité de l'injection canonique de $G^\alpha_{\mathscr{D}}$ dans $\mathscr{C}^\infty$; en outre $u(K)$ est compact donc borné dans $G^\alpha_{\mathscr{D}}$ ce qui prouve le 2° vu la caractérisation des parties bornées de $G^\alpha_{\mathscr{D}}$. *Réciproquement*, les conditions 1° et 2° étant vérifiées soit Ω' un ouvert relativement compact dans Ω; la proposition 4.1 montre qu'il existe un nombre $L > 0$ tel que $u|_{\Omega'}$ soit holomorphe de Ω' dans $G^\alpha_{\mathscr{D}, L}$ donc dans $G^\alpha_{\mathscr{D}}$, ce qui permet de conclure.

C. Q. F. D.

Remarque 4.2. — Soit E un espace de Banach complexe et supposons donnée une application bilinéaire et continue $(a, u) \to au$ de $E \times F$ dans F de norme c_0. Alors, tout opérateur différentiel linéaire à coefficients fonctions holomorphes de Ω dans E opère continûment dans les espaces $\mathscr{H}(\Omega; \mathscr{C}^k(I; F))$, ces espaces étant munis de la topologie de la convergence compacte. Supposons en outre que, pour tout $a \in E$ et tout $u \in \mathscr{C}^\infty(I; F)$, on a

$$\mathscr{D}[au(s)] = a \mathscr{D} u(s). \tag{4.3}$$

Il en résulte que, pour tout opérateur différentiel linéaire $a(x, D)$ à coefficients holomorphes dans Ω et à valeurs dans E et toute fonction $u \in \mathscr{H}(\Omega; \mathscr{C}^\infty(I; F))$, on a

$$\mathscr{D}(a(x D) u(s, x)) = a(x, D)(\mathscr{D} u(s, x)). \tag{4.4}$$

L'hypothèse (4.3) implique en outre la propriété suivante : soient $a \in E$ et $u \in G^\alpha_{\mathscr{D}, L}(I; F)$, alors l'application $s \to au(s)$ appartient à l'espace $G^\alpha_{\mathscr{D}, L}(I; F)$ et l'application $(a, u) \to au$ de $E \times G^\alpha_{\mathscr{D}, L}(I; F)$ dans $G^\alpha_{\mathscr{D}, L}(I; F)$ est une application bilinéaire et continue dont la norme est égale à c_0. Il en résulte que tout opérateur $a(x, D)$ de la forme indiquée ci-dessus opère continûment dans les espaces $\mathscr{H}(\Omega; G^\alpha_{\mathscr{D}, L}(I; F))$ et $\mathscr{H}(\Omega; G^\alpha_{\mathscr{D}}(I; F))$.

Introduisons les hypothèses supplémentaires qui suivent sur l'opérateur $\mathscr{D}$; ces hypothèses seront essentielles pour la validité du théorème énoncé au paragraphe suivant. Nous supposerons que *l'opérateur* $\mathscr{D}$ *admet un inverse à droite continu*, c'est-à-dire qu'il existe un opérateur linéaire et continu

$$\mathscr{D}^{-1} : \quad \mathscr{C}^\infty(I; F) \to \mathscr{C}^\infty(I; F)$$

tel que $[I_d$ désignant l'application identique de $\mathscr{C}^\infty(I; F)]$:

$$\mathscr{D} \circ \mathscr{D}^{-1} = I_d; \tag{4.5}$$

il en résulte que

$$\mathscr{D}^p \circ \mathscr{D}^q = \mathscr{D}^{p+q} \tag{4.6}$$

lorsque $p \in \mathbf{N}$ ou bien lorsque $-q \in \mathbf{N}$. Nous ferons en outre l'hypothèse suivante :

(4.7) *il existe une fonction continue* $G : I \to \mathbf{R}_+$ *telle que l'on ait la propriété suivante : si* $u \in \mathscr{C}^\infty(I; F)$ *est tel que, pour tout* $s \in I$,

$$\|u(s)\| \leqq \sum_{j \in J} c_j \frac{G(s)^j}{j!},$$

où J *est une partie finie de* $\mathbf{N}$ *et où* $c_j \geqq 0$, *alors, pour tout* $s \in I$, *on a*

$$\|\mathscr{D}^{-1} u(s)\| \leqq \sum_{j \in J} c_j \frac{G(s)^{j+1}}{(j+1)!}.$$

On vérifie aisément que l'opérateur $\mathscr{D}^{-1}$ opère continûment dans les espaces $G^\alpha_{\mathscr{D}, L}$ ainsi que dans l'espace $G^\alpha_{\mathscr{D}}$.

L'exemple le plus simple d'opérateur $\mathscr{D}$ vérifiant les propriétés (4.2), (4.3), (4.5) et (4.7) est donné par l'opérateur de dérivation D_s; ayant choisi un point $a \in I$, on peut prendre

$$\mathscr{D}^{-1} u(s) = \int_a^s u(\sigma)\, d\sigma \qquad \text{et} \qquad G(s) = |s - a|.$$

L'espace $G^\alpha_{\mathscr{D}}$ est alors simplement l'espace de Gevrey usuel G^α; dans ce cas les espaces $G^\alpha_{\mathscr{D}, L}$ seront notés G^α_L.

Plus généralement, donnons-nous une fonction $g : I \to \mathbf{C}$ de classe $\mathscr{C}^\infty$ et ne s'annulant pas sur l'intervalle I; on définit alors un opérateur linéaire et continu sur $\mathscr{C}^\infty(I; F)$ en posant

(4.8) $$\mathscr{D} u(s) = g(s) D_s u(s);$$

la propriété (4.2) est vérifiée car g ne s'annule pas sur I; ayant choisi un point $a \in I$, on obtient un inverse à droite de $\mathscr{D}$ en posant

$$\mathscr{D}^{-1} u(s) = \int_a^s u(\sigma) \frac{d\sigma}{g(\sigma)}, \qquad s \in I;$$

la propriété (4.7) est vérifiée avec

$$G(s) = \left| \int_a^s \frac{d\sigma}{|g(\sigma)|} \right|, \qquad s \in I.$$

Note. — En reprenant le raisonnement fait par Gevrey (*cf.* [5], *p.* 134-136) pour prouver la stabilité des classes G^α par composition, on peut vérifier que, pour l'opérateur (4.8), on a $G^\alpha_{\mathscr{D}} = G^\alpha$ si et seulement si la fonction g est de classe de Gevrey α; de plus les topologies sur G^α et $G^\alpha_{\mathscr{D}}$ coïncident.

Exemple 4.1. — Cet exemple est à l'origine des considérations qui précèdent. Soit $u : \mathscr{R}_\omega \to F$ une fonction holomorphe sur le revêtement universel $\mathscr{R}_\omega$ du disque pointé $\dot{\mathbf{D}}_\omega$

et soit $\tilde{\gamma} : I \to \mathbf{R}_\omega$, $I = [0, 1]$, un chemin d'origine $\tilde{a}$, de classe $\mathscr{C}^\infty$ (ceci signifie que l'application $\gamma = \pi \circ \tilde{\gamma} : I \to \dot{\mathbf{D}}_\omega$ est de classe $\mathscr{C}^\infty$) tel que γ' ne s'annule pas. Considérons la fonction $\mathscr{U}(s) = u(\tilde{\gamma}(s))$; cette fonction $\mathscr{U} : I \to F$ est de classe $\mathscr{C}^\infty$ et on a, pour tout $p \in \mathbf{N}$,

$$(4.9) \qquad D_t^p u(\tilde{t})\big|_{\tilde{t} = \tilde{\gamma}(s)} = \mathscr{D}^p \mathscr{U}(s),$$

où $\mathscr{D}$ désigne l'opérateur

$$(4.10) \qquad \mathscr{D}\mathscr{U}(s) = (\gamma'(s))^{-1} D_s \mathscr{U}(s);$$

cet opérateur $\mathscr{D}$ est donc de la forme (4.8); si $D_t^{-1} u(\tilde{t})$ désigne la primitive de u s'annulant pour $\tilde{t} = \tilde{a}$, la formule (4.9) vaut pour tout $p \in \mathbf{Z}$; avec

$$(4.11) \qquad \mathscr{D}^{-1} \mathscr{U}(s) = \int_0^s \mathscr{U}(\sigma) \gamma'(\sigma) d\sigma;$$

de plus, on a $G(s) = \int_0^s |\gamma'(\sigma)| \, d\sigma$: $G(s)$ est donc la longueur du chemin $\tilde{\gamma}\big|_{[0,s]}$. La fonction u étant holomorphe, les formules de Cauchy, vu (4.9), prouvent qu'il existe un compact $K \subset \mathscr{R}_\omega$ et un nombre $L > 0$ tels que, pour tout $p \in \mathbf{N}$,

$$\sup_{s \in I} \|\mathscr{D}^p \mathscr{U}(s)\| \leqq \sup_{\tilde{t} \in K} \|u(\tilde{t})\| \times L^p \, p!.$$

Il en résulte d'une part que $\mathscr{U}$ appartient à l'espace $G_{\mathscr{D}}^1(I; F)$, d'autre part que l'application $u \to \mathscr{U}$ est une application linéaire et continue de $\mathscr{H}(\mathscr{R}_\omega; F)$ dans $G_{\mathscr{D}}^1(I; F)$.

Si nous considérons maintenant une application holomorphe $u : \Omega \to \mathscr{H}(\mathscr{R}_\omega; F)$, où Ω est un ouvert de $\mathbf{C}^{n+1}$, c'est-à-dire une application holomorphe de $\mathscr{R}_\omega \times \Omega$ dans F, la continuité de l'application linéaire $u \mapsto \mathscr{U}$ ci-dessus montre que l'application

$$x \mapsto u(\tilde{\gamma}(.), x)$$

est une application holomorphe de Ω à valeurs dans $G_{\mathscr{D}}^1(I; F)$.

5. Méthode de résolution du problème (3.17). — Pour résoudre le problème de Cauchy (3.17), nous utiliserons la méthode des approximations successives.

Considérons d'abord le problème de Cauchy holomorphe

$$(5.1) \qquad \begin{cases} D_0^m u(x) = A_m^m(x, D) u(x) + w_m(x), \\ D_0^h u(x) - A_h^h(x, D) u(x) - w_h(x) = o(x^0), \qquad 0 \leqq h < m, \end{cases}$$

avec les notations et hypothèses faites pour le problème (3.17). Le paragraphe 7 établira le lemme suivant :

Lemme 5.1. — *Il existe un système fondamental $\mathscr{S}$ de voisinage ouverts de l'origine de $\mathbf{C}^{n+1}$ tel que, quel que soit $\mathcal{O}' \in \mathscr{S}$ et*

$$w_h \in \mathscr{H}(\mathcal{O}'; \mathscr{H}(\mathscr{R}_\omega; F)), \qquad 0 \leqq h \leqq m,$$

le problème de Cauchy (5.1) *admette une unique solution*

$$u \in \mathscr{H}(\mathcal{O}'; \mathscr{H}(\mathscr{R}_\infty; \mathrm{F})).$$

Posons $w = (w_h)_{0 \leqq h \leqq m}$ et notons P : $w \to u$ l'application linéaire définie par la résolution du problème de Cauchy (5.1). Notons d'autre part Q : $u \to w$ l'application linéaire définie par les équations

$$(5.2) \quad \begin{cases} w_h(t, x) = \sum_{l=h+1}^{n_0} \mathrm{A}_l^h(x, \mathrm{D})\mathrm{D}_t^{h-l}u(t, x) + \sum_{l=l(h)}^{h-1} \mathrm{B}_{l-n_2}^h(x, \mathrm{D})\mathrm{D}_t^{h-l}u(t, x), \\ 0 \leqq h \leqq m. \end{cases}$$

Le problème de Cauchy (3.17) s'écrit alors

$$u = \mathrm{PQ}u + \mathrm{P}w;$$

en posant R = PQ et $u_0 = \mathrm{P}\,w$, la solution de (3.17) est donc formellement donnée par la formule

$$(5.3) \qquad u(t, x) = \sum_{k=0}^{+\infty} u_k(t, x) \qquad \text{où} \quad u_k = \mathrm{R}^k u_0 \quad \text{pour } k \in \mathbf{N}.$$

Les données (w_h) du problème de Cauchy (3.17) étant holomorphes sur $\mathscr{R}_\infty \times \mathcal{O}$ (*cf.* th. 3.1) il existe d'après le lemme 5.1 un voisinage ouvert $\mathcal{O}'$ de l'origine de $\mathbf{C}^{n+1}$ appartenant à $\mathscr{S}$ tel que $\mathcal{O}' \subset \mathcal{O}$ et tel que les coefficients des opérateurs A_l^h et $\mathrm{B}_{l-n_2}^h$ figurant dans (5.2) soient holomorphes dans $\mathcal{O}'$: il en résulte alors que

$$u_k \in \mathscr{H}(\mathcal{O}'; \mathscr{H}(\mathscr{R}_\infty; \mathrm{F})) \quad \text{pour tout } k \in \mathbf{N}.$$

Il s'agit ensuite d'étudier la convergence de la série (5.3) : le théorème 3.1 sera une conséquence évidente du

LEMME 5.2. — *Il existe un nombre* $\omega_0 > 0$ *et un voisinage ouvert* $\mathcal{O}_1$ *de l'origine de* $\mathbf{C}^{n+1}$ *tels que, pour* $0 < \omega \leqq \omega_0$, *la série* (5.3) *converge dans l'espace* $\mathscr{H}(\mathcal{O}_1; \mathscr{H}(\mathscr{R}_\infty; \mathrm{F}))$.

La démonstration de ce lemme utilisera de façon essentielle la remarque suivante concernant la topologie de la convergence compacte sur l'espace $\mathscr{H}(\mathscr{R}_\infty; \mathrm{F})$. Considérons un chemin $\tilde{\gamma} : \mathrm{I} \to \mathscr{R}_\infty$, $\mathrm{I} = [0, 1]$, tracé sur le revêtement $\mathscr{R}_\infty$; pour toute fonction holomorphe $u : \mathscr{R}_\infty \to \mathrm{F}$ posons

$$\|u\|_{\tilde{\gamma}} = \sup_{s \in \mathrm{I}} \|u(\tilde{\gamma}(s))\|;$$

on définit ainsi des semi-normes continues sur l'espace $\mathscr{H}(\mathscr{R}_\infty; \mathrm{F})$; la topologie de la convergence compacte sur cet espace peut être définie par de telles semi-normes de la façon suivante :

Étant donné un nombre $l_0 > 0$, notons Γ_{l_0} l'ensemble de tous les chemins $\tilde{\gamma} : \mathrm{I} \to \mathscr{R}_\infty$, $\mathrm{I} = [0, 1]$, d'origine $\tilde{a}$, de classe $\mathscr{C}^\infty$, de longueur $\leqq l_0$ tels que la dérivée γ' de $\gamma = \pi \circ \tilde{\gamma}$ ne s'annule pas. On a alors le

LEMME 5.3. — *Lorsque $\tilde{\gamma}$ décrit Γ_{l_0}, l'ensemble des semi-normes $\| \,.\, \|_{\tilde{\gamma}}$ définit la topologie de la convergence compacte de l'espace $\mathscr{H}(\mathscr{R}_\omega; F)$ si $2\omega \leqq l_0$.*

Preuve. — Supposons $2\omega \leqq l_0$ et soit $\tilde{t}$ un point de $\mathscr{R}_\omega$. En utilisant la densité de l'espace $\mathscr{C}^\infty(I; C)$ dans l'espace de Banach $\mathscr{C}^1(I; C)$, il est aisé de construire un chemin $\tilde{\gamma} \in \Gamma_{l_0}$ contenant un lacet par rapport auquel $\tilde{t}$ ait un indice non nul. La convergence suivant la semi-norme associée $\| \,.\, \|_{\tilde{\gamma}}$ implique alors la convergence uniforme au voisinage de $\tilde{t}$. La convergence selon la famille des semi-normes $\| \,.\, \|_{\tilde{\gamma}}$, $\tilde{\gamma} \in \Gamma_{l_0}$, implique donc la convergence uniforme locale sur $\mathscr{R}_\omega$, ce qui prouve le lemme.

C. Q. F. D.

Pour démontrer le lemme 5.2, il suffit donc d'étudier la série

$$\sum_{k=0}^{+\infty} u_k(\tilde{\gamma}(s), x) \qquad \text{où} \quad \tilde{\gamma} \in \Gamma_{l_0}; \tag{5.4}$$

rappelons (*cf.* ex. 4.1) que les fonctions $x \to u_k(\tilde{\gamma}(.), x)$ sont holomorphes de $\mathcal{O}'$ dans $G^1_{\mathscr{D}}(I; F)$. Vu le lemme 5.3, le lemme 5.2 est donc une conséquence évidente du

LEMME 5.4. — *Il existe un nombre $l_0 > 0$ et un voisinage ouvert $\mathcal{O}_1$ de l'origine de C^{n+1} tels que, pour tout chemin $\tilde{\gamma} \in \Gamma_{l_0}$, la série (5.4) converge dans l'espace $\mathscr{H}(\mathcal{O}_1; G^1_{\mathscr{D}}(I; F))$.*

La preuve du lemme 5.4, c'est-à-dire l'étude de la convergence de la série (5.4) conduit à écrire les équations que vérifient les fonctions $u_k(\tilde{\gamma}(s), x)$; d'après (4.9) le problème obtenu est un cas particulier du problème suivant.

Donnons-nous une application linéaire et continue $\mathscr{D}$ sur l'espace $\mathscr{C}^\infty(I; F)$ vérifiant (4.2), (4.3), (4.5) et (4.7).

Considérons alors le problème de Cauchy :

$$\left\{\begin{aligned} &D_0^m u(s, x) = \sum_{l=m}^{n_0} A_l^m(x, D)\mathscr{D}^{m-l} u(s, x) + \sum_{l=n_1}^{m-1} B_{l-n_2}^m(x, D)\mathscr{D}^{m-l} u(s, x) + w_m(s, x), \\ &D_0^h u(s, x) - \sum_{l=h}^{n_0} A_l^h(x, D)\mathscr{D}^{h-l} u(s, x) \\ &\qquad - \sum_{l=l(h)}^{h-1} B_{l-n_2}^h(x, D)\mathscr{D}^{h-l} u(s, x) - w_h(s, x) = o(x^0), \qquad 0 \leqq h < m, \end{aligned}\right. \tag{5.5}$$

avec les hypothèses générales faites pour le problème (3.17). Pour étudier ce problème, nous pouvons suivre la démarche suivie pour l'étude du problème (3.17). Le paragraphe 7 établira le lemme suivant :

LEMME 5.5. — *Il existe un système fondamental $\mathscr{S}$ de voisinages ouverts de l'origine de C^{n+1} tel que, quel que soit $\mathcal{O}' \in \mathscr{S}$ et*

$$w_h \in \mathscr{H}(\mathcal{O}'; \mathscr{C}^\infty(I; F)) \qquad [\textit{resp. } w_h \in \mathscr{H}(\mathcal{O}'; G^\alpha_{\mathscr{D}}(I; F))],$$

le problème de Cauchy (5.1) admette une unique solution

$$u \in \mathscr{H}(\mathcal{O}'; \mathscr{C}^\infty(I; F)) \qquad [\textit{resp. } u \in \mathscr{H}(\mathcal{O}'; G^\alpha_{\mathscr{D}}(I; F))].$$

Ce lemme permet de définir une application linéaire $\mathscr{P} : w \mapsto u$, $\mathscr{P} w$ étant la solution du problème de Cauchy (5.1), dont les données sont $w = (w_h)_{0 \leqq h \leqq m}$. Notons $\mathscr{Q} : u \mapsto w$ l'application linéaire définie par les équations [analogues à (5.2)] :

$$(5.6) \quad \left\{ \begin{array}{l} w_h(s, x) = \sum_{l=h+1}^{n_0} A_l^h(x, D) \mathscr{D}^{h-l} u(s, x) + \sum_{l=l(h)}^{h-1} B_{l-n_2}^h(x, D) \mathscr{D}^{h-l} u(s, x), \\ \qquad 0 \leqq h \leqq m. \end{array} \right.$$

Posons $\mathscr{R} = \mathscr{P}\mathscr{Q}$ et $u_0 = \mathscr{P} w$; le problème (5.5) s'énonce $u - \mathscr{R} u = u_0$ et une solution de ce problème est donnée par la formule

$$(5.7) \qquad u(s, x) = \sum_{k=0}^{+\infty} u_k(s, x) \qquad \text{où} \quad u_k = \mathscr{R}^k u_0 \quad \text{pour } k \in \mathbf{N}.$$

Vu le lemme 5.5 et les propriétés de l'opérateur $\mathscr{D}$ (*cf.* § 4), on constate ceci : soit $\mathcal{O}$ un voisinage ouvert de l'origine de $\mathbf{C}^{n+1}$, alors il existe un voisinage ouvert $\mathcal{O}'$ de l'origine de $\mathbf{C}^{n+1}$ tel que, pour

$$w_h \in \mathscr{H}(\mathcal{O}; \mathscr{C}^\infty(\mathrm{I}; \mathrm{F})) \qquad [\textit{resp. } w_h \in \mathscr{H}(\mathcal{O}; \mathrm{G}_{\mathscr{D}}^\alpha(\mathrm{I}; \mathrm{F}))],$$

on ait pour tout $k \in \mathbf{N}$,

$$u_k \in \mathscr{H}(\mathcal{O}'; \mathscr{C}^\infty(\mathrm{I}; \mathrm{F})) \qquad [\textit{resp. } u_k \in \mathscr{H}(\mathcal{O}'; \mathrm{G}_{\mathscr{D}}^\alpha(\mathrm{I}; \mathrm{F}))].$$

Nous établirons au paragraphe 8 le résultat de convergence suivant :

LEMME 5.6. — *On suppose* $1 \leqq \alpha < (m - n_1 + n_2)/(m - n_1)$ (*c'est-à-dire* $1 \leqq \alpha$ *lorsque* $m = n_1$) *et soit* $\mathcal{O}'$ *un voisinage ouvert de l'origine de* $\mathbf{C}^{n+1}$. *Alors il existe un voisinage ouvert* $\mathcal{O}_1$ *de l'origine de* $\mathbf{C}^{n+1}$ *et un nombre réel* $l_0 > 0$ *ne dépendant que de* $\mathcal{O}'$ *et des opérateurs* A_l^h, $B_{l-n_2}^h$ *tels que l'on ait la propriété suivante : sous la condition*

$$(5.8) \qquad \sup_{s \in \mathrm{I}} \mathrm{G}(s) \leqq l_0,$$

la série (5.7) *converge dans l'espace* $\mathscr{H}(\mathcal{O}_1; \mathrm{G}_{\mathscr{D}}^\alpha(\mathrm{I}; \mathrm{F}))$ *quel que soit* $u_0 \in \mathscr{H}(\mathcal{O}'; \mathrm{G}_{\mathscr{D}}^\alpha(\mathrm{I}; \mathrm{F}))$.

Précisons, car cela est essentiel, que l'ouvert $\mathcal{O}_1$ et le nombre $l_0 > 0$ dont le lemme assure l'existence, ne dépendent pas de l'opérateur $\mathscr{D}$.

Le lemme 5.4, *qui implique le lemme* 5.2 *donc le théorème* 3.1, *est une conséquence triviale du lemme précédent :* prenons $\alpha = 1$ et prenons pour $\mathscr{D}$ l'opérateur défini par (4.10) qui possède bien les propriétés (4.2), (4.3), (4.5) et (4.7); la condition (5.8) signifie que la longueur du chemin $\tilde{\gamma}$ est inférieure à l_0 et le lemme 5.6 affirme que, sous cette condition, la série (5.4) converge dans l'espace $\mathscr{H}(\mathcal{O}_1; \mathrm{G}_{\mathscr{D}}^1(\mathrm{I}; \mathrm{F}))$.

C. Q. F. D.

Le lemme 5.6 permet d'établir le théorème d'existence et d'unicité suivant.

THÉORÈME 5.1. — *On suppose* $1 \leqq \alpha < (m - n_1 + n_2)/(m - n_1)$ (*c'est-à-dire* $1 \leqq \alpha$ *lorsque* $m = n_1$) *et soit* $\mathcal{O}$ *un voisinage ouvert de l'origine de* $\mathbf{C}^{n+1}$. *Alors il existe un voisinage ouvert* $\mathcal{O}_1$ *de l'origine de* $\mathbf{C}^{p+1}$ *et un nombre réel* $l_0 > 0$ *ne dépendant que de* $\mathcal{O}$ *et des opérateurs* A_l^h, $B_{l-n_2}^h$ *tels que, sous la condition* (5.8), *le problème de Cauchy* (5.5) *admette une unique solution*

$$u \in \mathscr{H}(\mathcal{O}_1;\, G_{\mathscr{D}}^{\alpha}(I;\, F))$$

lorsque

$$w_h \in \mathscr{H}(\mathcal{O};\, G_{\mathscr{D}}^{\alpha}(I;\, F)), \qquad 0 \leqq h \leqq m.$$

Preuve. — Il existe un voisinage ouvert de l'origine $\mathcal{O}'$ tel que u_0 appartienne à l'espace $\mathscr{H}(\mathcal{O}';\, G_{\mathscr{D}}^{\alpha}(I;\, F))$. A cet ouvert $\mathcal{O}'$, le lemme 5.6 associe un ouvert $\mathcal{O}_1$ et un nombre $l_0(\mathcal{O}') > 0$; à l'ouvert $\mathcal{O}_1$, le lemme 5.6 associe de même un ouvert $\mathcal{O}_2$ et un nombre $l_0(\mathcal{O}_1)$. Prenons alors $l_0 = \operatorname{Min}(l_0(\mathcal{O}'),\, l_0(\mathcal{O}_1))$. Vu que $l_0 \leqq l_0(\mathcal{O}')$, le lemme 5.6 prouve l'existence d'une solution holomorphe dans $\mathcal{O}_1$ donnée par la série (5.7). Quant au théorème d'unicité, soit $u \in \mathscr{H}(\mathcal{O}_1;\, G_{\mathscr{D}}^{\alpha}(I;\, F))$ une solution de l'équation $u = \mathscr{R}\, u$; posons $u_k = \mathscr{R}^k u$; on a alors $u_k = u$ pour tout $k \in \mathbf{N}$; vu que $l_0 \leqq l_0(\mathcal{O}_1)$, le lemme 5.6 dit que la série $\sum_{k=0}^{+\infty} u_k$ converge dans l'espace $\mathscr{H}(\mathcal{O}_2;\, G_{\mathscr{D}}^{\alpha}(I;\, F))$, ce qui prouve que $u = 0$.

C. Q. F. D.

Remarque 5.1. — Lorsque $m = n_1$, le théorème 5.1 vaut pour des données (w_h) et une inconnue u holomorphes à valeurs dans l'espace $\mathscr{C}^\infty(I;\, F)$; ceci sera prouvé au paragraphe 8.

Remarque 5.2. — Le théorème d'*existence* qu'énonce le théorème 5.1 vaut encore lorsque $\alpha = (m-n_1+n_2)/(m-n_1)$, $(m > n_1)$, si les données $(w_h)_{0 \leqq h \leqq m}$ sont holomorphes dans $\mathcal{O}$ et à valeurs dans un sous-espace $G_{\mathscr{D},L}^{\alpha}$ de $G_{\mathscr{D}}^{\alpha}$, où L est un nombre > 0 suffisamment petit ne dépendant que de $\mathcal{O}$ et des opérateurs A_l^h et $B_{l-n_2}^h$; *l'unicité n'est pas garantie.* Ceci sera prouvé également au paragraphe 8.

Remarque 5.3. — Prenons pour opérateur $\mathscr{D}$ l'opérateur de dérivation D_s et soit I un intervalle *ouvert* de $\mathbf{R}$; choisissons un point a de I et notons D_s^{-1} l'opérateur qui associe à toute fonction sa primitive s'annulant au point a. Alors le théorème 5.1 est encore vrai dans cette situation, la condition (5.8) s'écrivant $\sup_{s \in I} |s-a| \leqq l_0$. Ceci résulte immédiatement des remarques suivantes.

Etant donné un intervalle compact $J \subset I$, notons r_J l'application qui, à toute fonction $u : I \to F$, lui associe sa restriction à J. Nous noterons $G^{\alpha}(I;\, F)$ l'espace vectoriel des fonctions $u : I \to F$ telles que, pour tout intervalle compact $J \subset I$, la fonction $r_J(u)$ appartienne à $G^{\alpha}(J;\, F)$; on peut alors munir $G^{\alpha}(I;\, F)$ de la topologie limite projective définie par les applications linéaires $r_J : G^{\alpha}(I;\, F) \to G^{\alpha}(J;\, F)$, lorsque J décrit l'ensemble des intervalles compacts contenus dans I; pour cette limite projective, on peut en outre imposer à ces intervalles J de contenir le point a. On vérifie aisément que $G^{\alpha}(I;\, F)$ est alors un espace vectoriel topologique localement convexe, séparé et complet. En outre, soit Ω un ouvert de $\mathbf{C}^{n+1}$, alors une fonction $u : \Omega \to G^{\alpha}(I;\, F)$ est holomorphe si et seulement si, pour tout intervalle compact $J \subset I$, les fonctions $r_J \circ u : \Omega \to G^\alpha(J; F)$ sont holomorphes. D'après la proposition 4.2, ceci équivaut donc à

1° l'application $u : \Omega \to \mathscr{C}^\infty(I; F)$ est holomorphe;

2° pour tout compact $K \subset I \times \Omega$, il existe une constante $c_k \geqq 0$ telle que

$$\sup_{(s, x) \in K} \| D_s^p u(s, x) \| \leqq c_K^{p+1} (p\,!)^\alpha \quad \text{pour tout } p \in \mathbf{N}.$$

6. Fonctions majorantes. — L'objet de ce paragraphe est de décrire les propriétés des fonctions majorantes utilisées ultérieurement.

Soient $u = \sum_{\alpha \in \mathbf{N}^{n+1}} u_\alpha x^\alpha$ une série formelle à coefficients dans un espace de Banach complexe E et $\Phi = \sum_{\alpha \in \mathbf{N}^{n+1}} \Phi_\alpha x^\alpha$ une série formelle à coefficients $\geqq 0$; rappelons que l'on note $u \ll \Phi$ la relation $\forall \alpha \in \mathbf{N}^{n+1}$, $\| u_\alpha \| \leqq \Phi_\alpha$, ($\| \cdot \|$ désignant la norme de l'espace E).

Si Φ est une série convergente, il en est alors de même de u; de plus le domaine de convergence de u contient le domaine de convergence de Φ. Par abus de notation, nous noterons encore u et Φ la somme des séries convergentes u et Φ; nous dirons alors que Φ est une fonction majorante de la fonction u.

Si Φ est une fonction majorante, rappelons (*cf.* [26], § 3) que B_Φ désigne l'espace de Banach

$$\{ u ; \exists c \geqq 0, u \ll c \Phi \}$$

muni de la norme

$$\| u \|_\Phi = \operatorname{Min} \{ c \in \mathbf{R}_+ ; u \ll c \Phi \}.$$

L'espace B_Φ s'identifie a un sous-espace vectoriel de l'espace $\mathscr{H}(\Omega_\Phi; E)$ des fonctions holomorphes sur Ω_Φ, domaine de convergence de Φ, et à valeurs dans E. Ce dernier espace étant muni de sa structure usuelle d'espace de Fréchet, l'injection canonique

$$B_\Phi \subset \mathscr{H}(\Omega_\Phi; E)$$

est alors continue.

Dans tout ce travail, nous n'utiliserons que des fonctions majorantes de la forme $\Phi(\xi)$, où

$$\xi = \rho x^0 + \sum_{j=1}^{n} x^j$$

et ρ est une constante réelle $\geqq 1$ qui sera choisie ultérieurement.

Voici d'abord un résultat qui permettra de justifier le choix des fonctions majorantes qui sera fait.

Proposition 6.1. — *Soit* $\Phi(\xi) = \sum_{n=0}^{+\infty} c_n \xi^n$ *une série formelle à coefficients* $\geqq 0$ *telle que*

$$(6.1) \qquad 0 \ll (R - \xi) \Phi(\xi) \quad \text{où} \quad R > 0.$$

On a alors les propriétés suivantes :

(*a*) *Soit* $R' > R$, *alors*

$$\frac{1}{R'-\xi}\Phi(\xi) \ll \frac{1}{R'-R}\Phi(\xi).$$

(*b*) $$\Phi(\xi) \ll R^k D_\xi^k \Phi(\xi) \quad \textit{pour tout } k \in \mathbf{N}.$$

(*c*) $$0 \ll (R-\xi) D_\xi^k \Phi(\xi) \quad \textit{pour tout } k \in \mathbf{N}.$$

Preuve. — (*a*) Les deux séries formelles $[1/(R'-\xi)]\,\Phi(\xi)$ et $[1/(R'-R)]\,\Phi(\xi)$ étant à coefficients $\geqq 0$, il suffit de prouver que

$$0 \ll \frac{1}{R'-R}\Phi(\xi) - \frac{1}{R'-\xi}\Phi(\xi),$$

qui résulte de (6.1), vu l'identité,

$$\left(\frac{1}{R'-R} - \frac{1}{R'-\xi}\right)\Phi(\xi) = \frac{1}{(R'-R)(R'-\xi)}(R-\xi)\Phi(\xi).$$

(*b*) et (*c*). En dérivant (6.1) on obtient

$$0 \ll (R-\xi) D_\xi \Phi(\xi) - \Phi(\xi),$$

d'où

$$0 \ll \Phi(\xi) \ll (R-\xi) D_\xi \Phi(\xi) \ll R D_\xi \Phi(\xi),$$

ce qui prouve (*b*) et (*c*) pour $k = 1$ et par suite pour tout $k \in \mathbf{N}$ par récurrence.

C. Q. F. D.

L'intérêt de la propriété (*a*) est le suivant; nous aurons constamment à majorer des produits $a(x)\,u(x)$ de fonctions holomorphes. Plus généralement, donnons-nous des espaces de Banach E, F G et une application bilinéaire et continue de $E \times F$ dans G notée multiplicativement. Considérons le polydisque ouvert

$$\Delta_{R'} = \{x \in \mathbf{C}^{n+1};\ \max_{0 \leqq j \leqq n} |x^j| < R'\}$$

et donnons-nous une fonction holomorphe et bornée $a : \Delta_{R'} \to E$; d'après les inégalités de Cauchy on a

$$a \ll \frac{M_0}{R' - \sum_{j=0}^{n} x^j}, \qquad \text{où} \quad M_0 = \sup_{x \in \Delta_{R'}} \|a(x)\|_E;$$

étant donné que $\rho \geqq 1$, il en résulte que

$$a \ll \frac{M_0}{R'-\xi}, \qquad \xi = \rho x^0 + \sum_{j=1}^{n} x^j.$$

Étant donné une fonction holomorphe u à valeurs dans l'espace de Banach F, on a d'après la propriété (a), si Φ vérifie (6.1) et si $R' > R$,

$$u(x) \ll \Phi(\xi) \Rightarrow a(x)u(x) \ll \frac{c_0 M_0}{R'-R}\Phi(\xi),$$

où c_0 désigne la norme de l'application bilinéaire $(a, u) \to au$ de $E \times F$ dans G. Plus généralement, compte tenu de la propriété (c) et de la propriété

$$u(x) \ll \Phi(\xi) \Rightarrow D^\alpha u(x) \ll \rho^{\alpha_0} D_\xi^{|\alpha|} \Phi(\xi),$$

on a

$$u(x) \ll \Phi(\xi) \Rightarrow a(x) D^\alpha u(x) \ll \frac{c_0 M_0}{R'-R} \rho^{\alpha_0} D_\xi^{|\alpha|} \Phi(\xi).$$

En utilisant la propriété (b) et le fait que $\rho \geqq 1$, on en déduit le

COROLLAIRE 6.1. — *On suppose* $0 < R < R'$ *et on considère un opérateur différentiel linéaire* $a(x, D)$ *à coefficients holomorphes bornés dans le polydisque* Δ_R, *et à valeurs dans l'espace de Banach* E, *soit* m *son ordre. Alors, il existe une fonction* $c \geqq 0$ *des seules variables* m, R, R' *telle que, pour toute série formelle* $\Phi(\xi)$ *vérifiant* (6.1) *et toute fonction* u *holomorphe à valeurs dans l'espace* F, *on ait*

$$u(x) \ll \Phi(\xi) \Rightarrow a(x, D) u(x) \ll c c_0 M_0 \rho^{m_0} D_\xi^m \Phi(\xi),$$

où m_0 *désigne l'ordre partiel de l'opérateur* $a(x, D)$ *par rapport à* x^0 *et où* M_0 *désigne une borne supérieure sur* $\Delta_{R'}$ *des coefficients de l'opérateur.*

Étant donné une série formelle Φ à coefficients $\geqq 0$ vérifiant (6.1), la propriété (c) montre que les dérivées de Φ vérifient encore (6.1). Par contre, on constate aisément que les primitives de Φ s'annulant à l'origine ne peuvent pas toutes vérifier (6.1) sauf dans le cas sans intérêt où $\Phi \equiv 0$. Prenons en particulier pour fonctions Φ, la fonction

$$\Phi_0(\xi) = \frac{1}{r-\xi}, \quad \text{où} \quad 0 < r \leqq R; \tag{6.2}$$

on a évidemment $0 \ll (r-\xi)\Phi_0(\xi)$, donc $0 \ll (R-\xi)\varphi_0(\xi)$.

Afin d'éviter la difficulté signalée ci-dessus, ce ne sont pas les primitives de Φ_0 que nous utiliserons, mais les fonctions

$$\Phi_{-k}(\xi) = \frac{\xi^k}{k!}\frac{1}{r-\xi}, \quad k \in N. \tag{6.3}$$

Note. — Le choix de ces fonctions se justifie comme suit. Notons $D^{-k}\Phi_0(\xi)$ la primitive d'ordre k de $\Phi_0(\xi)$ qui s'annule k fois pour $\xi = 0$, on vérifie aisément que $\Phi_k(\xi)$ est la plus petite série formelle qui majore $D^{-k}\Phi_0(\xi)$ et qui vérifie $0 \ll (r-\xi)\Phi_{-k}(\xi)$.

En ce qui concerne ces fonctions Φ_{-k}, outre la propriété (6.1) nous aurons besoin des deux propriétés suivantes.

PROPOSITION 6.2. — *Pour tout $k \in \mathbf{N}$ et tout $l \in \mathbf{N}$, on a*

$$\Phi_{-k}(\xi) \ll D_\xi^l \Phi_{-k-l}(\xi).$$

Preuve. — Il suffit de traiter le cas $l = 1$; alors la proposition résulte de l'identité

$$D_\xi \Phi_{-k-1}(\xi) = \frac{\xi^k}{k!}\frac{1}{r-\xi} + \frac{\xi^{k+1}}{(k+1)!}\frac{1}{(r-\xi)^2}.$$

C. Q. F. D.

PROPOSITION 6.3. — *Soit r' un nombre réel tel que $0 < r' < r$. Il existe une fonction $c \geqq 0$ des seules variables r et r' telle que, pour tout $k \in \mathbf{N}$ et tout $l \in \mathbf{N}$, on ait*

$$|D_\xi^l \Phi_{-k}(\xi)| \leqq c^{k+l+1}\frac{l!}{k!} \quad \text{pour} \quad |\xi| \leqq r'.$$

Preuve. — On a

$$D_\xi^l \Phi_{-k}(\xi) = \sum_{p=0}^{\mathrm{Min}(k,l)} \frac{l!}{p!(k-p)!}\frac{\xi^{k-p}}{(r-\xi)^{l-p+1}}.$$

1° Lorsque $k \leqq l$, on a donc

$$D_\xi^l \Phi_{-k}(\xi) = \frac{l!}{k!}(r-\xi)^{k-l-1}\left(\sum_{p=0}^{k}\frac{k!}{p!(k-p)!}\left(\frac{\xi}{r-\xi}\right)^{k-p}\right),$$

d'où, en utilisant la formule du binôme,

$$D_\xi^l \Phi_{-k}(\xi) = \frac{l!}{k!}\frac{r^k}{(r-\xi)^{l+1}}$$

et par conséquent

$$|D_\xi^l \Phi_{-k}(\xi)| \leqq \frac{r^k}{(r-r')^{l+1}}\frac{l!}{k!} \quad \text{pour} \quad |\xi| \leqq r',$$

ce qui permet de conclure dans ce cas.

2° Lorsque $l \leqq k$, on a compte tenu de l'inégalité $1/(k-p)! \leqq 1/(k-l)!(l-p)!$:

$$D_\xi^l \Phi_{-k}(\xi) \ll \frac{1}{(k-l)!}\frac{\xi^{k-l}}{r-\xi}\left(\sum_{p=0}^{l}\frac{l!}{p!(l-p)!}\left(\frac{\xi}{r-\xi}\right)^{l-p}\right),$$

d'où, d'après la formule du binôme,

$$D_\xi^l \Phi_{-k}(\xi) \ll \frac{1}{(k-l)!}\frac{r^l \xi^{k-l}}{(r-\xi)^{l+1}};$$

d'après l'inégalité $1/(k-l)! \leqq 2^k(l!/k!)$, on a donc

$$|D_\xi^l \Phi_{-k}(\xi)| \leqq 2^k \frac{r^l r'^{k-l}}{(r-r')^{l+1}}\frac{l!}{k!} \quad \text{pour} \quad |\xi| \leqq r',$$

ce qui permet de conclure également dans ce cas.

C. Q. F. D.

Remarque 6.1. — Rappelons une propriété démontrée dans [26] (cor. 3.1). Soit Ω un voisinage ouvert du compact

$$\overline{\mathrm{D}}_r = \left\{ x \in \mathbf{C}^{n+1};\ \rho\,|x^0| + \sum_{j=1}^{n} |x^j| \leqq r \right\}, \qquad r > 0,$$

et soit $u : \Omega \to \mathrm{E}$ une fonction holomorphe; alors il existe une constante $c \geqq 0$ telle que $u \ll c\,\Phi_0(\xi)$, où $\Phi_0(\xi) = (r-\xi)^{-1}$. Avec les notations du paragraphe 4, considérons une fonction holomorphe $u : \Omega \to \mathscr{C}^\infty(\mathrm{I};\mathrm{F})$; alors, pour tout $p \in \mathbf{N}$, la fonction $x \mapsto \mathscr{D}^p u(.,x)$ est holomorphe dans Ω à valeurs dans l'espace de Banach $\mathscr{C}(\mathrm{I};\mathrm{F})$; il existe donc, pour tout $p \in \mathbf{N}$, une constante $\mathrm{F}_p \geqq 0$ telle que

$$\forall s \in \mathrm{I},\quad \mathscr{D}^p u(s,x) \ll \mathrm{F}_p \Phi_0(\xi). \tag{6.4}$$

Supposons en outre que u soit holomorphe dans Ω à valeurs dans l'espace $\mathrm{G}^\alpha_{\mathscr{D}}(\mathrm{I};\mathrm{F})$ et soit Ω' un voisinage ouvert de $\overline{\mathrm{D}}_r$ relativement compact dans Ω; les propositions 4.1 et 4.2 montrent qu'il existe un nombre $\mathrm{L} > 0$ tel que la restriction de u à Ω' soit une fonction holomorphe à valeurs dans l'espace de Banach $\mathrm{G}^\alpha_{\mathscr{D},\mathrm{L}}(\mathrm{I};\mathrm{F})$. D'après la définition de la norme de cet espace, il existe donc une constante $c \geqq 0$ telle que,

$$\forall p \in \mathbf{N},\quad \forall s \in \mathrm{I},\quad \mathscr{D}^p u(s,x) \ll c\,\mathrm{L}^p (p\,!)^\alpha \Phi_0(\xi). \tag{6.5}$$

7. Étude d'un problème de Cauchy holomorphe. — Ce paragraphe a pour objet d'étudier le problème de Cauchy holomorphe (5.1) et de prouver les lemmes 5.1 et 5.5.

Rappelons que les coefficients des opérateurs figurant dans (5.1) sont holomorphes au voisinage de l'origine de $\mathbf{C}^{n+1}$ et à valeurs dans un espace de Banach complexe E; on peut donc supposer que chacun de ces coefficients $a(x)$ est holomorphe et borné dans un polydisque $\Delta_{\mathrm{R}'}$:

$$\sup_{x \in \Delta_{\mathrm{R}'}} \|a(x)\| \leqq \mathrm{M}_0. \tag{7.1}$$

Donnons-nous un espace de Banach complexe F_1 et une application bilinéaire et continue $(a,u) \mapsto au$ de $\mathrm{E} \times \mathrm{F}_1$ dans F_1 dont la norme sera notée c_0. Nous étudierons d'abord le problème de Cauchy (5.1) lorsque les données (w_h) et la fonction inconnue u sont à valeurs dans l'espace F_1; des choix appropriés de cet espace F_1 permettront ensuite de prouver les lemmes 5.1 et 5.5.

Le nombre R' ayant été fixé ci-dessus, nous choisirons ensuite R tel que $0 < \mathrm{R} < \mathrm{R}'$; d'après le corollaire 6.1, il existe alors une constante $c_1 = c_1(\mathrm{R},\mathrm{R}',\mathrm{M}_0,c_0)$ telle pour tout opérateur $a(x,\mathrm{D})$ figurant dans (5.1), toute série $\Phi(\xi)$ vérifiant $0 \ll (\mathrm{R}-\xi)\,\Phi(\xi)$ et toute fonction holomorphe u à valeurs dans F_1, on ait

$$u(x) \ll \Phi(\xi) \quad\Rightarrow\quad a(x,\mathrm{D})\,u(x) \ll c_1\,\rho^{m_0}\,\mathrm{D}_\xi^m \Phi(\xi), \tag{7.2}$$

où $m = \text{ordre}\,(a)$ et $m_0 = \text{ordre}_{x0}\,(a)$.

Considérons d'une part le problème de Cauchy le plus élémentaire, à savoir

$$\begin{cases} \mathrm{D}_0^m u(x) = w_m(x), \\ \mathrm{D}_0^h u(x) - w_h(x) = o(x^0), \qquad 0 \leqq h < m; \end{cases} \tag{7.3}$$

ce problème admet évidemment une unique solution holomorphe au voisinage de l'origine pour toutes données holomorphes au voisinage de l'origine. Supposons en outre

$$w_h(x) \ll \Psi_h(\xi), \qquad 0 \leqq h \leqq m; \tag{7.4}$$

la solution de (7.3) sera alors telle que

$$u(x) \ll \sum_{h=0}^{m} \Theta_h(\xi) \tag{7.5}$$

si

$$\rho^h D_\xi^h \Theta_h(\xi) \ll \Psi_h(\xi), \qquad 0 \leqq h \leqq m,$$

et, vu que $\rho \geqq 1$, ceci sera *a fortiori* vérifié si

$$\Psi_h(\xi) \gg D_\xi^h \Theta_h(\xi), \qquad 0 \leqq h \leqq m. \tag{7.6}$$

Étudions d'autre part l'application linéaire $L : u \mapsto \hat{u}$ définie par le problème de Cauchy

$$\begin{cases} D_0^m \hat{u}(x) = A_m^m(x, D)\, u(x), \\ D_0^h \hat{u}(x) - A_h^h(x, D)\, u(x) = o(x^0), \qquad 0 \leqq h < m. \end{cases}$$

Soit $\Phi(\xi)$ une fonction majorante telle que $0 \ll (R-\xi)\,\Phi(\xi)$ et soit u une fonction holomorphe à valeurs dans l'espace de Banach F_1 telle que $u \ll c\,\Phi(\xi)$; on a alors, d'après (3.19) et (7.2),

$$A_h^h(x, D)\, u(x) \ll c c_1 \rho^{h-1} D_\xi^h \Phi(\xi), \qquad 0 \leqq h \leqq m.$$

Pour que l'on ait $\hat{u} \ll \hat{c}\,\Phi(\xi)$, il suffit donc que $\hat{c} \geqq c c_1 \rho^{-1}$; autrement dit, l'application L est un endomorphisme de l'espace de Banach B_Φ de norme $\leqq c_1 \rho^{-1}$. *Choisissons alors* $\rho \geqq 1$ *de telle sorte que cette quantité soit strictement inférieure à* 1 (on notera qu'on peut choisir ρ ne dépendant que de R, R', M_0 et c_0; un tel choix ne dépend pas de Φ; de plus, il ne dépend des espaces E et F_1 que par l'intermédiaire de la norme c_0 de l'application bilinéaire de $E \times F_1$ dans F_1); l'endomorphisme L est alors de norme strictement inférieure à 1 et, en raisonnant comme dans [26] (§ 4), on obtient les résultats suivants.

Posons, pour tout $r > 0$,

$$D_r = \left\{ x \in \mathbf{C}^{n+1} ;\ \rho\,|x^0| + \sum_{j=1}^{n} |x^j| < r \right\}$$

et considérons le système fondamental de voisinages ouverts de l'origine $\mathscr{S} = (D_r)_{0 < r \leqq R}$.

Soient $w_h : O \to F_1$, $0 \leqq h \leqq m$, des fonctions holomorphes dans un ouvert $O \in \mathscr{S}$; le problème de Cauchy (5.1) admet une solution holomorphe unique $u : O \to F_1$. De plus, si la solution u_0 du problème

$$\begin{cases} D_0^m u_0(x) = w_m(x), \\ D_0^h u_0(x) - w_h(x) = o(x^0), \qquad 0 \leqq h < m, \end{cases}$$

est telle que

$$u_0(x) \ll \Phi(\xi), \qquad \text{où} \quad 0 \ll (R-\xi)\,\Phi(\xi), \tag{7.7}$$

on a alors

$$u(x) \ll c_2 \Phi(\xi), \tag{7.8}$$

où la constante c_2 ne dépend que de R, R′, M_0 et c_0. En utilisant (7.4), (7.5) et (7.6) on en déduit ceci : on suppose

$$w_h(x) \ll \Psi_h(\xi), \qquad 0 \leqq h \leqq m \tag{7.9}$$

et on suppose que les fonctions $\Theta_h(\xi)$, $0 \leqq h \leqq m$, vérifient (7.6) et que

$$0 \leqq (R-\xi)\,\Theta_h(\xi), \qquad 0 \leqq h \leqq m; \tag{7.10}$$

on a alors

$$u(x) \ll c_2 \sum_{h=0}^{m} \Theta_h(\xi). \tag{7.11}$$

Explicitons les résultats précédents lorsqu'on fait des choix particuliers d'espace F_1.

Exemple 7.1. — Soit F un espace de Banach complexe; on se donne une application bilinéaire et continue $(a, u) \to au$ de $E \times F$ dans F de norme c_0. Soit K un espace compact et soit $F_1 = \mathscr{C}(K; F)$ l'espace de Banach des fonctions continues sur K à valeurs dans F, muni de la topologie de la convergence uniforme. L'application bilinéaire de $E \times F$ dans F induit une application bilinéaire et continue de $E \times F_1$ dans F_1 de norme c_0. En faisant décrire à K l'ensemble des parties compactes d'une variété analytique complexe T, les résultats qui précèdent, prouvent ceci : soient $\mathcal{O} \in \mathscr{S}$ et $w_h \in \mathscr{H}(\mathcal{O}; \mathscr{H}(T; F))$, $0 \leqq h \leqq m$, alors le problème de Cauchy (5.1) admet une solution unique $u \in \mathscr{H}(\mathcal{O}; \mathscr{H}(T; F))$. *Ceci prouve en particulier le lemme* 5.1.

Exemple 7.2. — Conservons les notations de l'exemple précédent. Soit I un intervalle compact de $\mathbf{R}$ et prenons pour espace de Banach F_1 l'espace $\mathscr{C}^k(I; F)$, $0 \leqq k < +\infty$. L'application bilinéaire de $E \times F$ dans F induit une application bilinéaire et continue de $E \times F_1$ dans F_1 de même norme c_0. Soient $\mathcal{O} \in \mathscr{S}$ et $w_h \in \mathscr{H}(\mathcal{O}; \mathscr{C}^k(I; F))$, $0 \leqq h \leqq m$, alors le problème de Cauchy (5.1) admet une solution unique $u \in \mathscr{H}(\mathcal{O}; \mathscr{C}^k(I; F))$ et ce résultat est encore vrai pour $k = +\infty$ d'après (4.1). *Ceci prouve une partie du lemme* 5.5. Supposons en outre $w_h \in \mathscr{H}(\mathcal{O}; G^{\alpha}_{\mathscr{D}}(I; F))$, où l'opérateur $\mathscr{D}$ vérifie (4.2) et (4.3); alors il existe $r \in]0, R]$ tel que $\mathcal{O} = D_r$ et les propositions 4.1 et 4.2 prouvent que, pour tout $r' \in]0, r[$, il existe $L > 0$ tel que $w_h \in \mathscr{H}(D_{r'}; G^{\alpha}_{\mathscr{D}, L}(I; F))$. Posons $F_1 = G^{\alpha}_{\mathscr{D}, L}(I; F)$; nous avons vu que l'application bilinéaire de $E \times F$ dans F induisait une application bilinéaire et continue de $E \times F_1$ dans F_1 de même norme (*cf.* rem. 4.2). Il en résulte que $u \in \mathscr{H}(D_{r'}; G^{\alpha}_{\mathscr{D}, L}(I; F))$, d'où $u \in \mathscr{H}(D_{r'}; G^{\alpha}_{\mathscr{D}}(I; F))$, et ceci étant vrai pour tout $r' \in]0, r[$, où en déduit que $u \in \mathscr{H}(D_r; G^{\alpha}_{\mathscr{D}}(I; F))$. *Ceci prouve entièrement le lemme* 5.5.

Remarque 7.1. — Supposons $w_h \in \mathscr{H}(O; \mathscr{C}^{\infty}(I; F))$ et soit $\mathscr{D}$ un endomorphisme de $\mathscr{C}^{\infty}(I; F)$ vérifiant (4.2) et (4.3). Si $u \in \mathscr{H}(O; \mathscr{C}^{\infty}(I; F))$ est la solution du problème de Cauchy (5.1) ayant pour données les fonctions (w_h), la propriété (4.4) montre que, pour tout $p \in \mathbf{N}$ et tout $s \in I$, la fonction $\mathscr{D}^p u(s, x)$ est solution du problème de Cauchy (5.1) ayant pour données les fonctions ($\mathcal{D}^p w_h(s, x)$). D'après (7.9), (7.10) et (7.11), on en déduit ceci : on suppose que, pour tout $p \in \mathbf{N}$ et tout $s \in \mathrm{I}$,

$$\mathcal{D}^p w_h(s, x) \ll \Psi_h^p(s, \xi), \qquad 0 \leqq h \leqq m, \tag{7.12}$$

où

$$\Psi_h^p(s, \xi) = \sum_i \mathrm{F}_{i,h}^p(s)\, \Psi_{i,h}^p(\xi),$$

où la sommation $\sum_i \ldots$ porte sur un ensemble fini, où les fonctions $\mathrm{F}_{i,h}^p : \mathrm{I} \to \mathbf{R}_+$ sont positives et où les fonctions $\Psi_{i,h}^p(\xi)$ sont des fonctions majorantes. Alors, on a pour tout $p \in \mathbf{N}$ et tout $s \in \mathrm{I}$,

$$\mathcal{D}^p u(s, x) \ll c_2 \sum_i \sum_{h=0}^{m} \mathrm{F}_{i,h}^p(s)\, \Theta_{i,h}^p(\xi) \tag{7.13}$$

si $0 \ll (\mathrm{R}-\xi)\, \Theta_{i,h}^p(\xi)$ et si

$$\Psi_{i,h}^p(\xi) \ll \mathrm{D}_\xi^h\, \Theta_{i,h}^p(\xi). \tag{7.14}$$

8. Démonstration du lemme 5.6. — Il s'agit essentiellement d'étudier la convergence de la série (5.7).

Avant d'aborder la démonstration proprement dite, introduisons les fonctions suivantes, F^{L}, que nous appellerons fonctions majorantes de Volterra (il les employa dans le cas $\sigma_+ = 0$).

Pour tout entier $k \geqq 1$ et tout multi-indice $\mathrm{L} = (l_1, \ldots, l_k) \in \mathbf{Z}^k$, posons

$$\sigma_+(\mathrm{L}) = \operatorname*{Max}_{0 \leqq j \leqq k} \sum_{i=1}^{j} l_i \quad \text{et} \quad \sigma_-(\mathrm{L}) = -\operatorname*{Min}_{0 \leqq j \leqq k} \sum_{i=j+1}^{k} l_i, \tag{8.1}$$

où nous convenons que $\sum_{i=1}^{0} \ldots = \sum_{i=k+1}^{k} \ldots = 0$; d'après cette convention $\sigma_+(\mathrm{L})$ et $\sigma_-(\mathrm{L})$ sont des entiers positifs. Si $(\mathrm{F}_l)_{l \in \mathbf{N}}$ est une suite de nombres positifs, nous définirons des fonctions $\mathrm{F}^{\mathrm{L}} : \mathrm{I} \to \mathbf{R}_+$, où $\mathrm{L} \in \mathbf{Z}^k$, par la formule

$$\mathrm{F}^{\mathrm{L}}(s) = \frac{\mathrm{G}(s)^{\sigma_-(\mathrm{L})}}{\sigma_-(\mathrm{L})\,!}\, \mathrm{F}_{\sigma_+(\mathrm{L})}, \qquad s \in \mathrm{I}, \tag{8.2}$$

où $\mathrm{G} : \mathrm{I} \to \mathbf{R}_+$ désigne la fonction définie en (4.7). La fonction F^{L} sera éventuellement notée $\mathrm{F}^{l_1, \ldots, l_k}$.

Note. – Lorsque $k = 1$, on a

$$\mathrm{L} = (l_1),\ \sigma_+(\mathrm{L}) = \mathrm{Max}(0, l_1) = (l_1)_+ \quad \text{et} \quad \sigma_-(\mathrm{L}) = -\mathrm{Min}(0, l_1) = (l_1)_-.$$

Si l_1 est un entier positif, on a donc $\mathrm{F}^{(l_1)}(s) = \mathrm{F}_{l_1}$ pour tout $s \in \mathrm{I}$ et si l_1 est un entier négatif

$$\mathrm{F}^{(l_1)}(s) = \frac{\mathrm{G}(s)^{|l_1|}}{(|l_1|)\,!}\, \mathrm{F}_0, \qquad s \in \mathrm{I}, \quad -l_1 \in \mathbf{N}. \tag{8.3}$$

Remarque 8.1. — Soient $l, l' \in \mathbf{Z}$ et $M = (l_{k+3}, \ldots, l_h) \in \mathbf{Z}^{h-k-2}$; on a alors :

(8.4) si $l \geqq 0$,

$$\sigma_+(l, L) = l + \sigma_+(L) \quad \text{et} \quad \sigma_-(l, L) = \sigma_-(L),$$

(8.5) si $l \leqq 0$,

$$\sigma_+(L, l) = \sigma_+(L) \quad \text{et} \quad \sigma_-(L, l) = \sigma_-(L) - l,$$

(8.6) Si $l \leqq 0$ ou bien si $l' \geqq 0$,

$$\sigma_\pm(L, l, l', M) = \sigma_\pm(L, l+l', M),$$

autrement dit, $\sigma^\pm(L)$ ne change pas quand on supprime un indice positif (resp. négatif) après l'avoir ajouté à l'indice antérieur (resp. postérieur).

Remarque 8.2. — Posons $\sigma(L) = \sum_{j=1}^{k} l_j$; étant donné que, pour tout $j \in [0, k]$, $\sum_{i=1}^{j} l_i = \sigma(L) - \sum_{i=j+1}^{k} l_i$, on a $\sigma_+(L) = \sigma(L) + \sigma_-(L)$, d'où

$$\sigma(L) = \sigma_+(L) - \sigma_-(L).$$

Compte tenu de (8.1), on en déduit les inégalités

$$(\sigma(L))_+ \leqq \sigma_+(L) \leqq \sum_{j=1}^{k} (l_j)_+, \tag{8.7}$$

$$(\sigma(L))_- \leqq \sigma_-(L) \leqq \sum_{j=1}^{k} (l_j)_-. \tag{8.8}$$

L'intérêt des fonctions F^L réside dans les propriétés très simples que voici. Rappelons que $\mathscr{D}$ désigne un endomorphisme de $\mathscr{C}^\infty(I; F)$ vérifiant les propriétés (4.2), (4.3), (4.5) et (4.7).

Lemme 8.1. — *Soit $u \in \mathscr{H}(\Omega; \mathscr{C}^\infty(I; F))$ une fonction holomorphe telle que, pour tout $p \in \mathbf{N}$ et tout $s \in I$,*

$$\mathscr{D}^p u(s, x) \ll \sum_i F^{L_i, p}(s) \Psi_i(\xi), \tag{8.9}$$

où les multi-indices $L_i \in \mathbf{Z}^{k_i}$, les fonctions majorantes Ψ_i et l'ensemble de sommation supposé fini ne dépendent pas de p. Alors, pour tout $p \in \mathbf{N}$, tout $q \in \mathbf{Z}$ et tout $s \in I$, on a

$$\mathscr{D}^p(\mathscr{D}^q u(s, x)) \ll \sum_i F_{(s)}^{L_i, p, q} \Psi_i(\xi). \tag{8.10}$$

Preuve. — Montrons d'abord que (8.9) vaut lorsque p est un entier $\leqq 0$. D'après (8.9), on a

$$u(s, x) \ll \sum_i F^{L_i, 0}(s) \Psi_i(\xi);$$

or on a $F^{L_l, 0} = F^{L_l}$, donc vu (8.2), ceci s'écrit

$$\|D_x^\alpha u(s, 0)\| \leqq \sum_l \frac{G(s)^{\sigma_-(L_l)}}{\sigma_-(L_l)!} F_{\sigma_+(L_l)} D_x^\alpha \Psi_l(0), \quad \alpha \in N^{n+1};$$

d'après (4.7), on a donc, pour $-p \in N$:

$$\|\mathscr{D}^p(D_x^\alpha u(s, 0))\| \leqq \sum_l \frac{G(s)^{\sigma_-(L_l)-p}}{(\sigma_-(L_l)-p)!} F_{\sigma_+(L_l)} D_x^\alpha \Psi_l(0),$$

c'est-à-dire, d'après (8.2) et (8.5),

$$\|\mathscr{D}^p(D_x^\alpha u(s, 0))\| \leqq \sum_l F^{L_l, p}(s) D_x^\alpha \Psi_l(0);$$

ceci prouve (8.9) pour $-p \in N$, car $\mathscr{D}^p$ et D_x^α commutent.

Pour démontrer (8.10), remarquons que $\mathscr{D}^p \circ \mathscr{D}^q = \mathscr{D}^{p+q}$ d'après (4.6) et que $F^{L_l, p+q} = F^{L_l, q, p}$ d'après (8.2) et (8.6).

C. Q. F. D.

Ce qui précède va nous permettre de « majorer » l'opérateur $\mathscr{R}$ défini au paragraphe 5.

Nous supposerons que R′ et R ∈]0, R′[ont été choisis tels que (7.1) et (7.2) soient vérifiés pour tout opérateur $a(x, D)$ figurant dans (5.5). Rappelons enfin que $\Phi_{-N}(\xi)$, où N ∈ N, désigne la fonction (6.3) : le choix du paramètre $r \in]0, R[$ sera fait ultérieurement.

PROPOSITION 8.1. — *Il existe une constante* $c_3 = c_3(R, R', M_0, c_0)$ *telle que l'on ait la propriété suivante. Soit* $u \in \mathscr{H}(\Omega; \mathscr{C}^\infty(I; F))$ *une fonction holomorphe telle que, pour tout* $p \in N$ *et tout* $s \in I$,

$$\mathscr{D}^p u(s, x) \ll \sum_{L, M, N} c_{L, M}^N F_{(s)}^{L, p} D_\xi^M \Phi_{-N}(\xi),$$

où L, M, N *décrivent des parties finies de* $\bigcup_{k=1}^{+\infty} Z^k$, N *et* N *qui ne dépendent pas de p, où les* $c_{L,M}^N$ *sont des fonctions positives de* (L, M, N). *On a alors, pour tout* $p \in N$ *et tout* $s \in I$,

$$\mathscr{D}^p(\mathscr{R} u(s, x)) \ll c_3 \sum_{L, M, N} c_{L, M}^N \sum_{l=-n_0}^{m-n_1} F_{(s)}^{L, l, p} D_\xi^{M-l-\nu(l) n_2+m} \Phi_{-N-m}(\xi),$$

où $\nu(l) = 1$ *si* $l \geqq 0$ *et* $\nu(l) = 0$ *si* $l < 0$.

Preuve. — D'après (4.4), (7.2) et le lemme précédent, il existe une constante $c = c(R, R', M_0, c_0) \geqq 0$ telle que, pour tout $p \in N$ et tout $s \in I$,

$$\mathscr{D}^p(A_l^h(x, D) \mathscr{D}^{h-l} u(s, x)) \ll c \sum_{L, M, N} c_{L, M}^N F_{(s)}^{L, h-l, p} D_\xi^{M+l} \Phi_{-N}(\xi), \qquad h+1 \leqq l \leqq n_0,$$

$$\mathscr{D}^p(B_{l-n_2}^h(x, D) \mathscr{D}^{h-l} u(s, x)) \ll c \sum_{L, M, N} c_{L, M}^N F_{(s)}^{L, h-l, p} D_\xi^{M+l-n_2} \Phi_{-N}(\xi), \qquad l(h) \leqq l \leqq h-1$$

Dans la première inégalité, on a

$$h-l\in[h-n_0,\ -1]\subset[-n_0,\ -1],$$

car $h \geqq 0$, et dans la seconde inégalité, on a

$$h-l\in[1,\ h-l(h)]\subset[1,\ m-n_1]$$

vu la définition (3.18) de $l(h)$. Il en résulte la majoration suivante pour les fonctions $(w_h)_{0\leqq h\leqq m}$ définies par (5.6) :

$$\mathscr{D}^p w_h(s,x) \ll c \sum_{L,M,N} c^N_{L,M} \sum_{l=-n_0}^{m-n_1} F^{L,l,p}_{(s)} D_\xi^{M+h-l-\nu(l)n_2} \Phi_{-N}(\xi),$$

où, vu la proposition 6.2,

$$D_\xi^{M+h-l-\nu(l)n_2}\Phi_{-N}(\xi) \ll D_\xi^h D_\xi^{M-l-\nu(l)n_2+m}\Phi_{-N-m}(\xi)$$

car $M \geqq 0$ et $l+\nu(l)n_2 \leqq m-n_1+n_2 \leqq m$; la proposition résulte alors de (7.13) avec $c_3=(m+1)cc_2$.

C. Q. F. D.

La proposition précédente permet de majorer chaque terme de la série (5.7). Supposons pour l'instant $u_0\in\mathscr{H}(\mathcal{O}';\mathscr{C}^\infty(I;F))$; d'après (6.4) il existe un nombre $r\in\,]0, R[$ et une suite $(F_p)_{p\in N}$ de nombres positifs telle que, pour tout $p\in N$ et tout $s\in I$,

$$\mathscr{D}^p u_0(s,x) \ll F_p\Phi_0(\xi). \tag{8.11}$$

Compte tenu de la proposition 8.1, un raisonnement par récurrence prouve que pour tout $p\in N$ et tout $s\in I$,

$$\mathscr{D}^p u_k(s,x) \ll c_3^k \sum_{L\in\mathscr{L}} F^{L,p}_{(s)} D_\xi^{p-\sigma-\nu n_2+km}\Phi_{-km}(\xi), \tag{8.12}$$

où

$$\mathscr{L}=[-n_0,\ m-n_1]^k,\qquad L=(l_1,\ \ldots,\ l_k)\in\mathscr{L},$$

$$\sigma\equiv\sigma(L,p)=\sum_{j=1}^k l_j+p,$$

$$\nu\equiv\nu(L)=\operatorname{Card}(\{j\in[1,k];\ l_j\geqq 0\}).$$

Note. — On remarquera que $p-\sigma$ ne dépend pas de p, ce qui permet effectivement d'utiliser la proposition 8.1 pour établir (8.12).

Note. — L'inégalité (8.12) est encore vérifiée pour $k=0$ en convenant que dans ce cas $F^{L,p}(s)=F^p(s)$, $\sigma=p$ et $\nu=0$.

Posons $\sigma_+=\sigma_+(L,p)$ et $\sigma_-=\sigma_-(L,p)$; on a d'après (8.2) :

$$F^{L,p}(s)=\frac{G(s)^{\sigma_-}}{\sigma_-!}F_{\sigma_+}; \tag{8.13}$$

choisissons $r' \in]0, r[$; étant donné que $p-\sigma-\nu n_2+2km$ est majoré par une expression de la forme ck ($c \geqq 0$), la proposition 6.3 montre qu'il existe une constante $c \geqq 0$ telle que, pour $|\xi| \leqq r'$,

$$(8.14) \qquad |D_\xi^{p-\sigma-\nu n_2+km}\Phi_{-km}(\xi)| \leqq c^{k+1}\frac{(p-\sigma-\nu n_2+km)!}{(km)!}.$$

Posons $G_0 = \sup_{s \in I} G(s)$; on déduit de (8.12), (8.13) et (8.14) que

$$(8.15) \qquad [\mathscr{D}^p u_k] \leqq c^{k+1}\sum_{L\in\mathscr{L}} F_{\sigma_+}\frac{G_0^{\sigma_-}}{(\sigma_-)!}\,\frac{(p-\sigma-\nu n_2+km)!}{(km)!},$$

où nous avons posé

$$[\mathscr{D}^p u_k] = \sup_{s\in I}\sup_{\hat\xi \leqq r'}\|\mathscr{D}^p u_k(s, x)\|, \qquad \hat\xi = \rho|x^0|+\sum_{j=1}^n |x^j|.$$

Note. — Nous notons indifféremment c toute fonction des seules variables R, R′, r, r', c_0 et M_0.

Nous simplifierons l'inégalité (8.15) en utilisant le lemme suivant :

LEMME 8.2. — *Soit $(a_i)_{i\in I}$ une famille finie d'entiers relatifs telle que $\sum_{i\in I} a_i \geqq 0$. On a alors*

$$\Big(\sum_{i\in I} a_i\Big)! \leqq q^{\sum_{i\in I}(a_i)_+}\prod_{i\in I}|a_i|!^{\varepsilon_i},$$

où $\varepsilon_i = a_i/|a_i|$ si $a_i \neq 0$, $\varepsilon_i = 0$ si $a_i = 0$ et q = Card $(\{ i\in I; a_i > 0 \})$.

Preuve. — Le lemme résulte des inégalités suivantes :

$$(A-B)! \leqq \frac{A!}{B!}, \qquad 0 \leqq B \leqq A;$$

$$\prod_{i=1}^q A_i! \leqq \Big(\sum_{i=1}^q A_i\Big)! \leqq q^{\sum_{i=1}^q A_i}\prod_{i=1}^q A_i!, \qquad 0 \leqq A_i.$$

C. Q. F. D.

Notons les inégalités suivantes :

$$(8.16) \qquad \begin{cases} 0 \leqq \nu \leqq k & \text{d'après la définition de } \nu,\\ 0 \leqq \sigma_+ \leqq \nu(m-n_1)+p & \text{d'après (8.7)},\\ \sigma \leqq p+\nu(m-n_1)-(k-\nu) & \text{d'après la définition de } \sigma,\\ [p+\nu(m-n_1)-(k-\nu)]_- \leqq \sigma_- \leqq (k-\nu)n_0 & \text{d'après (8.8).} \end{cases}$$

Ces inégalités montrent que $p+\sigma_-+km$ est majoré par une expression de la forme $p+ck$, $c \geqq 0$; compte tenu du lemme 8.2, (8.15) donne

$$[\mathscr{D}^p u_k] \leqq c^{p+k+1}\,p!\sum_{L\in\mathscr{L}}\frac{F_{\sigma_+}}{\sigma_+!}G_0^{\sigma_-}\frac{1}{(\nu n_2)!}.$$

Supposons alors $G_0 \leqq 1$; d'après (8.16) on a

$$G_0^{\sigma_-} \leqq G_0^{k-\nu-p-\nu(m-n_1)}$$

étant donné que Card ($\mathscr{L}$) = c^k, il en résulte que

$$\sum_{k=0}^{+\infty} [\mathscr{D}^p u_k] \leqq c^{p+1} p\,! \sum_{k,\nu,\sigma_+} c^k \frac{F_{\sigma+}}{\sigma_+\,!} G_0^{k-\nu-p-\nu(m-n_1)} \frac{1}{(\nu n_2)\,!}$$

où $0 \leqq \nu \leqq k$ et $0 \leqq \sigma_+ \leqq \nu(m-n_1)+p$ d'après (8.16).

Effectuons d'abord la sommation par rapport à k : supposons pour cela que $c\,G_0 < 1$; on obtient alors

$$\sum_{k=0}^{+\infty} [\mathscr{D}^p u_k] \leqq c^{p+1} p\,! \sum_{\nu,\sigma_+} c^\nu \frac{F_{\sigma+}}{\sigma_+\,!} \frac{1}{(\nu n_2)\,!} \tag{8.17}$$

où $\nu \in \mathbf{N}$ et $0 \leqq \sigma^+ \leqq \nu(m-n_1)+p$.

Lorsque $m = n_1$, on a $0 \leqq \sigma_+ \leqq p$, d'où

$$\sum_{k=0}^{+\infty} [\mathscr{D}^p u_k] \leqq c^{p+1} p\,! \sum_{l=0}^{p} \frac{F_l}{l\,!} \qquad (m = n_1); \tag{8.18}$$

cette inégalité prouve que la série (5.7) converge dans l'espace $\mathscr{C}(\overline{D}_{r'}; \mathscr{C}^\infty(I; F))$, cette série converge donc *a fortiori* dans l'espace $\mathscr{H}(D_{r'}; \mathscr{C}^\infty(I; F))$. *Ceci montre que, pour* $m = n_1$, *le lemme* 5.6 *vaut lorsque* u_0 *est holomorphe à valeurs dans l'espace* $\mathscr{C}^\infty$ (I; F); *le théorème* 5.1 *vaut donc pour des données* (w_h) *et une inconnue* u *holomorphes à valeurs dans l'espace* $\mathscr{C}^\infty$ (I; F).

Lorsque $m > n_1$, notons ν_0 le plus petit entier $\geqq (\sigma_+ - p)_+/(m-n_1)$; d'après (8.17), on a

$$\sum_{k=0}^{+\infty} [\mathscr{D}^p u_k] \leqq c^{p+1} p\,! \sum_{\sigma_+=0}^{+\infty} \frac{F_{\sigma+}}{\sigma_+\,!} \left(\sum_{\nu=\nu_0}^{+\infty} \frac{c^\nu}{(\nu n_2)\,!} \right);$$

notons que

$$\sum_{\nu=\nu_0}^{+\infty} \frac{c^\nu}{(\nu n_2)\,!} \leqq \frac{c^{\nu_0}}{(\nu_0 n_2)\,!} \left(\sum_{\nu=0}^{+\infty} \frac{c^\nu}{(\nu n_2)\,!} \right) \leqq \frac{c^{\nu_0+1}}{(\nu_0 n_2)\,!} \leqq \frac{c^{\sigma_++1}}{(\nu_0 n_2)\,!}$$

et par conséquent

$$\sum_{k=0}^{+\infty} [\mathscr{D}^p u_k] \leqq c^{p+1} p\,! \sum_{\sigma_+=0}^{+\infty} c^{\sigma_+} \frac{F_{\sigma+}}{\sigma_+\,!} \frac{1}{(\nu_0 n_2)\,!}. \tag{8.19}$$

Il s'agit donc de minorer $(\nu_0 n_2)\,!$.

LEMME 8.3. — *Quels que soient les entiers* $a, b \in \mathbf{N}$, *on a*

$$(a\,!)^b \leqq (ab)\,! \leqq b^{ab} (a\,!)^b.$$

Preuve. — On utilise l'inégalité mentionnée dans la démonstration du lemme 8.2 en prenant $A_l = a$ et $q = b$.

C. Q. F. D.

LEMME 8.4. — *Soient $a, b, c, d \in \mathbf{N}$ tels que $ac - bd \geqq 0$. Alors*

$$(d\,!)^b \leqq c^{ac}(a\,!)^c.$$

Preuve. — D'après le lemme précédent, on a en effet

$$(d\,!)^b \leqq (bd)\,! \qquad \text{et} \qquad (ac)\,! \leqq c^{ac}(a\,!)^c.$$

C. Q. F. D.

Appliquons ce lemme en prenant $a = \nu_0 n_2$, $b = n_2$, $c = m - n_1$ et $d = (\sigma_+ - p)_+$; nous obtenons

$$((\sigma_+ - p)_+\,!)^{n_2} \leqq (m - n_1)^{\nu_0 n_2 (m-n_1)}((\nu_0 n_2)\,!)^{m-n_1},$$

d'où

$$\frac{1}{(\nu_0 n_2)\,!} \leqq c^{\sigma_+ + 1} \times \frac{1}{[(\sigma_+ - p)_+\,!]^{\alpha_0 - 1}} \qquad \text{avec} \quad \alpha_0 = 1 + \frac{n_2}{m - n_1}.$$

Vu (8.19), ceci prouve que

$$\sum_{k=0}^{+\infty} [\mathcal{D}^p u_k] \leqq c^{p+1}\, p\,! \sum_{l=0}^{+\infty} c^l \frac{F_l}{l\,!} \frac{1}{[(l-p)_+\,!]^{\alpha_0 - 1}},$$

soit

$$(8.20) \qquad \sum_{k=0}^{+\infty} [\mathcal{D}^p u_k] \leqq c^{p+1}\, p\,! \left(\sum_{l=0}^{p} \frac{F_l}{l\,!} \right) + c^{p+1} (p\,!)^{\alpha_0} \left(\sum_{l=p+1}^{+\infty} c^l \frac{F_l}{(l\,!)^{\alpha_0}} \right) \qquad (m > n_1),$$

car $1/(l-p)! \leqq 2^l\,(p!/l!)$ si $l \geqq p$.

Note. — D'après (8.18), l'inégalité (8.20) vaut pour tout $\alpha_0 \geqq 1$ lorsque $m = n_1$.

Ce qui précède prouve qu'il existe un nombre $l_0 = l_0(R, R', r, r', c_0, M_0) > 0$ tel que la série $\sum_{k=0}^{+\infty} [\mathcal{D}^p u_k]$ converge, pour tout $p \in \mathbf{N}$, lorsque les deux conditions *suffisantes* qui suivent sont satisfaites :

(i) $G_0 \leqq l_0$ [c'est-à-dire (5.8)];

(ii) la série $\sum_{l=0}^{+\infty} c^l\,(F_l/(l!)^{\alpha_0})$ converge.

Si la seconde condition est satisfaite, on observe d'abord que nécessairement $F_l \leqq c^{l+1}\,(l!)^{\alpha_0}$: autrement dit, nous ne pourrons obtenir de résultats concluants que dans le cas où la fonction u_0 est holomorphe à valeurs dans un espace $G^{\alpha}_{\mathcal{D}}(I; F)$ (sauf dans le cas $m = n_1$ d'après ce qui a été vu ci-dessus).

Nous supposerons donc la fonction u_0 holomorphe à valeurs dans l'espace $G^{\alpha}_{\mathcal{D}}(I; F)$; d'après la définition $G^{\alpha}_{\mathcal{D}} = \bigcup_{L>0} G^{\alpha}_{\mathcal{D}, L}$ et d'après (6.5), il existe donc des constantes $c_4 \geqq 0$ et $c_5 \geqq 0$ telles que

$$u_0 \in G^{\alpha}_{\mathcal{D}, c_5}(I; F),$$
$$\forall\, p \in \mathbf{N},\ \forall\, s \in I,\ \mathcal{D}^p u_0(s, x) \ll F_p\, \Phi_0(\xi),$$

avec

$$F_p = c_4 c_5^p (p\,!)^\alpha.$$

La condition (ii) ne peut être vérifiée que pour $1 \leqq \alpha \leqq \alpha_0$.

Examinons d'abord le cas $1 \leqq \alpha < \alpha_0$ (lorsque $m = n_1$, α_0 est un nombre > 1 quelconque); dans ce cas, la condition (ii) est vérifiée car la fonction $t \mapsto \sum_{l=0}^{+\infty} t^l (F_l/(l!)^{\alpha_0})$ est une fonction entière. On a en outre, d'après (8.20),

$$\sum_{k=0}^{+\infty} [\mathcal{D}^p u_k] \leqq c_4 c^{p+1} (p\,!)^\alpha \left(\sum_{l=0}^{p} c_5^l \right) + c_4 c^{p+1} (p\,!)^\alpha \left(\sum_{l=p+1}^{+\infty} c^l c_5^l \left(\frac{p\,!}{l\,!} \right)^{\alpha_0 - \alpha} \right);$$

en utilisant l'inégalité $p!/l! \leqq 1/(l-p)!$ $(l \geqq p)$, on obtient une constante $c_6 \geqq 0$ (qui dépend de c_5) telle que

$$\sum_{k=0}^{+\infty} [\mathcal{D}^p u_k] \leqq c_4 c_6^{p+1} (p\,!)^\alpha.$$

Ceci prouve que la série (5.7) converge absolument dans l'espace de Banach $\mathscr{C}(\overline{D}_{r'}; G^\alpha_{\mathscr{G},L}(I; F))$ avec une valeur convenable de L; cette série converge donc *a fortiori* dans l'espace $\mathscr{H}(D_{r'}; G^\alpha_{\mathscr{G}}(I; F))$ *ce qui prouve le lemme* 5.6.

Supposons $m > n_1$ *et* $\alpha = \alpha_0$: les conclusions précédentes subsistent sous la condition supplémentaire $cc_5 < 1$. Autrement dit, le lemme 5.6 vaut encore si la donnée u_0 est holomorphe dans $\mathcal{O}'$ et à valeurs dans un sous-espace $G^\alpha_{\mathscr{G},L}$ de $G^\alpha_{\mathscr{G}}$, où L est un nombre > 0 suffisamment petit ne dépendant que de $\mathcal{O}'$ et des opérateurs A^h_l et $B^h_{l-n_2}$. Ceci permet d'en déduire l'assertion de la remarque 5.2.

DEUXIÈME PARTIE

Systèmes partiellement hyperboliques

9. Notations. — Les méthodes développées dans la première partie de ce travail permettent d'étudier et de résoudre le problème de Cauchy pour un système à caractéristiques multiples sous certaines hypothèses d'hyperbolicité.

Désormais, nous noterons x un point de $\mathbf{R}^{n+1}$ de coordonnées $(x^j)_{0 \leqq j \leqq n}$. On se donne un système $(a^\nu_\mu(x, D))$ d'opérateurs différentiels linéaires à coefficients définis et **R**-analytiques au voisinage de l'origine de $\mathbf{R}^{n+1}$. Les notations étant par ailleurs identiques à celles du paragraphe 1, on se propose d'étudier le problème de Cauchy

$$(9.1)\qquad \begin{cases} \displaystyle\sum_{\nu=1}^{N} a^\nu_\mu(x, D)\, u_\nu(x) = v_\mu(x), \\ D_0^h u_\nu(x)\big|_S = w_{\nu,h}(x'), \qquad 0 \leqq h < t_\nu, \end{cases}$$

en supposant, d'une part que l'hyperplan S : $x^0 = 0$ n'est pas caractéristique, d'autre part que

$$(9.2) \qquad v_\mu(x) - \sum_{\nu=1}^{N} a_\mu^\nu(x, D)\, w_\nu(x) \qquad \text{s'annule } s_\mu \text{ fois sur S,}$$

où les fonctions (w_ν) sont telles que

$$(9.3) \qquad D_0^h w_\nu(x)|_S = w_{\nu,h}(x'), \qquad 0 \leqq h < t_\nu.$$

En ce qui concerne les hypothèses d'hyperbolicité, nous adopterons la terminologie suivante.

Soit H un hyperplan de S; le nombre d'hyperplans distincts de $\mathbf{R}^{n+1}$ contenant H et caractéristiques à l'origine est au plus égal à d, degré du polynôme réduit $g_0(x, \xi)$; quand ce nombre est d, nous dirons que l'*hyperplan* H *est spatial* à l'origine.

Soit T une sous-variété linéaire de S, distincte de S; nous dirons que S *est spatial modulo* T à l'origine si tout hyperplan de S contenant T est spatial. Nous dirons alors que le système (a_μ^ν) est *partiellement hyperbolique relativement à* S *modulo* T.

Notons q la codimension de T relative à S ($1 \leqq q \leqq n$) et choisissons des coordonnées locales telles que T ait pour équation

$$T: \quad x^0 = x^1 = \ldots = x^q = 0;$$

la définition précédente signifie que, pour tout

$$\eta = (\eta_1, \ldots, \eta_q) \in \mathbf{R}^q - \{0\},$$

l'équation en ξ_0 :

$$g_0(0; \xi_0, \eta, 0, \ldots, 0) = 0$$

admet d racines réelles et distinctes.

Note. — Lorsque T = $\{0\}$, c'est-à-dire $q = n$, le système sera dit hyperbolique relativement à S; il s'agit évidemment d'une notion d'hyperbolicité *non stricte*.

Note. — L'application $x \mapsto (x^0, x^1, \ldots, x^q) \in \mathbf{R}^{q+1}$ définit une *fibration* de $\mathbf{R}^{n+1}$ et de S; au voisinage de l'origine, S est spatial relativement à ces fibres dont l'espace tangent a l'origine est T. Par la suite, c'est cette fibration et non le choix précis des coordonnées, qui sera essentielle.

10. Cas où S est spatial modulo l'un des ses hyperplans. — Dans ce paragraphe nous supposons que l'hyperplan S est spatial modulo l'hyperplan

$$T: \quad x^0 = x^1 = 0,$$

c'est-à-dire que l'équation en ξ_0 :

$$g_0(0; \xi_0, 1, 0, \ldots, 0) = 0$$

admet d racines réelles et distinctes $(\xi_0^i)_{1 \leq i \leq d}$. On note alors k^i la solution du problème de Cauchy (1.8); ces fonctions réelles k^i sont définies et analytiques au voisinage de l'origine de $\mathbf{R}^{n+1}$.

Sur les données $(w_{\nu,h})$ *et* (v_μ), *nous ferons les hypothèses suivantes.*

Soit I un intervalle de **R** que nous supposerons, soit ouvert soit fermé, et tel que son adhérence contienne l'origine de **R**; soit Ω^{n-1} un voisinage ouvert de l'origine de $\mathbf{R}^{n-1}$ et soit $\alpha \geqq 1$.

Nous supposons :

(i) les fonctions $w_{\nu,h} : \mathrm{I} \times \Omega^{n-1} \to \mathbf{C}$ de classe $\mathscr{C}^\infty$ $(x^1 \in \mathrm{I}, x^2, \ldots, x^n) \in \Omega^{n-1})$;

(ii) pour tout compact $\mathrm{K} \subset \mathrm{I} \times \Omega^{n-1}$, il existe une constante $c_\mathrm{K} \geqq 0$ telle que, pour tout $\beta' = (\beta_1, \ldots, \beta_n) \in \mathbf{N}^n$,

$$\sup_{x' \in \mathrm{K}} |\mathrm{D}_{x'}^{\beta'} w_{\nu,h}(x')| \leqq c_\mathrm{K}^{|\beta'|+1} (\beta_1 !)^\alpha \beta_2 ! \times \ldots \times \beta_n !.$$

Note. — Les fonctions $w_{\nu,h}$ sont donc de classe de Gevrey α en x^1 et analytiques en $(x^2, \ldots, x^n)$.

Quant aux seconds membres (v_μ), nous les supposons de la forme

$$v_\mu(x) = \sum_{i=1}^{d} v_\mu^i(k^i(x), x) \tag{10.1}$$

avec les hypothèses suivantes :

(iii) les fonctions $v_\mu^i : \mathrm{I} \times \Omega^{n+1} \to \mathbf{C}$ sont de classe $\mathscr{C}^\infty$, Ω^{n+1} étant un voisinage ouvert de l'origine de $\mathbf{R}^{n+1}$,

(iv) pour tout compact $\mathrm{K} \subset \mathrm{I} \times \Omega^{n+1}$, il existe une constante $c_\mathrm{K} \geqq 0$, telle que, pour tout $p \in \mathbf{N}$ et tout $\beta \in \mathbf{N}^{n+1}$,

$$\sup_{(s,x) \in \mathrm{K}} |\mathrm{D}_s^p \mathrm{D}_x^\beta v_\mu^i(s, x)| \leqq c_\mathrm{K}^{p+|\beta|+1} (p !)^\alpha \times \beta !.$$

Les fonctions $x \mapsto v_\mu^i(k^i(x), x)$ sont définies dans $(k^i)^{-1}(\mathrm{I}) \cap \Omega^{n+1}$, ensemble qui n'est un voisinage de l'origine de $\mathbf{R}^{n+1}$ que lorsque l'intervalle I est un voisinage de l'origine de **R**; les fonctions $x \mapsto v_\mu(x)$ sont donc définies sur l'ensemble

$$\left(\bigcap_{i=1}^{d} (k^i)^{-1}(\mathrm{I})\right) \cap \Omega^{n+1}.$$

Note. — Les fonctions $x \mapsto v_\mu^i(k^i(x), x)$ sont de classe de Gevrey α et leurs restrictions aux hypersurfaces analytiques $k^i(x) = c^i$ sont analytiques.

Remarque 10.1. — Identifions $\mathbf{R}^{n-1}$ (resp. $\mathbf{R}^{n+1}$) avec l'ensemble des points de $\mathbf{C}^{n-1}$ (resp. $\mathbf{C}^{n+1}$) à coordonnées réelles. Les hypothèses qui précèdent signifient ceci : il existe des voisinages ouverts $\tilde{\Omega}^{n-1}$ et $\tilde{\Omega}^{n+1}$ de 0 dans $\mathbf{C}^{n-1}$ et $\mathbf{C}^{n+1}$ respectivement tels que $\Omega^{n-1} = \tilde{\Omega}^{n-1} \cap \mathbf{R}^{n-1}$, $\Omega^{n+1} = \tilde{\Omega}^{n+1} \cap \mathbf{R}^{n+1}$ et il existe des fonctions *holomorphes*

$$\mathrm{W}_{\nu,h} : \tilde{\Omega}^{n-1} \to \mathrm{G}^\alpha(\mathrm{I}; \mathbf{C}), \qquad \mathrm{V}_\mu^i : \tilde{\Omega}^{n+1} \to \mathrm{G}^\alpha(\mathrm{I}; \mathbf{C}),$$

dont les restrictions à $\mathrm{I} \times \Omega^{n-1}$ et $\mathrm{I} \times \Omega^{n+1}$ sont précisément les fonctions $w_{\nu,h}$ et v_μ^i.

Avec les hypothèses qui précèdent, on a alors le

THÉORÈME 10.1. — *On suppose* S *spatial modulo son hyperplan* T, $1 \leqq \alpha < m_0/(m_0-1)$. *Alors il existe un voisinage ouvert* Ω'^{n+1} *de l'origine de* $\mathbf{R}^{n+1}$ *et un nombre* $l_0 > 0$ *tels que, si la longueur de l'intervalle* I *est inférieure à* l_0, *le problème de Cauchy* (9.1) *admette une unique solution de classe de Gevrey* α :

$$u_\mu : \left(\bigcap_{i=1}^{d} (k^i)^{-1}(\mathrm{I})\right) \cap \Omega'^{n+1} \to \mathbf{C};$$

de plus, il existe des fonctions $u_\mu^i : \mathrm{I} \times \Omega'^{n+1} \to \mathbf{C}$ *ayant les propriétés* (iii) *et* (iv) *telles que*

$$u_\mu(x) = \sum_{i=1}^{d} u_\mu^i(k^i(x), x). \tag{10.2}$$

Remarque 10.2. — Il existe donc un voisinage ouvert $\tilde{\Omega}'^{n+1}$ de l'origine de $\mathbf{C}^{n+1}$ tel que $\Omega'^{n+1} = \tilde{\Omega}'^{n+1} \cap \mathbf{R}^{n+1}$ et des fonctions holomorphes $\mathrm{U}_\mu^i : \tilde{\Omega}'^{n+1} \to \mathrm{G}^\alpha(\mathrm{I}; \mathrm{C})$ qui prolongent les fonctions u_μ^i. Précisons que cet ouvert $\tilde{\Omega}'^{n+1}$ et le nombre $l_0 > 0$ ne dépendent que du système (a_μ^ν), de S, T et des ouverts $\tilde{\Omega}^{n-1}$, $\tilde{\Omega}^{n+1}$.

Preuve. — 0 L'unicité de la solution résulte du théorème de Holmgren.

1. *Pour démontrer le théorème d'existence, on reprend d'abord les diverses réductions effectuées au paragraphe* 2. Pour se ramener à des données de Cauchy nulles, on pose

$$w_\nu(x) = \mathrm{W}_\nu(k^i(x), x)$$

et

$$\mathrm{W}_\nu(s, x) = \sum_{h=0}^{t_\nu-1} \frac{(x^0)^h}{h\,!} w'_{\nu,h}(s, x^2, \ldots, x^n);$$

il est immédiat de déterminer les fonctions $(w'_{\nu,h})$ de telle sorte que les équations (9.3) soient vérifiées. Ces fonctions W_ν possèdent les propriétés de régularité (iii) et (iv). Ceci prouve qu'on peut supposer nulles les données de Cauchy. On peut alors effectuer la diagonalisation du système et on doit donc démontrer le théorème 10.1 pour le problème de Cauchy (2.7).

2. *On reprend ensuite la construction du paragraphe* 3 *qui consiste* à chercher la solution de (2.7) sous la forme (3 6), où il faut substituer à D_t l'opérateur D_s. Ayant choisi un point a de I, nous définissons l'opérateur D_s^{-1} comme suit

$$\mathrm{D}_s^{-1} u(s) = \int_a^s u(\sigma)\, d\sigma, \qquad s \in \mathrm{I}.$$

Ceci conduit au problème de Cauchy (5.5) avec $\mathcal{D} = \mathrm{D}_s$, $\mathcal{D}^{-1} = \mathrm{D}_s^{-1}$, $m = m_0$, $n_1 = n_2 = 1$. Après complexification des variables réelles $x \in \mathbf{R}^{n+1}$, la remarque 10.1 montre que le théorème 10.1 est une conséquence évidente du théorème 5.1 et de la remarque 5.3 lorsque I est un intervalle ouvert.

C. Q. F. D.

Remarque 10.3 (*existence d'un domaine d'influence*). — Nous supposons que I est un voisinage de l'origine de $\mathbf{R}$ et que les supports des fonctions $(w_{\nu,h})$ et (v^i_μ) possèdent les propriétés suivantes :

$$\begin{cases} \operatorname{supp}(w_{\nu,h}(.,x^2,\ldots,x^n)) \subset \mathrm{I} \cap \mathbf{R}_+ & \text{pour tout } (x^2,\ldots,x^n) \in \Omega^{n-1}, \\ \operatorname{supp}(v^i_\mu(.,x)) \qquad \subset \mathrm{I} \cap \mathbf{R}_+ & \text{pour tout } x \in \Omega^{n+1}; \end{cases}$$

En prenant $a = 0$ dans la démonstration précédente, on constate que la solution (10.2) du problème de Cauchy (9.1) est telle que

$$\operatorname{supp}(u^i_\mu(.,x)) \subset \mathrm{I} \cap \mathbf{R}_+ \quad \text{pour tout } x \in \Omega'^{n+1},$$

et par conséquent

$$\operatorname{supp}(u_\mu) \subset \bigcup_{i=1}^{d} (k^i)^{-1}(\mathbf{R}_+).$$

Ceci établit l'existence d'un *domaine d'influence partielle*, relatif à l'hyperplan T. (cf. *fig.* ci-dessous.)

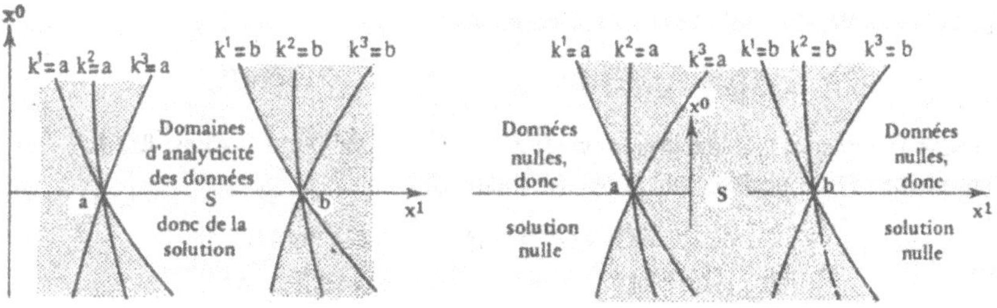

Bases de dimensions 2 (et 1) de la fibration $x \to (x^0, x^1)$ de $\mathbf{R}^{n+1}$ (et S).

Lorsque $\alpha = 1$, les hypothèses (i) à (iv) impliquent que les données $(w_{\nu,h})$ et (v_μ) sont des fonctions analytiques; il est alors possible de préciser le domaine d'existence de la solution au voisinage d'un point frontière du domaine d'analyticité des données. Prenons l'intervalle I de la forme $]0, l[$, avec $0 < l \leqq l_0$, et posons

$$\mathrm{K}_+ = \bigcap_{i=1}^{d} (k^i)^{-1}(\mathbf{R}^*_+), \qquad \text{où} \quad \mathbf{R}^*_+ =]0, +\infty[.$$

On a alors la (*cf. fig.* ci-dessus).

PROPOSITION 10.1. — *Supposons : S spatial modulo son hyperplan* T; *les fonctions*

$$w_{\nu,h} : \ \mathrm{I} \times \Omega^{n-1} \to \mathbf{C}, \qquad v_\mu : \ \mathrm{K}_+ \cap \Omega^{n+1} \to \mathbf{C}$$

analytiques. Alors le problème de Cauchy (9.1) *admet une unique solution analytique*

$$u_\mu : \ \mathrm{K}_+ \cap \Omega'^{n+1} \to \mathbf{C}.$$

La démonstration de ce résultat utilise le lemme suivant qui se prouve comme le lemme 111 de [23].

LEMME 10.1. — *Soient* Ω_1, Ω_2 *deux ouverts de* $\mathbf{R}^{n+1}$. *L'application* $(f_1, f_2) \to f_1 + f_2$ *de* $G^1(\Omega_1; \mathbf{C}) \times G^1(\Omega_2; \mathbf{C})$ *dans* $G^1(\Omega_1 \cap \Omega_2; \mathbf{C})$ *est surjective.*

Preuve de la proposition 10.1. — D'après le théorème 10.1, il s'agit de prouver que les fonctions (v_μ) peuvent se mettre sous la forme (10.1). C'est évident si $d = 1$. Lorsque $d > 1$, on peut alors supposer que $K_+ \cap \Omega^{n+1} = \Omega_1 \cap \Omega_2$, où $\Omega_i = (k^i)^{-1}(\mathbf{R})^*_+ \cap \Omega^{n+1}$, $(i = 1, 2)$; d'après le lemme 10.1, il existe des fonctions analytiques $v'^i_\mu : \Omega_i \to \mathbf{C}$, $(i = 1, 2)$, telles que $v_\mu = v'^1_\mu + v'^2_\mu$; il existe un intervalle ouvert $I' =]0, l'[\subset I$, un voisinage ouvert O^{n+1} de l'origine de $\mathbf{R}^{n+1}$ et des fonctions analytiques $v^i_\mu : I' \times O^{n+1} \to \mathbf{C}$ telles que $v'^i_\mu(x) = v^i_\mu(k^i(x), x)$, $(i = 1, 2)$, ce qui permet de conclure.

C. Q. F. D.

11. UN THÉORÈME D'EXISTENCE (CAS GÉNÉRAL). — *Nous supposons* dans ce paragraphe *le système* (a^ν_μ) *partiellement hyperbolique relativement à* S *modulo la sous-variété*

$$T: \quad x^0 = x^1 = \ldots = x^q = 0 \qquad (1 \leqq q \leqq n).$$

Pour simplifier les notations, nous poserons

$$y = (x^1, \ldots, x^q) \in \mathbf{R}^q, \qquad z = (x^{q+1}, \ldots, x^n) \in \mathbf{R}^{n-q}.$$

Donnons-nous des voisinages ouverts Ω^q, Ω^{q+1} et Ω^{n-q} de 0 dans $\mathbf{R}^q$, $\mathbf{R}^{q+1}$ et $\mathbf{R}^{n-q}$ et supposons les fonctions suivantes de classe $\mathscr{C}^\infty$

$$\begin{cases} w_{\nu, h}: \ \Omega^q \times \Omega^{n-q} \to \mathbf{R}, & y \in \Omega^q, \ z \in \Omega^{n-q}, \\ v_\mu: \ \Omega^{q+1} \times \Omega^{n-q} \to \mathbf{R}, & (x^0, y) \in \Omega^{q+1}, \ z \in \Omega^{n-q}. \end{cases}$$

Nous supposons en outre que, pour tout compact K de $\Omega^q \times \Omega^{n-q}$ (resp. $\Omega^{q+1} \times \Omega^{n-q}$) il existe une constante $c_K \geqq 0$ telle que, pour tout $(y, z) \in K$ [resp. $(x^0, y, z) \in K$] et toutes valeurs des multi-indices de dérivation $p \in \mathbf{N}$, $\beta \in \mathbf{N}^q$, $\gamma \in \mathbf{N}^{n-q}$, on ait

$$(11.1) \qquad \left| D^\beta_y D^\gamma_z w_{\nu, h}(y, z) \right| \leqq c_K^{|\beta| + |\gamma| + 1} (\beta !)^\alpha \gamma !$$

et

$$(11.2) \qquad \left| D^p_0 D^\beta_y D^\gamma_z v_\mu(x^0, y, z) \right| \leqq c_K^{p + |\beta| + |\gamma| + 1} (p! \beta !)^\alpha \gamma !,$$

où

$$1 \leqq \alpha < \frac{m_0}{m_0 - 1}.$$

Les fonctions $y \mapsto w_{\nu, h}(y, z)$ et $(x^0, y) \mapsto v_\mu(x^0, y, z)$ sont donc *de classe de Gevrey* α; les fonctions $z \mapsto w_{\nu, h}(y, z)$ et $z \mapsto v_\mu(x^0, y, z)$ sont *analytiques*.

Note. — Lorsque $q = n$, la variable z disparaît et les hypothèses précédentes signifient simplement que $w_{\nu, h}$ et v_μ sont de classe de Gevrey α.

Nous nous proposons de prouver le

THÉORÈME 11.1. — *Avec les hypothèses précédentes, le problème de Cauchy* (9.1) *admet au voisinage de l'origine une unique solution de classe de Gevrey* α.

Avant d'aborder la démonstration de ce théorème, voici quelques remarques élémentaires.

Le théorème d'unicité résulte du théorème de Holmgren.

On constate d'abord, en prenant comme nouvelles inconnues les fonctions $u_\nu - w_\nu$, où

$$w_\nu(x) = \sum_{h=0}^{t_\nu - 1} \frac{(x^0)^h}{h!} w_{\nu,h}(x'),$$

qu'on peut supposer nulles les données de Cauchy $w_{\nu,h}$. On peut alors effectuer la diagonalisation du système comme au paragraphe 2; il s'agit donc de prouver le théorème 11.1 pour le problème

$$(11.3) \qquad \begin{cases} h(x, D)\, u_\mu(x) + \sum_{\nu=1}^{N} b_\mu^\nu(x, D)\, u_\nu(x) = v_\mu(x), \\ u_\nu \text{ s'annule } m_1 \text{ fois sur } S. \end{cases}$$

Nous étudierons d'abord un problème de Cauchy homogène (c'est-à-dire seconds membres nuls), les données de Cauchy étant portées par un hyperplan dépendant linéairement d'un paramètre. Le principe de Duhamel permettra alors de résoudre le problème (11.3).

Auparavant, rappelons les propriétés de la transformation de Fourier dont nous aurons besoin.

12, TRANSFORMÉE DE FOURIER D'UNE FONCTION DE CLASSE DE GEVREY. — Voici d'abord un lemme préliminaire.

LEMME 12.1. — *Il existe une constante* $c > 0$ *telle que, pour tout* $s > 0$:

$$\inf_{k \in \mathbf{N}} \frac{k!}{s^k} \leqq c e^{-s/2}.$$

Preuve. — Il s'agit de minorer $\sup_{k \in \mathbf{N}} (s^k/k!)$. Or il est clair que

$$\sup_{k \in \mathbf{N}} \frac{s^k}{k!} = \frac{s^{k_0}}{k_0!},$$

où $k_0 = [s]$ est la partie entière de s. D'après la formule de Stirling il existe une constante $c_1 > 0$ telle que

$$k! \leqq c_1 \sqrt{k+1}\, e^{-k} k^k \quad \text{pour tout } k \in \mathbf{N},$$

d'où

$$\frac{s^{k_0}}{k_0!} \geqq C_2 \frac{s^{k_0}}{\sqrt{k_0+1}\, e^{-k_0} k_0^{k_0}}.$$

Étant donné que $s-1 < k_0 \leqq s$, on a

$$\left(\frac{s}{k_0}\right)^{k_0} \geqq 1, \qquad e^{k_0} > e^{s-1} \qquad \text{et} \qquad \frac{1}{\sqrt{k_0+1}} \geqq \frac{1}{\sqrt{s+1}} \geqq e^{-s/2};$$

ces inégalités permettent de conclure.

C. Q. F. D.

Étant donné une fonction $f : \mathbf{R}^q \to \mathbf{C}$, la transformée de Fourier de f lorsqu'elle existe sera notée

$$\hat{f}(\eta) = (2\pi)^{-q/2} \int_{\mathbf{R}^q} e^{-i\langle y, \eta \rangle} f(y)\, dy, \qquad \eta \in \mathbf{R}^q.$$

PROPOSITION 12.1. — *Soit $f : \mathbf{R}^q \to \mathbf{C}$ une fonction de classe de Gevrey $\alpha > 1$ à support compact* K. *La transformée de Fourier $\hat{f}$ de f est une fonction entière de η. De plus, si*

$$|D_y^\beta f(y)| \leqq c_1 c_2^{|\beta|} (\beta!)^\alpha \quad \textit{pour tout } \beta \in \mathbf{N}^q \textit{ et tout } y \in \mathbf{R}^q,$$

on a

$$|\hat{f}(\eta)| \leqq c_1 c_3 e^{-c_4 \|\eta\|^{1/\alpha}} \quad \textit{pour tout } \eta \in \mathbf{R}^q,$$

où c_3 ne dépend que de α, q et de la mesure de K *et où c_4 ne dépend que de α, c_2 et du choix de la norme $\|.\|$ sur $\mathbf{R}^q$.*

Preuve. — On a

$$(i\eta)^\beta \hat{f}(\eta) = (2\pi)^{-q/2} \int_{\mathrm{K}} e^{-i\langle y, \eta \rangle} D_y^\beta f(y)\, dy$$

d'où

$$|\eta^\beta \hat{f}(\eta)| \leqq (2\pi)^{-q/2} c_1 c_2^{|\beta|} (\beta!)^\alpha \mu(\mathrm{K}),$$

soit, en supposant tous les η_j non nuls

$$|\hat{f}(\eta)| \leqq c_1 c' \frac{c_2^{|\beta|}}{|\eta^\beta|} (\beta!)^\alpha, \qquad \text{avec} \quad c' = (2\pi)^{-q/2} \mu(\mathrm{K}).$$

Posons

$$s_j = \left(\frac{|\eta_j|}{c_2}\right)^{1/\alpha};$$

on a alors

$$|\hat{f}(\eta)| \leqq c_1 c' \prod_{j=1}^{q} \left(\frac{\beta_j!}{s_j^{\beta_j}}\right)^\alpha$$

et par suite

$$|\hat{f}(\eta)| \leqq c_1 c' \prod_{j=1}^{q} \left(\inf_{\beta_j \in \mathbf{N}} \frac{\beta_j!}{s_j^{\beta_j}}\right)^\alpha.$$

D'après le lemme 12.1, il en résulte que

$$|\hat{f}(\eta)| \leqq c_1 c_3 e^{-c'' \sum_{j=1}^{q} |\eta_j|^{1/\alpha}}$$

avec $c_3 = c' c^{q\alpha}$, $c'' = (\alpha/2)\, c_2^{-1/\alpha}$. On conclut en remarquant que

$$\sum_{j=1}^{q} (\eta_j)^{1/\alpha} \geqq \left(\sum_{j=1}^{q} |\eta_j| \right)^{1/\alpha}.$$

C. Q. F. D.

Voici enfin un lemme technique qui sera utile au paragraphe suivant

LEMME 12.2. — *Soit* $\alpha \geqq 1$. *Pour tout* $\varepsilon > 0$, *il existe une constante* $c_\varepsilon > 0$ *telle que*

$$s^p \leqq c_\varepsilon^p (p!)^\alpha e^{\varepsilon s^{1/\alpha}} \quad \textit{pour tout } s \geqq 0 \textit{ et tout } p \in \mathbf{N},$$

Preuve. — On a $x^p/p! \leqq e^x$ pour tout $x \geqq 0$ et tout $p \in \mathbf{N}$, d'où $x^{\alpha p}/(p!)^\alpha \leqq e^{\alpha x}$. Prenons $x = (\varepsilon/\alpha)\, s^{1/\alpha}$; on obtient alors

$$s^p \leqq \left(\frac{\alpha}{\varepsilon}\right)^{\alpha p} (p!)^\alpha e^{\varepsilon s^{1/\alpha}},$$

ce qui prouve le lemme.

C. Q. F. D.

13. RÉSOLUTION D'UN PROBLÈME DE CAUCHY POUR UN SYSTÈME D'ÉQUATIONS HOMOGÈNES. — On considère le problème de Cauchy :

$$(13.1) \quad \begin{cases} h(x, \mathrm{D})\, u_\mu(\lambda, x) + \sum_{\nu=1}^{\mathrm{N}} b_\mu^\nu(x, \mathrm{D})\, u_\nu(\lambda, x) = 0, \\ \mathrm{D}_0^h u_\nu(\lambda, x)\big|_{x^0=\lambda} = w_{\nu, h}(\lambda, x'), \qquad 0 \leqq h < m_1, \end{cases}$$

avec les hypothèses suivantes sur les données : soient Λ un intervalle ouvert de $\mathbf{R}$ contenant l'origine, Ω^q et Ω^{n-q} des voisinages ouverts de 0 dans $\mathbf{R}^q$ et $\mathbf{R}^{n-q}$, on suppose que les données de Cauchy

$$w_{\nu, h} : \quad \Lambda \times \Omega^q \times \Omega^{n-q} \to \mathbf{C} \qquad (\lambda \in \Lambda,\ y \in \Omega^q,\ z \in \Omega^{n-q}),$$

sont de classe $\mathscr{C}^\infty$ et qu'il existe une constante $c \geqq 0$ telle que

$$(13.2) \qquad |\mathrm{D}_\lambda^p \mathrm{D}_y^\beta \mathrm{D}_z^\gamma w_{\nu, h}(\lambda, y, z)| \leqq c^{p+|\beta|+|\gamma|+1} (p!\,\beta!)^\alpha \gamma!$$

pour tout $(\lambda, y, z) \in \Lambda \times \Omega^q \times \Omega^{n-q}$, $p \in \mathbf{N}$, $\beta \in \mathbf{N}^q$, $\gamma \in \mathbf{N}^{n-q}$, avec

$$1 \leqq \alpha < \frac{m_0}{m_0 - 1}.$$

Pour prouver (au paragraphe 14) le théorème 11.1, démontrons le

THÉORÈME 13.1. — *Si* S *est spatial mod.* T, *le problème de Cauchy* (13.1) *admet une unique solution définie au voisinage de l'origine de* $\mathbf{R} \times \mathbf{R}^{n+1}$ *et de classe de Gevrey* α.

Nous pouvons supposer $\alpha > 1$: en effet pour $\alpha = 1$, on peut considérer (13.1) comme un problème de Cauchy analytique relatif à l'hyperplan $x^0 = \lambda$ de l'espace $\mathbf{R} \times \mathbf{R}^{n+1}$ des variables (λ, x), le théorème 13.1 résulte alors du théorème de Cauchy-Kowalewski.

En multipliant les fonctions $w_{\nu,h}$ par une fonction de y seulement, $\varphi : \mathbf{R}^q \to \mathbf{R}$, de classe de Gevrey α, à support compact et identiquement égale à 1 au voisinage de 0 dans $\mathbf{R}^q$, on constate qu'on peut faire l'hypothèse suivante : $\Omega^q = \mathbf{R}^q$ et il existe un compact K de $\mathbf{R}^q$ tel que

$$\operatorname{supp}(w_{\nu,h}(\lambda, ., z)) \subset K \tag{13.3}$$

pour tout $\lambda \in \Lambda$, $z \in \Omega^{n-q}$.

En prenant comme nouvelles variables indépendantes $x^0 - \lambda$ et $(x^j)_{1 \leq j \leq n}$, nous sommes conduits à prouver le théorème 13.1 pour le problème de Cauchy :

$$\begin{cases} h(x+\lambda e_0, D)\, u_\mu(\lambda, x) + \sum_{\nu=1}^{N} b_\mu^\nu(x+\lambda e_0, D)\, u_\nu(\lambda, x) = 0, \\ D_0^h u_\nu(\lambda, x)\big|_{x^0=0} = w_{\nu,h}(\lambda, x'), \qquad 0 \leqq h < m_1, \end{cases} \tag{13.4}$$

où $e_0 = (1, 0, \ldots, 0)$.

Pour étudier ce problème (13.4), utilisons la méthode de Cauchy qui consiste à résoudre le problème

$$\begin{cases} h(x+\lambda e_0, D)\, \mathscr{U}_\mu(\lambda, \eta, x) + \sum_{\nu=1}^{N} b_\mu^\nu(x+\lambda e_0, D)\, \mathscr{U}_\nu(\lambda, \eta, x) = 0, \\ D_0^h \mathscr{U}_\nu(\lambda, \eta, x)\big|_{x^0=0} = \mathscr{W}_{\nu,h}(\lambda, \eta, x'), \qquad 0 \leqq h < m_1, \end{cases} \tag{13.5}$$

où

$$\mathscr{W}_{\nu,h}(\lambda, \eta, x') = (2\pi)^{-q} \int_{\mathbf{R}^q} e^{i\langle y-y', \eta\rangle} w_{\nu,h}(\lambda, y', z)\, dy', \qquad x' = (y, z), \quad \eta \in \mathbf{R}^q. \tag{13.6}$$

Une solution de (13.4) est alors donnée formellement par la formule

$$u_\mu(\lambda, x) = \int_{\mathbf{R}^q} \mathscr{U}_\mu(\lambda, \eta, x)\, d\eta. \tag{13.7}$$

L'étude du problème (13.5) permettra de justifier cette méthode.

Nous étudierons d'abord ce problème lorsque η *reste borné;* plus précisément, notons B la boule unité de $\mathbf{R}^q$, soit

$$B = \{\eta \in \mathbf{R}^q ; \|\eta\| < 1\};$$

où $\|\eta\| = \operatorname{Max}_{1 \leqq k \leqq q} |\eta_k|$. En remplaçant éventuellement Λ par un intervalle ouvert contenant 0 plus petit, on a le résultat suivant.

PROPOSITION 13.1. — *Le problème* (13.5) *admet une unique solution* $\mathscr{U}_\mu : \Lambda \times B \times \Omega^{n+1} \to \mathbf{C}$ *de classe* $\mathscr{C}^\infty$, *où* Ω^{n+1} *est un voisinage ouvert de l'origine de* $\mathbf{R}^{n+1}$. *De plus, il existe une constante* $c \geqq 0$ *telle que*

$$|D_\lambda^p D_\eta^\beta D_x^\gamma \mathscr{U}_\mu(\lambda, \eta, x)| \leqq c^{p+|\beta|+|\gamma|+1} (p!)^\alpha \gamma!$$

pour tout $(\lambda, \eta, x) \in \Lambda \times B \times \Omega^{n+1}$ *et tout* $p \in \mathbf{N}$, $\beta \in \mathbf{N}^q$, $\gamma \in \mathbf{N}^{n+1}$.

Il en résulte évidemment que la fonction $u'_\mu : \Lambda \times \Omega^{n+1} \to \mathbf{C}$ définie par

$$u'_\mu(\lambda, x) = \int_B \mathscr{U}_\mu(\lambda, \eta, x)\, d\eta$$

est de classe de Gevrey α (et même analytique en x).

La proposition 13.1 résulte, grâce aux lemmes 13.1 et 13.2, du théorème de Cauchy-Kowalewski pour un problème de Cauchy holomorphe, les coefficients des opérateurs et les inconnues étant à valeurs dans des espaces de Banach. Introduisons en effet les espaces suivants. Étant donné un nombre réel $L > 0$, soit $G_L^{\alpha, 0}(\Lambda \times B)$ l'espace vectoriel des fonctions $u : (\lambda, \eta) \in \Lambda \times B \mapsto u(\lambda, \eta) \in \mathbf{C}$ de classe $\mathscr{C}^\infty$ telles que

$$\| u \|_{G_L^{\alpha,0}} = \sup_{\substack{p \in \mathbf{N} \\ \beta \in \mathbf{N}^q}} \sup_{(\lambda, \eta) \in \Lambda \times B} \frac{| D_\lambda^p D_\eta^\beta u(\lambda, \eta) |}{L^{p+|\beta|}(p!)^\alpha} < \infty;$$

muni de la norme $\| . \|_{G_L^{\alpha,0}}$, cet espace est un espace de Banach. De même, si L' est un nombre réel > 0, notons $G_{L'}^1(\Lambda)$ l'espace vectoriel des fonctions $a : \Lambda \to \mathbf{C}$ de classe $\mathscr{C}^\infty$ telles que

$$\| a \|_{G_{L'}^1} = \sup_{p \in \mathbf{N}} \sup_{\lambda \in \Lambda} \frac{| D_\lambda^p a(\lambda) |}{L'^p\, p!} < \infty;$$

muni de la norme $\| . \|_{G_{L'}^1}$, cet espace est un espace de Banach.

Avec ces notations, on a alors les lemmes suivants.

Lemme 13.1. — *Soit Ω^n un voisinage ouvert borné de 0 dans $\mathbf{R}^n$ contenu dans $\mathbf{R}^q \times \Omega^{n-q}$. Alors, il existe un nombre $L > 0$ tel que les fonctions $x' \to \mathscr{W}_{\nu, h}(., ., x')$ soient analytiques de Ω^n dans $G_L^{\alpha, 0}(\Lambda \times B)$.*

Preuve. — Compte tenu de (13.3), on a en effet

$$D_\lambda^p D_\eta^\beta D_y^\gamma D_z^\delta \mathscr{W}_{\nu, h}(\lambda, \eta, y, z) = (2\pi)^{-q} \int_K e^{i\langle y-y', \eta\rangle} (i(y-y'))^\beta (i\eta)^\gamma D_\lambda^p D_z^\delta w_{\nu, h}(\lambda, y', z)\, dy';$$

vu que $y-y'$ reste borné et que $\| \eta \| < 1$, on a d'après (13.2) :

$$| D_\lambda^p D_\eta^\beta D_y^\gamma D_z^\delta \mathscr{W}_{\nu, h}(\lambda, \eta, y, z) | \leqq c^{p+|\beta|+|\delta|+1} (p!)^\alpha \delta!;$$

il existe donc un nombre $L > 0$ tel que

$$\| D_{x'}^\gamma \mathscr{W}_{\nu, h}(., ., x') \|_{G_L^{\alpha,0}} \leqq c^{|\gamma|+1} \gamma! \qquad (\gamma \in \mathbf{N}^x,\ x' \in \Omega^n),$$

et ceci prouve le lemme.

C. Q. F. D.

Lemme 13.2. — *L'application $(a, u) \mapsto au$ est une application bilinéaire et continue de $G_{L'}^1(\Lambda) \times G_L^{\alpha, 0}(\Lambda \times B)$ dans $G_L^{\alpha, 0}(\Lambda \times B)$.*

Preuve. — On a

$$| D_\lambda^p D_\eta^\beta u(\lambda, \eta) | \leqq c\, L^{p+|\beta|} (p!)^\alpha, \qquad | D_\lambda^p a(\lambda) | \leqq c'\, L'^p\, p!,$$

d'où

$$|D_\lambda^p D_\eta^\beta(a(\lambda)u(\lambda,\eta))| \leqq cc' \sum_{q=0}^{p} \binom{p}{q} L'^q q!\, L^{p-q+|\beta|}(p-q)!^\alpha$$
$$\leqq cc' L^{p+|\beta|}(p!)^\alpha \sum_{q=0}^{p} L'^q L^{-q}\left(\frac{(p-q)!}{p!}\right)^{\alpha-1}.$$

On remarque ensuite que $(p-q)!/p! \leqq 1/q!$ et que la série $\sum_{q=0}^{+\infty} L'^q L^{-q}(1/(q!)^{\alpha-1})$ est convergente car $\alpha > 1$, ce qui permet de conclure.

C. Q. F. D.

On peut alors considérer les coefficients des opérateurs figurant dans (13.5) comme des fonctions analytiques de x à valeurs dans l'espace de Banach $G_{L'}^1(\Lambda)$ pour un choix convenable de L'; le lemme 13.1 montre que les données de Cauchy sont des fonctions analytiques à valeurs dans l'espace de Banach $G_L^{\alpha,0}(\Lambda\times B)$. Après avoir complexifié les variables x, le lemme 13.2 montre que les méthodes et résultats de [26] (première partie) s'appliquent au problème (13.5) qui est diagonal (*cf.* exemple 6.1 de [26]) : ce problème admet une unique solution $x \mapsto \mathcal{U}_\mu(.,.,x)$ analytique au voisinage de l'origine de $\mathbf{R}^{n+1}$ à valeurs dans l'espace $G_L^{\alpha,0}(\Lambda\times B)$, ce qui prouve la proposition 13.1.

Etudions ensuite le problème (13.5) *lorsque* $\|\eta\| \geqq 1$. — Nous noterons Δ le complémentaire $\mathbf{R}^q - B$ de la boule unité de $\mathbf{R}^q$ et $\mathscr{C}_b(\Delta)$ l'algèbre de Banach des fonctions $f : \Delta \to \mathbf{C}$ continues et bornées, munie de la topologie de la convergence uniforme.

Nous allons démontrer la

PROPOSITION 13.2. — *Le problème de Cauchy* (13.5) *admet une unique solution* $\mathcal{U}_\mu : \Lambda\times\Delta\times\Omega^{n+1} \to \mathbf{C}$, *où* Ω^{n+1} *est un voisinage ouvert de l'origine de* $\mathbf{R}^{n+1}$. *De plus, il existe une constante* $c > 0$ *telle que l'application*

$$(\lambda, x) \mapsto e^{c\|\cdot\|^{1/\alpha}}\mathcal{U}_\mu(\lambda,.,x)$$

définie sur $\Lambda\times\Omega^{n+1}$ *soit une application de classe de Gevrey* α *à valeurs dans l'espace de Banach* $\mathscr{C}_b(\Delta)$.

Il en résulte une majoration de la forme

$$|D_\lambda^p D_x^\beta \mathcal{U}_\mu(\lambda,\eta,x)| \leqq c^{p+|\beta|+1}(p!\,\beta!)^\alpha e^{-c\|\eta\|^{1/\alpha}}$$

pour tout (λ, x) appartenant à un voisinage de l'origine de $\mathbf{R}\times\mathbf{R}^{n+1}$ et tout $\eta\in S^{q-1}$, $p\in\mathbf{N}$, $\beta\in\mathbf{N}^{n+1}$. La fonction $\eta\mapsto e^{-c\|\eta\|^{1/\alpha}}$ étant intégrable, ceci prouve que la fonction

$$u_\mu''(\lambda,x) = \int_\Delta \mathcal{U}_\mu(\lambda,\eta,x)\,d\eta$$

est de classe de Gevrey α. Les propositions 13.1 et 13.2 impliquent donc bien le théorème 13.1.

Comme nous allons le voir, la proposition 13.2 résulte du théorème 5.1; pour se ramener à ce théorème il est nécessaire de reprendre la méthode décrite au paragraphe 3.

Pour tout $\eta \in \mathbf{R}^q - \{0\}$, posons $\theta = \eta/\|\eta\| \in S^{q-1}$. Par hypothèse, l'équation en ξ_0 :

$$g_0(\lambda, 0, \ldots, 0; \xi_0, \theta, 0, \ldots, 0) = 0$$

admet d racines réelles et distinctes $(\xi_0^i(\lambda, \theta))_{1 \leq i \leq d}$. Nous noterons $k^i(\lambda, \theta, x)$ la solution du problème de Cauchy :

$$\left\{\begin{array}{l} g_0(x+\lambda e_0, \operatorname{grad}_x k^i(\lambda, \theta, x)) = 0, \\ k^i(\lambda, \theta, x)|_{x^0=0} = \langle y, \theta \rangle \qquad (y = (x^1, \ldots, x^q) \in \mathbf{R}^q), \\ \operatorname{grad}_x k^i(\lambda, \theta, x)|_{x^0=0} = (\xi_0^i(\lambda, \theta), \theta, 0, \ldots, 0); \end{array}\right.$$

il existe un voisinage ouvert Ω^{n+1} de l'origine de $\mathbf{R}^{n+1}$ tel que ces fonctions soient définies sur $\Lambda \times S^{q-1} \times \Omega^{n+1}$; de plus, les fonctions $(\lambda, x) \mapsto k^i(\lambda, ., x)$ sont des fonctions analytiques définies sur $\Lambda \times \Omega^{k+1}$ et à valeurs dans l'espace de Banach $\mathscr{C}(S^{q-1})$ des fonctions continues sur la sphère S^{q-1}.

Cherchons alors la solution de (13.5) sous la forme [*cf.* (3.6)] :

$$\mathscr{U}_\nu(\lambda, \eta, x) = \sum_{i=1}^{d} D_s^{s_0-s_\nu} \mathscr{U}_\nu^i(\lambda, \eta, k^i(\lambda, \theta, x), x), \tag{13.8}$$

où les inconnues $\mathscr{U}_\nu^i(\lambda, \eta, s, x)$ sont des fonctions de λ, η, x et d'une variable réelle supplémentaire notée s; quant à l'opérateur D_s^{-1}, il s'agit de l'opérateur associant à toute fonction de s sa primitive s'annulant pour $s = 0$.

On raisonne alors comme nous l'avons fait au paragraphe 3. Ceci conduit d'abord à des équations analogues à (3.13) avec $v_\mu'^i \equiv 0$ et des opérateurs R_l^i, $R_{\mu, l}^{\nu, i}$ ayant pour coefficients des fonctions analytiques de $(\lambda, x) \in \Lambda \times \Omega^{n+1}$ à valeurs dans l'espace de Banach $\mathscr{C}(S^{q-1})$.

Quant aux données de Cauchy, pour qu'elles soient vérifiées, il suffit que l'on ait (avec les notations du paragraphe 3) :

$$\sum_{i=1}^{d} \sum_{l=0}^{h} P_l^{i,h}(\lambda, \theta, x, D_0) D_s^{s_0-s_\nu+h-l} \mathscr{U}_\nu^i(\lambda, \eta, s, x)\Big|_{\substack{s=\langle y, \theta\rangle \\ x^0=0}} = \mathscr{W}_{\nu,h}(\lambda, \eta, x'),$$

où les coefficients des opérateurs $P_l^{i,h}$ sont des fonctions analytiques de $\Lambda \times \Omega^{n+1}$ dans $\mathscr{C}(S^{q-1})$; or d'après (13.6), on a

$$\mathscr{W}_{\nu,h}(\lambda, \eta, x') = (2\pi)^{-q/2} e^{i\langle y, \eta\rangle} \hat{w}_{\nu,h}(\lambda, \eta, z),$$

où les fonctions $\eta \mapsto \hat{w}_{\nu,h}(\lambda, \eta, z)$ sont les transformées de Fourier des fonctions $y \mapsto w_{\nu,h}(\lambda, y, z)$; les équations ci-dessus seront donc *a fortiori* vérifiées si

$$\sum_{i=1}^{d} \sum_{l=0}^{h} P_l^{i,h}(\lambda, \theta, x, D_0) D_s^{s_0-s_\nu-l} \mathscr{U}_\nu^i(\lambda, \eta, s, x)\big|_{x^0=0} = (2\pi)^{-q/2} \frac{e^{i\|\eta\|s}}{(i\|\eta\|)^h} \hat{w}_{\nu,h}(\lambda, \eta, z).$$

La résolution de ce système d'équations conduit à des relations analogues à (3.16) où les opérateurs admettent pour coefficients des fonctions analytiques de $\Lambda \times \Omega^{n+1}$ dans $\mathscr{C}(S^{q-1})$

et où il figure en outre au second membre des termes de la forme

$$(13.9)\quad \mathscr{W}^i_{\nu,h}(\lambda, \eta, s, x') = \sum_{l=0}^{m_1-1} A_h^{i,l}(\lambda, \theta, x')(2\pi)^{-q/2} \frac{e^{i\|\eta\|s}}{(i\|\eta\|)^{l+s_0-s_\nu-h}} \hat{w}_{\nu,l}(\lambda, \eta, z),$$

avec des fonctions $A_h^{i,l}$ analytiques de $\Lambda \times \Omega^n$ dans $\mathscr{C}(S^{q-1})$, Ω^n étant un voisinage ouvert de l'origine de $\mathbf{R}^n$.

Ceci conduit à un problème de la forme (5.5) avec $m = m_0$, $n_1 = n_2 = 1$, $\mathscr{D}^p = D_s^p$ ($p \in \mathbf{Z}$), auquel nous pourrons appliquer le théorème 5.1. En effet il existe un nombre $L' > 0$ tel que les coefficients des divers opérateurs figurant dans ces équations soient des fonctions analytiques de Ω^{n+1} à valeurs dans l'espace de Banach $G^1_{L'}(\Lambda; \mathscr{C}_b(\Delta))$. On a d'autre part le lemme qui suit

LEMME 13.3. — *Il existe des constantes* c, L, $L_0 > 0$ *telles que les fonctions*

$$x' \mapsto e^{c\|\eta\|^{1/\alpha}} \mathscr{W}^i_{\nu,h}(\lambda, \eta, s, x')$$

soient des fonctions analytiques au voisinage de 0 *dans* $\mathbf{R}^n$ *à valeurs dans l'espace de Banach* $G^\alpha_{L_0}(\mathbf{R}; F)$ *où* F *désigne l'espace de Banach* $G^\alpha_L(\Lambda; \mathscr{C}_b(\Delta))$.

Preuve. — En effet, les fonctions $A_h^{i,l}$ étant analytiques de $\Lambda \times \Omega^n$ dans $\mathscr{C}(S^{q-1})$, on a une majoration de la forme (en remplaçant éventuellement Λ et Ω^n par des ouverts plus petits) :

$$|D_\lambda^p D_{x'}^\beta A_h^{i,l}(\lambda, \theta, x')| \leqq c^{p+|\beta|+1} p!\,\beta!;$$

d'après (13.2), (13.3) et la proposition 12.1, on a d'autre part

$$|D_\lambda^p D_z^\beta \hat{w}_{\nu,l}(\lambda, \eta, z)| \leqq c^{p+|\beta|+1} (p!)^\alpha \beta!\, e^{-c\|\eta\|^{1/\alpha}}.$$

Vu que $\|\eta\| \geqq 1$ et que $l+s_0-s_\nu-h \geqq 0$, ces majorations prouvent que

$$|D_\lambda^p D_s^{p'} D_{x'}^\beta \mathscr{W}^i_{\nu,h}(\lambda, \eta, s, x')| \leqq c^{p+|\beta|+1} (p!)^\alpha \beta!\, e^{-c\|\eta\|^{1/\alpha}} \|\eta\|^{p'},$$

D'où, d'après le lemme 12.2,

$$|D_\lambda^p D_s^{p'} D_{x'}^\beta \mathscr{W}^i_{\nu,h}(\lambda, \eta, s, x')| \leqq c^{p+p'+|\beta|+1} (p!\,p'!)^\alpha \beta!\, e^{-c\|\eta\|^{1/\alpha}}$$

pour tout $(\lambda, \eta, s, x') \in \Lambda \times \Delta \times \mathbf{R} \times \Omega^n$ et tout $p, p' \in \mathbf{N}$, $\beta \in \mathbf{N}^n$. Ceci prouve le lemme.

C. Q. F. D.

Considérons alors les espaces de Banach $E = G^1_{L'}(\Lambda; \mathscr{C}_b(\Delta))$ et $F = G^\alpha_L(\Lambda; \mathscr{C}_b(\Delta))$; un calcul analogue à celui fait pour prouver le lemme 13.2, montre que l'application $(a, u) \mapsto au$ est une application bilinéaire et continue de $E \times F$ dans F. Il en résulte que les fonctions $x \mapsto e^{c\|\eta\|^{1/\alpha}} \mathscr{U}^i_\nu(\lambda, \eta, s, x)$ sont solutions d'un problème auquel s'applique le théorème 5.1 après avoir complexifié les variables x : il existe un voisinage ouvert Ω^{n+1} de 0 dans $\mathbf{R}^{n+1}$, un intervalle compact I voisinage de 0, une constante $L_1 > 0$ et une unique solution $x \mapsto e^{c\|\eta\|^{1/\alpha}} \mathscr{U}^i_\nu(\lambda, \eta, s, x)$ analytique dans Ω^{n+1} et à valeurs dans $G^{\alpha}_{L_1}$ (I; F). La proposition 13.2 en résulte aisément vu la formule (13.8) et l'analyticité des fonctions $k^i(.,\theta,.)$.

14. L'INTÉGRALE DE DUHAMEL POUR DES SYSTÈMES AVEC POIDS. — Nous allons chercher la solution du problème de Cauchy (11.3) sous la forme

$$u_\mu(x)=\int_0^{x^0}\mathscr{U}_\mu(\lambda, x)\,d\lambda \tag{14.1}$$

où $\mathscr{U}_\mu(\lambda, x)$ est solution du problème de Cauchy étudié au paragraphe précédent, à savoir

$$\begin{cases} h(x, D)\mathscr{U}_\mu(\lambda, x)+\sum_{\nu=1}^{N} b_\mu^\nu(x, D)\mathscr{U}_\nu(\lambda, x)=0, \\ D_0^h\mathscr{U}_\nu(\lambda, x)\big|_{x^0=\lambda}=\mathscr{W}_{\nu,h}(\lambda, x'), \qquad 0\leqq h<m_1. \end{cases} \tag{14.2}$$

Il s'agit essentiellement de montrer que, pour un choix convenable des données de Cauchy $\mathscr{W}_{\nu,h}$, la fonction $u=(u_\mu)$ définie par (14.1) est effectivement la solution du problème de Cauchy (11.3). Nous allons plus précisément démontrer le

THÉORÈME 14.1. — *La solution $u=(u_\mu)$ du problème de Cauchy* (11.3) *peut être mise d'une façon unique sous la forme* (14.1), *où $\mathscr{U}_\mu(\lambda, x)$ est solution du problème de Cauchy* (14.2) *dont les données de Cauchy vérifient*

$$\mathscr{W}_{\nu,h}(\lambda, x')\equiv 0 \qquad pour \quad 0\leqq h<m_1-1. \tag{14.3}$$

Note. — Ce théorème 14.1 et le théorème 13.1 prouvent évidemment le théorème d'existence 11.1.

Posons, pour tout $h\in\mathbf{N}$,

$$\Phi_{\mu,h}(x)=D_0^h u_\mu(x)-\int_0^{x^0}D_0^h\mathscr{U}_\mu(\lambda, x)\,d\lambda; \tag{14.4}$$

d'après $(14.2)_2$ et (14.3), on a

$$\Phi_{\mu,h}(x)\equiv 0, \qquad 0\leqq h<m_1; \tag{14.5}$$

il en résulte que les fonctions u_μ définies par (14.1) s'annulent m_1 fois pour $x^0=0$.

Les opérateurs b_μ^ν se mettent sous la forme

$$b_\mu^\nu(x, D)=\sum_\alpha b_{\mu,\alpha}^\nu(x)\,D^{\alpha'}D_0^{\alpha_0},$$

où $\alpha=(\alpha_0, \alpha')$, $|\alpha|\leqq m_1+s_\nu-s_\mu-1$. Pour que la fonction (u_μ) définie par (14.1) soit la solution du problème de Cauchy (11.3), il faut et il suffit, vu (14.4) et (14.5), que

$$a(x)\Phi_{\mu,m_1}(x)+\sum_{\nu=1}^{N}\sum_\alpha b_{\mu,\alpha}^\nu(x)\,D^{\alpha'}\Phi_{\nu,\alpha_0}(x)=v_\mu(x) \qquad (1\leqq\mu\leqq N), \tag{14.6}$$

où $a(x)$ désigne le coefficient de $D_0^{m_1}$ dans $h(x, D)$; rappelons que ce coefficient ne s'annule pas au voisinage de l'origine.

Nous transformerons ces conditions (14.6) en introduisant les fonctions

$$\mathscr{W}_{\nu,h}(\lambda, x') = D_0^h \mathscr{U}_\nu(\lambda, x)\big|_{x^0=\lambda} \quad \text{pour tout } h \in \mathbf{N};$$

ces fonctions sont nulles pour $0 \leqq h < m_1 - 1$ d'après (14.3); nous poserons

$$(14.7) \qquad \mathscr{W}_{\nu,h}(x) = \mathscr{W}_{\nu,h}(x^0, x') = D_0^h \mathscr{U}_\nu(\lambda, x)\big|_{\lambda=x^0}.$$

D'après la définition (14.4) des fonctions $\Phi_{\mu,h}$, on a alors

$$\Phi_{\mu,h+1}(x) = D_0 \Phi_{\mu,h}(x) + \mathscr{W}_{\mu,h}(x), \qquad h \geqq 0,$$

d'où

$$\Phi_{\mu,h}(x) = \sum_{k=m_1}^{h} D_0^{h-k} \mathscr{W}_{\mu,k-1}(x), \qquad h \geqq m_1;$$

il en résulte que les conditions (14.6) sont équivalentes à des équations de la forme

$$(14.8) \qquad a(x)\mathscr{W}_{\mu,m_1-1}(x) = \sum_{\nu,k} c_\mu^{\nu,k}(x, D)\mathscr{W}_{\nu,k}(x) + v_\mu(x)$$

où la sommation porte sur l'ensemble des couples (ν, k) vérifiant

$$(14.9) \qquad m_1 - 1 \leqq k \leqq m_1 + s_\nu - s_\mu - 2.$$

Pour montrer que les conditions précédentes déterminent les $\mathscr{W}_{\mu,m_1-1}$, nous utiliserons le lemme suivant :

Lemme 14.1. — *Les fonctions $\mathscr{W}_{\nu,h}$ étant définies par* (14.7) *où $\mathscr{U}_\nu(\lambda, x)$ est solution du problème de Cauchy* (14.2), *on a*

$$\mathscr{W}_{\mu,h}(x) = \sum_{\nu,k} d_{\mu,h}^{\nu,k}(x, D')\mathscr{W}_{\nu,k}(x) \qquad \text{pour} \quad h \geqq m_1,$$

où les opérateurs linéaires et à coefficients analytiques $d_{\mu,h}^{\nu,k}(x, D')$ sont déterminés par la seule donnée des opérateurs $h(x, D)$ et $b_\mu^\nu(x, D)$, la sommation portant sur l'ensemble des couples (ν, k) tels que

$$(14.10) \qquad s_\mu - h < s_\nu - k, \qquad 0 \leqq k \leqq m_1 - 1.$$

Preuve. — Les équations homogènes, que vérifie $\mathscr{U}_\nu(\lambda, x)$, peuvent s'écrire

$$D_0^{m_1} \mathscr{U}_\mu(\lambda, x) = \sum_{\nu=1}^{N} e_\mu^\nu(x, D)\mathscr{U}_\nu(\lambda, x),$$

où $\text{ordre}_{x^0}(e_\mu^\nu(x, D) \leqq m_1 + s_\nu - s_\mu - 1;$
en appliquant l'opérateur $D_0^{h-m_1}$ avec $h \geqq m_1$, on a donc

$$D_0^h \mathscr{U}_\mu(\lambda, x) = \sum_{\nu,k} e_{\mu,h}^{\nu,k}(x, D')D_0^k \mathscr{U}_\nu(\lambda, x) \qquad (h \geqq m_1),$$

où la sommation porte sur l'ensemble des couples (ν, k) tels que

$$k \leqq m_1 + s_\nu - s_\mu - 1 + (h - m_1),$$

c'est-à-dire tels que

$$s_\mu - h < s_\nu - k. \tag{14.11}$$

Ceci prouve que

$$(14.12)_{(\mu, h)} \qquad \mathscr{W}_{\mu,h}(x) = \sum_{\nu,k} e^{\nu,k}_{\mu,h}(x, D')\,\mathscr{W}_{\nu,k}(x) \qquad (h \geqq m_1),$$

où la sommation porte sur l'ensemble (14.11); dans la formule précédente si l'un des couples (ν, k) est tel que $k \geqq m_1$, on peut substituer à $\mathscr{W}_{\nu,k}$ l'expression donnée par $(14.12)_{(\nu,k)}$; grâce à un nombre *fini* [d'après (14.11)] de telles substitutions, on obtient pour $\mathscr{W}_{\mu,h}$ la forme indiquée dans le lemme où $0 \leqq k \leqq m_1 - 1$.

C. Q. F. D.

Nous pouvons maintenant achever la démonstration du théorème 14.1. Portons en effet dans (14.8) les expressions des fonctions $\mathscr{W}_{\nu,k}$ que donnent le lemme précédent lorsque $k \geqq m_1$; compte tenu de (14.3), nous obtenons des conditions équivalentes à (14.8) de la forme

$$a(x)\,\mathscr{W}_{\mu,m_1-1}(x) = \sum_\nu f^\nu_\mu(x, D)\,\mathscr{W}_{\nu,m_1-1}(x) + v_\mu(x), \tag{14.13}$$

où d'après (14.9) et (14.10), la sommation porte sur l'ensemble de ν tels que $s_\mu < s_\nu$. Il est clair que ces conditions (14.13), nécessaires et suffisantes pour que (14.1) soit la solution du problème de Cauchy (11.3), permettent d'exprimer d'une façon unique les fonctions $(\mathscr{W}_{\mu,m_1-1})$ au moyen des fonctions (v_μ). Ceci prouve le théorème 14.1 et *achève donc la preuve du théorème* 11.1.

Note. — Si les fonctions (v_μ) sont assujetties aux conditions (11.2), il est clair d'après (14.13) que les fonctions $\mathscr{W}_{\mu,m_1-1}$ possèdent les propriétés de régularité (13.2) permettant d'appliquer le théorème 13.1.

BIBLIOGRAPHIE

[1] J.-C. DE PARIS, *Problème de Cauchy oscillatoire pour un opérateur différentiel à caractéristiques multiples; lieu avec l'hyperbolicité* (*J. Math. pures et appl.*, t. 51, 1972, p. 231-256).

[2] J.-C. DE PARIS, *Problème de Cauchy analytique à données singulières pour un opérateur différentiel bien décomposable* (*J. Math. pures et appl.*, t. 51, 1972, p. 465-488).

[3] L. GÅRDING, T. KOTAKE et J. LERAY, *Uniformisation et développement asymptotique de la solution du problème de Cauchy linéaire à données holomorphes; analogie avec la théorie des ondes asymptotiques et approchées* (*problème de Cauchy I bis et VI*) (*Bull. Soc. math. Fr.*, t. 92, 1964, p. 263-361).

[4] L. GÅRDING, *Une variante de la méthode de majoration de Cauchy*, (*Acta Mathematica*, t. 114, 1965, p. 143-158).

[5] M. GEVREY, *Sur la nature analytique des solutions des équations aux dérivées partielles* (*Ann. scient. Éc. Norm. Sup.*, t. 35, 1918, p. 129-190).

[6] A. GROTHENDIECK, *Sur certains espaces de fonctions holomorphes, I* (*J. reine angew. Math.*, t. 192, 1951, p. 35-64).

[6 bis] A. GROTHENDIECK, *Sur les espaces* (F) *et* (DF) (*Summa Brasilieusis Mathematicae*, vol. 3, 1954, p. 57-122).

[7] Y. HAMADA, *The Singularities of the Solution of the Cauchy problem* (*Publications of the Research Institute for Mathematical Sciences*, Kyoto University, Ser. A, Vol. 5, 1969, p. 21-40).

[8] Y. HAMADA, *On the Propagation of Singularities of the Solutions of the Cauchy Problem* (*Publications of the Research Institute for Mathematical Sciences*, Kyoto University, Ser. A, vol. 6, 1970, p. 357-384).

[9] Y. HAMADA, *Problème analytique de Cauchy à caractéristiques multiples dont les données de Cauchy ont des singularités polaires* (*C. R. Acad. Sc.*, Paris, t. 276, série A, 1973, p. 1681-1684).

[10] L. HÖRMANDER, *Linear Partial Differential Operateurs*, Springer Verlag, Berlin, 1964.

[11] L. LAMPORT, *An Extension of a Theorem of Hamada on the Cauchy Problem with Singular Data* (*Bull. Amer. Math. Soc.*, Vol. 79, 1973, p. 776-779).

[12] N. A. LEDNEV, *A New Method for Solving Partial Differential Equations* [*Mat Sbornik*, t. 22, (64), 1948, p. 205-266 (en russe)].

[13] J. LERAY, *Hyperbolic Differential Equations*, The Institute for *Advanced Study*, Princeton. New Jersey, U.S.A., 1953.

[14] J. LERAY, *Uniformisation de la solution du problème linéaire analytique de Cauchy près de la variété qui porte les données de Cauchy* (*Problème de Cauchy I*) (*Bull. Soc. math. Fr.*, 85, 1957, p. 389-429),

[15] J. LERAY, *Le calcul différentiel et intégral sur une variété analytique complexe* (*Bull. Soc. math. Fr.*, 87, 1959, p. 81-180).

[16] J. LERAY et Y. OHYA, *Systèmes linéaires, hyperboliques non stricts*, Colloque de Liège, CBRM, 1964, p. 105-144.

[17] J. LERAY et Y. OHYA *Équations et systèmes non linéaires, hyperboliques non stricts* (*Math. Annalen*, vol. 170, 1967, p. 167-205).

[18] J. LERAY, *Opérateurs partiellement hyperboliques* (*C R. Acad. Sc.*, Paris, t. 276, série A, 1973, p. 1685-1687).

[19] J. L. LIONS et E. MAGENES, *Problèmes aux limites non homogènes et applications*, Dunod, Paris, vol. 3, 1970.

[20] Y. OHYA, *Le problème de Cauchy pour les équations hyperboliques à caractéristique multiple* (*J. Math. Soc. Japan*, vol. 16, 1964, p. 268-286).

[21] I. PETROWSKY, *Uber das Cauchysche Problem für Systeme von partiellen Differentialgleichungen* [*Recueil math.* (Mat. Sbornik) vol. 2, n° 44, 1937, p. 815-868].

[22] C. ROUMIEU, *Sur quelques extensions de la notion de distributions* (*Ann. scient. Éc. Norm. sup*, t. 77, 1960, 0. 41-121).

[23] P. SCHAPIRA, *Théorie des hyperfonctions* (*Lectures Notes in Math.* n° 126, Springer, 1970).

[24] C. WAGSCHAL, *Problème de Cauchy analytique, à données méromorphes* (*J. Math. pures et appl.*, t. 51, 1972, p. 375-397).

[25] C. WAGSCHAL, *Diverses formulations du problème de Cauchy pour un système d'équations aux dérivées partielles* (*J. Math. pures et appl.*, t. 53, 1974, p. 51-70).

[26] C. WAGSCHAL, *Une généralisation du problème de Goursat pour des systèmes d'équations intégro-différentielles holomorphes ou partiellement holomorphes* (*J. Math. pures et appl.*, t. 53, 1974, p. 99-132).

[27] C. WAGSCHAL, *Sur le problème de Cauchy ramifié* (*J. Math. pures et appl.*, t. 53, 1974, p. 147-164).

(Manuscrit reçu le 1er mars 1975,
remanié le 8 septembre 1975.)

Yûsaku HAMADA,
Université Technologique
de Kyoto,
Département de Mathématiques,
Matsugasaki, Sakyo-Ku,
Kyoto, Japon;

Jean LERAY,
Collège de France,
75231 Paris Cedex 05;

Claude WAGSCHAL,
Laboratoire Central des Ponts et Chaussées
58, boulevard Lefebvre,
75732 Paris Cedex 15.

[1965d]

(avec L. Waelbroeck)

Norme formelle d'une fonction composée

Colloque CBRM de Liége d'Analyse fonctionnelle. Thorne and Gauthier-Villars, 1965, pp. 105–144

Introduction

1. Relation avec la théorie des équations aux dérivées partielles

J. Leray et Y. Ohya [4], en employant une suggestion de L. Waelbroeck, ont étudié les systèmes hyperboliques non stricts, dans le cas linéaire. Cette méthode s'adapte au cas non linéaire : on opère [5] par approximations successives, comme le fait P. Dionne [2] dans le cas strictement hyperbolique, mais en remplaçant les espaces de Sobolev par des classes de Gevrey, les normes de Sobolev par des normes formelles; la majoration de ces approximations successives résulte de la résolution d'un problème de Cauchy formel, non linéaire, qu'on ramène au problème de Cauchy-Kowalewski (1) par des opérateurs transformant les classes de Gevrey formelles en classes de fonctions holomorphes.

C'est possible, parce que le théorème de Sobolev sur la norme d'une fonction composée s'étend aux normes formelles et parce que ces opérateurs respectent l'inégalité exprimant ce théorème; cet article le prouve; il complète donc les nº 4 5 et 19 de [4].

2. Sommaire

Étant donnée une algèbre normée de fonctions, nous définissons la norme formelle de ces fonctions; *nous majorons la norme formelle d'une fonction composée par la composée des normes for-*

(1) Problème de Cauchy à données holomorphes.

melles : voir (4.3). Nous définissons sur les séries formelles, *des opérateurs, tels que la transformée d'une série composée soit majorée par la composée des séries transformées* : voir (7.2). Parmi ces opérateurs se trouvent en particulier ceux qu'emploie [4] : *les opérateurs de Gevrey.*

Note. — L'une des conséquences évidentes de ces formules est le théorème classique de Gevrey [3] : une classe de Gevrey est une algèbre, contenant les composés de ses éléments.

§ 1. **Norme formelle**

3. NOTATIONS

Nous nous donnons : un domaine $X \subset \boldsymbol{R}^l (l < \infty)$; un espace vectoriel $\boldsymbol{R}^m (m < \infty)$;
une algèbre de Banach $A(X)$ de fonctions $a : X \to \boldsymbol{R}$;
l'espace vectoriel $V(X)$ ayant pour éléments les applications

$$v = (v_1, \ldots, v_m) : X \to \boldsymbol{R}^m \text{ telles que } v_1, \ldots, v_m \in A(X).$$

L'algèbre $A(X)$ ne contient pas nécessairement d'élément unité; la norme $|a, X|$ de $a \in A(X)$ est une norme d'algèbre :

$$|a_1 \,.\, a_2, X| \leqslant |a_1, X| \,.\, |a_2, X|;$$

$|v, X|$ est le vecteur à composantes $\geqslant 0$:

$$|v, X| = (|v_1, X|, \ldots, |v_m, X|).$$

Nous nous donnons en outre :
un domaine $Y \subset \boldsymbol{R}^m$;
un espace vectoriel $B(X, Y)$ de fonctions $b : X \times Y \to \boldsymbol{C}$;
sur cet espace vectoriel B, une quasi-norme (1) $||b, X \times Y, n||$ dépendant d'un paramètre $n = (n_1, \ldots, n_m)$, où $n_1, \ldots, n_m \geqslant 0$.

Notons $b \circ v$ la composée de $b \in B(X, Y)$ et $v \in V(X)$, c'est-à-dire la fonction qui est définie quand $x \in X$ et $v(x) \in Y$ et qui vaut alors

$$(b \circ v)(x) = b(x, v(x)).$$

(1) C'est une fonction, définie sur B, à valeurs $\geqslant 0$ et $\leqslant +\infty$, telle que :

$$||\lambda b, X \times Y, n|| = |\lambda| \,.\, ||b, X \times Y, n||, \quad \forall \lambda \in \boldsymbol{C};$$
$$||b_1 + b_2, X \times Y, n|| \leqslant ||b_1, X \times Y, n|| + ||b_2, X \times Y, n||.$$

Nous supposons que ces données satisfont *la condition suivante* (²) :

$$\begin{cases} \text{si} \quad b \in B(X, Y),\ v \in V(X) \quad \text{et} \quad \|b, X \times Y, |v, X|\,\| < \infty, \\ \text{alors } b \circ v \in A(X) \quad \text{et} \quad |b \circ v, X| \leqslant \|b, X \times Y, |v, X|\,\|. \end{cases} \tag{3.1}$$

Étant donnés

$$\beta = (\beta_1, \ldots, \beta_l),\ \gamma = (\gamma_1, \ldots, \gamma_m)\ (\beta_1, \ldots, \gamma_m : \text{entiers} \geqslant 0),$$

nous notons

$$D_x^\beta = \frac{\partial^{\beta_1 + \ldots + \beta_l}}{\partial_{x_1}^{\beta_1} \ldots \partial_{x_l}^{\beta_l}},\quad D_y^\gamma = \frac{\partial^{\gamma_1 + \ldots + \gamma_m}}{\partial_{y_1}^{\gamma_1} \ldots \partial_{y_m}^{\gamma_m}}.$$

Si $a \in A(X)$ et $D_x^\beta a \notin A(X)$, alors nous convenons que

$$|D_x^\beta a, X| = +\infty;$$

de même, si $b \in B(X, Y)$, $D_x^\beta D_y^\gamma b \notin B(X, Y)$, nous convenons que

$$\|D_x^\beta D_y^\gamma b, X \times Y, n\| = +\infty.$$

4. Définitions

Introduisons des variables commutatives :

$$\varrho, \eta_1, \ldots, \eta_m;$$

notons

$$\eta = (\eta_1, \ldots, \eta_m),\ \eta^\gamma = \eta_1^{\gamma_1} \ldots \eta_m^{\gamma_m}.$$

Nous nommons *normes formelles* de a et b les séries formelles

$$|D^\infty a, X, \varrho| = \sum_s \frac{\varrho^s}{s!} \sup_\beta |D_x^\beta a, X|, \quad \text{où} \quad |\beta| = s; \tag{4.1}$$

$$\|D^\infty b, X \times Y, \varrho, \eta, n\| = \sum_{s,\gamma} \frac{\varrho^s}{s!} \frac{\eta^\gamma}{\gamma!} \sup_\beta \|D_x^\beta D_y^\gamma b, X \times Y, n\|,$$

où

$$|\beta| = s. \tag{4.2}$$

Si $v = (v_1, \ldots, v_m) \in V(X)$, nous notons $|D^\infty v, X, \varrho|$ le vecteur, ayant pour composantes des séries formelles, que voici :

$$|D^\infty v, X, \varrho| = (|D^\infty v_1, X, \varrho|, \ldots, |D^\infty v_m, X, \varrho|).$$

(²) Le théorème de composition de S. Sobolev et les compléments que P. Dionne [²] lui a apportés permettent de satisfaire cette condition.

Ces séries formelles et toutes celles que nous allons considérer sont $\gg 0$, c'est-à-dire à coefficients $\geqslant 0$; ces coefficients peuvent valoir $+\infty$.

Donnons-nous une série formelle $\Psi(\varrho, \eta)$ et un vecteur

$$\Phi(\varrho) = (\Phi_1, \ldots, \Phi_m),$$

dont les composantes $\Phi_1(\varrho), \ldots, \Phi_m(\varrho)$ sont des séries formelles; supposons leurs premiers coefficients nuls, c'est-à-dire

$$\Phi(0) = 0.$$

Alors *la série formelle composée* $\Psi \circ \Phi = \Psi(\varrho, \Phi(\varrho))$ a une définition évidente; évidemment : elle est $\gg 0$ comme Φ et Ψ; ses coefficients sont $< \infty$, si ceux de Φ et Ψ sont $< \infty$.

Nous allons compléter le *n*° 4 de [4] par la majoration suivante de la norme formelle d'une fonction composée :

Formule de composition. — Sous l'hypothèse (3.1), on a :

$$|D^\infty(b \circ v), X, \varrho| \ll \|D^\infty b, X \times Y, \varrho, |D^\infty v, X, \varrho| - |v, X|, |v, X|\,\|. \tag{4.3}$$

si $b \in B(X, Y)$ et $v \in V(X)$.

Notons que $|v, X| = |D^\infty v, X, 0|$.

Par exemple, on a *la formule du produit* (voir [4] (4.3)) :

$$|D^\infty(v_1 v_2), X, \varrho| \ll |D^\infty v_1, X, \varrho| \cdot |D^\infty v_2, X, \varrho|.$$

si v_1 et $v_2 \in A(X)$.

5. PREUVE DE LA FORMULE DE COMPOSITION (4.3)

Introduisons des variables $\xi_1, \ldots, \xi_l$, commutant avec $\eta_1, \ldots, \eta_m$. Définissons les séries formelles

$$|D^\infty a, X; \xi| = \sum_\beta \frac{\xi^\beta}{\beta!} |D_x^\beta a, X| \tag{5.1}$$

$$\|D^\infty b, X \times Y; \xi, \eta, n\| = \sum_{\beta,\gamma} \frac{\xi^\beta}{\beta!} \frac{\eta^\gamma}{\gamma!} \|D_x^\beta D_y^\gamma b, X \times Y, n\|. \tag{5.2}$$

Notons

$$b_{\beta\gamma}(x, y) = D_x^\beta D_y^\gamma b(x, y)$$

et notons comme suit la formule de dérivation de la fonction composée $b \circ v$:

$$D_x^\alpha(b \circ v) = \sum_{\beta\gamma} (b_{\beta\gamma} \circ v) \, . \, (P_\gamma^{\alpha-\beta} \circ D^{|\alpha-\beta|} v), \; (|\beta+\gamma| \leqslant |\alpha|),$$

où $P_\gamma^{\alpha-\beta}$ est un polynome à coefficients $\geqslant 0$, qui ne dépend que de $\alpha - \beta$ et γ; (il est de degré $|\gamma|$; on le compose avec $D^{|\alpha-\beta|}v$; plus précisément avec les dérivées de v d'ordres $\leqslant |\alpha - \beta|$ et > 0).

D'où, vu que $|v_j, X|$ est une norme d'algèbre :

$$|D_x^\alpha(b \circ v), X| \leqslant \sum_{\beta,\gamma} |b_{\beta\gamma} \circ v, X| \, . \, (P_\gamma^{\alpha-\beta} \circ |D^{|\alpha-\beta|} v, X|) =$$

$$[D_\xi^\alpha \, ||D^\infty(b \circ v), X; \, |D^\infty v, X; \xi| - |v, X| \, ||]_{\xi=0};$$

d'où, vu la condition (3.1) :

$$|D_x^\alpha(b \circ v), X| \leqslant [D_\xi^\alpha \, ||D^\infty b, X \times Y; \xi, |D^\infty v, X; \xi| - |v, X|, \\ |v, X| \, ||]_{\xi=0}$$

c'est-à-dire

$$|D^\infty(b \circ v), X; \xi| \ll ||D^\infty b, X \times Y; \xi, \; |D^\infty v, X; \xi| - |v, X| \, ||. \quad (5.3)$$

Notons $\varrho = \xi_1 + \ldots + \xi_l$; la formule du binome donne, pour $|\sigma| = s$

$$\frac{\varrho^s}{s!} = \sum_\sigma \frac{\xi^\sigma}{\sigma!}.$$

D'où, en comparant les définitions (4.1) et (5.1), (4.2) et (5.2) :

$$||D^\infty b, X \times Y; \xi, |D^\infty v, X; \xi| - |v, X|, |v, X| \, || \\ \ll ||D^\infty b, X \times Y, \varrho, |D^\infty v, X, \varrho| - |v, X|, |v, X| \, || \; .$$

L'inégalité (5.3) donne donc :

$$||D^\infty(b \circ v), X; \xi|| \ll ||D^\infty b, X \times Y, \varrho, |D^\infty v, X, \varrho| - |v, X|, |v, X| \, ||. \quad (5.4)$$

Or une inégalité du type

$$\theta(\xi) \ll \Omega(\varrho),$$

où

$$\theta(\xi) = \sum_\sigma \frac{\xi^\sigma}{\sigma!} \theta_\sigma$$

signifie

$$\theta(\varrho) \ll \Omega(\varrho), \quad \text{si} \quad \theta(\varrho) = \sum_{s=0}^{\infty} \frac{\varrho^s}{s\,!} \sup_\sigma \theta_\sigma, \quad \text{où} \quad |\sigma| = s;$$

car $\theta(\varrho)$ est la plus petite série en $\varrho = \xi_1 + \ldots + \xi_l$ majorant $\theta(\xi)$ (voir [4], preuve du lemme 5). Donc (5.4) prouve la formule de composition (4.3).

§ 2. **Opérateurs sur les séries formelles**

Le § 4 de [4], pour employer les normes formelles, leur applique des opérateurs, opérant sur les séries formelles; *Beurling* [1] les a employés depuis longtemps.

6. DÉFINITION D'OPÉRATEURS

(Voir : [4], n° 19). Donnons-nous une suite de nombres > 0

$$\lambda = (\lambda_0 = 1, \lambda_1, \ldots, \lambda_s, \ldots).$$

Étant données des séries formelles

$$\Phi(\varrho) = \sum_{s \geq 0} \frac{\varrho^s}{s\,!} f_s, \quad \Psi(\varrho, \eta) = \sum_{s,\gamma} \frac{\varrho^s}{s\,!} \frac{\eta^\gamma}{\gamma\,!} \Psi_{s,\gamma},$$

nous définissons comme suit des séries formelles $\lambda\Phi$ et $\lambda\Psi$:

$$\lambda\Phi(\varrho) = \sum_s \lambda_s \frac{\varrho^s}{s\,!} f_s, \quad \lambda\Psi(\varrho, \eta) = \sum_{s,\gamma} \lambda_{s+|\gamma|} \frac{\varrho^s}{s\,!} \frac{\eta^\gamma}{\gamma\,!} \Psi_{s,\gamma}.$$

Si $\Phi(\varrho) = (\Phi_1(\varrho), \ldots, \Phi_m(\varrho))$ est un vecteur ayant pour composantes les séries formelles $\Phi_1(\varrho), \ldots, \Phi_m(\varrho)$, alors on définit

$$\lambda\Phi(\varrho) = (\lambda\Phi_1(\varrho), \ldots, \lambda\Phi_m(\varrho)).$$

Il est évident que le produit des deux opérateurs

$$\lambda' = (\ldots, \lambda'_s \ldots), \quad \lambda'' = (\ldots, \lambda''_s, \ldots) \text{ est } \lambda = (\ldots, \lambda'_s \lambda''_s, \ldots).$$

Si $\lambda_s = \lambda_1^s$ on a $\lambda\Psi(\varrho, \eta) = \Psi(\lambda_1 \varrho, \lambda_1 \eta)$; il nous suffira donc de nous limiter au cas où

$$\lambda_1 = 1.$$

7. Propriétés de ces opérateurs

Nous aurons besoin des propriétés que voici.

1) *Propriété du produit* : Si Ψ_1 et $\Psi_2 \gg 0$, alors :

$$\lambda[\Psi_1(\varrho, \eta)\,\Psi_2(\varrho, \eta)] \ll [\lambda\Psi_1(\varrho, \eta)]\,.\,[\lambda\Psi_2(\varrho, \eta)]. \tag{7.1}$$

2) *Propriété de la série composée* : Si

$$\theta(\varrho) = \Psi \circ \Phi,$$

où

$$\Phi = (\Phi_1, \ldots, \Phi_m),\ \Phi_i \gg 0,\ \Phi(0) = 0,\ \Psi \gg 0,$$

alors

$$\lambda\theta(\varrho) \ll (\lambda\Psi) \circ (\lambda\Phi). \tag{7.2}$$

Pour que ces deux propriétés aient lieu, il faut et il suffit que λ vérifie les conditions suivantes :

$$\begin{cases} \lambda_0 = \lambda_1 = 1 \geqslant \lambda_2\,; \\ \lambda_{r+s-1} \leqslant \lambda_r \lambda_s \quad \text{si} \quad r \text{ et } s \geqslant 1. \end{cases} \tag{7.3}$$

Exemple. — Les conditions (7.3) sont vérifiées quand

$$\lambda_0 = \lambda_1 = 1,\quad \lambda_{s-1}\,.\,\lambda_{s+1} \leqslant \lambda_s^2, \tag{7.4}$$

c'est-à-dire quand $\lambda_s^{-\frac{1}{s}}$ est une fonction de s *logarithmiquement convexe.*

Preuve de (7.3). — Pour que (7.1) ait lieu, il faut et suffit qu'il ait lieu quand Ψ_1 et Ψ_2 sont des monomes :

$$\Psi_1 = \varrho^s \eta^\nu,\ \Psi_2 = \varrho^{s'} \eta^{\nu'}\,;$$

donc que

$$\lambda_{r+s} \leqslant \lambda_r\,.\,\lambda_s. \tag{7.5}$$

En faisant $r = 1$, on voit que cette condition implique

$$\lambda_0 = \lambda_1 = 1 \geqslant \lambda_2 \geqslant \ldots \geqslant \lambda_s \geqslant \ldots\,. \tag{7.6}$$

Pour que (7.2) ait lieu, il faut et suffit que (7.2) ait lieu quand Φ et Ψ sont des monomes :

$$\Phi(\varrho) = (\varrho^{s_1}, \ldots, \varrho^{s_m}),\ \Psi(\varrho, \eta) = \varrho^{s_0}\eta^\nu,\ s_1, \ldots, s_m \geqslant 1\,;$$

c'est-à-dire que

$$\lambda_{s_0+\nu_1 s_1+\cdots+\nu_m s_m} \leqslant \lambda_{s_0+|\nu|}(\lambda_{s_1})^{\nu_1} \ldots (\lambda_{s_m})^{\nu_m},$$

si $s_1 \ldots s_m \geqslant 1$.

Cette condition est vérifiée si elle l'est pour $m = 1$, $\gamma_1 = 1$; elle équivaut donc à la condition :

$$\lambda_{r+s-1} \leqslant \lambda_r \,.\, \lambda_s \text{ pour } r \text{ et } s \geqslant 1\,. \tag{7.7}$$

Or (7.7) implique (7.5), vu (7.6); et (7.6) résulte de (7.7), où l'on prend $r = 2$, si $\lambda_2 \leqslant 1$.

Preuve que l'exemple (7.4) *vérifie* (7.3). — En faisant $s = 1$ dans (7.4), on obtient $\lambda_2 \leqslant 1$. D'autre part, vu (7.4), λ_s/λ_{s+1} est une fonction croissante de s; donc λ_s/λ_{s+r} aussi; donc

$$\frac{1}{\lambda_{r+1}} \leqslant \frac{\lambda_s}{\lambda_{s+r}} \quad \text{si} \quad s \geqslant 1\,.$$

8. OPÉRATEURS DE GEVREY $\lambda^{(\alpha)}$. — Ces opérateurs dépendent d'un paramètre numérique $\alpha \geqslant 1$; ils se définissent comme suit :

$$\lambda_s = (s\,!)^{1-\alpha}.$$

Si $\Phi(\varrho) = \sum_{s=0}^{\infty} \frac{\varrho^s}{s\,!} \Phi_s$, alors $\lambda^{(\alpha)}\Phi(\varrho) = \sum_s \frac{\varrho^s}{(s\,!)^\alpha} \Phi_s$.

La propriété (7.1) *du produit et la propriété* (7.2) *de la série composée valent pour ces opérateurs.*

Preuve. — La vérification de (7.4) est immédiate : d'où (7.3); d'où (7.1) et (7.2).

9. NOTE. — Si λ vérifie (7.3), alors il possède aussi la propriété suivante, qu'emploie [5] :

$$\lambda\left[\Psi_1(\varrho)\,\frac{\partial \Psi_2}{\partial \varrho}\right] \ll \left[\lambda\,\Psi_1(\varrho)\right] . \frac{\partial}{\partial \varrho}\,\lambda\,\Psi_2(\varrho)\,, \text{ si } \Psi_1(0) = 0.$$

BIBLIOGRAPHIE

[1] BEURLING, Congrès scandinave, 1938.

[2] P. DIONNE, Sur les problèmes de Cauchy hyperboliques bien posés, *Journal d'Analyse math.*, t. 10 (1962), chap. V et VI, pp. 1-90.

[3] M. GEVREY, Sur la nature analytique des solutions des équations aux dérivées partielles, *Annales École norm. sup.*, t. 35 (1917), pp. 129-189.

[4] L. LERAY et Y. OHYA, *Systèmes linéaires, hyperboliques non stricts* (exposé précédent).

[5] J. LERAY et Y. OHYA, *Systèmes non linéaires, hyperboliques non stricts*, CIME, Varenna (Italie), 1964.

Complete Bibliography

[1931a] Sur le système d'équations aux dérivées partielles qui régit l'écoulement permanent des fluides visqueux. C. R. Acad. Sci., Paris, Sér. I **192**, 1180–1182.

[1931b] Mouvement d'un fluide visqueux à deux dimensions limité par des parois fixes. C. R. Acad. Sci., Paris, Sér. I **193**, 1165–1167.

[1932a] Sur certaines classes d'équations intégrales non linéaires. C. R. Acad. Sci., Paris, Sér. I **194**, 1627–1629.

[1932b] Sur les mouvements de liquides illimités. C. R. Acad. Sci., Paris, Sér. I **194**, 1892–1894.

[1933a] Sur le mouvement d'un liquide visqueux emplissant l'espace. C. R. Acad. Sci., Paris, Sér. I **196**, 527–529.

[1933b] (avec J. Schauder) Topologie et équations fonctionnelles. C. R. Acad. Sci., Paris, Sér. I **197**, 115–117.

[1933c] Etude de diverses équations intégrales non linéaires et de quelques problèmes que pose l'hydrodynamique. J. Math. Pures Appl. **12**, 1–82. II, 18

[1934a] Essai sur les mouvements plans d'un fluide visqueux que limite des parois. J. Math. Pures Appl. **13**, 331–418. II, 159

[1934b] Sur le mouvement d'un fluide visqueux remplissant l'espace. Acta Math. **63**, 193–248. II, 100

[1934c] (avec J. Schauder) Topologie et équations fonctionnelles. Ann. Éc. Norm. Sup. **51**, 45–78. I, 23

[1934d] (avec A. Weinstein) Sur un problème de représentation conforme posé par la théorie de Helmholtz. C. R. Acad. Sci., Paris, Sér. I **198**, 430–432. II, 247

[1934e] Les problèmes de représentation conforme de Helmholtz; théorie des sillages et des proues. C. R. Acad. Sci., Paris, Sér. I, 1282–1284.

[1935a] Topologie des espaces abstraits de M. Banach. C. R. Acad. Sci., Paris, Sér. I **200**, 1082–1084. I, 57

[1935b] Les problèmes de la représentation conforme de Helmholtz; théorie des sillages et des proues. C. R. Acad. Sci., Paris, Sér. I **200**, 2007–2009.

[1935c] Sur la validité des solutions du problème de la proue. In: Livre jubilaire de M. Marcel Brillouin. Gauthier-Villars, Paris 1935, pp. 1–12.

[1936a] Les problèmes de représentation conforme de Helmholtz; théorie des sillages et des proues. Comm. Math. Helv. **8**, 149–180 and 250–263. II, 250

[1936b] Les problèmes non linéaires. Enseign. Math. **35**, 139-151. II, 296

[1937a] (avec L. Robin) Compléments à l'étude des mouvements d'un liquide visqueux illimité. C. R. Acad. Sci., Paris, Sér. I **205**, 18–20. II, 156

[1937b] Discussion du problème de Dirichlet. C. R. Acad. Sci., Paris, Sér. I **205**, 269–271.

[1937c] Sur la résolution du problème de Dirichlet. C. R. Acad. Sci., Paris, Sér. I **205**, 785–787.

[1938] Majoration des dérivées secondes des solutions d'un problème de Dirichlet. J. Math. Pures Appl. **17**, 89–104.

[1939] Discussion d'un problème de Dirichlet. J. Math. Pures Appl. **18**, 249–284. II, 309

[1942a] Les composantes d'un espace topologique. C. R. Acad. Sci., Paris, Sér. I **214**, 781–783.

[1942b] Homologie d'un espace topologique. C. R. Acad. Sci., Paris, Sér. I **214**, 839–841.

[1942c] Les équations dans les espaces topologiques. C. R. Acad. Sci., Paris, Sér. I **214**, 897–899.

[1942d] Transformations et homéomorphismes. C. R. Acad. Sci., Paris, Sér. I **214**, 938–940.

[1945a] Sur la forme des espaces topologiques et sur les points fixes des représentations. J. Math. Pures Appl. **24**, 95–167. I, 60

[1945b] Sur la position d'un ensemble fermé de points d'un espace topologique. J. Math. Pures Appl. **24**, 169–199. I, 133

[1945c] Sur les équations et les transformations. J. Math. Pures Appl. **24**, 201–248. I, 164

[1946a] L'anneau d'homologie d'une représentation. C. R. Acad. Sci., Paris, Sér. I **222**, 1366–1368. I, 212

[1946b] Structure de l'anneau d'homologie d'une représentation. C. R. Acad. Sci., Paris, Sér. I **222**, 1419–1421. I, 215

[1946c] Propriétés de l'anneau d'homologie de la projection d'un espace fibré sur sa base. C. R. Acad. Sci., Paris, Sér. I **223**, 395–397. I, 218

[1946d] Sur l'anneau d'homologie de l'espace homogène quotient d'un groupe clos par un sous-groupe abélien, connexe, maximum. C. R. Acad. Sci., Paris, Sér. I **223**, 412–415. I, 221

[1946e] Extension de la théorie de Prandtl à une aile de grand allongement, mais de forme quelquonque. C. R. Acad. Sci., Paris, Sér. I **223**, 603–609.

[1946f] Mécanique des fluides compressibles, les écoulements continus sans frottements. Cours au Centre d'études supérieures de mécanique, 1946, 113 pages.

[1947] Une définition géométrique de l'anneau de cohomologie d'une multiplicité. Comm. Math. Helv. **20**, 177–179.

[1949a] L'homologie filtrée. In: Colloques internationaux du C.N.R.S. **12**, 61–82. I, 224

[1949b] (avec H. Cartan) Relations entre anneaux d'homologie et groupes de Poincaré. In: Colloques internationaux du C.N.R.S. **12**, 83–85. I, 257

[1949c] Espace où opère un groupe de Lie compact et connexe. C. R. Acad. Sci., Paris, Sér. I **228**, 1545–1547. I, 246

[1949d] Application continue commutant avec les éléments d'un groupe de Lie compact. C. R. Acad. Sci., Paris, Sér. I **228**, 1749–1751. I, 249

[1949e] Détermination, dans les cas non exceptionnels, de l'anneau de cohomologie de l'espace homogène quotient d'un groupe de Lie compact par un sous-groupe de même rang. C. R. Acad. Sci., Paris, Sér. I **228**, 1902–1904. I, 252

[1949f] Sur l'anneau de cohomologie des espaces homogènes. C. R. Acad. Sci., Paris, Sér. I **229**, 281–283. I, 255

[1949g] Fluides compressibles: Application à l'aile portante d'envergure infinie de la méthode approchée de Tchapliguine. J. Math. Pures Appl. **28**, 181–191.

[1950a] L'anneau spectral et l'anneau filtré d'homologie d'un espace localement compact et d'une application continue. J. Math. Pures Appl. **29**, 1–139. I, 261

[1950b] L'homologie d'un espace fibré dont la fibre est connexe. J. Math. Pures Appl. **29**, 169–213. I, 402

[1950c] Sur l'homologie des groupes de Lie, des espaces homogènes et des espaces fibrés principaux. Colloque de Topologie du C.B.R.M., Bruxelles. Masson, Paris 1950, pp. 101–115. I, 447

[1950d] La théorie des points fixes et ses applications en analyse. Proceedings International Congress of Mathematicians, Cambridge 1950. American Mathematical Society, pp. 202–208. I, 462

[1950e] Valeurs propres et vecteurs propres d'un endomorphisme complètement continu d'un espace vectoriel à voisinages convexes. Acta Szeged **12**, 177–186.

[1951] La résolution des problèmes de Cauchy et de Dirichlet au moyen du calcul symbolique et des projections orthogonales et obliques. Séminaire Bourbaki, 10 pages.

[1952] Les solutions élémentaires d'une équation aux dérivées partielles à coefficients constants. C. R. Acad. Sci., Paris, Sér. I **234**, 1112–1114. III, 47

[1953a] Hyperbolic differential equations. The Institute for Advanced Study (Mimeographed Notes), 1953, 240 pages (Russian translation: Nauka, Moscow 1984, 208 pages).

[1953b] Notice sur les travaux scientifiques. Gauthier-Villars, Paris, 21 pages.

[1954a] On linear hyperbolic differential equation with variable coefficients on a vector space. Ann. Math. Studies, Princeton University **33**, 201–210. II, 345

[1954b] Intégrales abéliennes et solutions élémentaires des équations hyperboliques. Colloque C.B.R.M., Bruxelles. Thorne and Gauthier-Villars, pp. 37–43.

[1956a] La théorie de Gårding des équations hyperboliques linéaires. Roma, Istituto dell' Università, 38 pages.

[1956b] Le problème de Cauchy pour une équation linéaire à coefficients polynomiaux. C. R. Acad. Sci., Paris, Sér. I **242**, 953–957. III, 50

[1956c] La théorie des points fixes et ses applications en analyse. Univ. e Polit. Torini Rend. Sem. Math. **15**, 65–74.

[1956d] Fonctions de variable complexe représentées comme somme de puissances négatives de formes linéaires. Atti Accad. Naz. Lincei **8**, pp. 589–590.

[1957a] Uniformisation de la solution du problème linéaire analytique de Cauchy près de la variété qui porte les données de Cauchy. C. R. Acad. Sci., Paris, Sér. I **245**, 1483–1487.

[1957b] Uniformisation de la solution du problème linéaire analytique de Cauchy près de la variété qui porte les données de Cauchy. Bull. Soc. Math. France **85**, 389–429. III, 57

[1957c] La solution unitaire d'un opérateur différentiel linéaire et analytique. C. R. Acad. Sci., Paris, Sér. I **245**, 2146–2152.

[1958a] La solution unitaire d'un opérateur différentiel linéaire. Bull. Soc. Math. France **86**, 75–96. III, 98

[1958b] La théorie des résidus sur une variété analytique complexe. C. R. Acad. Sci., Paris, Sér. I **247**, 2253–2257.

[1959a] Le calcul différentiel et intégral sur une variété analytique complexe. C. R. Acad. Sci., Paris, Sér. I **248**, 1–7.

[1959b] Le calcul différentiel et intégral sur une variété analytique complexe. Bull. Soc. Math. France **87**, 81–180 (Translated into Russian in 1961). III, 120

[1959c] Théorie des points fixes: indice total et nombres de Lefschetz. Bull. Soc. Math. France **87**, 221–233. I, 469

[1961a] Particules et singularités des ondes. Cahiers de Physique **15**, 373–381.

[1961b] Continuations of Laplace transforms, their applications to differential equations. Collection PDE and Continuum Mech. University of Madison, Wisc., pp. 137–157. Math. Rev. **23A**, 1148.

[1961c] Complément à l'exposé de Waelbroeck, Etude spectrale des *b*-algèbres: Atti della 20 Riunione del Groupement de mathématiciens d'expression latine, Firenze, pp. 105–110.

[1962a] Prolongement de la transformation de Laplace. Proceedings International Congress of Mathematicians, Stockholm 1962. Institute Mittag-Leffler, pp. 360–367. III, 220

[1962b] Un prolongement de la transformation de Laplace qui transforme la solution unitaire d'un opérateur hyperbolique en sa solution élémentaire. Bull. Soc. Math. France **90**, 39–156 (Translated into Russian: Mir, 1969, 158 pages). III, 228

[1962c] Cauchy's problem. In: Rice University semicentennial publications. Man, Science Learning and Education, pp. 231–239.

[1963a] Fonction de Green *M*-harmonique; flexion de la bande élastique, homogène, isotrope à bords libres: Proc. Tbilisi, Nauka, Moscow, pp. 217–225 (Reproduced in: Annales des Ponts et Chaussées **135** (1965) 3–10).

[1963b] The functional transformations required by the theory of partial differential equations. SIAM Review **5**, 321–334. III, 33

[1964a] (en collaboration avec L. Gårding et T. Kotake) Uniformisation et développement asymptotique de la solution du problème de Cauchy linéaire à données holomorphes; analogie avec la théorie des ondes asymptotiques et approchées. Bull. Soc. Math. France **92**, 263–361. III, 346

[1964b] (en collaboration avec Y. Ohya) Systèmes hyperboliques non stricts. CIME, Varenna, pp. 45–93.

[1964c] Calcul par réflexions des fonctions M-harmoniques dans une bande plane, vérifiant au bord M conditions différentielles à coefficients constants. Archiwum Mechaniki Stosowanej **16**, 1041–1088. II, 419

[1965a] Flexion de la bande homogène isotrope à bords libres et du rectangle à deux bords parallèles appuyés. Archiwum Mechaniki Stosowanej **17**, 3–14. II, 467

[1965b] (en collaboration avec J. L. Lions) Quelques résultats de Visik sur les problèmes elliptiques non linéaires par les méthodes de Minty-Browder. Bull. Soc. Math. France **93**, 97–107. II, 355

[1965c] (en collaboration avec Ohya) Systèmes linéaires hyperboliques non stricts. Colloque CBRM de Liège d'Analyse fonctionnelle. Thorne and Gauthier-Villars, pp. 105–144.

[1965d] (en collaboration avec L.Waelbroeck) Norme formelle d'une fonction composée. Colloque CBRM de Liège d'Analyse fonctionnelle. Thorne and Gauthier-Villars, pp. 145–153. II, 571

[1966a] Equations hyperboliques non-strictes, contre-exemples, du type De Giorgi, aux théorèmes d'existence et d'unicité. Math. Ann. **162**, 228–236. II, 366

[1966b] L'initiation aux mathématiques. Enseignement mathématique **12**, 235–241.

[1967a] Un complément au théorème de N. Nilsson sur les intégrales de formes différentielles à support singulier algébrique. Bull. Soc. Math. France **95**, 313–374. III, 445

[1967b] (en collaboration avec Y. Ohya) Equations et systèmes non-linéaires, hyperboliques non-stricts. Math. Ann. **170**, 167–205. II, 375

[1967c] L'invention en mathématiques. In: Encyclopédie de la Pléiade, logique et connaissance scientifique, pp. 465–473.

[1968] Sur le calcul des transformées de Laplace par lesquelles s'exprime la flexion de la bande élastique, homogène, à bords libres. Archiwum Mechaniki Stosowanej **20**, 113–122.

[1970a] Systèmes hyperboliques non stricts. In: Colloques internationaux du C.N.R.S., no. 184, Lille 1969. La magnétohydrodynamique classique et relativiste, pp. 83–92.

[1970b] On Feynman's integrals. Hyperbolic equations and waves, Battelle Seattle 1968 Rencontres, Springer, pp. 1323–1324.

[1971a] (en collaboration avec S. Delache) Calcul de la solution élémentaire de l'opérateur d'Euler-Poisson-Darboux et de l'opérateur de Tricomi-Clairaut hyperbolique d'ordre 2. Bull. Soc. Math. France, **99**, 313–336. II, 478

[1971b] Les propriétés de la solution élémentaire d'un opérateur hyperbolique et holomorphe. Istituto Nazionale di Alta Matematica, vol. VII. Academic Press, pp. 29–41.

[1972a] La mathématique et ses applications. In: Accademia Nazionale dei Lincei, Adunanze Staordinarie per il Conferimento dei Premi A. Feltrinelli, pp. 191–197. II, 11

[1972b] (en collaboration avec Y. Choquet-Bruhat) Sur le problème de Dirichlet quasilinéaire, d'ordre 2. C. R. Acad. Sci., Paris, Sér. I **274**, 81–85. II, 414

[1972c] Fixed point index and Lefschetz number. Symp. Infinite-Dimensional Topology, Louisiana State Univ. Baton Rouge. Ann. Math. Stud., Princeton Univ. **69**, 219–234. I, 482

[1973] Opérateurs partiellement hyperboliques. C. R. Acad. Sci., Paris, Sér. I **276**, 1685–1687.

[1974a] Solutions asymtotiques et physique mathématique. In: Colloques internationaux du C.N.R.S. no. 237. Géométrie symplectique et physique mathématique, pp.253–275.

[1974b] Complément à la théorie d'Arnold de l'indice de Maslov. Istituto di Alta Matematica, Symposia Mathematica, vol. XIV. Academic Press, pp. 33–51.

[1974c] Le problème de Cauchy linéaire, analytique, à données singulières, d'après Y. Hamada et Wagschal. In memory of I. G. Petrowski (Russian). Usp. Mat. Nauk **XXIX**, 207–215.

[1974d] Caractère non Fredholmien du problème de Goursat. J. Math. Pures Appl. **53**, 133–136.

[1974e] (en collaboration avec C. Pisot) Une fonction de la théorie des nombres. J. Math. Pures Appl. **53**, 137–145.

[1975a] Solutions asymptotiques et groupe symplectique. Colloque de Nice sur Opérateurs intégraux de Fourier et équations aux dérivées partielles. Lecture Notes in Mathematics, vol. 459, Springer, pp. 73–97.

[1975b] Solutions asymptotiques des équations aux dérivées partielles, une adaptation du traité de V. P. Maslov. Atti Accademia Nazionale dei Lincei **217**, 355–375.

[1976a] (en collaboration avec Y. Hamada et C.Wagschal) Systèmes d'équations aux dérivées partielles à caractéristiques multiples: probléme de Cauchy ramifié; hyperbolicité partielle. J. Math. Pures Appl. **55**, 297–352. II, 515

[1976b] Solutions asymptotiques de l'équation de Dirac. Conference at the University of Lecce, edited by G. Fichera, Mathematics, vol. 2. Pitman, pp. 233–248.

[1977] Enseignement et recherche: Premier Congrès Pan-Africain des Mathématiciens, Rabat 1976. Gazette de la Soc. Math. France **8**, 19–47.

[1978] L'œuvre de Jules Schauder. In: Œuvres de Juliusz Pawel Schauder, sous la direction de J. Kisyński, W. Orlicz et M. Stark. PWN-Editions Scientifiques, Varsovie, pp. 10–16.

[1979] My friend Juliusz Schauder. In: Numerical solutions of highly non linear problems. Symposium on Fixed Point Algorithms, Univ. Southampton, pp. 427–439. Math. Rev. 82.401049

[1980a] Analyse lagrangienne et mécanique quantique. Proc. Conf. Novosibirsk 1978, Nauk Sibirski, pp. 175–180.

[1980b] Comprendre la relativité. Gazette des Sciences mathématiques du Québec **IV**, no. 4, 31–61.

[1981] Lagrangian analysis and quantum mechanics; a mathematical structure related to asymptotics expansion and Maslov index. MIT Press, Cambridge, 271 pages (Translated into Russian 1981).

[1982a] (en collaboration avec Y. Hamada et A.Takeuchi) Sur le domaine d'existence de la solution de certains problèmes de Cauchy. C. R. Acad. Sci., Paris, Sér. I **294**, 27–30.

[1982b] Application à l'équation de Schrödinger atomique d'une extension du Théorème de Fuchs. Actes du 6ème Congrès du groupement des mathématiciens d'expression latine. Actualités Mathématiques. Gauthier-Villars, pp. 169–187.

[1982c] Prolongements du théorème de Cauchy-Kowalevski. Rend. Seminario Mat. e Fisico di Milano **52**, 35–48.

[1983a] La fonction de Green de la sphère et l'application effective à l'équation de Schrödinger atomique du théorème de Fuchs. Proc. Int. Meeting on Functional Analysis and Elliptic Equations Dedicated to the Memory of Carlo Miranda, Liguori, pp. 165–177.

[1983b] The meaning of Maslov's asymptotics method, the need of Planck's constant in mathematics. Proc. Sympos. in Pure Math., AMS, vol. 39, part 2: The Poincaré Legacy. Bull. Am. Math. Soc. **5**, 15–27. II, 502

[1983c] Sur les solutions de l'équation de Schrödinger atomique et le cas particulier de deux électrons. 5th Congress of the International Society for the Interaction of Mechanics and Mathematics, Ecole Polytechnique. Lecture Notes in Physics, vol. 195, Springer, pp. 235–247.

[1983d] Application to the Schrödinger atomic equation of an extension of the Fuchs Theorem. Collect. Bifurcation Mechanics and Physics. Reidel, Dordrecht Boston, pp. 99–108.

[1983e] The meaning of W. H. Shih's result. Bifurcation Mechanics and Physics. Reidel, Dordrecht Boston, pp. 139–140.

[1984] Nouveaux prolongements analytiques de la solution du problème de Cauchy linéaire. Riv. Mat. Univ. Parma **10**, 15–22.

[1985a] (en collaboration avec Y. Hamada et A.Takeuchi) Prolongements analytiques de la solution du problème de Cauchy linéaire. J. Math. Pures Appl. **64**, 257–319. III, 507

[1985b] Technique of analytic continuations for the Cauchy linear problem, as improved by Y. Hamada and A.Takeuchi: Atti del Convegno celebrativo del I^0 centenario del Circolo matematico di Palermo. Rend. Circ. Palermo, serie II **8**, 19–27.

[1985c] Divers prolongements analytiques de la solution du problème de Cauchy linéaire. Colloquium Ennio Giorgi, Paris 1983. Res. Notes in Math., vol. 125. Pitman, pp. 74–82.

[1988a] La transformation de Laplace-d'Alembert. In: Analyse Mathématique et Applications, dédié à J. L. Lions. Gauthier-Villars, pp. 263–293.

[1988b] Solutions positivement homogènes de l'équation des ondes planes. In: Colloque en l'honneur de A. Lichnerowicz. Travaux en cours 30. Hermann, pp. 81–104.

[1990a] La vie et l'œuvre de Serguei Sobolev. C. R. Acad. Sci., Paris, Sér. gén., La Vie des Sciences, pp. 467–471.

[1990b] Le demi-plan élastique et la théorie des distributions, Travaux math. Institut Steklov. Acad. Sci. URSS **192**, 114–122.

[1991a] Adaptation de la transformation de Laplace-d'Alembert à l'étude du demi-plan élastique. J. Math. Pures Appl. **70**, 455–487.

[1991b] Expression explicite de la solution fondamentale pour le demi-plan élastique. Frontiers in Pure and Applied Mathematics, North-Holland, Amsterdam, pp. 185–192.

[1991c] (en collaboration avec A. Pecker) Calcul explicite du déplacement ou de la tension du demi-plan élastique, isotrope et homogène, soumis à un choc en son bord. J. Math. Pures Appl. **70**, 489–511.

[1992] Prolongements analytiques de la solution d'un système différentiel holomorphe non linéaire. Convegno Internazionale in memoria di Vito Volterra, Accademia Nazionale dei Lincei, pp. 79–93. III, 570

[1993] Précisions sur le problème linéaire de Cauchy à opérateurs holomorphes et à données ramifiées. Current Problems in Mathematical Analysis, Taormina 1992, Univ. Roma–La Sapienza **19**, 145–154.

[1994] The Cauchy problem with holomorphic operator and ramified data. Analyse algébrique des fonctions, Marseille Luminy 1991, Travaux en cours. Hermann, Paris, pp. 19–30.

Acknowledgements

Springer-Verlag and the Société Mathématique de France would like to thank the original publishers of Jean Leray's papers for granting permission to reprint them here.

The sources of those publications not already in the public domain are as follows:

- Acta Mathematica. © Mittag-Leffler Institute, Djursholm: [1934b]
- Adunanze Staordinarie per il Conferimento dei Premi A. Feltrinelli. © Accademia Nazionale dei Lincei, Rome: [1972a]
- Ann. Éc. Norm. Sup. © École normale supérieure, Paris: [1934c]
- Ann. Math. Stud. © Princeton University Press, Princeton: [1954a, 1972c]
- Archiwum Mechaniki Stosowanej. © Polska Akademia Nauk, Warszawa: [1964c, 1965a, 1968]
- Atti Accademia Nazionale dei Lincei. © Accademia Nazionale dei Lincei, Rome: [1956d, 1975b]
- Bull. AMS. © American Mathematical Society, Providence: [1983b]
- Bull. Soc. Math. France. © Société Mathématique de France, Paris: [1957b, 1958a, 1959b, 1959c, 1962b, 1964a, 1965b, 1967a, 1971a]
- Colloques Internationaux du CNRS. © CNRS Éditions, Paris: [1949a, 1949b]
- Colloque de Liège d'Analyse fonctionnelle. © Éditions Gauthier-Villars, Paris: [1965d]
- Colloque de Topologie du C. B. R. M., Bruxelles. © Masson, Paris: [1950c]
- Comment. Math. Helv. © Birkhäuser-Verlag AG, Basel: [1936a]
- C. R. Acad. Sciences, Paris. © Gauthier-Villars and Académie des Sciences, Paris: [1935a, 1937a, 1946a, 1946b, 1949c, 1949d, 1949e, 1949f, 1952, 1956b, 1964c, 1964d, 1972b, 1982a]
- Convegno Internazionale in memoria di Vito Volterra. © Accademia Nazionale dei Lincei, Rome: [1992]
- Enseignement Mathématique. © Fondation "L'Enseignement Mathématique": [1936b]
- Hommes de Science. © Hermann, Éditeur des Sciences et des Arts, Paris: Frontispiece, vol. III
- J. Math. Pures et Appl. © Éditions Gauthier-Villars, Paris: [1950a, 1950b, 1976a, 1985a]
- Mathematische Annalen. © Springer, Berlin Heidelberg: [1966a, 1967b]
- Proc. Int. Congr. of Mathematicians in Cambridge, 1950. © American Mathematical Society, Providence: [1950d]
- Proc. Int. Congr. of Mathematicians in Stockholm, 1962. © Mittag-Leffler Institute, Djursholm: [1962a]
- SIAM Review. © Society for Industrial and Applied Mathematics, Philadelphia: [1963b]